PREFACE 머리말

뜨거운 열정으로 빚어내는 기술의 가치

용접은 현대 산업의 뼈대를 세우고 안전을 잇는 핵심 기술입니다. 용접기능사 자격증은 단순히 이론을 배우는 것을 넘어, 현장에서 실력을 증명할 수 있는 당당한 기술인으로서 첫발을 내딛는 소중한 약속입니다.

자격 취득의 과정은 때로 고되고 험난할 수 있습니다. 수천 도의 고열 속에서 정교한 비드를 형성하기 위해 수많은 인내의 시간이 필요하기 때문입니다. 하지만 정직하게 흘린 땀방울은 결코 여러분을 배신하지 않으며, 현장에서 확실한 자산이 될 것입니다.

무엇보다 '안전'이라는 기본을 잊지 마십시오. 올바른 자세와 보호구 착용, 그리고 도면에 대한 정확한 이해가 뒷받침될 때 비로소 완벽한 용접이 완성됩니다.

처음의 두려움을 이겨내고 아크를 통한 불꽃을 스스로 다스리게 되는 순간, 여러분은 기술인으로서의 진정한 자부심을 느끼게 될 것입니다. 본 교재가 여러분의 뜨거운 열정을 합격이라는 결실로 잇는 든든한 가이드가 되기를 진심으로 응원합니다.

끝으로 본 교재가 현장감을 살린 지침서가 될 수 있도록 세심하게 검수해 주신 정성훈 교수님, 김광록 교수님, 그리고 최동균 상임이사님께 깊은 감사의 말씀을 전합니다. 여러분의 합격을 진심으로 기원하며, 손끝에서 탄생할 견고한 내일을 기대하겠습니다.

저자 신하영, 어준혁, 원현우

피복아크용접기능사 취득방법

구분		내용
시험과목	필기	아크용접, 용접안전, 용접재료, 도면해독, 가스절단, 기타용접
	실기	피복아크용접 실무
검정방법	필기	객관식 4지 택일형 60문항(1시간)
	실기	작업형(2시간)
합격기준	필기	100점을 만점으로 하여 60점 이상
	실기	

피복아크용접기능사 합격률

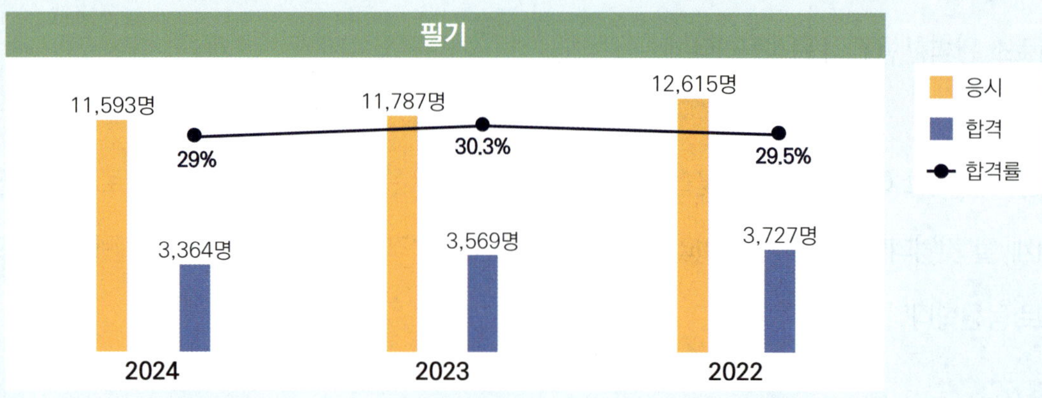

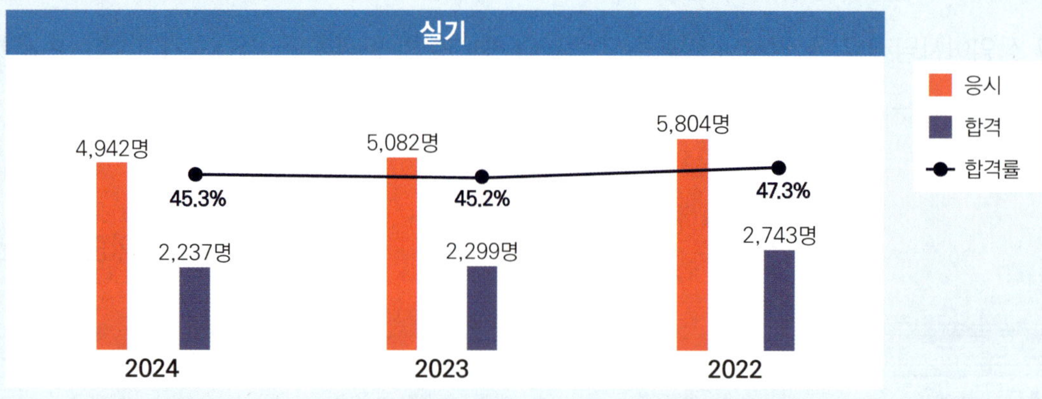

직무분야	재료	중직무분야	용접	자격종목	피복아크 용접기능사	적용기간	2023.01.01.~ 2026.12.31.
필기검정방법	객관식	문제수	60			시험시간	1시간

필기과목명	주요항목	세부항목
아크용접, 용접안전, 용접재료, 도면해독, 가스절단, 기타용접	1. 아크용접 장비준비 및 정리정돈	1. 용접장비 설치, 용접설비 점검, 환기장치 설치
	2. 아크용접 가용접작업	1. 용접개요 및 가용접작업
	3. 아크용접 작업	1. 용접조건 설정, 직선비드 및 위빙 용접
	4. 수동·반자동 가스절단	1. 수동·반자동 절단 및 용접
	5. 아크용접 및 기타용접	1. 맞대기(아래보기, 수직, 수평, 위보기) 용접, T형 필릿 및 모서리 용접
	6. 용접부 검사	1. 파괴, 비파괴 및 기타검사(시험)
	7. 용접 결함부 보수용접 작업	1. 용접 시공 및 보수
	8. 안전관리 및 정리정돈	1. 작업 및 용접안전
	9. 용접재료준비	1. 금속의 특성과 상태도
		2. 금속재료의 성질과 시험
		3. 철강재료
		4. 비철 금속재료
		5. 신소재 및 그 밖의 합금
	10. 용접 도면해독	1. 용접 절차 사양서 및 도면해독(제도, 통칙 등)

✅ 합격비법 손글씨 핵심요약

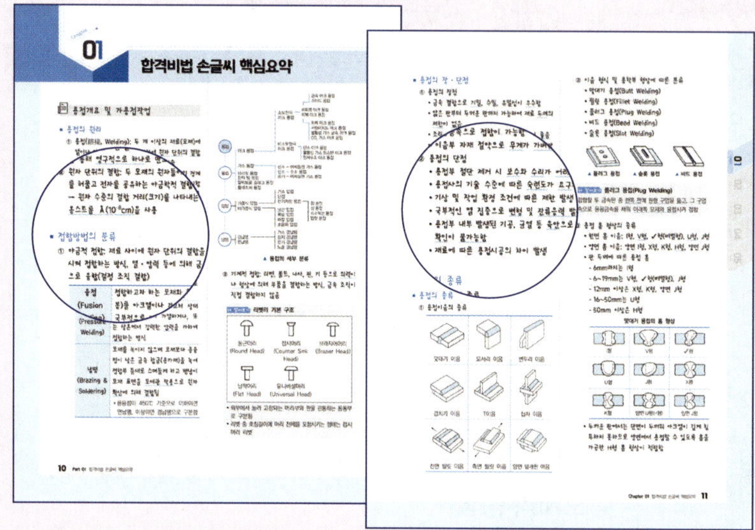

| Point 1

꼭 알아야 할 중요한 핵심이론만 눈이 편한 손글씨로 정리

| Point 2

핵심 중의 핵심은 눈에 바로 띌 수 있게 밑줄 표시

✅ 공개기출문제(2014년~2016년)와 CBT 기출복원문제(2021년~2025년)

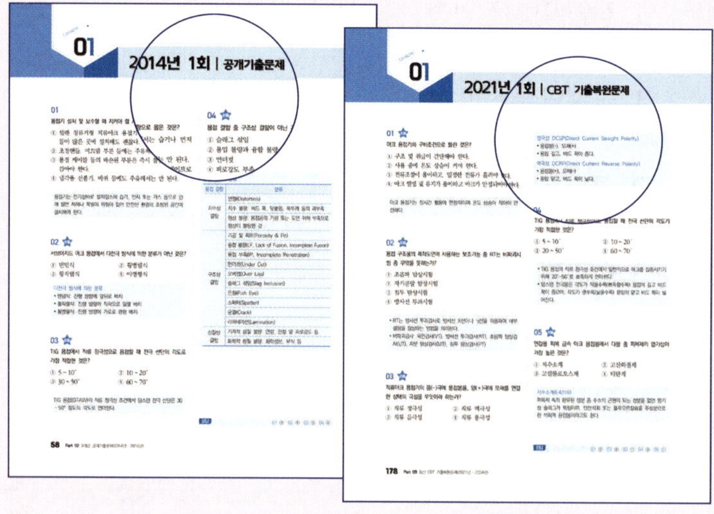

| Point 1

3개년 공개기출문제와 5개년 CBT 기출복원문제를 통한 풍부한 실전 연습과 기출 유형 및 출제 경향 파악

| Point 2

문항별 빈출표시와 문제 해결을 위한 쉽고 명확한 해설로 전략적이고 효율적인 학습 강화

✅ 2025년 CBT 기출복원문제(1~4회)

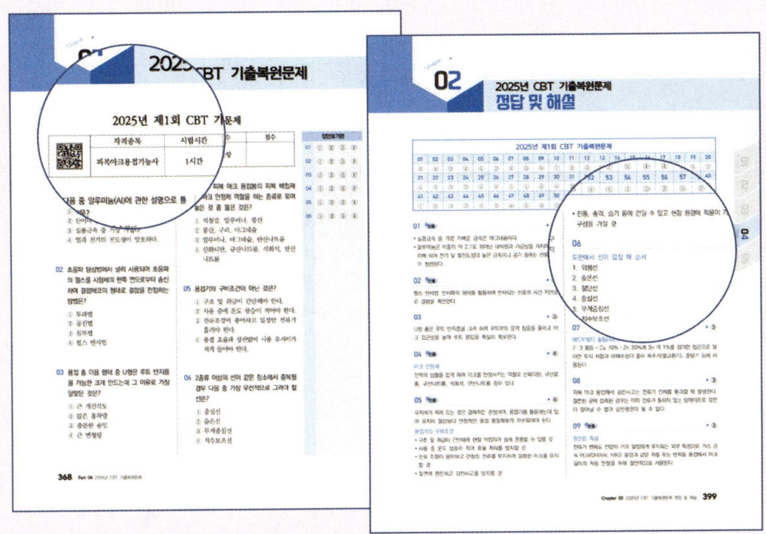

❘ Point 1

2025년 CBT 기출복원문제 풀이
로 실전 대비를 위한 최종 마무리

❘ Point 2

핵심만 정확히 짚어주는 해설로
문제 해결을 위한 스킬 향상

✅ 최빈출 60제

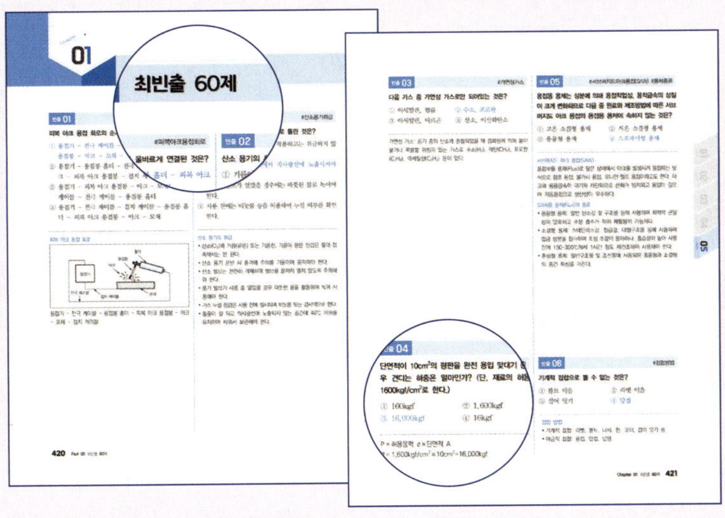

❘ Point 1

출제 유형을 분석하여 빈출되는
60문제를 선별하여 수록

❘ Point 2

간단한 해설과 한눈에 보이는 정답
으로 시험 직전 마무리 점검에 최적
화된 구성

CONTENTS 목차

Study check 표 활용법

스스로 학습 계획을 세워서 체크하는 과정을 통해 학습자의 학습능률을 향상시키기 위해 구성하였습니다.
각 단원의 학습을 완료할 때마다 날짜를 기입하고 체크하여, 자신만의 3회독 플래너를 완성시켜보세요.

특수용접기능사 2014년~2016년 공개기출문제(3회분)		특수용접기능사 2021년~2022년 CBT 기출복원문제(2회분)	

QR코드를 스캔하시면 해당 기출문제를 다운로드 받으실 수 있습니다.

PART 01

합격비법
손글씨 핵심요약

합격비법 손글씨 핵심요약

📋 용접개요 및 가용접작업

■ 용접의 원리

① 용접(鎔接, Welding): 두 개 이상의 재료(모재)에 열이나 압력, 또는 둘 다를 가하여 원자 단위의 결합을 통해 영구적으로 하나로 만드는 기술
② 원자 단위의 결합: 두 모재의 원자들이 서로의 경계를 허물고 전자를 공유하는 야금학적 결합을 의미함
→ 원자 수준의 결합 거리(크기)를 나타내는 단위로 옹스트롬 Å(10^{-8}cm)을 사용

■ 접합방법의 분류

① 야금적 접합: 재료 사이에 원자 단위의 결합을 형성시켜 접합하는 방식, 열·압력 등에 의해 금속학적으로 융합(결정 조직 결합)

융접 (Fusion Welding)	접합하고자 하는 모재와 용가재(용접봉)를 아크열이나 가스 불꽃 등으로 국부적으로 가열하여 용융시킴
압접 (Pressure Welding)	재료를 용융점 이하의 고체 상태(Solid-State)에서 가열하거나, 또는 상온에서 강력한 압력을 가하여 접합하는 방식
납땜 (Brazing & Soldering)	모재를 녹이지 않으며 모재보다 용융점이 낮은 금속 합금(용가재)을 녹여 접합부 틈새로 스며들게 하고 땜납이 모재 표면을 모세관 작용으로 원자 확산에 의해 결합됨 * 용융점이 450℃ 기준으로 이하이면 연납땜, 이상이면 경납땜으로 구분함

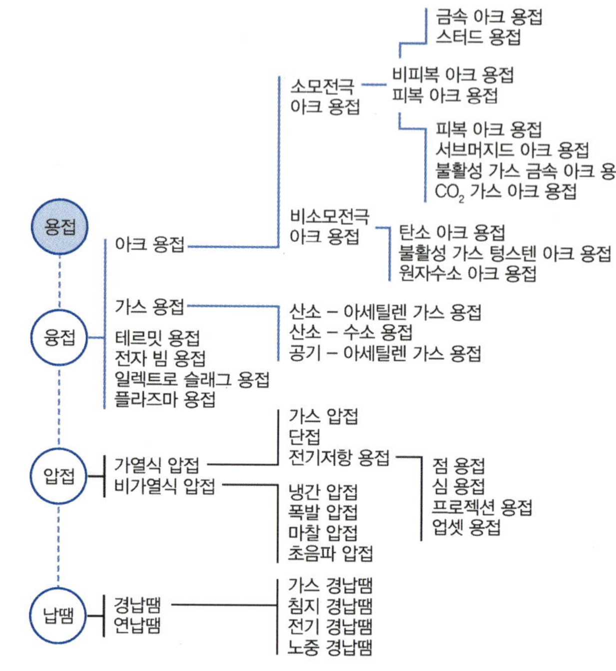

▲ 용접의 세부 분류

② 기계적 접합: 리벳, 볼트, 나사, 핀, 키 등으로 외력이나 형상에 의해 부품을 결합하는 방식, 금속 조직이 직접 결합하지 않음

더 알아보기 — 리벳의 기본 구조

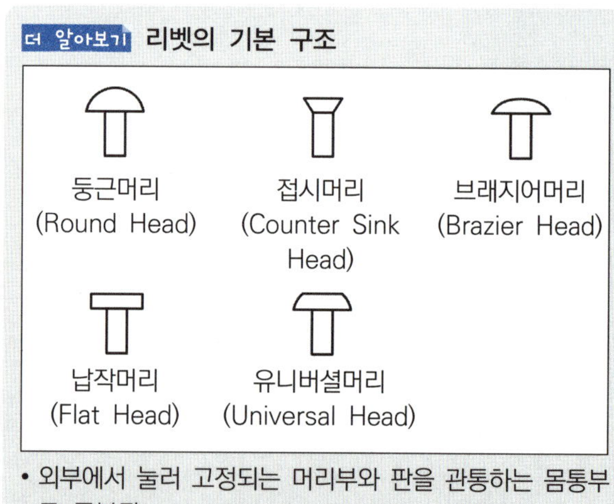

• 외부에서 눌러 고정되는 머리부와 판을 관통하는 몸통부로 구분됨
• 리벳 중 호칭길이에 머리 전체를 포함시키는 형태는 접시머리 리벳

■ 용접의 장·단점

① 용접의 장점
- 금속 결합으로 기밀, 수밀, 유밀성이 우수함
- 얇은 판부터 두꺼운 판까지 가능하여 재료 두께의 제한이 없음
- 조립, 가공 공정이 단순화되어 작업성능이 좋음
- 겹침 이음 또는 리벳 이음 등에 비해 재료를 절약할 수 있음
- 자동화가 비교적 용이함
- 이종금속으로 접합이 가능함
- 이음부 자재 절약으로 무게가 가벼워짐

② 용접의 단점
- 용접부 절단 제거 시 보수와 수리가 어려움
- 용접사의 기술 수준에 따른 숙련도가 요구됨
- 기상 및 작업 환경 조건에 따른 제한 발생
- 국부적인 열 집중으로 변형 및 잔류응력 발생
- 용접부 내부 발생된 기공, 균열 등 육안으로 품질 확인이 불가능함
- 재료에 따른 용접시공의 차이 발생

■ 용접의 종류

① 용접이음의 종류

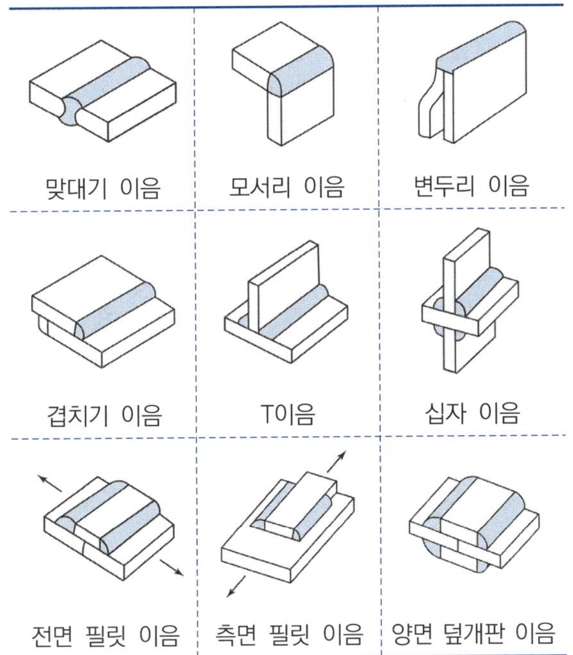

② 이음 형식 및 용착부 형상에 따른 분류
- 맞대기 용접(Butt Welding)
- 필릿 용접(Fillet Welding)
- 플러그 용접(Plug Welding)
- 비드 용접(Bead Welding)
- 슬롯 용접(Slot Welding)

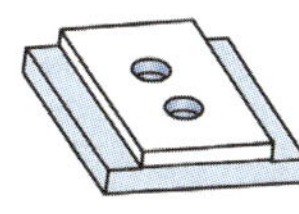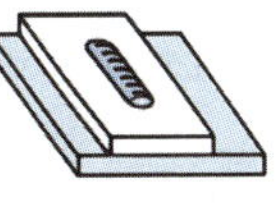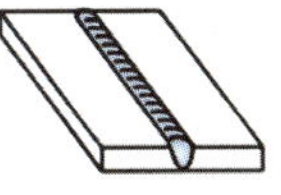

▲ 플러그 용접　　▲ 슬롯 용접　　▲ 비드 용접

> **더 알아보기** 플러그 용접(Plug Welding)
> 접합할 두 금속판 중 한쪽 판에 원형 구멍을 뚫고, 그 구멍 속으로 용융금속을 채워 아래쪽 모재와 융합시켜 접합

③ 용접 홈 형상의 종류
- 한면 홈 이음: I형, V형, ✓형(베벨형), U형, J형
- 양면 홈 이음: 양면 I형, X형, K형, H형, 양면 J형
- 판 두께에 따른 용접 홈
  - 6mm까지는 I형
  - 6~19mm는 V형, ✓형(베벨형), J형
  - 12mm 이상은 X형, K형, 양면 J형
  - 16~50mm는 U형
  - 50mm 이상은 H형

맞대기 용접의 홈 형상

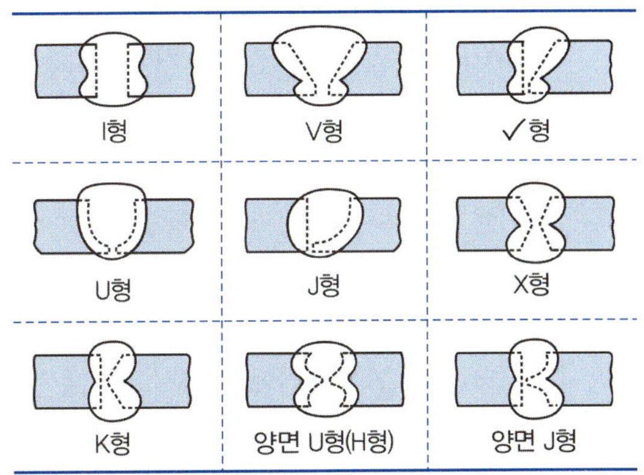

- 두꺼운 판에서는 단면이 두꺼워 아크열이 깊게 침투하지 못하므로 양면에서 용접할 수 있도록 홈을 가공한 H형 홈 형상이 적합함

④ 용접 홈의 명칭

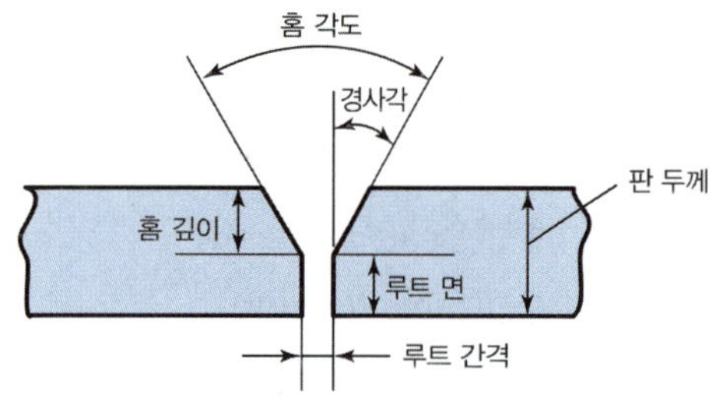

→ 루트 간격은 너무 크면 수축 변형·균열 등의 위험이 증가함

■ 용접작업

① 용접 중 아크와 용융금속의 거동에 직접적으로 영향을 주는 성질: 아크 상태, 용융 상태, 스패터 등

> **더 알아보기 용접 중 주요 현상**
> - 아크 불안정: 용접 중 아크의 길이, 전류, 전압이 일정하지 않아 아크가 튀거나 꺼지고, 비드가 불규칙해지는 현상
> - 용융 상태: 모재와 용접봉이 녹아 만들어지는 쇳물 웅덩이 같은 용융풀로 크기와 형상 주시
> - 스패터(Spatter): 용접전류가 높거나 아크길이가 길 때 아크열에 의해 금속이 미세하게 튀어 주변에 부착되는 현상

② 용접 진행에 따른 분류
- 전진법과 후진법: 용접토치(또는 용접봉)의 진행 밀 기울임 방향에 따른 운봉법으로 아크열의 집중 부분에 따라 활용법 차이가 발생함
- 대칭법: 한쪽 방향으로만 용접을 진행하면 열 수축 변형이 한쪽으로 집중되므로 이음부의 중심선을 기준으로 좌우 대칭 위치를 번갈아 가며 용접하여 변형과 잔류응력을 감소시킴
- 비석법/스킵법(Skip Welding): 긴 용접선을 한 번에 연속적으로 용접하지 않고 일정 길이로 나눈 여러 구간을 건너뛰며 간헐적으로 용접하는 방법으로, 열의 집중을 방지하여 변형과 잔류응력을 감소시키는데 효과적임
- 교호법: 여러 층으로 용접 시 각 층의 용접 순서와 진행 방향을 교대로 변경하여 열의 분포와 응력 방향을 세밀하게 분산함

③ 다층 용접에 따른 분류
- 다층 용접: 한꺼번에 용착하지 않고 여러 층으로 나누어 용접하는 방식으로, 특히 두꺼운 판이나 홈이 깊은 맞대기 용접에서 사용함

덧살올림법 (빌드업법)	아래층부터 순차적으로 층을 쌓아올리는 일반적인 다층 용접방법
캐스 케이드법	다층 용접 시 계단식으로 층을 이어가며 용접하는 방법으로, 한 구간의 몇 층을 쌓은 뒤 다음 구간의 층으로 연속시켜 용접 전체가 계단 모양을 형성함
전진 블록법	구역을 나누어 순차적으로 용접층을 형성하는 용접방법으로 열집중을 분산시킴

> **더 알아보기 금속의 이행형식**
> 용접 시 용접봉(또는 와이어)의 끝이 용융되며, 녹은 금속 방울이 아크를 통해 모재로 넘어가는 현상
> - 단락형: 전극과 용융지가 주기적으로 접촉 후 단락되며 방울이 모재로 이행됨
> - 글로뷸러형(핀치효과형): 비교적 큰 용적이 중력에 의해 모재로 이행되며 단락이 발생되지 않음
> - 스프레이형: 미세한 금속 입자가 고속으로 스프레이처럼 분사되어 모재로 이행됨
>
> 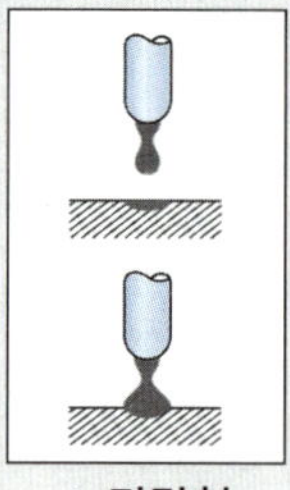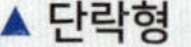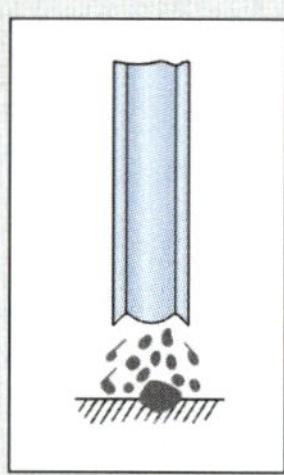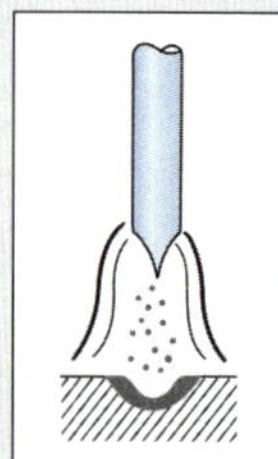
> ▲ 단락형　　▲ 글로뷸러형　　▲ 스프레이형

■ 가용접

① 가용접은 본용접 전에 모재의 위치를 고정하기 위해 임시로 붙이는 용접

② 재료 준비 완료 후 조립 순서를 계획하며 작업의 특성, 용접 순서 등을 고려하여 용접이 가능하도록 가용접 진행

③ 가용접 주의사항

- 가접부는 본용접 시 완전히 녹아 들어가야 하므로 충분한 용입을 확보
- 가용접 시 모재 표면의 기름, 녹, 페인트 등 이물질을 완전히 제거
- 가용접의 상태에 따라 중대한 결함으로 이어질 수 있어 짧은 가용접 및 아크스트라이크 발생 주의
- 본용접 시의 시작부와 끝단부가 겹치는 응력 집중부를 피해 용접

용접장비 설치, 용접설비 점검, 환기장치 설치

■ 용접 및 산업용 전류, 전압

① 용접전류(Amperage, A): 용접 시 용융금속의 양과 용입 깊이를 결정하며, 전류가 너무 낮으면 용입불량, 너무 높으면 언더컷, 스패터 증가 등 결함 발생

② 용접전압(Voltage, V): 아크길이와 비드 폭을 결정하며, 전압이 너무 낮으면 아크가 불안정하고 꺼지기 쉬우며, 너무 높으면 아크가 길어져 비드가 넓고 납작해지며 스패터 증가 등 결함 발생

③ 교류와 직류

교류 (AC, Alternating Current)	• 전기가 (+)와 (-) 방향으로 주기적으로 바뀜 • 변압기(Transformer)를 이용해 전압을 쉽게 높이거나 낮출 수 있어, 발전소에서 멀리까지 전력을 보냄 • 자기장 방향이 계속해서 바뀌므로 아크 쏠림이 방지됨

직류(DC, Direct Current)	• 전기가 항상 (+)에서 (-)로 한 방향으로만 흐름
DCEN, DCSP (직류 정극성) / DCEP, DCRP (직류 역극성)	• 아크가 매우 안정적이며, 정밀한 제어가 가능함 • DCEP(직류 역극성) 주기일 때: 산화피막을 제거함(청정작용)

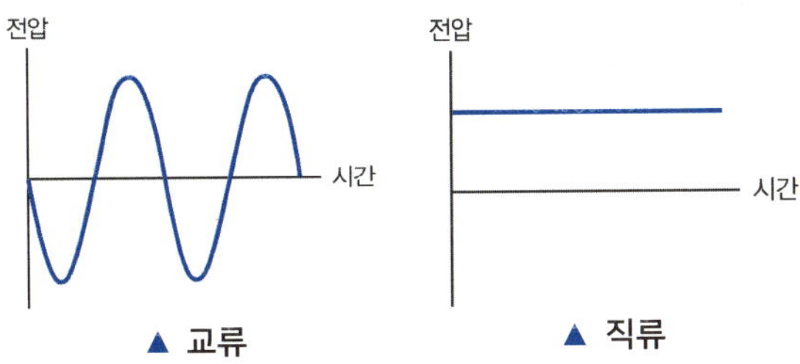

④ 정격전류(용량)

$$I = \dfrac{P}{V}$$

○ I: 전류, V: 전압, P: 전력

⑤ 용접기 용량: AW(Arc Welder)로 나타내며 정격 2차 전류를 의미함

■ 용접기 설치 시 주의사항

① 용접기는 전기장비로 습기, 비, 유해가스, 진동, 분진, 고열의 영향이 적은 장소에 설치해야 함

② 주위 온도는 0~40℃ 범위 내에 설치하며, 습도는 약 85% 이하를 권장함

■ 용접기 운전 및 유지보수 시 주의사항

① 용접기 극성 선택 시 고려사항: 피복제의 종류, 용접봉의 재질, 이음 모양에 따라 아크의 열분포 및 용입 깊이, 아크 안정성 등에 영향을 줌

> **더 알아보기** 직류 정극성과 역극성
> - 직류 정극성은 모재 쪽에 열이 전달되어서 용입이 깊고 비드 폭이 좁음
> - 직류 역극성은 용접봉 쪽에 열이 전달되어서 용입이 얕고 비드 폭이 넓어짐
> - 직류 전류에서는 정극성일 경우 전극(-), 모재(+)로 모재에서 약 70%, 전극에서 약 30%의 열이 발생하고 역극성

일 경우 전극(+), 모재(−)로 전극에서 약 70%, 모재에서 약 30%의 열이 발생함
- 직류 전류에서 약 70%의 열은 양극에서 발생함

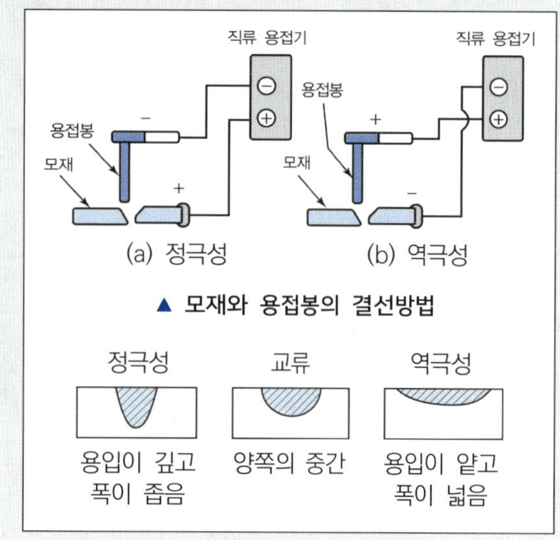

② 아크 쏠림(자기 불림)
- 직류아크 용접 시 자기장(Magnetic Field)의 불균형 때문에 아크가 일정 방향으로 치우치는 현상
- 아크 쏠림 방지대책
  - 교류 용접기를 사용하거나 후퇴법으로 용접함
  - 짧은 아크를 사용하고 접지점을 용접부에서 멀리함
  - 접지선을 2개 연결하고 아크 발생 주변을 비자성체로 만듦
  - 접지 케이블이 감기지 않도록 하고, 접지부에 녹, 페인트 등 방해물이 없도록 청결을 유지함
  - 아크 쏠림 반대 방향으로 기울임
  - 용접부의 시작과 끝 부분에 엔드 탭을 활용함

> **Tip** 엔드 탭(End Tab)은 시작과 끝 부분에 용접부와 같은 재질의 보조재를 붙여 크레이터, 언더컷 등을 방지하고 동일한 용접 조건을 유지하기 위한 보조재

■ 용접기 안전 및 안전수칙

① 1차 측 탭은 사용되는 전압(220V 또는 330V)에 따라 맞게 조정하는 기능을 가짐
② 과열 시 소손이 발생할 수 있어 정격전류 이하로 운전을 진행할 것

③ 반드시 접지를 확실하게 하고 노출된 전선은 피복할 것
④ 장시간 활용에 안정적이며 온도 상승이 적어야 안전함

> **더 알아보기 용접기의 구비조건**
> - 구조 및 취급이 간단하여 현장 작업자가 쉽게 운용할 수 있을 것
> - 사용 중 온도 상승이 적어 효율 저하를 방지할 것
> - 전류 조정이 용이하고 안정된 전류를 유지하여 일정한 아크를 유지할 것
> - 절연이 완전하고 감전사고를 방지할 것
> - 진동, 충격, 습기 등에 견딜 수 있고 현장 환경에 적용이 가능한 내구성을 가질 것

■ 용접봉의 건조 조건

① 보통 용접봉: 70~100℃에서 30~60분 건조할 것
② 저수소계 용접봉: 피복제 내의 수분(H_2O)을 제거하기 위해 300~350℃에서 1~2시간 건조할 것

■ 용접 포지셔너

① 용접 지그(Jig)
- 용접 중 부재의 위치를 정확히 유지하고, 변형을 방지하며 작업 효율을 높이기 위한 고정용 장치이며, 용접 포지셔너와 병행하여 사용됨
- 지그 선택기준
  - 변형을 막아 주기 위해 견고하게 물체를 고정할 수 있어야 함
  - 용접 시 편안한 자세로 작업할 수 있어야 함
  - 튼튼하며 적당한 크기와 강도가 있어야 함
  - 작업 중 고정과 탈부착이 간편해야 함
② 고정구: 도면이나 현장에서 흔히 지그(Jig)와 혼용되기도 하지만, 기계가공, 용접, 조립 등의 공정에서 작업 대상물(공작물)이 움직이지 않도록 정확한 위치에 고정하는 보조 장치

■ 피복 아크 용접 설비

① 피복 아크 용접(SMAW, Shielded Metal Arc Welding): 피복제가 입혀진 용접봉을 전극으로 사용하여 용접봉 사이에 발생한 아크의 열로 금속을 용융시키고 접합하는 방식

- 용접봉의 구성
  - 심선(Core Wire): 금속 막대로 전류를 전달하며 녹아서 용접 부위를 채우는 역할을 함
  - 피복제(Flux Coating): 심선을 감싸고 있는 물질로 열에 의해 타면서 가스를 발생시켜 용접 부위를 보호하고, 나중에 슬래그가 되어 용접 부위의 산화를 방지함
- 용접부의 구성
  - 아크(Arc): 심선 끝과 모재 사이에 발생하는 강한 빛과 열로 금속을 녹임
  - 아크 분위기: 피복제가 타면서 발생한 가스가 주위를 감싸, 공기 중의 산소나 질소가 용입부에 들어가지 않도록 차단하는 보호막 역할을 함
  - 용융지(Molten Pool): 모재와 심선이 녹아서 만들어진 액체 상태의 금속 웅덩이로 비드가 형성됨
  - 용착금속: 용융지가 식어서 단단하게 굳어진 금속 부위로 용접이 형성됨
  - 모재: 용접을 진행하려는 대상이 되는 금속 판
  - 용입: 모재가 용접 시 열로 인해 녹아 들어간 깊이
  - 슬래그: 피복제가 녹은 후 굳어지면서 용착금속 표면에 층을 형성하여 금속이 천천히 냉각되도록 돕고, 공기와의 접촉을 막아 용착금속을 보호함

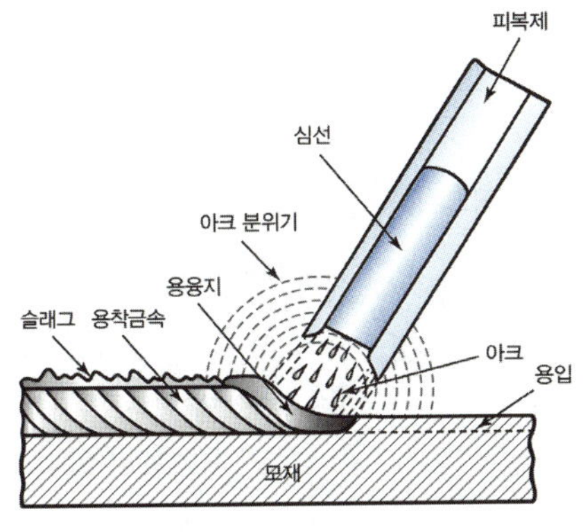

▲ 피복 아크 용접의 원리

② 용접 회로: 용접기 → 전극 케이블 → 용접봉 홀더 → 용접봉 → 아크 → 모재 → 접지 케이블

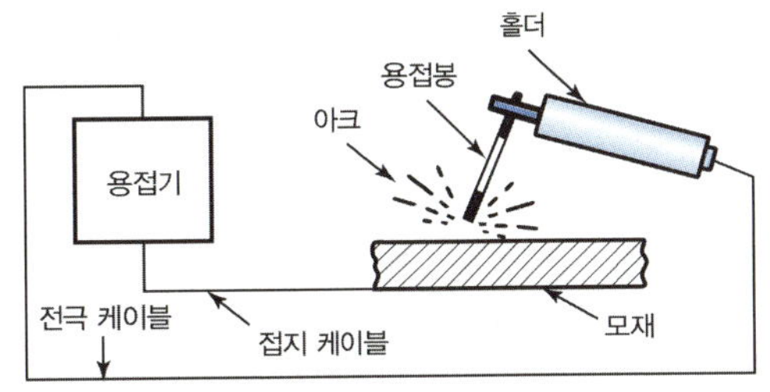

▲ 피복 아크 용접 회로

③ 용접봉 홀더: 절연된 손잡이로 소모성 전극인 용접봉을 단단히 고정시켜 전극봉 끝으로 전류를 집중시키고 아크를 발생시키는 도구
  - 모양에 따른 종류: 스프링 로드형, 클램프형 등
  - 호수에 따른 종류

호수	정격전류 (A)	홀더로 잡을 수 있는 용접봉 지름	비고
125호	약 125A급	1.6~3.2mm	소형 작업용
160호	약 160A급	3.2~4.0mm	경량 구조물
200호	약 200A급	3.2~5.0mm	일반 작업
300호	약 300A급	4.0~6.0mm	중형 작업

■ 피복 아크 용접봉, 용접 와이어

① 피복제의 역할
  - 슬래그 형성 및 용착금속의 보호: 슬래그층의 형성으로 냉각속도를 완화하여 표면 보호
  - 아크 안정 작용: 아크를 안정시켜 용접작업을 용이하게 함
  - 합금원소 공급: 용착금속의 기계적 성질 개선
  - 스패터 감소 및 절연 작용: 피복층의 전기 절연기능과 함께 전류를 조정하여 스패터를 감소시킴

② 피복 배합제의 종류

아크 안정제	• 아크의 안정성과 점화성을 향상시키는 역할 • 규산나트륨(Na_2SiO_2), 규산칼륨(K_2SiO_2), 산화티탄(TiO_2), 석회석($CaCO_3$) 등

가스 발생제	• 차폐가스를 발생시켜 아크 주위의 분위기를 대기로부터 분리하는 역할 • 셀룰로오스, 녹말, 톱밥, 석회석($CaCO_3$), 탄산바륨($BaCO_3$) 등
슬래그 생성제	• 슬래그의 형성으로 용융금속 표면을 덮어 산화와 질화를 억제하는 역할 • 산화철, 일미나이트, 석회석($CaCO_3$), 이산화망간(MnO_2), 이산화규소(SiO_2), 형석(CaF_2) 등
합금 첨가제	• 용접 중 특정 합금원소를 공급하여 용착금속의 화학 조성을 조절하는 역할 • 구리(Cu), 망간(Mn), 규소(Si), 니켈(Ni), 몰리브덴(Mo), 크롬(Cr) 등
탈산제	• 금속이 용융되면서 발생하는 산화물을 탈산정련하는 역할 • 페로망간, 페로실리콘, 페로티탄 등
고착제	• 피복제의 심선에 견고하게 부착되도록 하는 역할 • 규산나트륨(Na_2SiO_3), 규산칼륨(K_2SiO_3), 소맥분, 아교, 당밀 등

③ 용착금속의 보호형식

슬래그 생성식	피복제가 녹아 액체 상태의 슬래그가 되어 용착금속의 표면을 완전히 덮어 보호하는 방식
가스 발생식	피복제가 열에 의해 분해되면서 다량의 보호가스(CO_2, H_2O 등)를 발생시켜 아크 주위를 감싸 대기를 차단하는 방식
반가스 발생식	가스와 슬래그가 적절히 혼합되어 보호작용을 하고 작업성이 좋아 가장 널리 사용되며, 가스 발생식과 슬래그 생성식의 중간 형태의 방식

④ 피복 아크 용접봉의 기호

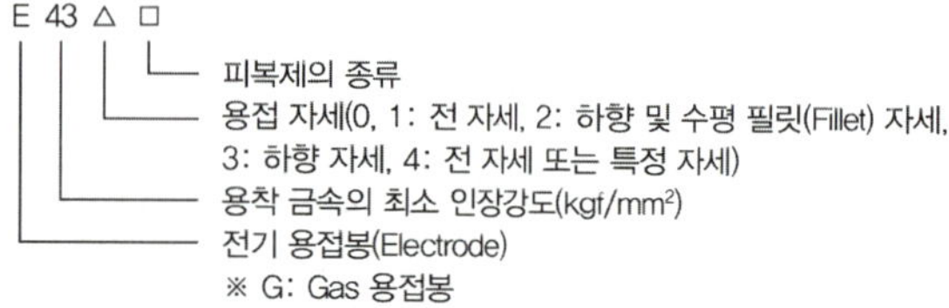

E	Electrode(전기 용접봉)
43	용착금속의 최소 인장강도 = 43kgf/mm^2
△	용접 자세(Position)
□	피복제 계통 및 전류 종류

⑤ 연강용 피복 아크 용접봉의 특징

저수소계 용접봉 (E4316)	• 주성분은 석회석($CaCO_3$), 형석(CaF_2), 소량의 Fe 분말로 구성되어 있고 수소 함량은 일반 용접봉의 약 1/10 수준임 • 낮은 수소 함량 덕분에 수소취성 방지에 탁월하여 후판 및 고장력강 용접에 활용됨
고산화 티탄계 용접봉 (E4313)	• 산화티탄(TiO_2)이 약 35% 내외로 포함되어 있으며, 일반 경구조물 및 박판 용접에 많이 사용됨 • 유동성이 좋은 슬래그를 형성하며 냉각 시 쉽게 박리되어 비드 표면이 고른 것이 장점임
고셀룰로 오스계 용접봉 (E4311)	• 가스 실드계의 대표적인 용접봉으로 유기물을 20~30% 포함하며, 비드 표면이 거치나 수직, 상진, 하진, 위보기 작업성이 우수함 • 슬래그 생성계 용접봉에 비해 용접전류를 높게 사용 시 과전류로 인해 비드 품질이 저하됨
일미 나이트계 용접봉 (E4301)	• 일미나이트를 약 30% 이상 포함하며, 작업성과 용접성이 우수하여 조선, 철도, 차량, 일반구조물 등에 널리 사용됨 • 가격도 저렴하여 많이 사용되나 보관 중 수분의 흡습으로 작업성능이 저하되므로 사용 전 건조가 필요함

> **더 알아보기** 용접봉의 비교
>
> • 내균열성: 저수소계 > 일미나이트계 > 고산화철계 > 고셀룰로오스계 > 고산화티탄계

• 작업성: 고산화티탄계 > 고셀룰로오스계 > 고산화철계
  > 일미나이트계 > 저수소계

> **Tip** 고탄소강 용접봉은 탄소가 많아 냉각 중 경화, 취성, 균열 발생 위험이 크기 때문에 용접봉으로 부적합하며, 저탄소강 용접봉이 일반 연강 용접에 적합함

■ 피복 아크 용접 기법

1) 아크 발생 방법
   ① 찍기법: 용접봉을 모재 표면에 수직으로 하여 가볍게 접촉시킨 후 들어 올려 아크를 발생시키는 방법
   ② 긁기법: 용접봉을 모재 표면에 비스듬히 대고 긁듯이 이동시키며 아크를 발생시키는 방법

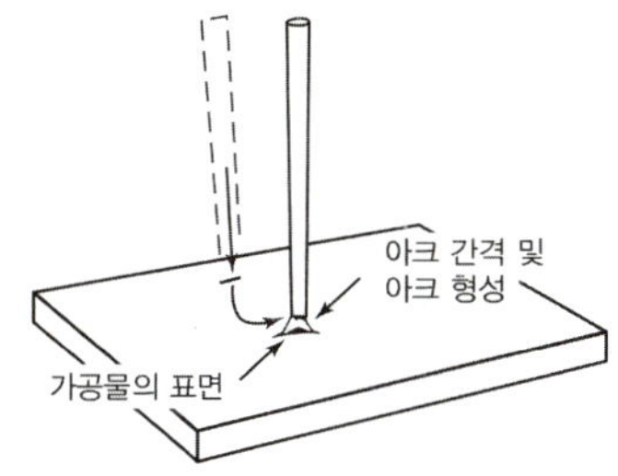

▲ 찍기법

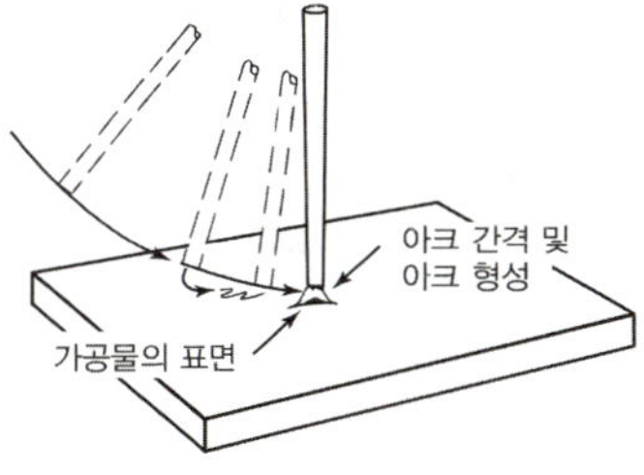

▲ 긁기법

2) 운봉(Weaving)방법
   ① 운봉법은 용접 시 아크를 일정한 패턴으로 좌우 또는 전후로 움직임을 가지고 비드의 모양과 용입 깊이를 조절하는 방법으로 운봉 방법에 따라 비드 형상, 용입, 열분포가 달라짐
   ② 직선 비드: 70~80° 기울기, 90° 좌우, 박판 및 이면 비드용

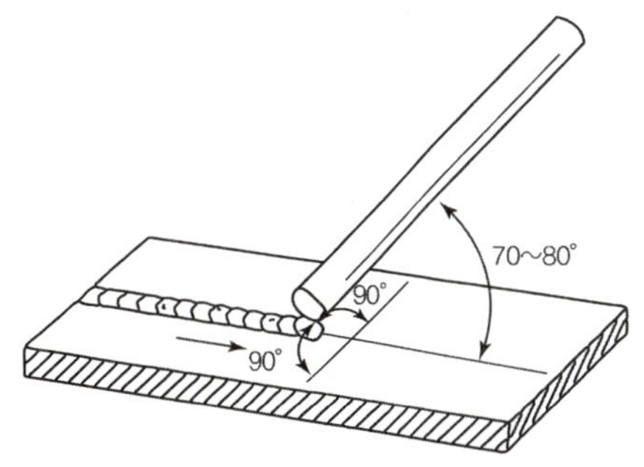

▲ 용접봉 각도 및 진행방향

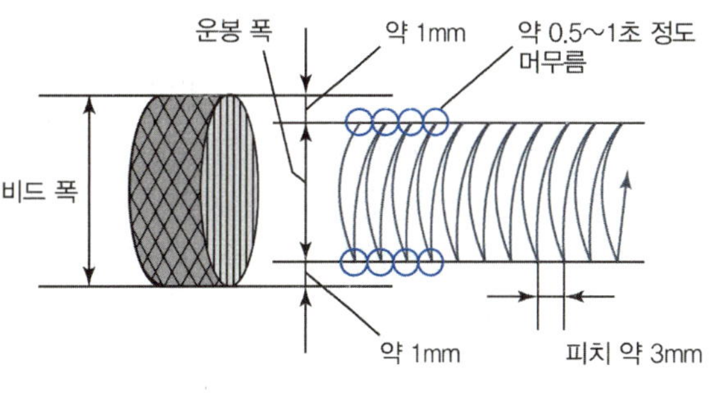

▲ 운봉법(위빙)

③ 운봉방법

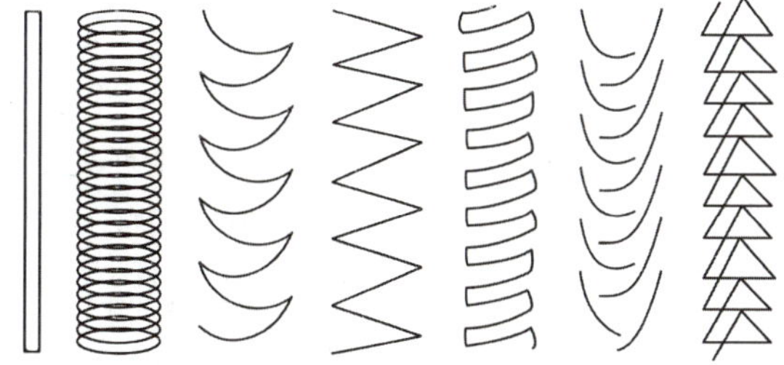

○ 직선방법(Stringer)
  - 드래그(Drag)
○ 위빙방법(Weave)
  - 원형(Circles)
  - C형/초승달형(Crescent)
  - 지그재그형(Zig Zag)
  - ㄷ형/박스형(Box Weave)
  - 이중 J형(Double J)
  - 삼각형(Triangular)

• 직선(Stringer)방법: 위빙 없는 직선 용접으로 좁은 비드 폭과 깊은 용입이 필요할 때 사용하는 가장 기본적인 운봉법

- 드래그(Drag): 용접봉을 끌어당기면서 진행하는 방식
- 위빙(Weave)방법: 용접봉을 좌우 또는 원형으로 움직여 비드 폭을 넓히고, 용접 자세 및 홈의 형태에 따라 용융이 균일하게 분포되도록 하는 운봉법

원형 운봉법	용접봉을 작은 원 모양으로 연속적으로 그리며 전진하는 위빙법으로 중앙 높이를 높이기 위한 더블 서클형도 있음
초승달 운봉법	용접봉을 반원 모양으로 움직여 비드 폭을 조절하는 위빙법으로 주로 아래보기 자세에서 언더컷을 방지하며, 수직 용접 시 용융금속의 처짐을 막고 모재와의 충분한 용착을 위해 사용됨
지그재그 운봉법	용접봉을 좌우로 연속적인 지그재그 형태로 움직이며 전진하는 위빙법으로 비교적 넓은 비드를 형성하고 충분한 용입을 얻음
박스 운봉법	용접봉을 사각형 모양으로 이동시키며 용접하는 위빙법으로 주로 수직 용접 등에서 용융금속이 아래로 흘러내리는 것을 방지하기 위해 각 모서리에 잠시 멈추어 비드 형상을 제어함
이중 J 운봉법	삼각 운봉법과 유사하나 좌우 이동 길이를 다르게 한 J자 형태로 용접하는 위빙법으로 비대칭적인 용접 현상을 만들거나 특정 용접에 활용됨
삼각 운봉법	용접봉을 좌우로 삼각형 모양으로 이동시키며 용접하는 위빙법으로 비드 폭을 일정하게 유지하기 쉽고, 필릿 용접이나 수직 자세의 홈 용접에 사용됨

■ 환기장치

① 국소배기장치
- 유해물질의 발생원 근처에서 오염물질이 확산되기 전에 직접 포집하여 실외로 배출하는 방법
- 유해물질의 농도가 높거나 독성이 강한 경우에 사용하며, 환기 효율이 높음

② 전체환기장치
- 작업장 전체의 공기를 교체하여 유해물질의 농도를 희석하는 방법
- 유해물질의 발생량이 적거나 발생원이 넓게 분산되어 국소배기가 어려운 경우에 적합함

용접조건 설정, 직선 비드 및 위빙 용접

■ 피복 아크 용접기

① 용접기의 종류

	탭 전환형, 가동 코일형, 가동 철심형, 가포화 리액터형 용접기	
교류아크 용접기	탭 전환형	코일의 감은 수를 전환 탭으로 바꿔서 전류를 조절하는 방식으로 구조가 단순하고 고장이 적으나 무부하 전압이 높음
	가동 코일형	가동 핸들로 1차 코일과 2차 코일의 간격(결합계수)을 바꾸어 2차 전류를 조정하는 방식으로 연속적인 전류 조정이 가능함

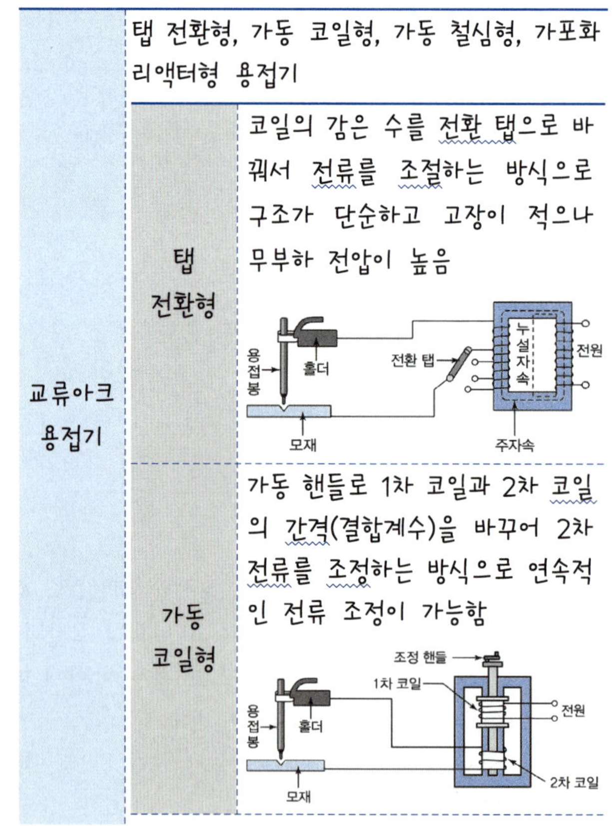

교류아크 용접기	가동 철심형	자기회로의 자속 경로와 누설자속의 크기를 변화시켜 용접전류를 제어하는 방식으로 구조는 견고하나 전류 조정이 어려움 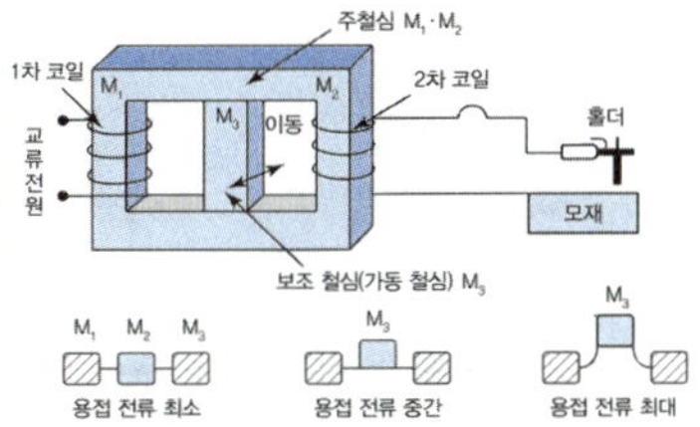
	가포화 리액터형	가변저항에 의한 제어전류로 철심의 자속을 변화시켜 용접전류를 제어하므로 미세전류 조정이 안정적이고 원격조정이 가능함 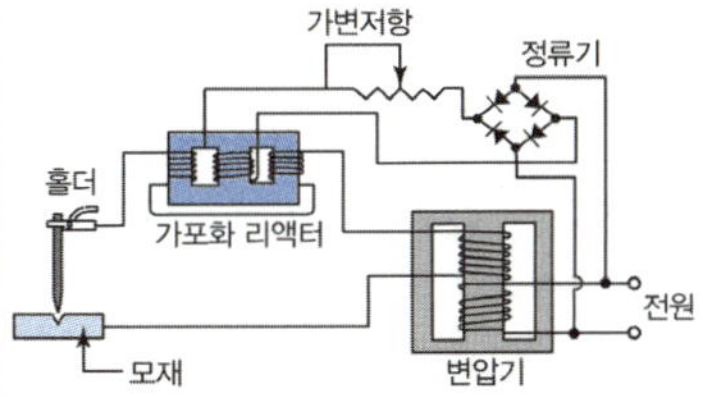
직류아크 용접기	정류기형	교류(AC)를 정류해 직류(DC)로 바꾸지만 남는 맥동 직류가 있어 완전한 직류를 얻을 수 없으나, 회전부가 없으므로 소음이 적고 보수와 점검이 쉬운 것이 장점
	발전형	정류형의 비해 구조가 복잡하며 전기를 생산하는 설비를 가지고 있어 보수와 점검이 힘든 것이 단점

> **Tip** 셀렌 정류기는 약 80℃ 이상에서 손상되며, 실리콘 정류기(Si 다이오드)는 약 150℃ 이상에서 손상됨

② 교류아크 용접기 부속장치
- 전격방지기
  - 아크 용접기의 무부하 전압을 조정하여 작업자가 전극봉이나 모재에 접촉 시 발생할 수 있는 감전 위험으로부터 보호하기 위해 필수적으로 설치해야 하는 안전장치
  - 전격방지기를 설치하여 무부하 시 2차 전압을 20~30V 이하로 낮추는 것이 안전 기준에 적합함
- 핫스타트(Hot Start)장치
  아크 시작 순간에 일시적으로 전류를 크게 올려 아크 점화를 쉽고 안정적으로 만들며, 불순물이 있는 상태에서도 아크 발생이 원활하도록 하는 역할
- 고주파 발생장치
  교류(AC)아크 용접기는 전류의 방향이 매 초에 바뀌기 때문에 교류가 0A가 되는 순간마다 아크가 꺼질 위험이 있으며, 이 현상을 방지하기 위해 고전압의 고주파 전류를 중첩시켜 아크가 끊기지 않고 안정적으로 유지되도록 하는 장치

더 알아보기 원격제어장치

멀리 떨어진 공간에서 용접작업을 진행하는 경우 용접기의 전류를 조정하기 위해 설치함(가포화 리액터형)

③ 용접기에 필요한 조건

수하 특성		아크 용접기의 전류-전압 곡선 중 하나로 부하전류가 증가하면 단자전압이 낮아지는 현상
부저항 특성		아크전류가 증가함에 따라 아크전압이 오히려 낮아지는 현상
상승 특성		아크전류가 증가함에 따라 아크전압도 상승하는 현상으로 자동 또는 반자동 용접에서 아크를 안정시키기 위해 사용됨
아크길이 자기제어 특성	정전류 특성(수동 용접, 전류(I)가 일정)	• 수하 특성과 유사하나, 전원 특성 곡선에서 전압 변화에 따른 전류의 변화폭이 훨씬 적은 특성 • 아크길이가 변하여 아크전압이 변동하더라도 용접전류는 거의 변하지 않음
	정전압 특성(자동·반자동 용접, 전압(V)이 일정)	전류가 변해도 전압이 거의 일정하게 유지되는 외부 특성으로 가스 금속 아크(GMAW) 용접과 같은 자동 또는 반자동 용접에서 아크길이의 자동 안정을 위해 일반적으로 사용됨

④ 용접기 성능 및 효율 계산 공식

> - 사용률(%) = $\dfrac{\text{아크시간}}{\text{아크시간 + 휴식시간}} \times 100$
>
> - 허용사용률(%) = $\dfrac{(\text{정격 2차 전류})^2}{(\text{실제 용접전류})^2} \times$ 정격사용률
>
> - 역률(%) = $\dfrac{\text{소비전력}}{\text{전원입력}} \times 100$
>
> - 효율(%) = $\dfrac{\text{아크출력}}{\text{소비전력}} \times 100$
>
> - 소비전력 = 아크출력 + 내부손실
> - 전원입력 = 무부하 전압 × 정격 2차 전류
> - 아크출력 = 아크전압 × 정격 2차 전류

더 알아보기 용접 입열

피복 아크 용접의 단위 길이당 전기적 열에너지

$$H(\text{J/cm}) = \dfrac{60EI}{V}$$

◦ E: 아크전압, I: 아크전류, V: 용접속도(cm/min)

⑤ 후크메타(클램프메타)의 측정 위치
- 후크메타는 도선 하나를 집어 그 선에 흐르는 전류를 비접촉으로 측정하는 장비로 2차 측 케이블에 클램프해야 정확한 용접전류가 나옴
- 실제 용접전류는 용접기 2차 측(출력 측)에서 전극 홀더/토치 접지 사이로 흐름

■ **용접 자세: 아래보기, 수직, 수평, 위보기 용접**

① 아래보기 자세(F, Flat Position): 용접할 이음부가 수평면에 놓여 있고 용접사가 그 위에서 용접봉을 아래로 향하여 용접함

② 수직 자세(V, Vertical Position): 모재와 수평면 사이에 수직으로 되어 있는 45° 이하 또는 90°의 경사를 가지며, 위쪽으로 용접함

③ 수평 자세(H, Horizontal Position): 용접선이 수평으로 놓여 45° 이하 또는 90°의 경사를 가지며 수평이 되도록 용접함

④ 위보기 자세(O, OH, Overhead Position): 용접부의 아래에서 위를 올려다보며 용접하며, 용접봉이 모재 아래쪽에 위치함

■ **T형 필릿 및 모서리 용접**

① 필릿 용접: 모재가 직각 또는 T자, ㄱ자 형태로 접합될 때 사용하는 용접법으로, 일반적으로 연속 필릿, 단속 필릿, 지그재그(스태거) 필릿으로 구분

② 하중 방향에 따른 분류

전면 필릿	하중이 용접선에 수직으로 작용
측면 필릿	하중이 용접선과 평행하게 작용
경사 필릿	하중이 용접선에 비스듬히 작용

③ 용접부 형상의 종류: 평형, 볼록형, 오목형

더 알아보기 목 두께

- 필릿 용접의 인장응력 작용면에 해당하는 유효 두께
- 정하중 시 목 두께 선정 기준은 두 부재 중 약한 쪽을 기준으로 함

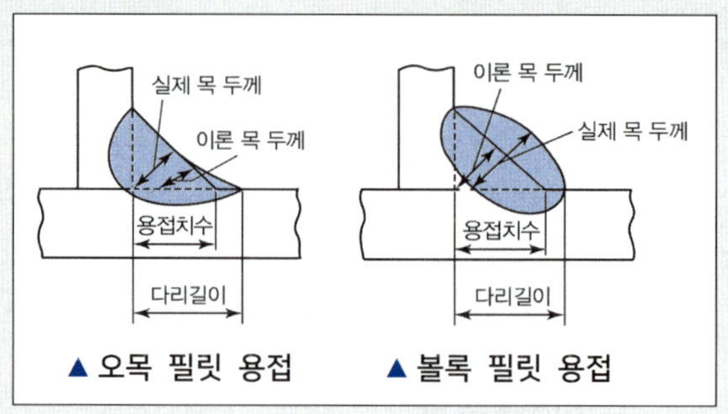

📋 수동 · 반자동 절단 및 용접

■ **가스 및 불꽃**

1) 연소
① 가연물이 산화제와 반응하여 발열과 발광(화염)을 동반하며 새로운 산화 생성물을 만드는 발열적 산화 반응
② 연소의 조건: 불에 쉽게 타는 가연물, 공기 또는 산소가 공급되는 산소공급원, 연소시키는 점화원

더 알아보기 연소의 4요소

연소의 기본 조건(가연물, 산소공급원, 점화원)에 화학적 연쇄반응이 더해진 것을 연소의 4요소라고 함

③ 연소 형태에 따른 분류
- 확산 연소: 연료가 대기 중으로 방출(유출)된 뒤 주변 공기 속의 산소와 자연스럽게 섞이면서 연소가 진행되는 형태
- 액면 연소: 액체연료를 점화원으로 하여 연소가 진행되며 증발과 동시에 발생한 증기가 연소하는 형태
- 분해 연소: 고체 연료(석탄, 목재 등)나 쉽게 증발되지 않는 고비점 액체 연료(중유, 파라핀유 등)가 열에 의한 화학적 분해가 되며 가연성 기체가 연소하는 형태
- 자기 연소: 물질 내부에 이미 산소 성분이 포함되어 있어, 외부 공기의 산소를 공급받지 않아도 스스로의 산소를 사용하여 연소가 일어나는 형태

2) 용접용 가스
① 완전 연소 반응식
- $H_2 + 0.5O_2 \rightarrow H_2O \Rightarrow O_2 = 0.5$
- $CH_4 + 2O_2 \rightarrow CO_2 + 2H_2O \Rightarrow O_2 = 2$
- $C_3H_8 + 5O_2 \rightarrow 3CO_2 + 4H_2O \Rightarrow O_2 = 5$
- $C_2H_2 + 2.5O_2 \rightarrow 2CO_2 + H_2O \Rightarrow O_2 = 2.5$

> **Tip** $2CO + O_2 \rightarrow 2CO_2$
> 일산화탄소(CO)는 산소와 반응하여 이산화탄소(CO_2)로 산화되면서 열을 방출하는 가연성 기체로 탄소가 완전히 산화되는 형태의 연소반응에 해당함

② 아세틸렌 완전 연소 반응식
- $2C_2H_2 + 5O_2 \rightarrow 4CO_2 + 2H_2O$
- 아세틸렌 비중은 공기비를 1로 기준했을 때 0.906으로 공기보다 가벼움
③ 프로판 완전 연소식
- $C_3H_8 + 5O_2 \rightarrow 3CO_2 + 4H_2O$
- 실제 절단용 예열불꽃에서는 연소손실과 효율을 고려해 프로판 : 산소 비율 = 약 1 : 4.5 정도로 맞춤

3) 불연성 물질
① 공기 중 연소되지 않거나 불이 붙지 않는 물질, 스스로 타지 않는 물질로 CO_2(이산화탄소), N_2(질소), Ne(네온), Ar(아르곤) 등이 있음
② 이산화탄소(CO_2): 비독성이지만, 공기 중 농도가 높아지면 산소결핍을 유발하여 질식 위험을 초래하고, 체적비 15% 이상이면 의식 상실 및 사망 위험이 있는 위험한 상태가 됨
③ 아르곤(Argon, Ar): 기체 비율(공기 중)은 약 0.94%, 성질은 무색, 무취, 무미의 불활성 가스로 용접 시에는 차폐가스로 사용됨

4) 가스 용접 불꽃
① 산소-아세틸렌 가스 불꽃

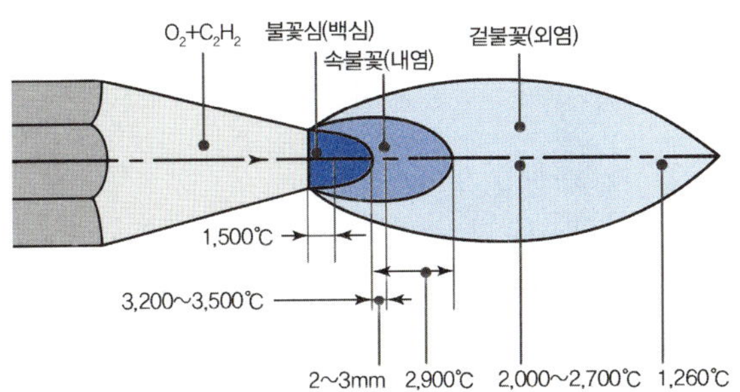

▲ 산소 - 아세틸렌 가스의 불꽃 구성

② 불꽃의 종류
불꽃 온도 중 산소를 과다하게 사용한 산화 불꽃이 온도가 가장 높음

탄화불꽃	길고 붉은 불꽃으로 아세틸렌 과다 불꽃이라고 하며 온도는 약 3,000℃
중성불꽃 (표준불꽃)	청백색의 짧은 불꽃으로 산소 1 : 아세틸렌 1의 비율을 가지며 온도는 약 3,200℃
산화불꽃	짧고 밝은 청색 불꽃으로 산소 과다 불꽃이라고 하며 산화 분위기로 온도는 약 3,400℃
아세틸렌 불꽃	순수 가연성 가스의 불꽃으로 황적색을 띠며, 온도는 약 1,800℃

■ 가스 용접 설비 및 기구, 산소 - 아세틸렌 용접

1) 가스 용접의 일반적 조건

① 금속을 충분히 가열시킬 수 있도록 발열량이 클 것

② 용접부를 빠르게 가열하여 변형과 산화를 줄일 수 있도록 불꽃의 온도가 높을 것

③ 산화를 방지하고 용융금속과 화학반응을 최소화 할 것

2) 가스 용접 설비

① 용접토치

- 저압식(영국식, A형): 인젝터식 토치로, 팁 번호는 용접 판 두께(mm)를 기준으로 표시함 (팁 1번 = 판 1mm)
- 중압식(프랑스식, B형): 가변압식 토치로, 팁 용량을 아세틸렌 소비량(L/h)으로 표시함 (100L/h≈100번 팁)

② 호스: 반드시 색깔을 구분하여 사용해야 하며, 산소는 청색(파랑), 아세틸렌은 적색(빨강)으로 구분

③ 가스 팁: 교체할 경우 모든 밸브를 닫은 상태에서 교체해야 하며, 밸브를 연 상태로 작업할 경우 가스 누출 및 폭발의 원인이 됨

3) 가스 용접봉

① 가스 용접봉 두께 선택

$$D = \frac{T}{2} + 1$$

- 가스 용접에서 사용하는 용접봉의 지름(D, mm)은 용접할 모재의 두께(T, mm)에 비례하며, 두꺼울수록 더 굵은 용접봉을 사용
- 가스 용접봉 선택 시 모재와 같은 재질이어야 하고, 용융 온도가 모재랑 균일해야 하며, 용융 온도가 낮을 경우 융합되지 않고 용입이 불량해짐

② 가스 용접봉의 종류

- GA, GB: 가스 용접봉의 재질 / 43: 용착금속의 최소 인장강도(kgf/mm^2)
- KS 규격상 연강용 가스 용접봉 표준 직경(치수): 1.0, 1.6, 2.0, 2.6, 3.2, 4.0, 5.0mm
- SR(Stress Relieved): 응력 제거 열처리(풀림)를 실시함
- NSR(Non Stress Relieved): 응력 제거 처리를 하지 않음

4) 용제(Flux)

① 용제는 가스 용접이나 납땜 시, 금속 표면에 존재하는 산화물 등을 제거하고, 용융금속을 보호하기 위해 사용하는 물질로 주로 붕사, 불화칼슘, 규산염 등이 해당됨

② 금속 종류별 사용 용제

금속 종류	사용 용제
황동 (Brass)	붕사(Borax)
구리(Cu)	붕사 + 염화나트륨 혼합
알루미늄 (Al)	염화리튬(LiCl), 염화칼륨(KCl) 등 염화물계 용제
연강 (Steel)	용제 사용하지 않음

5) 가스 용접 운봉

① 토치의 불꽃과 용접봉을 조절하여 용착금속을 균일하게 채워나가는 방법

② 전진법과 후진법

구분	전진법 (Forward Welding)	후진법 (Backward Welding)
용접봉 위치	불꽃 앞쪽	불꽃 뒤쪽
불꽃의 진행 방향	불꽃이 진행 방향과 같은 방향	불꽃이 진행 방향의 반대 방향
화염의 작용	불꽃이 미리 모재를 예열하지 못해 용접부 보호가 작아져 산화가 발생하기 쉬움	불꽃이 이미 용착된 금속 위를 지나 예열 효과가 커져 산화 발생이 감소함
열 이용률	낮음	높음
용접 속도	느림	빠름
용입 깊이	얕음	깊음
용착 금속 조직	거침	미세함
용접 변형	큼	작음
홈 각도	큼 (80°)	작음 (60°)
적용 두께	얇은 판 (약 3mm 이하)	두꺼운 판 (3mm 이상)

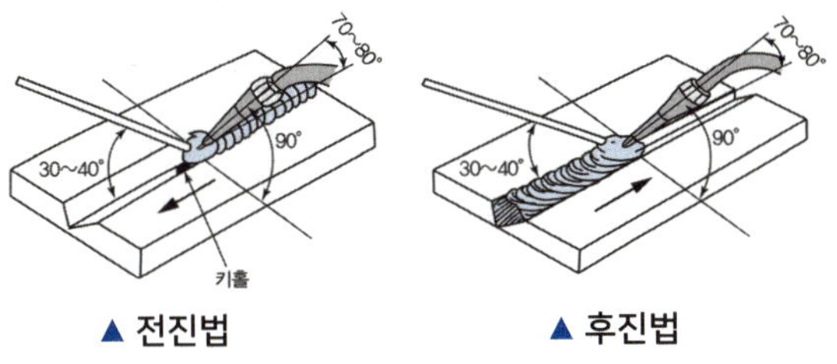

▲ 전진법　　　　▲ 후진법

6) 역화, 인화 및 역류

① 역화: 가스혼합기(또는 팁 내부) 쪽으로 불꽃이 역으로 타들어가는 현상, 아세틸렌과 산소가 혼합되어 있는 부분으로 불꽃이 되돌아가 팁 내부 또는 호스 내부에서 폭발 위험이 있음

② 인화: 가연성 물질에서 나온 증기・가스가 공기와 혼합되어 점화원에 접촉했을 때 순간적으로 연소속도가 가스 분출 속도보다 빨라져 불꽃이 분출구 안으로 들어가는 현상

③ 역류: 가스 중 한쪽의 압력이 비정상적으로 높거나 용접 팁이 막혀 유량이 제한될 경우에 압력이 높은 쪽의 가스가 압력이 낮은 쪽의 호스나 장치 내부로 흘러 들어가는 현상

> **Tip** 역화방지기: 역화와 역류를 막기 위한 안전장치

■ 가스 절단 장치 및 방법

① 가스 절단

- 철강재를 산소와의 산화 반응을 통해 산화시켜 슬래그 형태로 만들고 고압 산소로 불어내는 과정
- 슬래그 배출을 위해 산화물이 모재보다 낮은 용융점을 가지고 쉽게 용융 및 배출되어야 함
- 산소의 순도가 저하되거나 불순물이 증가되면 절단 시 불이 꺼지거나 절단속도가 느려짐

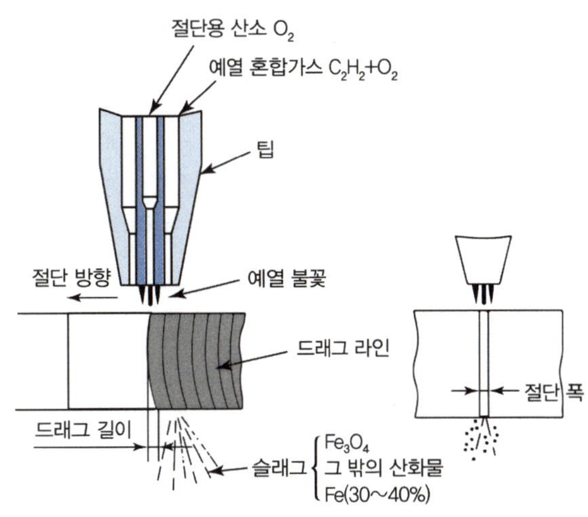

▲ 가스 절단의 구조

② 절단토치
  - 저압식(영국식, A형)
    - 산소와 아세틸렌의 혼합비가 1 : 1 표준불꽃 상에서 1시간에 소비되는 산소(O_2) 가스의 양
    - 절단 팁: 비동심형
    - 절단토치 압력: 0.07kgf/cm^2 이하
  - 중압식(프랑스식, B형)
    - 산소와 아세틸렌의 혼합비가 1 : 1 표준불꽃 상에서 1시간에 소비되는 아세틸렌(C_2H_2) 가스의 양
    - 절단 팁: 동심형
    - 절단토치 압력: 0.07~1.3kgf/cm^2 범위
③ 예열불꽃
  - 절단 시작 전 금속을 발화점 온도까지 가열하여 순도 저하를 방지하는 역할
  - 예열불꽃이 강하면 과열이 진행되며, 산화층이 두꺼워지고 표면이 거칠어짐

> **Tip** 예열온도가 낮으면 드래그 배출이 원활하지 않아 절단이 끊기는 현상이 발생하며 절단속도가 늦어짐

④ 표준 드래그 길이
  - 드래그(Drag): 가스 절단 중 산소 제트가 금속을 완전히 관통하는 동안 용융금속이 산화되어 배출되기까지 시간이 걸리므로 절단선이 약간 지연되는 현상
  - 모재 두께의 20%를 기준으로 하며 드래그 길이가 작을수록 우수한 절단 작업
  - 드래그의 비

$$\text{드래그}(\%) = \frac{d}{t} \times 100$$

  ◦ d: 드래그 길이(mm), t: 판 두께(mm)

■ 플라즈마, 레이저 절단

① 플라즈마 절단: 고온의 이온화된 가스를 활용하여 금속을 용융·절단하는 방법으로, 절단 온도는 10,000~20,000℃까지의 열원을 가짐
② 레이저 절단: 고출력 레이저 빔을 렌즈로 집속하여 매우 작은 면적에 고에너지를 집중시켜 금속을 순간적으로 용융 또는 기화시키고, 보조가스로 이를 제거하여 절단하는 방법

■ 특수 가스 절단 및 아크 절단

1) 특수 가스 절단
① 산소창 절단: 일반적인 절단토치 대신 가늘고 긴 강관을 사용하여 절단하는 방법으로, 강관 내부로 산소를 공급하고 그 강관 자체가 산화·연소하면서 발생하는 고온의 반응열을 이용해 금속이나 암석 등을 절단하는 방법
② 수중 절단: 수중에서는 일반 가연성 가스를 사용할 수 없으며, 예열용 가스로 고압·고온 조건에서 안정적인 수소(H_2)가 가장 널리 사용되고, 예열가스의 양을 공기 중에서의 약 4~8배로 함

2) 아크 절단(Arc Cutting)
아크열을 활용하여 금속을 부분적으로 가열하고 용해시켜 절단하는 방법으로, 아크 절단은 속이 빈 피복 전극을 통해 산소를 분사하여 절단하며 다양한 절단에 활용되나 절단면이 매끄럽지 못함
① 탄소 아크 절단(Carbon Arc Cutting): 흑연(탄소) 전극과 모재 사이에 아크를 발생시켜, 모재를 아크열로 국부적으로 가열·용융하여 절단하는 방법
② 금속 아크 절단(Metal Arc Cutting): 탄소 전극 대신 금속 전극봉을 사용하여 절단함
③ 산소 아크 절단(Oxygen Arc Cutting): 중공(속이 빈)의 피복 전극과 모재 사이에 아크를 발생시켜 아크열로 모재를 가열한 뒤, 전극 내부의 구멍을 통해 고압 산소를 분출하여 금속의 산화 반응열을 이용하여 절단함
④ 텅스텐 아크 절단(Tungsten Arc Cutting, TIG Cutting): 비소모성 텅스텐 전극을 사용하여 아크열로 금속을 녹여 절단하는 방식으로 가열 효과를 높이기 위해 아르곤(Ar) 가스에 수소(H_2)를 첨가하며, 주로 알루미늄, 마그네슘, 구리, 스테인리스강 등의 절단에 활용됨

■ 스카핑 및 가우징

1) 스카핑(Scarfing)

표면 결함을 제거하는 홈 파기 가공방법으로, 결함을 방지하기 위해 단면을 완만한 타원형 홈 모양이 되도록 하는 가스 절삭 가공법이며 냉간재는 5~7m/min로 산소 반응이 늦고 열전도율이 낮기 때문에 너무 빠르게 이동하면 결함부가 충분히 제거되지 않음

2) 가우징(Gouging)

용접 전 또는 용접 후에 홈을 파내는 작업으로 주로 결함부 제거, 홈 형상 제작, 용접부 재가공 등에 이용됨

① 가스 가우징(Oxy - Fuel Gouging)
- 가연성 가스(아세틸렌 등)와 산소(O_2)를 이용하여 금속을 녹이는 작업으로 절단 팁 대신 슬로우 다이버전트형 팁을 사용함
- 용접부 뒷면 가우징(따내기), 표면 결함 제거, U 또는 H형 용접 홈 가공을 위해 사용되는 방법으로 전용 가우징 팁으로 산소를 집중 분사해 가공하며 스테인리스강 및 비철금속(알루미늄, 구리 등)은 절단 불가함

② 아크 에어 가우징
- 아크 에어 가우징은 동피복된 흑연 전극과 압축공기를 사용하여 금속을 파내는 작업
- 압축공기를 사용하여 가우징, 절단 및 구멍 뚫기, 결함 제거 등에 사용되며 철 제품(탄소강)뿐만 아니라 스테인리스강, 주강, 비철금속 등 다양한 금속에 적용 가능함
- 장치: 전원(직류 역극성), 가우징 토치, 탄소 또는 흑연 전극봉, 압축공기, 호스 및 배선

> **Tip** 가우징 시 압축공기의 압력은 약 5~7kgf/cm^{2}가 좋음

📋 아크 용접 및 기타 용접

■ 서브머지드 아크 용접(SAW)

용접부를 용제(Flux)로 덮은 상태에서 아크를 발생시켜 용접하는 방식으로 잠호 용접, 불가시 용접, 유니언 멜트 용접이라고 함

---

① 특징
- 아크와 용융금속이 대기와 차단되므로 산화가 방지되고 자동용접으로 생산성이 우수함
- 용입이 깊기 때문에 개선각을 작게 할 수 있어, 용접 패스 수(횟수)를 줄일 수 있음
- 고전류 사용이 가능하므로 능률이 수동용접보다 높음
- 용접 자세로 아래보기 또는 수평 필릿 자세만 가능함
- 열량이 많고 용입이 깊어 용락 발생에 주의가 필요함
- 용락 방지를 위해 누설 방지 비드 또는 백킹제를 배치해야 함

> **Tip** 백킹제 중 철분 충진제는 아크 안정 및 용착량 증가를 위해 사용함

② 용접장치의 구성: 용접전원, 와이어 송급장치, 플럭스 공급(봄베) 및 회수장치, 캐리지(주행 대차), 와이어 등

③ 다전극 방식에 의한 분류

다전극 방식	단일전극의 한계를 극복하고 용착효율을 극대화하기 위해 두 개 이상의 와이어를 사용하는 방식
	탠덤식 — 두 개의 전극을 용접 진행 방향에 앞뒤로 배치하여 깊은 용입과 매우 빠른 용접속도를 확보하는 고능률 방식
	횡직렬식 — 두 개의 전극을 용접 진행 방향에 직각으로 일렬 배치하여 비드 폭을 넓히고 간격이 넓은 홈을 효과적으로 채우는 방식
	횡병렬식 — 두 개의 전극을 용접 진행 방향에 가로로 평행 배치하여 용착량을 극대화하고 표면이 평탄한 비드를 형성하는 방식

④ SAW용 용제(Flux)의 역할

- 아크의 안정 작용
- 산화, 질화 방지
- 슬래그 형성
- 용착금속 재질 개선
- 탈산정련 작용

⑤ 용제의 종류

종류	특징
용융형 용제	• 일반 탄소강, 구조물 등에 사용하며 화학적 균일성이 양호하고 수분 흡수가 적어 재활용이 가능 • 흡습성(수분 흡수)이 거의 없어 용제 관리가 매우 쉽고 아크가 안정되어 고속 용접에 가장 적합
소결형 용제	• 스테인리스강, 합금강, 대형구조물 등에 사용하며 합금 성분을 첨가하여 조성 조절이 용이 • 덧살 용접처럼 화학 조성이 정밀하게 관리되어야 하는 용접에 활용
혼성형 용제	• 일반구조물 및 조선, 해양 플랜트, 대형구조물 등에 사용되며 용융형과 소결형의 중간 특성 • 높은 생산성(용접 속도)과 함께 특정 비드 형상 및 기계적 성질이 동시에 요구되는 분야와 후판 용접에 특화

■ **가스 텅스텐 아크(TIG, GTAW) 용접, 가스 금속 아크(MIG, GMAW) 용접**

1) 불활성 가스 텅스텐 아크 용접

① TIG 용접

- 비소모성 텅스텐 전극봉과 불활성 가스(Ar, He)를 사용하여 아크열로 금속을 용융시키는 용접법으로 피복제 및 용제가 필요하지 않음
- TIG 용접에서는 아크를 끊은 뒤에도 불활성 가스를 잠시 더 흘려 텅스텐 전극과 용융부를 보호하는데, 이때 전극의 온도는 300℃ 이하로 떨어질 때까지 가스를 유지하면 산화 방지에 효과가 좋음
- TIG 용접에서 알루미늄이나 마그네슘과 같은 비철금속은 표면에 강한 산화막(Al_2O_3, MgO)이 용접법을 방해하므로 청정작용이 필수로 필요

> **더 알아보기 청정작용**
> - 아크 방전 중 발생한 이온화된 아르곤(Ar^+) 등의 양이온이 모재 표면으로 충돌하면서, 모재 표면에 형성된 산화막(특히 Al_2O_3), 녹, 이물질 등을 물리적으로 제거하는 작용
> - 청정작용은 극성이 주기적으로 바뀌는 고주파 교류의 (+) 반주기에서는 산화막 제거(청정작용)를, (-) 반주기에서는 모재 용융을 가지고 옴

② 극성

- 직류 정극성(DCEN, Direct Current Electrode Negative)
  - 전자가 전극에서 방출되어 모재 쪽으로 가속되므로, 모재에 열이 70% 집중되어 용입이 깊고 비드 폭이 좁음
  - 스테인리스강, 탄소강, 구리 등 대부분의 금속 용접에 사용
  - 전극(−), 모재(+)
- 직류 역극성(DCEP, Direct Current Electrode Positive)
  - 전자가 모재에서 전극으로 충돌하여 전극에 열이 70% 집중되어 전극이 과열되므로 소모가 매우 빠르며, 용입이 얕고 비드 폭이 넓음
  - 전극(+), 모재(−)
- 교류(AC, Alternating Current)
  - 정극성과 역극성이 주기적으로 바뀌며, 중간 정도의 용입을 가짐
  - 알루미늄, 마그네슘과 같이 표면에 강하고 녹는점이 높은 산화막(Al_2O_3, MgO)이 있는 비철, 경금속에 활용

사용 극성	DCEN	DCEP	ACHF
전자와 이온의 흐름 및 용입 현상	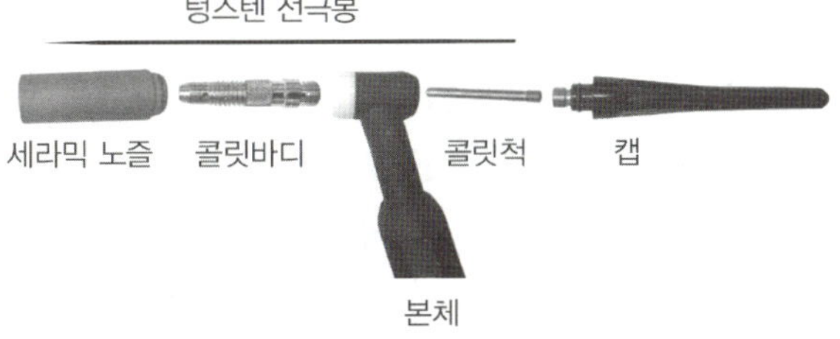		
청정작용	없음	있음	있음 (DCEP의 50%)
발생열	70% 모재 30% 용접봉	30% 모재 70% 용접봉	50% 모재 50% 용접봉
용입 및 비드 폭	깊고 좁음	얇고 넓음	중간
용도	일반 용접	박판 용접	경금속 용접

③ 용접장치
- TIG 용접토치의 종류 : T형 토치, 플렉시블형 토치, 직선형 토치 등

텅스텐 전극봉

세라믹 노즐   콜릿바디   콜릿척   캡

본체

- 세라믹 노즐: 토치 선단에 장착되는 분홍색 컵 모양의 부품으로 보호가스를 집중시키고 내열 및 절연의 역할을 함
- 콜릿바디: 세라믹 노즐 안쪽에 체결되며 콜릿척을 감싸는 부품으로 토치 본체에서 나온 보호가스를 노즐로 고르게 분산시키는 가스 디퓨저 역할
- 콜릿척: 전극봉을 고정하는 부품으로 캡을 조이면 콜릿척이 오므라들면서 텅스텐 전극봉을 잡아주고 토치로부터 전달된 용접전류를 전극봉에 직접 전달함

- 본체(토치바디): 용접사가 손으로 잡는 부분이며, 모든 부품이 연결되는 중심 몸체
- 캡: 토치 본체 뒷부분에 나사처럼 체결되며, 이 캡을 돌려 조이면 콜릿척을 앞으로 밀어 텅스텐 전극봉을 고정시키는 압력을 제공함
- 텅스텐 전극봉: 전기를 모재(용접물)로 전달하여 아크(Arc)를 발생시키는 핵심 전극
- 텅스텐 전극봉의 색상별 종류

재질	색상	특징
순텅스텐	녹색	알루미늄 용접에 주로 많이 사용되며, 연마를 하지 않아도 용접이 가능한 장점이 있음
1% 토륨	노랑	철, 스테인리스, 크롬강 등에 사용되며 전극의 수명 긺
2% 토륨	빨강	1% 토륨보다 전자 방출이 높고, 전극 수명이 길며 용접 아크 안정성 우수함. 토륨 방사능 성분을 사용하므로 주의 필요
1% 란탄	흑색	단락에 대한 저항성이 강하고, 전자 방출률이 높으며 수명이 긺
1.5% 란탄	금색	모든 금속 용접이 가능하며, 우수한 용접성을 가지고 있음
2% 란탄	하늘색	모든 금속 용접이 가능하며, 우수한 용접성을 가지고 있음
지르코니아	갈색 / 백색	교류 용접을 이용한 알루미늄 용접에서 우수한 용접성을 보임
세륨	회색	저전류 용접에 사용됨

 텅스텐 전극봉 활용

- 2% 토륨 텅스텐 전극의 표시는 적색으로 하며 아크 게시가 용이하고 전극 소모가 적으나 교류에는 부적합성을 보임
- 2% 토륨 텅스텐 전극은 직류에서 집중된 아크와 깊은 용입을 얻기 좋아 탄소강, 스테인리스강, 구리 합금 용접에 적합하며, AC 교류에서는 순텅스텐 또는 지르코니아계 등이 선호됨

- TIG 용접 직류 정극성 조건에서 텅스텐 전극 선단은 20~50° 정도의 각도로 연마함
- 수냉식 TIG 토치를 사용함
  - 냉각수가 순환되는 구조로 설계되어 있으며 별도의 냉각 장치가 내부적으로 냉각을 담당함
  - 토치를 냉각수 탱크에 넣어 식히는 행위는 절연 파손, 감전 위험, 냉각수 오염 등의 원인이 되므로 주의가 필요함
- 뒷받침(Backing Plate)의 역할: TIG 용접은 아르곤(Ar) 등의 불활성 가스로 용융지를 보호하며, 특히 박판 용접 시 용융금속이 아래로 떨어지거나 용락 현상이 발생하기 쉬우므로 이를 방지하기 위해 뒷받침을 사용함

 자동 불활성 가스 텅스텐 아크 용접 종류

- 전극 제어 방식에 의한 분류: 전극 높이 고정형, 아크 길이 자동 제어형
- 용가재 공급 방식에 의한 분류: 와이어 자동 송급형

④ 용접 현상
  - 예비가스 유출시간(Pre-flow Time): 용접아크가 발생하기 전 미리 보호가스를 분사하는 시간으로 용접 시작 지점의 대기를 완전히 제거하여 초기 산화 방지 및 아크 안정성을 확보함
  - 후기가스 유출시간(Post-flow Time): 아크가 차단된 후에도 일정 시간 보호가스를 분사하는 시간으로 고온상태의 용착금속과 전극봉이 대기와 접촉하여 산화되는 것을 방지함
  - 번 백 시간(Burn Back Time): 와이어 송급이 멈춘 후에도 전류를 순간적으로 유지하여 와이어 끝을 깔끔하게 끊어내는(Burn Back) 역할이 진행되는 시간
  - 퍼커링 현상: 알루미늄 TIG 용접에서 전류가 과다해지면 청정이 제대로 일어나지 않아 산화막이 두껍게 남고, 아크길이가 불안정해져 비드 표면이 거칠고 주름지듯 나타나는 현상

2) 불활성 가스 금속 아크 용접
  ① GMAW 용접: 연속적으로 공급되는 와이어를 전극으로 사용하는 용접법으로 아크와 용융풀을 보호가스가 감싸주며, 용착효율이 약 80% 이상으로 높고 스패터 발생이 과도하지 않음
  ② GMAW의 분류(보호가스 기준)

MIG(Metal Inert Gas) 용접	• 보호가스: 불활성 가스(Inert Gas)인 Ar(아르곤), He(헬륨) 또는 그 혼합 가스를 사용 • 주로 알루미늄, 구리, 스테인리스강 등 비철금속 및 고급강 용접에 사용
MAG(Metal Active Gas) 용접	• 보호가스: 활성 가스인 CO_2(이산화탄소) 단독, 또는 Ar + CO_2, Ar + O_2 등 불활성 가스에 활성 가스를 혼합하여 사용 • 주로 탄소강, 저합금강 용접에 사용되며, CO_2 용접이 여기에 속함

  ③ 가스 공급계통 순서: 용기 → 감압밸브 → 유량계 → 제어장치 → 용접토치
  ④ 와이어 송급방식의 종류

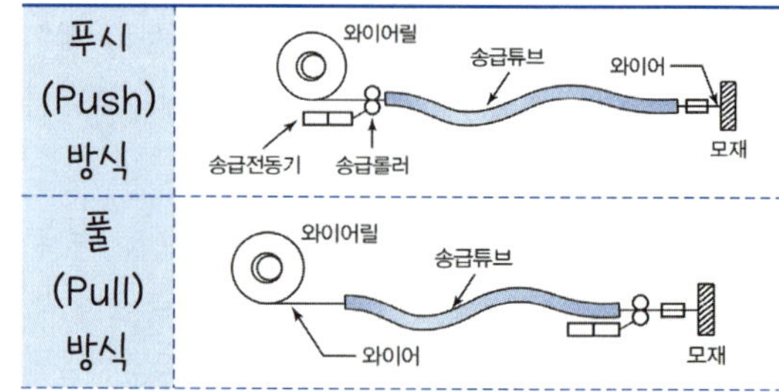

| 푸시-풀
방식 | 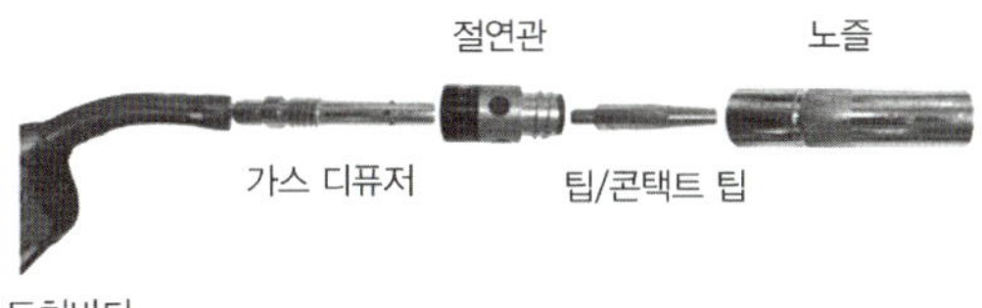 |
| 더블
푸시
방식 | |

■ 이산화탄소(CO_2) 가스 아크 용접 및 플럭스 코어드 아크 용접

1) CO_2 가스 아크 용접

① 특징

- 반자동 용접으로 용접 시 보호가스로 이산화탄소를 활용함
- 아크와 용융지를 외기(산소, 질소)로부터 보호하며 소모성 와이어를 전극으로 사용하고 아크 열로 모재와 와이어가 용융되어 용접풀을 형성
- 탈산제(Si, Mn): CO_2는 고온의 아크열에 의해 분해되어 산소가 다량 존재하게 되므로 용융금속이 산화되기 쉬워, 와이어에 Si(규소)와 Mn(망간) 같은 탈산제를 첨가하여, 유해한 산화철(FeO)을 환원시키고 기포 및 기공 발생을 방지

> **Tip** 규소(Si)는 용접금속 내에서 탈산제로 작용하며 기공의 발생을 방지하지만 지나치게 많을 경우 연신율과 굽힘성이 감소함

- 혼합 가스의 효과(Ar + CO_2): CO_2 가스에 Ar(아르곤) 가스를 혼합하면, CO_2 단독 사용 대비 아크 안정성이 향상되고 스패터가 감소하며 비드 형성이 개선됨
- CO_2는 활성 가스로서 용접 시 산화가 발생하므로 알루미늄, 구리 등 비철금속이나 이종금속 용접에는 부적합함

② 전류, 전압, 가스유량

용접전류 (Current)	• 용융되는 금속의 양과 용입 깊이를 결정하는 주된 요소 • 전류 증가 시, 아크 열량 증가로 용입이 깊어지고 와이어 용융속도가 빨라짐 • 전류가 너무 낮으면 용입 불량이 발생하며, 너무 높으면 와이어의 용융속도가 과도하게 빨라져 언더컷이나 스패터 증가 등의 결함이 발생
용접전압 (Voltage)	• 아크길이와 비드 폭을 결정 • 전압이 너무 낮으면 아크가 불안정해져 스패터가 증가하고 용입이 부족해지며, 전압이 너무 높으면 아크가 길어져 보호가스 효율이 떨어지고 산소 또는 질소가 혼입되어 불안정한 아크 발생
가스유량	10~15L/min: 실내·무풍 조건의 저전류 영역 표준 권장치에 해당하여 가장 안정적임

더 알아보기 용접전류

구분	전류(A)	전압(V)	용도
저전류	50~120A	17~21V	박판(2~4mm) 용접
중전류	120~200A	21~26V	일반 구조용 중판
고전류	200A 이상	26~32V	두꺼운 강판, 다층 용접

③ 용접장치

- CO_2 용접토치 기본 구조: 노즐, 가스 디퓨저, 콘택트 팁, 스프링, 라이너로 구성

- 노즐: 토치의 가장 바깥쪽에 장착되는 금속
  부품으로 가스 흐름 방향을 잡아 보호가스를
  집중시켜주고 내부 부품을 보호함
- 팁(Tip/콘택트 팁): 용접기에서 토치 바디를
  통해 전달된 용접전류(전기)를 와이어에 최
  종적으로 접촉시켜 전달함
- 절연관: 전류가 흐르는 내부 부품(가스 디퓨
  저, 콘택트 팁)과 가장 바깥쪽의 노즐이 서로
  닿아 전기가 통하는 것(단락, 쇼트)을 방지
- 가스 디퓨저: 토치 바디를 통해 공급된 보호
  가스를 여러 개의 작은 구멍을 통해 고르게
  분산시켜 노즐 내부로 내보냄
- 토치 바디: 용접기에서 오는 전원 케이블, 보
  호가스 호스, 와이어가 지나가는 라이너(스프
  링)가 모두 내부를 통과하여 선단부(팁, 노
  즐)로 연결됨
- 스프링: 와이어 송급 과정에서 라이너 및 내
  부 부품을 안정적으로 고정하고 진동을 완화함
- 라이너: 와이어 송급장치부터 용접토치 끝단
  (팁)까지 와이어가 통과하는 유연한 가이드
  튜브
- 히터장치: CO_2(이산화탄소)는 고압 용기 속에
  서 액체 상태로 저장되어 있으며, 기체로 방출
  될 때 급격한 기화로 인해 조정기나 밸브가 얼
  어붙는 동결 현상이 발생하므로 조정기 측에
  히터장치를 설치하여 이를 방지함

④ 와이어의 돌출길이

| 돌출길이가 긴 경우 | • 예열 증가
• 용접전류 감소
• 용착효율 증가 |
| 돌출길이가 짧은 경우 | • 예열 감소
• 보호가스 효과 증가
• 스패터 발생 증가 |

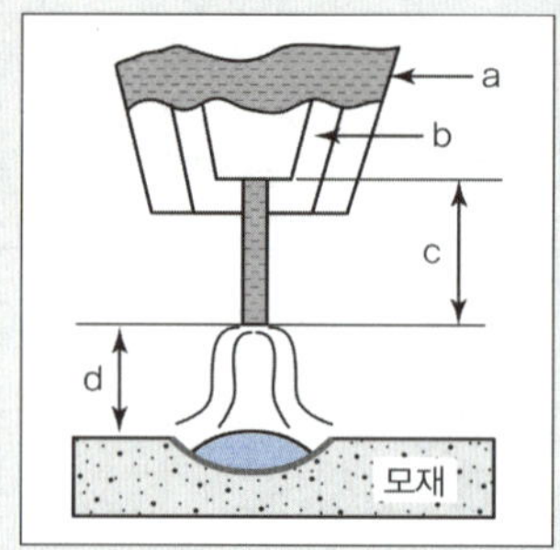

a: 노즐
b: 콘택트 팁
c: 와이어 돌출길이(10·15mm)
d: 아크길이
c + d: 팁과 모재간 거리

2) 플럭스 코어드 아크 용접
  ① 복합 와이어는 와이어 내부에 플럭스(Flux)가 들
    어 있어 용접부 보호, 아크 안정, 비드 외관 향상
    등의 장점이 있으며 스패터가 솔리드 와이어에 비
    해 적음
  ② 복합 와이어 종류: 아코스 와이어, 관상 와이어,
    NCG 와이어 등

■ 플라즈마 아크 용접(Plasma Arc Welding, PAW)

① TIG 용접과 유사하나, 아크를 노즐로 강하게 집속시
  켜 플라즈마 제트를 이용하는 용접법
② 플라즈마 아크 용접은 플라즈마 가스로 Ar 또는
  $Ar+H_2$를 사용, H_2를 소량 첨가 시 열전도도가 올라
  가고 아크 집중과 함께 냉각 효과가 유리해짐
③ 자기적 핀치효과: 아크 플라즈마(Arc Plasma)에서
  대전된 입자(전자, 이온)가 흐르는 전류에 의해 자기
  장이 형성되고, 이 자기장이 다시 전류 흐름 방향으
  로 작용하면서 아크 단면이 좁아지고 전류밀도가 증
  가하는 현상

- ■ 일렉트로 슬래그 용접(Electroslag Welding, ESW)

① 두꺼운 판의 수직 맞대기 용접에 사용하는 고전류 자동 용접법

② 용융금속의 유출을 방지하기 위해 양쪽에 두꺼운 수냉 동판을 대어 아크를 발생시킨 후 용융 슬래그의 전기저항열을 이용하여 용접을 진행

③ 단면이 직선형이며 수직 진행하므로 X형 개선은 용접이 어려움

④ 용접장치
- 안내레일, 제어 상자, 냉각장치(냉각수 및 수냉 동판), 와이어 공급장치, 전원장치 등
- 수냉 동판: 용접부 양쪽(앞뒤)에 설치하여 용융금속(용탕)과 슬래그가 밖으로 쏟아지지 않도록 막아주는 댐 역할

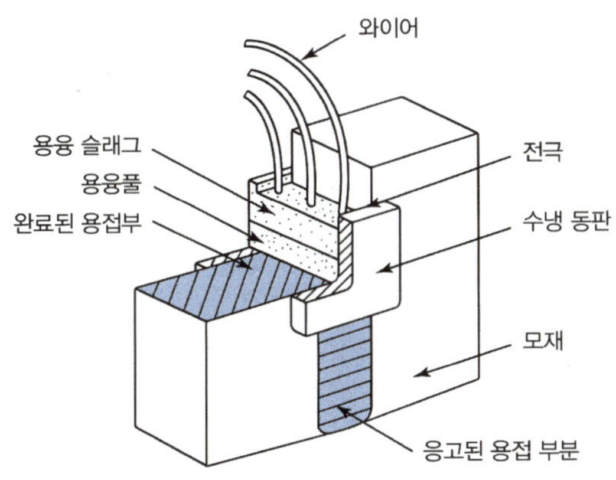

▲ 일렉트로 슬래그 용접의 구조

> **더 알아보기** 일렉트로 가스 아크 용접(Electro Gas Welding, EGW)
>
> 소모성 와이어와 용융풀 사이에서 발생하는 아크열로 용접을 진행하며, 보호를 위해 CO_2 등 보호가스를 공급하는 방식

- ■ 테르밋 용접(Thermit Welding, TW)

① 화학적 용접의 일종으로, 금속 산화물(주로 산화철)과 알루미늄 분말 사이의 강력한 산화-환원 반응열을 이용하는 용접법

② 원리: 알루미늄(Al)이 산화철(Fe_2O_3)에서 산소를 빼앗아 자신은 산화알루미늄(Al_2O_3)이 되고, 환원된 철(Fe)은 3,000℃ 이상의 고온 용융금속이 되어 이 쇳물로 용접부를 채움

③ 테르밋 반응식: $Fe_2O_3 + 2Al \rightarrow 2Fe + Al_2O_3$

④ 점화제: 과산화바륨, 알루미늄, 마그네슘 등을 사용하여 초기 점화 에너지를 제공

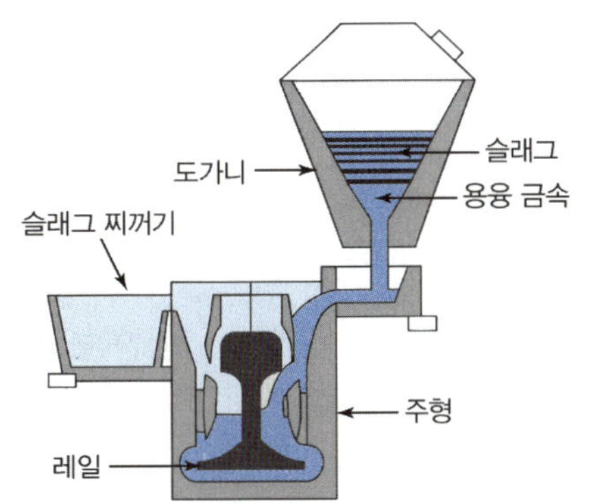

▲ 테르밋 용접의 구조

- ■ 스터드 용접(Stud Welding)

① 아크를 이용하여 스터드 볼트를 모재에 융착시키는 방식으로 아크 용접의 한 종류

② 스터드 용접법: 아크, 충격, 저항

③ 페룰의 역할
- 용융금속 보호: 용접 중 녹은 쇳물이 밖으로 튀거나 쏟아지는 것을 막아줌
- 아크 집중: 아크를 스터드 주위에 집중시켜 용접 품질을 높임
- 가스 배출: 페룰에 있는 홈(Vent, 구멍)을 통해 용접부의 열과 가스를 방출시켜 산화를 방지하고 기공을 줄여줌

- ■ 전자 빔 용접(Electron Beam Welding, EBW)

① 고에너지 전자 빔을 진공에서 집속해 국부 가열하는 장치로 고진공장치·고전압 가속계·빔 제어계 등 설비가 복잡해 설비비가 큰 공정

② 매우 깊은 용입을 얻는 공정으로 후판 용접에 유리

③ 전자 빔 용접의 고전압 소전류형은 70~150kV의 가속 전압을 가짐

- ### 레이저 용접(Laser Beam Welding, LBW)

① 집중된 단일 파장의 광에너지(레이저)를 열원으로 사용하여 모재를 용융시키는 비접촉식 용접법
② 열원 집중도가 매우 높고 열 영향부가 작아 변형이 거의 없는 고정밀 용접법
③ 집속된 고에너지 광을 이용해 금속을 정밀하게 용융 접합하는 방식으로 용접 전처리 단계에서 결함 원인을 제거해야 함

- ### 전기저항 용접(Resistance Welding)

전류가 흐를 때 도체(모재)에서 발생하는 저항열을 이용하여 금속을 국부적으로 가열하고, 여기에 가압력을 가하여 접합하는 용접법

① 점 용접(Spot Welding)
- 점 용접의 3대 요소: 가압력, 통전시간, 용접전류
- 너깃: 저항 용접(점 용접) 시 전류와 가압력에 의해 접합면 사이가 가열되고 용융되어 형성되는 바둑알 모양의 용접부
- 직렬식 점 용접: 하나의 2차 전류 회로(변압기)에 두 개 이상의 용접점을 직렬로 배치하여, 동시에 여러 개의 융합부(너깃)를 만드는 방식
- 맥동 점 용접: 전류를 한번에 연속으로 흘리지 않고, 여러 사이클에 걸쳐 단속적으로(On/Off) 흘려 주는 저항 용접법
- 전기저항열 산출공식(Joule의 법칙)

$$Q = 0.24I^2Rt$$

  ◦ Q: 저항열(cal), I: 전류(A)
  ◦ R: 저항(Ω), t: 통전시간(sec)

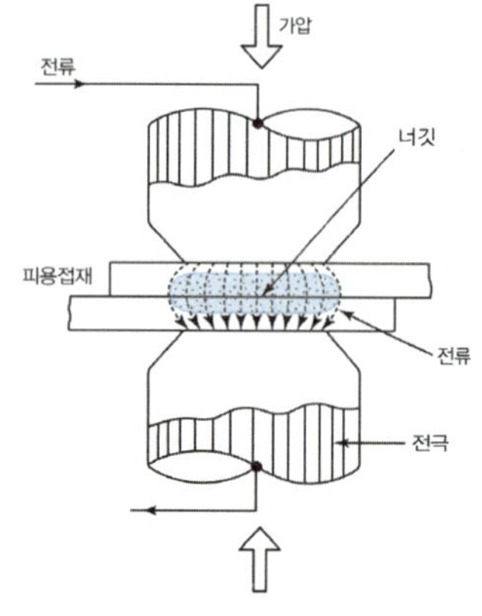

▲ 점 용접의 구조

② 심 용접(Seam Welding)
- 저항 용접의 일종으로 두 장의 판을 연속적으로 이어붙이는 용접법
- 원판형 롤러 전극을 회전시켜 끊김없는 연속 용접 선(비드)을 만듦

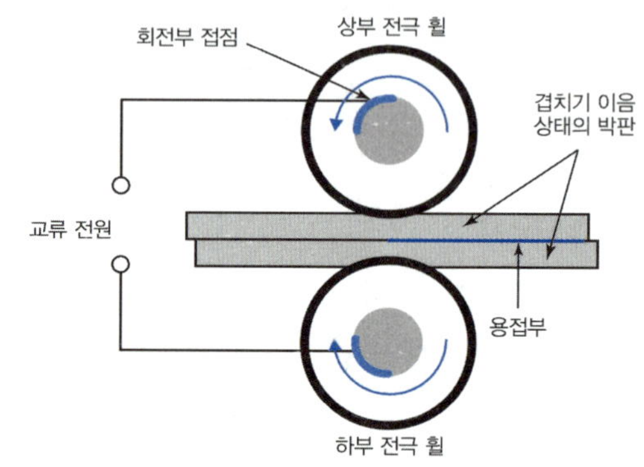

▲ 심 용접의 구조

③ 프로젝션 용접: 접합할 모재의 한쪽 면에 미리 돌기(Projection)를 만들어, 이 돌기 부분에 전류와 가압력이 집중되도록 하여 용접하는 방식
④ 퍼커션 용접: 충돌 용접이라고도 하며, 축전기(콘덴서)에 저장된 직류 전원을 순간적으로 방전시켜 아크를 발생시키고, 동시에 두 용접물을 강하게 충돌시켜 접합하는 전기저항 용접법

- ### 압접

① 가압(압력)을 주어 접합하는 용접 방식
② 초음파 용접: 고주파 진동을 이용한 마찰열과 압력을 활용하여 용접하는 방법으로, 압접법의 일종
③ 마찰 용접: 한쪽 모재를 고속 회전 또는 왕복운동을 시키고 다른 쪽 모재를 강하게 압착하여 발생하는 마찰열로 접합부를 연화시킨 후, 운동을 정지시키고 순간적으로 강한 압력을 전달하여 접합하는 고상 접합 방법

- ### 납땜

① 모재(금속)는 녹이지 않고, 모재보다 녹는점이 낮은 납땜재(용가재)만 녹여서 모세관 현상으로 접합부 틈새를 채워 결합시키는 공정

- 액체가 중력과 같은 외부의 힘 없이, 좁은 틈이나 가는 관을 스스로 오르거나 내려가는 표면장력 현상
- 모세관 작용이 확보되고 균형을 이루는 틈새는 0.02~0.10mm가 적합함

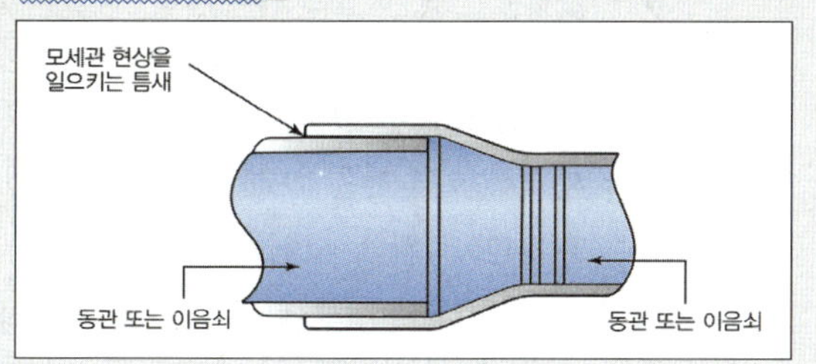

② 분류 기준: 450℃를 기준으로, 그보다 낮으면 솔더링(Soldering, 연납땜), 그보다 높으면 브레이징(Brazing, 경납땜)으로 분류

③ 납땜의 가열방법: 가스 가열, 전기저항 가열, 고주파 가열 등

④ 용제가 갖추어야 할 조건
- 온도 범위가 실제 납땜 온도와 일치해야 효과가 나타나며 정확한 접합이 이루어짐
- 산화막을 제거·방지해야 함
- 전기 절연성을 가져야 누전, 단락을 방지할 수 있음
- 표면장력 차이를 줄이고 모재와 친화력이 높아야 접합력이 우수해짐

■ 로봇 용접

① 목적: 생산성 향상(연속 작업)과 품질의 균일화로서 정밀 제어를 통해 재료의 절감 및 작업자의 위험 요소 제거로 안전성 향상에 기여함

② 로봇 설치 조건
- 작업 범위를 충분히 확보하고 작업자 또는 주변 설비와의 충돌이 없어야 함
- 먼지, 습기, 전자기적 간섭(노이즈)이 적고 유지보수가 용이한 장소에 설치해야 함

③ 극좌표 로봇
- 회전, 팔의 길이 변화, 상하 이동의 세 가지 자유도를 가지고 있으며 팔이 상하로 기울어 움직일 수 있고, 회전 범위가 넓음

- 주요 용도: 스폿 용접(점 용접), 중량물 취급, 주조품 적재 등에 활용

파괴, 비파괴 및 기타검사(시험)

■ 검사

① 용접이 완료된 후, 해당 용접부가 설계 목적과 사용 조건에 적합한지를 정량·정성적으로 확인하는 절차

② 분류: 파괴검사 / 비파괴검사(NDT) / 기타·보조시험

■ 파괴검사

기계적 시험법(파괴검사)은 기계적 성질을 이용한 강도, 연성, 경도 등을 평가하는 방법으로 인장시험, 굽힘시험, 경도시험, 충격시험, 피로시험 등이 있음

① 인장시험
- 재료 또는 용접부를 당겨 파단될 때까지 하중을 가해 항복강도, 인장강도, 연신율, 단면수축률 등을 구하는 기본적인 시험

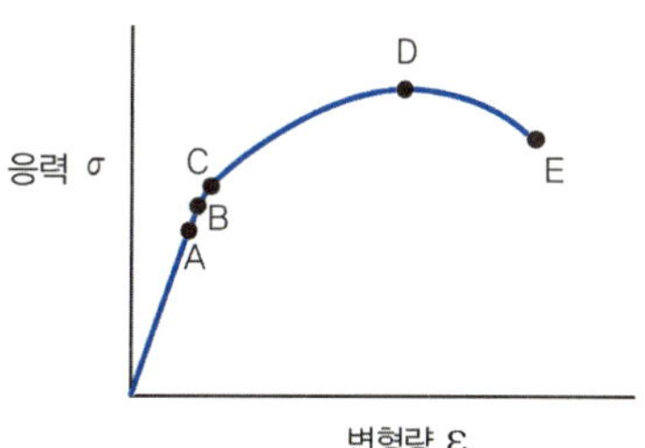

A	비례한도점
B	항복점
C	변형 구간
D	최대하중점, 인장강도 시험 중 가장 큰 하중을 받는 시점으로 이때의 응력을 인장강도라 함
E	파단점

- 크리프 시험: 재료가 항복강도보다 낮은 정적 하중을 받은 상태에서 고온으로 장시간 두었을 때 발생하는 시간 의존 변형과 파단 거동을 측정·평가하는 시험

- 허용응력 σ

$$\text{허용응력}(kgf/mm^2) = \frac{P}{A}$$

  - P: 작용하는 최대하중, A: 단면적

- 이음효율 η

$$\text{이음효율}(\%) = \frac{\text{시험편의 인장강도}}{\text{모재의 인장강도}} \times 100$$

② 굽힘(굴곡)시험
- 표면 또는 루트의 융합 불량·균열·기공 등을 확인하기 위해 굴곡 지그와 프레스, 롤러 등을 활용하여 굽히는 시험
- 형틀 굽힘(굴곡)시험: 용접부 또는 모재 시편을 지정된 형틀(지그) 위에 올려놓고 일정한 반지름을 가진 핀 또는 펀치로 굽히는 시험으로 굽힘시험의 표준 각도는 180°를 기준으로 함

③ 경도시험
- 경도: 금속의 단단함에 대한 척도로 재료의 국부적 소성변형에 대한 저항을 정량화한 값
- 경도시험: 표준화된 압자(구, 피라미드, 원뿔 등)를 정해진 하중으로 눌러 생긴 자국의 깊이 또는 면적 및 대각선 길이로 경도를 산출하는 시험
- 경도시험의 종류: 로크웰 경도, 브리넬 경도, 비커스 경도, 쇼어 경도, 누프 경도
  - 로크웰 경도(Rockwell, RH): 압입자를 시험재료의 표면에 눌러넣었을 때 발생하는 압입 깊이의 차이를 이용하여 경도를 측정함
  - 브리넬 경도(Brinell, HB): 강구를 활용하여 경도를 측정하는 시험으로 표면이 거친 재료의 경도를 측정함
  - 비커스 경도(Vickers, HV): 정사각형으로 된 피라미드 형태의 136° 다이아몬드 형상을 가진 압입자로 도금, 용접부 등의 경도를 측정함

④ 동적시험: 시간에 따라 하중·변형·응력이 주기적으로 변하는 조건에서 재료·용접이음·부품의 내구성(수명)과 파괴 거동을 평가하는 시험

- 충격시험
  - 시편 하중을 통해 재료가 흡수한 에너지의 충격값으로 연성과 인성을 시험
  - 샤르피(Charpy) 충격시험기: 충격을 받았을 때 금속재료의 저항 능력을 평가하는 장비로 용접부의 인성을 평가하기 위한 충격시험기를 말함
  - 아이조드(Izod) 충격시험: 시편을 한쪽 끝에 고정한 상태에서 충격을 가해 용접부의 인성과 취성을 평가하기 위한 시험
- 피로시험: 재료나 용접부에 반복적인 하중(인장·압축·굽힘 등)을 가하여 시간이 지남에 따라 발생하는 균열 생성과 파단 특성을 조사하는 시험

■ 비파괴검사(NDT)

모재와 용접부를 파괴하지 않고 결함을 검출·평가하는 시험으로, 주요 기법에는 육안검사(VT), 방사선 투과검사(RT), 초음파 탐상검사(UT), 침투 탐상검사(PT), 자분 탐상검사(MT)가 있음(암기: 육방초침자)

① 육안검사(VT, Visual Inspection)
- 용접 후 가장 먼저 실시하는 1차 검사
- 용접부의 표면상태(비드 형상, 언더컷, 오버랩, 균열, 용입 부족, 크레이터 등)를 육안 또는 확대경으로 관찰하여 결함을 판단

② 방사선 투과검사(RT, Radiographic Test)
- X선 또는 감마선(γ선)을 시험체에 투과하여 내부 결함을 방사선 흡수량의 차이로 기록하는 검사방법
- 두꺼운 재료의 투과 한계와 표면 결함인 라미네이션, 균열 등은 검출이 어려움
- 검출: 필름(RTF) 또는 디지털(DR/CR)

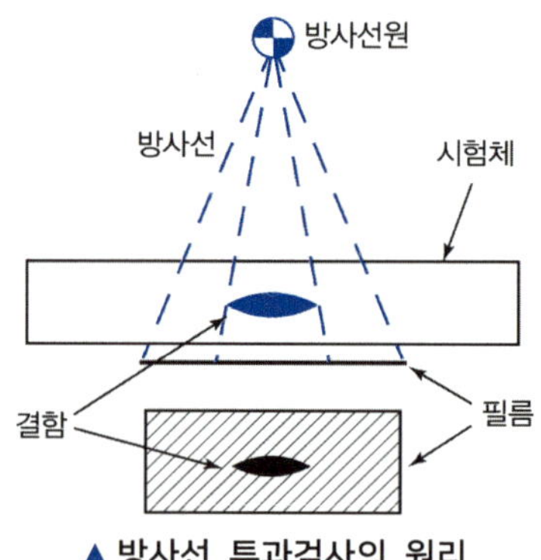

▲ 방사선 투과검사의 원리

③ 초음파 탐상검사(UT, Ultrasonic Test)
- 금속이나 비금속 재료 내부의 결함(기공, 균열, 박리 등)을 고주파 초음파(약 1~10MHz)를 이용해 검사하는 비파괴검사 기법으로 펄스 반사법이 가장 널리 사용됨
- 초음파 탐상검사의 종류
  - 투과법: 송신기와 수신기를 활용하여 시험체를 통과할 때 초음파의 감쇠로 결함을 확인
  - 펄스 반사법: 반사파의 형태를 활용하여 반사되는 신호의 시간 지연으로 결함을 확인
  - 공진법: 연속적으로 변화되는 파장을 보내 두께나 탄성계수를 이용하여 결함을 확인

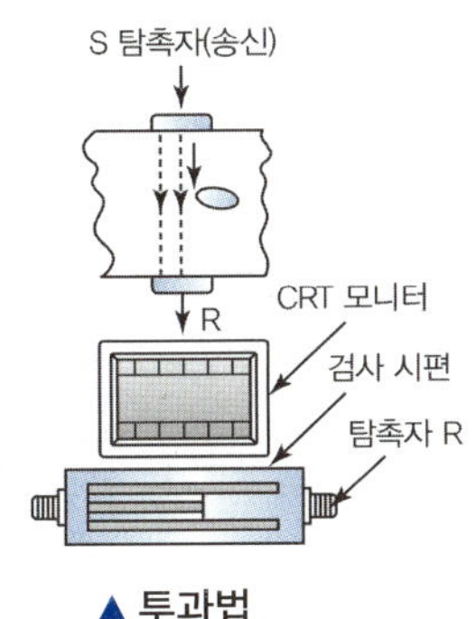
▲ 투과법

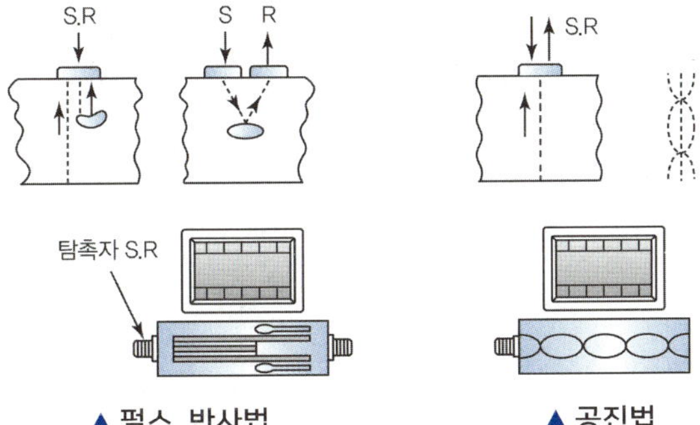
▲ 펄스 반사법　　　▲ 공진법

④ 침투 탐상검사(PT, Penetrant Test)
- 모재 표면의 미세한 결함(균열, 기공, 기포, 핀홀 등)을 색상 대비나 형광 발광(현상제)을 이용해 시각적으로 확인하는 비파괴검사
- 주변 온도·습도·오염도에 따라 침투액의 점도, 확산 속도, 증발 특성이 달라지므로 검출 감도에 큰 차이가 발생함

- 시험 순서: 전처리, 침투처리, 제거처리(세척), 현상처리, 관찰(판독), 후처리

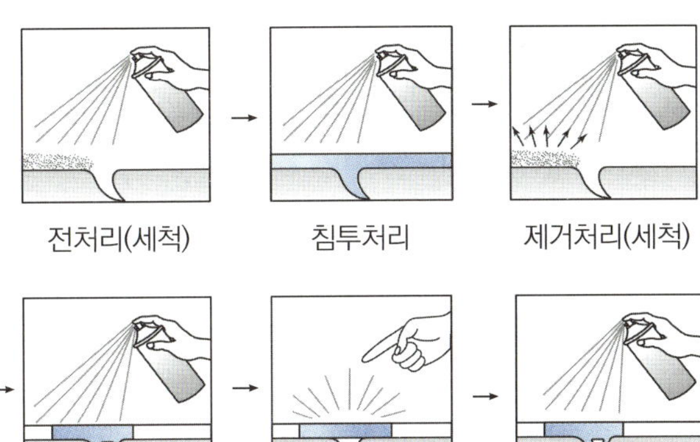

⑤ 자분 탐상검사(MT, Magnetic Particle Test)
- 강자성체(탄소강·저합금강 등)의 표면 및 근표면 결함을 자화와 자속누설을 통해 자분을 직접으로 가시화하는 비파괴검사
- 시험체를 자화하면 결함에서 자속누설이 생기고, 여기에 자분(Fe 분말)이 모여 지시를 형성
- 자화방법의 종류: 극간법(요크법), 관통법(중심도체법), 전류통전법(프로드법)

■ 현미경 조직시험 및 기타시험
① 금속현미경(광학) 조직 관찰의 표준 순서
- 채취 및 절단
- 연마(마운팅)
- 기계연마(사포, 샌드페이퍼 연마)
- 미세연마(폴리싱)
- 현미경 관찰(검사)
② 철강의 금속조직을 관찰하기 위해 사용되는 부식액
- 염산 부식액(HCl) = 염산 1 : 물 1
- 복합 부식액(혼합형)
  = 염산 3.8 : 황산 1.2 : 물 5.0
- 초산 용액 = 초산 1 : 물 3

③ 화학적 시험
- 내식성, 화학적 성질로 평가하며 부식시험, 화학분석시험, 전기화학적 시험 등으로 분류됨
- 응력부식균열(SCC)/수소취성(HE) : 표준화된 시편·환경·하중법으로 균열 발생시간, 임계응력, 균열 성장률을 평가함
- 고온 산화/부식 시험: 등온 또는 순환 산화에서의 질량 변화(증가/박리)와 산화막 접착성·미세조직을 통해 내열·내산화성을 평가함

④ 기타시험
- 열특성 시험: 재료의 열전달·열저장·열팽창 거동을 정량화하여 설계 해석과 공정조건 설정에 활용
- 용접성 시험: 용접과정에서 발생 가능한 고온균열(응고·액화), 저온수소균열(지연), 재열균열, 라멜라 테어링, 그리고 HAZ 경화·인성 저하를 직접 시험으로 정량 평가함

📑 용접시공 및 보수

■ 열 영향부 조직의 특징과 기계적 성질

① 열 영향부(HAZ): 용접 시 용융되지는 않았지만, 열을 받아 금속 조직이 변화된 부분
- 박판은 열이 쉽게 빠져나가지 못하고 열이 얇게 퍼져 열 영향부의 폭이 넓어짐
- 후판은 열이 금속 내부로 빠르게 전도되며 열 영향부의 폭이 넓게 퍼지지 않게 됨

> **Tip** 고장력강(탄소당량↑)은 수소균열(냉균열)과 열 영향부(HAZ) 경화 위험이 커서, 조성·두께·구속 정도에 따라 대략 50~350℃ 범위에서 예열을 적용함

■ 용접 전·후처리(예열, 후열 등)

① 예열 및 후열 처리는 재질(탄소당량), 두께, 수소균열의 위험 등에 따라 필요 시 수행하는 조건부 공정
② 예열: 용접 전 모재와 주변을 일정 온도로 가열하는 작업을 말하며, 급격한 냉각을 방지하고 용접 시 균열, 응력, 조직경화 완화를 목적으로 함

> **Tip** 탄소가 많을수록 예열 및 후열 처리를 통한 응력 완화 작업이 필요함

■ 용접 결함, 변형 등 방지대책

1) 용접 결함

용접부가 도면·규격의 요구 성능과 형상·치수·건전성을 만족하지 못하는 비정상 상태를 말하며, 구조 성능·수명·안전을 저하시킬 수 있는 결함성 불연속을 의미함

용접 결함	분류
치수상 결함	변형
	치수 불량
	형상 불량
구조상 결함	기공 및 피트
	융합 불량
	용입 부족
	언더컷
	오버랩
	슬래그 섞임
	은점
	스패터
	균열
	라미네이션
성질상 결함	기계적 성질 불량: 연성, 인장 및 피로강도 등
	화학적 성질 불량: 화학성분, 부식 등

① 구조상 결함
- 기공(블로우 홀): 용착부가 급속히 냉각될 때, 또는 용융금속 내의 가스가 빠져나가지 못하고 굳어버리며 발생
  - 주로 용접 비드 표면이나 내부에 나타나며, 크고 작은 기포나 구멍 형태를 가짐
  - 모재를 예열해 냉각속도를 완화하고, 용접 후 후열로 잔류 가스를 배출시켜 기공 생성을 억제
- 피트: 표면에 작은 가스 구멍 또는 기공 자국이 발생
- 용입 부족: 전류가 너무 낮거나, 용접속도가 빠를 때 발생
- 언더컷: 용접 비드의 가장자리에 모재가 과도하게 녹아 파여진 현상으로 용융금속이 충분히 채워지지 않아 홈이 생기는 결함
  - 용접 시 전류가 높거나, 아크길이가 과도하게 길 때, 용접속도가 너무 빠를 때 주로 발생
- 오버랩: 언더컷과 반대로 용착금속이 모재 위로 둥근 턱처럼 돌출되는 결함
  - 전류가 낮으면 입열이 부족해 모재 가장자리가 충분히 용융·용입되지 못하고, 용융금속이 가장자리 위로 흘러 덮여 붙는 현상
- 슬래그 섞임: 운봉속도가 너무 느릴 때, 또는 층간 청소 불량 시 발생
- 은점: 주요 원인이 수소이며, 용접 중 수소가 금속 내에 용해되었다가 응고 과정에서 방출되지 못할 때 발생하는 기포 또는 은색 원형 반점(물고기 눈 모양의 은색 반점) 형태의 결함
  - 주로 인장시험 후 파단면에서 관찰되며 파단면의 중심에 미세한 기공이 발견됨

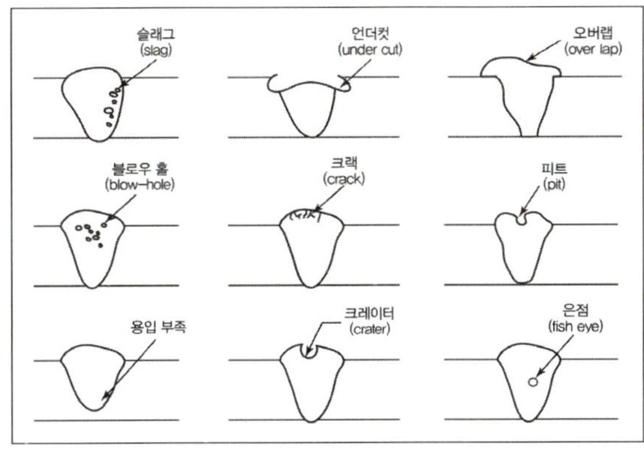

- 비드 밑 균열: 용착금속 아래쪽 열 영향부에서 모재 내부 냉각 후 발생되는 균열로 열 영향부의 경화 및 변태응력 등 확산성 수소로 인해 발생
- 라미네이션: 압연 과정에서 형성된 층상 불연속(층 분리·박리)으로, 판 두께와 평행하게 존재하는 내부 결함
- 노치(Notch): 국부적인 홈 또는 결함부로 노치 부분에 응력이 집중되면 균열이 발생하기 쉽고, 용접 시 용융이 불균일해져 결합력이 약함
- 선상조직: 용착금속이 급냉 또는 재질이 불량할 때 선상조직이 미세한 균열 형태로 발생

② 성질상 결함
- 수소취성: 강 내부에 수소가 존재할 경우 수소취성이라는 위험한 현상을 가지고 오는데, 이때 수소가 확산되며 기공이나 미세균열의 헤어 크랙이 발생
- 적열취성: 강이 고온에서 단조나 압연 등의 충격으로 균열이 쉽게 발생하는 현상이며 황이 철과 결합 시 황화철을 형성하기 때문에 발생되는 현상
  - 황의 형태: 강 속에서 황화철(FeS)이 존재하며 열간 균열로 연결됨
  - 설퍼는 황이라는 화학원소로, 황은 적열취성과 관련있는 고온 균열을 말함
- 청열취성: 200~300℃에서 질소·탄소의 변형 시효가 진행됨에 따라 연성이 저하되고 취성이 증가하며, 산화막이 얇게 형성되어 푸른색(청색)의 착색이 나타나는 현상

③ 용접부의 결함에 따른 비파괴검사법

검사법	결함의 종류
육안검사	용접부의 표면 결함 (비드 형상, 언더컷, 오버랩, 균열, 용입 부족, 크레이터 등)
방사선 투과검사	재료 내부의 결함 (기공, 슬래그 혼입, 용입 불량, 균열 등)
초음파 탐상검사	재료 내부의 결함 (기공, 균열, 박리 등)
침투 탐상검사	모재 표면의 미세한 결함 (균열, 기공, 핀홀 등)
자분 탐상검사	자성체 재료의 표면 결함 (표면 균열, 표면 직하의 미세 균열 등)

2) 변형

용접 열에 의해 부재가 원래 형상에서 영구적으로 뒤틀리거나 휘는 현상을 말함

① 탄성변형: 하중을 제거하면 완전히 원래 형상으로 복귀하는 가역 변형

② 소성변형: 잔류변형이라고도 하며, 항복을 넘어선 뒤 하중 제거 후에도 변형이 남는 비가역 변형

③ 수축 및 변형 유형
- 횡수축: 용접선 직각 방향 폭이 줄어드는 현상
- 종수축: 용접선 평행 방향 길이가 줄어드는 현상
- 각변형: 맞대기·필릿에서 비대칭 가열·수축으로 한쪽으로 꺾여 각도가 변하는 현상
- 종굽힘: 용접선을 따라 부재가 길이 방향으로 휘는 현상
- 좌굴변형: 얇은 판이 압축·구속 하에서 물결치듯 휘면서 불안정하게 변하는 현상
- 회전변형: 비대칭 배치나 용접선 편심으로 비틀리는 현상

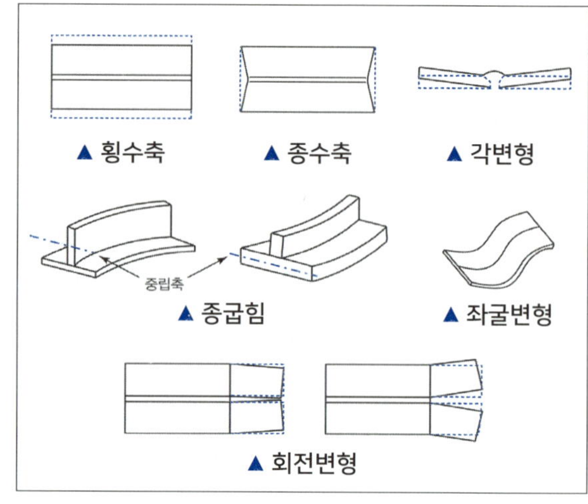

④ 용접변형 제어
- 역변형법: 열에 의한 응력을 완화시켜주는 방법으로 선 가공법이라고도 하며, 용접 전에 변형을 예측해 반대 방향으로 미리 휘어놓는 방법
- 억제법: 지그, 구속으로 기계적으로 고정해 변형을 억제하는 방법
- 도열법: 국부 가열 후 자연 냉각으로 가열부 소성 수축을 이용한 방법

3) 용접 보수

용접부나 모재에 생긴 결함(균열, 기공, 용입 부족 등) 또는 치수 불량을 제거하고 용접하는 작업

① 결함 부위를 완전히 제거한 후 용접을 진행해야 하며, 예열을 통해 잔류응력을 예방하여 균열을 방지함

② 용접부 균열 제거: 끝이 날카로우면 응력 집중이 크고 진행(연장)될 수 있으므로 보수 시 먼저 정지구멍을 균열 말단에 뚫어 응력 완화를 한 뒤, 결함 구간을 그라인딩으로 완전 제거 후 재용접을 진행해야 함

③ V홈의 간격이 벌어진 경우: 벌어진 모서리 부분에 덧살올림 용접을 하여 간격을 좁혀서 규정된 루트 간격을 확보해야 함

작업 및 용접 안전

■ 작업 안전, 용접 안전관리 및 위생

1) 용접 안전
① 용접작업은 고열의 아크, 유해 광선, 고전류, 중량물, 유해 가스(흄) 등 다양한 위험 요소를 동반함
② 작업자는 일반적인 안전 수칙을 용접 환경에 맞게 적용하고, 몸을 보호하는 것을 최우선으로 해야 함

2) 개인보호구
① 용접사는 아크(불꽃), 스패터(쇳물), 흄(가스)으로부터 신체를 보호하기 위해 올바른 보호구를 착용해야 함
② 용접복(작업복): 불연성 재질로 쉽게 불이 붙지 않는 재질이며, 사용 시 신체를 보호하는 목적을 가짐
③ 안전모: 작업자의 머리를 보호하기 위해 착용하는 개인보호구로 낙하물, 충돌 등의 보호 목적을 가짐

기호	용도	주요 기능
A형	추락, 낙하, 비래 방지	일반 산업용 (건설, 제조 등)
B형	전기 감전 방지	절연용 안전모
E형	추락 및 전기 감전 방지 (A+B 복합 기능)	-
C형	충돌·마찰·접촉 방지(경량용)	-
G형	화학물질, 열로부터 보호(방열용)	-

④ 안전화: 용접 중 발생하는 뜨거운 스패터(쇳물)가 발등에 떨어지거나, 무거운 모재나 공구가 낙하하여 발을 다치는 것을 방지
⑤ 차광보안경(용접면): 강력한 아크 광선(자외선/적외선)으로부터 눈과 얼굴 피부를 보호하기 위해 작업에 맞는 올바른 차광도(Shade)를 가진 용접면을 반드시 착용해야 함

- 용접용 보안면은 유광이 아닌 무광처리가 되어 있어야 하며, 빛을 막아 눈 또는 피부를 보호해야 함
- 용접보안경 차광도 번호: 가스 용접 및 납땜 시 2~4, TIG 용접 시 9~12, 아크 용접 시 10~13

⑥ 보호마스크(방진/방독): 밀폐된 공간이나 환기가 불량한 곳에서 용접 시 발생하는 유해 가스(흄)나 금속 먼지로부터 호흡기를 보호하기 위해 착용함
⑦ 귀마개: 용접 자체의 소음뿐만 아니라, 주변의 그라인딩, 해머링, 절단 작업에서 발생하는 강력한 소음으로부터 청력을 보호하기 위해 사용함

3) 용접 수공구 안전수칙
① 목적 외 사용 금지
② 사용 전 상태 점검
③ 안전한 취급 및 운반
④ 보관 및 관리

더 알아보기 안전보건표지의 색채, 색도기준 및 용도

색채	색도기준	용도	사용례
빨간색	7.5R 4/14	금지	정지신호, 소화설비 및 그 장소, 유해행위의 금지
		경고	화학물질 취급장소에서의 유해·위험 경고
노란색	5Y 8.5/12	경고	화학물질 취급장소에서의 유해·위험 경고 이외의 위험 경고, 주의표지 또는 기계방호물
파란색	2.5PB 4/10	지시	특정 행위의 지시 및 사실의 고지
녹색	2.5G 4/10	안내	비상구 및 피난소, 사람 또는 차량의 통행표지
흰색	N9.5	-	파란색 또는 녹색에 대한 보조색
검은색	N0.5	-	문자 및 빨간색 또는 노란색에 대한 보조색

4) 가스 안전 및 가스 관리

① 가스 용기는 가스 종류별로 색상을 다르게 표시
하여 안전사고를 예방하도록 산업안전보건기준과
고압가스 안전관리법에 따라 정해져 있음

가스의 종류	도색	가스의 종류	도색
산소	녹색	이산화 탄소	청색
수소	주황색	아세틸렌	황색
염소	갈색	암모니아	백색
질소	회색	LPG	밝은 회색

② 가스 누설 점검은 사용 전에 실시하며 비눗물 또
는 검사액으로 함

③ 용기 밸브가 사용 중 얼었을 경우 따뜻한 물을
활용하여 녹여 사용해야 함

④ 통풍이 잘 되고 직사광선에 노출되지 않는 공간
에 40℃ 이하를 유지하며 세워서 보관해야 함

⑤ 조연성 가스

- 연소를 도와주는 가스로 그 자체가 타지 않고
  불이 탈 때 공급되어 돕는 역할을 함
- 밸브 나사: 오른 나사
- 대표 가스: 산소(O_2)(가장 중요), 공기 등
  - 산소와 기름(유분) 또는 기름천, 기름이 묻은
    장갑은 절대 접촉해서는 안 됨
  - 산소 용기 운반 시 충격에 주의를 기울이며
    움직여야 함
  - 산소 밸브는 천천히 개폐하며 밸브를 끝까지
    열지 않도록 주의해야 함

- 내압시험압력(TP, Test Pressure): 용기의 강도 및
  기밀성을 시험할 때 적용하는 시험압력
- 최고충전압력(FP, Filling Pressure): 실제 가스 충
  전시 최대허용압력

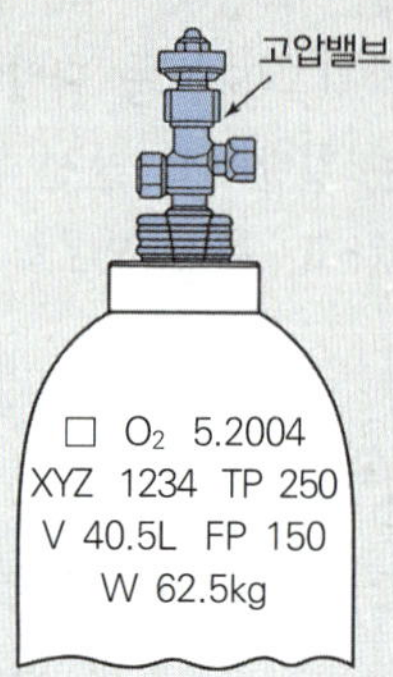

□: 용기 제작사명
O_2: 산소(충전가스 명칭 및 화학기호)
XYZ: 제조업자의 기호 및 제조번호
V: 내용적(실측, L)
W: 용기 중량(kgf)
5.2004: 내압시험 연월
TP: 내압시험압력(kgf/cm²)
FP: 최고충전압력(kgf/cm²)

⑥ 가연성 가스

- 공기 중의 산소와 혼합되었을 때 점화원에 의
  해 불이 붙거나 폭발할 위험이 있는 가스로 점
  화 시 빛과 열을 내며 연소함
- 밸브 나사: 왼 나사
- 아세틸렌(C_2H_2): 무색, 가연성, 폭발성이 강한
  가스로, 압축 상태에서 쉽게 분해·폭발하므로
  직접 압축 저장하지 않고 아세톤, 물, 알코올, 벤
  젠 등에 용해시켜 다공성 충전재 용기에 저장함
  - 아세틸렌의 분자량은 26.0으로, 산소(O_2,
    32.0)보다 가벼움
  - 공기 중 폭발 범위(연소 범위): 2.5~81%
  - 산소 중 폭발 범위: 15~85%
  - 아세틸렌의 양 계산

$$C = 905 \times (A - B)$$

  - C: 용해 아세틸렌 가스의 양(L)
  - A: 병 전체 무게
  - B: 빈병 무게

더 알아보기 **아세틸렌(C_2H_2)의 반응**

- 용해 아세틸렌 가스
  - 아세틸렌은 폭발 위험이 크기 때문에 아세톤(Acetone) 속에 녹여서 용해 상태로 고압 용기에 충전하여 사용하며, 이때 가스통의 충전량은 용기 무게 변화로 계산함
  - 용해 아세틸렌 다공질 충전 실린더의 표준 충전 조건: 15℃, 15kgf/cm^2

용매	용해도
석유(파라핀계)	약 2배
벤젠	약 4배
알코올(에탄올)	약 6배
아세톤(Acetone)	약 25배

- 아세틸렌은 구리와 반응하여 다음과 같은 폭발성 물질을 만듦
  - $2Cu + C_2H_2 \rightarrow Cu_2C_2 + H_2$
  - 순구리관은 절대 사용 금지이며, 일반적으로 탄소강관 또는 스테인리스강관을 사용함

- 수소(Hydrogen, H_2): 깨끗한 불꽃을 가지며 환원성이 있어 알루미늄, 마그네슘 등 비철금속 용접에 사용되고 폭발 범위가 4~75%로 아세틸렌 다음으로 넓고 점화 에너지가 작아 매우 위험함

- 프로판(Propane, C_3H_8): 액화석유가스(LPG) 중 가장 많이 사용되는 가스로 압축만으로도 쉽게 액화되며, 최고 화염온도가 약 2,500℃로 폭발 범위가 좁고 안전도가 높아 가스 용접 및 절단용으로 사용됨

더 알아보기 **주요 탄화수소계열 가스**

- 메탄: CH_4
- 에탄: C_2H_6
- 프로판: C_3H_8
- 부탄: C_4H_{10}
- 펜탄: C_5H_{12}
- 아세틸렌: C_2H_2

⑦ 이산화탄소 체적 농도
- 0.5% 이하: 작업환경 기준 수준
- 1~2%: 호흡 수 약간 증가
- 3~4%: 두통, 어지럼, 뇌빈혈 느낌(산소 부족 증상) 발생
- 5~10%: 위험 상태(호흡곤란, 판단력 저하)
- 10% 이상: 의식 소실 및 치사 위험

⑧ 탱크 및 밀폐공간 작업: 밀폐공간의 용접 전 산소 농도(18~23.5% 범위)와 가연성 가스 및 유해 가스 농도를 측정하고, 연속 환기·감시자 배치·구조장비 대기를 갖춘 뒤 작업을 진행해야 함

5) 용접작업 시 감전 재해
  ① 용접작업 중 홀더를 통해 용접봉 물림, 신체 접촉이 발생될 경우
  ② 용접 시 용접봉이 피용접물에 붙을 경우 제거하는 과정에서 신체 접촉이 발생될 경우
  ③ 케이블 피복 손상 또는 용접 홀더 손상 등으로 인한 부위에 신체 접촉이 발생될 경우
  ④ 인체에 교류 50/60Hz 기준 약 50mA 이상이 흐르면 심장마비의 위험이 증가함

전류(mA)	인체 반응	설명
20~50	강한 근육 수축, 호흡 곤란	호흡근 경직, 의식 혼미 가능성
50 이상	심실세동, 사망 위험	심장 리듬 붕괴

  ⑤ 전격 예방의 기본은 전기 접촉 경로 차단과 절연 유지이며, 맨손으로 전극을 교체하면 땀·수분으로 인체 저항이 낮아져 감전 위험이 높으니 주의가 필요함

■ 용접 화재방지
① 화재의 분류

등급	종류	표시색	내용
A급	일반화재	백색	목재, 섬유, 고무류, 합성수지 등
B급	유류화재	황색	인화성 액체 등 기름 성분인 것
C급	전기화재	청색	통전 중인 전기설비 및 기기의 화재
D급	금속화재	무색	금속분, 박 등의 금속화재

② 소화기의 종류

- A급 화재: 분말, 할론, 물, 포 소화기 등(냉각 및 질식소화)
- B급 화재: 포말, 분말(질식소화)
- C급 화재: CO_2, 할론, 분말(질식 및 부촉매 소화)
- D급 화재: 염화나트륨 기반 분말, 특수 건조사 등 (질식 및 부촉매 소화)

 E급(가스화재)

E급은 LPG, LNG, 도시가스 등의 가스화재로 B급(유류화재)에 포함되어짐

금속의 특성과 상태도

■ 금속의 특성과 결정구조

① 금속의 특성: 자유전자를 가지고 높은 전기, 열전도성과 연성, 전성, 인성, 강도를 보유함

② 금속의 결정구조: 금속 원자들이 규칙적으로 배열된 구조로 금속의 기계적 성질을 나타냄

- 체심입방격자는 BCC(Body-Centered Cubic)로 Li, Na, Cr, Mo, α, δ-Fe 등이 있으며, 배위수는 8개, 단위 격자당 원자 수는 2개로 구성됨
- 면심입방격자는 FCC(Face-Centered Cubic)로 Al, Ca, Ni, Cu, Pb, γ-Fe 등이 있으며, 배위수는 12개, 단위 격자당 원자 수는 4개로 구성됨
- 조밀육방격자는 HCP(Hexagonal Close-Packed)로 Ti, Be, Mg, Zn, Cd, Co 등이 있으며, 배위수는 12개, 단위 격자당 원자 수는 2개로 구성됨

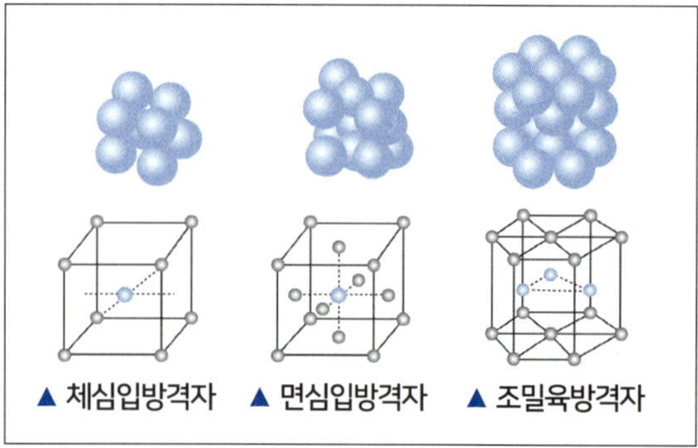

 BCC는 강도 및 경도, FCC는 연성 및 인성이 우수하고, HCP는 취성이 강해 가공이 어려움

■ 금속의 변태와 상태도 및 기계적 성질

① 변태: 온도 변화에 따라 금속의 결정구조가 바뀌는 현상으로 철의 변화에서는 BCC → FCC → BCC 형태

② 상태도: 금속의 조성과 온도 변화에 따른 상의 평형관계

금속재료의 성질과 시험

■ 금속의 소성변형과 가공

① 소성변형: 잔류변형이라고도 하며, 항복을 넘어선 뒤 하중 제거 후에도 변형이 남는 비가역 변형

- 소성변형 구역 주위에는 잔류응력이 남아 피로 균열이 시작되는 구간으로 변형 제거 예방이 필요함
- 예방방법: 롤러, 프레스, 해머링 변형 등

② 전위: 금속결정 격자 내의 선 결함으로, 원자 배열의 불규칙한 미끄럼 현상을 일으키는 주요 원인

③ 미끄럼(Slip): 외부 응력하에서 전위가 미끄럼면을 따라 이동하면서 소성변형이 발생

④ 가공경화: 소성가공을 통해 전위의 밀도가 증가하고 움직임이 방해를 받아, 재료의 강도와 경도가 증가하고 연성이 감소하는 현상

■ 금속재료의 일반적 성질

① 물리적 성질: 비중, 융점, 비점, 비열, 열전도율, 전기전도율, 선팽창계수, 자성 등

- 비중: 순수한 물(4℃)의 질량과 같은 부피를 가진 금속 질량의 비
- 융점: 열을 가했을 때 고체상태의 금속이 액체로 상태변화가 일어나는 온도
- 비점: 열을 가했을 때 액체상태의 금속이 기체로 상태변화가 일어나는 온도

- 비열: 물질 1g의 온도를 1℃만큼 높이는 데 필요한 열량
- 열전도율: 금속 내부에서 열이 전달되는 정도를 나타내는 수치
- 전기전도율: 전류가 흐르기 쉬운 정도를 나타내는 수치
- 선팽창계수: 온도가 1℃ 상승할 때 금속 단위 길이당 팽창하는 비율

② 제작상 성질
- 용융성: 금속이 잘 녹는 성질
- 주조성: 복잡한 형상을 만들기 쉬운 성질
- 절삭성: 기계가공으로 잘 깎이는 성질
- 용접성: 결함 없이 용접이 잘 되는 성질
- 소성가공성: 압연, 단조 등이 잘 되는 성질

③ 기계적 성질
- 강도: 하중에 파괴되지 않고 견디는 총체적인 힘을 나타내는 성질
- 경도: 물체의 표면이 단단한 정도를 나타내는 성질
- 연성: 탄성한계를 지나 파괴되지 않고 가늘고 길게 늘어나는 성질
- 전성: 충격을 가했을 때 파괴되지 않고 얇게 펴지는 성질
- 인성: 충격에 잘 견디며 재료가 파단 전 흡수하는 에너지의 양을 나타내는 성질
- 취성: 외부의 힘을 받아 변형되기 전 유리처럼 부서지는 성질
- 피로: 반복적인 하중을 받았을 때 강도보다 낮은 힘에서 파괴되는 성질

④ 화학적 성질
- 내식성: 부식을 견디는 성질
- 내열성: 고온에서 산화되지 않고 견디는 성질
- 이온화 경향: 금속이 수용액에서 이온이 되려는 성질

철강재료

■ 순철과 탄소강

1) 철의 기본성질
① 순철의 용융점: 1,538℃
② 철강의 기본 분류에서 Fe-C 상태도는 탄소 함유량을 기준으로 분류
- 자기변태: 온도 변화에 따라 자성을 잃거나 얻는 현상으로, 철의 자기변태점은 770℃ 이하
- 순철의 자기변태점: A1(공석변태점)은 오스테나이트에서 페라이트 + Fe_3C가 혼합되는 공정이며, A2(자기변태점)는 순철의 자기변태점으로 자성이 비자성체로 변화됨
- 공석점
  - 탄소 함유량이 약 0.86%(정확히 0.77~0.80%)의 조성에서 오스테나이트(γ)가 페라이트(α) + 시멘타이트(Fe_3C)로 동시에 변태하면서 펄라이트(Pearlite)를 형성함
  - 펄라이트: 공석점에서 생성되는 페라이트와 시멘타이트가 층상으로 겹쳐진 조직으로 강에서 흔하게 볼 수 있는 조직
- 레데뷰라이트(Ledeburite)
  - γ(오스테나이트) 고용체 + 시멘타이트(Fe_3C)가 기계적으로 혼합된 공정 조직
  - 주로 주철에서 나타나며 냉각 후 펄라이트와 시멘타이트로 변태됨

더 알아보기 철강의 탄소 함유량에 따른 분류

구분	탄소 함유량(%)	주요 특징
순철 (Pure Iron)	0.02% 이하	매우 연함
강 (Steel)	0.02~2.0%	강도·인성의 균형, 가장 널리 사용됨
주철 (Cast Iron)	2.0~6.7%	주조성이 우수하고 취성이 큼

2) 탄소강

① 탄소강의 표준 조직은 페라이트, 펄라이트, 오스테나이트, 레데뷰라이트, 시멘타이트로 구성된 조직으로 열처리 전의 상태로서 시멘타이트 조직이 강도와 경도가 가장 높음

② 탄소 함유량에 따른 탄소강
- 저탄소강: 탄소 함유량 0.25% C 미만 강철
- 중탄소강: 탄소 함유량 0.25~0.6% C 미만 강철
- 고탄소강: 탄소 함유량 0.6~1.6% C 강철

③ 탄소 함유량이 많을수록 경도와 강도가 높아지지만 연성과 인성이 떨어져 가공변형이 어려움

④ 저탄소강은 용접성이 가장 우수한 재료로 용접 결함과 균열 발생이 적고 용접작업이 쉬운 금속이며, 용융 시 안정적이고 피복제와 반응도 양호함

⑤ 고탄소강은 고경도, 내마모성을 확보하여 사용하며 대형, 복잡한 형상의 하중 부자인 기어, 실린더, 압축, 롤/프레임 등에 사용

더 알아보기

- 킬드강: 탈산제인 Fe-Mn, Fe-Si, Al 등을 활용하여 완전히 탈산된 강을 말하며, 균질성과 기계적 성질이 우수하여 압력용기, 보일러 구조물 등에 사용됨
- SS400: 일반 구조용 압연강재로 최소 인장강도가 400MPa임을 의미함
- SM = Steel for Welding, 용접 구조용 압연강재

■ 열처리의 종류

1) 열처리

금속을 일정한 온도 범위로 가열 후 냉각하고, 금속의 조직과 기계적 성질(강도, 경도, 인성 등)을 인위적으로 조절하는 공정

일반 열처리

열처리명	효과
풀림	내부 응력 제거, 연성 향상
불림	조직 균질화, 기계적 성질 개선
담금질	경도·강도 증가
뜨임	담금질 후 인성 회복, 잔류 응력 제거

① 풀림(Annealing)
- 풀림의 목적: 내부응력 제거, 가공경화 해소, 연화(경도 저하) 및 연성·인성 회복, 조직 균일화·미세화
- 서서히 냉각하는 과정으로 Cr이 고갈되는 현상이 발생되어 입계부식이 오히려 촉진하게 되어 급냉처리해야 함
- 응력 제거 풀림: 잔류응력을 감소시키기 위한 열처리법으로 열을 가해 구조적 변화를 최소화면서 내부응력만 완화시키는 열처리 방법

② 불림(Normalizing)
- 금속을 변태점 이상으로 가열한 후 서서히 냉각하여 재료를 부드럽게 하고 내부 응력을 제거하는 열처리
- 연성과 인성을 증가시키고 조직이 균일화되어 가공성을 향상시킴

③ 담금질(Quenching)
- 담금질은 강을 고온에서 가열한 후 급속 냉각시켜 경화를 유도하는 공정으로 조직 변화는 반드시 변태점을 기준으로 발생함
- 담금질 조직 경도 비교: 마텐자이트 > 트루스타이트 > 소르바이트 > 오스테나이트
- 마텐자이트는 담금질을 통한 금속 냉각을 했을 때 생기는 조직으로 경도가 높고 취성이 큰 조직
- 담금질 시 냉각 능력: 공기 < 기름 < 물 < 소금물(브라인)
- 질량 효과(Mass Effect): 단면 두께(질량)가 커질수록 담금질 등의 열처리 결과(경도·조직)가 급격히 나빠지는 현상으로, 특히 탄소강은 두께가 두꺼워질수록 경도·강도가 크게 떨어져 질량 효과가 가장 큼

④ 뜨임(Tempering)
- 담금질한 강을 변태점 이하의 온도로 재가열한 후 냉각하여 취성을 제거하고 인성을 회복시키는 열처리
- 담금질 후 수행되며, 경도가 감소하고 인성이 크게 증가함

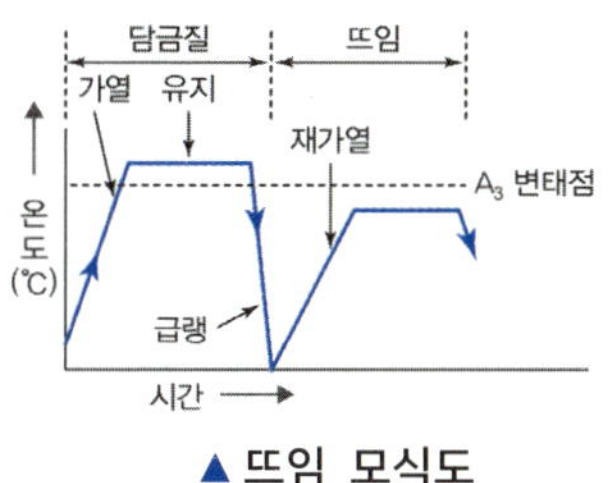

▲ 풀림 모식도

▲ 불림 모식도

▲ 뜨임 모식도

⑤ 특수 열처리

- 종류: 계단 열처리, 항온 열처리, 표면경화 열처리 등
- 표면경화법: 고주파 담금질, 침탄법, 질화법, 금속 침투법, 하드페이싱 등이 있으며, 화학적으로 침투시켜 경화층을 형성하여 표면을 단단하게 하고 내부의 인성을 유지하는 열처리 방법
- 금속 침투법
  - 칼로라이징: 철강 표면에 알루미늄(Al)을 침투시켜 내산화성, 내식성 등을 높이는 방법
  - 세라다이징: 철강 표면에 아연(Zn)을 침투시켜 내식성을 향상시키는 방법
  - 크로마이징: 철강 표면에 크롬(Cr)을 침투시켜 내식성과 내산화성을 향상시키는 방법
  - 실리코나이징: 철강 표면에 규소(Si)를 침투시켜 내산화성을 향상시키는 방법
  - 보로나이징: 철강 표면에 붕소(B)를 침투시켜 경도를 향상시키는 방법
- 침입형 고용체: C, N, B, H, O로 원자 지름이 아주 작은 원소가 금속 결정격자의 틈새(침입)에 들어간 상태

- 하드페이싱(Hard Facing): 금속 재료 표면의 내마모성과 내식성, 내열성을 향상시키기 위한 방법으로 경합금층(스텔라이트, 초경합금 등)을 용착
- 질화법(Nitriding): 강의 표면에 질소(N₂)를 침투시켜 질화물을 형성하여 경도를 높이고, 강제품의 표면을 경화시키기 위해 저온에서 질소를 확산시켜 변형을 줄이며 처리시간이 긴 공정을 말함
- 쇼트피닝(Shot Peening): 강구, 주철구 또는 세라믹 입자를 고속으로 금속 표면에 충돌시켜 미세한 소성변형을 일으키는 표면 처리법으로 표면 경도, 강도, 내마모성을 향상시킴

2) 주요 열처리 조직

① 마텐자이트(Martensite)

- 담금질 시 나타나는 조직으로 강을 고온의 오스테나이트 영역까지 가열한 후, 물이나 기름에 급랭하면 체심입방격자 구조를 갖는 마텐자이트 조직이 형성됨
- 경도와 강도가 높으나 연신율이 거의 없고 취성이 커서 깨지기 쉬운 성질을 가짐

> **더 알아보기 공랭 마텐자이트 형성**
> 자경성 강을 가열 후 공기 중에서 식히기만 해도 경화되는 성질로 공냉만으로 마텐자이트 조직이 형성되며, 주로 Ni, Cr, Mo, Mn 등의 합금원소를 함유한 합금강에서 나타남

② 소르바이트(Sorbite)

- 마텐자이트는 매우 단단하고 깨지기 쉬워(취성) 그대로 사용할 수 없으므로, 다시 가열하는 뜨임 공정을 통해 형성됨
- 미세하게 분산된 시멘타이트(Fe₃C)가 페라이트 기지(Matrix) 속에 존재하며 인성과 강도가 우수하여 스프링강 및 공구강 등에 사용됨
- 형성 온도: 약 450~600℃의 뜨임 온도 범위

스프링강은 일반적으로 탄소강(C 0.6~0.7%)이며, 담금질(830~860℃)로 오스테나이트(Austenite)를 급냉시켜 마텐자이트(Martensite) 조직이 형성되며, 뜨임(450~600℃) 일부 탄소가 확산하여 시멘타이트(Fe_3C)가 석출되고 마텐자이트가 분해되어 소르바이트(Sorbite) 조직이 형성됨

③ 베이나이트: 강을 공석 온도(약 723℃) 이하이면서 마텐자이트 변태 시작 온도 이상의 범위에서 일정 온도로 유지하여 등온 변태시켜 얻는 조직으로, 펄라이트보다 경도가 높고 마텐자이트보다 인성이 우수하여 강도와 인성의 균형이 좋은 기계적 성질을 나타냄

■ 합금강

① 스테인리스강

오스테나이트계 스테인리스강	• Cr 18% + Ni 8%(18-8형)을 기본으로 하는 대표적 스테인리스강으로 가공성과 내식성이 우수하나 결정입계 부식에 취약함 • 내식성은 표면의 Cr_2O_3 산화피막 덕분에 안정되나 염화물 이온(Cl^-)은 피막을 국부적으로 파괴하여 부식 및 균열을 일으킬 수 있어 부적합함 • 용접 후 응고 온도가 높은 상태에서 구속력이 강해져 용입부나 용접 금속에 균열이 생기는데, 이때 고온 균열을 방지하고 구속력이 강해진 상태에서 사용하기 위해서는 망간과 니켈, 크롬이 함유된 용접봉 활용
페라이트계 스테인리스강	주 합금 원소로 크롬(Cr)을(보통 10.5~30%) 함유하고, 니켈(Ni)은 거의 포함하지 않는 스테인리스강으로 산화성에는 강하지만 염화물에는 취약함

마텐자이트계 스테인리스강	Cr 13%를 주성분으로, 스테인리스강 중 유일하게 담금질 및 뜨임 처리를 통해 기계적 성질을 조절할 수 있는 강이며, 상온에서 강자성체이고 내식성은 다른 계열에 비해 다소 낮으나 강도와 내마모성이 매우 우수함
석출경화형 스테인리스강	• PH형 스테인리스강이라고 하며, 오스테나이트계나 마텐자이트계의 스테인리스강에 Cu, Al, Nb, Ti 등의 석출경화성 원소를 첨가하고, 저온 열처리하여 강도를 크게 향상시킨 합금 • 고강도, 내식성, 가공성이 우수함 • 항공기 부품, 미사일, 터빈축 등에 사용

• 크롬 스테인리스강(Cr)
• 크롬 – 니켈 스테인리스강(Cr – Ni)
• 크롬 – 망간 스테인리스강(Cr – Mn)

② 주요 합금 원소 및 기타 재료

유황(S)	철강 및 주철에 유해 불순물로 작용하여 황화철을 형성하고 고온 취성을 유발하여 응력과 균열을 증가시킴
망간(Mn)	철강의 대표적인 합금원소로 기계적 성질 향상과 황 제거의 역할로 열간 취성을 방지
인(P)	저온메짐의 원인으로 강도와 취성 증가 및 연성과 인성 감소로 가공성 저하됨
크롬(Cr)	수동 피막은 크롬옥사이드를 형성하여 내식성이 탁월하므로 내산·내해수 등 특수 용도에 가장 널리 사용됨
몰리브덴 (Mo)	강에 첨가될 때 고온에서의 강도를 유지하고 충격인성(Toughness) 향상, 저온취성 방지, 크리프 저항성 개선 등에 효과를 가짐

V(바나듐)	강에 첨가 시 내열·내마모성이 증가하여 단단하고 안정한 탄화물을 형성함
티탄(Ti)	• 고강도·내식성·경량 금속이지만, 고온 상태에서 매우 활성화되어서 수소(H_2), 산소(O_2), 질소(N_2) 등 극소량의 기체와도 쉽게 반응하는데 수소취성을 일으켜 연성과 인성이 급격히 나빠짐 • 스테인리스강보다 내식성이 뛰어나고 인장강도가 우수하며 비중 4.5로 가볍고 강한 특성을 가지고 있음 • 특히 고온강도도 강하여 내열성도 우수하고 고온 산화에 안정성이 매우 우수함 • 해양 플랜트, 화학 플랜트, 항공기, 의료용 임플란트, 원자력 설비 등에 사용됨
코발트(Co)	대표적인 강자성체로 은백색의 금속광택을 가지고 있으며, 석유 및 수소화 반응의 촉매, 공구 소결재로서 초경합금의 결합재로 사용됨

■ 주철과 주강

① 주철

- C 2.0~4.3%, Si 1~3% 정도를 함유한 철 - 탄소 합금으로 탄소가 대부분 흑연 형태로 존재
- 주철의 기계적 성질은 조직에 따라 달라지며, 고급주철은 펄라이트 조직이 바탕이 되고, 연질 회주철은 페라이트가 바탕이 됨

회주철	• 절단면이 회색을 띠며 내부 조직에 흑연이 판상으로 분포되어 있음 • 기계적 강도는 낮지만 진동 흡수성, 내마모성, 주조성, 가공성이 우수하여 공작기계 베드나 일반 기계부품, 수도관 등에 널리 사용
가단주철	• 백주철을 장시간 열처리하여 내부의 시멘타이트(Fe_3C)를 분해하고 자유흑연을 미세하게 분산시킨 주철로 인성과 연성, 충격저항성이 향상됨 • 가단주철의 종류: 백심가단주철, 흑심가단주철, 펄라이트 가단주철
구상흑연주철	• 일반 회주철에 소량의 마그네슘(Mg), 세륨(Ce), 칼슘(Ca) 등을 첨가하면 흑연의 모양이 둥근 구상형으로 변하여 얻는 주철로 인성과 연성이 크게 향상됨 • 구상흑연주철의 조직: 페라이트형, 펄라이트형, 시멘타이트형
미하나이트주철	• Fe-Si, Ca-Si, Al 등을 이용해 접종 처리를 한 주철의 일종 • 흑연의 크기와 분포를 미세화하는 제어를 통해 균질한 조직을 얻는 공정 주철로 강도와 인성이 향상됨

> **더 알아보기** **주철의 용접성**
> - 주철은 탄소(C) 함유량이 2.11~6.67%로 매우 높기 때문에 적절한 조치 후 작업을 이어가야 함
> - 주철의 용접 시 일산화탄소 가스가 발생되어 용착금속에 기공이 생기기 쉬우며, 고온으로 가열 시 마텐자이트나 백주철 조직의 형성으로 균열이 발생함
> - 주철의 용접 결함을 방지하기 위해 예열을 실시하고, 피닝 작업으로 용접 비드를 두들겨 잔류응력을 완화하여 균열을 방지해야 함

② 주강: 강을 용융시켜 주형에 부어서 만든 제품으로 기계 가공성, 인성, 내마모성 등을 높이는 목적으로 특정 합금 원소를 첨가하여 제조하는 강

> **Tip** 보통 주강은 탄소 이외에 특별한 합금 원소를 넣지 않은 탄소 주강을 말하며, 기계적 성질을 높이기 위해 Mn, Cr, Mo 등을 넣은 것을 합금 주강이라 함

Cr 주강	3% 이하 Cr을 첨가한 Cr 주강은 내마멸성과 강도가 증가됨
저망간 주강	탄소 함유량 약 0.2~0.5%, 망간 함유량 약 0.5~1.0% 정도를 포함한 주강으로 펄라이트 조직에 가까움
Mn 주강 (해드필드강)	충격·압축하에서 가공경화가 크게 일어나 표면이 매우 단단해지면서도 내부는 인성을 유지해 롤러, 크러셔 라이너, 레일 크로싱 등 충격·마모 부품에 적합함
망간강	듀콜강은 망간강으로서 1~2%의 Mn, 0.2~1%의 C로 강도가 우수하고, 연신율이 좋아 교량, 압력용기, 건축 등에 사용되는 펄라이트계의 구조용 강
크로만실강	세가지 원소인 Cr(크롬) + Mn(망간) + Si(규소) = Chromansil로서 열처리성(담금질성)이 우수하고 고온에서 변형이 적어 단조 및 철도용으로 활용됨
크롬-몰리브덴강 (Cr - Mo)	Mo 첨가로 담금질성이 높아져서 열간 가공성과 절삭 다듬질 면이 양호하고 적절한 예열·후열 조건에서 용접성도 양호한 저합금강

📑 비철금속 재료

■ 구리 및 구리 합금

① 구리

구리의 용융점	1,083℃
탈산동	산소를 인(P)으로 탈산하여 0.01% 이하로 한 동
무산소동	산소·탈산제 모두 무첨가된 시판 동으로 P 등의 탈산 잔류원소도 포함하지 않도록 제조

② 황동

종류	톰백, 문쯔메탈, 델타메탈 등
톰백	금빛에 가까운 색상을 가지며, 장식용·악기용으로 많이 쓰이는 합금
문쯔메탈	구리(Cu) 약 60%, 아연(Zn) 약 40%로 이루어진 이원계 황동으로 열간가공이 용이하고 강도와 인성이 높아 열교환기, 선박용 부품으로 활용
네이벌 황동	Cu 60% - Zn 40%(6 : 4 황동)에 주석(Sn) 약 1% 전후를 첨가해 탈아연화와 해수 부식 저항을 높인 합금으로 선박 부품 및 해수 밸브 등에 사용
애드미럴티 황동	Cu 70% - Zn 30%(7 : 3 황동)에 Sn 약 1%가 첨가된 황동으로, 전연성이 좋고 탈아연 부식 저항·내해수성이 향상되어 관 또는 판 형태로 증발기, 열교환기로 사용

③ 청동

주석 청동	아연을 소량 첨가 시 용융점이 약간 낮아지고 유동성이 증가하면 응고 수축에 의한 수축공의 발생이 적어짐
연 청동	납(Pb)이 거의 고용되지 않고 미세한 강도와 압연 가공용으로 활용되며, 주석 청동에 3~26%의 납을 첨가한 합금으로 납의 내마멸성, 응착 방지 등이 우수하여 베어링 패킹, 베어링 메탈 등에 사용
베릴륨 청동	청동에 베릴륨을 첨가한 청동 합금으로 비철금속 중 대표적인 고강도 합금이며, 피로한도, 내열성, 내식성이 우수하고 고급 스프링, 베어링, 항공기 부품 등에 널리 사용

④ 기타 구리 합금

콜슨 (Corson) 합금	Cu-Ni-Si계 합금은 강도와 전기전도도 등이 우수하여 통신선, 전화선, 스위치 접점 등에 사용
켈밋합금	Cu-Pb계 베어링 합금으로 보통 약 Pb 30~40%를 포함하고 있으며, 고속·고하중 베어링에 적합하여 자동차, 항공기 등에 사용
콘스탄탄	구리에 40~50%의 니켈(Ni)을 첨가한 합금으로 전기저항이 크고 온도변화에 따른 저항값의 변화가 거의 없는 특성을 가지는 니켈계 합금강

■ 알루미늄과 경금속 합금

① 알루미늄 및 알루미늄 합금

알루미늄		• 비중 2.7, 용융점 660℃이며, 가볍고 전연성이 우수하고 구리보다 낮은 전기전도성을 가짐 • 뛰어난 내식성과 가공성을 가지며, 구리에 이어 전기 및 열전도성이 높은 금속 • 순도가 높을수록 약해지고 연해지므로 기계적 성질이 낮은 금속 중 하나임 • 알루미늄은 산소 친화력이 커서 용접 시 공기 중 산소와 결합해 Al_2O_3(산화알루미늄) 산화피막을 형성할 수 있으며, 이에 가스 용접 시 탈산 작용을 도와주는 인(P)이 산화막 생성을 억제함
알루미늄 처리	시효경화	알루미늄 또는 구리, 마그네슘 등 특정 합금을 가공 또는 열처리 후 시간의 경과에 따라 자연적으로 경화되는 현상
	표면 처리 (양극 산화법)	• 알루미늄은 전해조에 넣고 전류를 흘려 산화피막을 형성시키는 방법으로 부식 방지 및 내마모성을 향상

알루미늄 합금	두랄루민 (Duralu min)	• 표면 처리 방식법: 황산법, 크롬산법, 수산법 대표적인 Al-Cu계 석출경화형 합금으로, 기본 조성은 Al-Cu-Mg-Mn임
	Y합금 (Y-alloy)	열처리형 알루미늄 합금의 일종으로 내열성, 인장강도, 피로강도가 우수하여 항공기 엔진 실린더 헤드, 피스톤, 압축기 부품 등에 사용되며 조성은 Cu, Ni, Mg, Al으로 구성
	하이드로 날륨 (Hydron alium)	Al-Mg계 합금(알루미늄 약 95%, 마그네슘 약 3~5%)으로 뛰어난 내해수성, 내식성, 성형성(연신율)을 가지며, 이름 속 Hydro + Aluminum에서 물이나 해수에 강한 알루미늄을 뜻하는 것을 알 수 있으며 선박용 재료, 화학기기, 조리용 기기 등에 활용됨

② 마그네슘 및 마그네슘 합금

| 마그네슘 | • 마그네슘(원자번호 12)은 주기율표의 2족에 속하는 알칼리 토금속 원소로, 은백색을 띠는 금속
• 비중: 약 1.74로 초경량 금속
• 용융점: 약 650℃ |
| 마그네슘
합금 | • 가벼우면서 비강도가 크기 때문에 항공 재료 및 구조 재료로 적합함
• Mg는 Fe, Ni, Cu 불순물에 극도로 민감하여 내식성을 급격히 저하시킴
• 일렉트론(Electron): 마그네슘 합금계로 가볍고 주조성이 우수하며, 내열성이 낮고 경량으로 항공기 부품, 자동차 휠 등에 활용됨 |

③ 니켈 및 니켈 합금

니켈		• 은백색의 광택을 가진 금속으로 비중은 8.9, 용융점은 1,455℃이며, 상온에서 강자성을 가지고 내식성과 내열성이 우수함 • 강(Steel)에 니켈을 첨가하면 인성과 저온취성 억제, 내식성이 향상됨
니켈 합금	인코넬	Ni - Cr 초내열합금(니켈합금)으로 고온, 고압 부식환경에서 뛰어난 내구성과 내화학성, 내열성을 가진 합금
	모넬 (Monel) 메탈	Ni - Cu계 대표 합금으로 보통 Ni 약 60~70%, Cu 약 30% 내외(+ 미량 Fe, Mn 등) 조성으로 구성된 합금
	니칼로이 (Nicaloy)	일반적으로 Ni 기반의 내열 · 내마모 합금(니켈 - 크롬 - 붕소 - 규소 등)

■ 비철금속 그 외 합금

① 납(Pb)
- 열팽창계수가 높고 기계적 성질이 연하며, 성형 · 주조, 압연성이 우수하고, 전기전도성이 낮음
- 케이블 피복, 의료 방사선 차폐제, 배터리 전극판 등에 주로 활용됨

② 아연(Zn)
- 주로 철의 부식을 방지하는 도금용이나 구리와의 합금(황동) 원소로 활용됨
- 염기성 탄산아연의 피막을 형성하여 내식성이 우수하며 구리와 합금하여 황동을 만듦

③ 주석(Sn)
- 은백색의 광택을 가진 부드러운 금속으로 녹는점이 낮으며 내식성이 우수함
- 동소변태: 저온에서 장시간 방치하면 회색 가루로 변하며 부서지는 현상

📋 신소재 및 그 밖의 합금

■ 고강도, 기능성 재료

① 티타늄
- 철보다 가벼우면서도 내식성과 강도가 우수하여 항공기, 우주선 등에 사용됨
- 고온에서 산소(O), 질소(N), 수소(H)와 매우 잘 반응하여 용접부가 급격히 취화되므로 대기와 완전히 차단된 상태에서 불활성 가스를 이용하여 용접하거나 진공상태에서 용접이 진행됨

② 특수강 및 초경합금(텅스텐계)

텅스텐의 용융점	3,410℃
초경합금	WC, TiC, TaC + Co 소결체로 고속도강의 약 2~3배의 경도를 가지고 내마모성이 우수하며 고속 절삭에 적합함
텅갈로이	탄화텅스텐계 초경합금으로 온도의 변화에 따라 성질이 변화함
적용 분야	칠드주철, 주강, 비철금속, 유리 등

③ 신소재 및 기능성 합금
- 쾌삭강(快削鋼): 절삭가공(선반, 밀링 등) 시 절삭저항을 줄이고, 공구 마모를 감소시키기 위해 절삭성이 향상되도록 특수 원소(P, S, Pb 등)를 첨가한 강

- 다이캐스팅 합금: 고온의 용융금속을 금형에 고압 사출하는 공정에 사용되는 합금으로, 사출과 탈형(제품 분리)이 원활해야 하므로 금형에 달라붙는 성질(점착성)이 좋으면 안 됨
- 불변강: 온도 변화에 따른 열팽창이 거의 없는 특수 합금강으로, 게이지·시계추·측정기·항공기 부품 등 정밀도가 요구되는 기기에 사용
- 형상기억합금(SMA): 온도 변화에 따라 변형 전의 기억된 형태로 복원되는 특수 합금으로, 잠수함, 우주선, 로봇 등이 운용되는 극한 환경에서도 자체 복원 기능과 내열성 등이 우수함
  - → 외부에서 변형을 주더라도, 특정 온도로 가열하면 원래의 모양으로 자기 복원이 되는 현상이 가능한 이유는 가역적인 마텐자이트 변태 때문임

📋 용접 도면해독

■ 도면 양식 및 척도

① 도면 양식

- 기본 구성: 기계제도에서 도면의 규격화된 틀로 윤곽선, 표제란, 도면번호, 중심마크 등을 표시
- 표제란: 도면의 하단 또는 우측 하단에 위치하며, 도면의 식별 정보를 명확히 표시하는 공간
- 필수 표제: 도명, 도면 번호, 척도, 투상법, 작성일자, 작성자(검토자) 등

② 척도

- 측정하려는 물리량을 수치로 나타내기 위해 기준 단위를 일정한 간격으로 나누어 표시한 값
- 실척: 실제 크기와 똑같이 그린 1:1 비율의 이상적인 도면 크기
- 배척(확대척도): 실제보다 크게 그려 확대 표시(2 : 1, 5 : 1 등)하며, 소형 부품에 활용됨
- 축척: 실제보다 작게 그려 축소 표시(1 : 2, 1 : 5 등)하며, 큰 구조물에 활용됨

■ 선의 종류

① 선: 기계제도에서는 선의 굵기를 일정한 비율로 정해 놓고 사용함

종류	구분	명칭	용도
실선	————	굵은 실선	외형선
	———	가는 실선	치수선, 치수보조선, 중심선, 지시선, 해칭(Hatching)선
	〜〜〜	자유 실선	부분 생략 또는 부분 단면의 경계
파선	— — —	굵은 파선	보이지 않는 외형선, 숨은선
	- - - -	가는 파선	
쇄선	— · — · —	가는 1점 쇄선	중심선, 물체 또는 도형의 대칭선, 회전 단면의 외형선, 피치선
	— ·· — ·· —	가는 2점 쇄선	가상 외형선, 인접한 외형선, 가동 물체의 회전 위치선, 무게중심선
	▬ — · — ▬	절단부 쇄선(양끝이 굵은 선에 중간은 가는 1점 쇄선)	절단 평면의 위치(절단선)
	— · — · —	굵은 1점 쇄선	표면 처리 부분

② 선의 우선순위: 2종류 이상의 선이 겹침 시 외형선, 숨은선, 절단선, 중심선, 치수보조선 순서

- KS A ISO 128 규격의 표준 선 굵기 계열은 일반적으로 0.13, 0.18, 0.25, 0.35, 0.5, 0.7, 1.0, 1.4, 2.0mm 등을 사용함
- 제도의 선 굵기 상대비율
  → 아주 굵은 선 : 굵은 선 : 가는 선 = 4 : 2 : 1
- 스머징(Smudging): 단면선을 긋지 않고 색연필이나 연필로 면을 칠하는 방법

■ 투상법 및 도형의 표시방법

① 투상법
- 정투상도: 물체를 평면에 직각 투영하여 여러 방향에서 본 모양을 그린 도면법으로 주로 정면도(Front View), 평면도(Top View), 저면도(Bottom View), 측면도(Side View)로 구성됨
- 제1각법: 물체를 투상면의 앞쪽에 두고, 물체 기준으로 각 면의 투상 결과를 반대쪽에 배치하여 정면도 기준 좌측면도는 오른쪽에 배치
- 제3각법: 물체를 투상면의 뒤쪽에 두고, 각 면의 투상 결과를 보이는 방향 그대로 배치

구분	제1각법 (First-Angle)	제3각법 (Third-Angle)
투상 위치	물체가 투상면 앞쪽	물체가 투상면 뒤쪽
도면 배치법칙	좌우·상하가 실제와 반대	좌우·상하가 실제와 같음
평면도 (윗면도)	정면도의 아래쪽	정면도의 위쪽
저면도 (아랫면도)	정면도의 위쪽	정면도의 아래쪽
좌측면도	정면도의 오른쪽	정면도의 왼쪽
우측면도	정면도의 왼쪽	정면도의 오른쪽

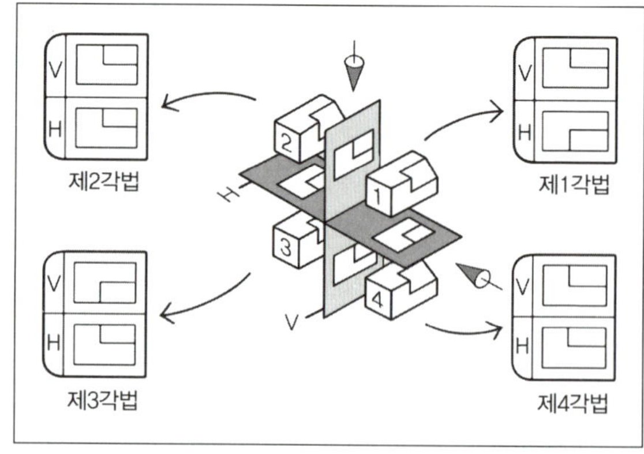

② 도형의 표시방법
- 단면도: 물체 내부 구조를 명확히 표현하기 위해 물체를 절단한 후 그 절단면을 도면에 표시하는 방법
  - 전 단면도: 온 단면도라고 하며, 물체의 절반(1/2)을 깎아내어 단면 전체를 나타내는 방식
  - 한쪽 단면도: 대칭 형상에서 물체의 1/4을 절단하여 중심선을 기준으로 한쪽은 내부를 나타내고 동시에 다른 한쪽은 외부를 나타내는 방식
  - 회전 도시 단면도: 부재의 특정 위치를 절단한 단면 형상을 그 자리에서 90° 회전시켜, 부재의 축선 위나 파단된 부분의 사이에 바로 표시하는 방식
- 국부 투상도: 물체 전체가 아니라 일부(구멍, 홈, 요철 등)만을 명확하게 표현하기 위해 특정 부분만 별도로 도시한 투상도
- 전개도(展開圖): 입체물(3D 형상)의 곡면 또는 평면을 한 평면 위에 펼쳐서(전개) 실제 절단·절곡·접합에 필요한 치수를 나타낸 도면

- 방사선 전개법: 각뿔, 원뿔, 원추
- 삼각형 전개법: 복합 곡면, 이음관(경사 원뿔대)
- 평행선 전개법: 원통부

■ 치수 및 배관 도면 해독

① 치수 및 기호 표기
- 기계제도(ISO/KS)에서 치수는 mm를 기본 단위로 기입하고 단위 기호를 생략함

- 숫자 중간에 콤마(,) 같은 자릿수 구분 기호를 넣지 않음
- 원호: 반지름이 큰 원호의 중심이 도면 밖에 있어 직접 표시하기 어려울 때는 치수선을 구부려 표시할 수 있으며, 화살표가 붙은 부분은 실제 중심 방향을 향하도록 표시
- 단독 형체 공차: 해당 형상 자체에만 적용되는 형상 공차로, 진직도, 평면도, 진원도, 원통도 등이 해당됨

더 알아보기 치수 기입

- 현의 길이는 현에 수직으로 치수보조선을 긋고 현에 평행한 치수선을 사용하여 표시함. 원호의 길이는 현과 같은 치수보조선을 긋고 그 원호와 같은 중심의 원호를 치수선으로 하며, 치수 수치의 위에 원호를 표시하는 기호(⌒)를 붙임

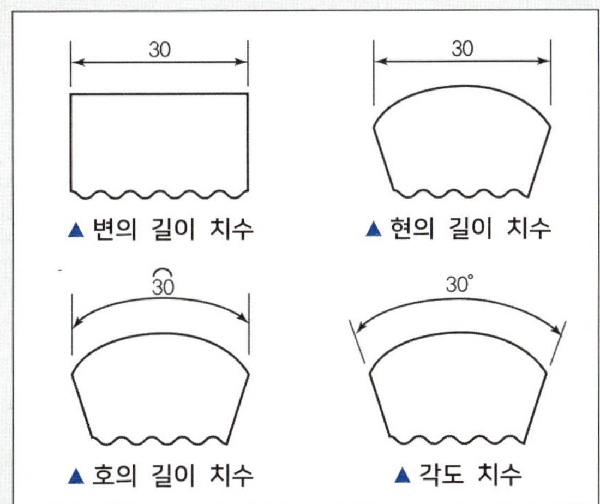

- 강형의 치수

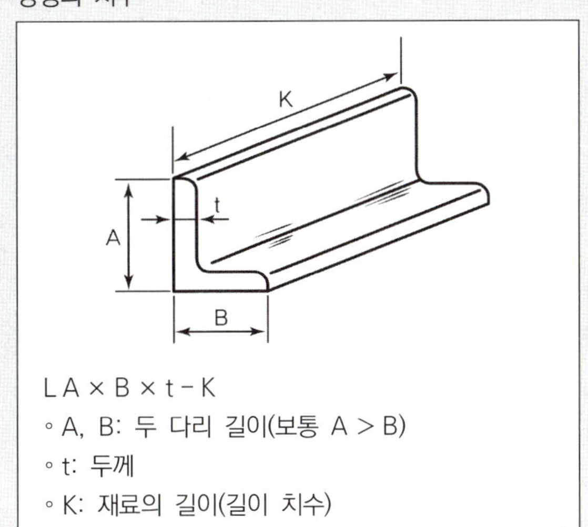

L A × B × t − K
∘ A, B: 두 다리 길이(보통 A > B)
∘ t: 두께
∘ K: 재료의 길이(길이 치수)

- 치수 보조기호

기호	구분
Ø	지름 기호
R	반지름 기호
SR	구의 반지름 기호
□	정사각형의 한 변 치수
C	모따기(Chamfer) 치수
t	판의 두께
( )	참고 치수

② 배관 도면 기호
- 배관도(Piping Diagram): 유체의 종류를 구분하기 위한 문자 기호로 공기 A, 물 W, 증기 S, 가스 G, 연료유 O로 구분
- 배관 기호
  - 배관 이음 기호

기호	이름
	유니언
	플랜지
	나사 이음
	티
	90° 엘보
	45° 엘보
	리듀서

  - 배관의 끝 부분을 나타내는 기호

기호	이름
	막힌 플랜지
	용접식 캡
	나사박음식 캡

- 배관 재료의 분류
  - 일반 배관용 탄소강관[D3507(G3452) / SPP(SGP) : Steel Pipe Piping]
  - 압력 배관용 탄소강관[D3562(G3454) / SPPS(STPG) : Steel Pipe Pressure Service]

- 고압 배관용 탄소강관[D3564(G3455) /
  SPPH(STS) : Steel Pipe Pressure High]
- 고온 배관용 탄소강관[D3570(G3456) /
  SPHT(STPT) : Steel Pipe High
  Temperature]
- 배관용 아크 용접 탄소강관[D3583(G3457 /
  SPW(STPY) : Steel Pipe Welding]
- 저온 배관용 탄소강관[D3569(G3460) /
  SPLT(STPL) : Steel Pipe Low
  Temperature]
• 밸브 표시 기호
- 밸브 및 콕 몸체의 표시방법

밸브·콕의 종류	그림 기호	밸브·콕의 종류	그림 기호
밸브 일반	▷◁	앵글 밸브	
게이트 밸브	▷◁	3방향 밸브	▷◁
글로브 밸브	▶●◁	안전 밸브	
체크 밸브	또는		
볼 밸브	▷◁		
버터플라이 밸브	또는	콕 일반	▷●◁

■ 용접 기호 및 도면 해독

① 용접부의 기본 기호

명칭	그림	기호
돌출된 모서리를 가진 평판 사이의 맞대기 용접 에지 플랜지형 용접(미국) / 돌출된 모서리는 완전 용해		八
평행(I형) 맞대기 용접		‖
V형 맞대기 용접		V
일면 개선형 맞대기 용접		V
넓은 루트 면이 있는 V형 맞대기 용접		Y
넓은 루트 면이 있는 한 면 개선형 맞대기 용접		Y
U형 맞대기 용접 (평행면 또는 경사면)		Y
J형 맞대기 용접		Y
이면 용접		⌣
필릿 용접		◣
플러그 용접 또는 슬롯 용접(미국)		⊓
점(Spot) 용접 (바뀌기 전, 후 기호)		○ / ✳
심(Seam) 용접 (바뀌기 전, 후 기호)		⊖ / ⊗
개선각이 급격한 V형 맞대기 용접		⋁

개선각이 급격한 일면 개선형 맞대기 용접	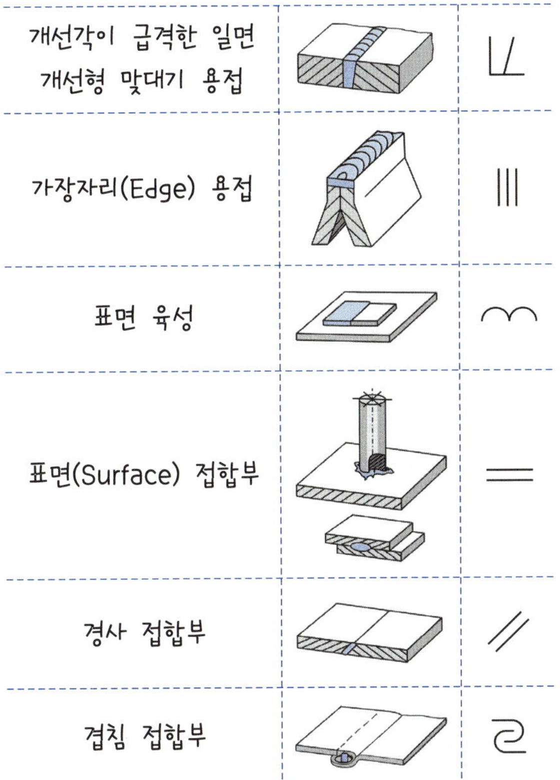	⎿⎿
가장자리(Edge) 용접		‖‖‖
표면 육성		⌒⌒
표면(Surface) 접합부		=
경사 접합부		//
겹침 접합부		Ω

② 용접이음의 보조기호: 연삭 보조기호는 G로 물체의 표면을 깎아내는 가공방법이며, 그 외 치핑 C, 절삭 M 등이 있음

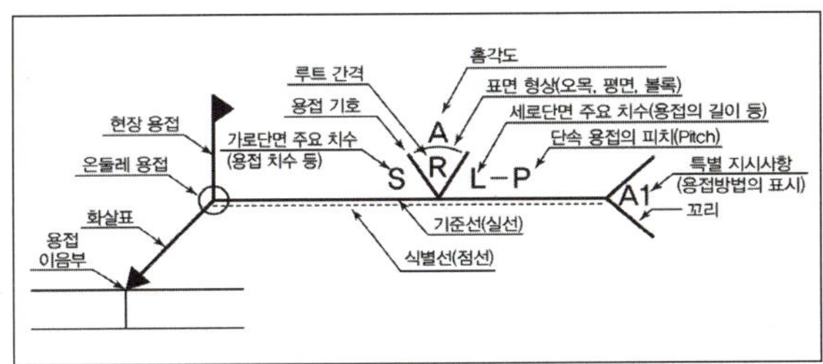

기호	설명
——	동일 평면으로 다듬질 함
⌒	볼록형
⌣	오목형
[illegible]ئⵡ	끝단부를 매끄럽게 함
M	영구적인 이면 판매
MR	제거 가능한 이면 판재
 ▶	현장 용접

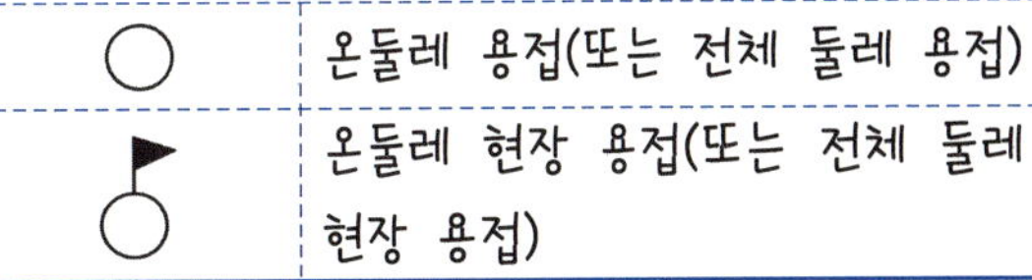

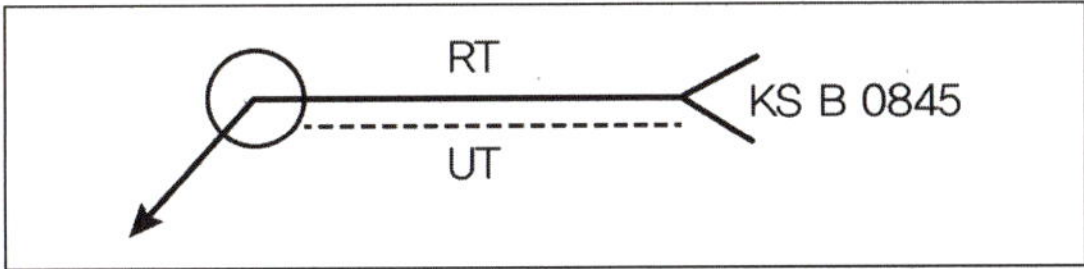

③ 비파괴시험 기호의 기재법

- 기준선: 시험 관련 정보(시험 종류, 기호 등)를 기입하는 중심선
- 화살표: 기준선에서 기울여 검사가 필요한 부위를 직접 가리키는 역할
- 꼬리: 선 끝의 V자로 표시하며, 검사 시 지켜야 할 규칙(지시사항, 기준명, 시방서, 요구 품질 등)을 기재함
- 화살표가 가리키는 쪽을 검사할 때: 기호를 기준선 아래에 적음
- 화살표의 반대쪽을 검사할 때: 기호를 기준선 위에 적음
- 양쪽 모두를 검사할 때: 위아래 모두에 기호를 적음
- 화살표 선과 기준선이 맞닿는 모서리에 표시(○)를 하고, 이를 점선으로 둘러싸 특정 시험 면적을 지정함
- 시험방법은 지정할 필요가 있을 때 기재하며, 온둘레 시험(○)은 반드시 기재함

비파괴시험의 기본 기호

시험 종류	기호
방사선 투과시험	RT
초음파 탐상시험	UT
자분 탐상시험	MT
침투 탐상시험	PT
와류 탐상시험	ET
누설시험	LT
변형도 측정시험	ST
육안시험	VT
내압시험	PRT
음향 방출시험	AET

3개년 공개기출문제
(2014년~2016년)

01

용접기 설치 및 보수할 때 지켜야 할 사항으로 옳은 것은?

① 셀렌 정류기형 직류아크 용접기에서는 습기나 먼지 등이 많은 곳에 설치해도 괜찮다.
② 조정핸들, 미끄럼 부분 등에는 주유해서는 안 된다.
③ 용접 케이블 등의 파손된 부분은 즉시 절연 테이프로 감아야 한다.
④ 냉각용 선풍기, 바퀴 등에도 주유해서는 안 된다.

용접기는 전기장비로 설치장소에 습기, 먼지 또는 가스 등으로 인해 절연 저하나 폭발의 위험이 있어 안전한 환경이 조성된 공간에 설치해야 한다.

02

서브머지드 아크 용접에서 다전극 방식에 의한 분류가 아닌 것은?

① 탠덤식
② 횡병렬식
③ 횡직렬식
④ 이행형식

다전극 방식에 의한 분류
- 탠덤식: 진행 방향에 앞뒤로 배치
- 횡직렬식: 진행 방향에 직각으로 일렬 배치
- 횡병렬식: 진행 방향에 가로로 평행 배치

03

TIG 용접에서 직류 정극성으로 용접할 때 전극 선단의 각도로 가장 적합한 것은?

① 5 ~ 10°
② 10 ~ 20°
③ 30 ~ 50°
④ 60 ~ 70°

TIG 용접(GTAW)의 직류 정극성 조건에서 텅스텐 전극 선단은 30 ~ 50° 정도의 각도로 연마한다.

04

용접 결함 중 구조상 결함이 아닌 것은?

① 슬래그 섞임
② 용입 불량과 융합 불량
③ 언더컷
④ 피로강도 부족

용접 결함의 분류

용접 결함	분류
치수상 결함	변형(Distortion)
	치수 불량: 비드 폭, 덧붙임, 목두께 등의 과부족
	형상 불량: 용접공의 기량 또는 도면 이해 부족으로 형상이 불량한 것
구조상 결함	기공 및 피트(Porosity & Pit)
	융합 불량(LF, Lack of Fusion, Incomplete Fusion)
	용입 부족(IP, Incomplete Penetration)
	언더컷(Under Cut)
	오버랩(Over Lap)
	슬래그 섞임(Slag Inclusion)
	은점(Fish Eye)
	스패터(Spatter)
	균열(Crack)
	라미네이션(Lamination)
성질상 결함	기계적 성질 불량: 연성, 인장 및 피로강도 등
	화학적 성질 불량: 화학성분, 부식 등

정답   01 ③   02 ④   03 ③   04 ④

05

화재 발생 시 사용하는 소화기에 대한 설명으로 틀린 것은?

① 전기로 인한 화재에는 포말 소화기를 사용한다.
② 분말 소화기는 기름화재에 적합하다.
③ CO₂ 가스 소화기는 소규모의 인화성 액체 화재나 전기설비 화재의 초기 진화에 좋다.
④ 보통화재에는 포말, 분말, CO₂ 소화기를 사용한다.

전기화재(C급)에는 전기가 통하지 않는 소화기(분말, CO₂)가 적합하다.

06

필릿 용접부의 보수방법에 대한 설명으로 옳지 않은 것은?

① 간격이 1.5mm 이하일 때에는 그대로 용접하여도 좋다.
② 간격이 1.5 ~ 4.5mm일 때에는 넓혀진 만큼 각장을 감소시킬 필요가 있다.
③ 간격이 4.5mm일 때에는 라이너를 넣는다.
④ 간격이 4.5mm 이상일 때에는 300mm 정도의 치수로 판을 잘라낸 후 새로운 판으로 용접한다.

간격이 커질수록 루트부 공극을 메우기 위해 입열과 용착량을 더 확보해야 하며, 구조 강도를 유지하려면 유효 목두께가 줄지 않도록 각장을 유지하거나 넓혀야 한다.

07

다음 그림과 같은 다층 용접법은?

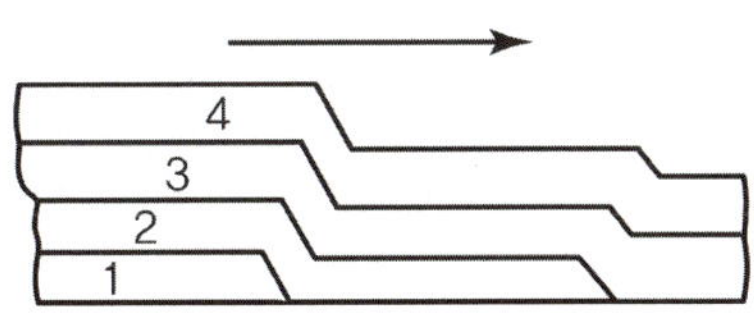

① 빌드업법
② 캐스케이드법
③ 전진블록법
④ 스킵법

짧은 비드를 계단식(스텝)으로 앞쪽에서 뒤쪽으로 겹쳐가며 다층으로 쌓아올리는 방법을 캐스케이드 용접법이라고 한다.

08

용접작업 시 작업자의 부주의로 발생하는 안염, 각막염, 백내장 등을 일으키는 원인은?

① 용접 흄 가스
② 아크 불빛
③ 전격 재해
④ 용접 보호가스

아크광에는 강한 자외선(UV)과 적외선(IR), 가시광 고조도가 포함되어 광각막염, 각막염 등을 유발한다.

09

플라즈마 아크 용접에 대한 설명으로 잘못된 것은?

① 아크 플라즈마의 온도는 10,000 ~ 30,000℃ 온도에 달한다.
② 핀치효과에 의해 전류밀도가 크므로 용입이 깊고 비드 폭이 좁다.
③ 무부하 전압이 일반 아크 용접기에 비하여 2 ~ 5배 정도 낮다.
④ 용접장치 중에 고주파 발생장치가 필요하다.

플라즈마 아크 용접기의 무부하 전압은 일반 아크 용접기보다 높다.

10 ⭐빈출

전기저항 점 용접법에 대한 설명으로 틀린 것은?

① 인터랙 점 용접이란 용접점의 부분에 직접 2개의 전극을 물리지 않고 용접전류가 피용접물의 일부를 통하여 다른 곳으로 전달하는 방식이다.
② 단극식 점 용접이란 적극이 1쌍으로 1개의 점 용접부를 만드는 것이다.
③ 맥동 점 용접은 사이클 단위를 몇 번이고 전류를 연속하여 통전하는 것으로 용접속도 향상 및 용접변형 방지에 좋다.
④ 직렬식 점 용접이란 1개의 전류 회로에 2개 이상의 용접점을 만드는 방법으로 전류 손실이 많아 전류를 증가시켜야 한다.

11

이산화탄소 아크 용접의 솔리드 와이어 용접봉에 대한 설명으로 YGA – 50W – 1.2 – 20에서 "50"이 뜻하는 것은?

① 용접봉의 무게
② 용착금속의 최소 인장강도
③ 용접 와이어
④ 가스실드 아크 용접

12

다음 중 스터드 용접법의 종류가 아닌 것은?

① 아크 스터드 용접법   ② 텅스텐 스터드 용접법
③ 충격 스터드 용접법   ④ 저항 스터드 용접법

13

아크 용접부에 기공이 발생하는 원인과 가장 관련이 없는 것은?

① 이음 강도 설계가 부적당할 때
② 용착부가 급랭될 때
③ 용접봉에 습기가 많을 때
④ 아크길이, 전류값 등이 부적당할 때

14

전자 빔 용접의 종류 중 고전압 소전류형의 가속 전압은?

① 20 ~ 40kV   ② 50 ~ 70kV
③ 70 ~ 150kV   ④ 150 ~ 300kV

15 ★ 빈출

다음 중 TIG 용접기의 주요장치 및 기구가 아닌 것은?

① 보호가스 공급장치   ② 와이어 공급장치
③ 냉각수 순환장치   ④ 제어장치

16

용접부에 X선을 투과하였을 경우 검출할 수 있는 결함이 아닌 것은?

① 선상조직   ② 비금속 개재물
③ 언더컷   ④ 용입 불량

17

다층 용접방법 중 각 층마다 전체의 길이를 용접하면서 쌓아올리는 용착법은?

① 전진블록법   ② 덧살올림법
③ 캐스케이드법   ④ 스킵법

정답   11 ②   12 ②   13 ①   14 ③   15 ②   16 ①   17 ②

18

용접부의 시험검사에서 야금학적 시험방법에 해당되지 않는 것은?

① 파면시험   ② 육안조직시험
③ 노치취성시험   ④ 설퍼프린트 시험

> 샤르피, V – notch 등의 시험은 재료의 충격 인성(기계적 성질) 평가로 재료시험에 해당한다.

19

구리와 아연을 주성분으로 한 합금으로 철강이나 비철금속의 납땜에 사용되는 것은?

① 황동납   ② 인동납
③ 은납   ④ 주석납

> 황동은 구리 – 아연(Cu – Zn)계 합금으로 강·비철금속의 경납(브레이징)에 널리 쓰인다.

20 ★비출

탄산가스 아크 용접에 대한 설명으로 맞지 않는 것은?

① 가스 아크이므로 시공이 편리하다.
② 철 및 비철류의 용접에 적합하다.
③ 전류밀도가 높고 용입이 깊다.
④ 바람의 영향을 받으므로 풍속 2m/s 이상일 때에는 방풍장치가 필요하다.

> CO_2 또는 Ar + CO_2 혼합가스로 차폐하는 MAG 용접은 주로 탄소강·저합금강에 적합하고, 알루미늄·구리 등의 비철에는 불활성 가스 아크 용접을 사용한다.

21 ★비출

MIG 용접 제어장치의 기능으로 크레이터 처리 기능에 의해 낮아진 전류가 서서히 줄어들면서 아크가 끊어지며 이면 용접부가 녹아내리는 것을 방지하는 것을 의미하는 것은?

① 예비가스 유출시간   ② 스타트 시간
③ 크레이터 충전시간   ④ 번 백 시간

> **번 백 시간**
> 와이어 송급이 멈춘 후에도 전류를 순간적으로 유지시키며 흘려보내 와이어 끝을 깔끔하게 끊어내는(Burn Back) 역할이 진행되는 시간이다.

22

일반적으로 안전을 표시하는 색채 중 특정 행위의 지시 및 사실의 고지 등을 나타내는 색은?

① 노란색   ② 녹색
③ 파란색   ④ 흰색

안전보건표지의 색채, 색도기준 및 용도

색채	색도기준	용도	사용례
빨간색	7.5R 4/14	금지	정지신호, 소화설비 및 그 장소, 유해행위의 금지
		경고	화학물질 취급장소에서의 유해·위험 경고
노란색	5Y 8.5/12	경고	화학물질 취급장소에서의 유해·위험 경고 이외의 위험 경고, 주의표지 또는 기계방호물
파란색	2.5PB 4/10	지시	특정 행위의 지시 및 사실의 고지
녹색	2.5G 4/10	안내	비상구 및 피난소, 사람 또는 차량의 통행표지
흰색	N9.5	–	파란색 또는 녹색에 대한 보조색
검은색	N0.5	–	문자 및 빨간색 또는 노란색에 대한 보조색

23

산소 – 프로판 가스 절단에서 프로판 가스 1에 대하여 얼마 비율의 산소를 필요로 하는가?

① 8   ② 6
③ 4.5   ④ 2.5

> **프로판 완전 연소식**
> $C_3H_8 + 5O_2 \rightarrow 3CO_2 + 4H_2O$
> 실제 절단용 예열불꽃에서는 연소손실과 효율을 고려하여 프로판 : 산소 비율 = 약 1 : 4.5 정도로 맞춘다.

정답   18 ③   19 ①   20 ②   21 ④   22 ③   23 ③

24 빈출

용접설계에 있어서 일반적인 주의사항 중 틀린 것은?

① 용접에 적합한 구조 설계를 할 것
② 용접길이는 될 수 있는 대로 길게 할 것
③ 결함이 생기기 쉬운 용접방법은 피할 것
④ 구조상의 노치부를 피할 것

과다 용접은 용접량·입열·변형·잔류응력·원가를 불필요하게 높이므로 요구 및 강도, 설계하중 등을 만족하는 최소 길이로 계획해야 한다.

25

가스 용접에서 양호한 용접부를 얻기 위한 조건으로 틀린 것은?

① 모재 표면에 기름, 녹 등을 용접 전에 제거하여 결함을 방지하여야 한다.
② 용착금속의 용입 상태가 불균일해야 한다.
③ 과열의 흔적이 없어야 하며, 용접부에 첨가된 금속의 성질이 양호해야 한다.
④ 슬래그, 기공 등의 결함이 없어야 한다.

용접부는 균일한 용입과 일정한 비드 형상을 가져야 한다.

26 빈출

직류아크 용접에서 역극성의 특징으로 맞는 것은?

① 용입이 깊어 후판 용접에 사용된다.
② 박판, 주철, 고탄소강, 합금강 등에 사용된다.
③ 봉의 녹음이 느리다.
④ 비드 폭이 좁다.

역극성 DCRP(Direct Current Reverse Polarity)
• 용접봉(+), 모재(−)
• 용입 얕고, 비드 폭이 넓다.
• 청정작용이 있다.
• 박판, 주철, 고탄소강, 합금강 등에 사용된다.

27

직류아크 용접기와 비교한 교류아크 용접기의 설명에 해당되는 것은?

① 아크의 안정성이 우수하다.
② 자기 쏠림 현상이 있다.
③ 역률이 매우 양호하다.
④ 무부하 전압이 높다.

교류아크 용접기는 직류기에 비해 무부하 전압이 더 높아(일반적으로 70~80V 수준) 감전 위험이 상대적으로 크다.

28

피복 아크 용접봉에서 피복 배합제인 아교는 무슨 역할을 하는가?

① 아크 안정제
② 합금제
③ 탈산제
④ 환원가스 발생제

아교는 유기물로 열 분해 시 환원성 가스(CO, H_2)를 다량 발생시키는 환원가스 발생 작용을 담당한다.

29

피복 금속 아크 용접봉은 습기의 영향으로 기공(Blow Hole)과 균열(Crack)의 원인이 된다. 보통 용접봉 ㉠과 저수소계 용접봉 ㉡의 온도와 건조 시간은? (단, 보통 용접봉은 ㉠으로, 저수소계 용접봉은 ㉡으로 나타냈다.)

① ㉠ 70~100℃ 30~60분, ㉡ 100~150℃ 1~2시간
② ㉠ 70~100℃ 2~3시간, ㉡ 100~150℃ 20~30분
③ ㉠ 70~100℃ 30~60분, ㉡ 300~350℃ 1~2시간
④ ㉠ 70~100℃ 2~3시간, ㉡ 300~350℃ 20~30분

용접봉의 건조 조건
• 보통 용접봉: 70~100℃, 30~60분
• 저수소계 용접봉: 300~350℃, 1~2시간

30 빈출

가스 가공에서 강재 표면의 홈, 탈탄층 등의 결함을 제거하기 위해 얇게 그리고 타원형 모양으로 표면을 깎아내는 가공법은?

① 가스 가우징
② 분말 절단
③ 산소창 절단
④ 스카핑

31 빈출

가스 용접에서 가변압식(프랑스식) 팁(Tip)의 능력을 나타내는 기준은?

① 1분에 소비하는 산소가스의 양
② 1분에 소비하는 아세틸렌 가스의 양
③ 1시간에 소비하는 산소가스의 양
④ 1시간에 소비하는 아세틸렌 가스의 양

32 빈출

아크 쏠림은 직류아크 용접 중에 아크가 한쪽으로 쏠리는 현상을 말하는데 아크 쏠림 방지법이 아닌 것은?

① 접지점을 용접부에서 멀리한다.
② 아크길이를 짧게 유지한다.
③ 가용접을 한 후 후퇴 용접법으로 용접한다.
④ 가용접을 한 후 전진법으로 용접한다.

33 빈출

용접기의 가동 핸들로 1차 코일을 상하로 움직여 2차 코일의 간격을 변화시켜 전류를 조정하는 용접기로 맞는 것은?

① 가포화 리액터형
② 가동 코어 리액터형
③ 가동 코일형
④ 가동 철심형

34

프로판 가스가 완전 연소하였을 때 설명으로 맞는 것은?

① 완전 연소하면 이산화탄소로 된다.
② 완전 연소하면 이산화탄소와 물이 된다.
③ 완전 연소하면 일산화탄소와 물이 된다.
④ 완전 연소하면 수소가 된다.

35

아세틸렌 가스가 산소와 반응하여 완전 연소할 때 생성되는 물질은?

① CO, H_2O
② $2CO_2$, H_2O
③ CO, H_2
④ CO_2, H_2

36 빈출

가스 용접 시 사용하는 용제에 대한 설명으로 틀린 것은?

① 용제의 융점은 모재의 융점보다 낮은 것이 좋다.
② 용제는 용융금속의 표면에 떠올라 용착금속의 성질을 양호하게 한다.
③ 용제는 용접 중에 생기는 금속의 산화물 또는 비금속 개재물을 용해하여 용융온도가 높은 슬래그를 만든다.
④ 연강에는 용제를 일반적으로 사용하지 않는다.

37

용접법을 융접, 압접, 납땜으로 분류할 때 압접에 해당하는 것은?

① 피복 아크 용접
② 전자 빔 용접
③ 테르밋 용접
④ 심 용접

심 용접의 종류: 맞대기 심 용접, 매쉬 심 용접, 포일 심 용접
심 용접(Seam Welding)은 저항 용접(Resistance Welding)의 일종으로 두 장의 판을 연속적으로 이어붙이는 용접법(압접)이다. 원판형 롤러 전극을 회전시켜 끊김없는 연속 용접선(비드)을 만든다.

38

A는 병 전체 무게(빈병 + 아세틸렌 가스)이고, B는 빈병의 무게이며, 또한 15℃, 1기압에서의 아세틸렌 가스 용적을 905리터라고 할 때, 용해 아세틸렌 가스의 양 C(리터)를 계산하는 식은?

① $C = 905 \times (B - A)$
② $C = 905 + (B - A)$
③ $C = 905 \times (A - B)$
④ $C = 905 + (A - B)$

용해 아세틸렌 가스: 아세틸렌(C_2H_2)은 폭발위험이 크기 때문에 아세톤(Acetone) 속에 녹여서 용해 상태로 고압 용기에 충전하여 사용한다. 이때 가스통의 충전량은 용기 무게 변화로 계산한다.
$C = 905 \times (A - B)$
A: 병 전체 무게
B: 빈병 무게

39

내용적 40.7리터의 산소병에 150kgf/cm²의 압력이 게이지에 표시되었다면 산소병에 들어있는 산소량은 몇 리터인가?

① 3,400
② 4,055
③ 5,055
④ 6,105

게이지압 $150kgf/cm^2 \times 40.7L = 6,105L$

40

저용융점 합금이 아닌 것은?

① 아연과 그 합금
② 금과 그 합금
③ 주석과 그 합금
④ 납과 그 합금

금의 융점은 1,064℃로 저용융점 합금의 범주에 들어가지 않는다.

41

다음 중 알루미늄 합금(Alloy)의 종류가 아닌 것은?

① 실루민(Silumin)
② Y합금
③ 로엑스(Lo - Ex)
④ 인코넬(Inconel)

인코넬: Ni - Cr 초내열합금(니켈합금)으로 고온, 고압 부식환경에서 뛰어난 내구성과 내화학성, 내열성을 가진 합금이다.

42

철강에서 펄라이트 조직으로 구성되어 있는 강은?

① 경질강
② 공석강
③ 강인강
④ 고용체강

공석강을 서서히 냉각시키면, 이때 펄라이트 조직을 구성하게 된다.

43

Ni - Cu계 합금에서 60 ~ 70% Ni 합금은?

① 모넬메탈(Monel - Metal)
② 어드밴스(Advance)
③ 콘스탄탄(Constantan)
④ 알민(Almin)

모넬메탈: Ni - Cu계 대표 합금으로 보통 Ni 약 60 ~ 70%, Cu 약 30% 내외(+ 미량 Fe, Mn 등) 조성으로 구성된 합금이다.

44

가스 침탄법의 특징에 대한 설명으로 틀린 것은?

① 침탄온도, 기체혼합비 등의 조절로 균일한 침탄층을 얻을 수 있다.
② 열효율이 좋고 온도를 임의로 조절할 수 있다.
③ 대량 생산에 적합하다.
④ 침탄 후 직접 담금질이 불가능하다.

가스 침탄 후 담금질이 가능하다.

정답 37 ④ 38 ③ 39 ④ 40 ② 41 ④ 42 ② 43 ① 44 ④

45 ⭐빈출

다음 중 풀림의 목적이 아닌 것은?

① 결정립을 조대화시켜 내부응력을 상승시킨다.
② 가공경화 현상을 해소시킨다.
③ 경도를 줄이고 조직을 연화시킨다.
④ 내부응력을 제거한다.

풀림(소둔, Annealing)의 목적은 내부응력 제거, 가공경화 해소, 연화(경도 저하) 및 연성·인성 회복, 조직 균일화·미세화이다.

46 ⭐빈출

18 – 8 스테인리스강의 조직으로 맞는 것은?

① 페라이트　　　　② 오스테나이트
③ 펄라이트　　　　④ 마텐자이트

오스테나이트계 스테인리스강
Cr 18% + Ni 8%(18 – 8형)를 기본으로 하는 대표적인 스테인리스강으로 가공성과 내식성이 우수하나 결정입계 부식에 취약하다.

47

주철의 편상 흑연 결함을 개선하기 위하여 마그네슘, 세륨, 칼슘 등을 첨가한 것으로 기계적 성질이 우수하여 자동차 주물 및 특수 기계의 부품용 재료에 사용되는 것은?

① 미하나이트주철　　　　② 구상흑연주철
③ 칠드주철　　　　④ 가단주철

구상흑연주철은 자동차 주물 및 특수 기계 부품에 널리 사용되며, 일반 회주철에 소량의 마그네슘(Mg), 세륨(Ce), 칼슘(Ca) 등을 첨가하면 흑연의 모양이 둥근 구상형으로 변하며 인성과 연성이 크게 향상된다.

48

특수 주강 중 주로 롤러 등으로 사용되는 것은?

① Ni 주강　　　　② Ni – Cr 주강
③ Mn 주강　　　　④ Mo 주강

Mn 주강(해드필드강)
충격·압축하에서 가공경화가 급격히 일어나 표면이 매우 단단해지면서도 내부는 인성을 유지해 롤러, 크러셔 라이너, 레일 크로싱 등 충격·마모 부품에 적합하다.

49

탄소가 0.25%인 탄소강이 0 ~ 500℃의 온도 범위에서 일어나는 기계적 성질의 변화 중 온도가 상승함에 따라 증가되는 성질은?

① 항복점　　　　② 탄성한계
③ 탄성계수　　　　④ 연신율

0 ~ 500℃의 온도범위에서 항복점과 탄성한계, 탄성계수는 감소하며, 연신율은 상승한다.

50

용접할 때 예열과 후열이 필요한 재료는?

① 15mm 이하 연강판
② 중탄소강
③ 18℃일 때 18mm 연강판
④ 순철판

탄소가 많을수록 예열 및 후열 처리를 통해 응력 완화 작업이 필요하다.

51

단면도의 표시방법에 관한 설명 중 틀린 것은?

① 단면을 표시할 때에는 해칭 또는 스머징을 한다.
② 인접한 단면의 해칭은 선의 방향 또는 각도를 변경하든지 그 간격을 변경하여 구별한다.
③ 절단했기 때문에 이해를 방해하는 것이나 절단하여도 의미가 없는 것은 원칙적으로 긴 쪽 방향으로는 절단하여 단면도를 표시하지 않는다.
④ 개스킷 같이 얇은 제품의 단면은 투상선을 한 개의 가는 실선으로 표시한다.

개스킷은 굵은 실선으로 표시해야 한다.

정답　　45 ①　46 ②　47 ②　48 ③　49 ④　50 ②　51 ④

52

2종류 이상의 선이 같은 장소에서 중복될 경우 다음 중 가장 우선적으로 그려야 할 선은?

① 중심선
② 숨은선
③ 무게중심선
④ 치수보조선

도면에서 선이 겹칠 때 순서
1. 외형선
2. 숨은선
3. 절단선
4. 중심선
5. 무게중심선
6. 치수보조선

53 빈출

배관도에 사용된 밸브표시가 올바른 것은?

① 밸브 일반:
② 게이트 밸브:
③ 나비 밸브:
④ 체크 밸브:

밸브 및 콕 몸체의 표시방법

밸브·콕의 종류	그림 기호	밸브·콕의 종류	그림 기호
밸브 일반		앵글 밸브	
게이트 밸브		3방향 밸브	
글로브 밸브		안전 밸브	
체크 밸브	또는		
볼 밸브		콕 일반	
버터플라이 밸브	또는		

54 빈출

다음 중 일반 구조용 탄소강관의 KS 재료 기호는?

① SPP
② SPS
③ SKH
④ STK

• SPP: 일반 배관용 탄소강관
• STK: 일반 구조용 탄소강관

55 빈출

용접 보조기호 중 현장 용접을 나타내는 기호는?

① ▶
② ○
③ ●
④ ◉

용접의 기호

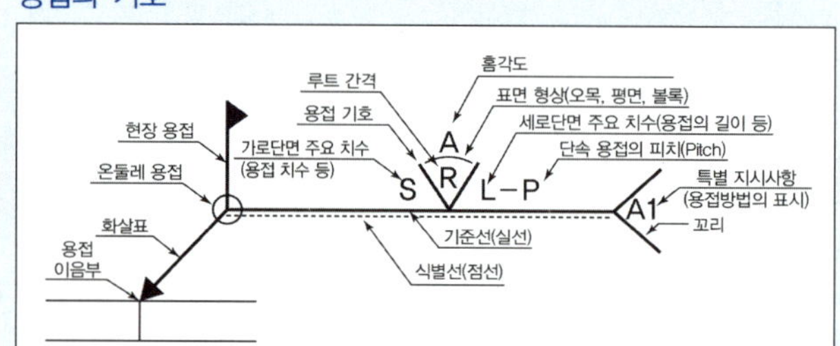

기호	명칭	적용 예	
—	평탄비드	V형 평탄비드 ( )▽	
⌒	볼록비드	X형 볼록비드 ( )	
⌣	오목비드	필릿 용접 오목비드 ( )	
○	온둘레 용접		
▶	현장 용접		
C	치핑		
G	연삭		
M	절삭		

56

도면에 리벳의 호칭이 "KS B 1102 보일러용 둥근머리 리벳 13 × 30 SV 400"으로 표시된 경우 올바른 설명은?

① 리벳의 수량 13개
② 리벳의 길이 30mm
③ 최대 인장강도 400kPa
④ 리벳의 호칭 지름 30mm

> "13 × 30" → 지름(d) × 길이(L)

57 빈출

전개도는 대상물을 구성하는 면을 평면 위에 전개한 그림을 의미하는데, 원기둥이나 각기둥의 전개에 가장 적합한 전개도법은?

① 평행선 전개도법
② 방사선 전개도법
③ 삼각형 전개도법
④ 사각형 전개도법

> 평행선 전개도법: 원기둥, 각기둥
> 물체의 모든 모서리선이나 측면의 선이 서로 평행한 경우에 사용하며, 전개도에서 높이를 평행하게 투상한다.

58

그림과 같은 정면도와 우측면도에 가장 적합한 평면도는?

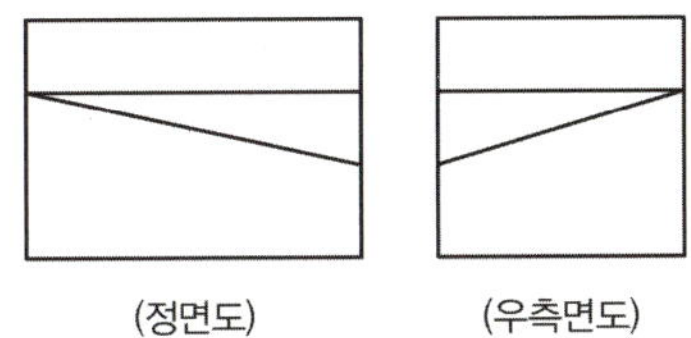

(정면도)　　(우측면도)

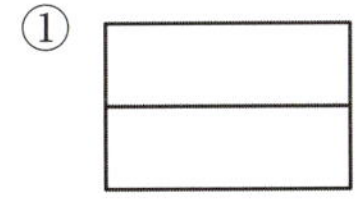 ①
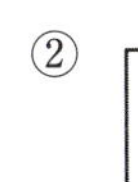 ②
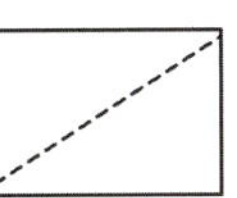 ③
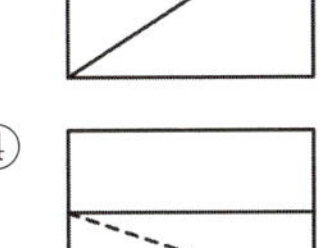 ④

> 물체의 아랫부분이 내부에서 대각선 방향으로 깎여 있거나, 경사면이 바닥 쪽을 향하고 있는 경우로 위에서 보았을 때는 윗면의 평평한 면에 가려져 경사 모서리가 보이지 않는다.

59 빈출

그림은 투상법의 기호이다. 몇 각법을 나타내는 기호인가?

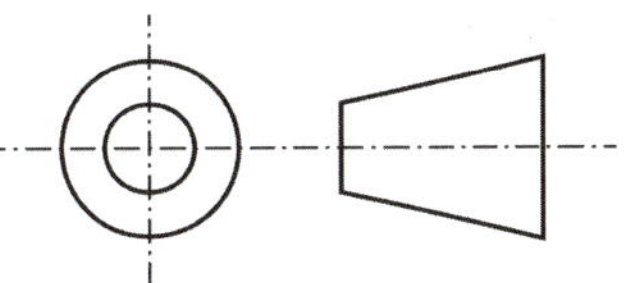

① 제1각법
② 제2각법
③ 제3각법
④ 제4각법

> 제3각법을 나타내는 투상법 기호이다.
>
> 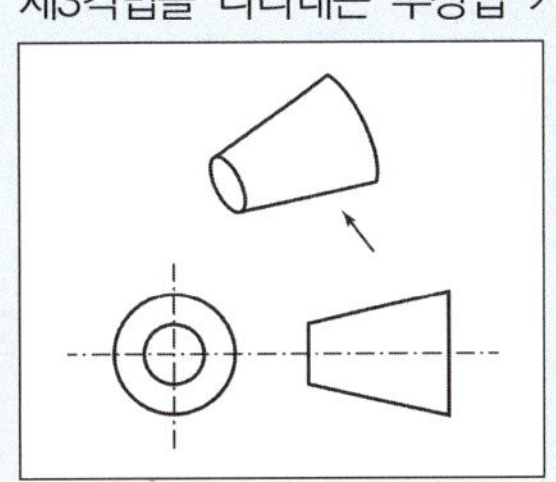

60

기계제도에서 도면에 치수를 기입하는 방법에 대한 설명으로 틀린 것은?

① 길이는 원칙으로 mm의 단위로 기입하고, 단위 기호는 붙이지 않는다.
② 치수의 자릿수가 많을 경우 세 자리마다 콤마를 붙인다.
③ 관련 치수는 되도록 한 곳에 모아서 기입한다.
④ 치수는 되도록 주 투상도에 집중하여 기입한다.

> 기계제도(ISO/KS)에서 치수는 mm를 기본단위로 기입하고 단위 기호를 생략하며, 숫자 중간에 콤마(,) 같은 자릿수 구분 기호를 넣지 않는다.

Chapter 02

2014년 2회 | 공개기출문제

01

다음과 같은 용착법은?

$$① ④ ② ⑤ ③$$
$$→ → → → →$$

① 대칭법 　　　　② 전진법
③ 후진법 　　　　④ 스킵법

스킵법(Skip Welding)
긴 용접선을 한 번에 연속적으로 용접하지 않고 일정 길이로 나눈 여러 구간을 건너뛰며 간헐적으로 용접하는 방법으로, 열의 집중을 방지하여 변형, 잔류응력을 줄이는데 효과적이다.

02

가연성 가스로 스파크 등에 의한 화재에 대하여 가장 주의해야 할 가스는?

① C_3H_8 　　　　② CO_2
③ He 　　　　④ O_2

프로판 가스(C_3H_8)는 가연성 가스로 주의가 필요하다.

03

서브머지드 아크 용접기에서 다전극 방식에 의한 분류에 속하지 않는 것은?

① 푸시 - 풀식 　　　　② 탠덤식
③ 횡병렬식 　　　　④ 횡직렬식

다전극 방식에 의한 분류
• 탠덤식: 진행 방향에 앞뒤로 배치
• 횡직렬식: 진행 방향에 직각으로 일렬 배치
• 횡병렬식: 진행 방향에 가로로 평행 배치

04

용접기의 구비조건에 해당되는 사항으로 옳은 것은?

① 사용 중 용접기 온도 상승이 커야 한다.
② 용접 중 단락되었을 경우 대전류가 흘러야 된다.
③ 소비전력이 큰 역률이 좋은 용접기를 구비한다.
④ 무부하 전압을 최소로 하여 전격기의 위험을 줄인다.

안정적인 무부하 전압을 최소로 하면 감전 위험이 줄어든다.

05

CO_2 가스 아크 용접장치 중 용접전원에서 박판 아크전압을 구하는 식은? (단, I는 용접전류의 값이다.)

① $V = 0.04 \times I + 15.5 \pm 1.5$
② $V = 0.004 \times I + 155.5 \pm 11.5$
③ $V = 0.05 \times I + 111.5 \pm 2$
④ $V = 0.005 \times I + 1111.5 \pm 2$

박판 아크전압식
$V = 0.04I + 15.5 \pm 1.5$

06

이산화탄소의 특징이 아닌 것은?

① 색, 냄새가 없다.
② 공기보다 가볍다.
③ 상온에서도 쉽게 액화한다.
④ 대지 중에서 기체로 존재한다.

이산화탄소(CO_2)의 밀도는 공기보다 약 1.5배 무겁다.

정답　　01 ④　02 ①　03 ①　04 ④　05 ①　06 ②

07 빈출

용접전류가 낮거나, 운봉 및 유지각도가 불량할 때 발생하는 용접 결함은?

① 용락
② 언더컷
③ 오버랩
④ 선상조직

오버랩: 전류가 낮으면 입열이 부족해 모재 가장자리가 충분히 용융·용입되지 못하고, 용융금속이 가장자리 위로 흘러 덮여 붙는 현상이다.

08 빈출

CO_2 가스 아크 용접에서 일반적으로 용접전류를 높게 할 때의 사항을 열거한 것 중 옳은 것은?

① 용접입열이 작아진다.
② 와이어의 녹아내림이 빨라진다.
③ 용착율과 용입이 감소한다.
④ 우수한 비드 형상을 얻을 수 있다.

CO_2 가스 아크 용접 시 전류 증가
• 아크 열량이 증가하며 용입이 깊어진다.
• 와이어 용융속도가 증가하여 녹아내림이 빨라진다.
• 용착률이 향상되고 스패터가 증가한다.

09 빈출

용접부의 검사법 중 기계적 시험이 아닌 것은?

① 인장시험
② 부식시험
③ 굽힘시험
④ 피로시험

• 기계적 시험은 기계적 성질을 이용한 강도, 연성, 경도 등을 평가하는 방법으로 피로시험, 인장시험, 굽힘시험, 충격시험, 경도시험 등이 있다.
• 화학적 시험은 내식성, 화학적 성질로 평가하며 부식시험, 화학분석시험 등으로 분류된다.

10

주성분이 은, 구리, 아연의 합금인 경납으로 인장강도, 전연성 등의 성질이 우수하여 구리, 구리합금, 철강, 스테인리스강 등에 사용되는 납재는?

① 양은납
② 알루미늄납
③ 은납
④ 내열납

은납의 주성분: 은(Ag), 구리(Cu), 아연(Zn)으로 구리·철·스테인리스강 모두 접합 가능하다.

11

용접이음을 설계할 때 주의사항으로 틀린 것은?

① 구조상의 노치부를 피한다.
② 용접 구조물의 특성 문제를 고려한다.
③ 맞대기 용접보다 필릿 용접을 많이 하도록 한다.
④ 용접성을 고려한 사용 재료의 선정 및 열 영향 문제를 고려한다.

맞대기 이음은 단면 연속성이 좋아 응력 분포가 균일하며, 피로성능이 우수하고 변형·잔류응력이 상대적으로 적다.

12 빈출

불활성 아크 용접에 관한 설명으로 틀린 것은?

① 아크가 안정되어 스패터가 적다.
② 피복제나 용제가 필요하다.
③ 열 집중성이 좋아 능률적이다.
④ 철 및 비철금속의 용접이 가능하다.

불활성 아크 용접은 불활성 가스(Ar, He, Ne 등)를 사용하여 용융금속을 공기로부터 보호하는 반자동 용접법으로 피복제 및 용제가 필요하지 않다.

13

용접 후 인장 또는 굴곡시험으로 파단시켰을 때 은점을 발견할 수 있는데 이 은점을 없애는 방법은?

① 수소 함유량이 많은 용접봉을 사용한다.
② 용접 후 실온으로 수 개월 간 방치한다.
③ 용접부를 염산으로 세척한다.
④ 용접부를 망치로 두드린다.

은점은 용착금속 내부에 잔류한 확산성 수소가 미세 결함과 피쉬 아이 형태의 밝은 반점으로 관찰되는 현상으로 예방·저감 일반대책은 저수소계 용접봉 사용과 건조, 예열·층간 온도 관리, 후열·응력 열처리를 진행한다.

14

가스 중에서 최소의 밀도로 가장 가볍고 확산속도가 빠르며, 열전도가 가장 큰 가스는?

① 수소
② 메탄
③ 프로판
④ 부탄

가스 중 밀도가 가장 가벼운 수소는 확산속도가 빨라 환기와 누설 점검 시설이 꼭 필요하다.

15

초음파 탐상법에서 널리 사용되며 초음파의 펄스를 시험체의 한쪽 면으로부터 송신하여 결함 에코의 형태로 결함을 판정하는 방법은?

① 투과법
② 공진법
③ 침투법
④ 펄스 반사법

펄스 반사법: 반사파의 형태를 활용하여 반사되는 신호의 시간 지연으로 결함을 확인한다.

16

전기저항 점 용접작업 시 용접기에서 조정할 수 있는 3대 요소에 해당하지 않는 것은?

① 용접전류
② 전극 가압력
③ 용접전압
④ 통전시간

전기저항 용접의 3대 요소
용접전류(I), 전극 가압력(F), 통전시간(t)

17

다음 중 비용극식 불활성 가스 아크 용접은?

① GMAW
② GTAW
③ MMAW
④ SMAW

TIG 용접(GTAW)은 비소모성 텅스텐 전극봉과 불활성 가스(Ar, He)를 사용하여 아크열로 금속을 용융시키는 용접법이다.

18

알루미늄 분말과 산화철 분말을 1 : 3의 비율로 혼합하고, 점화제로 점화하면 일어나는 화학반응은?

① 테르밋 반응
② 용융반응
③ 포정반응
④ 공석반응

테르밋 용접(Thermit Welding)
금속 산화물(보통 산화철, Fe_2O_3)과 알루미늄 분말(Al) 사이의 강력한 산화 – 환원 반응(Thermite Reaction)을 이용해 3,000℃ 이상의 고온을 만들어 용접하는 화학적 용접이다. 점화제로 과산화바륨, 알루미늄, 마그네슘 등을 사용하여 초기 점화 에너지를 제공한다.

테르밋 반응식
$$Fe_2O_3 + 2Al \rightarrow 2Fe + Al_2O_3$$

19

불활성 가스 금속 아크 용접에서 가스 공급계통의 확인 순서로 가장 적합한 것은?

① 용기 → 감압밸브 → 유량계 → 제어장치 → 용접토치
② 용기 → 유량계 → 감압밸브 → 제어장치 → 용접토치
③ 감압밸브 → 용기 → 유량계 → 제어장치 → 용접토치
④ 용기 → 제어장치 → 감압밸브 → 유량계 → 용접토치

MIG 용접에서의 가스 공급 순서
용기 → 감압밸브 → 유량계 → 제어장치 → 토치

정답 　 13 ② 　 14 ① 　 15 ④ 　 16 ③ 　 17 ② 　 18 ① 　 19 ①

20

용접을 크게 분류할 때 압접에 해당되지 않는 것은?

① 저항 용접 ② 초음파 용접
③ 마찰 용접 ④ 전자 빔 용접

전자 빔 용접(EBW)은 고에너지 전자 빔을 이용하여 매우 깊은 용입을 얻는 공정으로 융접에 해당한다.

21

용접 현장에서 지켜야 할 안전사항 중 잘못 설명한 것은?

① 탱크 내에서는 혼자 작업한다.
② 인화성 물체 부근에서는 작업을 하지 않는다.
③ 좁은 장소에서의 작업 시는 통풍을 실시한다.
④ 부득이 가연성 물체 가까이에서 작업 시에는 화재발생 예방조치를 한다.

밀폐공간 용접 전 산소농도(18 ~ 23.5% 범위)와 가연성 가스·유해가스 농도를 측정하고, 연속 환기·감시자 배치·구조장비 대기를 갖춘 뒤 작업을 진행해야 한다.

22

용접 시 냉각속도에 관한 설명 중 틀린 것은?

① 예열을 하면 냉각속도가 완만하게 된다.
② 얇은 판보다는 두꺼운 판이 냉각속도가 크다.
③ 알루미늄이나 구리는 연강보다 냉각속도가 느리다.
④ 맞대기 이음보다는 T형 이음이 냉각속도가 크다.

Al이나 Cu는 연강보다 열전도율이 높아 오히려 더 빠르게 냉각된다.

23 빈출

수소 함유량이 타 용접봉에 비해서 1/10 정도 현저하게 적고 특히 균열의 감소성이나 탄소, 황의 함유량이 많은 강의 용접에 적합한 용접봉은?

① E4301 ② E4313
③ E4316 ④ E4324

저수소계 용접봉(E4316)
• 주성분: 석회석($CaCO_3$), 형석(CaF_2), 소량의 Fe 분말
• 수소 함량: 일반 용접봉의 약 1/10 수준
• 건조 조건: 300 ~ 350℃의 고온에서 1 ~ 2시간 건조

24 빈출

다음 중 아크 에어 가우징에 사용되지 않는 것은?

① 가우징 토치 ② 가우징 봉
③ 압축공기 ④ 열교환기

아크 에어 가우징 장치: 전원, 가우징 토치, 탄소 또는 흑연 전극봉, 압축공기, 호스 및 배선

25 빈출

다음 중 주철 용접 시 주의사항으로 틀린 것은?

① 용접봉은 가능한 한 지름이 굵은 용접봉을 사용한다.
② 보수 용접을 행하는 경우는 결함 부분을 완전히 제거한 후 용접한다.
③ 균열의 보수는 균열의 성장을 방지하기 위해 균열의 양 끝에 정지구멍을 뚫는다.
④ 용접전류는 필요 이상 높이지 말고 직선비드를 배치하며, 지나치게 용입을 깊게 하지 않는다.

용접봉이 굵을수록 필요 전류가 올라가게 되며, 특히 열 충격에 민감한 주철 같은 경우 입열을 최소화해야 하므로 규격에 맞는 용접봉을 사용한다.

26 빈출

가스 용접용 토치의 팁 중 표준불꽃으로 1시간 용접 시 아세틸렌 소모량이 100L인 것은?

① 고압식 200번 팁 ② 중압식 200번 팁
③ 가변압식 100번 팁 ④ 불변압식 100번 팁

• 가변압식 가스 용접토치에서 팁의 능력은 시간당 아세틸렌 소모량(L/h 또는 m^3/h)으로 규정한다.
• 100L/h ≈ 100번 팁이 적정하다.

정답 20 ④ 21 ① 22 ③ 23 ③ 24 ④ 25 ① 26 ③

27 빈출

고체 상태에 있는 두 개의 금속 재료를 융접, 압접, 납땜으로 분류하여 접합하는 방법은?

① 기계적인 접합법 ② 화학적 접합법
③ 전기적 접합법 ④ 야금적 접합법

기계적 접합: 리벳, 볼트, 나사, 핀, 키 등
외력이나 형상에 의해 부품을 결합하는 방식으로 금속 조직이 직접 결합하지 않는다.

야금적 접합: 융접, 압접, 납땜
재료가 열·압력 등에 의해 금속학적으로 융합(결정 조직 결합)된다.

28

헬멧이나 핸드실드의 차광유리 앞에 보호유리를 끼우는 가장 타당한 이유는?

① 시력을 보호하기 위하여
② 가시광선을 차단하기 위하여
③ 적외선을 차단하기 위하여
④ 차광유리를 보호하기 위하여

보호유리
스패터나 흠집으로부터 차광유리를 보호하는 목적을 가진다.

29 빈출

직류아크 용접기의 음(−)극에 용접봉을, 양(+)극에 모재를 연결한 상태의 극성을 무엇이라 하는가?

① 직류 정극성 ② 직류 역극성
③ 직류 음극성 ④ 직류 용극성

정극성 DCSP(Direct Current Straight Polarity)
• 용접봉(−), 모재(+)
• 용입 깊고, 비드 폭이 좁다.

역극성 DCRP(Direct Current Reverse Polarity)
• 용접봉(+), 모재(−)
• 용입 얕고, 비드 폭이 넓다.
• 청정작용이 있다.

30 빈출

수동 가스 절단 작업 중 절단면의 윗 모서리가 녹아 둥글게 되는 현상이 생기는 원인과 거리가 먼 것은?

① 팁과 강판 사이의 거리가 가까울 때
② 절단 가스의 순도가 높을 때
③ 예열불꽃이 너무 강할 때
④ 절단속도가 너무 느릴 때

가스 절단면의 윗 모서리가 둥글게 녹는 것은 과잉 열량으로 발생하며, 절단 시 사용되는 산소의 순도가 높은 것은 절단 품질을 높여 주는 요인이다.

31 빈출

교류아크 용접기의 종류 중 조작이 간단하고 원격조정이 가능한 용접기는?

① 가포화 리액터형 용접기
② 가동 코일형 용접기
③ 가동 철심형 용접기
④ 탭 전환형 용접기

가포화 리액터형은 가변저항에 의한 제어전류로 철심의 자속을 변화시켜 용접전류를 제어하므로 미세전류 조정이 안정적이고 원격조정이 가능하다.

32

가연성 가스에 대한 설명 중 가장 옳은 것은?

① 가연성 가스는 CO_2와 혼합하면 더욱 잘 탄다.
② 가연성 가스는 혼합 공기가 적은 만큼 완전 연소한다.
③ 산소, 공기 등과 같이 스스로 연소하는 가스를 말한다.
④ 가연성 가스는 혼합한 공기와의 비율이 적절한 범위 안에서 잘 연소한다.

가연성 가스는 가연성 물질 + 산소공급원(공기/산소) + 점화원이 갖춰질 때 연소한다.

정답 27 ④ 28 ④ 29 ① 30 ② 31 ① 32 ④

33 빈출

수중 절단 작업을 할 때에는 예열가스의 양을 공기 중의 몇 배로 하는가?

① 0.5 ~ 1배
② 1.5 ~ 2배
③ 4 ~ 8배
④ 9 ~ 16배

수중 절단 작업 시 예열가스의 양을 공기 중 대비 약 4~8배로 잡는다.

34 빈출

아크 용접기의 구비조건으로 틀린 것은?

① 구조 및 취급이 간단해야 한다.
② 사용 중에 온도 상승이 커야 한다.
③ 전류 조정이 용이하고, 일정한 전류가 흘러야 한다.
④ 아크 발생 및 유지가 용이하고 아크가 안정되어야 한다.

아크 용접기는 장시간 활용에 안정적이며 온도 상승이 작아야 안전하다.

35

철강을 가스 절단하려고 할 때 절단 조건으로 틀린 것은?

① 슬래그의 이탈이 양호하여야 한다.
② 모재에 연소되지 않은 물질이 적어야 한다.
③ 생성된 산화물의 유동성이 좋아야 한다.
④ 생성된 금속 산화물의 용융온도는 모재의 용융점보다 높아야 한다.

가스 절단은 산소와의 발열 산화 반응으로 철을 슬래그로 만들고 이를 불어내는 과정으로, 슬래그 배출을 위해 산화물이 모재보다 낮은 용융점을 가지고 쉽게 녹아 유도되어야 한다.

36 빈출

아크 용접에서 피복제의 역할이 아닌 것은?

① 전기 절연작용을 한다.
② 용착금속의 응고와 냉각속도를 빠르게 한다.
③ 용착금속에 적당한 합금원소를 첨가한다.
④ 용적(Globule)을 미세화하고, 용착효율을 높인다.

피복제의 역할
• 슬래그 형성 및 용착금속의 보호: 슬래그층의 형성으로 냉각속도를 완화하여 표면을 보호한다.
• 아크 안정 작용: 아크를 안정시켜 용접작업을 용이하게 한다.
• 합금원소 공급: 용착금속의 기계적 성질을 개선한다.
• 스패터 감소 및 절연 작용: 피복층의 전기 절연기능과 함께 전류를 조정하여 스패터를 감소시킨다.

37 빈출

직류 용접에서 발생되는 아크 쏠림의 방지대책 중 틀린 것은?

① 큰 가접부 또는 이미 용접이 끝난 용착부를 향하여 용접할 것
② 용접부가 긴 경우 후퇴 용접법(Back Step Welding)으로 할 것
③ 용접봉 끝을 아크가 쏠리는 방향으로 기울일 것
④ 되도록 아크를 짧게 하여 사용할 것

아크 쏠림 방지대책
• 교류 용접기를 사용하거나 후퇴법으로 용접한다.
• 짧은 아크를 사용하고 접지점을 용접부에서 멀리한다.
• 접지선을 2개 연결하고 아크 발생 주변을 비자성체로 만든다.
• 접지 케이블이 감기지 않도록 하고, 접지부에 녹, 페인트 등 방해물이 없도록 청결을 유지한다.
• 아크 쏠림 반대 방향으로 기울인다.
• 용접부의 시작과 끝 부분에 엔드 탭을 활용한다.

38 빈출

산소 – 아세틸렌 가스 불꽃 중 일반적인 가스 용접에는 사용하지 않고 구리, 황동 등의 용접에 주로 이용되는 불꽃은?

① 탄화불꽃
② 중성불꽃
③ 산화불꽃
④ 아세틸렌 불꽃

산화불꽃: 짧고 밝은 청색 불꽃으로 산소과다 불꽃이라고 하여 약 3,400℃의 온도를 가진다. 주로 황동, 구리 등의 용접에 사용된다.

39

두 개의 모재를 강하게 맞대어 놓고 서로 상대 운동을 주어 발생되는 열을 이용하는 방식은?

① 마찰 용접
② 냉간 압접
③ 가스 압접
④ 초음파 용접

마찰 용접

두 모재를 가압된 상태에서 회전 왕복운동을 통해 접촉면의 마찰열을 발생시켜 가열하고, 정지된 상태에서 순간적으로 압력을 일정하게 전달하는 고상 접합 방법이다.

40 ⭐

18 – 8형 스테인리스강의 특징을 설명한 것 중 틀린 것은?

① 비자성체이다.
② 18 - 8에서 18은 Cr%, 8은 Ni%이다.
③ 결정구조는 면심입방격자를 갖는다.
④ 500 ~ 800℃로 가열하면 탄화물이 입계에 석출하지 않는다.

오스테나이트계 스테인리스강

• Cr 18% + Ni 8%(18 - 8형)을 기본으로 하는 대표적인 스테인리스강으로, 비자성체이며 가공성과 내식성이 우수하나 결정입계 부식에 취약하다.
• 결정구조는 면심입방격자를 가지며, 500 ~ 800℃ 구간으로 가열하면 강 내부의 크롬(Cr)과 탄소(C)가 결합하여 크롬탄화물($Cr_{23}C_6$)이 결정입계에 석출된다.

41

용접금속의 용융부에서 응고 과정의 순서로 옳은 것은?

① 결정핵 생성 → 결정경계 → 수지상정
② 결정핵 생성 → 수지상정 → 결정경계
③ 수지상정 → 결정핵 생성 → 결정경계
④ 수지상정 → 결정경계 → 결정핵 생성

응고 과정의 순서는 결정핵이 생성되고, 수지상정이 성장하여 수지상이 부딪히면서 서로 다른 성장 영역이 맞닿아 결정경계가 형성되며, 결정립이 갖춰지게 된다.

42

질량의 대소에 따라 담금질 효과가 다른 현상을 질량 효과라고 한다. 탄소강에 니켈, 크롬, 망간 등을 첨가하면 질량 효과는 어떻게 변하는가?

① 질량 효과가 커진다.
② 질량 효과가 작아진다.
③ 질량 효과는 변하지 않는다.
④ 질량 효과가 작아지다가 커진다.

질량 효과

• 단면 두께(질량)가 커질수록 담금질 등의 열처리 결과(경도 · 조직)가 급격히 나빠지는 현상을 말한다.
• Ni, Cr, Mo, Mn 등의 합금원소를 첨가하면 담금질성이 높아져 질량 효과가 작아지게 된다.

43

Mg(마그네슘)의 융점은 약 몇 ℃인가?

① 650℃
② 1,538℃
③ 1,670℃
④ 3,600℃

마그네슘의 융점: 약 650℃

44 ⭐

주철에 관한 설명으로 틀린 것은?

① 인장강도가 압축강도보다 크다.
② 주철은 백주철, 반주철, 회주철 등으로 나눈다.
③ 주철은 메짐(취성)이 연강보다 크다.
④ 흑연은 인장강도를 약하게 한다.

흑연 등의 영향으로 인장강도는 약하고 압축강도가 강한 재료이다.

45

강재 부품에 내마모성이 좋은 금속을 용착시켜 경질의 표면층을 얻는 방법은?

① 브레이징(Brazing)
② 숏 피닝(Shot Peening)
③ 하드페이싱(Hard Facing)
④ 질화법(Nitriding)

하드페이싱(Hard Facing)
금속 재료의 표면에 내마모성과 내식성, 내열성을 향상시키기 위한 방법으로 경합금층(스텔라이트, 초경합금 등)을 용착시켜 표면 경화시킨다.

46

용해 시 흡수한 산소를 인(P)으로 탈산하여 산소를 0.01% 이하로 한 것이며, 고온에서 수소취성이 없고 용접성이 좋아 가스관, 열교환관 등으로 사용되는 구리는?

① 탈산구리
② 정련구리
③ 전기구리
④ 무산소구리

탈산구리: 용해 시 흡수한 산소를 인(P)으로 탈산해 산소 함량을 0.01% 이하로 낮춰 고온에서 수소취성에 안전하고 용접성이 좋아 가스관, 열교환관에 사용된다.

47 ⭐빈출

저합금강 중에서 연강에 비하여 고장력강의 사용 목적으로 틀린 것은?

① 재료가 절약된다.
② 구조물이 무거워진다.
③ 용접공 수가 절감된다.
④ 내식성이 향상된다.

고장력강은 같은 공간의 설치 부분에 더 얇고 가볍게 설계하여 재료 절감과 부재 경량화를 시킬 수 있다.

48

다음 중 주조상태의 주강품 조직이 거칠고 취약하기 때문에 반드시 실시해야 하는 열처리는?

① 침탄
② 풀림
③ 질화
④ 금속 침투

주강품은 주조상태 그대로 사용하기에는 조직이 거칠고 약하여 풀림 처리를 통해 조직 미세화와 내부응력을 제거한다.

49

합금강이 탄소강에 비하여 좋은 성질이 아닌 것은?

① 기계적 성질 향상
② 결정입자의 조대화
③ 내식성, 내마멸성 향상
④ 고온에서 기계적 성질 저하 방지

합금원소의 첨가는 결정입자의 미세화로 내식성과 내마멸성 등이 향상된다.

50

산소나 탈산제를 품지 않으며, 유리에 대한 봉착성이 좋고 수소취성이 없는 시판동은?

① 무산소동
② 전기동
③ 전련동
④ 탈산동

무산소동: 산소·탈산제 모두 무첨가된 시판 동으로 인(P) 등의 탈산 잔류원소도 포함하지 않도록 제조한다.

51

도면에 "KS B 1101 둥근 머리 리벳 25 × 36 SWRM 10"과 같이 리벳이 표시되었을 경우 올바른 설명은?

① 호칭지름은 25mm이다.
② 리벳이음의 피치는 400mm이다.
③ 리벳의 재질은 황동이다.
④ 둥근 머리부의 바깥지름은 36mm이다.

② 피치는 제시되어 있지 않다.
③ 리벳의 재질은 강이다.
④ 36은 리벳의 길이(mm)이다.

52

기계제도 도면에서 "t120"이라는 치수가 있을 경우 "t"가 의미하는 것은?

① 모떼기
② 재료의 두께
③ 구의 지름
④ 정사각형의 변

치수 기입 보조기호 표준에 따라 두께는 t로 표현한다.

53 빈출

도면에서의 지시한 용접법으로 바르게 짝지어진 것은?

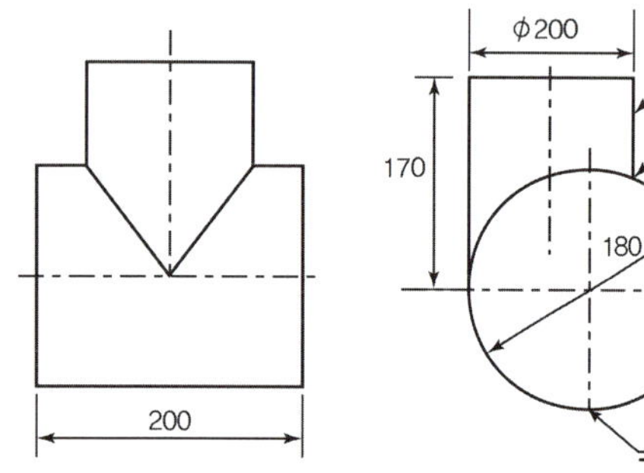

① 이면 용접, 필릿 용접
② 겹치기 용접, 플러그 용접
③ 평형 맞대기 용접, 필릿 용접
④ 심 용접, 겹치기 용접

• 평형 맞대기 용접: 아래쪽 원통이 바닥판과 만나는 부분에 평행선 두 개(||)로 된 기호를 말한다.
• 필릿 용접: 위쪽 원통과 아래쪽 원통이 만나는 T자형 이음에 삼각형 기호를 말한다.

54 빈출

그림은 배관용 밸브의 도시 기호이다. 어떤 밸브의 도시 기호인가?

① 앵글 밸브
② 체크 밸브
③ 게이트 밸브
④ 안전 밸브

밸브 및 콕 몸체의 표시방법

밸브·콕의 종류	그림 기호	밸브·콕의 종류	그림 기호
밸브 일반	⋈	앵글 밸브	◁
게이트 밸브	⋈	3방향 밸브	⋈
글로브 밸브	⋈	안전 밸브	
체크 밸브	◀ 또는 ⋈		
볼 밸브	⋈		
버터플라이 밸브	⋈ 또는	콕 일반	⋈

55 빈출

배관용 아크 용접 탄소강 강관의 KS 기호는?

① PW
② WM
③ SCW
④ SPW

• PW: 피아노 선
• WM: 화이트 메탈
• SPW: 배관용 아크 용접 탄소강관

56

기계 제작 부품 도면에서 도면의 윤곽선 오른쪽 아래 구석에 위치하는 표제란을 가장 올바르게 설명한 것은?

① 품번, 품명, 재질, 주서 등을 기재한다.
② 제작에 필요한 기술적인 사항을 기재한다.
③ 제조 공정별 처리방법, 사용공구 등을 기재한다.
④ 도번, 도명, 제도 및 검도 등 관련자 서명, 척도 등을 기재한다.

표제란(Title Block)
• 도면의 하단 또는 우측 하단에 위치하며, 도면의 식별정보를 명확히 표시하는 공간을 말한다.
• 필수 표제: 도명, 도면번호, 척도, 투상법, 작성일자, 작성자(검토자) 등

정답   52 ②   53 ③   54 ②   55 ④   56 ④

57

그림과 같이 제3각법으로 정면도와 우측면도를 작도할 때 누락된 평면도로 적합한 것은?

① 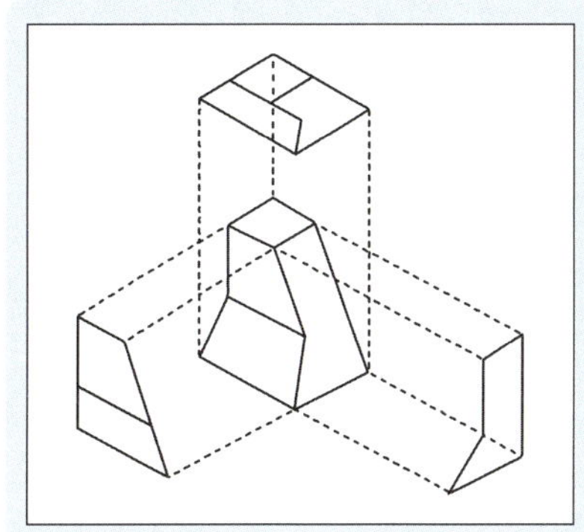 ②

③ ④

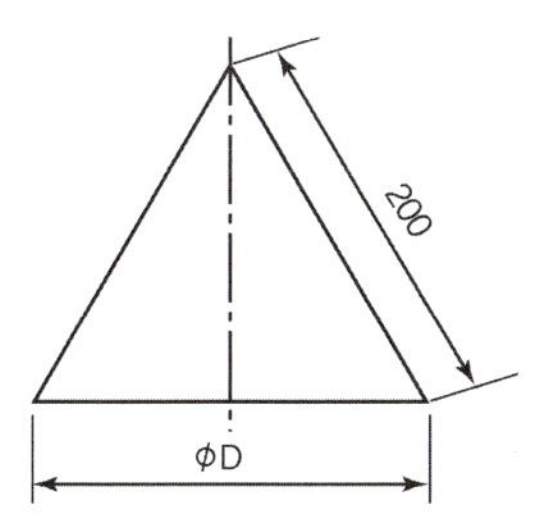

58

그림과 같은 원추를 전개하였을 경우 전개면의 꼭지각이 180°가 되려면 ⌀D의 치수는 얼마가 되어야 하는가?

① ⌀100
② ⌀120
③ ⌀180
④ ⌀200

- 부채꼴의 반지름 = 원뿔의 모선 길이 l = 200
- 부채꼴의 중심각 θ = 180°

$$\frac{r}{l} = \frac{\theta}{360°}$$

$$\frac{r}{200} = \frac{180}{360}$$

$$\therefore r = 200 \times \frac{1}{2} = 100$$

→ 지름 $D = 2 \times r = 2 \times 100 = 200$

59

단면을 나타내는 해칭선의 방향이 가장 적합하지 않은 것은?

① 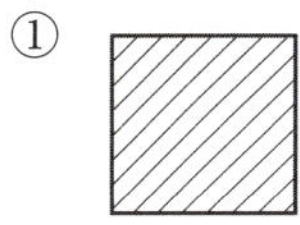 ② 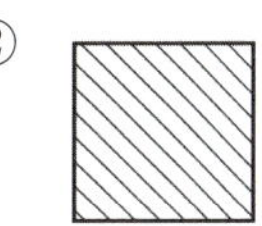

③ 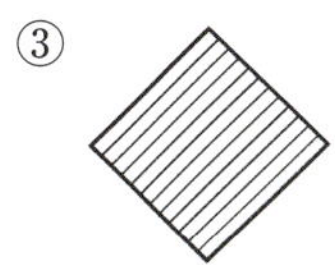 ④ 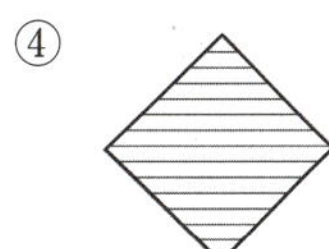

①, ② 기본 각도: 해칭선은 물체의 주요 외형선이나 중심선에 대해 45°로 긋는 것을 원칙으로 한다.
④ 물체의 외형선 자체가 45°로 기울어져 있다. 이 경우 45° 규칙을 적용하면 해칭선이 외형선과 평행하거나 수직이 되어 이런 경우에는 해칭선을 수평 또는 수직으로 그린다.

60

기계제도에서 사용하는 선의 굵기 기준이 아닌 것은?

① 0.9mm
② 0.25mm
③ 0.18mm
④ 0.7mm

KS A ISO 128 규격의 표준 선 굵기 계열은 일반적으로 0.13, 0.18, 0.25, 0.35, 0.5, 0.7, 1.0, 1.4, 2.0mm 등을 사용한다.

정답 57 ② 58 ④ 59 ③ 60 ①

01

납땜 시 강한 접합을 위한 틈새는 어느 정도가 가장 적당한가?

① 0.02 ~ 0.10mm
② 0.20 ~ 0.30mm
③ 0.30 ~ 0.40mm
④ 0.40 ~ 0.50mm

모세관 작용이 확보되고 균형을 이루는 틈새는 0.02 ~ 0.10mm가 적합하다.

02

다음 중 맞대기 저항 용접의 종류가 아닌 것은?

① 업셋 용접
② 프로젝션 용접
③ 퍼커션 용접
④ 플래시 버트 용접

프로젝션 용접은 접합할 모재의 한쪽 면에 미리 돌기를 만들어, 이 돌기 부분에 전류와 가압력이 집중되도록 하여 용접하는 방식으로 겹치기 저항 용접에 해당한다.

03

MIG 용접에서 가장 많이 사용되는 용적 이행형태는?

① 단락 이행
② 스프레이 이행
③ 입상 이행
④ 글로뷸러 이행

스프레이형: 미세한 금속 입자가 고속으로 스프레이처럼 분사되어 모재로 이행된다.

04

다음 중 용접부의 검사방법에 있어 비파괴 검사법이 아닌 것은?

① X선 투과시험
② 형광 침투시험
③ 피로시험
④ 초음파 시험

기계적 시험법은 기계적 성질을 이용한 강도, 연성, 경도 등을 평가하는 방법으로 피로시험, 인장시험, 굽힘시험, 충격시험, 경도시험 등이 있다.

05

CO_2 가스 아크 용접에서 솔리드 와이어에 비교한 복합 와이어의 특징을 설명한 것으로 틀린 것은?

① 양호한 용착금속을 얻을 수 있다.
② 스패터가 많다.
③ 아크가 안정된다.
④ 비드 외관이 깨끗하며 아름답다.

복합 와이어는 와이어 내부에 플럭스(Flux)가 들어 있어 용접부 보호, 아크 안정, 비드 외관 향상 등의 장점이 있으며 스패터가 솔리드 와이어에 비해 적다.

06

다음 용접법 중 저항 용접이 아닌 것은?

① 스폿 용접
② 심 용접
③ 프로젝션 용접
④ 스터드 용접

스터드 용접
아크를 이용하여 스터드 볼트를 모재에 융착시키는 방식으로 아크 용접의 한 종류이다.

정답   01 ①   02 ②   03 ②   04 ③   05 ②   06 ④

07

아크 용접의 재해라 볼 수 없는 것은?

① 아크광선에 의한 전안염
② 스패터 비산으로 인한 화상
③ 역화로 인한 화재
④ 전격에 의한 감전

역화로 인한 화재는 가스 용접에서 발생하는 현상으로 아크 용접 재해에 해당되지 않는다.

08

다음 중 전자 빔 용접의 장점과 거리가 먼 것은?

① 고진공 속에서 용접을 하므로 대기와 반응하기 쉬운 활성 재료도 용이하게 용접된다.
② 두꺼운 판의 용접이 불가능하다.
③ 용접을 정밀하고 정확하게 할 수 있다.
④ 에너지 집중이 가능하기 때문에 고속으로 용접이 된다.

전자 빔 용접(EBW)은 고에너지 전자 빔을 이용하여 매우 깊은 용입을 얻는 공정으로 후판 용접에 유리하다.

09 ⭐빈출

대상물에 감마선, 엑스선을 투과시켜 필름에 나타나는 상으로 결함을 판별하는 비파괴검사법은?

① 초음파 탐상검사
② 침투 탐상검사
③ 와전류 탐상검사
④ 방사선 투과검사

RT는 방사선 투과검사로 방사선 X선이나 γ선을 이용하여 내부 결함을 탐상하는 방법을 의미한다.

10

다음 그림 중에서 용접열량의 냉각속도가 가장 큰 것은?

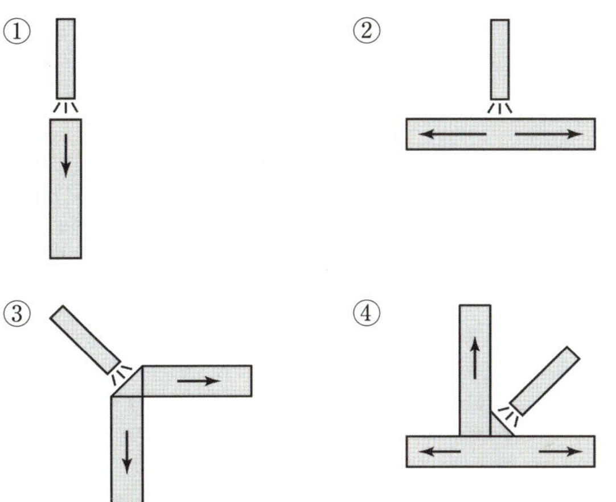

T형 필릿 모재는 3차원 다중으로 가장 큰 열용량과 연결되어 냉각 속도가 가장 크다.

11 ⭐빈출

MIG 용접의 용적 이행 중 단락 아크 용접에 관한 설명으로 맞는 것은?

① 용적이 안정된 스프레이 형태로 용접된다.
② 고주파 및 저전류 펄스를 활용한 용접이다.
③ 임계전류 이상의 용접전류에서 많이 적용된다.
④ 저전류, 저전압에서 나타나며 박판 용접에 사용된다.

MIG/GMAW 용접의 단락 이행은 용접 와이어가 용융풀에 반복적으로 짧게 접촉(단락)하며 발생하는 현상으로 낮은 전류와 낮은 전압 영역에서 사용된다.

12 ⭐빈출

용접 결함 중 내부에 생기는 결함은?

① 언더컷   ② 오버랩
③ 크레이터 균열   ④ 기공

기공: 용착부가 급속히 냉각될 때, 또는 용융금속 내의 가스가 빠져나가지 못하고 굳어버리며 발생한다.

13 빈출

다음 중 불활성 가스 텅스텐 아크 용접에서 중간 형태의 용입과 비드 폭을 얻을 수 있으며, 청정효과가 있어 알루미늄이나 마그네슘 등의 용접에 사용되는 전원은?

① 직류 정극성
② 직류 역극성
③ 고주파 교류
④ 교류 전원

TIG 용접에서 알루미늄이나 마그네슘과 같은 비철금속은 표면에 강한 산화막(Al_2O_3, MgO)이 용접법을 방해하므로 청정작용이 필수로 필요하다. 청정작용은 극성이 주기적으로 바뀌는 고주파 교류의 (+) 반주기에서는 산화막 제거(청정작용)를, (−) 반주기에서는 모재 용융을 가지고 온다.

14 빈출

용접용 용제는 성분에 의해 용접작업성, 용착금속의 성질이 크게 변화하므로 다음 중 원료와 제조방법에 따른 서브머지드 아크 용접의 용접용 용제에 속하지 않는 것은?

① 고온 소결형 용제
② 저온 소결형 용제
③ 용융형 용제
④ 스프레이형 용제

SAW용 용제(Flux)의 종류
- 용융형 용제: 일반 탄소강, 구조물 등에 사용하며 화학적 균일성이 양호하고 수분 흡수가 적어 재활용이 가능하다.
- 소결형 용제: 스테인리스강, 합금강, 대형구조물 등에 사용하며 합금 성분을 첨가하여 조성 조절이 용이하다.
- 혼성형 용제: 일반구조물 및 조선용에 사용되며 용융형과 소결형의 중간 특성을 가진다.

15

용접 시 발생하는 변형을 적게 하기 위하여 구속하고 용접하였다면 잔류응력은 어떻게 되는가?

① 잔류응력이 작게 발생한다.
② 잔류응력이 크게 발생한다.
③ 잔류응력은 변함없다.
④ 잔류응력과 구속용접과는 관계없다.

구속이 크면 열 변형이 자유롭게 발생하지 못하므로 기계적 구속 변형이 커지게 되어 잔류응력이 크게 남는다.

16 빈출

용접 결함 중 균열의 보수방법으로 가장 옳은 방법은?

① 작은 지름의 용접봉으로 재용접한다.
② 굵은 지름의 용접봉으로 재용접한다.
③ 전류를 높게 하여 재용접한다.
④ 정지구멍을 뚫어 균열 부분은 홈을 판 후 재용접한다.

용접부 균열은 끝이 날카로우면 응력 집중이 크고 진행(연장)될 수 있으므로 보수 시 먼저 정지구멍을 균열 말단에 뚫어 응력 완화를 한 뒤, 결함 구간을 그라인딩으로 완전 제거 후 재용접한다.

17

안전·보건표지의 색채, 색도기준 및 용도에서 문자 및 빨간색 또는 노란색에 대한 보조색으로 사용되는 색채는?

① 파란색
② 녹색
③ 흰색
④ 검은색

안전보건표지의 색채, 색도기준 및 용도

색채	색도기준	용도	사용례
빨간색	7.5R 4/14	금지	정지신호, 소화설비 및 그 장소, 유해행위의 금지
		경고	화학물질 취급장소에서의 유해·위험 경고
노란색	5Y 8.5/12	경고	화학물질 취급장소에서의 유해·위험 경고 이외의 위험 경고, 주의표지 또는 기계방호물
파란색	2.5PB 4/10	지시	특정 행위의 지시 및 사실의 고지
녹색	2.5G 4/10	안내	비상구 및 피난소, 사람 또는 차량의 통행표지
흰색	N9.5	−	파란색 또는 녹색에 대한 보조색
검은색	N0.5	−	문자 및 빨간색 또는 노란색에 대한 보조색

18

감전의 위험으로부터 용접작업자를 보호하기 위해 교류 용접기에 설치하는 것은?

① 고주파발생장치　　　② 전격방지장치
③ 원격제어장치　　　　④ 시간제어장치

전격방지장치는 아크가 꺼져 있을 때 출력 전압을 안전한 저전압 (대략 15 ~ 25V 수준)으로 자동 낮추고, 아크 발생 시에만 용접에 필요한 전압으로 즉시 복귀시켜 감전 위험을 줄인다.

19

산화하기 쉬운 알루미늄을 용접할 경우에 가장 적합한 용접법은?

① 서브머지드 아크 용접　　② 불활성 가스 아크 용접
③ CO_2 아크 용접　　　　　④ 피복 아크 용접

TIG 용접은 청정작용을 통해 산화하기 쉬운 금속(알루미늄, 마그네슘 등)의 용접이 가능하다.

20 빈출

용접 홈의 형식 중 두꺼운 판의 양면 용접을 할 수 없는 경우에 가공하는 방법으로 한쪽 용접에 의해 충분한 용입을 얻으려고 할 때 사용되는 홈은?

① I형 홈　　　　　　② V형 홈
③ U형 홈　　　　　　④ H형 홈

U형 홈은 루트 반지름을 크게 해서 루트부의 응력 집중을 줄이고 아크 접근성을 높여 루트 용입을 확실히 확보한다.

21 빈출

금속산화물이 알루미늄에 의하여 산소를 빼앗기는 반응에 의해 생성되는 열을 이용하여 금속을 접합시키는 용접법은?

① 스터드 용접　　　　② 테르밋 용접
③ 원자수소 용접　　　④ 일렉트로 슬래그 용접

테르밋 용접은 알루미늄의 산화 반응으로 순간적으로 고온 용융금속을 만들어 짧은 시간에 접합하는 공정이다.

22

아래 [그림]과 같이 각 층마다 전체의 길이를 용접하면서 쌓아올리는 가장 일반적인 방법으로 주로 사용하는 용착법은?

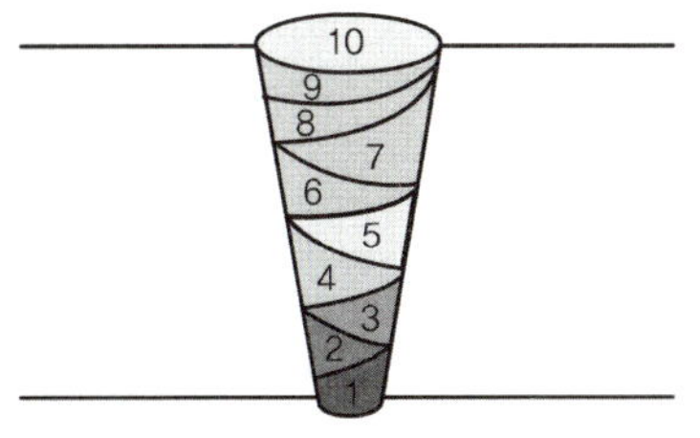

① 교호법　　　　　　② 덧살올림법
③ 캐스케이드법　　　④ 전진블록법

덧살올림 용접
여러 층을 쌓아올리는 용접으로 표면에 새로운 기계적·화학적 성질을 부여하기 위해 사용한다.

23

용접에 의한 이음을 리벳이음과 비교했을 때, 용접이음의 장점이 아닌 것은?

① 이음 구조가 간단하다.
② 판 두께에 제한을 거의 받지 않는다.
③ 용접 모재의 재질에 대한 영향이 작다.
④ 기밀성과 수밀성을 얻을 수 있다.

용접은 강도, 기밀성, 제작 효율이 높지만, 열에 의한 금속 조직 변화(열 영향부, HAZ)가 생겨 모재 재질에 영향을 크게 받는다.

24 빈출

피복 아크 용접 회로의 순서가 올바르게 연결된 것은?

① 용접기 - 전극 케이블 - 용접봉 홀더 - 피복 아크 용접봉 - 아크 - 모재 - 접지 케이블
② 용접기 - 용접봉 홀더 - 전극 케이블 - 모재 - 아크 - 피복 아크 용접봉 - 접지 케이블
③ 용접기 - 피복 아크 용접봉 - 아크 - 모재 - 접지 케이블 - 전극 케이블 - 용접봉 홀더
④ 용접기 - 전극 케이블 - 접지 케이블 - 용접봉 홀더 - 피복 아크 용접봉 - 아크 - 모재

정답　　18 ②　19 ②　20 ③　21 ②　22 ②　23 ③　24 ①

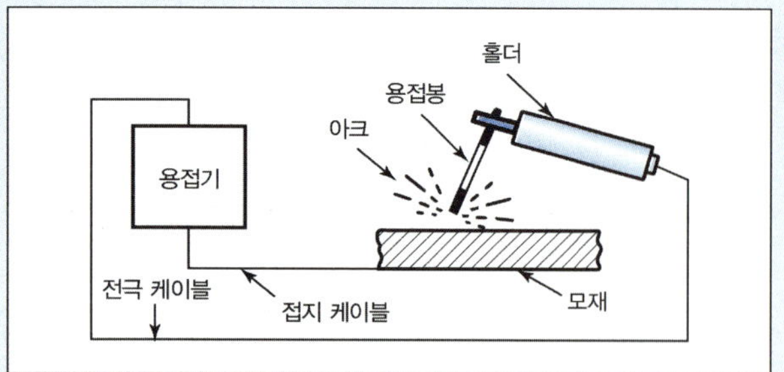

용접기 – 전극 케이블 – 용접봉 홀더 – 피복 아크 용접봉 – 아크 – 모재 – 접지 케이블

25

연강용 가스 용접봉의 용착금속의 기계적 성질 중 시험편의 처리에서 "용접한 그대로 응력을 제거하지 않은 것"을 나타내는 기호는?

① NSR
② SR
③ GA
④ GB

- SR(Stress Relieved): 응력 제거 열처리를 실시함
- NSR(Non Stress Relieved): 응력 제거 처리를 하지 않음

26

용접 중에 아크가 전류의 자기작용에 의해서 한쪽으로 쏠리는 현상을 아크 쏠림(Arc Blow)이라 한다. 다음 중 아크 쏠림의 방지법이 아닌 것은?

① 직류 용접기를 사용한다.
② 아크의 길이를 짧게 한다.
③ 보조판(엔드 탭)을 사용한다.
④ 후퇴법을 사용한다.

아크 쏠림 방지대책
- 교류 용접기를 사용하거나 후퇴법으로 용접한다.
- 짧은 아크를 사용하고 접지점을 용접부에서 멀리한다.
- 접지선을 2개 연결하고 아크 발생 주변을 비자성체로 만든다.
- 접지 케이블이 감기지 않도록 하고, 접지부에 녹, 페인트 등 방해물이 없도록 청결을 유지한다.
- 아크 쏠림 반대 방향으로 기울인다.
- 용접부의 시작과 끝 부분에 엔드 탭을 활용한다.

27

발전(모터, 엔진형)형 직류아크 용접기와 비교하여 정류기형 직류아크 용접기를 설명한 것 중 틀린 것은?

① 고장이 적고 유지보수가 용이하다.
② 취급이 간단하고 가격이 싸다.
③ 초소형 경량화 및 안정된 아크를 얻을 수 있다.
④ 완전한 직류를 얻을 수 있다.

정류기형은 교류를 정류해 DC로 바꾸지만 남는 맥동 직류가 있어 완전한 직류를 얻을 수 없다.

28

가스 절단에서 양호한 절단면을 얻기 위한 조건으로 맞지 않는 것은?

① 드래그가 가능한 한 클 것
② 절단면 표면의 각이 예리할 것
③ 슬래그 이탈이 양호할 것
④ 경제적인 절단이 이루어질 것

드래그는 가능한 작고 일정한 것이 좋으며 홈이 높고 노치가 있는 경우 절단속도가 너무 빠르거나 산소압력의 부족으로 작업이 불량한 것을 나타낸다.

29

용접봉의 용융금속이 표면장력의 작용으로 모재에 옮겨 가는 용적 이행으로 맞는 것은?

① 스프레이형
② 핀치효과형
③ 단락형
④ 용적형

금속의 이행형식
- 단락형: 전극과 용융지가 주기적으로 접촉 후 단락되며 방울이 모재로 이행된다.
- 글로블러형(핀치효과형): 비교적 큰 용적이 중력에 의해 모재로 이행되며 단락이 발생되지 않는다.
- 스프레이형: 미세한 금속 입자가 고속으로 스프레이처럼 분사되어 모재로 이행된다.

정답   25 ①   26 ①   27 ④   28 ①   29 ③

30 빈출

피복 아크 용접봉에서 피복제의 가장 중요한 역할은?

① 변형 방지
② 인장력 증대
③ 모재 강도 증가
④ 아크 안정

피복제의 역할
- 슬래그 형성 및 용착금속의 보호: 슬래그층의 형성으로 냉각속도를 완화하여 표면을 보호한다.
- 아크 안정 작용: 아크를 안정시켜 용접작업을 용이하게 한다.
- 합금원소 공급: 용착금속의 기계적 성질을 개선한다.
- 스패터 감소 및 절연 작용: 피복층의 전기 절연기능과 함께 전류를 조정하여 스패터를 감소시킨다.

31 빈출

저수소계 용접봉의 특징이 아닌 것은?

① 용착금속 중 수소량이 다른 용접봉에 비해서 현저하게 적다.
② 용착금속의 취성이 크며 화학적 성질도 좋다.
③ 균열에 대한 감수성이 특히 좋아서 두꺼운 판 용접에 사용된다.
④ 고탄소강 및 황의 함유량이 많은 쾌삭강 등의 용접에 사용되고 있다.

저수소계 용접봉의 가장 큰 장점은 인성이 높고 취성이 작아 충격에 강하고 잘 깨지지 않는 성질이다.

32

폭발 위험성이 가장 큰 산소와 아세틸렌의 혼합비(%)는?

① 40 : 60
② 15 : 85
③ 60 : 40
④ 85 : 15

연소에 필요한 산소는 약 85%, 아세틸렌은 약 15% 부근이 최대 폭발 위험 조성이다.

33 빈출

연강용 피복 금속 아크 용접봉에서 다음 중 피복제의 염기성이 가장 높은 것은?

① 저수소계
② 고산화철계
③ 고셀룰로오스계
④ 티탄계

저수소계(E4316)
피복제 속에 함유된 성분 중 수소의 근원이 되는 성분을 없앤 염기성 슬래그가 특징이며, 탄산석회 또는 플루오르칼슘을 주성분으로 한 석회계 용접봉이라고도 한다.

34

35℃에서 150kgf/cm^{2}으로 압축하여 내부용적 45.7리터의 산소 용기에 충전하였을 때, 용기 속의 산소량은 몇 리터인가?

① 6,855
② 5,250
③ 6,150
④ 7,005

$$P_1 \times V_1 = P_2 \times V_2$$
$$\rightarrow V_2 = \frac{P_1 \times V_1}{P_2} = \frac{150 \times 45.7}{1} = 6{,}855L$$

P_1: 충전압력
V_1: 용기 내부용적
P_2: 표준압력
V_2: 가스량

35

산소 – 프로판 가스 용접 시 산소 : 프로판 가스의 혼합비로 가장 적당한 것은?

① 1 : 1
② 2 : 1
③ 2.5 : 1
④ 4.5 : 1

프로판 완전 연소식
$$C_3H_8 + 5O_2 \rightarrow 3CO_2 + 4H_2O$$
실제 절단용 예열불꽃에서는 연소손실과 효율을 고려해 산소 : 프로판 비율 = 약 4.5 : 1 정도로 맞춘다.

36 빈출

교류 피복 아크 용접기에서 아크 발생 초기에 용접전류를 강하게 흘려보내는 장치를 무엇이라고 하는가?

① 원격제어장치
② 핫스타트장치
③ 전격방지기
④ 고주파 발생장치

37 빈출

아크 절단법의 종류가 아닌 것은?

① 플라즈마 제트 절단
② 탄소 아크 절단
③ 스카핑
④ 티그 절단

38

부탄가스의 화학 기호로 맞는 것은?

① C_4H_{10}
② C_3H_8
③ C_5H_{12}
④ C_2H_6

39 빈출

아크 에어 가우징에 가장 적합한 홀더 전원은?

① DCRP
② DCSP
③ DCRP, DCSP 모두 좋다.
④ 대전류의 DCSP가 가장 좋다.

40

열간가공이 쉽고 다듬질 표면이 아름다우며 용접성이 우수한 강으로 몰리브덴 첨가로 담금질성이 높아 각종 축, 강력볼트, 아암, 레버 등에 많이 사용되는 강은?

① 크롬 – 몰리브덴강
② 크롬 – 바나듐강
③ 규소 – 망간강
④ 니켈 – 구리 – 코발트강

41

고장력강(HT)의 용접성을 가급적 좋게 하기 위해 줄여야 할 합금 원소는?

① C
② Mn
③ Si
④ Cr

42 빈출

내식강 중에서 가장 대표적인 특수 용도용 합금강은?

① 주강
② 탄소강
③ 스테인리스강
④ 알루미늄강

정답 36 ② 37 ③ 38 ① 39 ① 40 ① 41 ① 42 ③

43

아공석강의 기계적 성질 중 탄소 함유량이 증가함에 따라 감소하는 성질은?

① 연신율
② 경도
③ 인장강도
④ 항복강도

아공석강에서 탄소 함유량이 증가함에 따라 강도와 경도가 증가하며 연신율이 떨어진다.

44

금속 침투법에서 칼로라이징이란 어떤 원소로 사용하는 것인가?

① 니켈
② 크롬
③ 붕소
④ 알루미늄

칼로라이징(Calorizing)
철강 표면에 알루미늄을 고온에서 확산시켜 Al – Fe 합금층을 형성시키는 표면 처리법으로 내산화성, 내식성 등을 높이는 방법이다.

45

주조 시 주형에 냉금을 삽입하여 주물표면을 급랭시키는 방법으로 제조되며 금속 압연용 롤 등으로 사용되는 주철은?

① 가단주철
② 칠드주철
③ 고급주철
④ 페라이트주철

칠드주철: 주조 시 주형에 냉금을 대어 표면을 급랭시키면 표면층이 백주철로 굳어 매우 단단하고 내마모성을 가진 주철이다.

46

알루마이트법이라 하며, Al 제품을 2% 수산 용액에서 전류를 흘려 표면에 단순하고 치밀한 산화막을 만드는 방법은?

① 통산법
② 황산법
③ 수산법
④ 크롬산법

수산법은 약 2% 수산용액에서 전류를 흘려 단단하고 치밀한 산화막을 형성하는 방법이다.

47

주위의 온도에 의하여 선팽창계수나 탄성률 등의 특정한 성질이 변하지 않는 불변강이 아닌 것은?

① 인바
② 엘린바
③ 슈퍼인바
④ 베빗메탈

베빗메탈은 주석(Sn)·안티몬(Sb)·구리(Cu) 등을 주성분으로 한 베어링 합금이다.

48

다음 가공법 중 소성가공법이 아닌 것은?

① 주조
② 압연
③ 단조
④ 인발

주조는 원하는 형상의 빈 공간을 가진 주형에 용탕을 부어넣고 굳히는 응고공정이다.

49

다음 중 담금질에서 나타나는 조직으로 경도와 강도가 가장 높은 조직은?

① 시멘타이트
② 오스테나이트
③ 소르바이트
④ 마텐자이트

담금질 조직 경도 비교: 마텐자이트 > 트루스타이트 > 소르바이트 > 오스테나이트

50

일반적으로 강에 S, Pb, P 등을 첨가하여 절삭성을 향상시킨 강은?

① 구조용 강
② 쾌삭강
③ 스프링강
④ 탄소공구강

쾌삭강(快削鋼)
절삭가공(선반, 밀링 등) 시 절삭저항을 줄이고, 공구 마모를 감소시키기 위해 절삭성이 향상되도록 특수 원소(P, S, Pb 등)를 첨가한 강이며, 잘 깎이는 강으로 쾌삭강이라 한다.

정답 43 ① 44 ④ 45 ② 46 ③ 47 ④ 48 ① 49 ④ 50 ②

51 빈출

그림과 같이 파단선을 경계로 필요로 하는 요소의 일부만을 단면으로 표시하는 단면도는?

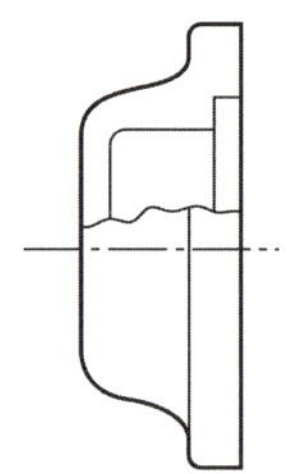

① 온 단면도
② 부분 단면도
③ 한쪽 단면도
④ 회전 도시 단면도

부분 단면도
파단선을 경계로 하여 필요한 부분만 국부적으로 절단하여 단면을 표시한다.

52

그림과 같은 치수 기입 방법은?

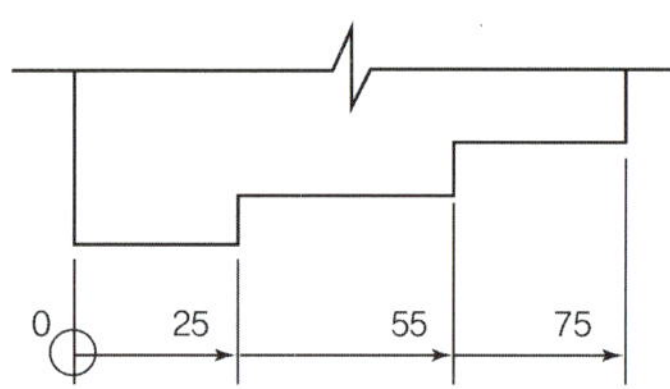

① 직렬 치수 기입법
② 병렬 치수 기입법
③ 조합 치수 기입법
④ 누진 치수 기입법

누진 치수 기입법
원점(0)을 두고, 각 위치까지의 거리를 원점으로부터 누적된 값으로 표시한다.

53

관의 구배를 표시하는 방법 중 틀린 것은?

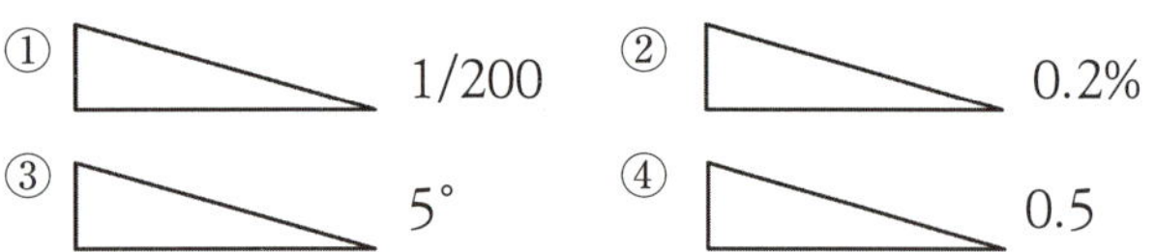

• 비율: 1/200(또는 1 : 200)
• 퍼센트: 0.2%
• 각도: 5°

54

도면에서 표제란과 부품란으로 구분할 때 다음 중 일반적으로 표제란에만 기입하는 것은?

① 부품번호
② 부품기호
③ 수량
④ 척도

• 표제란의 필수 표제: 도명, 도면번호, 척도, 투상법, 작성일자, 작성자(검토자) 등
• 부품란의 표제: 부품번호, 부품기호, 재질, 수량, 비고 등

55 빈출

그림과 같은 용접이음 방법의 명칭으로 가장 적합한 것은?

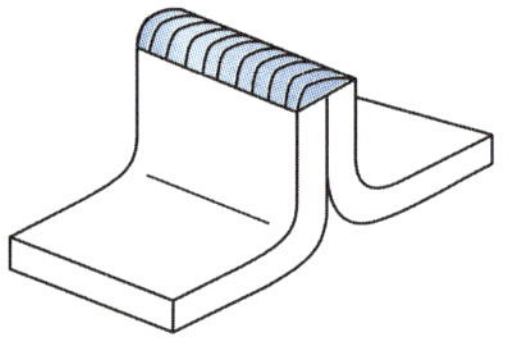

① 연속 필릿 용접
② 플랜지형 겹치기 용접
③ 연속 모서리 용접
④ 플랜지형 맞대기 용접

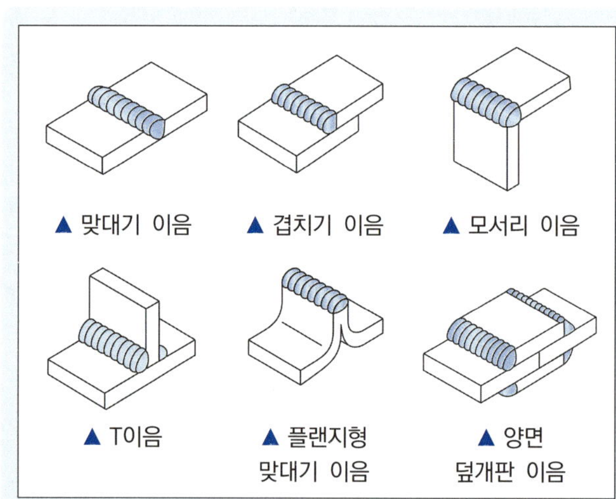

56 ⭐빈출

KS 재료 기호에서 고압 배관용 탄소강관을 의미하는 것은?

① SPP
② SPS
③ SPPA
④ SPPH

- SPP: 일반 배관용 탄소강관
- SPPH: 고압 배관용 탄소강관

57 ⭐빈출

용도에 의한 명칭에서 선의 종류가 모두 가는 실선인 것은?

① 치수선, 치수보조선, 지시선
② 중심선, 지시선, 숨은선
③ 외형선, 치수보조선, 해칭선
④ 기준선, 피치선, 수준면선

- 가는 실선: 치수선, 치수보조선, 지시선, 중심선, 해칭선, 수준면선 등
- 가는 파선 또는 굵은 파선: 숨은선
- 가는 1점 쇄선: 중심선, 기준선, 피치선
- 굵은 실선: 외형선

58

그림과 같은 원뿔을 전개하였을 경우 나타난 부채꼴의 전개각(전개된 물체의 꼭지각)이 150°가 되려면 l의 치수는?

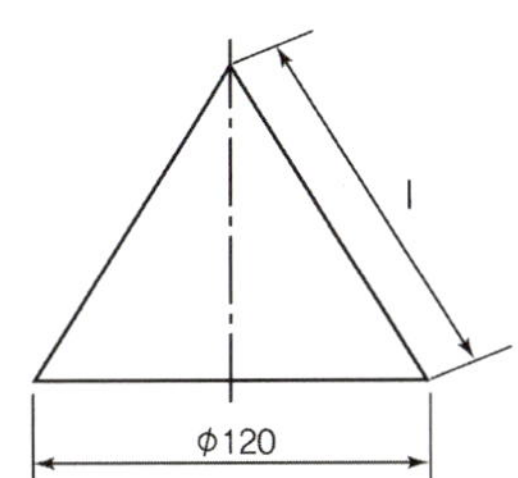

① 100
② 122
③ 144
④ 150

- 원뿔의 밑면 지름 D = 120, 반지름 r = 60
- 부채꼴의 중심각 θ = 150°

원뿔의 모선 길이 $l = r \times \left(\dfrac{360}{\theta}\right) = 60 \times \left(\dfrac{360}{150}\right) = 144$

59 ⭐빈출

리벳의 호칭 방법으로 옳은 것은?

① 규격 번호, 종류, 호칭지름×길이, 재료
② 명칭, 등급, 호칭지름×길이, 재료
③ 규격 번호, 종류, 부품 등급, 호칭, 재료
④ 명칭, 다듬질 경도, 호칭, 등급, 강도

리벳 호칭(KS 규격)
[규격 번호] – [종류(머리형 등)] – [호칭지름 × 길이] – [재료]

60 ⭐빈출

그림과 같은 제3각법 정투상도의 3면도를 기초로 한 입체도로 가장 적합한 것은?

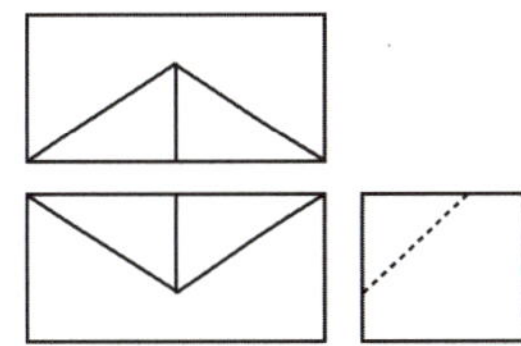

① 
② 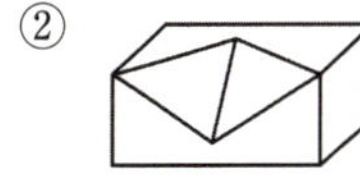

③ 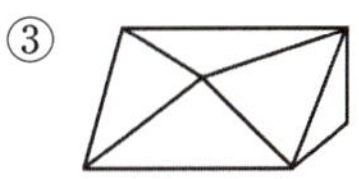
④ 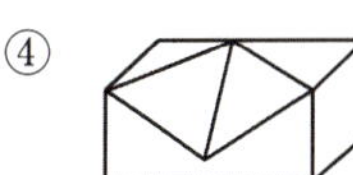

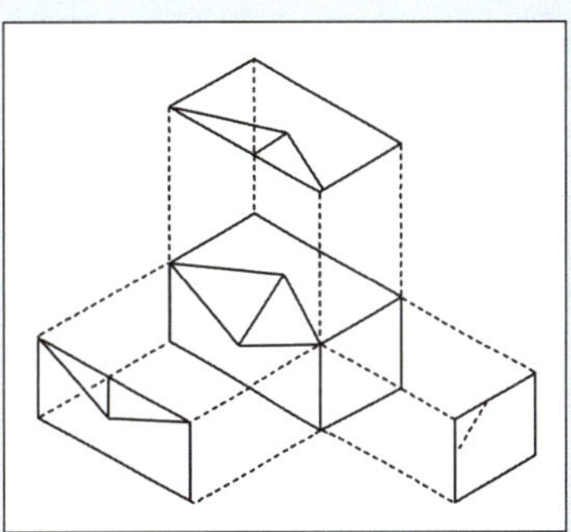

01

차축, 레일의 접합, 선박의 프레임 등 비교적 큰 단면을 가진 주조나 단조품의 맞대기 용접과 보수용접에 주로 사용되는 용접법은?

① 서브머지드 아크 용접 ② 테르밋 용접
③ 원자 수소 아크 용접 ④ 오토콘 용접

테르밋 용접(Thermit Welding)
금속 산화물(보통 산화철, Fe_2O_3)과 알루미늄 분말(Al) 사이의 강력한 산화 – 환원 반응(Thermite Reaction)을 이용해 3,000℃ 이상의 고온을 만들어 용접하는 화학적 용접이다. 점화제로 과산화바륨, 알루미늄, 마그네슘 등을 사용하여 초기 점화 에너지를 제공한다.

테르밋 반응식
$$Fe_2O_3 + 2Al \rightarrow 2Fe + Al_2O_3$$

02 빈출

용접부 시험 중 비파괴 시험 방법이 아닌 것은?

① 피로시험 ② 누설시험
③ 자기적 시험 ④ 초음파 시험

기계적 시험법은 기계적 성질을 이용한 강도, 연성, 경도 등을 평가하는 방법으로 피로시험, 인장시험, 굽힘시험, 충격시험, 경도시험 등이 있다.

03 빈출

불활성 가스 금속 아크 용접의 제어장치로서 크레이터 처리 기능에 의해 낮아진 전류가 서서히 줄어들면서 아크가 끊어지는 기능으로 이면용접 부위가 녹아내리는 것을 방지하는 것은?

① 예비가스 유출시간 ② 스타트 시간
③ 크레이터 충전시간 ④ 번 백 시간

번 백 시간
와이어 송급이 멈춘 후에도 전류를 순간적으로 유지시키며 흘려보내 와이어 끝을 깔끔하게 끊어내는(Burn Back) 역할이 진행되는 시간이다.

04 빈출

다음 중 용접 결함의 보수 용접에 관한 사항으로 가장 적절하지 않은 것은?

① 재료의 표면에 얕은 결함은 덧붙임 용접으로 보수한다.
② 언더컷이나 오버랩 등은 그대로 보수 용접을 하거나 정으로 따내기 작업을 한다.
③ 결함이 제거된 모재 두께가 필요한 치수보다 얕게 되었을 때에는 덧붙임 용접으로 보수한다.
④ 덧붙임 용접으로 보수할 수 있는 한도를 초과할 때에는 결함 부분을 잘라내어 맞대기 용접으로 보수한다.

결함 위에 그대로 용접 시 결함이 갇히게 되므로 얕은 결함 뿐만 아니라 모든 결함은 완벽히 제거 후 그 위에 덧붙임 용접을 진행해야 한다.

05 빈출

불활성 가스 금속 아크 용접의 용적 이행 방식 중 용융 이행 상태는 아크 기류 중에서 용가재가 고속으로 용융, 미입자의 용적으로 분사되어 모재에 용착되는 용적 이행은?

① 용락 이행 ② 단락 이행
③ 스프레이 이행 ④ 글로뷸러 이행

스프레이형: 미세한 금속 입자가 고속으로 스프레이처럼 분사되어 모재로 이행된다.

06

경납용 용가재에 대한 각각의 설명이 틀린 것은?

① 은납: 구리, 은, 아연이 주성분으로 구성된 합금으로 인장강도, 전연성 등의 성질이 우수하다.
② 황동납: 구리와 니켈의 합금으로, 값이 저렴하여 공업용으로 많이 쓰인다.
③ 인동납: 구리가 주 성분이며 소량의 은, 인을 포함한 합금으로 되어 있다. 일반적으로 구리 및 구리 합금의 땜납으로 쓰인다.
④ 알루미늄납: 일반적으로 알루미늄에 규소, 구리를 첨가하여 사용하며 융점은 660°C 정도이다.

황동은 구리 – 아연(Cu – Zn)계 합금이다.

07

토륨 텅스텐 전극봉에 대한 설명으로 맞는 것은?

① 전자 방사능력이 떨어진다.
② 아크 발생이 어렵고 불순물 부착이 많다.
③ 직류 정극성에는 좋으나 교류에는 좋지 않다.
④ 전극의 소모가 많다.

토륨 텅스텐 전극은 직류에서 집중된 아크와 깊은 용입을 얻기 좋아 탄소강, 스테인리스강에 적합하며, AC 교류에서는 순텅스텐 또는 지르코니아계 등이 선호된다.

08 ⭐빈출

일렉트로 슬래그 용접의 단점에 해당되는 것은?

① 용접능률과 용접품질이 우수하므로 후판 용접 등에 적당하다.
② 용접진행 중에 용접부를 직접 관찰할 수 없다.
③ 최소한의 변형과 최단시간의 용접법이다.
④ 다전극을 이용하면 더욱 능률을 높일 수 있다.

일렉트로 슬래그 용접(ESW)은 용융 슬래그의 저항발열로 용접이 진행되어 아크 · 용융풀을 슬래그가 가려 작업 중 직접 관찰이 불가능하다.

09

다음 전기저항 용접 중 맞대기 용접이 아닌 것은?

① 업셋 용접
② 버트 심 용접
③ 프로젝션 용접
④ 퍼커션 용접

프로젝션 용접은 접합할 모재의 한쪽 면에 미리 돌기를 만들어, 이 돌기 부분에 전류와 가압력이 집중되도록 하여 용접하는 방식으로 겹치기 저항 용접에 해당한다.

10

CO_2 가스 아크 용접 시 저전류 영역에서 가스유량은 약 몇 L/min 정도가 가장 적당한가?

① 1 ~ 5
② 6 ~ 10
③ 10 ~ 15
④ 16 ~ 20

10~15L/min: 실내 · 무풍 조건의 저전류 영역 표준 권장치에 해당하여 가장 안정적이다.

11

상온에서 강하게 압축함으로써 경계면을 국부적으로 소성변형시켜 접합하는 것은?

① 냉간 압접
② 플래시 버트 용접
③ 업셋 용접
④ 가스 압접

냉간 압접
상온에서 두 금속을 강하게 압축하여 접촉면을 국부 소성변형시키고 원자 간 금속결합으로 붙이는 방식을 말한다.

12 ⭐빈출

서브머지드 아크 용접에서 다전극 방식에 의한 분류가 아닌 것은?

① 유니언식
② 횡병렬식
③ 횡직렬식
④ 탠덤식

다전극 방식: 탠덤식, 횡직렬식, 횡병렬식

13 ⭐빈출

용착금속의 극한강도가 30kgf/mm², 안전율이 6이면 허용응력은?

① 3kgf/mm²
② 4kgf/mm²
③ 5kgf/mm²
④ 6kgf/mm²

- 용착금속의 인장강도 = 30kgf/mm²
- 안전율 = 6

$$\sigma = \frac{인장강도}{안전율} = \frac{30}{6} = 5kgf/mm^2$$

14 ⭐빈출

하중의 방향에 따른 필릿 용접의 종류가 아닌 것은?

① 전면 필릿
② 측면 필릿
③ 연속 필릿
④ 경사 필릿

하중 방향에 따른 분류
- 전면 필릿: 하중이 용접선에 수직으로 작용
- 측면 필릿: 하중이 용접선과 평행하게 작용
- 경사 필릿: 하중이 용접선에 비스듬히 작용

15

모재 두께 9mm, 용접길이 150mm인 맞대기 용접의 최대 인장 하중(kgf)은 얼마인가? (단, 용착금속의 인장강도는 43kgf/mm² 이다.)

① 716kgf
② 4,450kgf
③ 40,635kgf
④ 58,050kgf

- 두께 t = 9mm
- 길이 L = 150mm
단면적 A = t×L
    = 9×150 = 1,350mm²
→ 최대 인장하중 = 단면적 × 인장강도
    = 1,350×43
    = 58,050kgf

16

화재의 폭발 및 방지조치 중 틀린 것은?

① 필요한 곳에 화재를 진화하기 위한 발화설비를 설치할 것
② 배관 또는 기기에서 가연성 증기가 누출되지 않도록 할 것
③ 대기 중에 가연성 가스를 누설 또는 방출시키지 말 것
④ 용접작업 부근에 점화원을 두지 않도록 할 것

발화설비는 불을 붙이는 설비이며 올바른 장치로 소화설비가 필요하다.

17

용접변형에 대한 교정 방법이 아닌 것은?

① 가열법
② 가압법
③ 절단에 의한 정형과 재용접
④ 역변형법

역변형법
열에 의한 응력을 완화시켜주는 방법으로 용접 전에 변형을 예측해 반대 방향으로 미리 휘어놓는 방법을 말한다.

18

용접 시 두통이나 뇌빈혈을 일으키는 이산화탄소 가스의 농도는?

① 1 ~ 2%
② 3 ~ 4%
③ 10 ~ 15%
④ 20 ~ 30%

- 0.5% 이하: 작업환경 기준 수준
- 1 ~ 2%: 호흡 수 약간 증가
- 3 ~ 4%: 두통, 어지럼, 뇌빈혈 느낌(산소 부족 증상) 발생
- 5 ~ 10%: 위험 상태(호흡곤란, 판단력 저하)
- 10% 이상: 의식 소실 및 치사 위험

정답   13 ③   14 ③   15 ④   16 ①   17 ④   18 ②

19

용접에서 예열에 관한 설명 중 틀린 것은?

① 용접작업에 의한 수축 변형을 감소시킨다.
② 용접부의 냉각 속도를 느리게 하여 결함을 방지한다.
③ 고급 내열합금도 용접 균열을 방지하기 위하여 예열을 한다.
④ 알루미늄 합금, 구리 합금은 50~70℃의 예열이 필요하다.

알루미늄 합금은 예열이 불필요하며, 필요에 따라서 50~70℃ 예열을 하고 구리 합금의 경우 200~400℃ 정도의 예열이 필요하다.

20

현미경 조직시험 순서 중 가장 알맞은 것은?

① 시험편 채취 – 마운팅 – 샌드페이퍼 연마 – 폴리싱 – 부식 – 현미경 검사
② 시험편 채취 – 폴리싱 – 마운팅 – 샌드페이퍼 연마 – 부식 – 현미경 검사
③ 시험편 채취 – 마운팅 – 폴리싱 – 샌드페이퍼 연마 – 부식 – 현미경 검사
④ 시험편 채취 – 마운팅 – 부식 – 샌드페이퍼 연마 – 폴리싱 –현미경 검사

금속현미경(광학) 조직 관찰의 표준 순서
1. 채취 및 절단
2. 연마(마운팅)
3. 기계연마(사포, 샌드페이퍼 연마)
4. 미세연마(폴리싱)
5. 현미경 관찰(검사)

21

용접부의 연성 결함의 유무를 조사하기 위하여 실시하는 시험법은?

① 경도시험
② 인장시험
③ 초음파 시험
④ 굽힘시험

굽힘시험은 용접부를 규정 각도까지 굽혀 균열, 박리, 기공 노출 등의 연성 결함을 확인한다.

22

TIG 용접 및 MIG 용접에 사용되는 불활성 가스로 가장 적합한 것은?

① 수소 가스
② 아르곤 가스
③ 산소 가스
④ 질소 가스

아르곤(Argon, Ar)
• 기체 비율(공기 중): 약 0.94%
• 성질: 무색, 무취, 무미, 무독성
• 불활성 가스

23

가스 용접 시 양호한 용접부를 얻기 위한 조건에 대한 설명 중 틀린 것은?

① 용착금속의 용입 상태가 균일해야 한다.
② 슬래그, 기공 등의 결함이 없어야 한다.
③ 용접부에 첨가된 금속의 성질이 양호하지 않아도 된다.
④ 용접부에는 기름, 먼지, 녹 등을 완전히 제거하여야 한다.

용접부의 강도와 신뢰성을 확보하기 위해서는 용가재(용접봉)를 통해 첨가되는 금속의 성질이 모재와 동등하거나 그 이상의 성질을 가져야 한다.

24

교류아크 용접기 종류 중 AW – 500의 정격 부하 전압은 몇 V인가?

① 28V
② 32V
③ 36V
④ 40V

AW – 500의 경우는 40V의 정격 부하 전압으로 규정된다.

25 ⭐빈출

연강 피복 아크 용접봉인 E4316의 계열은 어느 계열인가?

① 저수소계
② 고산화티탄계
③ 철분 저수소계
④ 일미나이트계

26

용해 아세틸렌 가스는 각각 몇 ℃, 몇 kgf/cm^2로 충전하는 것이 가장 적합한가?

① 40℃, $160kgf/cm^2$
② 35℃, $150kgf/cm^2$
③ 20℃, $30kgf/cm^2$
④ 15℃, $15kgf/cm^2$

용해 아세틸렌 다공질 충전 실린더의 표준 충전 조건은 15℃, $15kgf/cm^2$이다.

27

다음 (   ) 안에 알맞은 용어는?

용접의 원리는 금속과 금속을 서로 충분히 접근시키면 금속원자 간에 (   )이 작용하여 스스로 결합하게 된다.

① 인력
② 기력
③ 자력
④ 응력

금속과 금속이 충분히 서로 가깝게 접근하기 위해 원자간 인력이 작용하여 스스로 결합한다.

28 ⭐빈출

산소 아크 절단을 설명한 것 중 틀린 것은?

① 가스 절단에 비해 절단면이 거칠다.
② 직류 정극성이나 교류를 사용한다.
③ 중실(속이 찬) 원형봉의 단면을 가진 강(Steel) 전극을 사용한다.
④ 절단속도가 빨라 철강 구조물 해체, 수중 해체 작업에 이용된다.

산소 아크 절단(Oxygen Arc Cutting, OAC)
아크열로 금속을 가열·용융시키고 동시에 산소(O_2)를 불어넣어 산화반응으로 절단하는 방법으로, 피복 아크 용접봉 중간에 속이 비어있는 이유는 해당 구멍을 통해 산소를 공급하기 위해서이다. 철강 구조물 해체나 수중 해체 작업에 이용된다.

29 ⭐빈출

피복 아크 용접봉의 피복 배합제의 성분 중에서 탈산제에 해당하는 것은?

① 산화티탄(TiO_2)
② 규소철(Fe - Si)
③ 셀룰로오스(Cellulose)
④ 일미나이트($TiO_2 \cdot FeO$)

피복 배합제에서 탈산제는 용융금속 속의 산소를 제거하여 기공 및 산화를 줄이며 대표적으로 규소철과 망간 등이 해당된다.

30 ⭐빈출

다음 가스 중 가연성 가스로만 되어 있는 것은?

① 아세틸렌, 헬륨
② 수소, 프로판
③ 아세틸렌, 아르곤
④ 산소, 이산화탄소

가연성 가스: 공기 중의 산소와 혼합되었을 때 점화원에 의해 불이 붙거나 폭발할 위험이 있는 가스로 수소(H_2), 메탄(CH_4), 프로판(C_3H_8), 아세틸렌(C_2H_2) 등이 있다.

정답 25 ① 26 ④ 27 ① 28 ③ 29 ② 30 ②

31 

용접법을 크게 융접, 압접, 납땜으로 분류할 때 압접에 해당되는 것은?

① 전자 빔 용접
② 초음파 용접
③ 원자 수소 용접
④ 일렉트로 슬래그 용접

압접(Pressure Welding)
용접봉이나 모재를 녹여서(용융) 붙이는 '융접'과는 달리, 금속을 녹이지 않고 고체 상태(고상)에서 접합하는 방식으로 대표적으로 저항 용접, 마찰 용접, 초음파 용접, 폭발 용접, 냉간 압접 등이 있다.

32

정격 2차 전류 200A, 정격사용률 40%, 아크 용접기로 150A의 용접전류 사용 시 허용사용률은 약 얼마인가?

① 51% ② 61%
③ 71% ④ 81%

$$허용사용률(\%) = \frac{(정격\ 2차\ 전류)^2}{(실제\ 용접전류)^2} \times 정격사용률$$

$$= \frac{200^2 \times 40}{150^2} = 71.11\%$$

33

가스 용접에 대한 설명 중 옳은 것은?

① 아크 용접에 비해 불꽃의 온도가 높다.
② 열 집중성이 좋아 효율적인 용접이 가능하다.
③ 전원설비가 있는 곳에서만 설치가 가능하다.
④ 가열할 때 열량 조절이 비교적 자유롭기 때문에 박판 용접에 적합하다.

가스 용접은 불꽃의 크기, 산소와 아세틸렌의 혼합비, 그리고 토치의 이송속도를 통해 입열량을 미세하게 조절할 수 있어 박판 용접에 적합하다.

34

연강용 피복 아크 용접봉의 피복 배합제 중 아크 안정제 역할을 하는 종류로 묶어 놓은 것 중 옳은 것은?

① 적철강, 알루미나, 붕산
② 붕산, 구리, 마그네슘
③ 알루미나, 마그네슘, 탄산나트륨
④ 산화티탄, 규산나트륨, 석회석, 탄산나트륨

아크 안정제
전자의 방출을 쉽게 하여 아크를 안정시키는 역할로 산화티탄, 규산칼륨, 규산나트륨, 석회석, 탄산나트륨 등이 있다.

35

가스 가우징용 토치의 본체는 프랑스식 토치와 비슷하나 팁은 비교적 저압으로 대용량의 산소를 방출할 수 있도록 설계되어 있는데 이는 어떤 설계 구조인가?

① 초코
② 인젝트
③ 오리피스
④ 슬로우 다이버전트

가스 가우징
가연성 가스(아세틸렌 등)와 산소(O_2)를 이용하여 금속을 녹이는 작업으로 절단 팁 대신 슬로우 다이버전트형 팁을 사용한다.

정답   31 ②   32 ③   33 ④   34 ④   35 ④

36 빈출

가스 용접작업에서 후진법의 특징이 아닌 것은?

① 열 이용률이 좋다.
② 용접속도가 빠르다.
③ 용접변형이 작다.
④ 얇은 판의 용접에 적당하다.

구분	전진법 (Forward Welding)	후진법 (Backward Welding)
용접봉 위치	불꽃 앞쪽	불꽃 뒤쪽
불꽃의 진행 방향	불꽃이 진행 방향과 같은 방향	불꽃이 진행 방향의 반대 방향
화염의 작용	불꽃이 미리 모재를 예열하지 못해 용접부 보호가 작아져 산화가 발생하기 쉬움	불꽃이 이미 용착된 금속 위를 지나 예열 효과가 커져 산화 발생이 감소함
용접 속도	느림	빠름
용입 깊이	얕음	깊음
용착금속 조직	거침	미세함
적용 두께	얇은 판 (약 3mm 이하)	두꺼운 판 (3mm 이상)

37

가스 절단 시 양호한 절단면을 얻기 위한 품질 기준이 아닌 것은?

① 슬래그 이탈이 양호할 것
② 절단면의 표면각이 예리할 것
③ 절단면이 평활하며 노치 등이 없을 것
④ 드래그의 홈이 높고 가능한 클 것

드래그는 가능한 작고 일정한 것이 좋으며 홈이 높고 노치가 있는 경우 절단속도가 너무 빠르거나 산소압력의 부족으로 작업이 불량한 것을 나타낸다.

38

피복 아크 용접봉은 피복제가 연소한 후 생성된 물질이 용접부를 보호한다. 용접부의 보호방식에 따른 분류가 아닌 것은?

① 가스 발생식 　　　　② 스프레이형
③ 반가스 발생식 　　　④ 슬래그 생성식

용접부의 보호방식에 따른 분류
가스 발생식, 반가스 발생식, 슬래그 생성식

39 빈출

직류아크 용접에서 정극성의 특징 설명으로 맞는 것은?

① 비드 폭이 넓다.
② 주로 박판용접에 쓰인다.
③ 모재의 용입이 깊다.
④ 용접봉의 녹음이 빠르다.

정극성 DCSP(Direct Current Straight Polarity)
• 용접봉(-), 모재(+)
• 용입 깊고, 비드 폭이 좁다.

역극성 DCRP(Direct Current Reverse Polarity)
• 용접봉(+), 모재(-)
• 용입 얕고, 비드 폭이 넓다.
• 박판, 주철, 고탄소강, 합금강 등에 사용된다.

40 빈출

스테인리스강의 종류에 해당되지 않는 것은?

① 페라이트계 스테인리스강
② 레데뷰라이트계 스테인리스강
③ 석출경화형 스테인리스강
④ 마텐자이트계 스테인리스강

• 스테인리스강은 크롬(Cr) 함량이 약 12% 이상 포함된 합금강으로 페라이트계, 마텐자이트계, 오스테나이트계, 석출경화형 등이 있다.
• 레데뷰라이트는 주철이나 고탄소강에서 나타나는 공정조직의 명칭으로 스테인리스강의 조직과는 관련이 없다.

정답　　　　36 ④　37 ④　38 ②　39 ③　40 ②

41

금속 침투법 중 칼로라이징은 어떤 금속을 침투시킨 것인가?

① B
② Cr
③ Al
④ Zn

42

마그네슘(Mg)의 특성을 설명한 것 중 틀린 것은?

① 비강도가 Al 합금보다 떨어진다.
② 구상흑연주철의 첨가제로 사용된다.
③ 비중이 약 1.74 정도로 실용금속 중 가볍다.
④ 항공기, 자동차 부품, 전기기기, 선박, 광학기계, 인쇄 제판 등에 사용된다.

43

Al – Si계 합금의 조대한 공정조직을 미세화하기 위하여 나트륨(Na), 수산화나트륨(NaOH), 알칼리염류 등을 합금 용탕에 첨가하여 10 ~ 15분간 유지하는 처리는?

① 시효 처리
② 폴링 처리
③ 개량 처리
④ 응력제거 풀림 처리

44

조성이 2.0 ~ 3.0% C, 0.6 ~ 1.5% Si 범위의 것으로 백주철을 열처리로에 넣어 가열해서 탈탄 또는 흑연화 방법으로 제조한 주철은?

① 가단주철
② 칠드주철
③ 구상흑연주철
④ 고력합금주철

45

구리(Cu)에 대한 설명으로 옳은 것은?

① 구리는 체심입방격자이며, 변태점이 있다.
② 전기 구리는 O_2나 탈산제를 품지 않는 구리이다.
③ 구리의 전기전도율은 금속 중에서 은(Ag)보다 높다.
④ 구리는 CO_2가 들어 있는 공기 중에서 염기성 탄산구리가 생겨 녹청색이 된다.

46

담금질에 대한 설명 중 옳은 것은?

① 위험 구역에서는 급냉한다.
② 임계 구역에서는 서냉한다.
③ 강을 경화시킬 목적으로 실시한다.
④ 정지된 물속에서 냉각 시 대류 단계에서 냉각속도가 최대가 된다.

정답 41 ③ 42 ① 43 ③ 44 ① 45 ④ 46 ③

47

열간가공과 냉간가공을 구분하는 온도로 옳은 것은?

① 재결정 온도
② 재료가 녹는 온도
③ 물의 어는 온도
④ 고온취성 발생온도

열간가공과 냉간가공의 구분 기준은 해당 금속의 재결정 온도이다.

48 빈출

강의 표준 조직이 아닌 것은?

① 페라이트(Ferrite)
② 펄라이트(Pearlite)
③ 시멘타이트(Cementite)
④ 소르바이트(Sorbite)

강의 표준 조직
철 – 탄소 평형 상태도에서 온도에 따라 형성되는 표준 조직으로 페라이트, 펄라이트, 오스테나이트, 시멘타이트가 있다.

강의 열처리 및 변태 조직
담금질 및 뜨임 등의 열처리를 통해 얻어지는 조직으로 마텐자이트, 트루스타이트, 소르바이트, 베이나이트가 있다.

49

보통 주강에 3% 이하의 Cr을 첨가하여 강도와 내마멸성을 증가시켜 분쇄기계, 석유화학 공업용 기계 부품 등에 사용되는 합금 주강은?

① Ni 주강
② Cr 주강
③ Mn 주강
④ Ni - Cr 주강

3% 이하 Cr을 첨가한 Cr 주강은 내마멸성과 강도가 증가되어 분쇄기계, 공업용 기계 부품 등에 활용된다.

50 빈출

다음 중 탄소량이 가장 적은 강은?

① 연강
② 반경강
③ 최경강
④ 탄소공구강

연강: 저탄소강으로 0.05 ~ 0.25% C이다.

51 빈출

기계제도에서의 척도에 대한 설명으로 잘못된 것은?

① 척도는 표제란에 기입하는 것이 원칙이다.
② 축척의 표시는 2 : 1, 5 : 1, 10 : 1 등과 같이 나타낸다.
③ 척도란 도면에서의 길이와 대상물의 실제길이의 비이다.
④ 도면을 정해진 척도값으로 그리지 못하거나 비례하지 않을 때에는 척도를 'NS'로 표시할 수 있다.

배척(확대척도)은 실제보다 크게 그려 확대 표시(2 : 1, 5 : 1, 10 : 1) 하며, 축척은 실제보다 작게 그려 축소 표시한다.

52 빈출

다음 배관 도면에 포함되어 있는 요소로 볼 수 없는 것은?

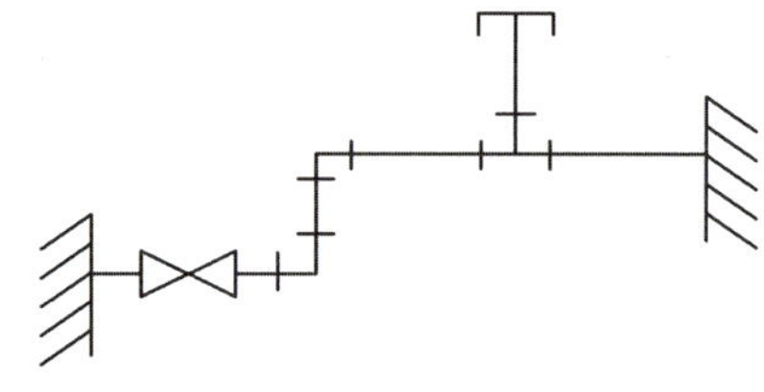

① 엘보
② 티
③ 캡
④ 체크 밸브

배관 이음 기호

기호	이름	기호	이름
	유니언		티
	플랜지		90° 엘보
	나사 이음		45° 엘보

* ─┤ : 캡 기호, ▷◁ : 체크 밸브

53

리벳 구멍에 카운터 싱크가 없고 공장에서 드릴 가공 및 끼워 맞추기 할 때의 간략 표시기호는?

① 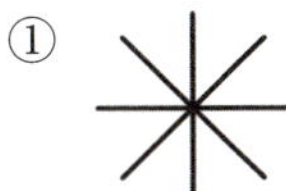 ② 

③ 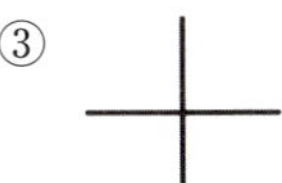 ④ 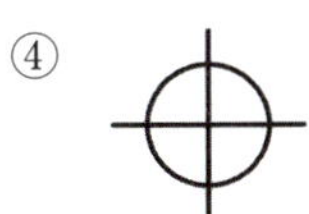

54

그림과 같이 지름이 같은 원기둥과 원기둥이 직각으로 만날 때의 상관선은 어떻게 나타나는가?

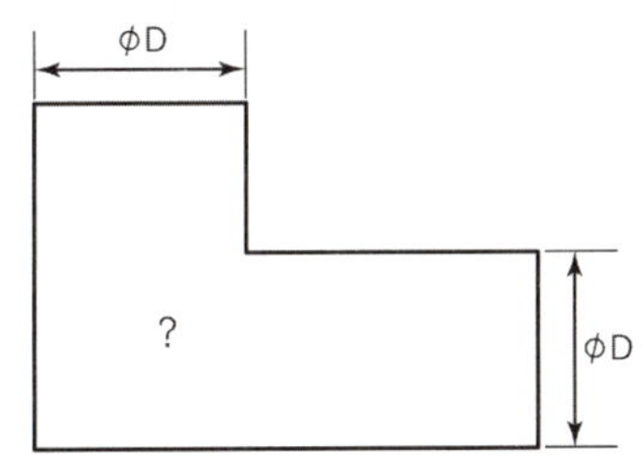

① 점선 형태의 직선
② 실선 형태의 직선
③ 실선 형태의 포물선
④ 실선 형태의 하이포이드 곡선

지름(D)이 같은 두 원기둥이 직각으로 만날 때, 그 접점들이 이루는 상관선은 평면상에서 실선 형태의 직선으로 나타낸다.

55

리벳 이음(Rivet Joint) 단면의 표시법으로 가장 올바르게 투상된 것은?

① 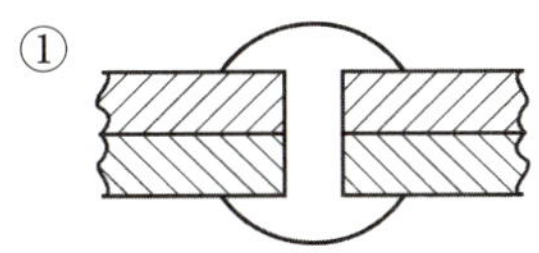 ② 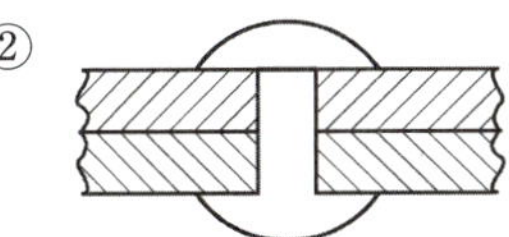

③ 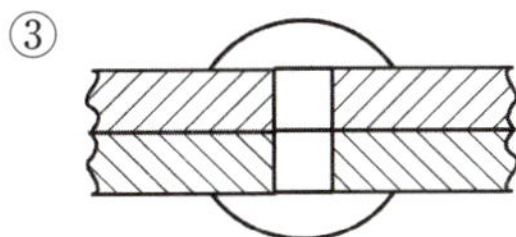 ④ 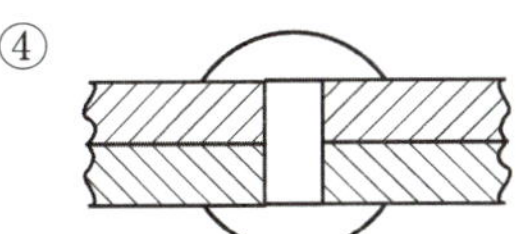

리벳 본체의 표현
기계제도 규격에서 리벳, 볼트, 축과 같은 부품은 길이 방향(축 방향)으로 절단하여도 해칭(사선)을 하지 않고 외형 그대로 나타내며, 머리부와 끝단부의 경계선을 표시한다.

56

KS 재료기호 중 기계 구조용 탄소강재의 기호는?

① SM 35C ② SS 490B
③ SF 340A ④ STKM 20A

- SM: 기계 구조용 강
- 35: 탄소 함유량 → 즉, 0.35% C

57 빈출

다음 중 치수기입의 원칙에 대한 설명으로 가장 적절한 것은?

① 중요한 치수는 중복하여 기입한다.
② 치수는 되도록 주 투상도에 집중하여 기입한다.
③ 계산하여 구한 치수는 되도록 식을 같이 기입한다.
④ 치수 중 참고 치수에 대하여는 네모상자 안에 치수 수치를 기입한다.

치수는 형상을 가장 명확히 보여 주는 주 투상도에 우선 기입해야 한다.

58 빈출

다음 용접기호에서 "3"의 의미로 올바른 것은?

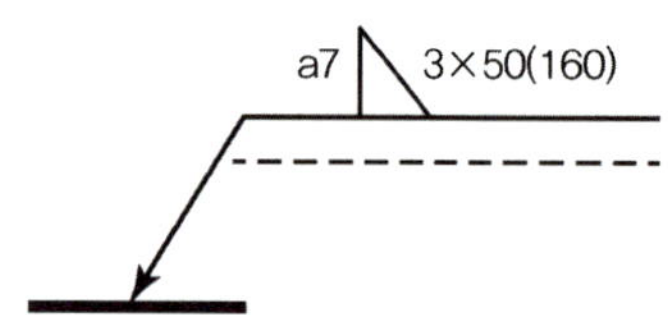

① 용접부 수
② 용접부 간격
③ 용접의 길이
④ 필릿 용접 목 두께

기호 다음에 나오는 숫자가 용접부 수를 나타낸다.

59 빈출

다음 중 지시선 및 인출선을 잘못 나타낸 것은?

① 　② 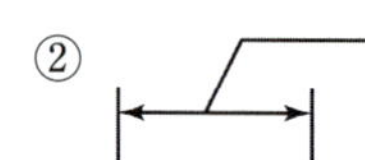

③ 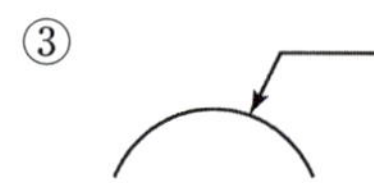　④ 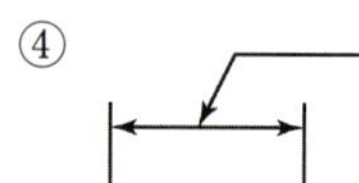

②와 ④ 중 ②가 바르게 나타낸 것이다.

60

제3각 정투상법으로 투상한 그림과 같은 투상도의 우측면도로 가장 적합한 것은?

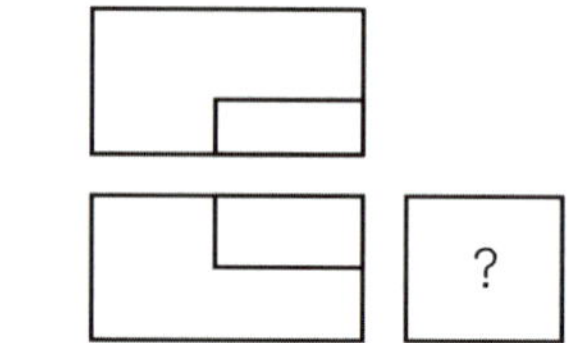

① 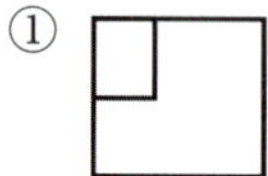　② 

③ 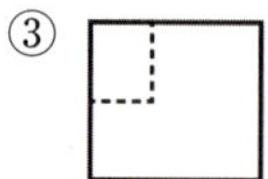　④ 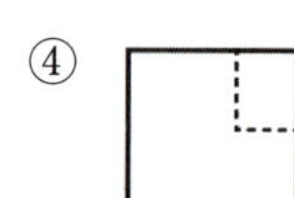

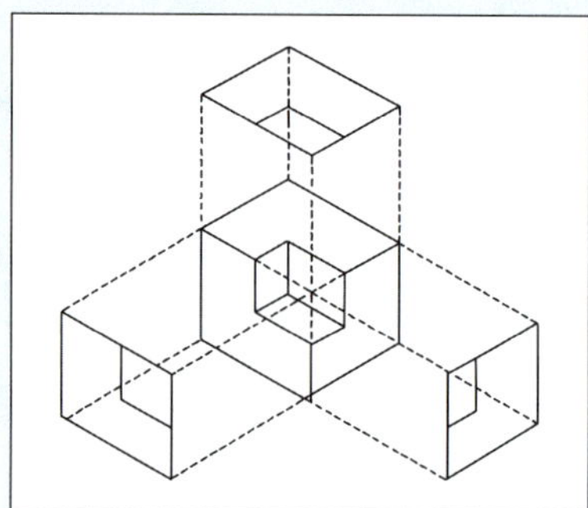

정답　58 ①　59 ④　60 ①

2015년 1회 | 공개기출문제

01

불활성 가스 텅스텐 아크 용접(TIG)의 KS 규격이나 미국용접협회(AWS)에서 정하는 텅스텐 전극봉의 식별 색상이 황색이면 어떤 전극봉인가?

① 순텅스텐　　　　② 지르코늄 텅스텐
③ 1% 토륨 텅스텐　④ 2% 토륨 텅스텐

텅스텐 전극봉의 색상별 종류

재질	색상	특징
순텅스텐	녹색	알루미늄 용접에 주로 많이 사용되며, 연마를 하지 않아도 용접이 가능한 장점이 있음
1% 토륨	노랑	철, 스테인리스, 크롬강 등에 사용되며 전극의 수명 긺
2% 토륨	빨강	1% 토륨보다 전자 방출이 높고, 전극 수명이 길며 용접 아크 안정성 우수함. 토륨 방사능 성분을 사용하므로 주의 필요
1% 란탄	흑색	단락에 대한 저항성이 강하고, 전자 방출률이 높으며 수명이 긺
1.5% 란탄	금색	모든 금속 용접이 가능하며, 우수한 용접성을 가지고 있음
2% 란탄	하늘색	모든 금속 용접이 가능하며, 우수한 용접성을 가지고 있음
지르코니아	갈색 / 백색	교류 용접을 이용한 알루미늄 용접에서 우수한 용접성을 보임
세륨	회색	저전류 용접에 사용됨

02 ⭐빈출

서브머지드 아크 용접의 다전극 방식에 의한 분류가 아닌 것은?

① 푸시식　　　　② 탠덤식
③ 횡병렬식　　　④ 횡직렬식

다전극 방식에 의한 분류
• 탠덤식: 진행 방향에 앞뒤로 배치
• 횡직렬식: 진행 방향에 직각으로 일렬 배치
• 횡병렬식: 진행 방향에 가로로 평행 배치

03 ⭐빈출

다음 중 정지구멍(Stop Hole)을 뚫어 결함 부분을 깎아내고 재용접해야 하는 결함은?

① 균열　　　　　② 언더컷
③ 오버랩　　　　④ 용입 부족

용접부 균열은 끝이 날카로우면 응력 집중이 크고 진행(연장)될 수 있으므로 보수 시 먼저 정지구멍을 균열 말단에 뚫어 응력 완화를 한 뒤, 결함 구간을 그라인딩으로 완전 제거 후 재용접한다.

04 ⭐빈출

다음 중 비파괴시험에 해당하는 시험은?

① 굽힘시험
② 현미경 조직시험
③ 파면시험
④ 초음파 시험

초음파 탐상법(UT)
• 금속이나 비금속 재료 내부의 결함(기공, 균열, 박리 등)을 고주파 초음파(약 1 ~ 10MHz)를 이용해 검사하는 비파괴검사 기법으로 펄스 반사법이 가장 널리 사용된다.
• 초음파를 이용하므로 투과 능력이 크기 때문에 두꺼운 재료 검사에도 적합하다.

정답　　01 ③　02 ①　03 ①　04 ④

05

산업용 로봇 중 직각 좌표계 로봇의 장점에 속하는 것은?

① 오프라인 프로그래밍이 용이하다.
② 로봇 주위에 접근이 가능하다.
③ 1개의 선형축과 2개의 회전축으로 이루어져 있다.
④ 작은 설치공간에 큰 작업영역이다.

경로가 좌표로 바로 표현되므로 오프라인 프로그램이 쉽다.

06

용접 후 변형 교정 시 가열 온도 500 ~ 600℃, 가열 시간 약 30초, 가열 지름 20 ~ 30mm로 하여 가열한 후 즉시 수냉하는 변형 교정법을 무엇이라 하는가?

① 박판에 대한 수냉 동판법
② 박판에 대한 살수법
③ 박판에 대한 수냉 석면포법
④ 박판에 대한 점 수축법

점 수축법은 변형 교정을 위해 작은 점을 짧은 시간 동안 고온으로 가열하여 냉각 시 수축을 유도하는 방법으로, 가열 온도는 500 ~ 600℃, 가열 시간은 약 30초 정도가 적당하다.

07

용접 전의 일반적인 준비사항이 아닌 것은?

① 사용 재료를 확인하고 작업 내용을 검토한다.
② 용접전류, 용접 순서를 미리 정해둔다.
③ 이음부에 대한 불순물을 제거한다.
④ 예열 및 후열처리를 실시한다.

예열 및 후열 처리는 재질(탄소당량), 두께, 수소균열의 위험 등에 따라 필요 시 수행하는 조건부 공정이다.

08

금속 간의 원자가 접합하는 인력 범위는?

① 10^{-4}cm
② 10^{-6}cm
③ 10^{-8}cm
④ 10^{-10}cm

원자 수준의 결합 거리(크기)를 나타내는 단위로 옹스트롬 Å(10^{-8}cm)을 사용한다.

09 빈출

불활성 가스 금속 아크 용접(MIG)에서 크레이터 처리에 의해 낮아진 전류가 서서히 줄어들면서 아크가 끊어지는 기능으로 용접부가 녹아내리는 것을 방지하는 제어 기능은?

① 스타트 시간
② 예비가스 유출시간
③ 번 백 시간
④ 크레이터 충전시간

번 백 시간
와이어 송급이 멈춘 후에도 전류를 순간적으로 유지시키며 흘려보내 와이어 끝을 깔끔하게 끊어내는(Burn Back) 역할이 진행되는 시간이다.

10

다음 중 용접용 지그 선택의 기준으로 적절하지 않은 것은?

① 물체를 튼튼하게 고정시켜 줄 크기와 힘이 있을 것
② 변형을 막아줄 만큼 견고하게 잡아줄 수 있을 것
③ 물품의 고정과 분해가 어렵고 청소가 편리할 것
④ 용접 위치를 유리한 용접 자세로 쉽게 움직일 수 있을 것

지그는 용접 구조물을 고정하는 역할로 작업의 효율을 높이기 위해 사용되며, 고정과 분해가 쉽고 청소가 용이해야 한다.

11 ⭐빈출

다음 중 테르밋 용접의 특징에 관한 설명으로 틀린 것은?

① 전기가 필요없다.
② 용접작업이 단순하다.
③ 용접시간이 길고 용접 후 변형이 크다.
④ 용접기구가 간단하고 작업장소의 이동이 쉽다.

테르밋 용접(Thermit Welding)
금속 산화물(보통 산화철, Fe_2O_3)과 알루미늄 분말(Al) 사이의 강력한 산화 – 환원 반응(Thermite Reaction)을 이용해 3,000℃ 이상의 고온을 만들어 용접하는 화학적 용접이다. 점화제로 과산화바륨, 알루미늄, 마그네슘 등을 사용하여 초기 점화 에너지를 제공한다.

테르밋 반응식
$Fe_2O_3 + 2Al \rightarrow 2Fe + Al_2O_3$

12 ⭐빈출

서브머지드 아크 용접에 대한 설명으로 틀린 것은?

① 가시 용접으로 용접 시 용착부를 육안으로 식별이 가능하다.
② 용융속도와 용착속도가 빠르며 용입이 깊다.
③ 용착금속의 기계적 성질이 우수하다.
④ 개선각을 작게 하여 용접 패스 수를 줄일 수 있다.

서브머지드 아크 용접(SAW)은 플럭스가 아크와 용융지를 완전히 덮는 불가시 용접이므로 육안으로 용융부를 볼 수 없다.

13 ⭐빈출

다음 중 용접설계상 주의해야 할 사항으로 틀린 것은?

① 국부적으로 열이 집중되도록 할 것
② 용접에 적합한 구조의 설계를 할 것
③ 결함이 생기기 쉬운 용접방법은 피할 것
④ 강도가 약한 필릿 용접은 가급적 피할 것

열이 국부에 집중되지 않도록 설계하여 잔류응력 · 변형 · 균열을 줄일 수 있도록 해야 한다.

14 ⭐빈출

이산화탄소 아크 용접법에서 이산화탄소(CO_2)의 역할을 설명한 것 중 틀린 것은?

① 아크를 안정시킨다.
② 용융금속 주위를 산성 분위기로 만든다.
③ 용융속도를 빠르게 한다.
④ 양호한 용착금속을 얻을 수 있다.

CO_2 가스는 용접 시 아크 안정화를 위한 차폐가스로 용융속도를 빠르게 하는 것과는 무관하다.

이산화탄소(CO_2) 가스 아크 용접
• 반자동 용접으로 용접 시 보호가스로 이산화탄소를 활용하며, 아크와 용융지를 외기(산소, 질소)로부터 보호한다.
• 소모성 와이어를 전극으로 사용하고 아크열로 모재와 와이어가 용융되어 용접풀을 형성하게 된다.

15

이산화탄소 아크 용접에 관한 설명으로 틀린 것은?

① 팁과 모재간의 거리는 와이어의 돌출길이에 아크길이를 더한 것이다.
② 와이어 돌출길이가 짧아지면 용접 와이어의 예열이 많아진다.
③ 와이어의 돌출길이가 짧아지면 스패터가 부착되기 쉽다.
④ 약 200A 미만의 저전류를 사용할 경우 팁과 모재 간의 거리는 10 ~ 15mm 정도 유지한다.

와이어 돌출길이가 길수록 전기저항이 증가하여 와이어 예열이 증가하고, 돌출길이가 짧아지면 전기저항이 감소하여 와이어 예열이 감소한다.

16

강 구조물 용접에서 맞대기 이음의 루트 간격의 차이에 따라 보수 용접을 하는데 보수방법으로 틀린 것은?

① 맞대기 루트 간격 6mm 이하일 때에는 이음부의 한쪽 또는 양쪽을 덧붙임 용접한 후 절삭하여 규정 간격으로 개선 홈을 만들어 용접한다.
② 맞대기 루트 간격 15mm 이상일 때에는 판을 전부 또는 일부(대략 300mm 이상의 폭)를 바꾼다.
③ 맞대기 루트 간격 6 ~ 15mm일 때에는 이음부에 두께 6mm 정도의 뒷댐판을 대고 용접한다.
④ 맞대기 루트 간격 15mm 이상일 때에는 스크랩을 넣어서 용접한다.

17 ⭐빈출

용접시공 시 발생하는 용접변형이나 잔류응력의 발생을 줄이기 위해 용접시공 순서를 정한다. 다음 중 용접시공 순서에 대한 사항으로 틀린 것은?

① 제품의 중심에 대하여 대칭으로 용접을 진행시킨다.
② 같은 평면 안에 많은 이음이 있을 때에는 수축은 가능한 자유단으로 보낸다.
③ 수축이 적은 이음을 가능한 먼저 용접하고 수축이 큰 이음을 나중에 용접한다.
④ 리벳작업과 용접을 같이 할 때는 용접을 먼저 실시하여 용접열에 의해서 리벳의 구멍이 늘어남을 방지한다.

18 ⭐빈출

용접작업 시의 전격에 대한 방지대책으로 올바르지 않은 것은?

① TIG 용접 시 텅스텐봉을 교체할 때는 전원 스위치를 차단하지 않고 해야 한다.
② 습한 장갑이나 작업복을 입고 용접하면 감전의 위험이 있으므로 주의한다.
③ 절연홀더의 절연 부분이 균열이나 파손되었으면 곧바로 보수하거나 교체한다.
④ 용접작업이 끝났을 때나 장시간 중지할 때에는 반드시 스위치를 차단시킨다.

19 ⭐빈출

단면적이 10cm^{2}의 평판을 완전 용입 맞대기 용접한 경우 견디는 하중은 얼마인가? (단, 재료의 허용응력을 1,600kgf/cm^{2}로 한다.)

① 160kgf
② 1,600kgf
③ 16,000kgf
④ 16kgf

20

용접길이가 짧거나 변형 및 잔류응력의 우려가 적은 재료를 용접할 경우 가장 능률적인 용착법은?

① 전진법
② 후진법
③ 비석법
④ 대칭법

21 빈출

다음 중 아세틸렌(C_2H_2) 가스의 폭발성에 해당되지 않는 것은?

① 406 ~ 408℃가 되면 자연 발화한다.
② 마찰, 진동, 충격 등의 외력이 작용하면 폭발 위험이 있다.
③ 아세틸렌 90%, 산소 10%의 혼합 시 가장 폭발 위험이 크다.
④ 은, 수은 등과 접촉하면 이들과 화합하여 120℃ 부근에서 폭발성이 있는 혼합물을 생성한다.

> 연소에 필요한 산소는 약 85%, 아세틸렌은 약 15% 부근이 최대 폭발 위험 조성이다.

22

스터드 용접의 특징 중 틀린 것은?

① 긴 용접시간으로 용접변형이 크다.
② 용접 후의 냉각속도가 비교적 빠르다.
③ 알루미늄, 스테인리스강 용접이 가능하다.
④ 탄소 0.2%, 망간 0.7% 이하 시 균열 발생이 없다.

> **스터드 용접**
> 아크를 이용하여 스터드 볼트를 모재에 융착시키는 방식으로 아크 용접의 한 종류이다. 용접시간이 매우 짧고 용융 영역이 작아 변형이 작다는 특징을 가진다.

23 빈출

연강용 피복 아크 용접봉 중 저수소계 용접봉을 나타내는 것은?

① E4301
② E4311
③ E4316
④ E4327

> **저수소계 용접봉(E4316)**
> • 주성분: 석회석($CaCO_3$), 형석(CaF_2), 소량의 Fe 분말
> • 수소 함량: 일반 용접봉의 약 1/10 수준
> • 건조 조건: 300 ~ 350℃의 고온에서 1 ~ 2시간 건조

24

산소 - 아세틸렌 가스 용접의 장점이 아닌 것은?

① 용접기의 운반이 비교적 자유롭다.
② 아크 용접에 비해서 유해광선의 발생이 적다.
③ 열의 집중성이 높아서 용접이 효율적이다.
④ 가열할 때 열량 조절이 비교적 자유롭다.

> 산소 - 아세틸렌 용접은 아크 용접보다 전달되는 열량이 부족하여 기계적 성질 및 강도가 낮아 신뢰성이 낮다.

25 빈출

직류 피복 아크 용접기와 비교한 교류 피복 아크 용접기의 설명으로 옳은 것은?

① 무부하 전압이 낮다.
② 아크의 안정성이 우수하다.
③ 아크 쏠림이 거의 없다.
④ 전격의 위험이 적다.

> **아크 쏠림**
> 직류아크 용접 시 자기장(Magnetic Field)의 불균형 때문에 아크가 일정 방향으로 치우치는 현상을 말하며, 자기 불림이라고도 한다.

26

다음 중 산소 용기의 각인사항에 포함되지 않는 것은?

① 내용적
② 내압시험압력
③ 가스 충전일시
④ 용기 중량

> **TP(Test Pressure)**
> 내압시험압력: 용기의 강도 및 기밀성을 시험할 때 적용하는 시험압력
>
> **FP(Filling Pressure)**
> 최고충전압력: 실제 가스 충전 시 최대허용압력

27

정류기형 직류아크 용접기에서 사용되는 셀렌 정류기는 80℃ 이상이면 파손되므로 주의해야 하는데 실리콘 정류기는 몇 ℃ 이상에서 파손이 되는가?

① 120℃ ② 150℃
③ 80℃ ④ 100℃

- 셀렌 정류기는 약 80℃ 이상에서 손상된다.
- 실리콘 정류기(Si 다이오드)는 약 150℃ 이상에서 손상된다.

28 빈출

가스 용접작업 시 후진법의 설명으로 옳은 것은?

① 용접속도가 빠르다.
② 열 이용률이 나쁘다.
③ 얇은 판의 용접에 적합하다.
④ 용접변형이 크다.

후진법은 전진법에 비해 용접속도가 빠르다.

29

절단의 종류 중 아크 절단에 속하지 않는 것은?

① 탄소 아크 절단 ② 금속 아크 절단
③ 플라즈마 제트 절단 ④ 수중 절단

수중 절단
예열용 가스로 주로 수소가스를 이용하며, 침몰선의 해체나 교량의 교각 개조 등에 사용되는 특수 절단법으로 물속, 수면 아래에서 작업을 진행한다.

30 빈출

강재의 표면에 개재물이나 탈탄층 등을 제거하기 위하여 비교적 얇고 넓게 깎아내는 가공방법은?

① 스카핑 ② 가스 가우징
③ 아크 에어 가우징 ④ 워터 제트 절단

스카핑
표면 결함을 제거하는 홈 파기 가공방법으로, 결함을 방지하기 위해 단면을 완만한 타원형 홈 모양이 되도록 하는 가스 절삭 가공법

31 빈출

다음 중 용접기에서 모재를 (+)극에, 용접봉을 (−)극에 연결하는 아크 극성으로 옳은 것은?

① 직류 정극성 ② 직류 역극성
③ 용극성 ④ 비용극성

DCSP(Direct Current Straight Polarity) = 직류 정극성 = 전극 (−), 모재(+)

32 빈출

야금적 접합법의 종류에 속하는 것은?

① 납땜 이음 ② 볼트 이음
③ 코터 이음 ④ 리벳 이음

납땜은 모재를 녹이지 않더라도 용가재가 녹아 확산·합금화로 접합되므로 야금적 접합법에 해당한다.

33

수중 절단 작업에 주로 사용되는 연료가스는?

① 아세틸렌 ② 프로판
③ 벤젠 ④ 수소

수중 절단
예열용 가스로 주로 수소가스를 이용하며, 침몰선의 해체나 교량의 교각 개조 등에 사용되는 특수 절단법으로 물속, 수면 아래에서 작업을 진행한다.

34 빈출

탄소 아크 절단에 압축공기를 병용하여 전극 홀더의 구멍에서 탄소 전극봉에 나란히 분출하는 고속의 공기를 분출시켜 용융금속을 불어 내어 홈을 파는 방법은?

① 아크 에어 가우징 ② 금속 아크 절단
③ 가스 가우징 ④ 가스 스카핑

아크 에어 가우징
압축공기를 사용하여 가우징, 절단 및 구멍 뚫기, 결함 제거 등에 사용되며 철 제품(탄소강)뿐만 아니라 스테인리스강, 주강, 비철금속 등 다양한 금속에 적용 가능하다.

정답 27 ② 28 ① 29 ④ 30 ① 31 ① 32 ① 33 ④ 34 ①

35 ⭐빈출

가스 용접 시 팁 끝이 순간적으로 막혀 가스 분출이 나빠지고 혼합실까지 불꽃이 들어가는 현상을 무엇이라 하는가?

① 인화　　　　　　　　② 역류
③ 점화　　　　　　　　④ 역화

36 ⭐빈출

피복 배합제의 종류에서 규산나트륨, 규산칼륨 등의 수용액이 주로 사용되며 심선에 피복제를 부착하는 역할을 하는 것은 무엇인가?

① 탈산제　　　　　　　② 고착제
③ 슬래그 생성제　　　　④ 아크 안정제

피복제를 전극봉 표면에 접착시키는 역할로 고착제는 규산나트륨, 규산칼륨 등 수용액이 활용된다.

37

판의 두께(t)가 3.2mm인 연강판을 가스 용접으로 보수하고자 할 때 사용할 용접봉의 지름(mm)은?

① 1.6mm　　　　　　　② 2.0mm
③ 2.6mm　　　　　　　④ 3.0mm

$D = 0.8t = 0.8 \times 3.2 = 2.56mm ≒ 2.6mm$

38 ⭐빈출

가스 절단 시 예열불꽃의 세기가 강할 때의 설명으로 틀린 것은?

① 절단면이 거칠어진다.
② 드래그가 증가한다.
③ 슬래그 중의 철 성분의 박리가 어려워진다.
④ 모서리가 용융되어 둥글게 된다.

예열불꽃의 세기가 약한 경우 절단속도가 늦어지고 드래그가 증가한다.

39 ⭐빈출

황(S)이 적은 선철을 용해하여 구상흑연주철을 제조 시 주로 첨가하는 원소가 아닌 것은?

① Al　　　　　　　　　② Ca
③ Ce　　　　　　　　　④ Mg

40

해드필드(Hadfield)강은 상온에서 오스테나이트 조직을 가지고 있다. Fe 및 C 이외에 주요 성분은?

① Ni　　　　　　　　　② Mn
③ Cr　　　　　　　　　④ Mo

해드필드강은 대표적인 오스테나이트계 망간강으로 고망간강에 속하며 높은 내충격성과 내마모성을 가지고 있다.

41 ⭐빈출

조밀육방격자의 결정구조로 옳게 나타낸 것은?

① FCC　　　　　　　　② BCC
③ FOB　　　　　　　　④ HCP

조밀육방격자(HCP, Hexagonal Close-Packed) 구조를 갖는 대표 금속: Mg, Zn, Ti, Co 등

42

전극재료의 선택 조건을 설명한 것 중 틀린 것은?

① 비저항이 작아야 한다.
② Al과의 밀착성이 우수해야 한다.
③ 산화 분위기에서 내식성이 커야 한다.
④ 금속 규화물의 용융점이 웨이퍼 처리 온도보다 낮아
　야 한다.

전극과 반응하여 형성되는 금속 규화물의 용융점과 열적 안정성은
공정 온도보다 충분히 높아야 한다.

43

7 : 3 황동에 주석을 1% 첨가한 것으로 전연성이 좋아 관 또는
판을 만들어 증발기, 열교환기 등에 사용되는 것은?

① 문쯔메탈
② 네이벌 황동
③ 카트리지 브레스
④ 애드미럴티 황동

애드미럴티 황동
7 : 3 황동(Cu 70% – Zn 30%)에 Sn 약 1%가 첨가된 황동으로,
전연성이 좋고 탈아연 부식저항・내해수성이 향상되어 관 또는 판
형태로 증발기, 열교환기로 사용된다.

44

탄소강의 표준 조직을 검사하기 위해 A_3 또는 A_{cm} 선보다 30 ~
50℃ 높은 온도로 가열한 후 공기 중에서 냉각하는 열처리는?

① 노멀라이징
② 어닐링
③ 템퍼링
④ 퀜칭

노멀라이징은 탄소강을 A_3(저탄소) 또는 A_{cm}(고탄소/합금강) 선보
다 30 ~ 50℃ 높게 가열한 후 공랭하여 페라이트와 펄라이트의 조
직을 얻는 열처리 과정이다.

45

소성변형이 일어나면 금속이 경화하는 현상을 무엇이라 하는가?

① 탄성경화　　　　② 가공경화
③ 취성경화　　　　④ 자연경화

가공경화: 소성변형을 가하면 전위밀도가 증가하여 더 움직이기 어
려워지고, 그 결과 항복강도・경도가 올라가며, 연신율은 떨어진다.

46

납 황동은 황동에 납을 첨가하여 어떤 성질을 개선한 것인가?

① 강도　　　　　　② 절삭성
③ 내식성　　　　　④ 전기전도도

납 황동은 황동에 Pb를 첨가하여 절삭 가공성을 크게 향상시킨다.

47

마우러 조직도에 대한 설명으로 옳은 것은?

① 주철에서 C와 P 함량에 따른 주철의 조직 관계를 표
　시한 것이다.
② 주철에서 C와 Mn 함량에 따른 주철의 조직 관계를
　표시한 것이다.
③ 주철에서 C와 Si 함량에 따른 주철의 조직 관계를 표
　시한 것이다.
④ 주철에서 C와 S 함량에 따른 주철의 조직 관계를 표
　시한 것이다.

마우러 조직도는 주철의 총 탄소(C)와 규소(Si) 함량을 축으로 한다.

48 ⭐빈출

순구리(Cu)와 철(Fe)의 용융점은 약 몇 ℃인가?

① Cu 660℃, Fe 890℃
② Cu 1,063℃, Fe 1,050℃
③ Cu 1,083℃, Fe 1,538℃
④ Cu 1,455℃, Fe 2,200℃

정답　　42 ④　43 ④　44 ①　45 ②　46 ②　47 ③　48 ③

- 알루미늄의 용융점: 660℃
- 구리의 용융점: 1,083℃
- 철의 용융점: 1,538℃
- 텅스텐의 용융점: 3,410℃

49

게이지용 강이 갖추어야 할 성질로 틀린 것은?

① 담금질에 의한 변형이 없어야 한다.
② HRC55 이상의 경도를 가져야 한다.
③ 열팽창계수가 보통 강보다 커야 한다.
④ 시간에 따른 치수 변화가 없어야 한다.

게이지용 강은 치수에 대한 부분이 민감하여 열팽창계수가 작아야 한다.

50

그림에서 마텐자이트 변태가 가장 빠른 곳은?

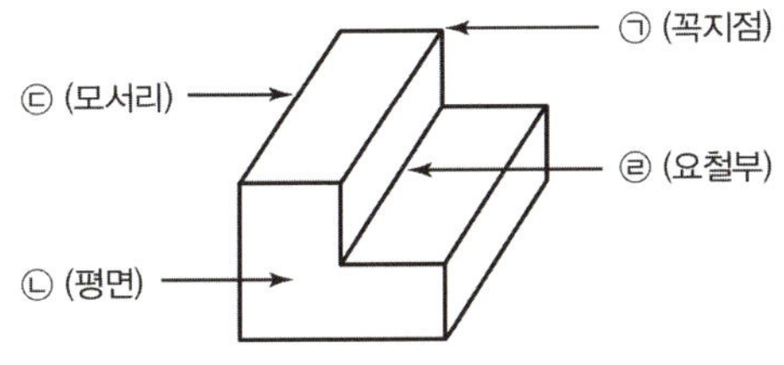

① ㉠   ② ㉡
③ ㉢   ④ ㉣

꼭지점(㉠): 3방향으로 표면이 노출되어 가장 빨리 식는 곳으로 마텐자이트 변태가 가장 먼저(많이) 진행된다.
그 다음 모서리, 평면, 요철부 순서이다.

51

그림과 같은 입체도의 제3각 정투상도로 가장 적합한 것은?

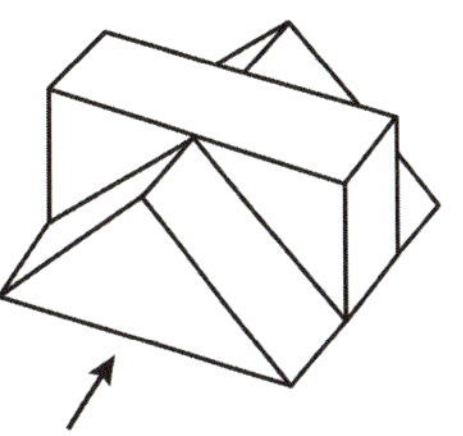

① 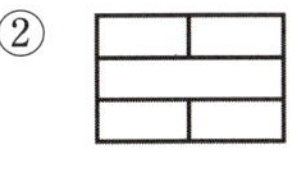

② 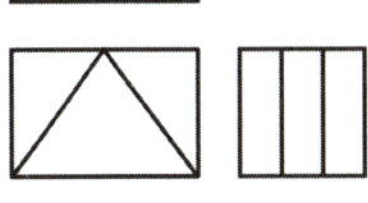

③ 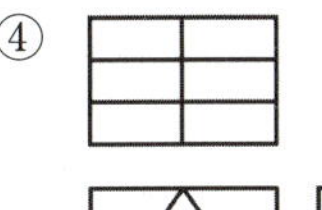

④ 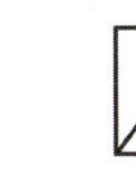 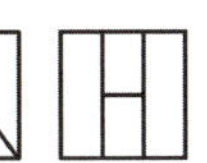

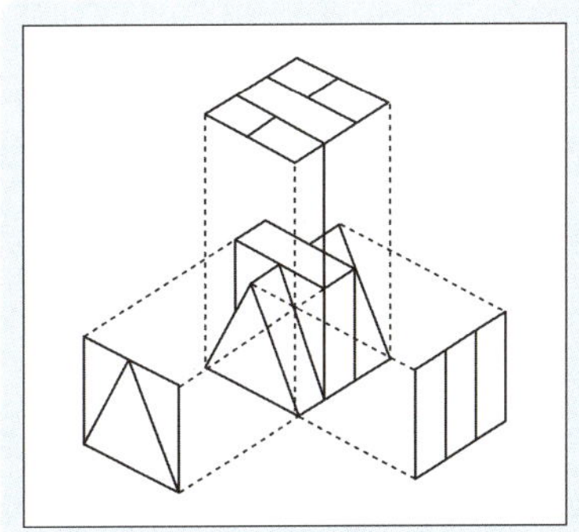

52 빈출

다음 중 저온 배관용 탄소강관의 기호는?

① SPPS   ② SPLT
③ SPHT   ④ SPA

- 일반 배관용 탄소강관[D3507(G3452) / SPP(SGP): Steel Pipe Piping]
- 압력 배관용 탄소강관[D3562(G3454) / SPPS(STPG): Steel Pipe Pressure Service]
- 고압 배관용 탄소강관[D3564(G3455) / SPPH(STS): Steel Pipe Pressure High]
- 고온 배관용 탄소강관[D3570(G3456) / SPHT(STPT): Steel Pipe High Temperature]
- 배관용 아크 용접 탄소강관[D3583(G3457 / SPW(STPY): Steel Pipe Welding]
- 저온 배관용 탄소강관[D3569(G3460) / SPLT(STPL): Steel Pipe Low Temperature]

53 빈출

다음 중에서 이면 용접 기호는?

①    ② 

③    ④ 

용접부의 기본 기호

명칭	그림	기호
일면 개선형 맞대기 용접		$\vee$
넓은 루트 면이 있는 한 면 개선형 맞대기 용접		$\curlyvee$
이면 용접		$\smile$
점(Spot) 용접 (바뀌기 전, 후 기호)		○
		✳

54

다음 중 현의 치수 기입을 올바르게 나타낸 것은?

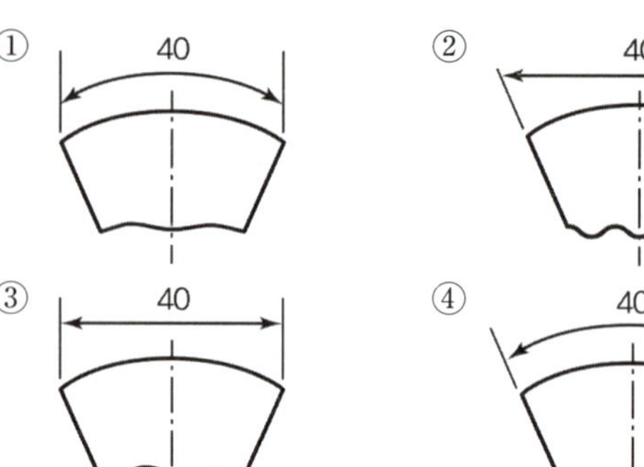

치수 기입

현의 길이는 현에 수직으로 치수보조선을 긋고 현에 평행한 치수선을 사용하여 표시한다. 원호의 길이는 현과 같은 치수보조선을 긋고 그 원호와 같은 중심의 원호를 치수선으로 하며, 치수 수치의 위에 원호를 표시하는 기호(⌒)를 붙인다.

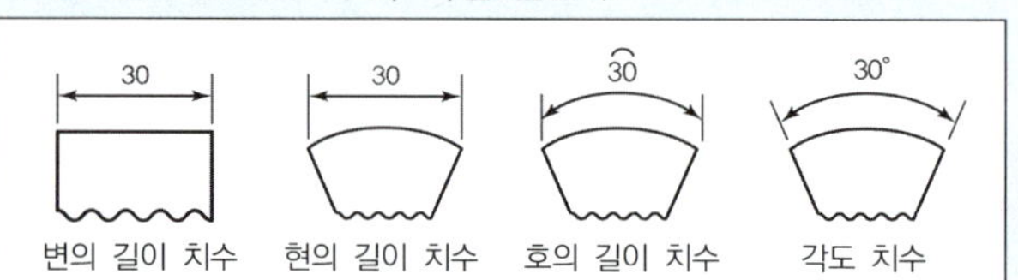

55 빈출

다음 중 대상물을 한쪽 단면도로 올바르게 나타낸 것은?

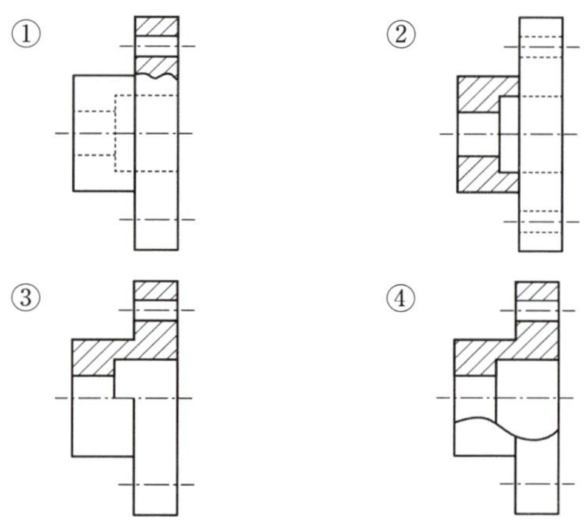

한쪽 단면도는 대칭인 물체의 내부와 외부를 동시에 보여주기 위해 사용하는 도면법으로 중심선을 기준으로 한쪽(그림의 위쪽)은 물체를 잘라낸 단면도(내부 모습, 해칭 표시)를 그린다.

정답

52 ②   53 ③   54 ③   55 ③

56 ⭐

다음 중 도면에서 단면도의 해칭에 대한 설명으로 틀린 것은?

① 해칭선은 반드시 주된 중심선에 45°로만 경사지게 긋는다.
② 해칭선은 가는 실선으로 규칙적으로 줄을 늘어놓는 것을 말한다.
③ 단면도에 재료 등을 표시하기 위해 특수한 해칭(또는 스머징)을 할 수 있다.
④ 단면 면적이 넓을 경우에는 그 외형선에 따라 적절한 범위에 해칭(또는 스머징)을 할 수 있다.

> 단면 해칭선은 보통 45°만 써야 하는 것은 아니며 겹치거나 인접 부품과 구분 등 필요에 따라 30°, 60°로 간격을 바꿔 그릴 수 있다.

57

배관의 간략 도시방법 중 환기계 및 배수계의 끝 장치 도시방법의 평면도에서 그림과 같이 도시된 것의 명칭은?

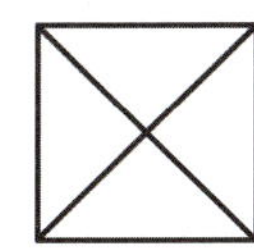

① 배수구 ② 환기관
③ 벽붙이 환기 삿갓 ④ 고정식 환기 삿갓

> 배관 도면, 특히 환기 및 배수 시스템의 평면도에서 그림과 같이 X자가 그려진 사각형 기호는 '고정식 환기 삿갓'이라 한다.

58

그림과 같은 입체도에서 화살표 방향에서 본 투상을 정면으로 할 때 평면도로 가장 적합한 것은?

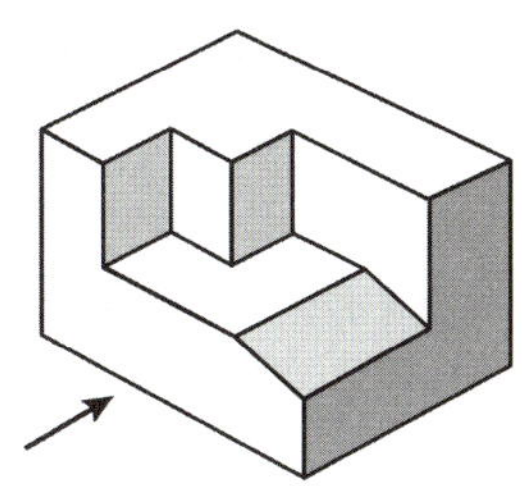

① 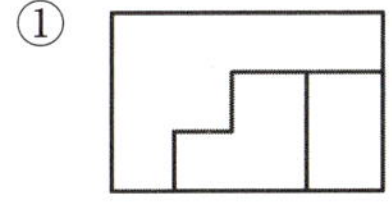 ② 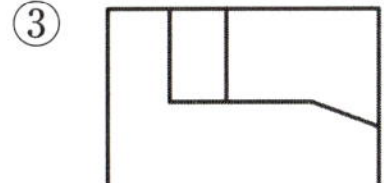
③ 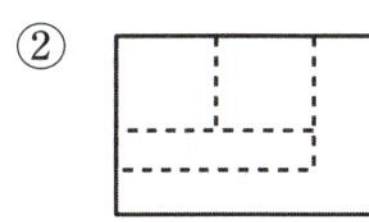 ④ 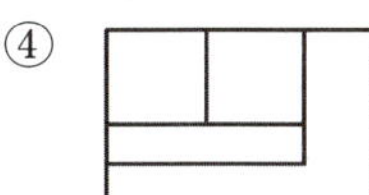

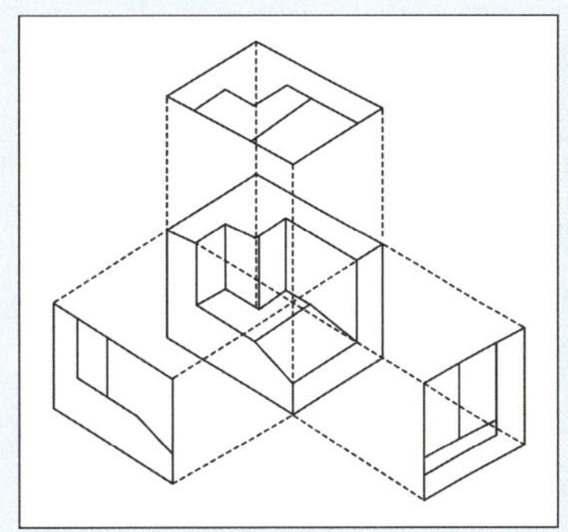

59

나사 표시가 "L 2N M50×2 - 4h"로 나타낼 때 이에 대한 설명으로 틀린 것은?

① 왼 나사이다.
② 2줄 나사이다.
③ 미터 가는 나사이다.
④ 암나사 등급이 4h이다.

> • L = 왼 나사(Left - Hand)
> • 2N = 2줄 나사
> • M50×2 = 미터 가는 나사(지름 50mm, 피치 2mm)
> • 4h = 공차 등급/위치, 소문자 h는 바깥나사(수나사)

60 ⭐

무게중심선과 같은 선의 모양을 가진 것은?

① 가상선 ② 기준선
③ 중심선 ④ 피치선

> **가는 2점 쇄선(가상선, Imaginary Line)**
> 도면에서 실제로 존재하지 않는 부분을 표시하거나 절단, 이동, 회전, 가공 전·후 상태 등을 나타내는 선

정답　　56 ①　57 ④　58 ①　59 ④　60 ①

01

용접작업 시 안전에 관한 사항으로 틀린 것은?

① 높은 곳에서 용접작업할 경우 추락, 낙하 등의 위험이 있으므로 항상 안전벨트와 안전모를 착용한다.
② 용접작업 중에 여러 가지 유해가스가 발생하기 때문에 통풍 또는 환기장치가 필요하다.
③ 가연성의 분진, 화약류 등 위험물이 있는 곳에서는 용접을 해서는 안 된다.
④ 가스 용접은 강한 빛이 나오지 않기 때문에 보안경을 착용하지 않아도 괜찮다.

가스 용접 시 강한 가시광과 적외선으로부터 각막 및 망막 등 눈에 손상을 가져올 수 있어 규정된 차광도의 보안경을 착용해야 한다.

02

다음 전기저항 용접법 중 주로 기밀, 수밀, 유밀성을 필요로 하는 탱크의 용접 등에 가장 적합한 것은?

① 점(Spot) 용접법
② 심(Seam) 용접법
③ 프로젝션(Projection) 용접법
④ 플래시(Flash) 용접법

심 용접(Seam Welding)
• 저항 용접(Resistance Welding)의 일종으로 두 장의 판을 연속적으로 이어붙이는 용접법이다.
• 원판형 롤러 전극을 회전시켜 끊김없는 연속 용접선(비드)을 만들며 기밀 및 수밀, 유밀성이 필요한 탱크 용접에 적합하다.

03

용접부의 중앙으로부터 양 끝을 향해 용접해 나가는 방법으로, 이음의 수축에 의한 변형이 서로 대칭이 되게 할 경우에 사용되는 용착법을 무엇이라 하는가?

① 전진법
② 비석법
③ 캐스케이드법
④ 대칭법

대칭법은 이음 중앙에서 양 끝을 향해 좌우 대칭으로 용접해 나가면서 수축 변형과 잔류응력을 서로 상쇄시킨다.

04 ⭐빈출

불활성 가스를 이용한 용가재인 전극 와이어를 송급장치에 의해 연속적으로 보내어 아크를 발생시키는 소모식 또는 용극식 용접 방식을 무엇이라 하는가?

① TIG 용접
② MIG 용접
③ 피복 아크 용접
④ 서브머지드 아크 용접

MIG 용접(Metal Inert Gas Welding)은 불활성 가스(Ar, He)를 보호가스로 사용하며, 소모식 금속 전극 와이어를 송급장치로 연속 공급하여 아크를 유지한다.

05

용접부에 결함 발생 시 보수하는 방법 중 틀린 것은?

① 기공이나 슬래그 섞임 등이 있는 경우는 깎아내고 재용접한다.
② 균열이 발견되었을 경우 균열 위에 덧살올림 용접을 한다.
③ 언더컷일 경우 가는 용접봉을 사용하여 보수한다.
④ 오버랩일 경우 일부분을 깎아내고 재용접한다.

균열은 끝단까지 완전히 제거한 뒤 재용접을 해야 한다.

정답　　01 ④　02 ②　03 ④　04 ②　05 ②

06

용접할 때 용접 전 적당한 온도로 예열을 하면 냉각속도를 느리게 하여 결함을 방지할 수 있다. 예열 온도 설명 중 옳은 것은?

① 고장력강의 경우는 용접 홈을 50~350℃로 예열
② 저합금강의 경우는 용접 홈을 200~500℃로 예열
③ 연강을 0℃ 이하에서 용접할 경우는 이음의 양쪽 폭 100mm 정도를 40~250℃로 예열
④ 주철의 경우는 용접 홈을 40~75℃로 예열

> 고장력강(탄소당량↑)은 수소균열(냉균열)과 열 영향부의 경화 위험이 크므로 조성·두께·구속 정도에 따라 대략 50~350℃ 범위에서 예열을 적용한다.

07 빈출

서브머지드 아크 용접에 관한 설명으로 틀린 것은?

① 장비의 가격이 고가이다.
② 홈 가공의 정밀을 요하지 않는다.
③ 불가시 용접이다.
④ 주로 아래보기 자세로 용접한다.

> 서브머지드 아크 용접(SAW)은 아크와 풀을 플럭스가 덮어 가시성이 없고, 대전류·고적층률로 진행되는 만큼 홈 가공(개선) 정밀도와 루트 간격 관리가 매우 중요하다.

08

안전표지 색채 중 방사능 표지의 색상은 어느 색인가?

① 빨강   ② 노랑
③ 자주   ④ 녹색

안전보건표지의 색채, 색도기준 및 용도

색채	색도기준	용도	사용례
빨간색	7.5R 4/14	금지	정지신호, 소화설비 및 그 장소, 유해행위의 금지
		경고	화학물질 취급장소에서의 유해·위험 경고
노란색	5Y 8.5/12	경고	화학물질 취급장소에서의 유해·위험 경고 이외의 위험 경고, 주의표지 또는 기계방호물
파란색	2.5PB 4/10	지시	특정 행위의 지시 및 사실의 고지
녹색	2.5G 4/10	안내	비상구 및 피난소, 사람 또는 차량의 통행표지
흰색	N9.5	–	파란색 또는 녹색에 대한 보조색
검은색	N0.5	–	문자 및 빨간색 또는 노란색에 대한 보조색

09 빈출

용접부의 시험에서 비파괴검사로만 짝지어진 것은?

① 인장시험 – 외관시험
② 피로시험 – 누설시험
③ 형광시험 – 충격시험
④ 초음파 시험 – 방사선 투과시험

> 비파괴검사: 육안검사(VT), 방사선 투과검사(RT), 초음파 탐상검사(UT), 침투 탐상검사(PT), 자분 탐상검사(MT)

10

용접시공 시 발생하는 용접변형이나 잔류응력 발생을 최소화하기 위하여 용접 순서를 정할 때 유의사항으로 틀린 것은?

① 동일평면 내에 많은 이음이 있을 때 수축은 가능한 자유단으로 보낸다.
② 중심선에 대하여 대칭으로 용접한다.
③ 수축이 적은 이음은 가능한 먼저 용접하고, 수축이 큰 이음은 나중에 한다.
④ 리벳작업과 용접을 같이 할 때에는 용접을 먼저 한다.

> 큰 수축이 먼저 발생하면 구조물의 변형 방향이 고정되어 이후 작은 수축이 이를 상쇄하기 때문에 수축이 큰 이음을 먼저, 수축이 작은 이음을 나중에 용접한다.

11 빈출

다음 중 용접부 검사방법에 있어 비파괴시험에 해당하는 것은?

① 피로시험
② 화학분석시험
③ 용접 균열시험
④ 침투 탐상시험

비파괴검사: 육안검사(VT), 방사선 투과검사(RT), 초음파 탐상검사(UT), 침투 탐상검사(PT), 자분 탐상검사(MT)

12

다음 중 불활성 가스(Inert Gas)가 아닌 것은?

① Ar
② He
③ Ne
④ CO_2

- CO_2는 고온의 아크열에 의해 일산화탄소(CO)와 산소(O)로 분해되어 용융금속과 화학반응을 일으키는 가스이다.
- 대표적인 불활성 가스: Ar, He, Ne 등

13 빈출

납땜에서 경납용 용제에 해당하는 것은?

① 염화아연
② 인산
③ 염산
④ 붕산

경납용 용제로 붕사, 붕산, 붕산염, 염화물 등이 사용된다.

금속별 사용 용제

금속 종류	사용 용제
황동(Brass)	붕사(Borax)
구리(Cu)	붕사 + 염화나트륨 혼합
알루미늄(Al)	염화리튬(LiCl), 염화칼륨(KCl) 등 염화물계 용제
연강(Steel)	용제 사용하지 않음

14

논 가스 아크 용접의 장점으로 틀린 것은?

① 보호가스나 용제를 필요로 하지 않는다.
② 피복 아크 용접봉의 저수소계와 같이 수소의 발생이 적다.
③ 용접 비드가 좋지만 슬래그 박리성은 나쁘다.
④ 용접장치가 간단하며 운반이 편리하다.

논(Non) 가스 아크 용접은 일반적으로 외부 보호가스를 쓰지 않는 공정을 말하며, 용접 비드가 가스 아크 용접에 비해 좋지 않고 슬래그 박리성이 나쁜 것이 단점으로 작용된다.

15

용접선과 하중의 방향이 평행하게 작용하는 필릿 용접은?

① 전면
② 측면
③ 경사
④ 변두리

하중 방향에 따른 분류
- 전면 필릿: 하중이 용접선에 수직으로 작용
- 측면 필릿: 하중이 용접선과 평행하게 작용
- 경사 필릿: 하중이 용접선에 비스듬히 작용

16 빈출

납땜 시 용제가 갖추어야 할 조건이 아닌 것은?

① 모재의 불순물 등을 제거하고 유동성이 좋을 것
② 청정한 금속면의 산화를 쉽게 할 것
③ 땜납의 표면장력에 맞추어 모재와의 친화도를 높일 것
④ 납땜 후 슬래그 제거가 용이할 것

용제는 산화를 방지하고 이물질을 제거해야 한다.

17 빈출

피복 아크 용접 시 전격을 방지하는 방법으로 틀린 것은?

① 전격방지기를 부착한다.
② 용접 홀더에 맨손으로 용접봉을 갈아 끼운다.
③ 용접기 내부에 함부로 손을 대지 않는다.
④ 절연성이 좋은 장갑을 사용한다.

전격 예방의 기본은 전기 접촉 경로 차단과 절연 유지이다. 맨손으로 전극을 교체하면 땀·수분으로 인체 저항이 낮아지므로 감전 위험이 크다.

18 빈출

맞대기 이음에서 판 두께 100mm, 용접길이 300cm, 인장하중이 9,000kgf일 때 인장응력은 몇 kgf/cm^2인가?

① 0.3
② 3
③ 30
④ 300

- 두께 t = 100mm = 10cm
- 용접길이(이음 폭) L = 300cm
- → 단면적 A = t×L = 10×300 = 3,000cm^2
- 하중 P = 9,000kgf

$$\sigma = \frac{P}{A} = \frac{9,000}{3,000} = 3kgf/cm^2$$

19 빈출

다음은 용접이음부의 홈의 종류이다. 박판 용접에 가장 적합한 것은?

① K형
② H형
③ I형
④ V형

박판은 I형으로, 맞대어도 전원 조건만 적절하면 완전 용입이 가능하고, 입열·변형을 최소화할 수 있다.

20

주철의 보수 용접방법에 해당되지 않는 것은?

① 스터드링
② 비녀장법
③ 버터링법
④ 백킹법

백킹법(Backing)은 맞대기 용접 시 루트 하부에 백킹바 또는 세라믹 백킹재를 대어 이면 비드의 형상 확보를 돕는 용접기법이다.

21 빈출

MIG 용접이나 탄산가스 아크 용접과 같이 전류밀도가 높은 자동이나 반자동 용접기가 갖는 특성은?

① 수하 특성과 정전압 특성
② 정전압 특성과 상승 특성
③ 수하 특성과 상승 특성
④ 맥동전류 특성

정전압 특성
전류가 변해도 전압이 거의 일정하게 유지되는 외부 특성으로 가스 금속 아크(GMAW, MIG) 용접과 같은 자동 또는 반자동 용접에서 아크길이의 자동 안정을 위해 일반적으로 사용된다.

상승 특성
아크전류가 증가함에 따라 아크전압도 함께 상승하는 현상으로 자동 또는 반자동 용접에서 아크를 안정시키기 위해 사용된다.

22 빈출

CO_2 가스 아크 용접에서 아크전압에 대한 설명으로 옳은 것은?

① 아크전압이 높으면 비드 폭이 넓어진다.
② 아크전압이 높으면 비드가 볼록해진다.
③ 아크전압이 높으면 용입이 깊어진다.
④ 아크전압이 높으면 아크길이가 짧다.

아크전압이 높으면 아크길이가 길어지며 비드 폭이 넓고 평평해지면서 용입은 얕아진다.

23 빈출

다음 중 가스 용접에서 산화불꽃으로 용접할 경우 가장 적합한 용접 재료는?

① 황동
② 모넬메탈
③ 알루미늄
④ 스테인리스

가스 용접 시 산화불꽃은 황동 용접에 주로 사용한다.

정답 17 ② 18 ② 19 ③ 20 ④ 21 ② 22 ① 23 ①

24 ⭐빈출

용접기의 사용률이 40%인 경우 아크시간과 휴식시간을 합한 전체 시간은 10분을 기준으로 했을 때 발생 시간은 몇 분인가?

① 4
② 6
③ 8
④ 10

$$사용률(\%) = \frac{아크시간}{아크시간 + 휴식시간} \times 100$$

→ 아크시간 = 0.4 × 10 = 4분

25

얇은 철판을 쌓아 포개어 놓고 한꺼번에 절단하는 방법으로 가장 적합한 것은?

① 분말 절단
② 산소창 절단
③ 포갬 절단
④ 금속 아크 절단

포갬 절단은 얇은 철판을 여러 장 겹쳐 한 번에 절단하는 방법으로 생산성과 직선성 확보에 유리하다.

26 ⭐빈출

용접봉의 용융속도는 무엇으로 표시하는가?

① 단위 시간당 소비되는 용접봉의 길이
② 단위 시간당 형성되는 비드의 길이
③ 단위 시간당 용접입열의 양
④ 단위 시간당 소모되는 용접전류

용접봉의 용융속도
일정 시간 동안 용접봉이 얼마나 빠르게 소모되는지를 나타내는 지표로 단위 시간당 소비되는 용접봉의 길이(양)를 말한다.

27 ⭐빈출

전류조정을 전기적으로 하기 때문에 원격조정이 가능한 교류 용접기는?

① 가포화 리액터형
② 가동 코일형
③ 가동 철심형
④ 탭 전환형

가포화 리액터형은 가변저항에 의한 제어전류로 철심의 자속을 변화시켜 용접전류를 제어하므로 미세전류 조정이 안정적이고 원격조정이 가능하다.

28

35℃에서 150kgf/cm^{2}으로 압축하여 내부 용적 40.7리터의 산소 용기에 충전하였을 때, 용기 속의 산소량은 몇 리터인가?

① 4,470
② 5,291
③ 6,105
④ 7,000

용기 내의 총 산소량 = 기압 × 내용적
= 150kgf/cm^2 × 40.7L = 6,105L

29 ⭐빈출

아크전류가 일정할 때 아크전압이 높아지면 용융속도가 늦어지고, 아크전압이 낮아지면 용융속도는 빨라진다. 이와 같은 아크 특성은?

① 부저항 특성
② 절연회복 특성
③ 전압회복 특성
④ 아크길이 자기제어 특성

아크길이 자기제어 특성
아크 용접에서 전류가 일정할 때 아크전압이 높아지면(아크길이가 길어지면) 용융속도가 느려지고, 아크전압이 낮아지면(아크길이가 짧아지면) 용융속도가 빨라져 아크길이가 일정하게 유지되는 현상을 말한다.

30 빈출

다음 중 산소 – 아세틸렌 용접법에서 전진법과 비교한 후진법의 설명으로 틀린 것은?

① 용접속도가 느리다.
② 열 이용률이 좋다.
③ 용접변형이 작다.
④ 홈 각도가 작다.

구분	전진법 (Forward Welding)	후진법 (Backward Welding)
열 이용률	낮음	높음
용접속도	느림	빠름
용접변형	큼	작음
홈 각도	큼(80°)	작음(60°)

31

다음 중 가스 절단에 있어 양호한 절단면을 얻기 위한 조건으로 옳은 것은?

① 드래그가 가능한 클 것
② 절단면 표면의 각이 예리할 것
③ 슬래그 이탈이 이루어지지 않을 것
④ 절단면이 평활하며 드래그의 홈이 깊을 것

32

피복 아크 용접봉의 피복 배합제 성분 중 가스 발생제는?

① 산화티탄
② 규산나트륨
③ 규산칼륨
④ 탄산바륨

33

가스 절단에 대한 설명으로 옳은 것은?

① 강의 절단 원리는 예열 후 고압산소를 불어내면 강보다 용융점이 낮은 산화철이 생성되고 이때 산화철은 용융과 동시 절단된다.
② 양호한 절단면을 얻으려면 절단면이 평활하며 드래그의 홈이 높고 노치 등이 있을수록 좋다.
③ 절단산소의 순도는 절단속도와 절단면에 영향이 없다.
④ 가스 절단 중에 모래를 뿌리면서 절단하는 방법을 가스 분말 절단이라 한다.

34

가스 용접에 사용되는 가스의 화학식을 잘못 나타낸 것은?

① 아세틸렌: C_2H_2
② 프로판: C_3H_8
③ 에탄: C_4H_7
④ 부탄: C_4H_{10}

35 빈출

다음 중 아크 발생 초기에 모재가 냉각되어 있어 용접입열이 부족한 관계로 아크가 불안정하기 때문에 아크 초기에만 용접전류를 특별히 크게 하는 장치를 무엇이라 하는가?

① 원격제어장치
② 핫스타트장치
③ 고주파 발생장치
④ 전격방지장치

정답　　　30 ①　31 ②　32 ④　33 ①　34 ③　35 ②

36 빈출

납땜 용제가 갖추어야 할 조건으로 틀린 것은?

① 모재의 산화피막과 같은 불순물을 제거하고 유동성이 좋을 것
② 청정한 금속면의 산화를 방지할 것
③ 납땜 후 슬래그의 제거가 용이할 것
④ 침지땜에 사용되는 것은 젖은 수분을 함유할 것

플럭스(용제)는 수분을 함유하면 안 된다. 수분은 가열 시 수증기가 발생하게 되어 기공·스패터·산화 촉진을 일으키므로 납땜 품질이 저하된다.

37 빈출

직류아크 용접 시 정극성으로 용접할 때의 특징이 아닌 것은?

① 박판, 주철, 합금강, 비철금속의 용접에 이용된다.
② 용접봉의 녹음이 느리다.
③ 비드 폭이 좁다.
④ 모재의 용입이 깊다.

박판 용접은 역극성을 사용한다.

38

피복 아크 용접 결함 중 기공이 생기는 원인으로 틀린 것은?

① 용접 분위기 가운데 수소 또는 일산화탄소 과잉
② 용접부의 급속한 응고
③ 슬래그의 유동성이 좋고 냉각하기 쉬울 때
④ 과대 전류와 용접속도가 빠를 때

슬래그의 유동성이 좋고 냉각하기 쉬우면 일반적으로 원활한 가스 배출과 안정적인 표면 보호가 진행되어 기공이 발생하지 않는다.

39

금속재료의 경량화와 강인화를 위하여 섬유강화 금속 복합재료가 많이 연구되고 있다. 강화섬유 중에서 비금속계로 짝지어진 것은?

① K, W
② W, Ti
③ W, Be
④ SiC, Al_2O_3

섬유강화 금속에서 비금속계 강화섬유는 보통 세라믹계(SiC, Al_2O_3, B_4C 등)나 탄소섬유 등이 있다.

40

상자성체 금속에 해당되는 것은?

① Al
② Fe
③ Ni
④ Co

알루미늄(Al)은 상자성체로, 외부 자기장에 약하게 끌리지만 자장이 사라지면 자화가 거의 남지 않는다.

41

구리(Cu)합금 중에서 가장 큰 강도와 경도를 나타내며 내식성, 도전성, 내피로성 등이 우수하여 베어링, 스프링 및 전극재료 등으로 사용되는 재료는?

① 인(P) 청동
② 규소(Si) 청동
③ 니켈(Ni) 청동
④ 베릴륨(Be) 청동

베릴륨 청동
- 구리에 베릴륨을 첨가한 청동합금으로 비철금속 중 대표적인 고강도 합금이다.
- 피로한도, 내열성, 내식성이 우수하며 고급스프링, 베어링, 항공기 부품 등에 널리 사용된다.

42

고Mn강으로 내마멸성과 내충격성이 우수하고, 특히 인성이 우수하기 때문에 파쇄장치, 기차 레일, 굴착기 등의 재료로 사용되는 것은?

① 엘린바(Elinvar)
② 디디뮴(Didymium)
③ 스텔라이트(Stellite)
④ 해드필드(Hadfield)강

해드필드강은 약 12% Mn의 고망간강으로, 충격을 받을수록 표면이 가공경화되어 내마멸성·내충격성이 탁월하고 인성도 매우 높다.

정답 36 ④ 37 ① 38 ③ 39 ④ 40 ① 41 ④ 42 ④

43

시험편의 지름이 15mm, 최대하중이 5,200kgf일 때 인장강도는?

① 16.8kgf/mm² ② 29.4kgf/mm²
③ 33.8kgf/mm² ④ 55.8kgf/mm²

- 단면적 $A = \dfrac{\pi D^2}{4} = \dfrac{\pi \times (15)^2}{4} = 176.71\,mm^2$
- 인장강도 $\sigma = \dfrac{P}{A} = \dfrac{5,200}{176.71} = 29.4\,kgf/mm^2$

44

다음의 금속 중 경금속에 해당하는 것은?

① Cu ② Be
③ Ni ④ Sn

베릴륨(Be)은 밀도가 약 1.85g/cm²로 경금속에 해당한다.

45

순철의 자기변태(A_2)점 온도는 약 몇 ℃인가?

① 210℃ ② 768℃
③ 910℃ ④ 1,400℃

철의 자기변태점은 약 768℃이다.

46 ⭐빈출

주철의 일반적인 성질을 설명한 것 중 틀린 것은?

① 용탕이 된 주철은 유동성이 좋다.
② 공정 주철의 탄소량은 4.3% 정도이다.
③ 강보다 용융 온도가 높아 복잡한 형상이라도 주조하기 어렵다.
④ 주철에 함유하는 전 탄소(Total Carbon)는 흑연＋화합탄소로 나타낸다.

주철은 강보다 용융 온도가 낮아 유동성이 좋으며 복잡한 형상의 주조에 유리하다.

47

포금(Gun Metal)에 대한 설명으로 틀린 것은?

① 내해수성이 우수하다.
② 성분은 8 ~ 12% Sn 청동에 1 ~ 2% Zn을 첨가한 합금이다.
③ 용해 주조 시 탈산제로 사용되는 P의 첨가량을 많이 하여 함금 중에 P를 0.05 ~ 0.5% 정도 남게 한 것이다.
④ 수압, 수증기에 잘 견디므로 선박용 재료로 널리 사용된다.

③은 인청동에 대한 설명으로, P를 탈산제로 넣고 0.05 ~ 0.5% 정도를 잔류시켜 피복성과 내마모성을 높인 합금이다.

48

황동은 도가니로, 전기로 또는 반사로 중에서 용해하는데, Zn의 증발로 손실이 있기 때문에 이를 억제하기 위해서는 용탕 표면에 어떤 것을 덮어 주는가?

① 소금
② 석회석
③ 숯가루
④ Al 분말가루

황동(Cu‐Zn) 용해 시 Zn의 증발 및 산화를 줄이려면 용탕 표면을 환원성 막으로 덮어 산소 접촉을 차단하는데 이때 숯가루를 활용한다.

49

건축용 철골, 볼트, 리벳 등에 사용되는 것으로 연신율이 약 22%이고, 탄소 함량이 약 0.15%인 강재는?

① 연강 ② 경강
③ 최경강 ④ 탄소공구강

연강은 탄소 함량이 약 0.05 ~ 0.25%의 범위를 가진 저탄소강으로, 연신율이 약 20 ~ 22%이다. 건축용 철골, 볼트, 리벳 등에 널리 사용된다.

정답   43 ②   44 ②   45 ②   46 ③   47 ③   48 ③   49 ①

50

저용융점(Fusible) 합금에 대한 설명으로 틀린 것은?

① Bi를 55% 이상 함유한 합금은 응고 수축을 한다.
② 용도로는 화재통보기, 압축공기용 탱크 안전밸브 등에 사용된다.
③ 33 ~ 66% Pb를 함유한 Bi 합금은 응고 후 시효 진행에 따라 팽창현상을 나타낸다.
④ 저용융점 합금은 약 250℃ 이하의 용융점을 갖는 것이며 Pb, Bi, Sn, In 등의 합금이다.

비스무트(Bi)의 함량이 높아질수록 저용융점 합금은 오히려 팽창한다.

51

치수 기입방법이 틀린 것은?

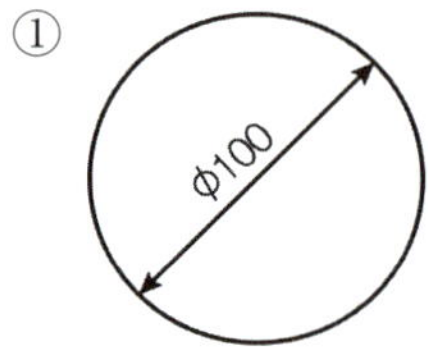
① Ø100

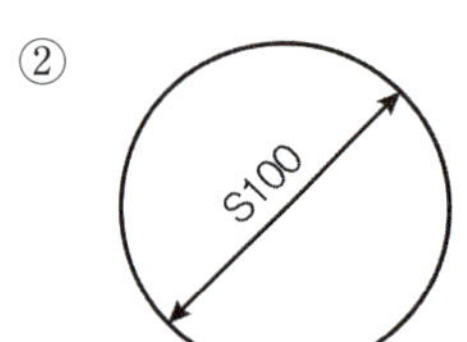
② S100

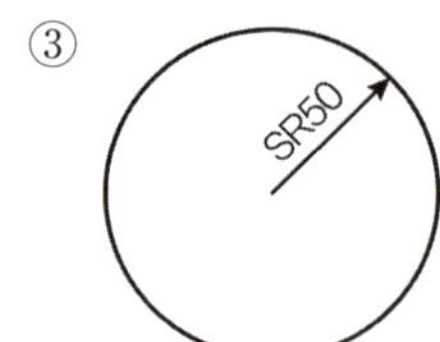
③ SR50

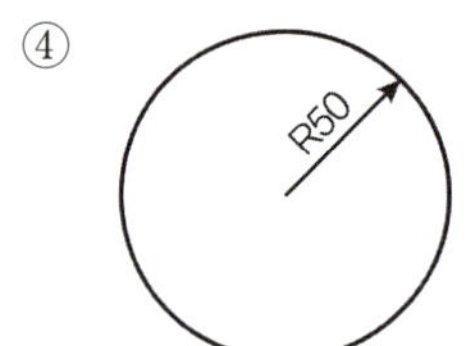
④ R50

① ∅ : 지름(Diameter)을 나타내는 올바른 표준 기호이다.
③ SR: 구(Sphere)의 반지름을 나타내는 올바른 기호이다.
④ R: 반지름(Radius)을 나타내는 올바른 표준 기호이다.

52

다음과 같은 배관의 등각 투상도(Isometric Drawing)를 평면도로 나타낸 것으로 맞는 것은?

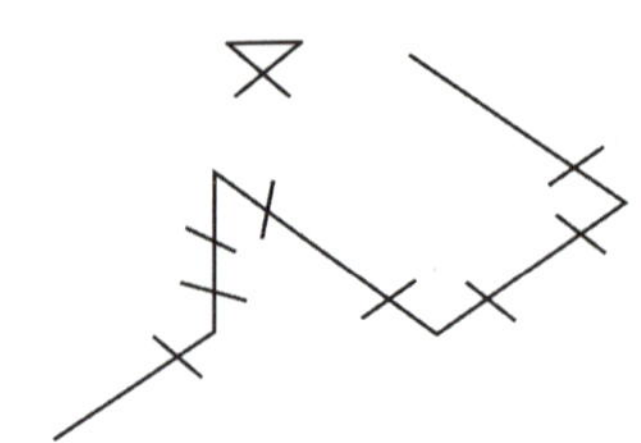

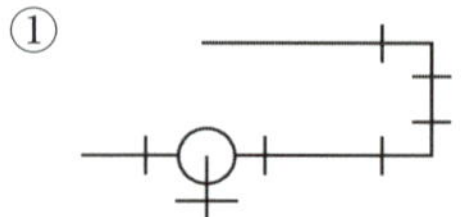
①

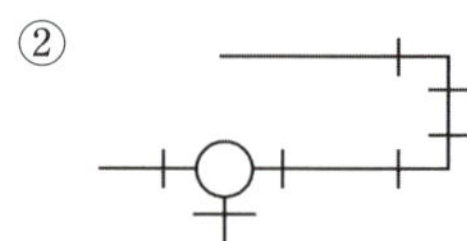
②

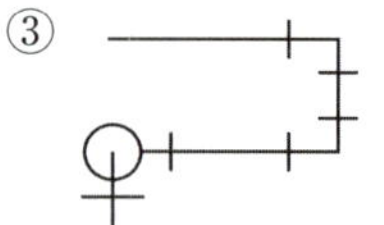
③

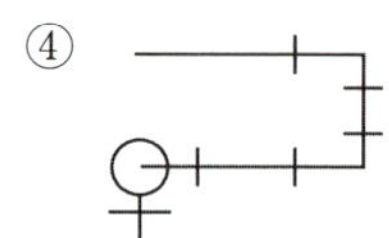
④

- 방향 확인: 등각 투상도에서 N(북쪽) 표시는 좌측 상단을 가리키며 아래로 내려간 파이프를 표시한 ④번이 정답이 된다.
- A: 수평으로 진행하는 메인 파이프, B: 수직으로 꺾여 내려가는 (또는 올라가는) 파이프

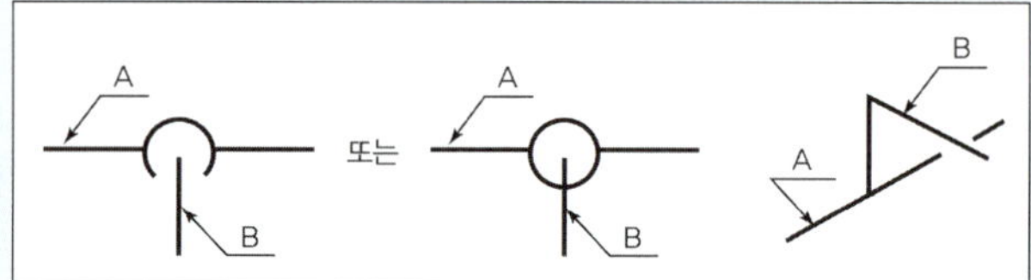

53 빈출

표제란에 표시하는 내용이 아닌 것은?

① 재질　　　　② 척도
③ 각법　　　　④ 제품명

- 재질(Material)은 도면의 표제란 필수항목이 아니라 선택항목이다.
- 표제란(Title Block): 도면의 하단 또는 우측 하단에 위치하며, 도면의 식별 정보를 명확히 표시하는 공간을 말한다.
- 필수 표제: 도명, 도면 번호, 척도, 투상법, 작성일자, 작성자(검토자) 등

54 ⭐빈출

그림과 같은 용접기호의 설명으로 옳은 것은?

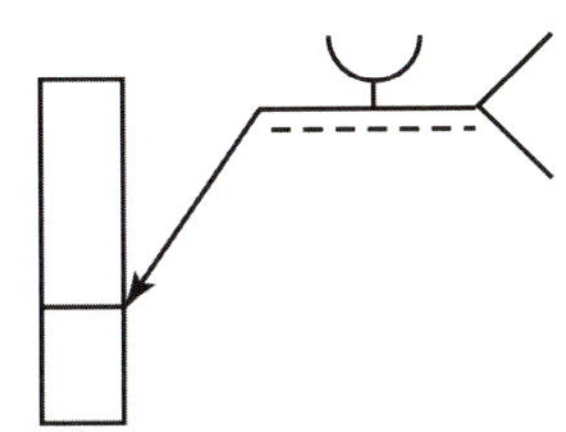

① U형 맞대기 용접, 화살표 쪽 용접
② V형 맞대기 용접, 화살표 쪽 용접
③ U형 맞대기 용접, 화살표 반대쪽 용접
④ V형 맞대기 용접, 화살표 반대쪽 용접

- 용접 기호: 기호의 모양이 'U'자 형태이므로 U형 맞대기 용접을 의미한다.
- 참조선: 기호가 실선 쪽에 위치하므로 화살표가 가리키는 쪽에 용접을 실시한다.

55

전기아연도금 강판 및 강대의 KS 기호 중 일반용 기호는?

① SECD
② SECE
③ SEFC
④ SECC

전기아연도금: SECC으로 일반용(Commercial) 기호이다.

56

다음 도면은 정면도와 우측면도만이 올바르게 도시되어 있다. 평면도로 가장 적합한 것은?

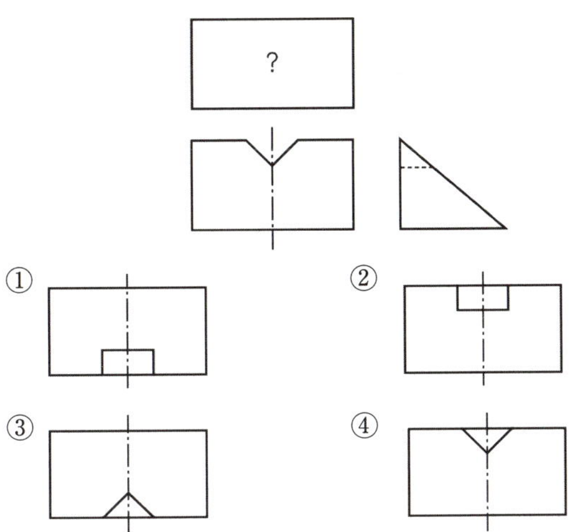

57 ⭐빈출

선의 종류와 용도에 대한 설명으로 연결이 틀린 것은?

① 가는 실선: 짧은 중심을 나타내는 선
② 가는 파선: 보이지 않는 물체의 모양을 나타내는 선
③ 가는 1점 쇄선: 기어의 피치원을 나타내는 선
④ 가는 2점 쇄선: 중심이 이동한 중심궤적을 표시하는 선

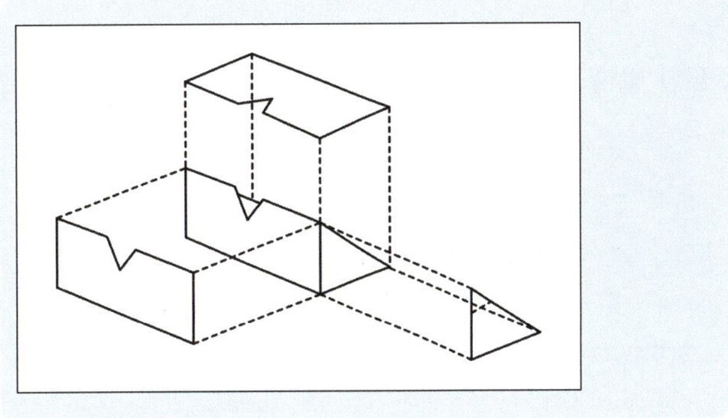

선의 구분

종류	구분	명칭	용도
실선	▬▬▬	굵은 실선	외형선
	———	가는 실선	치수선, 중심선, 해칭(Hatching)선
	〜〜〜	자유 실선	부분 생략 또는 부분 단면의 경계
파선	- - - -	굵은 파선 또는 가는 파선	보이지 않는 외형선, 숨은선
쇄선	-·-·-·	가는 1점 쇄선	중심선, 물체 또는 도형의 대칭선, 회전 단면의 외형선, 피치선
	-··-··-	가는 2점 쇄선	가상 외형선, 인접한 외형선, 가동 물체의 회전 위치선
	▬-·-▬	절단부 쇄선 (양끝이 굵은 선에 중간은 가는 쇄선)	절단 평면의 위치(절단선)
	▬·▬·▬·	굵은 1점 쇄선	표면 처리 부분

58

그림의 입체도를 제3각법으로 올바르게 투상한 투상도는?

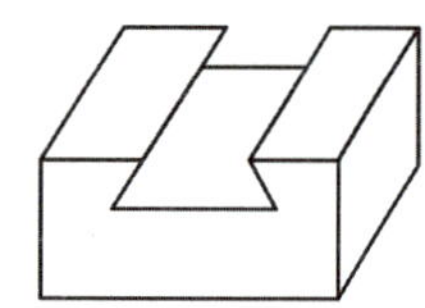

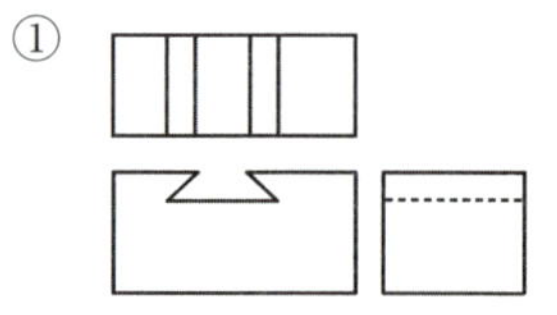

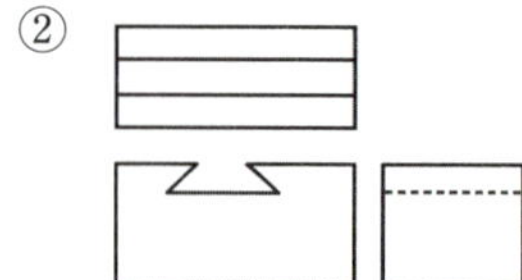

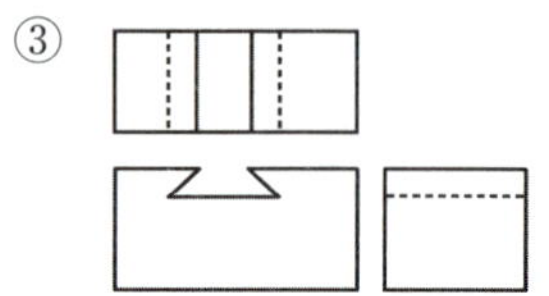

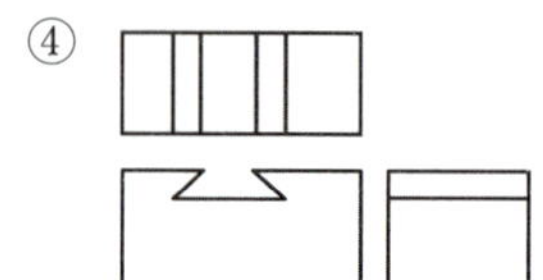

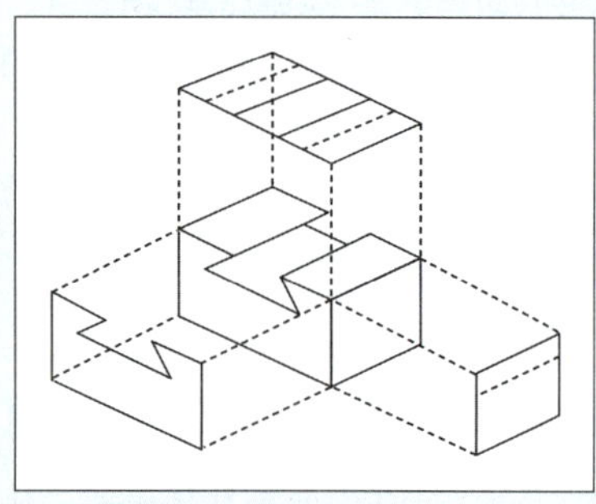

59

KS에서 규정하는 체결부품의 조립 간략 표시방법에서 구멍에 끼워 맞추기 위한 구멍, 볼트, 리벳의 기호 표시 중 공장에서 드릴 가공 및 끼워 맞춤을 하는 것은?

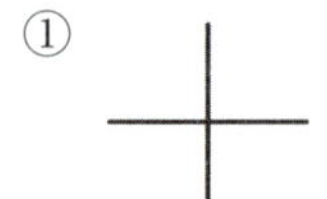

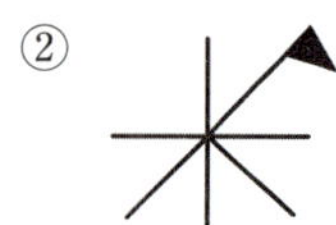

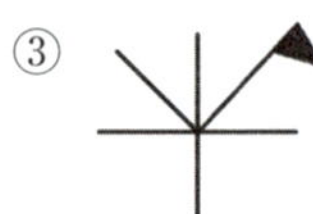

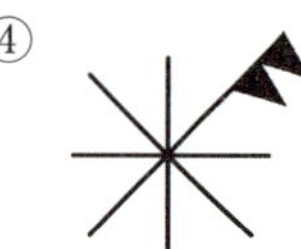

① 공장에서 드릴 가공 및 끼워 맞춤

60

그림과 같은 단면도에서 "A"가 나타내는 것은?

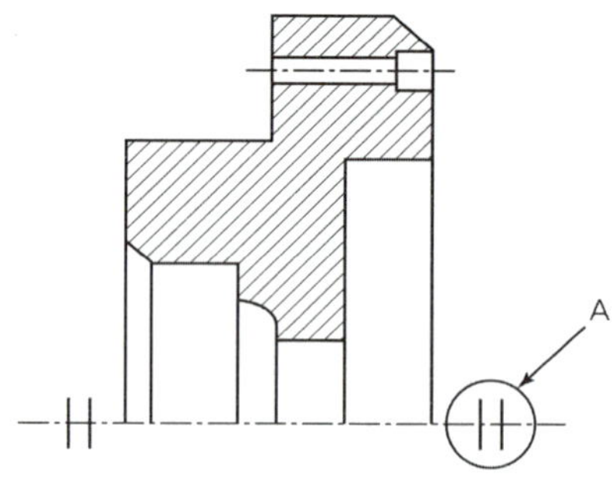

① 바닥 표시 기호
② 대칭 도시 기호
③ 반복 도형 생략 기호
④ 한쪽 단면도 표시 기호

이 도면은 물체의 절반은 단면을, 나머지 절반은 외형을 보여주는 한쪽 단면도이며, 그림에 표시된 기호 'A'는 해당 중심선을 기준으로 도형이 대칭임을 나타내는 대칭 도시 기호이다.

Chapter 07

2015년 4회 | 공개기출문제

01

다음 중 텅스텐과 몰리브덴 재료 등을 용접하기에 가장 적합한 용접은?

① 전자 빔 용접
② 일렉트로 슬래그 용접
③ 탄산가스 아크 용접
④ 서브머지드 아크 용접

전자 빔 용접(EBW)은 고에너지 전자 빔을 진공에서 집속해 국부 가열하는 장치로 고진공장치, 고전압 가속계, 빔 제어계 등 설비가 복잡하고 고가의 장치로 구성되어 설비비가 큰 공정이다. 대표적으로 텅스텐과 몰리브덴 재료 등의 용접에 활용된다.

02 ⭐

서브머지드 아크 용접 시, 받침쇠를 사용하지 않을 경우 루트 간격을 몇 mm 이하로 하여야 하는가?

① 0.2
② 0.4
③ 0.6
④ 0.8

현장 표준에서는 무백킹 맞대기 SAW의 루트 간격을 0.8mm 이하로 하여야 한다.

03

연납땜 중 내열성 땜납으로 주로 구리, 황동용에 사용되는 것은?

① 인동납
② 황동납
③ 납 - 은납
④ 은납

납 - 은납(Pb – Ag)은 일반 연납(Sn – Pb)에 비해 고온강도·크리프 내성이 좋아 구리, 황동(브래지어, 라디에이터 등)에 많이 사용된다.

04 ⭐

용접부 검사법 중 기계적 시험법이 아닌 것은?

① 굽힘시험
② 경도시험
③ 인장시험
④ 부식시험

- 기계적 시험은 기계적 성질을 이용한 강도, 연성, 경도 등을 평가하는 방법으로 피로시험, 인장시험, 굽힘시험, 충격시험, 경도시험 등이 있다.
- 화학적 시험은 내식성, 화학적 성질로 평가하며 부식시험, 화학분석시험 등으로 분류된다.

05 ⭐

일렉트로 가스 아크 용접의 특징 설명 중 틀린 것은?

① 판 두께에 관계없이 단층으로 상진 용접한다.
② 판 두께가 얇을수록 경제적이다.
③ 용접속도는 자동으로 조절된다.
④ 정확한 조립이 요구되며, 이동용 냉각 동판에 급수 장치가 필요하다.

일렉트로 가스 아크 용접(EGW)
수직 자세에서 수랭 구리 동판으로 양측을 지지하고, 가스 차폐와 함께 소모성 전극으로 두꺼운 판을 단층 상향으로 빠르게 접합하려는 공정이다.

06

텅스텐 전극봉 중에서 전자 방사 능력이 현저하게 뛰어난 장점이 있으며 불순물이 부착되어도 전자 방사가 잘 되는 전극은?

① 순텅스텐 전극
② 토륨 텅스텐 전극
③ 지르코늄 텅스텐 전극
④ 마그네슘 텅스텐 전극

정답　01 ①　02 ④　03 ③　04 ④　05 ②　06 ②

텅스텐 전극봉의 색상별 종류

재질	색상	특징
순텅스텐	녹색	알루미늄 용접에 주로 많이 사용되며, 연마를 하지 않아도 용접이 가능한 장점이 있음
1% 토륨	노랑	철, 스테인리스, 크롬강 등에 사용되며 전극의 수명 긺
2% 토륨	빨강	1% 토륨보다 전자 방출이 높고, 전극 수명이 길며 용접 아크 안정성 우수함. 토륨 방사능 성분을 사용하므로 주의 필요
1% 란탄	흑색	단락에 대한 저항성이 강하고, 전자 방출률이 높으며 수명이 긺
1.5% 란탄	금색	모든 금속 용접이 가능하며, 우수한 용접성을 가지고 있음
2% 란탄	하늘색	모든 금속 용접이 가능하며, 우수한 용접성을 가지고 있음
지르코니아	갈색 / 백색	교류 용접을 이용한 알루미늄 용접에서 우수한 용접성을 보임
세륨	회색	저전류 용접에 사용됨

07

다음 중 표면 피복 용접을 올바르게 설명한 것은?

① 연강과 고장력강의 맞대기 용접을 말한다.
② 연강과 스테인리스강의 맞대기 용접을 말한다.
③ 금속 표면에 다른 종류의 금속을 용착시키는 것을 말한다.
④ 스테인리스 강판과 연강판재를 접합 시 스테인리스 강판에 구멍을 뚫어 용접하는 것을 말한다.

표면 피복 용접은 모재의 표면에 내식·내마모·내열 등을 목적으로 다른 금속층을 덧입혀서 용착시키는 용접을 말한다.

08

산업용 용접 로봇의 기능이 아닌 것은?

① 작업기능
② 제어기능
③ 계측 인식기능
④ 감정기능

산업용 용접 로봇의 기능: 작업기능, 제어기능, 계측 인식기능

09

불활성 가스 금속 아크 용접(MIG)의 용착효율은 얼마 정도인가?

① 58%
② 78%
③ 88%
④ 98%

MIG 용접(Metal Inert Gas Welding)은 불활성 가스(Ar, He)를 보호가스로 사용하며, 소모식 금속 전극 와이어를 송급장치로 연속 공급하여 아크를 유지하는 용접으로 용착효율은 약 98%로 우수하다.

10 빈출

다음 중 일렉트로 슬래그 용접의 특징으로 틀린 것은?

① 박판 용접에는 적용할 수 없다.
② 장비 설치가 복잡하며 냉각장치가 요구된다.
③ 용접시간이 길고 장비가 저렴하다.
④ 용접 진행 중 용접부를 직접 관찰할 수 없다.

일렉트로 슬래그 용접(ESW)
매우 두꺼운 판(후판)을 단 한 번의 패스로 단층 용접할 수 있으며, 수직으로 용접부를 올리기 위한 대형 이송장치(캐리지), 용융금속이 새지 않도록 막아주는 수랭식 구리판, 대용량 전원장치 등이 필요한 매우 비싸고 복잡한 설비이다.

11 빈출

용접에 있어 모든 열적 요인 중 가장 영향을 많이 주는 요소는?

① 용접입열
② 용접재료
③ 주위 온도
④ 용접 복사열

용접부의 용입 깊이, 냉각속도(미세조직·경도), 잔류응력·변형, 결함(기공·균열) 발생 가능성까지 대부분을 1차적으로 좌우하는 열적 변수는 입열량이다.

12

사고의 원인 중 인적 사고 원인에서 선천적 원인은?

① 신체의 결함
② 무지
③ 과실
④ 미숙련

인적 사고 원인은 선천적(타고난) 요인과 후천적(행동·능력) 요인으로 신체의 결함은 선척적 요인이다.

13 빈출

TIG 용접에서 직류 정극성을 사용하였을 때 용접효율을 올릴 수 있는 재료는?

① 알루미늄
② 마그네슘
③ 마그네슘 주물
④ 스테인리스강

직류 정극성은 전극(−), 모재(+)로 모재 쪽에 열이 전달되므로 용입이 깊고 비드 폭이 좁다. 주로 스테인리스강에 활용된다.

14 빈출

재료의 인장 시험방법으로 알 수 없는 것은?

① 인장강도
② 단면수축률
③ 피로강도
④ 연신율

피로는 오랜 시간 항복강도 또는 인장강도보다 작은 반복하중을 받을 경우 균열이 누적되어 파괴되는 현상으로 피로파괴라고도 한다.

15

용접변형 방지법의 종류에 속하지 않는 것은?

① 억제법
② 역변형법
③ 도열법
④ 취성파괴법

용접변형 제어
- 억제법: 지그, 구속으로 변형을 억제하는 방법
- 역변형법: 선 가공법이라고도 하며, 용접 전에 용접 반대 방향으로 미리 휘어놓는 방법
- 도열법: 국부 가열 후 자연 냉각으로 수축을 이용한 방법

16

솔리드 와이어와 같이 단단한 와이어를 사용할 경우 적합한 용접 토치 형태로 옳은 것은?

① Y형
② 커브형
③ 직선형
④ 피스톨형

단단하고 좌굴에 강한 와이어는 급전 경로에 약간의 굴곡(커브)이 있어도 송급 안정성을 유지할 수 있다.

17

안전·보건표지의 색채, 색도기준 및 용도에서 색채에 따른 용도를 올바르게 나타낸 것은?

① 빨간색: 안내
② 파란색: 지시
③ 녹색: 경고
④ 노란색: 금지

안전보건표지의 색채, 색도기준 및 용도

색채	색도기준	용도	사용례
빨간색	7.5R 4/14	금지	정지신호, 소화설비 및 그 장소, 유해행위의 금지
		경고	화학물질 취급장소에서의 유해·위험 경고
노란색	5Y 8.5/12	경고	화학물질 취급장소에서의 유해·위험 경고 이외의 위험 경고, 주의표지 또는 기계방호물
파란색	2.5PB 4/10	지시	특정 행위의 지시 및 사실의 고지
녹색	2.5G 4/10	안내	비상구 및 피난소, 사람 또는 차량의 통행표지
흰색	N9.5	−	파란색 또는 녹색에 대한 보조색
검은색	N0.5	−	문자 및 빨간색 또는 노란색에 대한 보조색

18 빈출

용접금속의 구조상의 결함이 아닌 것은?

① 변형
② 기공
③ 언더컷
④ 균열

변형은 용접 후 잔류응력으로 인해 부재 전체가 휘거나 뒤틀리는 치수·형상 불량으로, 용접금속의 구조상 결함(비드 내부/경계의 결함)이 아니다.

19

금속재료의 미세조직을 금속현미경을 사용하여 광학적으로 관찰하고 분석하는 현미경시험의 진행순서로 맞는 것은?

① 시료 채취 → 연마 → 세척 및 건조 → 부식 → 현미경 관찰

② 시료 채취 → 연마 → 부식 → 세척 및 건조 → 현미경 관찰

③ 시료 채취 → 세척 및 건조 → 연마 → 부식 → 현미경 관찰

④ 시료 채취 → 세척 및 건조 → 부식 → 연마 → 현미경 관찰

금속현미경(광학) 조직 관찰의 표준 순서
1. 시료 채취
2. 연마
3. 세척 및 건조
4. 부식(에칭)
5. 현미경 관찰

20 빈출

강판의 두께가 12mm, 폭 100mm인 평판을 V형 홈으로 맞대기 용접이음할 때, 이음효율 $\eta = 0.8$로 하면 인장력 P는? (단, 재료의 최저 인장강도는 40N/mm²이고, 안전율은 4로 한다.)

① 960N

② 9,600N

③ 860N

④ 8,600N

- 단면적 A = 두께×폭 = 12mm×100mm = 1,200mm²
- 최저 인장강도 = 40N/mm², 안전율 = 4
- 허용응력 = $\dfrac{인장강도}{안전율} = \dfrac{40}{4} = 10N/mm^2$
- 이음효율 $\eta = 0.8$
- $P = \eta \times \sigma \times A = 0.8 \times 10 \times 1,200 = 9,600N$

21

다음 중 목재, 섬유류, 종이 등에 의한 화재의 급수에 해당하는 것은?

① A급 ② B급

③ C급 ④ D급

화재의 분류			
등급	종류	표시색	내용
A급	일반화재	백색	목재, 섬유, 고무류, 합성수지 등
B급	유류화재	황색	인화성 액체 등 기름 성분인 것
C급	전기화재	청색	통전 중인 전기설비 및 기기의 화재
D급	금속화재	무색	금속분, 박 등의 금속화재

22

용접부의 시험 중 용접성 시험에 해당하지 않는 시험법은?

① 노치취성시험 ② 열특성시험

③ 용접연성시험 ④ 용접균열시험

용접성시험
용접 과정에서의 균열, 연성·취성, 열 영향부 등을 직접 평가하는 시험

열특성시험
재료의 열전도율, 비열, 선팽창계수 같은 일반 재료의 물성을 측정하는 시험

23 빈출

다음 중 가스 용접의 특징으로 옳은 것은?

① 아크 용접에 비해서 불꽃의 온도가 높다.

② 아크 용접에 비해 유해광선의 발생이 많다.

③ 전원설비가 없는 곳에서는 쉽게 설치할 수 없다.

④ 폭발의 위험이 크고 금속이 탄화 및 산화될 가능성이 많다.

가스 용접(산소 - 아세틸렌)은 가연성·산화성 가스를 사용하므로 폭발·화재 위험이 크고, 불꽃 조절을 잘못하면 탄화(탄화불꽃)나 산화(산화불꽃)가 일어나기 쉽다.

정답 19 ① 20 ② 21 ① 22 ② 23 ④

24 빈출

산소 – 아세틸렌 용접에서 표준불꽃으로 연강판 두께 2mm를 60분간 용접하였더니 200L의 아세틸렌 가스가 소비되었다면, 다음 중 가장 적당한 가변압식 팁의 번호는?

① 100번 ② 200번
③ 300번 ④ 400번

- 가변압식 가스 용접토치에서 팁의 능력은 시간당 아세틸렌 소모량(L/h 또는 m^3/h)으로 규정한다.
- 200L/h ≈ 200번 팁이 적정하다.

25

연강용 가스 용접봉의 시험편 처리 표시 기호 중 NSR의 의미는?

① 625±25℃로써 용착금속의 응력을 제거한 것
② 용착금속의 인장강도를 나타낸 것
③ 용착금속의 응력을 제거하지 않은 것
④ 연신율을 나타낸 것

- SR(Stress Relieved): 응력 제거 열처리를 실시함
- NSR(Non Stress Relieved): 응력 제거 처리를 하지 않음

26 빈출

피복 아크 용접에서 사용하는 아크 용접용 기구가 아닌 것은?

① 용접 케이블 ② 접지 클램프
③ 용접 홀더   ④ 팁 클리너

- ④ 팁 클리너는 가스 용접 시 팁이 막히거나 불량일 경우 사용하는 제품이다.

피복 아크 용접 회로

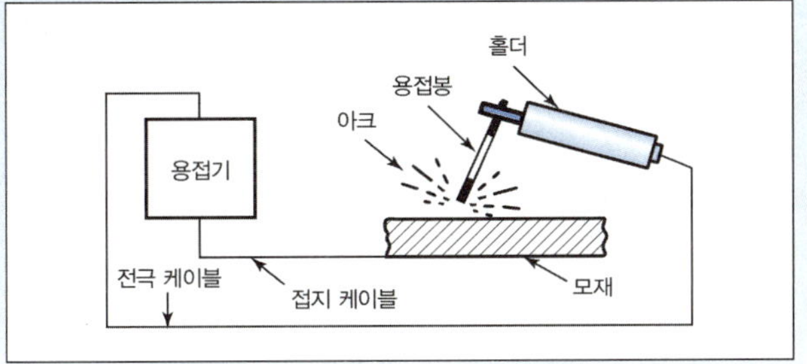

27 빈출

피복 아크 용접봉의 피복제의 주된 역할로 옳은 것은?

① 스패터의 발생을 많게 한다.
② 용착금속에 필요한 합금원소를 제거한다.
③ 모재 표면에 산화물이 생기게 한다.
④ 용착금속의 냉각속도를 느리게 하여 급랭을 방지한다.

피복제의 역할
- 슬래그 형성 및 용착금속의 보호: 슬래그층의 형성으로 냉각속도를 완화하여 표면을 보호한다.
- 아크 안정 작용: 아크를 안정시켜 용접작업을 용이하게 한다.
- 합금원소 공급: 용착금속의 기계적 성질을 개선한다.
- 스패터 감소 및 절연 작용: 피복층의 전기 절연기능과 함께 전류를 조정하여 스패터를 감소시킨다.

28 빈출

용접의 특징에 대한 설명으로 옳은 것은?

① 복잡한 구조물 제작이 어렵다.
② 기밀, 수밀, 유밀성이 나쁘다.
③ 변형의 우려가 없어 시공이 용이하다.
④ 용접사의 기량에 따라 용접부의 품질이 좌우된다.

용접은 작업자의 숙련도가 품질에 큰 영향을 미치며, 자동화 로봇화가 아닌 수동 또는 반자동 공정에서 특히 많이 발생한다.

29

가스 절단에서 팁(Tip)의 백심 끝과 강판 사이의 간격으로 가장 적당한 것은?

① 0.1 ~ 0.3mm ② 0.4 ~ 1mm
③ 1.5 ~ 2mm   ④ 4 ~ 5mm

불꽃의 백심(내염) 끝은 모재 표면에 닿지 않고 아주 가까운 거리(약 1.5 ~ 2mm)를 유지해야 하며, 너무 가까우면 역화 및 팁 손상 등의 현상이 발생된다.

30

스카핑 작업에서 냉간재의 스카핑 속도로 가장 적합한 것은?

① 1 ~ 3m/min
② 5 ~ 7m/min
③ 10 ~ 15m/min
④ 20 ~ 25m/min

스카핑은 강재 표면 결함을 산소 – 가스 화염으로 제거하는 공정으로 냉간재는 예열·산화 반응이 느려 열간재보다 공정 속도를 낮게 잡는다.
• 냉간재: 약 5 ~ 7m/min
• 열간재: 약 10 ~ 15m/min

31

AW – 300, 무부하 전압 80V, 아크전압 20V인 교류 용접기를 사용할 때, 다음 중 역률과 효율을 올바르게 계산한 것은? (단, 내부손실을 4kW라 한다.)

① 역률: 80.0%, 효율: 20.6%
② 역률: 20.6%, 효율: 80.0%
③ 역률: 60.0%, 효율: 41.7%
④ 역률: 41.7%, 효율: 60.0%

출력전력 계산

• 역률(%) = $\dfrac{\text{아크출력} + \text{내부손실}}{\text{전원입력}} \times 100$

$= \dfrac{20 \times 300 + 4{,}000}{80 \times 300} \times 100 = 41.7\%$

• 효율(%) = $\dfrac{\text{아크출력}}{\text{아크출력} + \text{내부손실}} \times 100$

$= \dfrac{20 \times 300}{20 \times 300 + 4{,}000} \times 100 = 60\%$

32

가스 용접에서 후진법에 대한 설명으로 틀린 것은?

① 전진법에 비해 용접변형이 작고 용접속도가 빠르다.
② 전진법에 비해 두꺼운 판의 용접에 적합하다.
③ 전진법에 비해 열 이용률이 좋다.
④ 전진법에 비해 산화의 정도가 심하고 용착금속 조직이 거칠다.

후진법은 토치가 용착금속(용융지) 쪽을 향하며 진행 방향과 반대로 비추면서 나아가 깊은 용입, 빠른 진행 속도로 비드 조직이 비교적 치밀하고 양호하여 안정적인 용접성을 가진다.

33

피복 아크 용접에 관한 사항으로 아래 그림의 (   )에 들어가야 할 용어는?

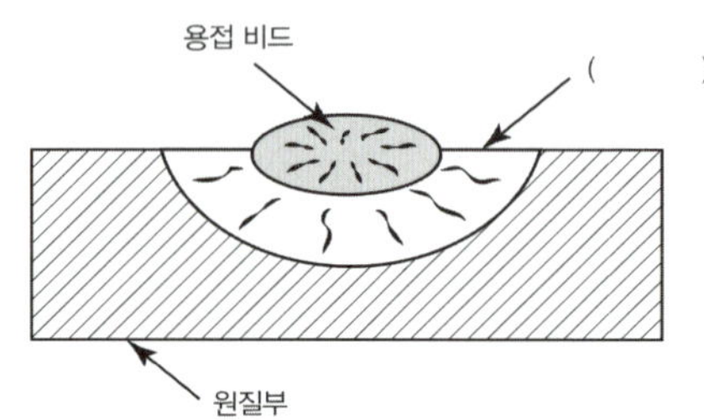

① 용락부
② 용융지
③ 용입부
④ 열 영향부

열 영향부(HAZ): 용접 시 용융되지는 않았지만, 열을 받아 금속 조직이 변화된 부분을 말한다.

34

용접봉에서 모재로 용융금속이 옮겨가는 이행형식이 아닌 것은?

① 단락형
② 글로뷸러형
③ 스프레이형
④ 철심형

금속의 이행형식
용접 시 용접봉(또는 와이어)의 끝이 용융되며, 녹은 금속 방울이 아크를 통해 모재로 넘어가는 현상
• 단락형: 전극과 용융지가 주기적으로 접촉 후 단락되며 방울이 모재로 이행된다.
• 글로뷸러형(핀치효과형): 비교적 큰 용적이 중력에 의해 모재로 이행되며 단락이 발생되지 않는다.
• 스프레이형: 미세한 금속 입자가 고속으로 스프레이처럼 분사되어 모재로 이행된다.

정답   30 ②   31 ④   32 ④   33 ④   34 ④

35 

직류아크 용접에서 용접봉의 용융이 늦고, 모재의 용입이 깊어지는 극성은?

① 직류 정극성
② 직류 역극성
③ 용극성
④ 비용극성

36

아세틸렌 가스의 성질로 틀린 것은?

① 순수한 아세틸렌 가스는 무색 무취이다.
② 금, 백금, 수은 등을 포함한 모든 원소와 화합 시 산화물을 만든다.
③ 각종 액체에 잘 용해되며, 물에는 1배, 알코올에는 6배 용해된다.
④ 산소와 적당히 혼합하여 연소시키면 높은 열을 발생한다.

아세틸렌은 구리, 은 등과 아세틸라이드를 형성하여 폭발성 화합물이 된다.

37

아크 용접기에서 부하전류가 증가하여도 단자전압이 거의 일정하게 되는 특성은?

① 절연 특성
② 수하 특성
③ 정전압 특성
④ 보존 특성

정전압 특성
전류가 변해도 전압이 거의 일정하게 유지되는 외부 특성으로 가스 금속 아크(GMAW, MIG) 용접과 같은 자동 또는 반자동 용접에서 아크길이의 자동 안정을 위해 일반적으로 사용된다.

38

피복제 중에 산화티탄을 약 35% 정도 포함하였고 슬래그의 박리성이 좋아 비드의 표면이 고우며 작업성이 우수한 특징을 지닌 연강용 피복 아크 용접봉은?

① E4301
② E4311
③ E4313
④ E4316

고산화티탄계 피복 아크 용접봉(E4313)
• 피복제에 산화티탄(TiO_2)이 약 35% 내외로 포함되어 있으며, 아크가 안정적이고 스패터가 적다.
• 일반 경구조물 및 박판 용접에 많이 사용되고 유동성이 좋은 슬래그를 형성하며, 냉각 시 쉽게 박리되어 비드 표면이 고른 장점을 가지나, 고온 균열이 발생할 수 있다.

39

상률(Phase Rule)과 무관한 인자는?

① 자유도
② 원소 종류
③ 상의 수
④ 성분 수

깁스 상률
$F = C - P + 2$
F: 자유도
C: 성분 수(Components)
P: 상의 수(Phases)

40

공석 조성을 0.80% C라고 하면, 0.2% C 강의 상온에서의 초석페라이트와 펄라이트의 비는 약 몇 %인가?

① 초석페라이트 75% : 펄라이트 25%
② 초석페라이트 25% : 펄라이트 75%
③ 초석페라이트 80% : 펄라이트 20%
④ 초석페라이트 20% : 펄라이트 80%

• 펄라이트 분율 $f_p = \dfrac{C_0 - C_\alpha}{C_E - C_\alpha}$

$$= \frac{0.20 - 0.02}{0.80 - 0.02} \times 100 = 23\%$$

• 초석페라이트 분율 = 100 - 23 = 77%
→ 초석페라이트 : 펄라이트 = 75% : 25%

정답   35 ①   36 ②   37 ③   38 ③   39 ②   40 ①

41

금속의 물리적 성질에서 자성에 관한 설명 중 틀린 것은?

① 연철(鍊鐵)은 잔류자기는 작으나 보자력이 크다.
② 영구자석 재료는 쉽게 자기를 소실하지 않는 것이 좋다.
③ 금속을 자석에 접근시킬 때 금속에 자석의 극과 반대의 극이 생기는 금속을 상자성체라 한다.
④ 자기장의 강도가 증가하면 자화되는 강도도 증가하나 어느 정도 진행되면 포화점에 이르는 이 점을 퀴리점이라 한다.

연철은 순철로 자성이 쉽게 사라지므로 잔류자기와 보자력(자성을 없애는 데 필요한 힘)이 작다. 경자성 재료는 영구자석으로 잔류자기가 크고 보자력도 크다.

42

다음 중 탄소강의 표준 조직이 아닌 것은?

① 페라이트　　　　　② 펄라이트
③ 시멘타이트　　　　④ 마텐자이트

탄소강의 표준 조직은 페라이트, 펄라이트, 오스테나이트, 레데뷰라이트, 시멘타이트로 구성된 조직으로 열처리 전의 상태를 가진다.

43

주요 성분이 Ni – Fe 합금인 불변강의 종류가 아닌 것은?

① 인바　　　　　　② 모넬메탈
③ 엘린바　　　　　④ 플래티나이트

모넬메탈은 Ni – Cu 합금으로 불변강이 아니다.

44

탄소강 중에 함유된 규소의 일반적인 영향 중 틀린 것은?

① 경도의 상승
② 연신율의 감소
③ 용접성의 저하
④ 충격값의 증가

규소의 영향
경도와 강도가 상승하며 연신율과 충격 인성(값)이 감소하고 함량이 높아질수록 용접성이 저하된다.

45

다음 중 이온화 경향이 가장 큰 것은?

① Cr　　　　　　　② K
③ Sn　　　　　　　④ H

이온화 경향은 금속이 용액 중에서 전자를 잃고 양이온이 되어 산화되려는 경향으로 K > Cr > Sn > H 순서이다.

46 ⭐빈출

실온까지 온도를 내려 다른 형상으로 변형시켰다가 다시 온도를 상승시키면 어느 일정한 온도 이상에서 원래의 형상으로 변화하는 합금은?

① 제진합금　　　　　② 방진합금
③ 비정질합금　　　　④ 형상기억합금

형상기억합금(SMA)
온도 변화에 따라 변형 전의 기억된 형태로 복원되는 특수 합금으로 잠수함, 우주선, 로봇 등이 운용되는 극한 환경에서도 자체 복원 기능과 내열성 등이 우수하다.

47

금속에 대한 설명으로 틀린 것은?

① 리튬(Li)은 물보다 가볍다.
② 고체 상태에서 결정구조를 가진다.
③ 텅스텐(W)은 이리듐(Ir)보다 비중이 크다.
④ 일반적으로 용융점이 높은 금속은 비중도 큰 편이다.

• W(텅스텐) 밀도: 약 $19.3g/cm^3$
• Ir(이리듐) 밀도: 약 $22.6g/cm^3$

정답　　41 ①　42 ④　43 ②　44 ④　45 ②　46 ④　47 ③

48

고강도 Al 합금으로 조성이 Al - Cu - Mg - Mn인 합금은?

① 라우탈
② Y-합금
③ 두랄루민
④ 하이드로날륨

49

7 : 3 황동에 1% 내외의 Sn을 첨가하여 열교환기, 증발기 등에 사용되는 합금은?

① 콜슨 황동
② 네이벌 황동
③ 애드미럴티 황동
④ 에버듀어 메탈

50

구리에 5 ~ 20% Zn을 첨가한 황동으로, 강도는 낮으나 전연성이 좋고 색깔이 금색에 가까워, 모조금이나 판 및 선 등에 사용되는 것은?

① 톰백
② 켈밋
③ 포금
④ 문쯔메탈

51

열간 성형 리벳의 종류별 호칭길이(L)를 표시한 것 중 잘못 표시된 것은?

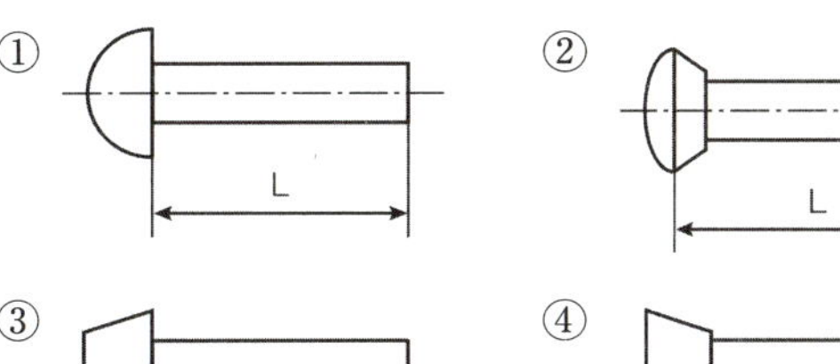

52 ⭐빈출

다음 중 배관용 탄소강관의 재질기호는?

① SPA
② STK
③ SPP
④ STS

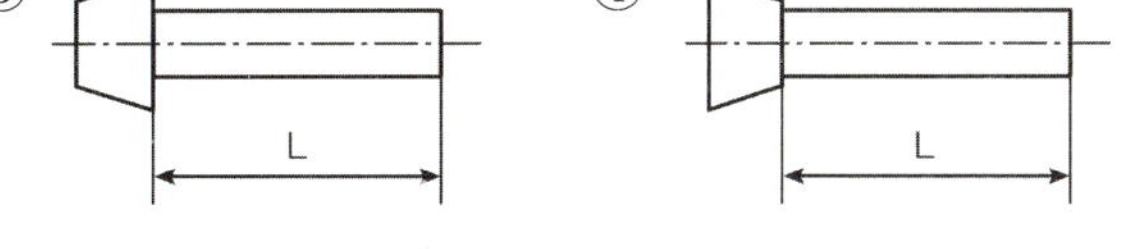

53 ⭐빈출

그림과 같은 KS 용접 보조기호의 설명으로 옳은 것은?

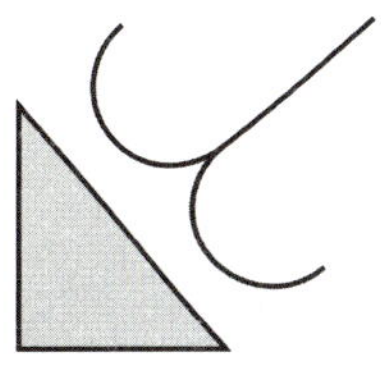

① 필릿 용접부 토우를 매끄럽게 함
② 필릿 용접 끝단부를 볼록하게 다듬질
③ 필릿 용접 끝단부에 영구적인 덮개판을 사용
④ 필릿 용접 중앙부에 제거 가능한 덮개판을 사용

54

그림과 같은 ㄷ형강의 치수 기입 방법으로 옳은 것은? (단, L은 형강의 길이를 나타낸다.)

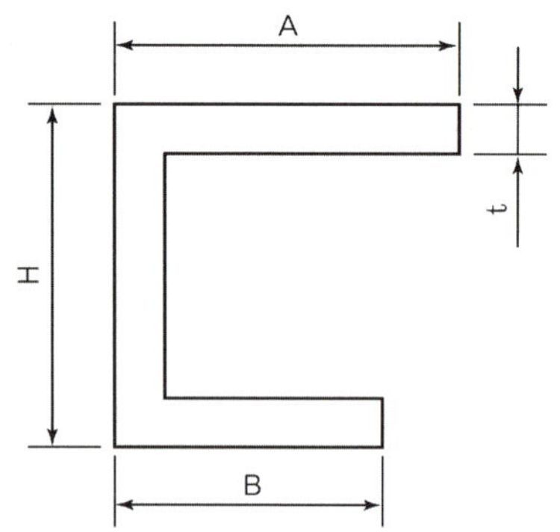

① ㄷ A×B×H×t - L
② ㄷ H×A×B×t - L
③ ㄷ B×A×H×t - L
④ ㄷ H×B×A×L - t

- ㄷ: ㄷ형강
- 일반적으로 높이(H) × 윗변(A) × 아랫변(B) × 두께(t) - 길이(L) 순서로 표기한다.

55 ⭐빈출

도면에서 반드시 표제란에 기입해야 하는 항목으로 틀린 것은?

① 재질
② 척도
③ 투상법
④ 도명

- 재질(Material)은 도면의 표제란 필수항목이 아니라 선택항목 이다.
- 표제란(Title Block): 도면의 하단 또는 우측 하단에 위치하며, 도면의 식별 정보를 명확히 표시하는 공간을 말한다.
- 필수 표제: 도명, 도면 번호, 척도, 투상법, 작성일자, 작성자(검토자) 등

56 ⭐빈출

선의 종류와 명칭이 잘못된 것은?

① 가는 실선 - 해칭선
② 굵은 실선 - 숨은선
③ 가는 2점 쇄선 - 가상선
④ 가는 1점 쇄선 - 피치선

굵은 실선 - 외형선

57

그림과 같은 입체도에서 화살표 방향을 정면으로 할 때 평면도로 가장 적합한 것은?

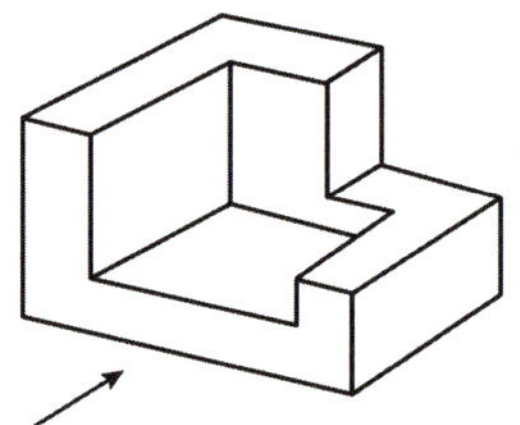

① 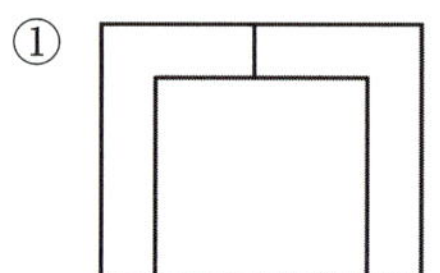 ② 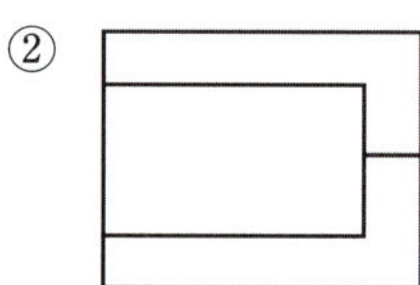

③ 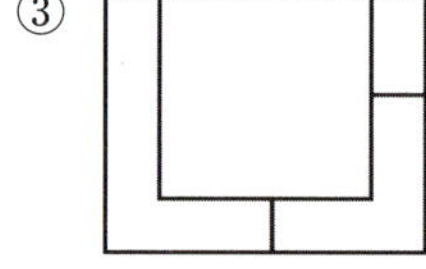 ④ 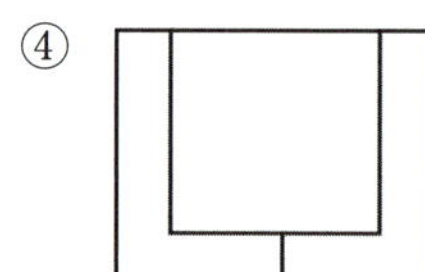

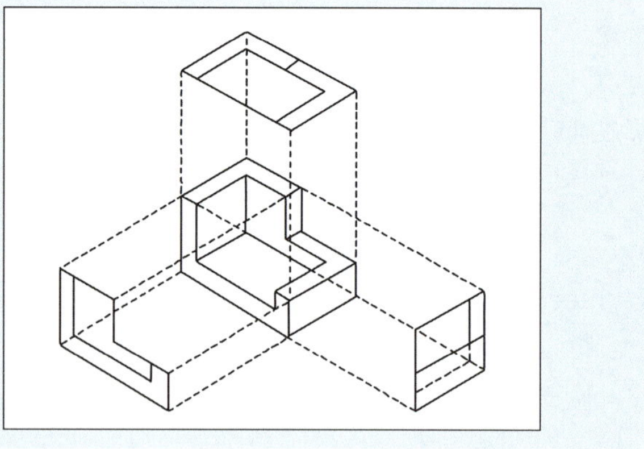

58 빈출

도면의 밸브 표시방법에서 안전밸브에 해당하는 것은?

①    ② 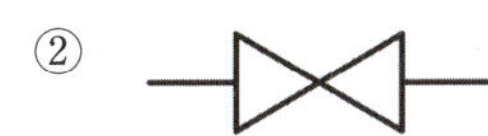

③ 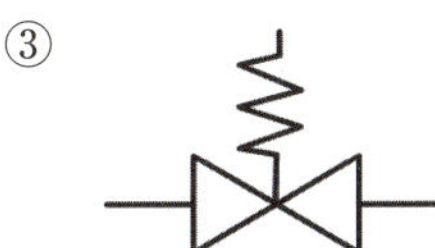   ④ 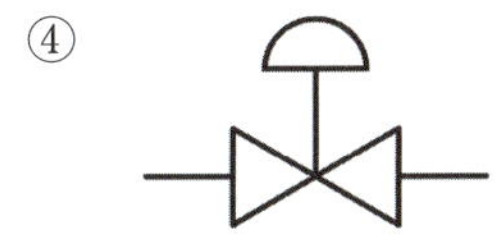

밸브 및 콕 몸체의 표시방법

밸브·콕의 종류	그림 기호	밸브·콕의 종류	그림 기호
밸브 일반	⋈	앵글 밸브	△
게이트 밸브	⋈	3방향 밸브	⋈
글로브 밸브	⋈	안전 밸브	⋈
체크 밸브	◁◀ 또는 ∠		
볼 밸브	⊠	콕 일반	⋈
버터플라이 밸브	⋈ 또는		

투상법

구분	제1각법 (First-Angle)	제3각법 (Third-Angle)
투상 위치	물체가 투상면 앞쪽	물체가 투상면 뒤쪽
도면 배치법칙	좌우·상하가 실제와 반대	좌우·상하가 실제와 같음
평면도(윗면도)	정면도의 아래쪽	정면도의 위쪽
저면도(아랫면도)	정면도의 위쪽	정면도의 아래쪽
좌측면도	정면도의 오른쪽	정면도의 왼쪽
우측면도	정면도의 왼쪽	정면도의 오른쪽

59

제1각법과 제3각법에 대한 설명 중 틀린 것은?

① 제3각법은 평면도를 정면도의 위에 그린다.
② 제1각법은 저면도를 정면도의 아래에 그린다.
③ 제3각법의 원리는 눈 → 투상면 → 물체의 순서가 된다.
④ 제1각법에서 우측면도는 정면도를 기준으로 본 위치 와는 반대쪽인 좌측에 그려진다.

60 빈출

일반적으로 치수선을 표시할 때, 치수선 양 끝에 치수가 끝나는 부분임을 나타내는 형상으로 사용하는 것이 아닌 것은?

① 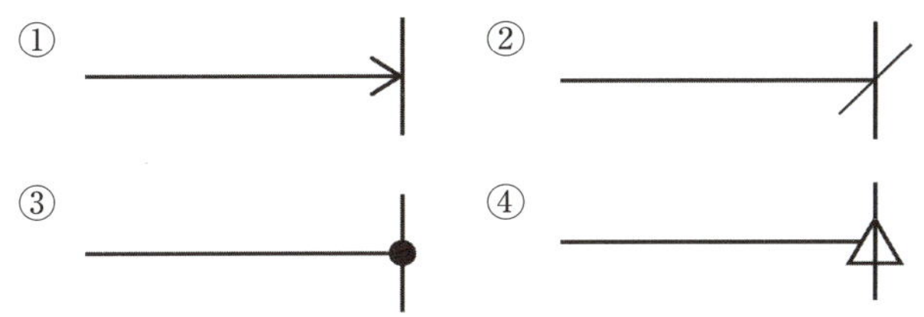   ②

③   ④

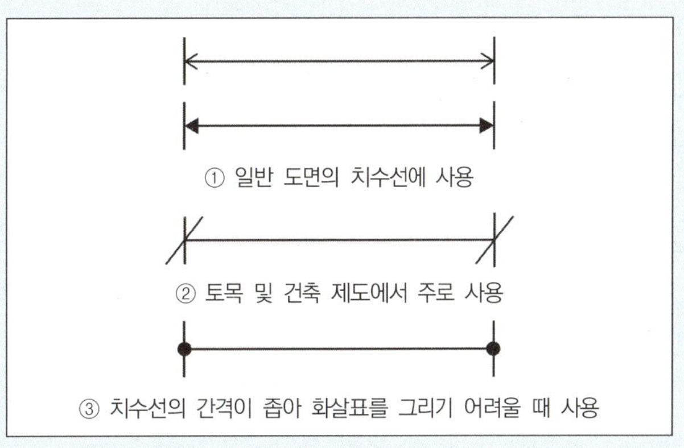

01 ⭐

초음파 탐상법의 종류에 속하지 않는 것은?

① 투과법
② 펄스 반사법
③ 공진법
④ 극간법

초음파 탐상법의 종류
- 투과법: 송신기와 수신기를 활용하여 시험체를 통과할 때 초음파의 감쇠로 결함을 확인한다.
- 펄스 반사법: 반사파의 형태를 활용하여 반사되는 신호의 시간 지연으로 결함을 확인한다.
- 공진법: 연속적으로 변화되는 파장을 보내 두께나 탄성계수를 이용하여 결함을 확인한다.

자화방법의 종류
극간법, 관통법, 전류통전법

02

용접작업 중 지켜야 할 안전사항으로 틀린 것은?

① 보호장구를 반드시 착용하고 작업한다.
② 훼손된 케이블은 사용 후에 보수한다.
③ 도장된 탱크 안에서의 용접은 충분히 환기시킨 후에 작업한다.
④ 전격방지기가 설치된 용접기를 사용한다.

훼손된 케이블은 사용 전에 보수한 후 작업을 진행해야 한다.

03

자동화 용접장치의 구성요소가 아닌 것은?

① 고주파 발생장치   ② 칼럼
③ 트랙   ④ 갠트리

고주파 발생장치
교류(AC)아크 용접기는 전류의 방향이 매 초에 바뀌기 때문에 교류가 0A가 되는 순간마다 아크가 꺼질 위험이 있으며, 이 현상을 방지하기 위해 고전압의 고주파 전류를 중첩시켜 아크가 끊기지 않고 안정적으로 유지되도록 하는 장치를 말한다.

04 ⭐

CO_2 가스 아크 용접에서 기공의 발생 원인으로 틀린 것은?

① 노즐에 스패터가 부착되어 있다.
② 노즐과 모재 사이의 거리가 짧다.
③ 모재가 오염(기름, 녹, 페인트)되어 있다.
④ CO_2 가스의 유량이 부족하다.

노즐과 모재 사이가 멀어질수록 기공 발생률이 증가한다.

05 ⭐

서브머지드 아크 용접의 특징으로 틀린 것은?

① 콘택트 팁에서 통전되므로 와이어 중에 저항열이 적게 발생되어 고전류 사용이 가능하다.
② 아크가 보이지 않으므로 용접부의 적부를 확인하기가 곤란하다.
③ 용접길이가 짧을 때 능률적이며 수평 및 위보기 자세 용접에 주로 이용된다.
④ 일반적으로 비드 외관이 아름답다.

서브머지드 아크 용접은 자동 용접이며, 아크가 보이지 않는 상태에서 용접이 진행되므로 주로 아래보기 또는 수평 필릿 자세에 이용되며 위보기 자세는 불가능하다.

 정답   01 ④   02 ②   03 ①   04 ②   05 ③

06 ⭐빈출

주철 용접 시 주의사항으로 옳은 것은?

① 용접전류는 약간 높게 하고 운봉하여, 곡선비드를 배치하며 용입을 깊게 한다.
② 가스 용접 시 중성불꽃 또는 산화불꽃을 사용하고 용제는 사용하지 않는다.
③ 냉각되어 있을 때 피닝작업을 하여 변형을 줄이는 것이 좋다.
④ 용접봉의 지름은 가는 것을 사용하고, 비드의 배치는 짧게 하는 것이 좋다.

주철은 탄소 함량이 높아 열충격·수축균열에 민감하므로 입열량을 작게 하고 열 영향부를 좁게 유지하는 것이 핵심이다. 가는 용접봉과 짧은 비드로 진행하는 것이 바람직하다.

07

다음 중 CO_2 가스 아크 용접의 장점으로 틀린 것은?

① 용착금속의 기계적 성질이 우수하다.
② 슬래그 혼입이 없고, 용접 후 처리가 간단하다.
③ 전류밀도가 높아 용입이 깊고, 용접 속도가 빠르다.
④ 풍속 2m/s 이상의 바람에도 영향을 받지 않는다.

CO_2 가스 아크 용접은 차폐가스 방식으로 바람에 민감하므로 풍속 2m/s 이상에서는 차폐가 무너져 기공·산화가 발생하기 쉽다.

08

용접 홈 이음 형태 중 U형은 루트 반지름을 가능한 크게 만드는 데 그 이유로 가장 알맞은 것은?

① 큰 개선각도
② 많은 용착량
③ 충분한 용입
④ 큰 변형량

U형 홈은 루트 반지름을 크게 하여 루트부의 응력 집중을 줄이고 아크 접근성을 높여 루트 용입을 확실히 확보한다.

09 ⭐빈출

비용극식, 비소모식 아크 용접에 속하는 것은?

① 피복 아크 용접
② TIG 용접
③ 서브머지드 아크 용접
④ CO_2 용접

TIG 용접은 비소모성 텅스텐 전극봉과 불활성 가스(Ar, He)를 사용하여 아크열로 금속을 용융시키는 용접법이다.

10 ⭐빈출

TIG 용접에서 직류 역극성에 대한 설명이 아닌 것은?

① 용접기의 음극에 모재를 연결한다.
② 용접기의 양극에 토치를 연결한다.
③ 비드 폭이 좁고 용입이 깊다.
④ 산화피막을 제거하는 청정작용이 있다.

정극성 DCSP(Direct Current Straight Polarity)
• 용접봉(-), 모재(+)
• 용입 깊고, 비드 폭이 좁다.

역극성 DCRP(Direct Current Reverse Polarity)
• 용접봉(+), 모재(-)
• 용입 얕고, 비드 폭이 넓다.
• 청정작용이 있다.

11

다음 중 용접작업 전에 예열을 하는 목적으로 틀린 것은?

① 용접작업성의 향상을 위하여
② 용접부의 수축 변형 및 잔류응력을 경감시키기 위하여
③ 용접금속 및 열 영향부의 연성 또는 인성을 향상시키기 위하여
④ 고탄소강이나 합금강의 열 영향부 경도를 높게 하기 위하여

예열은 용접 전 모재와 주변부를 일정온도로 가열하는 작업을 말하며, 급격한 냉각을 방지하고 용접 시 균열, 응력, 조직경화를 완화하기 위한 목적을 가진다.

정답   06 ④   07 ④   08 ③   09 ②   10 ③   11 ④

12

전기저항 용접 중 플래시 용접 과정의 3단계를 순서대로 바르게 나타낸 것은?

① 업셋 → 플래시 → 예열
② 예열 → 업셋 → 플래시
③ 예열 → 플래시 → 업셋
④ 플래시 → 업셋 → 예열

- 플래시 용접은 맞댄 두 단면 사이에 저전압·대전류를 인가하고 미세 간극에서 플래싱(스파크 방전)으로 급가열한 뒤, 업셋으로 계면을 소성 결합시키는 방식이다.
- 과정: 예열 → 플래시 → 업셋

13

다음 중 다층 용접 시 적용하는 용착법이 아닌 것은?

① 빌드업법　　　② 캐스케이드법
③ 스킵법　　　　④ 전진블록법

스킵법(Skip Welding)
긴 용접선을 한번에 연속적으로 용접하지 않고 일정 길이로 나눈 여러 구간을 건너뛰며 간헐적으로 용접하는 방법으로, 열의 집중을 방지하여 변형, 잔류응력을 줄이는데 효과적이다.

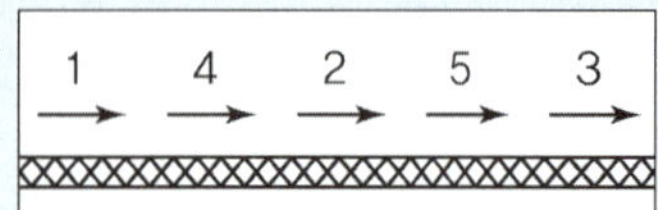

14 빈출

피복 아크 용접 시 지켜야 할 유의사항으로 적합하지 않은 것은?

① 작업 시 전류는 적정하게 조절하고 정리정돈을 잘 하도록 한다.
② 작업을 시작하기 전에는 메인 스위치를 작동시킨 후에 용접기 스위치를 작동시킨다.
③ 작업이 끝나면 항상 메인 스위치를 먼저 끈 후에 용접기 스위치를 꺼야 한다.
④ 아크 발생 시 항상 안전에 신경을 쓰도록 한다.

작업 완료 후 용접기 전원을 종료한 후 메인 스위치를 종료해야 한다.

15

전격의 방지대책으로 적합하지 않은 것은?

① 용접기의 내부는 수시로 열어서 점검하거나 청소한다.
② 홀더나 용접봉은 절대로 맨손으로 취급하지 않는다.
③ 절연 홀더의 절연 부분이 파손되면 즉시 보수하거나 교체한다.
④ 땀, 물 등에 의해 습기 찬 작업복, 장갑, 구두 등은 착용하지 않는다.

내부를 수시로 열 경우 감전 위험에 노출될 수 있다.

16 빈출

연납과 경납을 구분하는 온도는?

① 550℃　　　　② 450℃
③ 350℃　　　　④ 250℃

납땜(Soldering/Brazing)
모재는 녹이지 않고 납땜재만 녹여서 모세관 현상으로 결합시키는 공정을 말한다. 대표적인 구분은 연납과 경납으로 450℃ 온도 기준으로 분류한다.

17 빈출

용접 진행 방향과 용착 방향이 서로 반대가 되는 방법으로 잔류응력은 다소 적게 발생하나 작업의 능률이 떨어지는 용착법은?

① 전진법　　　　② 후진법
③ 대칭법　　　　④ 스킵법

구분	후진법(Backward Welding)
용접봉 위치	불꽃 뒤쪽
진행 방향	불꽃이 진행 방향의 반대 방향
화염의 작용	불꽃이 이미 용착된 금속 위를 지나 예열 효과가 커져 산화 발생이 감소함
용접 속도	빠름
용입 깊이	깊음
용착금속 조직	미세함
적용 두께	두꺼운 판(3mm 이상)

18 ⭐

다음 중 테르밋 용접의 특징에 관한 설명으로 틀린 것은?

① 용접작업이 단순하다.
② 용접기구가 간단하고, 작업장소의 이동이 쉽다.
③ 용접시간이 길고, 용접 후 변형이 크다.
④ 전기가 필요 없다.

테르밋 용접은 알루미늄의 산화 반응으로 순간적으로 고온 용융금속을 만들어 짧은 시간에 접합하는 공정이다.

19

다음 중 용접 후 잔류응력완화법에 해당하지 않는 것은?

① 기계적 응력완화법   ② 저온응력완화법
③ 피닝법   ④ 화염경화법

• 용접 후 잔류응력완화법은 열적 방법(저온응력완화 열처리 등)과 기계적 방법(피닝, 진동 및 기계적 응력완화 등)으로 수행한다.
• 화염경화법은 표면을 가열 후 급랭하여 경화층을 형성하는 표면 경화 공정을 말한다.

20 ⭐

용접 지그나 고정구의 선택 기준 설명 중 틀린 것은?

① 용접하고자 하는 물체의 크기를 튼튼하게 고정시킬 수 있는 크기와 강성이 있어야 한다.
② 용접 응력을 최소화할 수 있도록 변형이 자유스럽게 일어날 수 있는 구조이어야 한다.
③ 피용접물의 고정과 분해가 쉬워야 한다.
④ 용접 간극을 적당히 받쳐주는 구조이어야 한다.

용접 지그와 고정구의 가장 중요한 목적 중 하나는 용접 시 발생하는 열과 응력에 의한 변형(뒤틀림)을 방지 및 구속하는 것이다.

21 ⭐

다음 중 용접 자세 기호로 틀린 것은?

① F   ② V
③ H   ④ OS

① F: 아래보기 자세   ② V: 수직 자세
③ H: 수평 자세   ④ O(OH): 위보기 자세

22

전기저항 용접의 발열량을 구하는 공식으로 옳은 것은? (단, H: 발열량(cal), I: 전류(A), R: 저항(Ω), t: 시간(sec)이다.)

① $H = 0.24IRt$ ② $H = 0.24IR^2t$
③ $H = 0.24I^2Rt$ ④ $H = 0.24IRt^2$

$H = 0.24I^2Rt$
H: 발열량(cal), I: 전류(A), R: 저항(Ω), t: 시간(sec)

23

가스 용접 모재의 두께가 3.2mm일 때 가장 적당한 용접봉의 지름을 계산식으로 구하면 몇 mm인가?

① 1.6   ② 2.0
③ 2.6   ④ 3.2

$d = 0.8t = 0.8 \times 3.2 = 2.56mm ≒ 2.6mm$
t: 판 두께(mm)

24 ⭐

가스 용접에 사용되는 가연성 가스의 종류가 아닌 것은?

① 프로판 가스   ② 수소 가스
③ 아세틸렌 가스   ④ 산소

산소는 다른 물질의 연소를 돕는 기체로 조연성 가스를 말한다.

25 ⭐

환원 가스 발생 작용을 하는 피복 아크 용접봉의 피복제 성분은?

① 산화티탄   ② 규산나트륨
③ 탄산칼륨   ④ 당밀

당밀이나 카세인은 유기물로 열분해 시 환원성 가스(CO, H_2)를 다량 발생시켜 환원 가스 발생 작용을 담당한다.

정답 18 ③ 19 ④ 20 ② 21 ④ 22 ③ 23 ③ 24 ④ 25 ④

26 빈출

토치를 사용하여 용접 부분의 뒷면을 따내거나 U형, H형으로 용접 홈을 가공하는 것으로 일명 가스 파내기라고 부르는 가공법은?

① 산소창 절단
② 선삭
③ 가스 가우징
④ 천공

가스 가우징(Oxy-Fuel Gouging)
용접부 뒷면 가우징(따내기), 표면 결함 제거, U 또는 H형 용접 홈 가공을 위해 사용되는 방법으로 전용 가우징 팁으로 산소를 집중 분사해 가공하며 스테인리스강 및 비철금속(알루미늄, 구리 등)은 절단이 불가능하다.

27 빈출

피복 아크 용접에서 직류 역극성(DCRP) 용접의 특징으로 옳은 것은?

① 모재의 용입이 깊다.
② 비드 폭이 좁다.
③ 봉의 용융이 느리다.
④ 박판, 주철, 고탄소강의 용접 등에 쓰인다.

역극성 DCRP(Direct Current Reverse Polarity)
• 용접봉(+), 모재(−)
• 용입 얕고, 비드 폭이 넓다.
• 청정작용이 있다.
• 박판, 주철, 고탄소강 용접에 유리하다.

28 빈출

다음 중 아세틸렌 가스의 관으로 사용할 경우 폭발성 화합물을 생성하게 되는 것은?

① 순구리관
② 스테인리스강관
③ 알루미늄합금관
④ 탄소강관

아세틸렌(C_2H_2)은 구리(Cu)와 반응하여 다음과 같은 폭발성 물질을 만든다.
$$2Cu + C_2H_2 \rightarrow Cu_2C_2 + H_2$$
순구리관은 절대 사용 금지이며, 일반적으로 탄소강관 또는 스테인리스강관을 사용한다.

29

가스 절단 시 예열불꽃이 약할 때 일어나는 현상으로 틀린 것은?

① 드래그가 증가한다.
② 절단면이 거칠어진다.
③ 역화를 일으키기 쉽다.
④ 절단속도가 느려지고, 절단이 중단되기 쉽다.

가스 절단 시 예열불꽃이 강하면 과열이 진행되며, 산화층이 두꺼워지고 표면이 거칠어진다.

30

직류아크 용접기와 비교하여 교류아크 용접기에 대한 설명으로 가장 올바른 것은?

① 무부하 전압이 높고 감전의 위험이 많다.
② 구조가 복잡하고 극성변화가 가능하다.
③ 자기 쏠림 방지가 불가능하다.
④ 아크 안정성이 우수하다.

교류아크 용접기는 직류기에 비해 무부하 전압이 더 높아(일반적으로 70 ~ 80V 수준) 감전 위험이 상대적으로 크다.

31 빈출

재료의 접합방법은 기계적 접합과 야금적 접합으로 분류하는데 야금적 접합에 속하지 않는 것은?

① 리벳
② 용접
③ 압접
④ 납땜

기계적 접합: 리벳, 볼트, 나사, 핀, 키 등으로 외력이나 형상에 의해 부품을 결합하는 방식이며 금속 조직이 직접 결합하지 않는다.

32 빈출

피복 아크 용접기를 사용하여 아크 발생을 8분간 하고 2분간 쉬었다면, 용접기 사용률은 몇 %인가?

① 25   ② 40
③ 65   ④ 80

$$\text{사용률}(\%) = \frac{\text{아크시간}}{\text{아크시간} + \text{휴식시간}} \times 100$$

$$= \frac{8}{8+2} \times 100 = 80\%$$

33 빈출

다음 중 알루미늄을 가스 용접할 때 가장 적절한 용제는?

① 붕사   ② 탄산나트륨
③ 염화나트륨   ④ 중탄산나트륨

금속별 사용 용제

금속 종류	사용 용제
황동(Brass)	붕사(Borax)
구리(Cu)	붕사 + 염화나트륨 혼합
알루미늄(Al)	염화리튬(LiCl), 염화칼륨(KCl) 등 염화물계 용제
연강(Steel)	용제 사용하지 않음

34 빈출

아크 용접에서 아크 쏠림 방지대책으로 옳은 것은?

① 용접봉 끝을 아크 쏠림 방향으로 기울인다.
② 접지점을 용접부에 가까이 한다.
③ 아크길이를 길게 한다.
④ 직류 용접 대신 교류 용접을 사용한다.

아크 쏠림 방지대책
- 교류 용접기를 사용하거나 후퇴법으로 용접한다.
- 짧은 아크를 사용하고 접지점을 용접부에서 멀리한다.
- 접지선을 2개 연결하고 아크 발생 주변을 비자성체로 만든다.
- 접지 케이블이 감기지 않도록 하고, 접지부에 녹, 페인트 등 방해물이 없도록 청결을 유지한다.
- 아크 쏠림 반대 방향으로 기울인다.
- 용접부의 시작과 끝 부분에 엔드 탭을 활용한다.

35 빈출

일반적인 용접의 장점으로 옳은 것은?

① 재질 변형이 생긴다.
② 작업 공정이 단축된다.
③ 잔류응력이 발생한다.
④ 품질검사가 곤란하다.

용접의 특징
- 금속 결합으로 기밀, 수밀, 유밀성이 우수하다.
- 얇은 판부터 두꺼운 판까지 두께에 제한이 없다.
- 조립, 가공 공정이 단순화되어 작업성이 좋다.
- 용접부 절단 제거 시 보수와 수리가 어렵다.
- 용접사의 기술 수준에 따른 숙련도가 요구된다.
- 기상 및 작업 환경 조건에 따른 제한이 발생한다.
- 국부적인 열 집중으로 변형 및 잔류응력이 발생된다.

36 빈출

용접작업을 하지 않을 때는 무부하 전압을 20 ~ 30V 이하로 유지하고 용접봉을 작업물에 접촉시키면 릴레이(Relay) 작동에 의해 전압이 높아져 용접작업을 가능하게 하는 장치는?

① 아크부스터   ② 원격제어장치
③ 전격방지기   ④ 용접봉 홀더

전격방지기
아크 용접기의 무부하 전압 등 작업자가 전극봉이나 모재에 접촉 시 감전에 대한 위험에서 보호하기 위해 필수적으로 설치해야 하는 안전장치이다.

37 빈출

다음 중 연강용 가스 용접봉의 종류인 "GA43"에서 "43"이 의미하는 것은?

① 가스 용접봉
② 용착금속의 연신율 구분
③ 용착금속의 최소 인장강도 수준
④ 용착금속의 최대 인장강도 수준

- GA, GB: 가스 용접봉의 재질
- 43: 용착금속의 최소 인장강도(Minimum Tensile Strength)

정답

32 ④   33 ③   34 ④   35 ②   36 ③   37 ③

38 빈출

피복제 중에 산화티탄(TiO₂)을 약 35% 정도 포함한 용접봉으로서 아크는 안정되고 스패터는 적으나, 고온 균열(Hot Crack)을 일으키기 쉬운 결점이 있는 용접봉은?

① E4301
② E4313
③ E4311
④ E4316

> **고산화티탄계 피복 아크 용접봉(E4313)**
> • 피복제에 산화티탄(TiO₂)이 약 35% 내외로 포함되어 있으며, 아크가 안정적이고 스패터가 적다.
> • 일반 경구조물 및 박판 용접에 많이 사용되고 유동성이 좋은 슬래그를 형성하며, 냉각 시 쉽게 박리되어 비드 표면이 고른 장점을 가지나, 고온 균열이 발생할 수 있다.

39

알루미늄과 마그네슘의 합금으로 바닷물과 알칼리에 대한 내식성이 강하고 용접성이 매우 우수하여 주로 선박용 부품, 화학 장치용 부품 등에 쓰이는 것은?

① 실루민
② 하이드로날륨
③ 알루미늄 청동
④ 애드미럴티 황동

> **하이드로날륨(Hydronalium)**
> Al – Mg계 합금(알루미늄 약 95%, 마그네슘 약 3 ~ 5%)으로 뛰어난 내해수성, 내식성, 성형성(연신율)을 가지고 있다. 이름 속 Hydro + Aluminum에서 물이나 해수에 강한 알루미늄을 뜻하는 것을 알 수 있으며 선박용 재료, 화학기기, 조리용 기기 등에 활용된다.

40

다음 금속 중 용융 상태에서 응고할 때 팽창하는 것은?

① Sn
② Zn
③ Mo
④ Bi

> 비스무트(Bi)는 용융 상태에서 응고할 때 부피가 팽창하는 대표적인 금속이다.

41

60% Cu – 40% Zn 황동으로 복수기용 판, 볼트, 너트 등에 사용되는 합금은?

① 톰백(Tombac)
② 길딩메탈(Gilding Metal)
③ 문쯔메탈(Muntz Metal)
④ 애드미럴티메탈(Admiralty Metal)

> **문쯔메탈(Muntz Metal)**
> 약 Cu 60% – Zn 40% 조성의 $\alpha + \beta$ 이중상 황동으로 강도와 내해수성이 좋아 복수기용 판, 볼트, 너트, 선체 피복 등에 널리 쓰이는 합금이다.

42

시편의 표점거리가 125mm, 늘어난 길이가 145mm이었다면 연신율은?

① 16%
② 20%
③ 26%
④ 30%

> $$연신율 = \frac{L - L_0}{L_0} \times 100 = \frac{145 - 125}{125} \times 100 = 16\%$$
>
> L_0: 처음 표점거리(mm)
> L: 늘어난 표점거리(mm)

43 빈출

주철의 유동성을 나쁘게 하는 원소는?

① Mn
② C
③ P
④ S

> 주철의 유동성은 C, Si, P가 많을수록 일반적으로 좋아지지만, S(황)은 유동성을 저하시켜 주조성을 악화시킨다.

44

주변 온도가 변화하더라도 재료가 가지고 있는 열팽창계수나 탄성계수 등의 특정한 성질이 변하지 않는 강은?

① 쾌삭강
② 불변강
③ 강인강
④ 스테인리스강

불변강은 온도 변화에 따른 열팽창이 거의 없는 특수 합금강으로 게이지, 시계추, 측정기, 항공기 부품 등 정밀도가 요구되는 기기에 사용된다.

45

열과 전기의 전도율이 가장 좋은 금속은?

① Cu
② Al
③ Ag
④ Au

은(Ag)이 모든 금속 중 열전도율이 가장 크고 그 다음이 구리(Cu), 금(Au), 알루미늄(Al) 순이다.

46 빈출

비파괴검사가 아닌 것은?

① 자기 탐상시험
② 침투 탐상시험
③ 샤르피 충격시험
④ 초음파 탐상시험

샤르피(Charpy) 충격시험기
충격을 받았을 때 금속재료의 저항 능력을 평가하는 장비로 용접부의 인성을 평가하기 위한 충격시험기를 말한다.

47 빈출

구상흑연주철에서 그 바탕조직이 펄라이트이면서 구상흑연의 주위를 유리된 페라이트가 감싸고 있는 조직의 명칭은?

① 오스테나이트(Austenite) 조직
② 시멘타이트(Cementite) 조직
③ 레데뷰라이트(Ledeburite) 조직
④ 불스 아이(Bull's Eye) 조직

구상흑연 주변에 얇은 페라이트 고리가 둘러싼 미세조직을 불스 아이(Bull's Eye) 조직이라 부른다.

48

섬유강화 금속 복합 재료의 기지 금속으로 가장 많이 사용되는 것으로 비중이 약 2.7인 것은?

① Na
② Fe
③ Al
④ Co

알루미늄(Al)
비중 2.7, 용융점 660℃이며, 가볍고 전연성이 우수하고 구리보다 낮은 전기전도성을 가진다. 순도가 높을수록 약해지고 연해져 기계적 성질이 낮은 금속 중 하나이다.

49

강에서 상온 메짐(취성)의 원인이 되는 원소는?

① P
② S
③ Al
④ Co

P(인)는 상온에서의 취성(상온 메짐)을 유발한다.

50 빈출

강자성체 금속에 해당되는 것은?

① Bi, Sn, Au
② Fe, Pt, Mn
③ Ni, Fe, Co
④ Co, Sn, Cu

강자성체 금속은 외부 자기장이 없더라도 스스로 정렬되어 강한 자화를 보이는 금속으로 Ni, Fe, Co 등이 있다.

정답　44 ②　45 ③　46 ③　47 ④　48 ③　49 ①　50 ③

51

그림과 같은 KS 용접기호의 해석으로 올바른 것은?

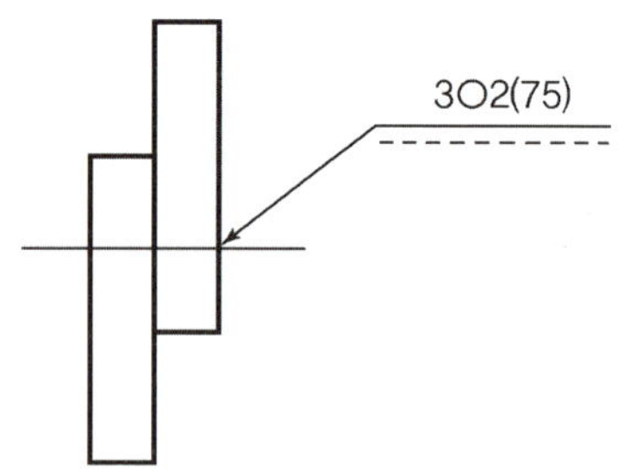

① 지름이 2mm이고, 피치가 75mm인 플러그 용접이다.
② 지름이 2mm이고, 피치가 75mm인 심 용접이다.
③ 용접 수는 2개이고, 피치가 75mm인 슬롯 용접이다.
④ 용접 수는 2개이고, 피치가 75mm인 스폿(점) 용접이다.

용접 기호
- ○: 스폿 용접(점 용접, Spot Welding)
- 3: 스폿의 지름(d)
- 2: 용접의 개수(n)
- (75): 인접한 용접부 중심 간의 거리인 피치(mm)를 의미

52 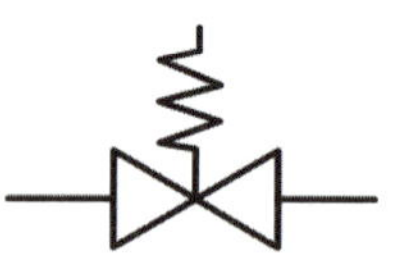

그림과 같은 도시기호가 나타내는 것은?

① 안전 밸브   ② 전동 밸브
③ 스톱 밸브   ④ 슬루스 밸브

밸브 및 콕 몸체의 표시방법			
밸브·콕의 종류	그림 기호	밸브·콕의 종류	그림 기호
밸브 일반	▷◁	앵글 밸브	◁
게이트 밸브	▷◁	3방향 밸브	▷◁
글로브 밸브	▶◀	안전 밸브	
체크 밸브	▷◀ 또는		
볼 밸브	▷◁	콕 일반	▷◁
버터플라이 밸브	▷◁ 또는		

53

도면의 척도값 중 실제 형상을 확대하여 그리는 것은?

① 2 : 1   ② 1 : $\sqrt{2}$
③ 1 : 1   ④ 1 : 2

배척(확대척도)
2 : 1, 5 : 1, 10 : 1로 도면에 실제보다 크게 그리며, 소형 부품에 주로 활용된다.

54

그림과 같은 입체도를 3각법으로 올바르게 도시한 것은?

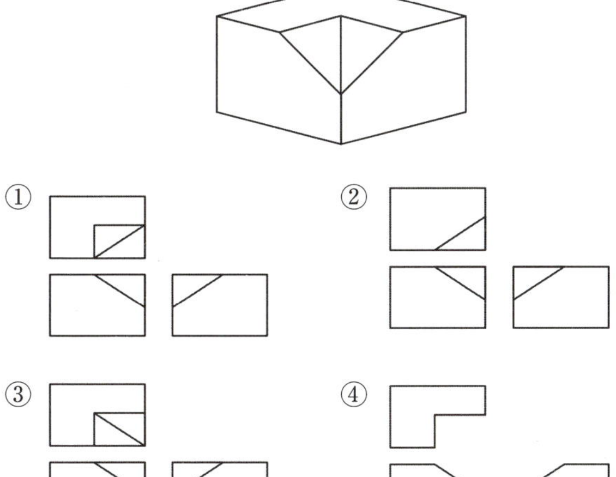

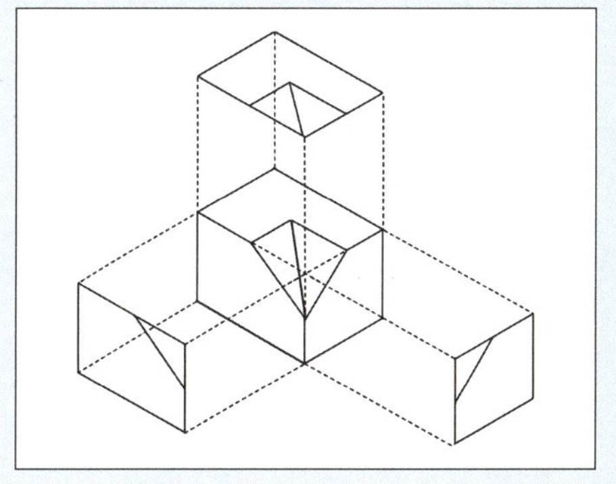

55

도면에 물체를 표시하기 위한 투상에 관한 설명 중 잘못된 것은?

① 주 투상도는 대상물의 모양 및 기능을 가장 명확하게 표시하는 면을 그린다.
② 보다 명확한 설명을 위해 주 투상도를 보충하는 다른 투상도를 많이 나타낸다.
③ 특별한 이유가 없을 경우 대상물을 가로 길이로 놓은 상태로 그린다.
④ 서로 관련되는 그림의 배치는 되도록 숨은선을 쓰지 않도록 한다.

도면 작성의 기본 원칙 중 하나는 간결성으로 물체의 형상을 이해하는 데 꼭 필요한 최소한의 투상도만을 사용해야 한다.

56 빈출

KS 기계재료 표시기호 "SS400"의 400은 무엇을 나타내는가?

① 경도
② 연신율
③ 탄소 함유량
④ 최저 인장강도

일반 구조용 압연강재(SS400)의 표시에서 400은 최저 인장강도 400N/mm² (= MPa)를 의미한다.

57 빈출

그림과 같이 기계 도면 작성 시 가공에 사용하는 공구 등의 모양을 나타낼 필요가 있을 때 사용하는 선으로 올바른 것은?

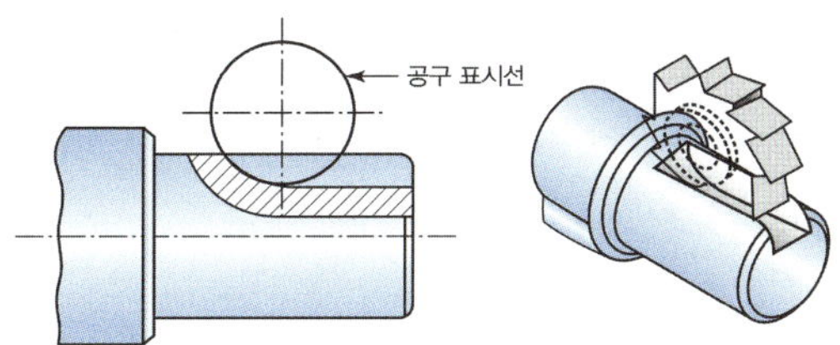

① 가는 실선
② 가는 1점 쇄선
③ 가는 2점 쇄선
④ 가는 파선

가는 2점 쇄선(가상선, Imaginary Line)
도면에서 실제로 존재하지 않는 부분을 표시하거나 절단, 이동, 회전, 가공 전·후 상태 등을 나타내는 선

58

기호를 기입한 위치에서 먼 면에 카운터 싱크가 있으며, 공장에서 드릴 가공 및 현장에서 끼워 맞춤을 나타내는 리벳의 기호 표시는?

①　　　　　　　　　　②

③　　　　　　　　　　④

① 먼 면에 카운터 싱크가 있으며, 현장에서 드릴 가공 및 현장에서 끼워 맞춤
② 먼 면에 카운터 싱크가 있으며, 공장에서 드릴 가공 및 현장에서 끼워 맞춤

54 ③　55 ②　56 ④　57 ③　58 ②

59

그림과 같은 입체도의 화살표 방향 투시도로 가장 적합한 것은?

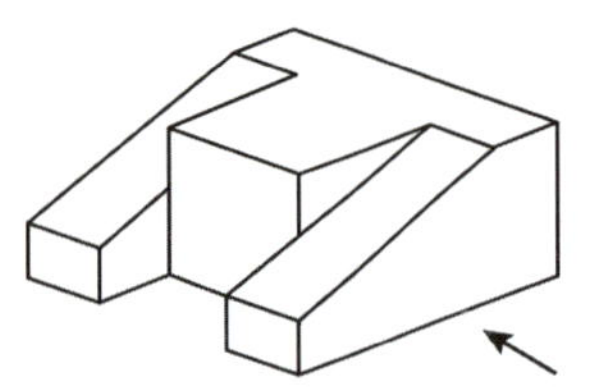

① 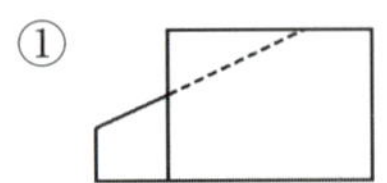　　② 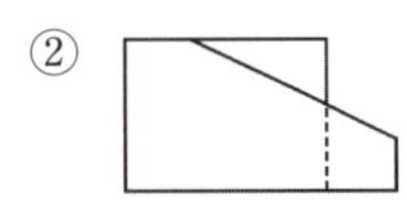

③ 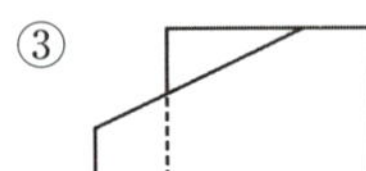　　④ 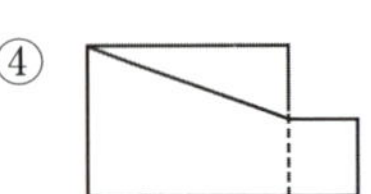

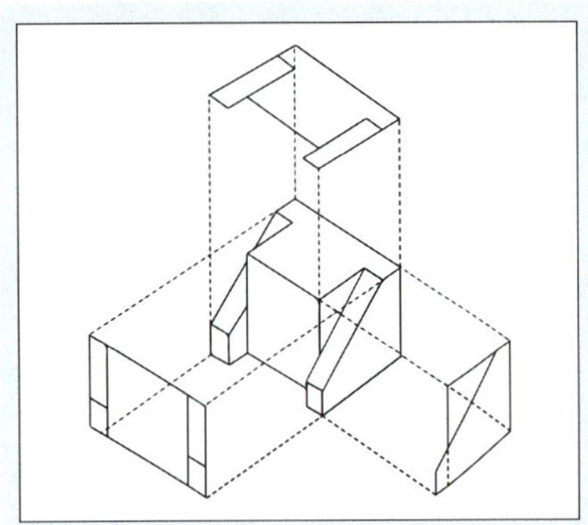

60

치수 기입의 원칙에 관한 설명 중 틀린 것은?

① 치수는 필요에 따라 기준으로 하는 점, 선 또는 면을 기준으로 하여 기입한다.
② 대상물의 기능, 제작, 조립 등을 고려하여 필요하다고 생각되는 치수를 명료하게 도면에 지시한다.
③ 치수 입력에 대해서는 중복 기입을 피한다.
④ 모든 치수에는 단위를 기입해야 한다.

치수 기입의 원칙에서 일반적으로 기본 단위(mm)를 도면에 한 번 지정하면, 개별 치수마다 단위를 반복 표기하지 않는다.

2016년 1회 | 공개기출문제

01

플래시 용접(Flash Welding)법의 특징으로 틀린 것은?

① 가열 범위가 좁고 열 영향부가 적으며 용접속도가 빠르다.
② 용접면에 산화물의 개입이 적다.
③ 종류가 다른 재료의 용접이 가능하다.
④ 용접면의 끝맺음 가공이 정확하여야 한다.

플래시 용접은 저전압·대전류로 양단 사이에 미세 간극을 두고 플래싱(스파크 방전)으로 단면을 급가열한 뒤, 업셋 가압으로 접합하는 저항 압접 공정이다. 단면의 거칠기가 맞댐면의 필수조건은 아니다.

02 ★

아크 쏠림의 방지대책에 관한 설명으로 틀린 것은?

① 교류용접으로 하지 말고 직류용접으로 한다.
② 용접부가 긴 경우는 후퇴법으로 용접한다,
③ 아크길이는 짧게 한다.
④ 접지부를 될 수 있는 대로 용접부에서 멀리한다.

아크 쏠림 방지대책
- 교류 용접기를 사용하거나 후퇴법으로 용접한다.
- 짧은 아크를 사용하고 접지점을 용접부에서 멀리한다.
- 접지선을 2개 연결하고 아크 발생 주변을 비자성체로 만든다.
- 접지 케이블이 감기지 않도록 하고, 접지부에 녹, 페인트 등 방해물이 없도록 청결을 유지한다.
- 아크 쏠림 반대 방향으로 기울인다.
- 용접부의 시작과 끝 부분에 엔드 탭을 활용한다.

03

CO_2 가스 아크 용접 결함에 있어서 다공성이란 무엇을 의미하는가?

① 질소, 수소, 일산화탄소 등에 의한 기공을 말한다.
② 와이어 선단부에 용적이 붙어 있는 것을 말한다.
③ 스패터가 발생하여 비드의 외관에 붙어 있는 것을 말한다.
④ 노즐과 모재간 거리가 지나치게 작아서 와이어 송급 불량을 의미한다.

용융금속은 고온에서 수소(H_2), 질소(N_2), 일산화탄소(CO) 등을 흡수했다가 응고 시 방출하지 못하면 다공성 기공이 형성된다.

04

박판의 스테인리스강의 좁은 홈의 용접에서 아크 교란 상태가 발생할 때 적합한 용접방법은?

① 고주파 펄스 티그 용접
② 고주파 펄스 미그 용접
③ 고주파 펄스 일렉트로 슬래그 용접
④ 고주파 펄스 이산화탄소 아크 용접

펄스 TIG는 전류를 고주파로 미세 제어하며, 아크 기둥을 가늘고 안정하게 만들어 아크블로를 완화시키므로 박판의 스테인리스강의 좁은 홈 등에 이용된다.

05

용접이음의 종류가 아닌 것은?

① 겹치기 이음　　　　② 모서리 이음
③ 라운드 이음　　　　④ T형 필릿 이음

라운드는 둥근, 회전 등을 의미하고, 라운드 이음은 용접 비드 형상 또는 원주 이음을 나타내며 용접이음과는 무관하다.

정답　　　01 ④　02 ①　03 ①　04 ①　05 ③

06

서브머지드 아크 용접봉 와이어 표면에 구리를 도금한 이유는?

① 접촉 팁과의 전기 접촉을 원활히 한다.
② 용접시간이 짧고 변형을 적게 한다.
③ 슬래그 이탈성을 좋게 한다.
④ 용융금속의 이행을 촉진시킨다.

> **서브머지드와 GMAW의 와이어 표면에 구리를 얇게 도금한 이유**
> • 전기전도성 향상: 구리 도금이 전기저항을 낮춰 원활한 전류 전달을 가능하게 한다.
> • 방청 및 부식 방지: 강철 와이어는 공기 중에서 쉽게 녹이 발생할 수 있으므로 구리 도금으로 산화를 방지하는 역할을 한다.

07 ★빈출

기계적 접합으로 볼 수 없는 것은?

① 볼트 이음　　　② 리벳 이음
③ 접어 잇기　　　④ 압접

> **접합 방법**
> • 기계적 접합: 리벳, 볼트, 나사, 핀, 코터, 접어 잇기 등
> • 야금적 접합: 용접, 압접, 납땜

08 ★빈출

용접부의 연성 결함을 조사하기 위하여 사용되는 시험법은?

① 브리넬 시험　　　② 비커스 시험
③ 굽힘시험　　　④ 충격시험

> 굽힘시험은 용접부를 규정 각도까지 굽혀 균열, 박리, 기공 노출 등의 연성 결함을 확인한다.

09 ★빈출

다음에서 설명하고 있는 현상은?

> 알루미늄 용접에서는 사용 전류에 한계가 있어 용접전류가 어느 정도 이상이 되면 청정 작용이 일어나지 않아 산화가 심하게 생기며 아크길이가 불안정하게 변동되어 비드 표면이 거칠게 주름이 생기는 현상

① 번 백(Burn Back)
② 퍼커링(Puckering)
③ 버터링(Buttering)
④ 멜트 백킹(Melt Backing)

> **퍼커링**
> 알루미늄 용접에서 전류가 과다해지면 청정이 제대로 일어나지 않아 산화막이 두껍게 남고, 아크길이가 불안정해져 비드 표면이 거칠고 주름지듯 나타나는 현상을 말한다.

10

화재의 분류 중 C급 화재에 속하는 것은?

① 전기화재　　　② 금속화재
③ 가스화재　　　④ 일반화재

화재의 분류

등급	종류	표시색	내용
A급	일반화재	백색	목재, 섬유, 고무류, 합성수지 등
B급	유류화재	황색	인화성 액체 등 기름 성분인 것
C급	전기화재	청색	통전 중인 전기설비 및 기기의 화재
D급	금속화재	무색	금속분, 박 등의 금속화재

11 ★빈출

용접작업 시 전격 방지대책으로 틀린 것은?

① 절연 홀더의 절연 부분이 노출, 파손되면 보수하거나 교체한다.
② 홀더나 용접봉은 맨손으로 취급한다.
③ 용접기의 내부에 함부로 손을 대지 않는다.
④ 땀, 물 등에 의한 습기 찬 작업복, 장갑, 구두 등을 착용하지 않는다.

> 홀더나 용접봉은 맨손으로 만지는 것을 피하고 절연장갑을 착용해야 하며, 홀더는 전선이 노출된 곳이 없이 절연이 잘 되어 있어야 한다.

12 ⭐빈출

용접 자세를 나타내는 기호가 틀리게 짝지어진 것은?

① 위보기 자세: OH
② 수직 자세: V
③ 아래보기 자세: U
④ 수평 자세: H

아래보기 자세: F

13

플라즈마 아크 용접의 특징으로 틀린 것은?

① 용접부의 기계적 성질이 좋으며 변형도 적다.
② 용입이 깊고 비드 폭이 좁으며 용접속도가 빠르다.
③ 단층으로 용접할 수 있으므로 능률적이다.
④ 설비비가 적게 들고 무부하 전압이 낮다.

플라즈마 아크 용접은 토치, 전원, 가스 제어장치 등 설비가 복잡하여 설비비가 높다.

14

다음 중 귀마개를 착용하고 작업하면 안 되는 작업자는?

① 조선소의 용접 및 취부 작업자
② 자동차 조립공장의 조립 작업자
③ 강재 하역장의 크레인 신호자
④ 판금 작업장의 타출 판금 작업자

신호자는 크레인 이동·정지·비상상황을 청각(경적·경보음·주변 작업자 고함·무전)으로 즉시 인지해야 하므로 청취가 감쇠되는 귀마개 착용은 금지 또는 제한된다.

15

이산화탄소 아크 용접의 보호가스 설비에서 저전류 영역의 가스 유량은 약 몇 L/min 정도가 가장 적당한가?

① 1 ~ 5
② 6 ~ 9
③ 10 ~ 15
④ 20 ~ 25

10 ~ 15L/min: 실내·무풍 조건의 저전류 영역 표준 권장치에 해당하여 가장 안정적이다.

16 ⭐빈출

가용접에 대한 설명으로 틀린 것은?

① 가용접 시에는 본 용접보다도 지름이 큰 용접봉을 사용하는 것이 좋다.
② 가용접은 본 용접과 비슷한 기량을 가진 용접사에 의해 실시되어야 한다.
③ 강도상 중요한 곳과 용접의 시점 및 종점이 되는 끝부분은 가용접을 피한다.
④ 가용접은 본 용접을 실시하기 전에 좌우의 홈 또는 이음 부분을 고정하기 위한 짧은 용접이다.

가용접 시 본 용접보다 지름이 작거나 동일한 용접봉을 활용하는 것이 작업성이 좋다.

17 ⭐빈출

지름이 10cm인 단면에 8,000kgf의 힘이 작용할 때 발생하는 응력은 약 몇 kgf/cm^{2}인가?

① 89
② 102
③ 121
④ 158

- 지름 D = 10cm
- 반지름 r = 5cm
- 단면적 A $= \pi r^2 = \pi(5)^2 = 25\pi cm^2$

$$\sigma = \frac{P}{A} = \frac{8,000}{25\pi} = 101.86 ≒ 102kgf/cm^2$$

18

용접 자동화의 장점을 설명한 것으로 틀린 것은?

① 생산성 증가 및 품질을 향상시킨다.
② 용접 조건에 따른 공정을 늘릴 수 있다.
③ 일정한 전류값을 유지할 수 있다.
④ 용접 와이어의 손실을 줄일 수 있다.

용접 자동화는 생산성과 품질의 균일성을 높이는 기술이지만, 공정 수를 늘리는 것은 단점 또는 비효율적 운영 방법이다.

정답   12 ③   13 ④   14 ③   15 ③   16 ①   17 ②   18 ②

19 빈출

용접 열원을 외부로부터 공급받는 것이 아니라, 금속 산화물과 알루미늄 간의 분말로 된 점화제를 넣어 점화제의 화학반응에 의하여 생성되는 열을 이용한 금속 용접법은?

① 일렉트로 슬래그 용접　　② 전자 빔 용접
③ 테르밋 용접　　　　　　 ④ 저항 용접

테르밋 용접(Thermit Welding)
금속 산화물(보통 산화철, Fe_2O_3)과 알루미늄 분말(Al) 사이의 강력한 산화 – 환원 반응(Thermite Reaction)을 이용해 3,000℃ 이상의 고온을 만들어 용접하는 화학적 용접이다. 점화제로 과산화바륨, 알루미늄, 마그네슘 등을 사용하여 초기 점화 에너지를 제공한다.

테르밋 반응식
$$Fe_2O_3 + 2Al \rightarrow 2Fe + Al_2O_3$$

20 빈출

서브머지드 아크 용접에 관한 설명으로 틀린 것은?

① 아크 발생을 쉽게 하기 위하여 스틸 울(Steel Wool)을 사용한다.
② 용융속도와 용착속도가 빠르다.
③ 홈의 개선각을 크게 하여 용접효율을 높인다.
④ 유해 광선이나 흄(Fume) 등이 적게 발생한다.

개선각을 작게 해야 용접 패스 수를 줄일 수 있으며, 서브머지드 아크 용접은 용입이 깊어 개선각을 작게 할 수 있는 것이 장점이다.

21 빈출

서브머지드 아크 용접부의 결함으로 가장 거리가 먼 것은?

① 기공　　　　　　　　　 ② 균열
③ 언더컷　　　　　　　　 ④ 용착

용착은 용접되는 금속이 형성되는 구간으로 결함과 거리가 멀다.

22

현미경 시험을 하기 위해 사용되는 부식제 중 철강용에 해당되는 것은?

① 왕수　　　　　　　　　 ② 염화제2철용액
③ 피크린산　　　　　　　 ④ 플루오르화수소액

피크랄 용액(Picral Solution)
피크린산 + 에탄올 용액으로 탄소강, 저합금강, 주강 등 철강재에 사용하며 금속 조직의 경계가 뚜렷하게 부식되어 현미경 시험에 용이하다.

23 빈출

피복 아크 용접에서 일반적으로 가장 많이 사용되는 차광유리의 차광도 번호는?

① 4 ~ 5　　　　　　　　　 ② 7 ~ 8
③ 10 ~ 11　　　　　　　　 ④ 14 ~ 15

용접 차광도 번호
• 가스 용접 및 납땜 시: 2 ~ 4
• TIG 용접 시: 9 ~ 12
• 아크 용접 시: 10 ~ 13

24

아세틸렌 가스의 성질 중 15℃, 1기압에서의 아세틸렌 1리터의 무게는 약 몇 g인가?

① 0.151　　　　　　　　　 ② 1.176
③ 3.143　　　　　　　　　 ④ 5.117

아세틸렌 $1L(15℃, 1kgf/cm^2)$의 무게는 약 1.176g으로 공기보다 가볍다.

25 빈출

피복 배합제의 성분 중 탈산제로 사용되지 않는 것은?

① 규소철　　　　　　　　 ② 망간철
③ 알루미늄　　　　　　　 ④ 유황

• 탈산제는 산소를 제거하여 기공과 산화물의 발생을 방지하며, 유황은 불순물로 금속의 균열과 취성을 유발하므로 탈산제로 사용하지 않는다.
• 탈산제: Si, Mn, Al, Ti, Zr 등

정답　　19 ③　20 ③　21 ④　22 ③　23 ③　24 ②　25 ④

26 빈출

고셀룰로오스계 용접봉은 셀룰로오스를 몇 % 정도 포함하고 있는가?

① 0 ~ 5
② 6 ~ 15
③ 20 ~ 30
④ 30 ~ 40

27

가스 용접의 특징으로 틀린 것은?

① 응용 범위가 넓으며 운반이 편리하다.
② 전원 설비가 없는 곳에서도 쉽게 설치할 수 있다.
③ 아크 용접에 비해서 유해 광선의 발생이 적다.
④ 열 집중성이 좋아 효율적인 용접이 가능하여 신뢰성이 높다.

28

가스 용접에서 모재의 두께가 6mm일 때 사용되는 용접봉의 직경은 얼마인가?

① 1mm
② 4mm
③ 7mm
④ 9mm

29

규격이 AW 300인 교류아크 용접기의 정격 2차 전류 조정 범위는?

① 0 ~ 300A
② 20 ~ 220A
③ 60 ~ 330A
④ 120 ~ 430A

30 빈출

직류아크 용접기로 두께가 15mm이고, 길이가 5m인 고장력 강판을 용접하는 도중에 아크가 용접봉 방향에서 한쪽으로 쏠리었다. 다음 중 이러한 현상을 방지하는 방법이 아닌 것은?

① 이음의 처음과 끝에 엔드 탭을 이용한다.
② 용량이 더 큰 직류 용접기로 교체한다.
③ 용접부가 긴 경우에는 후퇴 용접법으로 한다.
④ 용접봉 끝을 아크 쏠림 반대 방향으로 기울인다.

31 빈출

피복 아크 용접 시 아크열에 의하여 용접봉과 모재가 녹아서 용착금속이 만들어지는데 이때 모재가 녹은 깊이를 무엇이라 하는가?

① 용융지
② 용입
③ 슬래그
④ 용적

32

다음 중 두꺼운 강판, 주철, 강괴 등의 절단에 이용되는 절단법은?

① 산소창 절단   ② 수중 절단
③ 분말 절단   ④ 포갬 절단

33

가스 절단에 이용되는 프로판 가스와 아세틸렌 가스를 비교하였을 때 프로판 가스의 특징으로 틀린 것은?

① 절단면이 미세하며 깨끗하다.
② 포갬 절단 속도가 아세틸렌보다 느리다.
③ 절단 상부 기슭이 녹은 것이 적다.
④ 슬래그의 제거가 쉽다.

34

용접법의 분류 중 압접에 해당하는 것은?

① 테르밋 용접   ② 전자 빔 용접
③ 유도가열 용접   ④ 탄산가스 아크 용접

35 빈출

교류아크 용접기의 종류에 속하지 않는 것은?

① 가동 코일형   ② 탭 전환형
③ 정류기형   ④ 가포화 리액터형

36

피복 아크 용접봉은 금속심선의 겉에 피복제를 발라서 말린 것으로 한쪽 끝은 홀더에 물려 전류를 통할 수 있도록 심선길이의 얼마만큼을 피복하지 않고 남겨두는가?

① 3mm   ② 10mm
③ 15mm   ④ 25mm

37 빈출

가스 용기를 취급할 때의 주의사항으로 틀린 것은?

① 가스 용기의 이동 시는 밸브를 잠근다.
② 가스 용기에 진동이나 충격을 가하지 않는다.
③ 가스 용기의 저장은 환기가 잘 되는 장소에 한다.
④ 가연성 가스 용기는 눕혀서 보관한다.

38 ⭐빈출

강재 표면의 흠이나 개재물, 탈탄층 등을 제거하기 위해 얇고, 타원형 모양으로 표면을 깎아내는 가공법은?

① 가스 가우징
② 너깃
③ 스카핑
④ 아크 에어 가우징

스카핑
표면 결함을 제거하는 홈 파기 가공방법으로, 결함을 방지하기 위해 단면을 완만한 타원형 홈 모양이 되도록 하는 가스 절삭 가공법이다.

39

니켈-크롬 합금 중 사용한도가 1,000℃까지 측정할 수 있는 합금은?

① 망간
② 우드메탈
③ 배빗메탈
④ 크로멜-알루멜

크로멜 – 알루멜
K형 열전대로 니켈 90%와 크롬 10%로 구성된 합금이며, 사용한도가 약 1,000℃까지 가능하여 온도 측정에 널리 사용된다.

40

Mg 및 Mg합금의 성질에 대한 설명으로 옳은 것은?

① Mg이 열전도율은 Cu와 Al보다 높다.
② Mg의 전기전도율은 Cu와 Al보다 높다.
③ Mg합금보다 Al합금의 비강도가 우수하다.
④ Mg는 알칼리에 잘 견디나, 산이나 염수에는 침식된다.

Mg는 알칼리성 용액에서 $Mg(OH)_2$ 보호막이 안정하여 비교적 내알칼리성이 좋다. 반면 산성 용액과 염화물(염수) 환경에서는 보호막이 파괴되어 부식이 빠르다는 것이 일반적인 특성이다.

41

철에 Al, Ni, Co를 첨가한 합금으로 잔류 자속밀도가 크고 보자력이 우수한 자성 재료는?

① 퍼멀로이
② 센더스트
③ 알니코 자석
④ 페라이트 자석

알니코(Al – Ni – Co)
Fe에 Al, Ni, Co를 주성분으로 합금화한 경자성(영구자석) 재료이며, 계측기, 전자기기 등에 널리 사용된다.

42 ⭐빈출

Al의 비중과 용융점(℃)은 약 얼마인가?

① 2.7, 660℃
② 4.5, 390℃
③ 8.9, 220℃
④ 10.5, 450℃

알루미늄(Al)
비중 2.7, 용융점 660℃이며, 가볍고 전연성이 우수하고 구리보다 낮은 전기전도성을 가진다. 순도가 높을수록 약해지고 연해져 기계적 성질이 낮은 금속 중 하나이다.

43

금속간 화합물의 특징을 설명한 것 중 옳은 것은?

① 어느 성분 금속보다 용융점이 낮다.
② 어느 성분 금속보다 경도가 낮다.
③ 일반 화합물에 비하여 결합력이 약하다.
④ Fe_3C는 금속간 화합물에 해당되지 않는다.

금속간 화합물은 두 종류 이상의 금속 원소가 일정한 원자 비율로 결합하여, 모체가 되는 금속과는 전혀 다른 고유의 결정 구조를 갖는 화합물이다. 모체가 되는 금속과는 전혀 다른 고유의 결정 구조를 갖는 화합물로 결합력이 약하다.

44

주위의 온도 변화에 따라 선팽창계수나 탄성률 등의 특정한 성질이 변하지 않는 불변강이 아닌 것은?

① 인바
② 엘린바
③ 코엘린바
④ 스텔라이트

스텔라이트는 Co – Cr – W(또는 Mo) 기반의 내마모·내열용 경합금으로, 절삭공구·내마모 부품에 쓰이며 불변강은 아니다.

정답　　38 ③　39 ④　40 ④　41 ③　42 ①　43 ③　44 ④

45 빈출

강에 S, Pb 등의 특수 원소를 첨가하여 절삭할 때 칩을 잘게 하고 피삭성을 좋게 만든 강은 무엇인가?

① 불변강
② 쾌삭강
③ 베어링강
④ 스프링강

쾌삭강(快削鋼)
절삭가공(선반, 밀링 등) 시 절삭저항을 줄이고, 공구 마모를 감소시키기 위해 절삭성이 향상되도록 특수 원소(P, S, Pb 등)를 첨가한 강이며, 잘 깎이는 강으로 쾌삭강이라 한다.

46 빈출

주철에 대한 설명으로 틀린 것은?

① 인장강도에 비해 압축강도가 높다.
② 회주철은 편상 흑연이 있어 감쇠능이 좋다.
③ 주철 절삭 시에는 절삭유를 사용하지 않는다.
④ 액상일 때 유동성이 나쁘며, 충격저항이 크다.

주철은 액상 유동성이 매우 좋아 복잡한 형상의 주조에 적합하며, 취성이 커서 충격저항이 낮은 편에 속한다.

47

황동의 종류 중 순Cu와 같이 연하고 코이닝하기 쉬우므로 동전이나 메달 등에 사용되는 합금은?

① 95% Cu - 5% Zn 합금
② 70% Cu - 30% Zn 합금
③ 60% Cu - 40% Zn 합금
④ 50% Cu - 50% Zn 합금

95% Cu - 5% Zn은 도금용 황동으로 압인 성형에 매우 유리한 특성을 가져 메달, 기장, 동전 등의 재질에 활용된다.

48

금속재료의 표면에 강이나 주철의 작은 입자($\varnothing$0.5mm ~ 1.0mm)를 고속으로 분사시켜, 표면의 경도를 높이는 방법은?

① 침탄법
② 질화법
③ 폴리싱
④ 쇼트피닝

쇼트피닝
강·주철 입자($\varnothing$0.5 ~ 1.0mm) 등의 구형 쇼트를 고속으로 충돌시켜 표면을 소성 변형시키고, 경도·피로강도·내마모성을 향상시키는 기계적 피닝 처리방법이다.

49

탄소강은 200 ~ 300℃에서 연신율과 단면수축률이 상온보다 저하되어 단단하고 깨지기 쉬우며, 강의 표면이 산화되는 현상은?

① 적열메짐
② 상온메짐
③ 청열메짐
④ 저온메짐

청열메짐
200~300℃에서 질소·탄소의 변형 시효가 진행됨에 따라 연성이 저하되고 취성이 증가하며, 산화막이 얇게 형성되어 푸른색(청색)의 착색이 나타나는 현상이다.

50

물과 얼음, 수증기가 평형을 이루는 3중점 상태에서의 자유도는?

① 0
② 1
③ 2
④ 3

F(자유도) = C − P + 2, 물의 삼중점은 성분 수 C = 1, 상수 P = 3 (고체·액체·기체)이므로 F = 1 − 3 + 2 = 0이다.

정답   45 ②   46 ④   47 ①   48 ④   49 ③   50 ①

51 빈출

다음 치수 중 참고 치수를 나타내는 것은?

① (50)　　　　　② □50
③ 50　　　　　④ 50

치수 보조기호

기호	구분
∅	지름 기호
R	반지름 기호
SR	구의 반지름 기호
□	정사각형의 한 변 치수
C	모따기(Chamfer) 치수
t	판의 두께
( )	참고 치수

52 빈출

기계제도에서 물체의 보이지 않는 부분의 형상을 나타내는 선은?

① 외형선　　　　　② 가상선
③ 절단선　　　　　④ 숨은선

기계제도에서 보이지 않는 모서리·구멍·단차 등 가려진 형상은 숨은선(숨김선)으로 표기하며, 단절된 파선(— — — —) 형태를 사용한다.

선의 구분

종류	구분	명칭	용도
실선	▬▬▬	굵은 실선	외형선
	———	가는 실선	치수선, 중심선 해칭(Hatching)선
	～～	자유 실선	부분 생략 또는 부분 단면의 경계
파선	- - - -	굵은 파선 또는 가는 파선	보이지 않는 외형선, 숨은선
쇄선	-·-·-·-	가는 1점 쇄선	중심선, 물체 또는 도형의 대칭선, 회전 단면의 외형선, 피치선
	-··-··-	가는 2점 쇄선	가상 외형선, 인접한 외형선, 가동 물체의 회전 위치선
	▬-·-▬	절단부 쇄선 (양끝이 굵은 선에 중간은 가는 쇄선)	절단 평면의 위치(절단선)
	-·-·-·-	굵은 1점 쇄선	표면 처리 부분

53 빈출

그림의 입체도에서 화살표 방향을 정면으로 하여 제3각법으로 그린 정투상도는?

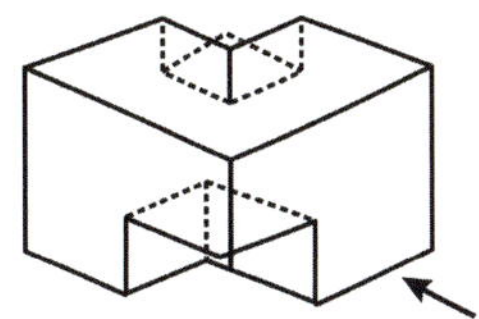

①
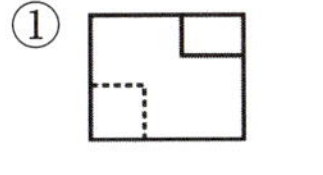
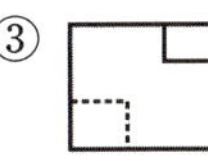
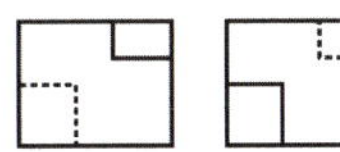

②
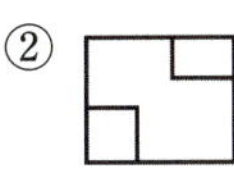
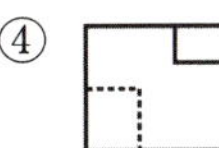
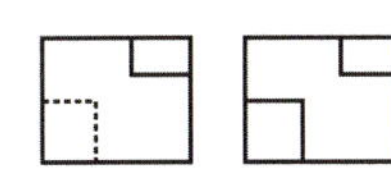

③

④

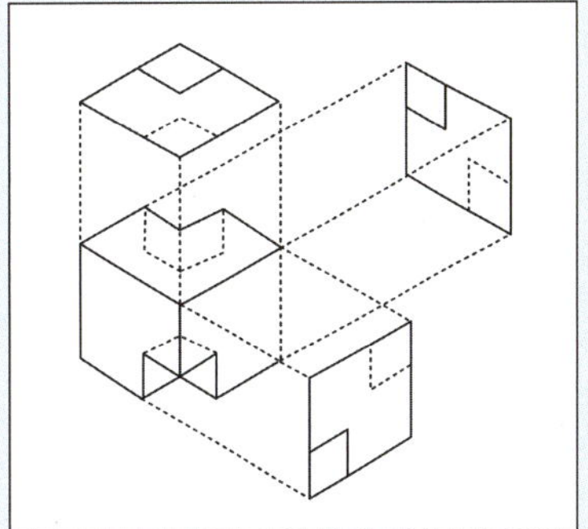

54

그림의 도면에서 X의 거리는?

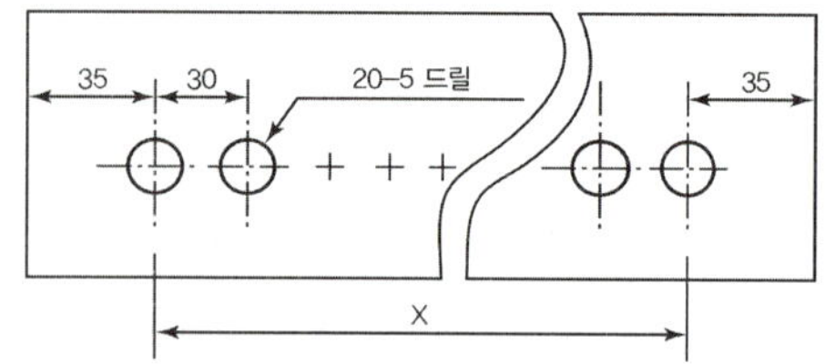

① 510mm

② 570mm

③ 600mm

④ 630mm

- 구멍 간 간격: 30mm
- 구멍 1개 직경: 20mm
- 구멍 개수: 20개(간격 20-1=19)

X = (30×19) = 570mm

55 ⭐빈출

다음 중 한쪽 단면도를 올바르게 도시한 것은?

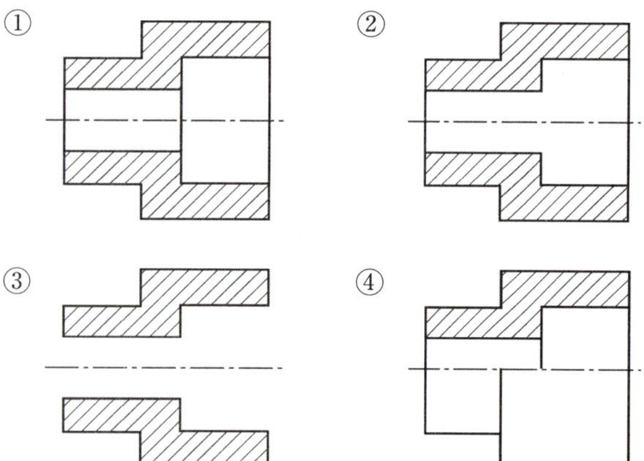

한쪽 단면도
대칭인 물체의 내부와 외부를 동시에 보여주기 위해 사용하는 도면
법으로 중심선을 기준으로 한쪽은 내부를 보여주고 다른 한쪽은 외
부를 보여주는 외형도로 나타낸다.

56

다음 재료 기호 중 용접 구조용 압연 강재에 속하는 것은?

① SPPS380

② SPCC

③ SCW450

④ SM400C

용접 구조용 압연 강재(SM)
교량, 건축물, 플랜트 구조물, 탱크, 기계 구조물 등에서 용접성·
인성·가공성이 요구되는 부분에 사용된다.

57 ⭐빈출

그림과 같은 배관 도면에서 도시기호 S는 어떤 유체를 나타내는
것인가?

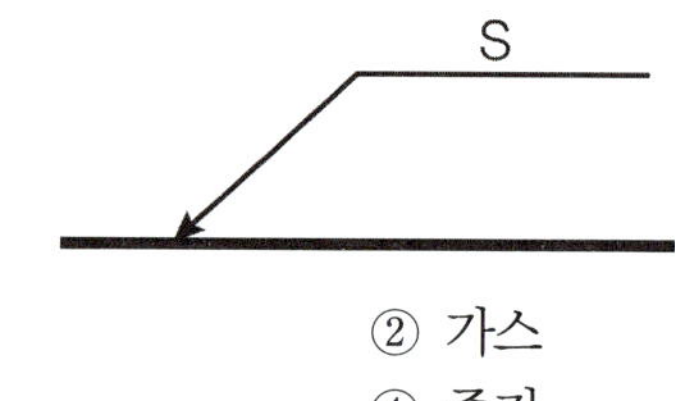

① 공기

② 가스

③ 유류

④ 증기

배관도(Piping Diagram)에서 유체의 종류를 구분하기 위한 문자
기호로 공기 A, 물 W, 증기 S, 가스 G, 연료유 O로 구분한다.

58

주 투상도를 나타내는 방법에 관한 설명으로 옳지 않은 것은?

① 조립도 등 주로 기능을 나타내는 도면에서는 대상물
을 사용하는 상태로 표시한다.

② 주 투상도를 보충하는 다른 투상도는 되도록 적게 표
시한다.

③ 특별한 이유가 없을 경우, 대상물을 세로 길이로 놓
은 상태로 표시한다.

④ 부품도 등 가공하기 위한 도면에서는 가공에 있어서
도면을 가장 많이 이용하는 공정에서 대상물을 놓은
상태로 표시한다.

가장 긴 치수는 가로로 보이도록 배치한다. 특별한 경우가 아니라
면 가로 방향의 길이를 기준으로 한다.

59

그림과 같은 입체도의 화살표 방향을 정면도로 표현할 때 실제와 동일한 형상으로 표시하는 면을 모두 고른 것은?

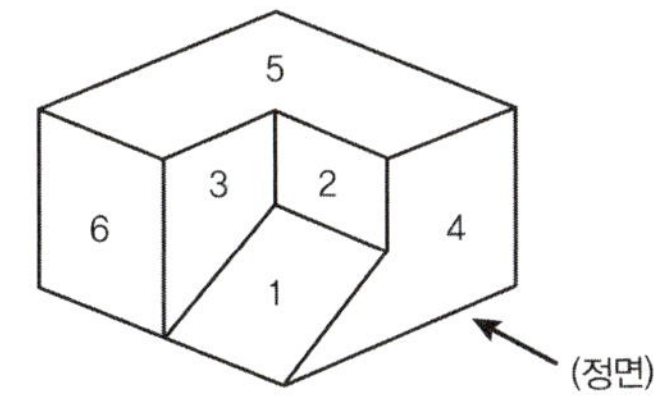

① 3과 4　　② 4와 6
③ 2와 6　　④ 1과 5

면 3과 면 4: 이 두 면은 바라보는 시선과 정확히 수직을 이루는 평면이다.

60

그림에서 나타난 용접기호의 의미는?

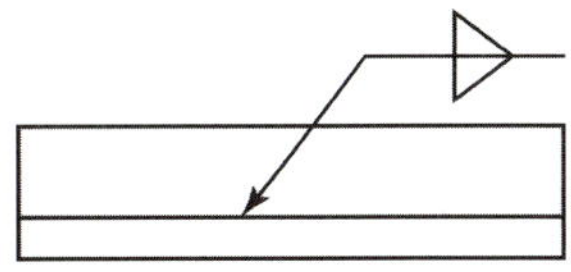

① 플레어 K형 용접
② 양쪽 필릿 용접
③ 플러그 용접
④ 프로젝션 용접

기본 기호인 삼각형 모양은 필릿 용접을 나타내는 기호이며, 참조선 위, 아래 양쪽에 모두 삼각형이 있어 양쪽 필릿 용접에 대한 기호이다.

Chapter 10

2016년 2회 | 공개기출문제

01 빈출

서브머지드 아크 용접에서 사용하는 용제 중 흡습성이 가장 적은 것은?

① 용융형
② 혼성형
③ 고온소결형
④ 저온소결형

SAW용 용제(Flux)의 종류
- 용융형 용제: 일반 탄소강 및 구조물 등에 사용하며 화학적 균일성이 양호하고 수분 흡수가 적어 재활용이 가능하다.
- 소결형 용제: 스테인리스강, 합금강, 대형구조물 등에 사용하며 합금 성분을 첨가하여 조성 조절이 용이하다.
- 혼성형 용제: 일반구조물 및 조선용에 사용되며 용융형과 소결형의 중간 특성을 가진다.

02

고주파 교류 전원을 사용하여 TIG 용접을 할 때 장점으로 틀린 것은?

① 긴 아크 유지가 용이하다.
② 전극봉의 수명이 길어진다.
③ 비접촉에 의해 용착금속과 전극의 오염을 방지한다.
④ 동일한 전극봉 크기로 사용할 수 있는 전류범위가 작다.

TIG 용접은 동일한 전극봉 크기로 더 넓은 전류범위의 사용이 가능하여 유연성이 높고, 고주파 교류 전원(AC – HF)을 사용하면 아크의 안정성과 청정작용이 크게 향상된다.

03 빈출

맞대기 용접이음에서 판 두께가 9mm, 용접선 길이 120mm, 하중이 7,560N일 때, 인장응력은 몇 N/mm²인가?

① 5
② 6
③ 7
④ 8

- 판 두께 t = 9mm
- 용접선 길이 L = 120mm
- 하중 P = 7,560N
- 단면적 A = t×L = 9×120 = 1,080mm²

$$\sigma = \frac{P}{A} = \frac{7,560}{1,080} = 7\text{N/mm}^2$$

04 빈출

용접설계상 주의사항으로 틀린 것은?

① 용접에 적합한 설계를 할 것
② 구조상의 노치부가 생성되게 할 것
③ 결함이 생기기 쉬운 용접방법은 피할 것
④ 용접이음이 한 곳으로 집중되지 않도록 할 것

노치는 응력 집중부로 피로 및 균열, 취성, 파괴의 위험이 커지므로 생성을 피해야 한다.

05 빈출

납땜에 사용되는 용제가 갖추어야 할 조건으로 틀린 것은?

① 청정한 금속면의 산화를 방지할 것
② 납땜 후 슬래그의 제거가 용이할 것
③ 모재나 땜납에 대한 부식 작용이 최소한일 것
④ 전기저항 납땜에 사용되는 것은 부도체일 것

전기저항 납땜(Resistance Soldering)은 전극으로 전류를 흘려 이음부 자체의 전기저항 발열로 가열·납땜하는 방식이므로 용제는 도체이어야 한다.

정답   01 ① · 02 ④ · 03 ③ · 04 ② · 05 ④

06 ★ 빈출

용접이음부를 예열하는 목적을 설명한 것으로 틀린 것은?

① 수소의 방출을 용이하게 하여 저온균열을 방지한다.
② 모재의 열 영향부와 용착금속의 연화를 방지하고, 경화를 증가시킨다.
③ 용접부의 기계적 성질을 향상시키고, 경화조직의 석출을 방지시킨다.
④ 온도 분포가 완만하게 되어 열응력의 감소로 변형과 잔류응력의 발생을 적게 한다.

예열의 목적
용접 전 모재와 주변부를 일정온도로 가열하는 작업을 말하며, 급격한 냉각을 방지하고 용접 시 균열, 응력, 조직경화를 완화하기 위한 목적을 가진다.

07

전자 빔 용접의 특징으로 틀린 것은?

① 정밀 용접이 가능하다.
② 용접부의 열 영향부가 크고 설비비가 적게 든다.
③ 용입이 깊어 다층 용접도 단층 용접으로 완성할 수 있다.
④ 유해가스에 의한 오염이 적고 높은 순도의 용접이 가능하다.

전자 빔 용접(EBW)은 고에너지 전자 빔을 진공에서 집속해 국부 가열하는 장치로, 고진공장치·고전압 가속계·빔 제어계 등 설비가 복잡해 설비비가 큰 공정이다.

08

샤르피식의 시험기를 사용하는 시험 방법은?

① 경도시험   ② 인장시험
③ 피로시험   ④ 충격시험

샤르피(Charpy) 충격시험기
충격을 받았을 때 금속재료의 저항 능력을 평가하는 장비로 용접부의 인성을 평가하기 위한 충격시험기를 말한다.

09 ★ 빈출

다음 중 서브머지드 아크 용접의 다른 명칭이 아닌 것은?

① 잠호 용접   ② 헬리 아크 용접
③ 유니언 멜트 용접   ④ 불가시 아크 용접

서브머지드 아크 용접(SAW)
용접부를 용제(Flux)로 덮은 상태에서 아크를 발생시켜 용접하는 방식으로 잠호 용접, 불가시 용접, 유니언 멜트 용접이라고도 한다. 아크와 용융금속이 대기와 차단되므로 산화가 방지되고 용입이 깊으며 자동용접으로 생산성이 우수하다.

10 ★ 빈출

용접제품을 조립하다가 V홈 맞대기 이음 홈의 간격이 5mm 정도 멀어졌을 때 홈의 보수 및 용접방법으로 가장 적합한 것은?

① 그대로 용접한다.
② 뒷댐판을 대고 용접한다.
③ 덧살올림 용접 후 가공하여 규정 간격을 맞춘다.
④ 치수에 맞는 재료로 교환하여 루트 간격을 맞춘다.

V형 맞대기 이음에서 루트 간격이 설계보다 5mm 과대하게 벌어졌다면 과대 루트 간격 보정 시에는 모재 모서리를 덧살올림(버터링) 용접으로 보강 후 홈을 다시 가공해 규정 간격을 맞춰서 진행한다.

11

한 부분의 몇 층을 용접하다가 이것을 다음 부분의 층으로 연속시켜 전체 모양이 계단 형태를 이루는 용착법은?

① 스킵법
② 덧살올림법
③ 전진블록법
④ 캐스케이드법

캐스케이드법(Cascade Method)
다층 용접 시 계단식으로 층을 이어가며 용접하는 방법으로, 한 구간의 몇 층을 쌓은 뒤 다음 구간의 층으로 연속시켜 용접 전체가 계단 모양을 이룬다.

12 ⭐ 빈출

산소와 아세틸렌 용기의 취급상의 주의사항으로 옳은 것은?

① 직사광선이 잘 드는 곳에 보관한다.
② 아세틸렌병은 안전상 눕혀서 사용한다.
③ 산소병은 40℃ 이하 온도에서 보관한다.
④ 산소병 내에 다른 가스를 혼합해도 상관없다.

13

피복 아크 용접의 필릿 용접에서 루트 간격이 4.5mm 이상일 때의 보수 요령은?

① 규정대로의 각장으로 용접한다.
② 두께 6mm 정도의 뒤판을 대서 용접한다.
③ 라이너를 넣든지 부족한 판을 300mm 이상 잘라내서 대체하도록 한다.
④ 그대로 용접하여도 좋으나 넓혀진 만큼 각장을 증가시킬 필요가 있다.

14 ⭐ 빈출

다음 중 초음파 탐상법의 종류가 아닌 것은?

① 극간법
② 공진법
③ 투과법
④ 펄스 반사법

15

CO_2 가스 아크 편면 용접에서 이면 비드의 형성은 물론 뒷면 가우징 및 뒷면 용접을 생략할 수 있고, 모재의 중량에 따른 뒤업기(Turn Over) 작업을 생략할 수 있도록 홈 용접부 이면에 부착하는 것은?

① 스캘롭
② 엔드 탭
③ 뒷댐재
④ 포지셔너

16

탄산가스 아크 용접의 장점이 아닌 것은?

① 가스 아크이므로 시공이 편리하다.
② 적용되는 재질이 철 계통으로 한정되어 있다.
③ 용착금속의 기계적 성질 및 금속학적 성질이 우수하다.
④ 전류밀도가 높아 용입이 깊고 용접 속도를 빠르게 할 수 있다.

정답

12 ③ 13 ③ 14 ① 15 ③ 16 ②

17 빈출

현상제(MgO, BaCO$_3$)를 사용하여 용접부의 표면 결함을 검사하는 방법은?

① 침투 탐상법　　　　② 자분 탐상법
③ 초음파 탐상법　　　④ 방사선 투과법

침투 탐상검사(PT)
모재 표면의 미세한 결함(균열, 기공, 기포, 핀홀 등)을 색상 대비나 형광 발광을 이용하며, 현상제를 통해 시각적으로 확인하는 비파괴 시험으로 주변 온도·습도·오염도에 따라 침투액의 점도, 확산 속도, 증발 특성이 달라지므로 검출 감도에 큰 차이가 발생할 수 있다.

18 빈출

미세한 알루미늄 분말과 산화철 분말을 혼합하여 과산화바륨과 알루미늄 등의 혼합분말로 된 점화제를 넣고 연소시켜 그 반응열로 용접하는 방법은?

① MIG 용접
② 테르밋 용접
③ 전자 빔 용접
④ 원자 수소 용접

테르밋 용접(Thermit Welding)
금속 산화물(보통 산화철, Fe$_2$O$_3$)과 알루미늄 분말(Al) 사이의 강력한 산화 – 환원 반응(Thermite Reaction)을 이용해 3,000℃ 이상의 고온을 만들어 용접하는 화학적 용접이다. 점화제로 과산화바륨, 알루미늄, 마그네슘 등을 사용하여 초기 점화 에너지를 제공한다.

테르밋 반응식
$$Fe_2O_3 + 2Al \rightarrow 2Fe + Al_2O_3$$

19 빈출

용접 결함에서 언더컷이 발생하는 조건이 아닌 것은?

① 전류가 너무 낮을 때
② 아크길이가 너무 길 때
③ 부적당한 용접봉을 사용할 때
④ 용접속도가 적당하지 않을 때

용접전류
용접 시 용융금속의 양과 용입 깊이를 결정하며, 전류가 너무 낮으면 용입 불량, 너무 높으면 언더컷, 스패터 증가 등의 결함이 발생한다.

20

플라즈마 아크 용접장치에서 아크 플라즈마의 냉각가스로 쓰이는 것은?

① 아르곤과 수소의 혼합가스
② 아르곤과 산소의 혼합가스
③ 아르곤과 메탄의 혼합가스
④ 아르곤과 프로판의 혼합가스

플라즈마 아크 용접(PAW)
플라즈마 가스로 Ar 또는 Ar + H$_2$를 사용한다. H$_2$를 소량 첨가 시 열전도도가 올라가고 아크 집중과 함께 냉각 효과가 유리해진다.

21

피복 아크 용접작업 시 감전으로 인한 재해의 원인으로 틀린 것은?

① 1차 측과 2차 측 케이블의 피복 손상부에 접촉되었을 경우
② 피용접물에 붙어 있는 용접봉을 떼려다 몸에 접촉되었을 경우
③ 용접기기의 보수 중에 입출력 단자가 절연된 곳에 접촉되었을 경우
④ 용접작업 중 홀더에 용접봉을 물릴 때나, 홀더가 신체에 접촉되었을 경우

피복 아크 용접에서 감전사고는 전류가 인체를 통과할 때 발생한다. 절연된 곳에 접촉된 경우는 이미 전류가 통하지 않는 상태이므로 감전이 일어날 수 없어 감전원인이 될 수 없다.

22 빈출

다음에서 설명하는 서브머지드 아크 용접에 사용되는 용제는?

- 화학적 균일성이 양호하다.
- 반복 사용성이 좋다.
- 비드 외관이 아름답다.
- 용접전류에 따라 입자의 크기가 다른 용제를 사용해야 한다.

① 소결형
② 혼성형
③ 혼합형
④ 용융형

용융형 용제: 일반 탄소강 및 구조물 등에 사용하며 화학적 균일성이 양호하고 수분 흡수가 적어 반복 사용이 가능하다. 용접전류의 변동에 따라 입자의 크기를 선택하여 용제를 사용해야 한다.

23

기체를 수천 도의 높은 온도로 가열하면 그 속도의 가스원자가 원자핵과 전자로 분리되어 양(+)과 음(−)이온 상태로 된 것을 무엇이라 하는가?

① 전자 빔
② 레이저
③ 테르밋
④ 플라즈마

플라즈마는 양이온(+)과 자유전자(−)가 동시에 존재하는 상태로 전기적으로 거의 중성 상태의 이온화된 기체이다.

24 빈출

정격 2차 전류 300A, 정격사용률 40%인 아크 용접기로 실제 200A 용접전류를 사용하여 용접하는 경우 전체 시간을 10분으로 하였을 때 다음 중 용접시간과 휴식시간을 올바르게 나타낸 것은?

① 10분 동안 계속 용접한다.
② 5분 용접 후 5분간 휴식한다.
③ 7분 용접 후 3분간 휴식한다.
④ 9분 용접 후 1분간 휴식한다.

- 허용사용률(%)

$$= 정격사용률 \times \left(\frac{정격\ 2차\ 전류}{실제\ 용접전류}\right)^2$$

$$= 40 \times \left(\frac{300}{200}\right)^2 = 90\%$$

- 9분 용접 후 1분간 휴식해야 한다.

25

용해 아세틸렌 취급 시 주의사항으로 틀린 것은?

① 저장 장소는 통풍이 잘 되어야 된다.
② 저장 장소에는 화기를 가까이 하지 말아야 한다.
③ 용기는 진동이나 충격을 가하지 말고 신중히 취급해야 한다.
④ 용기는 아세톤의 유출을 방지하기 위해 눕혀서 보관한다.

가연성 가스는 반드시 세워서 보관해야 하며, 눕혀서 보관 시 폭발 및 누출 위험이 매우 커 위험하다.

26 빈출

다음 중 아크 절단법이 아닌 것은?

① 스카핑
② 금속 아크 절단
③ 아크 에어 가우징
④ 플라즈마 제트

스카핑
- 표면 결함을 제거하는 홈 파기 가공방법으로, 결함을 방지하기 위해 단면을 완만한 타원형 홈 모양이 되도록 하는 가스 절삭 가공법이다.
- 냉간재는 5 ~ 7m/min로 산소 반응이 늦고 열전도율이 낮기 때문에 너무 빠르게 이동하면 결함부가 충분히 제거되지 않는다.

정답   22 ④   23 ④   24 ④   25 ④   26 ①

27 ★빈출

피복 아크 용접봉의 피복제 작용을 설명한 것 중 틀린 것은?

① 스패터를 많게 하고, 탈탄 정련작용을 한다.
② 용융금속의 용적을 미세화하고, 용착효율을 높인다.
③ 슬래그 제거를 쉽게 하며, 파형이 고운 비드를 만든다.
④ 공기로 인한 산화, 질화 등의 해를 방지하여 용착금속을 보호한다.

28 ★빈출

용접법의 분류 중에서 융접에 속하는 것은?

① 심 용접
② 테르밋 용접
③ 초음파 용접
④ 플래시 용접

29

산소 용기의 윗부분에 각인되어 있는 표시 중 최고충전압력의 표시는 무엇인가?

① TP   ② FP
③ WP   ④ LP

30

2개의 모재에 압력을 가해 접촉시킨 다음 접촉에 압력을 주면서 상대운동을 시켜 접촉면에서 발생하는 열을 이용하는 용접법은?

① 가스 압접   ② 냉간 압접
③ 마찰 용접   ④ 열간 압접

31 ★빈출

사용률이 60%인 교류아크 용접기를 사용하여 정격전류로 6분 용접하였다면 휴식시간은 얼마인가?

① 2분   ② 3분
③ 4분   ④ 5분

32 ★빈출

모재의 절단부를 불활성 가스로 보호하고 금속전극에 대전류를 흐르게 하여 절단하는 방법으로 알루미늄과 같이 산화에 강한 금속에 이용되는 절단방법은?

① 산소 절단
② TIG 절단
③ MIG 절단
④ 플라즈마 절단

33 빈출

용접기의 특성 중에서 부하전류가 증가하면 단자전압이 저하하는 특성은?

① 수하 특성
② 상승 특성
③ 정전압 특성
④ 자기제어 특성

수하 특성
아크 용접기의 전류 – 전압 곡선 중 하나로 부하전류가 증가하면 단자전압이 낮아지는 현상을 말한다.

34 빈출

산소 – 아세틸렌 불꽃의 종류가 아닌 것은?

① 중성불꽃　　　　② 탄화불꽃
③ 산화불꽃　　　　④ 질화불꽃

가스 용접 불꽃의 종류
- 탄화불꽃: 길고 붉은 불꽃으로 아세틸렌 과다불꽃이라고 하며 온도는 약 3,000℃이다.
- 중성불꽃(표준불꽃): 청백색의 짧은 불꽃으로 산소 1 : 아세틸렌 1의 비율을 가지며 온도는 약 3,200℃이다.
- 산화불꽃: 짧고 밝은 청색 불꽃으로 산소 과다불꽃이라고 하며 산화 분위기로 온도는 약 3,400℃이다.
- 아세틸렌 불꽃: 순수 가연성 가스의 불꽃으로 황적색을 띠며 온도는 약 1,800℃이다.

35

리벳이음과 비교하여 용접이음의 특징을 열거한 중 틀린 것은?

① 구조가 복잡하다.
② 이음 효율이 높다.
③ 공정의 수가 절감된다.
④ 유밀, 기밀, 수밀이 우수하다.

용접이음은 일체화 구조로 리벳이음보다 구조가 단순하다.

36

아크 에어 가우징 작업에 사용되는 압축공기의 압력으로 적당한 것은?

① $1 \sim 3 \text{kgf/cm}^2$
② $5 \sim 7 \text{kgf/cm}^2$
③ $9 \sim 12 \text{kgf/cm}^2$
④ $14 \sim 156 \text{kgf/cm}^2$

가우징 시 압축공기의 압력은 약 $5 \sim 7 \text{kgf/cm}^2$가 좋다.

37 빈출

탄소 전극봉 대신 절단 전용의 특수 피복을 입힌 전극봉을 사용하여 절단하는 방법은?

① 금속 아크 절단
② 탄소 아크 절단
③ 아크 에어 가우징
④ 플라즈마 제트 절단

금속 아크 절단은 피복제를 입힌 금속 전극봉(용접봉)을 사용하여 아크열로 모재를 절단하며 주로 철강류 절단에 사용한다.

38 빈출

산소 아크 절단에 대한 설명으로 가장 적합한 것은?

① 전원은 직류 역극성이 사용된다.
② 가스 절단에 비하여 절단속도가 느리다.
③ 가스 절단에 비하여 절단면이 매끄럽다.
④ 철강 구조물 해체나 수중 해체 작업에 이용된다.

산소 아크 절단(Oxygen Arc Cutting, OAC)
아크열로 금속을 가열 · 용융시키고 동시에 산소(O_2)를 불어넣어 산화반응으로 절단하는 방법으로, 피복 아크 용접봉 중간에 속이 비어있는 이유는 해당 구멍을 통해 산소를 공급하기 위해서이다. 철강 구조물 해체나 수중 해체 작업에 이용된다.

39 비출

다이캐스팅 주물품, 단조품 등의 재료로 사용되며 융점이 약 660℃
이고, 비중이 약 2.7인 원소는?

① Sn
② Ag
③ Al
④ Mn

40 비출

다음 중 주철에 관한 설명으로 틀린 것은?

① 비중은 C와 Si 등이 많을수록 작아진다.
② 용융점은 C와 Si 등이 많을수록 낮아진다.
③ 주철을 600℃ 이상의 온도에서 가열 및 냉각을 반복
하면 부피가 감소한다.
④ 투자율을 크게 하기 위해서는 화합 탄소를 적게 하고
유리 탄소를 균일하게 분포시킨다.

41

금속의 소성변형을 일으키는 원인 중 원자 밀도가 가장 큰 격자
면에서 잘 일어나는 것은?

① 슬립
② 쌍정
③ 전위
④ 편석

42

다음 중 Ni – Cu 합금이 아닌 것은?

① 어드밴스
② 콘스탄탄
③ 모넬메탈
④ 니칼로이

43 비출

침탄법에 대한 설명으로 옳은 것은?

① 표면을 용융시켜 연화시키는 것이다.
② 망상 시멘타이트를 구상화시키는 방법이다.
③ 강재의 표면에 아연을 피복시키는 방법이다.
④ 홈강재의 표면에 탄소를 침투시켜 경화시키는 것이다.

44 비출

그림과 같은 결정격자의 금속 원소는?

 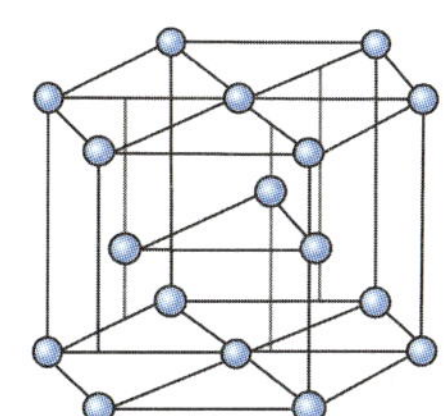

① Ni
② Mg
③ Al
④ Au

45

전해 인성 구리는 약 400℃ 이상의 온도에서 사용하지 않는 이유로 옳은 것은?

① 풀림취성을 발생시키기 때문이다.
② 수소취성을 발생시키기 때문이다.
③ 고온취성을 발생시키기 때문이다.
④ 상온취성을 발생시키기 때문이다.

전해 인성 구리는 고온(약 400℃ 이상)에서 수소와 반응하여 수소취성(Hydrogen Embrittlement)을 일으킨다.

46 빈출

구상흑연주철은 주조성, 가공성 및 내마멸성이 우수하다. 이러한 구상흑연주철 제조 시 구상화제로 첨가되는 원소로 옳은 것은?

① P, S
② O, N
③ Pb, Zn
④ Mg, Ca

구상흑연주철
• 일반 회주철의 흑연이 구상형태로 변형된 주철로, 인성과 충격값이 크게 향상된 재료이다.
• Mg, Ca, Ce, Si, Rare Earth(희토류) 등의 원소를 첨가하면 흑연이 구상형태로 응고된다.

47

형상기억효과를 나타내는 합금이 일으키는 변태는?

① 펄라이트 변태
② 마텐자이트 변태
③ 오스테나이트 변태
④ 레데뷰라이트 변태

형상기억합금은 외부에서 변형을 주더라도 특정 온도로 가열하면 원래의 모양으로 자기 복원이 되는 특수 금속으로, 이 현상이 가능한 이유는 가역적인 마텐자이트 변태 때문이다.

48

Y합금의 일종으로 Ti과 Cu를 0.2% 정도씩 첨가한 것으로 피스톤에 사용되는 것은?

① 두랄루민
② 코비탈륨
③ 로엑스합금
④ 하이드로날륨

코비탈륨
Y합금(Y-alloy) 계열의 알루미늄 합금으로 기존 Y합금(Al-Cu-Ni-Mg계)에 소량의 Ti(티타늄)과 Cu(구리)를 추가하여 내열성과 기계적 강도를 개선한 합금이다.

49 빈출

시험편을 눌러 구부리는 시험방법으로 굽힘에 대한 저항력을 조사하는 시험방법은?

① 충격시험
② 굽힘시험
③ 전단시험
④ 인장시험

굽힘시험
유압기계를 활용하여 시험편을 눌러 구부림으로써 시험하는 방법으로 표준 굽힘 각도는 180°를 기준으로 한다.

50

Fe-C 평형 상태도에서 공정점의 C%는?

① 0.02%
② 0.8%
③ 4.3%
④ 6.67%

Fe-C(철-탄소) 평형 상태도에서 중요한 대표점인 공정점에서는 액상(용융 상태)의 철이 고체 상태의 두 조직(오스테나이트 γ-Fe + 시멘타이트 Fe_3C)으로 동시에 응고하는 조성을 나타낸다. 이때 약 4.3wt% C 위치를 가진다.

정답　　45 ②　46 ④　47 ②　48 ②　49 ②　50 ③

51

다음 용접 기호 중 표면 육성을 의미하는 것은?

①    ② 

③    ④ 

① 표면 육성,   ② 표면부 접합
③ 경사부 접합,   ④ 겹침부 접합

52

배관의 간략 도시방법에서 파이프의 영구 결합부(용접 또는 다른 공법에 의한다) 상태를 나타내는 것은?

① 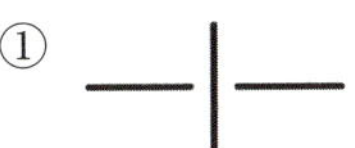   ② 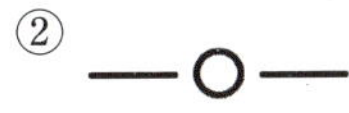

③    ④ 

①, ④ 관이 접속하지 않고 넘어갈 때
② 관이 서로 접속하고 있을 때

53 ★빈출

제3각법의 투상도에서 도면의 배치 관계는?

① 평면도를 중심하여 정면도는 위에 우측면도는 우측에 배치된다.
② 정면도를 중심하여 평면도는 밑에 우측면도는 우측에 배치된다.
③ 정면도를 중심하여 평면도는 위에 우측면도는 우측에 배치된다.
④ 정면도를 중심하여 평면도는 위에 우측면도는 좌측에 배치된다.

구분	제1각법 (First-Angle)	제3각법 (Third-Angle)
투상 위치	물체가 투상면 앞쪽	물체가 투상면 뒤쪽
도면 배치법칙	좌우·상하가 실제와 반대	좌우·상하가 실제와 같음
평면도(윗면도)	정면도의 아래쪽	정면도의 위쪽
저면도(아랫면도)	정면도의 위쪽	정면도의 아래쪽
좌측면도	정면도의 오른쪽	정면도의 왼쪽
우측면도	정면도의 왼쪽	정면도의 오른쪽

투상법

54

그림과 같이 제3각법으로 정투상한 각뿔의 전개도 형상으로 적합한 것은?

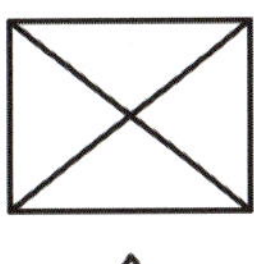
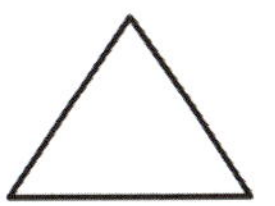

① 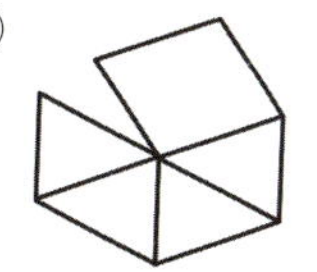   ② 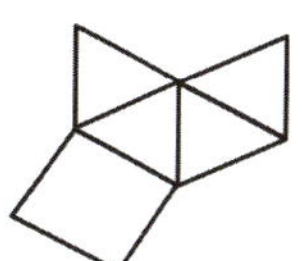

③ 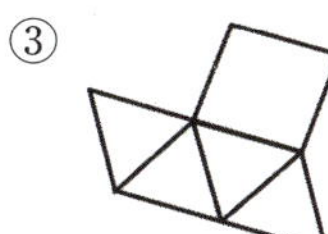   ④ 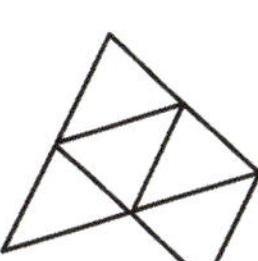

사각뿔의 전개도는 1개의 사각형 밑면과 4개의 삼각형 옆면으로 이루어져 있다.
①, ③ 사각형 밑면은 있지만, 4개의 삼각형이 뿔의 형태로 접힐 수 없도록 잘못된 위치에 붙어있다.
④ 사각형 밑면이 없고 삼각형으로만 구성되어 있으므로 틀리다.

55

도면에 대한 호칭방법이 다음과 같이 나타날 때 이에 대한 설명으로 틀린 것은?

KS B ISO 5457 - A1t - TP 112.5 - R - TBL

① 도면은 KS B ISO 5457을 따른다.
② A1 용지 크기이다.
③ 재단하지 않은 용지이다.
④ 112.5g/m² 사양의 트레이싱지이다.

R: Trimmed(재단된) 용지를 뜻한다.

56 

그림과 같은 도면에서 나타난 "□40" 치수에서 "□"가 뜻하는 것은?

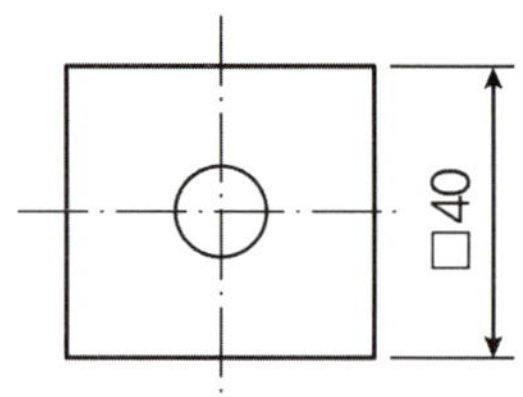

① 정사각형의 변
② 이론적으로 정확한 치수
③ 판의 두께
④ 참고 치수

치수 보조기호

기호	구분
Ø	지름 기호
R	반지름 기호
SR	구의 반지름 기호
□	정사각형의 한 변 치수
C	모따기(Chamfer) 치수
t	판의 두께
( )	참고 치수

57

그림과 같이 원통을 경사지게 절단한 제품을 제작할 때, 다음 중 어떤 전개법이 가장 적합한가?

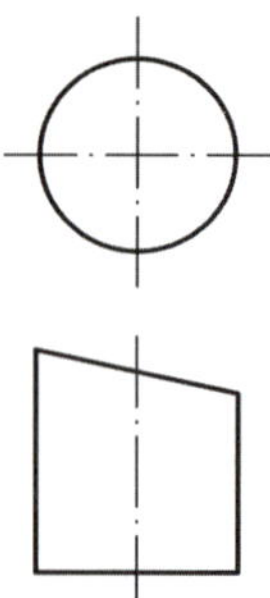

① 사각형법 　　② 평행선법
③ 삼각형법 　　④ 방사선법

원통(원기둥)은 생성선이 서로 평행이므로, 표면 전개 시 평행선 전개법이 가장 적합하다.

58 빈출

다음 중 가는 실선으로 나타내는 경우가 아닌 것은?

① 시작점과 끝점을 나타내는 치수선
② 소재의 굽은 부분이나 가공 공정의 표시선
③ 상세도를 그리기 위한 틀의 선
④ 금속 구조 공학 등의 구조를 나타내는 선

기계제도 규격(KS B 0001)

• 금속 구조 공학이나 토목, 건축 등의 구조물을 나타내는 선은 주로 굵은 실선을 사용하여 물체의 외형을 정확하게 표현해야 한다.
• 굵은 실선(외형선): 물체의 외형, 구조물의 골격 등

59 ★

그림과 같은 도면에서 괄호 안의 치수는 무엇을 나타내는가?

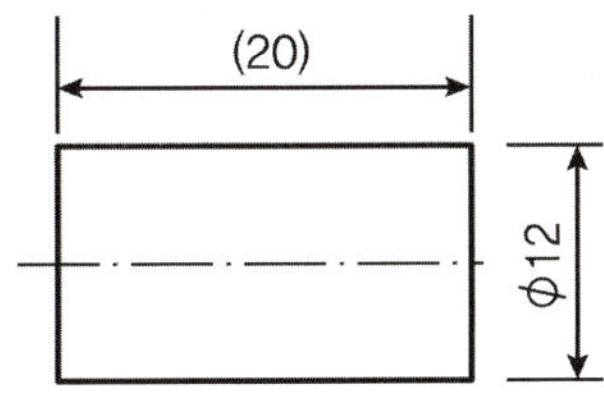

① 완성 치수
② 참고 치수
③ 다듬질 치수
④ 비례척이 아닌 치수

( ): 참고 치수

60 ★

다음 중 일반 구조용 탄소강관의 KS 재료 기호는?

① SPP
② SPS
③ SKH
④ STK

- SPP: 일반 배관용 탄소강관
- STK: 일반 구조용 탄소강관

01

다음 중 용접 시 수소의 영향으로 발생하는 결함과 가장 거리가 먼 것은?

① 기공　　　　　　　② 균열
③ 은점　　　　　　　④ 설퍼

- 설퍼는 황이라는 화학원소로 수소와 직접적인 관련이 있는 결함이 아니며, 황은 적열 취성과 관련있는 고온 균열을 말한다.
- 은점: 주요 원인이 수소이며, 용접 중 수소가 금속 내에 용해되었다가 응고 과정에서 방출되지 못할 때 발생하는 기포 또는 은색 원형 반점(물고기 눈 모양의 은색 반점) 형태의 결함을 말한다.

02

가스 중에서 최소의 밀도로 가장 가볍고 확산속도가 빠르며, 열전도가 가장 큰 가스는?

① 수소　　　　　　　② 메탄
③ 프로판　　　　　　④ 부탄

가스 중 밀도가 가장 가벼운 수소는 확산속도가 빨라 환기와 누설 점검 시설이 꼭 필요하다.

03 ⭐빈출

용착금속의 인장강도가 55N/m², 안전율이 6이라면 이음의 허용응력은 약 몇 N/m²인가?

① 0.92　　　　　　　② 9.2
③ 92　　　　　　　　④ 920

- 용착금속의 인장강도 $\sigma_t = 55N/m^2$
- 안전율 $n = 6$

$$\sigma = \frac{\sigma_t}{n} = \frac{55}{6} = 9.2N/m^2$$

04 ⭐빈출

팁 끝이 모재에 닿는 순간 순간적으로 팁 끝이 막혀 팁 속에서 폭발음이 나면서 불꽃이 꺼졌다가 다시 나타나는 현상은?

① 인화　　　　　　　② 역화
③ 역류　　　　　　　④ 선화

역화
가스혼합기(또는 팁 내부) 쪽으로 불꽃이 역으로 타들어가는 현상으로 아세틸렌과 산소가 혼합되어 있는 부분으로 불꽃이 되돌아가 팁 내부 또는 호스 내부에서 폭발 위험이 있다.

05 ⭐빈출

다음 중 파괴시험 검사법에 속하는 것은?

① 부식시험　　　　　② 침투시험
③ 음향시험　　　　　④ 와류시험

파괴시험
- 기계적 시험은 기계적 성질을 이용한 강도, 연성, 경도 등을 평가하는 방법으로 피로시험, 인장시험, 굽힘시험, 충격시험, 경도시험 등이 있다.
- 화학적 시험은 내식성, 화학적 성질로 평가하며 부식시험, 화학분석시험 등으로 분류된다.

비파괴시험
모재와 용접부를 파괴하지 않고 결함을 검출·평가하는 시험으로, 주요 기법에는 육안검사(VT), 방사선 투과검사(RT), 초음파 탐상검사(UT), 침투 탐상검사(PT), 자분 탐상검사(MT)가 있다.

06

TIG 용접토치의 분류 중 형태에 따른 종류가 아닌 것은?

① T형 토치　　　　　② Y형 토치
③ 직선형 토치　　　　④ 플렉시블형 토치

TIG 용접토치의 종류: T형 토치, 플렉시블형 토치, 직선형 토치

정답 　01 ④　02 ①　03 ②　04 ②　05 ①　06 ②

07 빈출

용접에 의한 수축 변형에 영향을 미치는 인자로 가장 거리가 먼 것은?

① 가접
② 용접 입열
③ 판의 예열 온도
④ 판 두께에 따른 이음 형상

가접은 본용접 전에 모재의 위치를 고정하기 위해 임시로 붙이는 용접을 말하며 수축 변형을 줄이기 위한 방법으로 활용된다.

08

전자동 MIG 용접과 반자동 용접을 비교했을 때 전자동 MIG 용접의 장점으로 틀린 것은?

① 용접 속도가 빠르다.
② 생산 단가를 최소화할 수 있다.
③ 우수한 품질의 용접이 얻어진다.
④ 용착 효율이 낮아 능률이 매우 좋다.

전자동 MIG 용접은 용착 효율이 좋으며 생산성 능률이 매우 우수하다.

09 빈출

다음 중 탄산가스 아크 용접의 자기 쏠림 현상을 방지하는 대책으로 틀린 것은?

① 엔드 탭을 부착한다.
② 가스 유량을 조절한다.
③ 어스의 위치를 변경한다.
④ 용접부의 틈을 적게 한다.

아크 쏠림
아크 용접 시 자기장(Magnetic Field)의 불균형 때문에 아크가 일정 방향으로 치우치는 현상을 말하며, 자기 불림이라고도 한다.

아크 쏠림 방지대책
• 교류 용접기를 사용하거나 후퇴법으로 용접한다.
• 짧은 아크를 사용하고 접지점을 용접부에서 멀리한다.
• 접지선을 2개 연결하고 아크 발생 주변을 비자성체로 만든다.
• 접지 케이블이 감기지 않도록 하고, 접지부에 녹, 페인트 등 방해물이 없도록 청결을 유지한다.
• 아크 쏠림 반대 방향으로 기울인다.
• 용접부의 시작과 끝 부분에 엔드 탭을 활용한다.

10

다음 용접법 중 비소모식 아크 용접법은?

① 논 가스 아크 용접
② 피복 금속 아크 용접
③ 서브머지드 아크 용접
④ 불활성 가스 텅스텐 아크 용접

비소모식 아크 용접법이란 전극이 용융되지 않고 아크만 발생시켜 용접하는 방식으로 전극봉 자체가 용착금속이 되지 않는 용접법을 말한다.

11

용접부를 끝이 구면인 해머로 가볍게 때려 용착금속부의 표면에 소성변형을 주어 인장응력을 완화시키는 잔류 응력 제거법은?

① 피닝법
② 노내 풀림법
③ 저온 응력 완화법
④ 기계적 응력 완화법

피닝법
용접 후 비드 표면을 해머 등으로 두드려 인장응력을 완화시키는 방법으로 응력 완화법이다.

12

용접변형의 교정법에서 점 수축법의 가열온도와 가열시간으로 가장 적당한 것은?

① 100 ~ 200℃, 20초
② 300 ~ 400℃, 20초
③ 500 ~ 600℃, 30초
④ 700 ~ 800℃, 30초

점 수축법은 변형 교정을 위해 작은 점을 짧은 시간 고온으로 가열해, 냉각 시 수축을 유도하는 방법으로 가열온도는 500 ~ 600℃, 가열시간은 약 30초 정도가 적당하다.

13

수직판 또는 수평면 내에서 선회하는 회전 영역이 넓고 팔이 기울어져 상하로 움직일 수 있어 주로 스폿 용접, 중량물 취급 등에 많이 이용되는 로봇은?

① 다관절 로봇
② 극좌표 로봇
③ 원통 좌표 로봇
④ 직각 좌표계 로봇

극좌표 로봇
회전, 팔의 길이 변화, 상하 이동의 세 가지 자유도를 가지고 있으며 팔이 상하로 기울어 움직일 수 있고, 회전 범위가 넓으며 주로 스폿 용접, 중량물 취급, 주조품 적재 등에 활용된다.

14 ⭐빈출

서브머지드 아크 용접 시 발생하는 기공의 원인이 아닌 것은?

① 직류 역극성 사용
② 용제의 건조 불량
③ 용제의 산포량 부족
④ 와이어 녹, 기름, 페인트

직류의 극성은 용입과 비드 폭의 좁고 넓음을 의미하며, 기공이 생기는 원인과는 무관하다.

15

다음 중 전자 빔 용접에 관한 설명으로 틀린 것은?

① 용입이 낮아 후판 용접에는 적용이 어렵다.
② 성분 변화에 의하여 용접부의 기계적 성질이나 내식성의 저하를 가져올 수 있다.
③ 가공재나 열처리에 대하여 소재의 성질을 저하시키지 않고 용접할 수 있다.
④ $10^{-4} \sim 10^{-6}$mmHg 정도의 높은 진공실 속에서 음극으로부터 방출된 전자를 고전압으로 가속시켜 용접을 한다.

전자 빔 용접(EBW)은 고에너지 전자 빔을 이용하여 매우 깊은 용입을 얻는 공정으로 후판 용접에 유리하다.

16

안전보건표지의 색채, 색도기준 및 용도에서 지시의 용도 색채는?

① 검은색
② 노란색
③ 빨간색
④ 파란색

안전보건표지의 색채, 색도기준 및 용도

색채	색도기준	용도	사용례
빨간색	7.5R 4/14	금지	정지신호, 소화설비 및 그 장소, 유해행위의 금지
		경고	화학물질 취급장소에서의 유해·위험 경고
노란색	5Y 8.5/12	경고	화학물질 취급장소에서의 유해·위험 경고 이외의 위험 경고, 주의표지 또는 기계방호물
파란색	2.5PB 4/10	지시	특정 행위의 지시 및 사실의 고지
녹색	2.5G 4/10	안내	비상구 및 피난소, 사람 또는 차량의 통행표지
흰색	N9.5	–	파란색 또는 녹색에 대한 보조색
검은색	N0.5	–	문자 및 빨간색 또는 노란색에 대한 보조색

17 ⭐빈출

X선이나 γ선을 재료에 투과시켜 투과된 빛의 강도에 따라 사진 필름에 감광시켜 결함을 검사하는 비파괴 시험법은?

① 자분 탐상검사
② 침투 탐상검사
③ 초음파 탐상검사
④ 방사선 투과검사

RT는 방사선 투과검사로 방사선 X선이나 γ선을 이용하여 내부 결함을 탐상하는 방법을 의미한다.

18 빈출

다음 중 용접봉의 용융속도를 나타낸 것은?

① 단위 시간당 용접 입열의 양
② 단위 시간당 소모되는 용접전류
③ 단위 시간당 형성되는 비드의 길이
④ 단위 시간당 소비되는 용접봉의 길이

용접봉의 용융속도
일정 시간 동안 용접봉이 얼마나 빠르게 소모되는지를 나타내는 지표로 단위 시간당 소비되는 용접봉의 길이(양)를 말한다.

19

물체와의 가벼운 충돌 또는 부딪침으로 인하여 생기는 손상으로 충격 부위가 부어오르고 통증이 발생되며 일반적으로 피부 표면에 창상이 없는 상처를 뜻하는 것은?

① 출혈　　　　　　② 화상
③ 찰과상　　　　　④ 타박상

타박상은 둔한 물체에 부딪혀 피부 표면에 상처가 없지만 피하 조직 또는 근육, 혈관 등이 손상되는 상처를 말한다.

20

일명 비석법이라고도 하며, 용접길이를 짧게 나누어 간격을 두면서 용접하는 용착법은?

① 전진법　　　　　② 후진법
③ 대칭법　　　　　④ 스킵법

스킵법(Skip Welding)
긴 용접선을 한 번에 연속적으로 용접하지 않고 일정 길이로 나눈 여러 구간을 건너뛰며 간헐적으로 용접하는 방법으로, 열의 집중을 방지하여 변형, 잔류응력을 줄이는데 효과적이다.

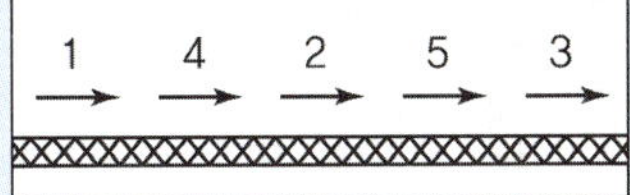

21 빈출

금속 산화물이 알루미늄에 의하여 산소를 빼앗기는 반응에 의해 생성되는 열을 이용한 용접법은?

① 마찰 용접　　　　② 테르밋 용접
③ 일렉트로 슬래그 용접　　④ 서브머지드 아크 용접

테르밋 용접(Thermit Welding)
금속 산화물(보통 산화철, Fe_2O_3)과 알루미늄 분말(Al) 사이의 강력한 산화 – 환원 반응(Thermite Reaction)을 이용해 3,000℃ 이상의 고온을 만들어 용접하는 화학적 용접이다.
(산소를 빼앗는 것 = 산화 – 환원 반응)

테르밋 반응식
$$Fe_2O_3 + 2Al \rightarrow 2Fe + Al_2O_3$$

22 빈출

저항 용접의 장점이 아닌 것은?

① 대량 생산에 적합하다.
② 후열 처리가 필요하다.
③ 산화 및 변질 부분이 적다.
④ 용접봉, 용재가 불필요하다.

저항 용접
전류의 저항열을 이용하여 국부적으로 접합하는 방법으로 열 영향부가 넓지 않아 후열 처리가 필요하지 않다.

23 빈출

정격 2차 전류 200A, 정격사용률 40%인 아크 용접기로 실제 아크전압 30V, 아크전류 130A로 용접을 수행한다고 가정할 때 허용사용률은 약 얼마인가?

① 70%　　　　　　② 75%
③ 80%　　　　　　④ 95%

$$허용사용률(\%) = \frac{(정격\ 2차\ 전류)^2}{(실제\ 용접전류)^2} \times 정격사용률$$

$$= \frac{200^2 \times 40}{130^2} = 94.67\% ≒ 95\%$$

24 빈출

아크전류가 일정할 때 아크전압이 높아지면 용접봉의 용융속도가 늦어지고 아크전압이 낮아지면 용융속도가 빨라지는 특성을 무엇이라 하는가?

① 부저항 특성
② 절연회복 특성
③ 전압회복 특성
④ 아크길이 자기제어 특성

아크길이 자기제어 특성
아크 용접에서 전류가 일정할 때 아크전압이 높아지면(아크길이가 길어지면) 용융속도가 느려지고, 아크전압이 낮아지면(아크길이가 짧아지면) 용융속도가 빨라져 아크길이가 일정하게 유지되는 현상을 말한다.

25 빈출

강재 표면의 흠이나 개재물, 탈탄층 등을 제거하기 위하여 될 수 있는 대로 얇게 그리고 타원형 모양으로 표면을 깎아내는 가공법은?

① 분말 절단
② 가스 가우징
③ 스카핑
④ 플라즈마 절단

스카핑
표면 결함을 제거하는 홈 파기 가공방법으로, 결함을 방지하기 위해 단면을 완만한 타원형 홈 모양이 되도록 하는 가스 절삭 가공법이다.

26 빈출

다음 중 야금적 접합법에 해당되지 않는 것은?

① 융접(Fusion Welding)
② 접어 잇기(Seam)
③ 압접(Pressure Welding)
④ 납땜(Brazing and Soldering)

• 기계적 접합: 리벳, 볼트, 나사, 핀, 코터, 접어 잇기 등
• 야금적 접합: 융접, 압접, 납땜

27 빈출

다음 중 불꽃의 구성 요소가 아닌 것은?

① 불꽃심
② 속불꽃
③ 겉불꽃
④ 환원불꽃

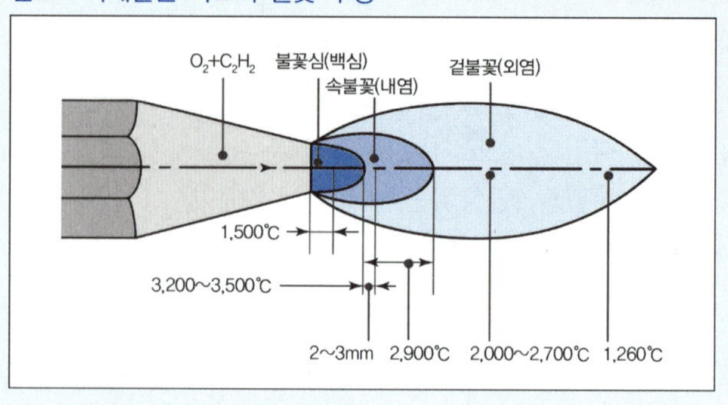

28 빈출

피복 아크 용접봉에서 피복제의 주된 역할이 아닌 것은?

① 용융금속의 용적을 미세화하여 용착효율을 높인다.
② 용착금속의 응고와 냉각속도를 빠르게 한다.
③ 스패터의 발생을 적게 하고 전기 절연작용을 한다.
④ 용착금속에 적당한 합금원소를 첨가한다.

피복제의 역할
• 슬래그 형성 및 용착금속의 보호: 슬래그층의 형성으로 냉각속도를 완화하여 표면을 보호한다.
• 아크 안정 작용: 아크를 안정시켜 용접작업을 용이하게 한다.
• 합금원소 공급: 용착금속의 기계적 성질을 개선한다.
• 스패터 감소 및 절연 작용: 피복층의 전기 절연기능과 함께 전류를 조정하여 스패터를 감소시킨다.

29 빈출

교류아크 용접기에서 안정한 아크를 얻기 위하여 상용 주파의 아크전류에 고전압의 고주파를 중첩시키는 방법으로 아크 발생과 용접작업을 쉽게 할 수 있도록 하는 부속장치는?

① 전격방지장치
② 고주파 발생장치
③ 원격제어장치
④ 핫스타트장치

고주파 발생장치
교류(AC)아크 용접기는 전류의 방향이 매 초에 바뀌기 때문에 교류가 0A가 되는 순간마다 아크가 꺼질 위험이 있으며, 이 현상을 방지하기 위해 고전압의 고주파 전류를 중첩시켜 아크가 끊기지 않고 안정적으로 유지되도록 하는 장치를 말한다.

정답   24 ④   25 ③   26 ②   27 ④   28 ②   29 ②

30

피복 아크 용접봉의 피복제 중에서 아크를 안정시켜 주는 성분은?

① 붕사
② 페로망간
③ 니켈
④ 산화티탄

아크 안정제
전자의 방출을 쉽게 하여 아크를 안정시키는 역할로 산화티탄, 규산칼륨, 규산나트륨, 석회석 등이 있다.

31 빈출

산소 용기의 취급 시 주의사항으로 틀린 것은?

① 기름이 묻은 손이나 장갑을 착용하고는 취급하지 않아야 한다.
② 통풍이 잘 되는 야외에서 직사광선에 노출시켜야 한다.
③ 용기의 밸브가 얼었을 경우에는 따뜻한 물로 녹여야 한다.
④ 사용 전에는 비눗물 등을 이용하여 누설 여부를 확인한다.

산소 용기의 취급
- 산소(O_2)와 기름(유분) 또는 기름천, 기름이 묻은 장갑은 절대 접촉해서는 안 된다.
- 산소 용기 운반 시 충격에 주의를 기울이며 움직여야 한다.
- 산소 밸브는 천천히 개폐하며 밸브를 끝까지 열지 않도록 주의해야 한다.
- 용기 밸브가 사용 중 얼었을 경우 따뜻한 물을 활용하여 녹여 사용해야 한다.
- 가스 누설 점검은 사용 전에 실시하며 비눗물 또는 검사액으로 한다.
- 통풍이 잘 되고 직사광선에 노출되지 않는 공간에 40℃ 이하를 유지하며 세워서 보관해야 한다.

32 빈출

피복 아크 용접봉의 기호 중 고산화티탄계를 표시한 것은?

① E4301
② E4303
③ E4311
④ E4313

E4313 용접봉은 고산화티탄계 피복 아크 용접봉으로 피복제의 산화티탄(TiO_2)이 약 35% 내외로 포함되어 있다. 일반 경구조물 및 박판 용접에 많이 사용되고, 유동성이 좋은 슬래그를 형성하며 냉각 시 쉽게 박리되어 비드 표면이 고른 장점을 가진다.

33 빈출

가스 절단에서 프로판 가스와 비교한 아세틸렌 가스의 장점에 해당되는 것은?

① 후판 절단의 경우 절단속도가 빠르다.
② 박판 절단의 경우 절단속도가 빠르다.
③ 중첩 절단을 할 때에는 절단속도가 빠르다.
④ 절단면이 거칠지 않다.

박판 절단에서는 화염이 집중되고 온도가 높은 아세틸렌이 유리하다.

프로판 가스와 아세틸렌 가스

구분	아세틸렌(C_2H_2)	프로판(C_3H_8)
최고 화염온도 (산소 혼합 시)	약 3,200℃	약 2,900℃
불꽃의 집중도	매우 높아 좁고 뾰족한 불꽃	넓고 완만한 불꽃
연소 속도	매우 빠름	느림
절단 특성	박판 절단에 유리 (정밀하고 빠름)	후판 절단에 유리 (가열 영역 넓음)
경제성	비싸고 위험성 높음	가격 저렴, 저장 용이

34 빈출

용접기의 구비조건이 아닌 것은?

① 구조 및 취급이 간단해야 한다.
② 사용 중에 온도 상승이 적어야 한다.
③ 전류 조정이 용이하고 일정한 전류가 흘러야 한다.
④ 용접 효율과 상관없이 사용 유지비가 적게 들어야 한다.

유지비가 적게 드는 것은 경제적인 관점이며, 용접기를 활용하는데 있어 유지비 절감보다 안정적인 용접 품질확보가 우선되어야 한다.

용접기의 구비조건
- 구조 및 취급이 간단하여 현장 작업자가 쉽게 운용할 수 있을 것
- 사용 중 온도 상승이 적어 효율 저하를 방지할 것
- 전류 조정이 용이하고 안정된 전류를 유지하여 일정한 아크를 유지할 것
- 절연이 완전하고 감전사고를 방지할 것
- 진동, 충격, 습기 등에 견딜 수 있고 현장 환경에 적용이 가능한 내구성을 가질 것

정답 30 ④ 31 ② 32 ④ 33 ② 34 ④

35 빈출

다음 중 연강을 가스 용접할 때 사용하는 용제는?

① 붕사
② 염화나트륨
③ 사용하지 않는다.
④ 중탄산소다 + 탄산소다

가스 용접에서 용제(Flux)는 용접 중에 산화 방지, 슬래그 형성, 불순물 제거 등의 역할을 한다.

금속별 사용 용제

금속 종류	사용 용제
황동(Brass)	붕사(Borax)
구리(Cu)	붕사 + 염화나트륨 혼합
알루미늄(Al)	염화리튬(LiCl), 염화칼륨(KCl) 등 염화물계 용제
연강(Steel)	용제 사용하지 않음

36

프로판 가스의 특징으로 틀린 것은?

① 안전도가 높고 관리가 쉽다.
② 온도 변화에 따른 팽창률이 크다.
③ 액화하기 어렵고 폭발 한계가 넓다.
④ 상온에서는 기체 상태이고 무색, 투명하다.

프로판(Propane, C_3H_8)은 가스 용접 및 절단에서 자주 사용하는 액화석유가스(LPG)의 주성분 중 하나로 압축만으로도 쉽게 액화되며 폭발 범위가 좁아 안전도가 높다.

37 빈출

피복 아크 용접봉에서 아크길이와 아크전압의 설명으로 틀린 것은?

① 아크길이가 너무 길면 불안정하다.
② 양호한 용접을 하려면 짧은 아크를 사용한다.
③ 아크전압은 아크길이에 반비례한다.
④ 아크길이가 적당할 때 정상적인 작은 입자의 스패터가 생긴다.

피복 아크 용접에서 아크전압(Arc Voltage)은 아크길이(Arc Length)와 밀접한 관계를 가지며, 아크전압은 아크길이에 비례한다.

38 빈출

다음 중 용융금속의 이행형태가 아닌 것은?

① 단락형
② 스프레이형
③ 연속형
④ 글로뷸러형

금속의 이행형식
용접 시 용접봉(또는 와이어)의 끝이 용융되며, 녹은 금속 방울이 아크를 통해 모재로 넘어가는 현상
• 단락형: 전극과 용융지가 주기적으로 접촉 후 단락되며 방울이 모재로 이행된다.
• 글로뷸러형(핀치효과형): 비교적 큰 용적이 중력에 의해 모재로 이행되며 단락이 발생되지 않는다.
• 스프레이형: 미세한 금속 입자가 고속으로 스프레이처럼 분사되어 모재로 이행된다.

39

강자성을 가지는 은백색의 금속으로 화학 반응용 촉매, 공구 소결재로 널리 사용되고 바이탈륨의 주성분 금속은?

① Ti
② Co
③ Al
④ Pt

코발트 Co
대표적인 강자성체로 은백색의 금속 광택을 가지고 있다. 석유 및 수소화 반응의 촉매, 공구 소결재로서 초경합금의 결합재로 사용된다.

40 빈출

재료에 어떤 일정한 하중을 가하고 어떤 온도에서 긴 시간 동안 유지하면 시간이 경과함에 따라 스트레인이 증가하는 것을 측정하는 시험 방법은?

① 피로시험
② 충격시험
③ 비틀림 시험
④ 크리프 시험

크리프 시험
재료에 일정한 하중을 장시간 가했을 때 시간에 따른 변형 또는 파단을 보는 기계적 시험이다.

41 빈출

금속의 결정구조에서 조밀육방격자(HCP)의 배위수는?

① 6
② 8
③ 10
④ 12

> 조밀육방격자는 HCP(Hexagonal Close-Packed)로 Ti, Be, Mg, Zn, Cd, Co 등이 있으며, 배위수는 12개, 단위 격자당 원자 수는 2개로 구성된다.

42

주석 청동의 용해 및 주조에서 1.5 ~ 1.7%의 아연을 첨가할 때의 효과로 옳은 것은?

① 수축률이 감소된다.
② 침탄이 촉진된다.
③ 취성이 향상된다.
④ 가스가 흡입된다.

> 아연을 소량 첨가하면 용융점이 약간 낮아지고 유동성이 증가하면서 응고 시 수축공의 발생을 억제한다.

43 빈출

금속의 결정구조에 대한 설명으로 틀린 것은?

① 결정입자의 경계를 결정입계라 한다.
② 결정체를 이루고 있는 각 결정을 결정입자라 한다.
③ 체심입방격자는 단위격자 속에 있는 원자 수가 3개이다.
④ 물질을 구성하고 있는 원자가 입체적으로 규칙적인 배열을 이루고 있는 것을 결정이라 한다.

> 체심입방격자는 BCC(Body-Centered Cubic)로 Li, Na, Cr, Mo, α, δ - Fe 등이 있으며, 배위수는 8개, 단위 격자당 원자 수는 2개로 구성된다.

44

Al의 표면을 적당한 전해액 중에서 양극 산화처리하면 표면에 방식성이 우수한 산화피막층이 만들어진다. 알루미늄의 방식방법에 많이 이용되는 것은?

① 규산법
② 수산법
③ 탄화법
④ 질화법

> **양극 산화법**
> • 알루미늄을 전해조에 넣고 전류를 흘려 산화피막을 형성시키는 표면 처리법으로 부식 방지 및 내마모성 향상 등에 사용된다.
> • 표면 처리 방식법: 황산법, 크롬산법, 수산법

45 빈출

강의 표면경화법이 아닌 것은?

① 풀림
② 금속 용사법
③ 금속 침투법
④ 하드페이싱

> **표면경화법**
> 고주파 담금질, 침탄법, 질화법, 금속 침투법, 하드페이싱 등이 있으며, 화학적으로 침투시켜 경화층을 형성하여 표면을 단단하게 하고 내부의 인성을 유지하는 열처리 방법이다.

46

비금속 개재물이 강에 미치는 영향이 아닌 것은?

① 고온 메짐의 원인이 된다.
② 인성은 향상시키나 경도를 떨어뜨린다.
③ 열처리 시 개재물로 인한 균열을 발생시킨다.
④ 단조나 압연 작업 중에 균열의 원인이 된다.

> 비금속 개재물(산화물, 황화물, 규산염 등)은 강의 품질을 저하시키는 불순물로 단조, 압연 등의 충격으로 인한 균열이 발생되고 열처리 시 균열이 생기며 인성과 연성, 피로강도 저하의 원인이 된다.

47

해드필드강(Hadfield Steel)에 대한 설명으로 옳은 것은?

① Ferrite계 고Ni강이다.
② Pearlite계 고Co강이다.
③ Cementite계 고Cr강이다.
④ Austenite계 Mn강이다.

해드필드강은 대표적인 오스테나이트계 망간강으로 고망간강에 속하며, 높은 내충격성과 내마모성을 가지고 있다.

48

잠수함, 우주선 등 극한 상태에서 파이프의 이음쇠에 사용되는 기능성 합금은?

① 초전도합금
② 수소저장합금
③ 아모퍼스합금
④ 형상기억합금

형상기억합금(SMA)
온도 변화에 따라 변형 전의 기억된 형태로 복원되는 특수 합금으로, 잠수함, 우주선, 로봇 등이 운용되는 극한 환경에서도 자체 복원 기능과 내열성 등이 우수하다.

49

탄소강에서 탄소의 함량이 높아지면 낮아지는 것은?

① 경도
② 항복강도
③ 인장강도
④ 단면수축률

탄소의 함량이 높아지는 경우 강도, 경도, 항복강도는 증가하나 연성과 인성이 감소하고 단면수축률이 낮아진다.

50

3 ~ 5% Ni, 1% Si을 첨가한 Cu합금으로 C합금이라고도 하며, 강력하고 전도율이 좋아 용접봉이나 전극재료로 사용되는 것은?

① 톰백
② 문쯔메탈
③ 길딩메탈
④ 콜슨합금

콜슨합금은 구리(Cu)에 3 ~ 5%의 니켈(Ni)과 약 1%의 규소(Si)를 첨가한 Cu – Ni – Si계 합금으로 C합금이라고도 하며, 전기적 전도성과 기계적 강도가 높은 고전도 합금이다.

51

치수 기입법에서 지름, 반지름, 구의 지름 및 반지름, 모떼기, 두께 등을 표시할 때 사용하는 보조기호 표시가 잘못된 것은?

① 두께: D6
② 반지름: R3
③ 모따기: C3
④ 구의 반지름: SR6

판의 두께: t

52

인접 부분을 참고로 표시하는데 사용하는 것은?

① 숨은선
② 가상선
③ 외형선
④ 피치선

가는 2점 쇄선(가상선, Imaginary Line)
도면에서 실제로 존재하지 않는 부분을 표시하거나 절단, 이동, 회전, 가공 전·후 상태 등을 나타내는 선

53

다음과 같은 KS 용접 기호의 해독으로 틀린 것은?

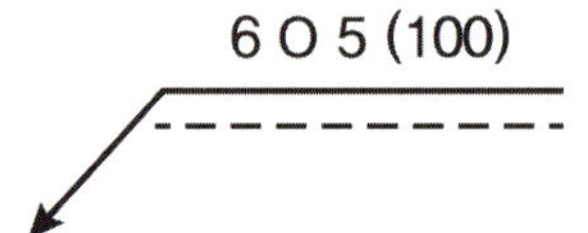

① 화살표 반대쪽 점 용접
② 점 용접부의 지름 6mm
③ 용접부의 개수(용접 수) 5개
④ 점 용접한 간격은 100mm

기호가 실선 쪽에 위치하므로 화살표 쪽 점 용접을 의미한다.

54

좌우, 상하 대칭인 그림과 같은 형상을 도면화하려고 할 때 이에 관한 설명으로 틀린 것은? (단, 물체에 뚫린 구멍의 크기는 같고 간격은 6mm로 일정하다.)

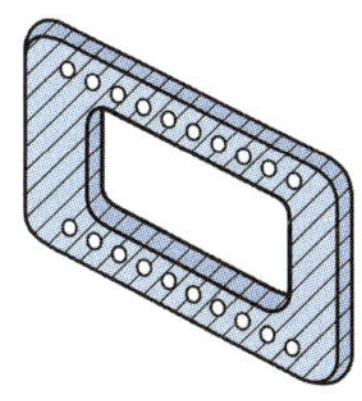 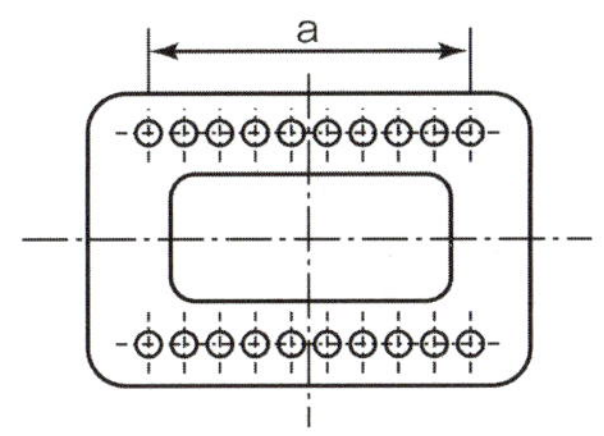

① 치수 a는 9×6(= 54)으로 기입할 수 있다.
② 대칭기호를 사용하여 도형을 1/2로 나타낼 수 있다.
③ 구멍은 동일 형상일 경우 대표 형상을 제외한 나머지 구멍은 생략할 수 있다.
④ 구멍은 크기가 동일하더라도 각각의 치수를 모두 나타내야 한다.

구멍 크기가 동일할 경우 'x-y 드릴'로 표시할 수 있다.

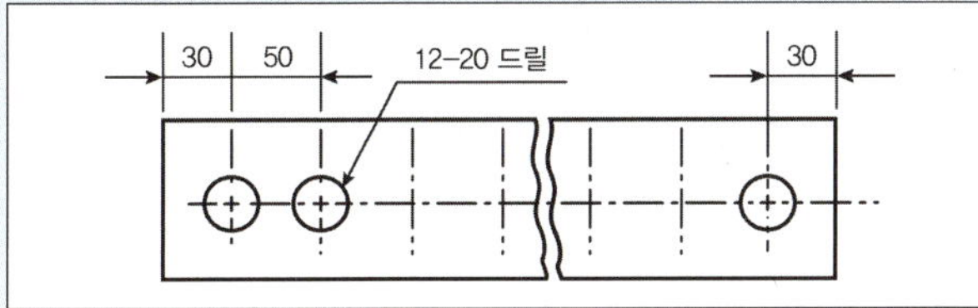

55 ⭐비출

그림과 같은 제3각법 정투상도에 가장 적합한 입체도는?

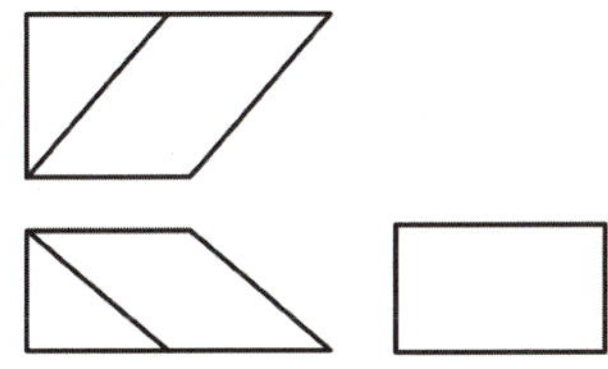

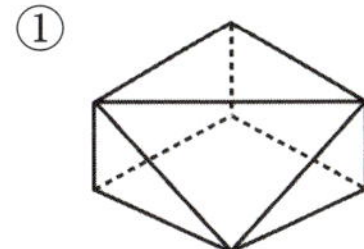 ①

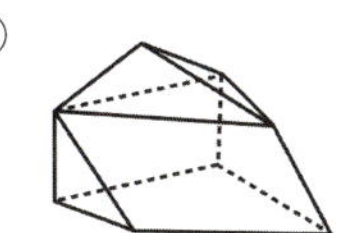 ②

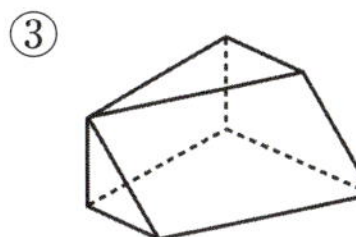 ③

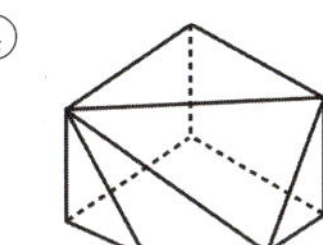 ④

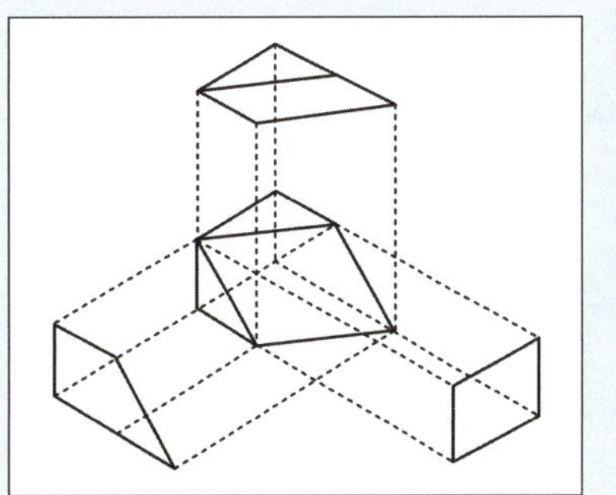

56 ⭐비출

3각 기둥, 4각 기둥 등과 같은 각기둥 및 원기둥을 평행하게 펼치는 전개방법의 종류는?

① 삼각형을 이용한 전개도법
② 평행선을 이용한 전개도법
③ 방사선을 이용한 전개도법
④ 사다리꼴을 이용한 전개도법

각기둥 또는 원기둥의 전개에서는 평행선을 이용한 전개도법이 가장 적합하다.

57

SF-340A는 탄소강 단강품이며, 340은 최저 인장강도를 나타낸다. 이때 최저 인장강도의 단위로 가장 옳은 것은?

① N/m^2
② kgf/m^2
③ N/mm^2
④ kgf/mm^2

최소 인장강도(Tensile Strength)를 N/mm^2 단위로 표시한 수치를 의미한다.

배관 도면에서 그림과 같은 기호의 의미로 가장 적합한 것은?

① 체크 밸브　　　　② 볼 밸브
③ 콕 일반　　　　　④ 안전 밸브

밸브 및 콕 몸체의 표시방법

밸브·콕의 종류	그림 기호	밸브·콕의 종류	그림 기호
밸브 일반	▷◁	앵글 밸브	◁
게이트 밸브	▷◁	3방향 밸브	▷◁▽
글로브 밸브	▷●◁	안전 밸브	▷◁ / ▷◁
체크 밸브	▷◀ 또는 ⌐|		
볼 밸브	▷⊗◁	콕 일반	▷◁
버터플라이 밸브	▷◁ 또는 ⌐●		

한쪽 단면도에 대한 설명으로 올바른 것은?

① 대칭형의 물체를 중심선을 경계로 하여 외형도의 절반과 단면도의 절반을 조합하여 표시한 것이다.
② 부품도의 중앙 부위의 전후를 절단하여 단면을 90° 회전시켜 표시한 것이다.
③ 도형 전체가 단면으로 표시된 것이다.
④ 물체의 필요한 부분만 단면으로 표시한 것이다.

한쪽 단면도
대칭인 물체의 내부와 외부를 동시에 보여주기 위해 사용하는 도면법으로 중심선을 기준으로 한쪽은 내부를 보여주고 다른 한쪽은 외부를 보여주는 외형도로 나타낸다.

60

판금 작업 시 강판재료를 절단하기 위하여 가장 필요한 도면은?

① 조립도　　　　　② 전개도
③ 배관도　　　　　④ 공정도

전개도(展開圖)
입체물(3D 형상)의 곡면 또는 평면을 한 평면 위에 펼쳐서(전개) 실제 절단, 절곡, 접합 등 제작에 필요한 치수를 나타낸 도면을 말한다.

최신
CBT 기출복원문제
(2021년~2024년)

Chapter 01

2021년 1회 | CBT 기출복원문제

01 빈출

아크 용접기의 구비조건으로 틀린 것은?

① 구조 및 취급이 간단해야 한다.
② 사용 중에 온도 상승이 커야 한다.
③ 전류조정이 용이하고, 일정한 전류가 흘러야 한다.
④ 아크 발생 및 유지가 용이하고 아크가 안정되어야 한다.

> 아크 용접기는 장시간 활용에 안정적이며 온도 상승이 작아야 안전하다.

02 빈출

용접 구조물의 제작도면에 사용하는 보조기능 중 RT는 비파괴시험 중 무엇을 뜻하는가?

① 초음파 탐상시험
② 자기분말 탐상시험
③ 침투 탐상시험
④ 방사선 투과시험

> • RT는 방사선 투과검사로 방사선 X선이나 γ선을 이용하여 내부 결함을 탐상하는 방법을 의미한다.
> • 비파괴검사: 육안검사(VT), 방사선 투과검사(RT), 초음파 탐상검사(UT), 자분 탐상검사(MT), 침투 탐상검사(PT)

03 빈출

직류아크 용접기의 음(-)극에 용접봉을, 양(+)극에 모재를 연결한 상태의 극성을 무엇이라 하는가?

① 직류 정극성
② 직류 역극성
③ 직류 음극성
④ 직류 용극성

> 정극성 DCSP(Direct Current Straight Polarity)
> • 용접봉(-), 모재(+)
> • 용입 깊고, 비드 폭이 좁다.
>
> 역극성 DCRP(Direct Current Reverse Polarity)
> • 용접봉(+), 모재(-)
> • 용입 얕고, 비드 폭이 넓다.

04

TIG 용접에서 직류 정극성으로 용접할 때 전극 선단의 각도가 가장 적합한 것은?

① 5 ~ 10°
② 10 ~ 20°
③ 20 ~ 50°
④ 60 ~ 70°

> • TIG 용접의 직류 정극성 조건에서 일반적으로 아크를 집중시키기 위해 20°~50°로 뾰족하게 연마한다.
> • 텅스텐 전극봉은 각도가 작을수록(뾰족할수록) 용입이 깊고 비드 폭이 좁으며, 각도가 클수록(넓을수록) 용입이 얕고 비드 폭이 넓어진다.

05 빈출

연강용 피복 금속 아크 용접봉에서 다음 중 피복제의 염기성이 가장 높은 것은?

① 저수소계
② 고산화철계
③ 고셀룰로오스계
④ 티탄계

> 저수소계(E4316)
> 피복제 속의 함유된 성분 중 수소의 근원이 되는 성분을 없앤 염기성 슬래그가 특징이며, 탄산석회 또는 플루오르칼슘을 주성분으로 한 석회계 용접봉이라고도 한다.

06

다음 중 발화성 물질이 아닌 것은?

① 카바이드
② 금속나트륨
③ 황린
④ 질산에틸

자기반응성 물질(제5류)
질산에틸은 공기나 물이 필요하지 않으며 충격, 마찰 또는 가열만
으로 스스로 폭발 분해를 일으키는 자기반응성 물질이다.

07 ⭐빈출

피복 아크 용접 회로의 순서가 올바르게 연결된 것은?

① 용접기 - 전극 케이블 - 용접봉 홀더 - 피복 아크 용
   접봉 - 아크 - 모재 - 접지 케이블
② 용접기 - 용접봉 홀더 - 전극 케이블 - 모재 - 아크
   - 피복 아크 용접봉 - 접지 케이블
③ 용접기 - 피복 아크 용접봉 - 아크 - 모재 - 접지 케
   이블 - 전극 케이블 - 용접봉 홀더
④ 용접기 - 전극 케이블 - 접지 케이블 - 용접봉 홀더
   - 피복 아크 용접봉 - 모재 - 아크

피복 아크 용접 회로

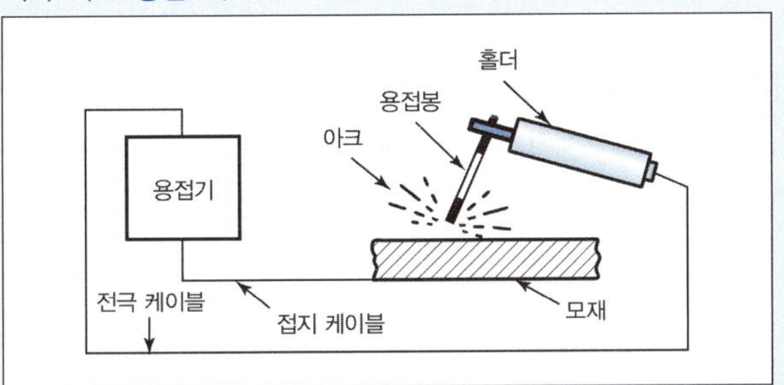

용접기 - 전극 케이블 - 용접봉 홀더 - 피복 아크 용접봉 - 아크
- 모재 - 접지 케이블

08

아래 그림과 같이 용접길이를 짧게 나누어 간격을 두면서 용접하
는 방법은?

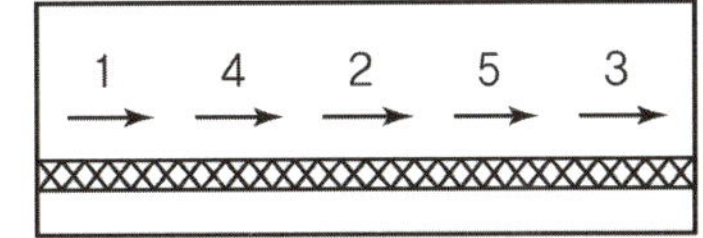

① 전진법　　　　② 후진법
③ 대칭법　　　　④ 스킵법

스킵법(Skip Welding)
긴 용접선을 한 번에 연속적으로 용접하지 않고 일정 길이로 나눈
여러 구간을 건너뛰며 간헐적으로 용접하는 방법으로, 열의 집중을
방지하여 변형, 잔류응력을 줄이는데 효과적이다.

09 ⭐빈출

금속 산화물이 알루미늄에 의하여 산소를 빼앗기는 반응에 의해
생성되는 열을 이용하여 금속을 접합시키는 용접법은?

① 스터드 용접
② 테르밋 용접
③ 원자수소 용접
④ 일렉트로 슬래그 용접

테르밋 용접은 알루미늄의 산화 반응으로 순간적으로 고온 용융금
속을 만들어 짧은 시간에 접합하는 공정이다.

10

다음 중 일반적으로 가스 폭발을 방지하기 위한 예방대책에 있어
가장 먼저 조치를 취하여야 할 사항은?

① 방화수 준비
② 가스 누설의 방지
③ 착화의 원인 제거
④ 배관의 강도 증가

가스가 새지 않으면, 산소와 점화원이 만나 폭발이 일어나지 않는다.
근본적으로 사전에 가스 누설 방지 조치를 통해 예방할 수 있다.

정답　　　06 ④　07 ①　08 ④　09 ②　10 ②

11 빈출

가스 가우징용 토치의 본체는 프랑스식 토치와 비슷하나 팁은 비교적 저압으로 대용량의 산소를 방출할 수 있도록 설계되어 있는데 이는 어떤 설계 구조인가?

① 초코
② 인젝트
③ 오리피스
④ 슬로우 다이버전트

12 빈출

다음 중 피복 아크 용접에 비교한 가스 메탈 아크 용접(GMAW)법의 특징으로 틀린 것은?

① 용접봉을 교체하는 작업이 불필요하기 때문에 능률적이다.
② 슬래그가 없으므로 슬래그 제거 시간이 절약된다.
③ 과도한 스패터로 인해 용접재료의 손실이 있어 용착효율이 약 60% 정도이다.
④ 전류밀도가 높기 때문에 용입이 크다.

13

용해 아세틸렌 가스는 각각 몇 ℃, 몇 kgf/cm²로 충전하는 것이 가장 적합한가?

① 40℃, 160kgf/cm^2
② 35℃, 150kgf/cm^2
③ 20℃, 30kgf/cm^2
④ 15℃, 15kgf/cm^2

14

다음 중 전기설비화재에 적용이 불가능한 소화기는?

① 포말 소화기
② 이산화탄소 소화기
③ 무상강화액 소화기
④ 할로겐 화합물 소화기

15

화재의 폭발 및 방지조치 중 틀린 것은?

① 필요한 곳에 화재를 진화하기 위한 발화설비를 설치할 것
② 배관 또는 기기에서 가연성 증기가 누출되지 않도록 할 것
③ 대기 중에 가연성 가스를 누설 또는 방출시키지 말 것
④ 용접작업 부근에 점화원을 두지 않도록 할 것

16

15℃, 1kgf/cm²하에서 사용 전 용해 아세틸렌병의 무게가 50kgf이고, 사용 후 무게가 47kgf일 때 사용한 아세틸렌의 양은 몇 L인가?

① 2,915
② 2,815
③ 3,815
④ 2,715

17

가스 절단 시 예열불꽃의 세기가 강할 때의 설명으로 틀린 것은?

① 절단면이 거칠어진다.
② 드래그가 증가한다.
③ 슬래그 중의 철 성분의 박리가 어려워진다.
④ 모서리가 용융되어 둥글게 된다.

예열불꽃의 세기가 약한 경우 절단속도가 늦어지고 드래그가 증가한다.

18 ⭐빈출

다음 중 용접에서 예열하는 목적과 가장 거리가 먼 것은?

① 수소의 방출을 용이하게 하여 저온균열을 방지한다.
② 열 영향부와 용착금속의 연성을 방지하고, 경화를 증가시킨다.
③ 용접부의 기계적 성질을 향상시키고, 경화조직의 석출을 방지시킨다.
④ 온도 분포가 완만하게 되어 열응력의 감소로 변형과 잔류응력의 발생을 적게 한다.

예열의 목적
용접 전 모재와 주변부를 일정온도로 가열하는 작업을 말하며, 급격한 냉각을 방지하고 용접 시 균열, 응력, 조직경화를 완화하기 위한 목적을 가진다.

19

용접길이가 짧거나 변형 및 잔류응력의 우려가 적은 재료를 용접할 경우 가장 능률적인 용착법은?

① 전진법
② 후진법
③ 비석법
④ 대칭법

전진법은 짧은 용접길이로 변형 및 잔류응력 등의 발생률이 적어야 하는 재료를 용접할 때 활용된다.

20

불활성 가스 텅스텐 아크 용접에서 고주파 전류를 사용할 때의 이점이 아닌 것은?

① 전극을 모재에 접촉시키지 않아도 아크 발생이 용이하다.
② 전극을 모재에 접촉시키지 않으므로 아크가 불안정하여 아크가 끊어지기 쉽다.
③ 전극을 모재에 접촉시키지 않으므로 전극의 수명이 길다.
④ 일정한 지름의 전극에 대하여 광범위한 전류의 사용이 가능하다.

불활성 가스 텅스텐 아크 용접에서 고주파 전류를 사용하면 아크 발생이 안정적으로 되어 전극 오염 및 소모가 감소된다.

21 ⭐빈출

다음 중 테르밋 용접의 특징에 관한 설명으로 틀린 것은?

① 전기가 필요없다.
② 용접작업이 단순하다.
③ 용접시간이 길고 용접 후 변형이 크다.
④ 용접기구가 간단하고 작업장소의 이동이 쉽다.

테르밋 용접은 화학 반응열을 활용하여 용접하므로 전력공급이 필요없고 용접시간이 짧아 변형이 적은 장점을 가진다.

테르밋 용접(Thermit Welding)
금속 산화물(보통 산화철, Fe_2O_3)과 알루미늄 분말(Al) 사이의 강력한 산화 – 환원 반응(Thermite Reaction)을 이용해 3,000℃ 이상의 고온을 만들어 용접하는 화학적 용접이다. 점화제로 과산화바륨, 알루미늄, 마그네슘 등을 사용하여 초기 점화 에너지를 제공한다.

테르밋 반응식
$$Fe_2O_3 + 2Al \rightarrow 2Fe + Al_2O_3$$

22

기계적 시험법 중 동적시험 방법에 해당하는 것은?

① 굽힙시험
② 인장시험
③ 크리프 시험
④ 피로시험

동적시험
반복 진동 등 시간에 따라 하중이 변하는 조건에서 성능을 평가하는 시험으로 대표적인 시험은 피로시험이 있다.

23 빈출

아크전류가 일정할 때 아크전압이 높아지면 용융속도가 늦어지고, 아크전압이 낮아지면 용융속도는 빨라진다. 이와 같은 아크 특성은?

① 부저항 특성
② 절연회복 특성
③ 전압회복 특성
④ 아크길이 자기제어 특성

아크길이 자기제어 특성
아크용접에서 전류가 일정할 때 아크전압이 높아지면(아크길이가 길어지면) 용융속도가 느려지고, 아크전압이 낮아지면(아크길이가 짧아지면) 용융속도가 빨라져 아크길이가 일정하게 유지되는 현상을 말한다.

24 빈출

솔리드 와이어 CO_2 가스 아크 용접에서 CO_2 가스에 Ar 가스를 혼합 시 특징에 대한 설명으로 틀린 것은?

① 아크가 안정된다.
② 후판 용접에 주로 사용된다.
③ 스패터가 감소한다.
④ 생산성이 저하된다.

CO_2 가스에 Ar 가스를 혼합 시 아크 안정성 향상, 스패터 감소, 비드 형성 개선 등의 효과가 있으나 용입이 얕아져 박판 용접에 적합하다.

25 빈출

다음 중 용접부 검사방법에 있어 비파괴시험에 해당하는 것은?

① 피로시험
② 화학분석시험
③ 용접균열시험
④ 침투 탐상시험

비파괴검사: 육안검사(VT), 방사선 투과검사(RT), 초음파 탐상검사(UT), 자분 탐상검사(MT), 침투 탐상검사(PT)

26

다음 중 용접 비용을 계산하는데 있어 비용 절감 요소로 틀린 것은?

① 대기시간 최대화
② 효과적인 재료 사용계획
③ 합리적이고 경제적인 설계
④ 가공 불량에 의한 용접의 손실 최소화

대기시간이 길어질수록 용접기가 사용되지 않아 비용 절감하고는 멀어지게 되므로 최소화해야 생산성을 높일 수 있다.

27

피복 아크 용접에 관한 사항으로 아래 그림의 (   )에 들어가야 할 용어는?

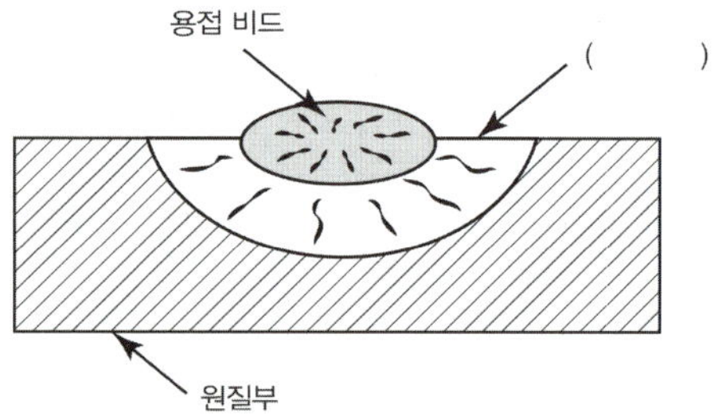

① 용락부
② 용융지
③ 용입부
④ 열 영향부

열 영향부(HAZ): 용접 시 용융되지는 않았지만, 열을 받아 금속 조직이 변화된 부분을 말한다.

28

200V용 아크 용접기의 1차 입력이 15kVA일 때 퓨즈의 용량은 얼마(A)가 적합한가?

① 65
② 75
③ 90
④ 100

- V = 200V
- P = 15kVA = 15,000VA

$$I = \frac{P}{V} = \frac{15,000}{200} = 75A$$

29

다음 중 가스 용접의 특징으로 옳은 것은?

① 아크 용접에 비해서 불꽃의 온도가 높다.
② 아크 용접에 비해 유해광선의 발생이 많다.
③ 전원설비가 없는 곳에서는 쉽게 설치할 수 없다.
④ 폭발의 위험이 크고 금속이 탄화 및 산화될 가능성이 많다.

가스 용접(산소 – 아세틸렌)은 가연성·산화성 가스를 사용하므로 폭발·화재 위험이 크고, 불꽃 조절을 잘못하면 탄화(탄화불꽃)나 산화(산화불꽃)가 일어나기 쉽다.

30

가스 절단 작업을 할 때 양호한 절단면을 얻기 위하여 예열 후 절단을 실시하는데 예열불꽃이 강할 경우 미치는 영향 중 잘못 표현된 것은?

① 절단면이 거칠어진다.
② 절단면이 매우 양호하다.
③ 모서리가 용융되어 둥글게 된다.
④ 슬래그 중의 철 성분의 박리가 어려워진다.

가스 절단 시 예열불꽃이 강하면 과열이 진행되며, 산화층이 두꺼워지고 표면이 거칠어진다.

31

용접변형 방지법의 종류에 속하지 않는 것은?

① 억제법
② 역변형법
③ 도열법
④ 취성파괴법

용접변형 제어
- 억제법: 지그, 구속으로 변형을 억제하는 방법
- 역변형법: 선 가공법이라고도 하며, 용접 전에 용접 반대 방향으로 미리 휘어놓는 방법
- 도열법: 국부 가열 후 자연 냉각으로 수축을 이용한 방법

32

아크 에어 가우징법으로 절단을 할 때 사용되어지는 장치가 아닌 것은?

① 가우징 봉
② 컴프레셔
③ 가우징 토치
④ 냉각장치

아크 에어 가우징 장치: 전원, 가우징 토치, 탄소 또는 흑연 전극봉, 압축공기, 호스 및 배선

33

다음 중 표면 피복 용접을 올바르게 설명한 것은?

① 연강과 고장력강의 맞대기 용접을 말한다.
② 연강과 스테인리스강의 맞대기 용접을 말한다.
③ 금속 표면에 다른 종류의 금속을 용착시키는 것을 말한다.
④ 스테인리스 강판과 연강판재를 접합 시 스테인리스 강판에 구멍을 뚫어 용접하는 것을 말한다.

표면 피복 용접은 모재의 표면에 내식성·내마모성·내열성 등을 목적으로 다른 금속층을 덧입혀서 용착시키는 용접을 말한다.

정답   28 ②   29 ④   30 ②   31 ④   32 ④   33 ③

34 빈출

용접전류에 의한 아크 주위에 발생하는 자장이 용접봉에 대해서 비대칭으로 나타나는 현상을 방지하기 위한 방법 중 옳은 것은?

① 직류 용접에서 극성을 바꿔 연결한다.
② 접지점을 될 수 있는 대로 용접부에서 가까이 한다.
③ 용접봉 끝을 아크가 쏠리는 방향으로 기울인다.
④ 피복제가 모재에 접촉할 정도로 짧은 아크를 사용한다.

아크 쏠림
아크 용접 시 자기장(Magnetic Field)의 불균형 때문에 아크가 일정 방향으로 치우치는 현상을 말하며, 자기 불림이라고도 한다.

아크 쏠림 방지대책
- 교류 용접기를 사용하거나 후퇴법으로 용접한다.
- 짧은 아크를 사용하고 접지점을 용접부에서 멀리한다.
- 접지선을 2개 연결하고 아크 발생 주변을 비자성체로 만든다.
- 접지 케이블이 감기지 않도록 하고, 접지부에 녹, 페인트 등 방해물이 없도록 청결을 유지한다.
- 아크 쏠림 반대 방향으로 기울인다.
- 용접부의 시작과 끝 부분에 엔드 탭을 활용한다.

35

전기저항 용접의 발열량을 구하는 공식으로 옳은 것은? (단, H: 발열량(cal), I: 전류(A), R: 저항(Ω), t: 시간(sec)이다.)

① $H = 0.24IRt$
② $H = 0.24IR^2t$
③ $H = 0.24I^2Rt$
④ $H = 0.24IRt^2$

$H = 0.24I^2Rt$
H: 발열량(cal), I: 전류(A), R: 저항(Ω), t: 시간(sec)

36 빈출

저수소계 용접봉의 건조 온도에 대하여 올바르게 설명한 것은?

① 건조로 속의 온도가 100℃ 가열되었을 때부터의 2 ~ 4시간 정도 건조시킨다.
② 건조로 속의 온도가 200℃일 때 용접봉을 넣은 다음부터 30분 정도 건조시킨다.
③ 건조로 속에 들어있는 용접봉의 온도가 300~350℃에 도달한 시간부터 1 ~ 2시간 건조시킨다.
④ 건조로 속에 들어있는 용접봉의 온도가 100~200℃에 도달한 시간부터 2 ~ 3시간 건조시킨다.

저수소계 용접봉은 피복제 내의 수분(H_2O)을 제거하기 위해 300~350℃에서 1~2시간 건조해야 한다.

37

Al의 표면을 적당한 전해액 중에서 양극 산화처리하면 표면에 방식성이 우수한 산화피막층이 만들어진다. 알루미늄의 방식방법에 많이 이용되는 것은?

① 규산법
② 수산법
③ 탄화법
④ 질화법

양극 산화법
- 알루미늄을 전해조에 넣고 전류를 흘려 산화피막을 형성시키는 표면 처리법으로 부식 방지 및 내마모성 향상 등에 사용된다.
- 표면 처리 방식법: 황산법, 크롬산법, 수산법

38

가스 용접 시 용접부의 시공 상태에 대한 설명으로 틀린 것은?

① 용접부에는 노치 부분이 있어야 양호한 용접성을 얻을 수 있다.
② 용접부에는 기름, 먼지, 녹 등을 완전히 제거하여야 한다.
③ 용접부는 청결을 유지해야 한다.
④ 용접부의 개선 면이 일직선으로 정교해야 한다.

- 노치(Notch): 국부적인 홈 또는 결함부
- 노치 부분에 응력이 집중되면 균열이 발생하기 쉽고 용접 시 용융이 불균일해져 결합력이 약해진다.

39 빈출

탄소강에서 탄소의 함량이 높아지면 낮아지는 것은?

① 경도
② 항복강도
③ 인장강도
④ 단면수축률

탄소의 함량이 높아지는 경우 강도, 경도, 항복강도는 증가하나 연성과 인성이 감소하고 단면수축률이 낮아진다.

34 ④ 35 ③ 36 ③ 37 ② 38 ① 39 ④

40 빈출

다음 중 알루미늄(Al)에 관한 설명으로 틀린 것은?

① 전·연성이 우수하다.
② 산이나 알칼리에 약하다.
③ 실용금속 중 가장 가볍다.
④ 열과 전기의 전도성이 양호하다.

- 실용금속 중 가장 가벼운 금속은 마그네슘이다.
- 알루미늄은 비중이 약 2.7로 뛰어난 내식성과 가공성을 가지며, 구리에 이어 전기 및 열전도성이 높은 금속이나 공기 중에는 산화 피막이 형성된다.

41 빈출

다음 중 주철에 관한 설명으로 틀린 것은?

① 비중은 C와 Si 등이 많을수록 작아진다.
② 용융점은 C와 Si 등이 많을수록 낮아진다.
③ 주철을 600℃ 이상의 온도에서 가열 및 냉각을 반복하면 부피가 감소한다.
④ 투자율을 크게 하기 위해서는 화합 탄소를 적게 하고 유리 탄소를 균일하게 분포시킨다.

주철을 약 600℃ 이상에서 가열·냉각을 반복하면, 조직 내 흑연화가 진행되어 부피가 증가한다.

42 빈출

알루미늄과 그 합금에 대한 설명 중 틀린 것은?

① 비중 2.7, 용융점 약 660℃이다.
② 염산이나 황산 등의 무기산에도 잘 부식되지 않는다.
③ 알루미늄 주물은 무게가 가벼워 자동차 산업에 많이 사용된다.
④ 대기 중에서 내식성이 강하고 전기와 열의 좋은 전도체이다.

알루미늄은 대기 중에서 치밀한 산화막(Al_2O_3)이 생겨 내식성이 좋으나 무기산과 같은 강산, 강알칼리성에는 쉽게 용해되어 위험하다.

43

Fe – C 평형 상태도에서 공정점의 C%는?

① 0.02%
② 0.8%
③ 4.3%
④ 6.67%

Fe – C(철 – 탄소) 평형 상태도에서 중요한 대표점인 공정점에서는 액상(용융 상태)의 철이 고체 상태의 두 조직(오스테나이트 γ – Fe + 시멘타이트 Fe_3C)으로 동시에 응고하는 조성을 나타낸다. 이때 약 4.3wt% C 위치를 가진다.

44 빈출

용접 결함과 그 원인을 조합한 것으로 틀린 것은?

① 선상조직 – 용착금속의 냉각속도가 빠를 때
② 오버랩 – 전류가 너무 낮을 때
③ 용입 불량 – 전류가 너무 높을 때
④ 슬래그 섞임 – 전층의 슬래그 제거가 불완전할 때

용입 불량: 전류가 너무 낮거나, 용접속도가 빠를 때 발생한다.

45 빈출

가스 용기를 취급할 때의 주의사항으로 틀린 것은?

① 가스 용기의 이동 시는 밸브를 잠근다.
② 가스 용기에 진동이나 충격을 가하지 않는다.
③ 가스 용기의 저장은 환기가 잘 되는 장소에 한다.
④ 가연성 가스 용기는 눕혀서 보관한다.

산소 용기의 취급
- 산소(O_2)와 기름(유분) 또는 기름천, 기름이 묻은 장갑은 절대 접촉해서는 안 된다.
- 산소 용기 운반 시 충격에 주의를 기울이며 움직여야 한다.
- 산소 밸브는 천천히 개폐하며 밸브를 끝까지 열지 않도록 주의해야 한다.
- 용기 밸브가 사용 중 얼었을 경우 따뜻한 물을 활용하여 녹여 사용해야 한다.
- 가스 누설 점검은 사용 전에 실시하며 비눗물 또는 검사액으로 한다.
- 통풍이 잘 되고 직사광선에 노출되지 않는 공간에 40℃ 이하를 유지하며 세워서 보관해야 한다.

정답   40 ③   41 ③   42 ②   43 ③   44 ③   45 ④

46 빈출

재료에 어떤 일정한 하중을 가하고 어떤 온도에서 긴 시간 동안 유지하면 시간이 경과함에 따라 스트레인이 증가하는 것을 측정하는 시험방법은?

① 피로시험
② 충격시험
③ 비틀림 시험
④ 크리프 시험

> **크리프 시험**
> 재료에 일정한 하중을 장시간 가했을 때 시간에 따른 변형 또는 파단을 보는 기계적 시험이다.

47

주위의 온도 변화에 따라 선팽창계수나 탄성률 등의 특정한 성질이 변하지 않는 불변강이 아닌 것은?

① 인바
② 엘린바
③ 코엘린바
④ 스텔라이트

> 스텔라이트는 Co – Cr – W(또는 Mo) 기반의 내마모 · 내열용 경합금으로, 절삭공구 · 내마모 부품에 쓰이며 불변강은 아니다.

48 빈출

주강의 성능별 분류 중 내식용 강은 어떤 원소를 첨가한 것인가?

① Cr, Ni
② Mn, V
③ P, S
④ W, Ti

> **주강(Cast Steel)**
> 강을 용융시켜 주형에 부어서 만든 제품으로 기계가공성, 인성, 내마모성 등을 높이는 목적으로 특정 합금 원소를 첨가하여 제조하는 강을 말한다.
> • Cr(크롬): 내식성, 내산화성, 경도 증가
> • Ni(니켈): 인성, 내식성 증가
> • Mn(망간): 내마모성, 인성 증가
> • V(바나듐): 내열 · 내마모성 증가

49

알루미늄과 마그네슘의 합금으로 바닷물과 알칼리에 대한 내식성이 강하고 용접성이 매우 우수하여 주로 선박용 부품, 화학장치용 부품 등에 쓰이는 것은?

① 실루민
② 하이드로날륨
③ 알루미늄 청동
④ 애드미럴티 황동

> **하이드로날륨(Hydronalium)**
> Al – Mg계 합금(알루미늄 약 95%, 마그네슘 약 3 ~ 5%)으로 뛰어난 내해수성, 내식성, 성형성(연신율)을 가지고 있다. 이름 속 Hydro + Aluminum에서 물이나 해수에 강한 알루미늄을 뜻하는 것을 알 수 있으며 선박용 재료, 화학기기, 조리용 기기 등에 활용된다.

50 빈출

다음 중 주강의 특성에 관한 설명으로 틀린 것은?

① 유동성이 나쁘다.
② 주조 시의 수축이 적다.
③ 고온 인장강도가 낮다.
④ 표피 및 그 인접 부위의 품질이 양호하다.

> **주강(Cast Steel)**
> 강을 용융시켜 주형에 부어서 만든 제품으로 기계가공성, 인성, 내마모성 등을 높이는 목적으로 특정 합금 원소를 첨가하여 제조하는 강을 말한다. 응고 시 체적 수축이 크므로 수축공이 발생될 위험이 있어 결함 방지 조치를 해야 한다.

51

그림과 같은 KS 용접기호의 해석으로 올바른 것은?

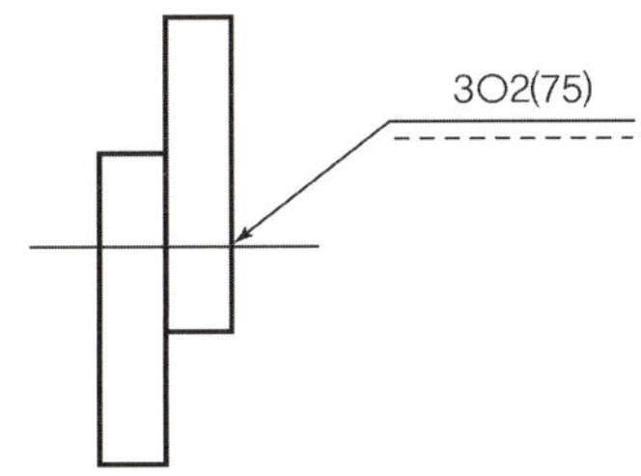

① 지름이 2mm이고, 피치가 75mm인 플러그 용접이다.
② 지름이 2mm이고, 피치가 75mm인 심 용접이다.
③ 용접 수는 2개이고, 피치가 75mm인 슬롯 용접이다.
④ 용접 수는 2개이고, 피치가 75mm인 스폿(점) 용접이다.

용접 기호
- ○: 스폿 용접(점 용접, Spot Welding)
- 3: 스폿의 지름(d)
- 2: 용접의 개수(n)
- (75): 인접한 용접부 중심 간의 거리인 피치(mm)를 의미

52 ⭐빈출

그림과 같은 용접 도시 기호의 명칭은?

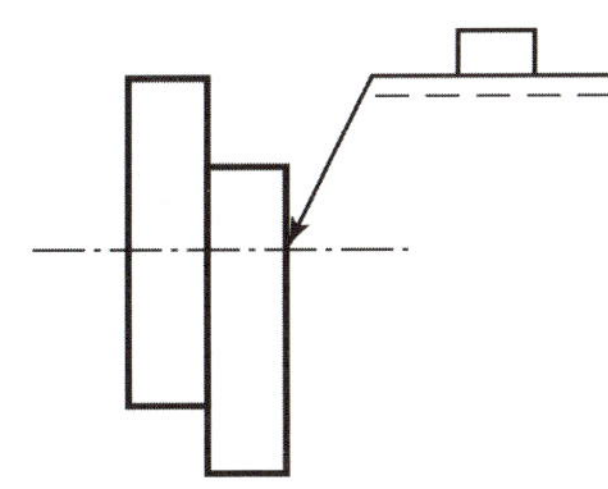

① 필릿 용접 ② 플러그 용접
③ 스폿 용접 ④ 프로젝션 용접

- 플러그 용접: 접합할 두 금속판 중 한쪽 판에 원형 구멍을 뚫고, 그 구멍 속으로 용융금속을 채워 아래쪽 모재와 융합시켜 접합한다(기호: ▢).
- 이음 형식 및 용착부 형상에 따른 분류
  - 맞대기 용접(Butt Welding)
  - 필릿 용접(Fillet Welding)
  - 플러그 용접(Plug Welding)
  - 비드 용접(Bead Welding)
  - 슬롯 용접(Slot Welding)

53 ⭐빈출

선의 종류와 명칭이 잘못된 것은?

① 가는 실선 – 해칭선
② 굵은 실선 – 숨은선
③ 가는 2점 쇄선 – 가상선
④ 가는 1점 쇄선 – 피치선

굵은 실선: 외형선

54

그림과 같은 입체도에서 화살표 방향을 정면으로 할 때 평면도로 가장 적합한 것은?

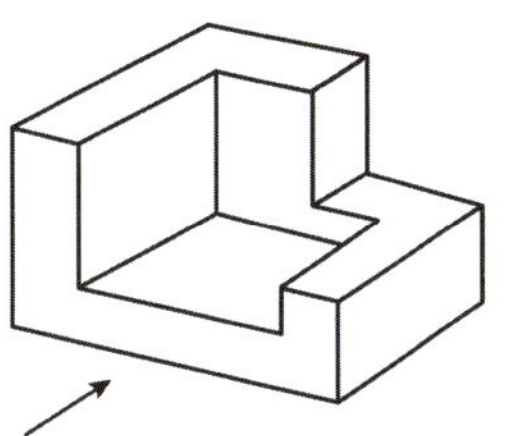

① 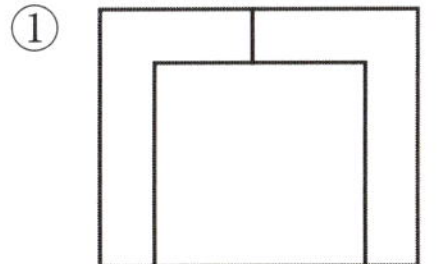 ② 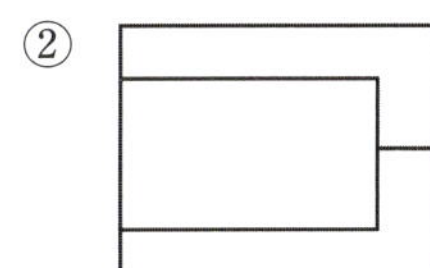

③ 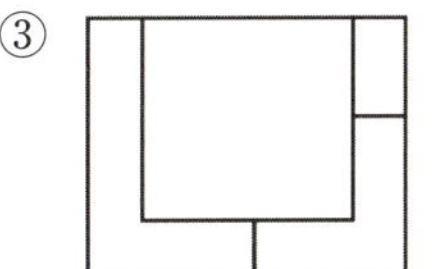 ④ 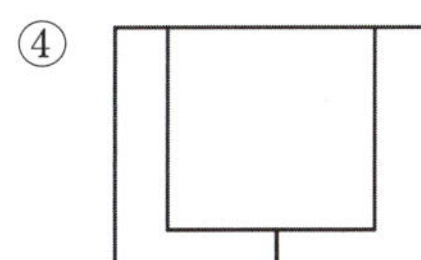

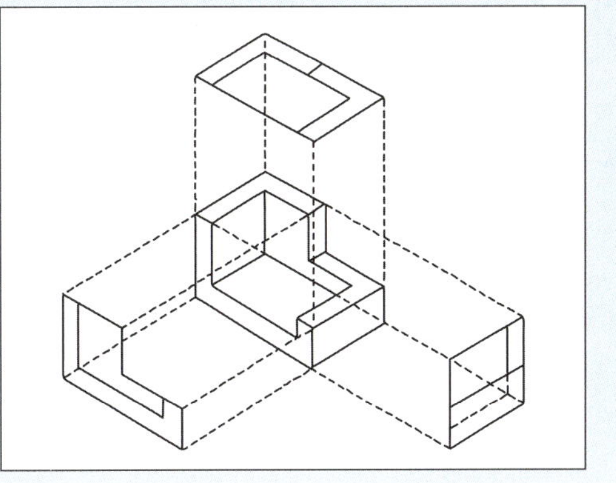

그림과 같은 용접기호의 설명으로 옳은 것은?

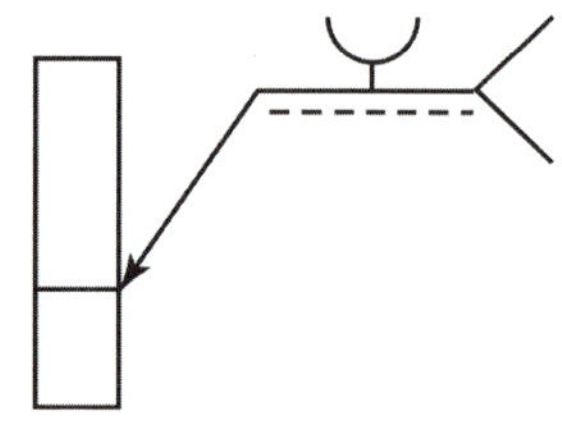

① U형 맞대기 용접, 화살표 쪽 용접
② V형 맞대기 용접, 화살표 쪽 용접
③ U형 맞대기 용접, 화살표 반대쪽 용접
④ V형 맞대기 용접, 화살표 반대쪽 용접

- 용접 기호: 기호의 모양이 'U'자 형태이므로 U형 맞대기 용접을 의미한다.
- 참조선: 기호가 실선 쪽에 위치하므로 화살표가 가리키는 쪽에 용접을 실시한다.

56

기계제도에서 도면 작성 시 반드시 기입해야 할 것은?

① 비교눈금
② 윤곽선
③ 구분기호
④ 재단마크

도면 양식
기계제도에서 도면 양식의 기본 구성으로 윤곽선, 표제란, 도면번호, 중심마크 등이 표시되어야 한다.

57

그림과 같은 단면도에서 "A"가 나타내는 것은?

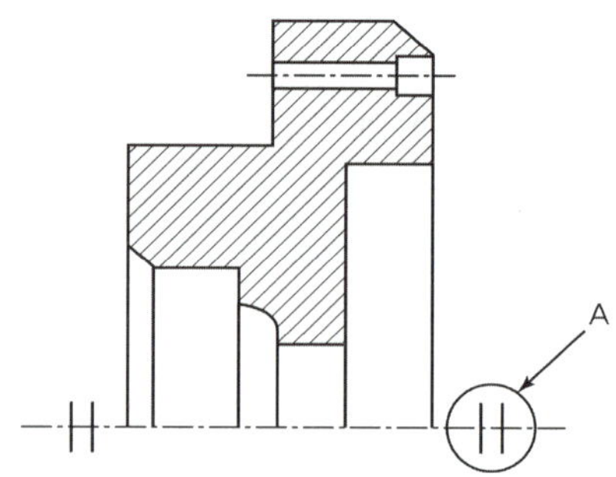

① 바닥 표시 기호
② 대칭 도시 기호
③ 반복 도형 생략 기호
④ 한쪽 단면도 표시 기호

이 도면은 물체의 절반은 단면을, 나머지 절반은 외형을 보여주는 한쪽 단면도이며, 그림에 표시된 기호 'A'는 해당 중심선을 기준으로 도형이 대칭임을 나타내는 대칭 도시 기호이다.

58 ⭐ 빈출

배관 제도 밸브 도시기호에서 일반 밸브가 닫힌 상태를 도시한 것은?

① 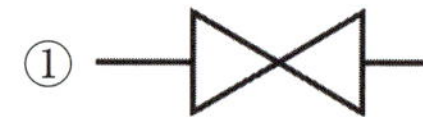 ② 

③ 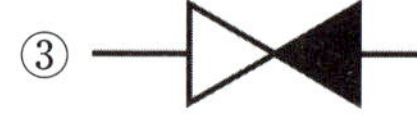 ④ 

밸브 기호 내부가 비어 있으면 열림(Open), 검게 칠해져 있으면 닫힘(Closed)을 의미한다.

리벳의 호칭 방법으로 옳은 것은?

① 규격 번호, 종류, 호칭지름×길이, 재료
② 명칭, 등급, 호칭지름×길이, 재료
③ 규격 번호, 종류, 부품 등급, 호칭, 재료
④ 명칭, 다듬질 경도, 호칭, 등급, 강도

리벳 호칭(KS 규격)
[규격 번호] – [종류(머리형 등)] – [호칭지름 × 길이] – [재료]

KS에서 기계제도에 관한 일반사항 설명으로 틀린 것은?

① 치수는 참고 치수, 이론적으로 정확한 치수를 기입할 수도 있다.
② 도형의 크기와 대상물의 크기의 사이에는 올바른 비례 관계를 보유하도록 그린다. 다만 잘못 볼 염려가 없다고 생각되는 도면은 도면의 일부 또는 전부에 대하여 이 비례 관계는 지키지 않아도 좋다.
③ 기능상의 요구, 호환성, 제작 기술 수준 등을 기본으로 불가결의 경우만 기하공차를 지시한다.
④ 길이 치수는 특별히 지시가 없는 한 그 대상물의 측정을 3점 측정에 따라 행한 것으로 하여 지시한다.

KS에서 2점 측정 기준을 원칙으로 하며, 물체의 실제 길이를 양 끝 점간 거리로 측정하여 표시한다.

정답   59 ① 60 ④

Chapter 02

2021년 2회 | CBT 기출복원문제

01

CO_2 가스 아크 용접용 토치 구조에 속하지 않는 것은?

① 스프링 라이너 ② 가스 디퓨저
③ 가스 캡 ④ 노즐

- CO_2 용접토치의 기본 구조는 노즐, 가스 디퓨저, 콘택트 팁, 스프링 라이너로 구성되어 있다.
- 가스 캡은 가스 텅스텐 아크 용접에서 텅스텐 전극을 고정하는 캡을 말한다.

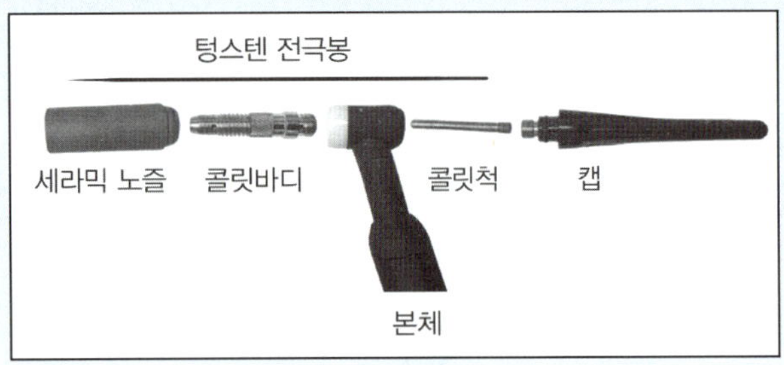

▲ TIG 용접토치

02 빈출

CO_2 가스 아크 용접의 특징을 설명한 것으로 틀린 것은?

① 전류밀도가 높아 용입이 깊고 용접속도를 빠르게 할 수 있다.
② 박판(0.8mm) 용접은 단락 이행 용접법에 의해 가능하며, 전자세 용접도 가능하다.
③ 적용 재질은 거의 모든 재질이 가능하며, 이종(異種) 재질의 용접이 가능하다.
④ 가시 아크이므로 용융지의 상태를 보면서 용접할 수 있어 용접진행의 양(良)·부(不) 판단이 가능하다.

CO_2는 활성 가스로서 용접 시 산화가 발생하므로 알루미늄, 구리 등 비철금속이나 이종금속 용접에는 부적합하다.

03 빈출

접합하고자 하는 모재에 구멍을 뚫고 그 구멍으로부터 용접하여 다른 한쪽 모재와 접합하는 용접방법은?

① 필릿 용접
② 플러그 용접
③ 초음파 용접
④ 고주파 용접

- 플러그 용접: 접합할 두 금속판 중 한쪽 판에 원형 구멍을 뚫고, 그 구멍 속으로 용융금속을 채워 아래쪽 모재와 융합시켜 접합한다(기호: ⊓).
- 이음 형식 및 용착부 형상에 따른 분류
  - 맞대기 용접(Butt Welding)
  - 필릿 용접(Fillet Welding)
  - 플러그 용접(Plug Welding)
  - 비드 용접(Bead Welding)
  - 슬롯 용접(Slot Welding)

04 빈출

U형, H형의 용접 홈을 가공하기 위하여 슬로우 다이버전트로 설계된 팁을 사용하여 깊은 홈을 파내는 가공법은?

① 치핑
② 슬래그 절단
③ 가스 가우징
④ 아크 에어 가우징

가스 가우징
가연성 가스(아세틸렌 등)와 산소(O_2)를 이용하여 금속을 녹이는 작업으로 절단 팁 대신 슬로우 다이버전트형 팁을 사용한다.

정답 01 ③ 02 ③ 03 ② 04 ③

05

가스 절단 작업 시의 표준 드래그 길이는 일반적으로 모재 두께의 몇 % 정도인가?

① 5   ② 10
③ 20   ④ 25

> 일반적으로 가스 절단에서 경제적이고 양호한 절단면을 얻을 수 있는 표준 드래그 길이는 판 두께(모재 두께)의 1/5(20%) 정도이다.

06

다음 중 불연성 물질이 아닌 것은?

① 일산화탄소(CO)
② 이산화탄소(CO_2)
③ 질소(N_2)
④ 네온(Ne)

> **불연성 물질**
> 공기 중 연소되지 않거나 불이 붙지 않는 물질, 스스로 타지 않는 물질로 CO_2(이산화탄소), N_2(질소), Ne(네온), Ar(아르곤) 등이 있다.

07 빈출

전기저항 용접에 속하지 않는 것은?

① 테르밋 용접
② 점 용접
③ 프로젝션 용접
④ 심 용접

> **전기저항 용접**
> 전류가 흐를 때 도체(모재)에서 발생하는 저항열을 이용하여 금속을 국부적으로 가열하고, 여기에 가압력을 가하여 접합하는 용접법으로 점 용접, 심 용접, 프로젝션 용접 등이 있다.
>
> **테르밋 용접**
> 금속 산화물(보통 산화철, Fe_2O_3)과 알루미늄 분말(Al) 사이의 강력한 산화 – 환원 반응(Thermite Reaction)을 이용해 3,000℃ 이상의 고온을 만들어 용접하는 화학적 용접이다.

08 빈출

용접작업의 경비를 절감시키기 위한 유의사항 중 틀린 것은?

① 용접봉의 적절한 선정
② 용접사의 작업능률의 향상
③ 용접 지그를 사용하여 위보기 자세의 시공
④ 고정구를 사용하여 능률 향상

> 위보기 자세(OH)는 작업효율이 가장 낮으며, 용착효율 등의 비용이 증가하여 비효율적인 방법이다.

09

용접 지그를 사용하여 용접했을 때 얻을 수 있는 장점이 아닌 것은?

① 구속력을 크게 하면 잔류응력이나 균열을 막을 수 있다.
② 동일 제품을 대량 생산할 수 있다.
③ 제품의 정밀도와 신뢰성을 높일 수 있다.
④ 작업을 용이하게 하고 용접능률을 높인다.

> 용접 지그를 사용하는 경우 구속력을 크게 하면 잔류응력이 증가하고 균열이 발생하기 쉽다.

10

가스 용접에서 프로판 가스의 성질 중 틀린 것은?

① 연소할 때 필요한 산소의 양은 1 : 1 정도이다.
② 폭발한계가 좁아 다른 가스에 비해 안전도가 높고 관리가 쉽다.
③ 액화가 용이하여 용기에 충전이 쉽고 수송이 편리하다.
④ 상온에서 기체 상태이고 무색, 투명하여 약간의 냄새가 난다.

> **프로판 연소 반응식**
> $C_3H_8 + 5O_2 \rightarrow 3CO_2 + 4H_2O$
> 프로판 1몰 연소에 산소 5몰이 필요하므로 혼합비는 1 : 5이다.

11

이산화탄소 가스 아크 용접에 대한 설명으로 틀린 것은?

① 비용극식 용접방법이다.
② 가시 아크이므로 시공이 편리하다.
③ 전류밀도가 높아 용입이 깊다.
④ 용제를 사용하지 않아 슬래그 혼입이 없다.

비용극식 용접은 TIG 용접이 대표적이다.
이산화탄소(CO_2) 가스 아크 용접
• 반자동 용접으로 용접 시 보호가스로 이산화탄소를 활용하며, 아크와 용융지를 외기(산소, 질소)로부터 보호한다.
• 용접 시 소모성 와이어(용극식)를 전극으로 사용하며 아크열로 모재와 와이어가 용융되어 용접풀을 형성하게 된다.

12

아크전류가 200A, 아크전압이 25V, 용접속도가 15cm/min인 경우 용접길이 1cm당 발생하는 전기적 에너지는?

① 10,000J/cm
② 15,000J/cm
③ 20,000J/cm
④ 25,000J/cm

$$H = \frac{60EI}{V}$$

$$= \frac{60 \times 25 \times 200}{15} = 20,000J/cm$$

H: 용접 입열(J/cm)
E: 아크전압(V)
I: 아크전류(A)
V: 용접속도(cm/min)

13

다음 중 홈 가공에 관한 설명으로 옳지 않은 것은?

① 능률적인 면에서 용입이 허용되는 한 홈 각도는 작게 하고 용착금속량도 적게 하는 것이 좋다.
② 용접 균열이라는 관점에서 루트 간격은 클수록 좋다.
③ 자동 용접의 홈 정도는 손 용접보다 정밀한 가공이 필요하다.
④ 홈 가공의 정밀도는 용접능률과 이음의 성능에 큰 영향을 끼친다.

루트 간격은 너무 크면 수축 변형·균열 등의 위험이 증가한다.

14

가변압식의 팁 번호가 200일 때 10시간 동안 표준불꽃으로 용접할 경우 아세틸렌 가스의 소비량은 몇 리터인가?

① 20
② 200
③ 2,000
④ 20,000

• 가변압식 토치의 표준불꽃에서 아세틸렌 소비량은 팁 번호(N) = 시간당 소비량(L/h)을 나타낸다.
• $Q = N \times t = 200L/h \times 10h = 2,000L$

15

다음 중 속이 빈 피복봉을 사용하며 절단속도가 빨라 철강 구조물 해체, 특히 수중 해체 작업에 이용되는 절단방법은?

① 산소 아크 절단
② 금속 아크 절단
③ 탄소 아크 절단
④ 플라즈마 아크 절단

산소 아크 절단(Oxygen Arc Cutting, OAC)
아크열로 금속을 가열·용융시키고 동시에 산소(O_2)를 불어넣어 산화반응으로 절단하는 방법으로 피복 아크 용접봉 중간에 속이 비어 있는 이유는 해당 구멍을 통해 산소를 공급하는 역할을 한다.

11 ① 12 ③ 13 ② 14 ③ 15 ①

16

산업안전보건법상 화학물질 취급장에서의 유해·위험경고를 알리고자 할 때 사용하는 안전·보건표지의 색채는?

① 빨간색
② 녹색
③ 파란색
④ 흰색

안전보건표지의 색채, 색도기준 및 용도

색채	색도기준	용도	사용례
빨간색	7.5R 4/14	금지	정지신호, 소화설비 및 그 장소, 유해행위의 금지
		경고	화학물질 취급장소에서의 유해·위험 경고
노란색	5Y 8.5/12	경고	화학물질 취급장소에서의 유해·위험 경고 이외의 위험 경고, 주의표지 또는 기계방호물
파란색	2.5PB 4/10	지시	특정 행위의 지시 및 사실의 고지
녹색	2.5G 4/10	안내	비상구 및 피난소, 사람 또는 차량의 통행표지
흰색	N9.5	–	파란색 또는 녹색에 대한 보조색
검은색	N0.5	–	문자 및 빨간색 또는 노란색에 대한 보조색

17 빈출

다음 중 기계적 접합법의 종류가 아닌 것은?

① 볼트 이음
② 리벳 이음
③ 코터 이음
④ 스터드 용접

스터드 용접은 야금적 접합의 융접에 해당한다.

접합 방법
• 기계적 접합: 리벳, 볼트, 나사, 핀, 코터, 접어 잇기 등
• 야금적 접합: 융접, 압접, 납땜

18

다음 중 용접부의 파괴시험에서 샤르피식 시험기로 사용하는 시험 방법은?

① 경도시험
② 충격시험
③ 굽힘시험
④ 피로시험

샤르피(Charpy) 충격시험기
충격을 받았을 때 금속재료의 저항 능력을 평가하는 장비로 용접부의 인성을 평가하기 위한 충격시험기를 말한다.

19 빈출

다음 중 가스 용접에 사용되는 아세틸렌 가스에 관한 설명으로 옳은 것은?

① 206℃ ~ 208℃ 정도가 되면 자연 발화한다.
② 아세틸렌 가스 15%, 산소 85% 부근에서 위험하다.
③ 구리, 은 등과 접촉하면 250℃ 부근에서 폭발성을 갖는다.
④ 아세틸렌 가스는 물에 대해 같은 양으로 알콜에 2배 정도 용해된다.

아세틸렌(C_2H_2)
• 공기 중 폭발 범위(연소 범위): 2.5% ~ 81%
• 산소 중 폭발 범위: 15% ~ 85%

20

AW – 300, 무부하 전압 80V, 아크전압 20V인 교류 용접기를 사용할 때, 다음 중 역률과 효율을 올바르게 구한 것은? (단, 내부손실을 4kW라 한다.)

① 역률: 80.0%, 효율: 20.6%
② 역률: 20.6%, 효율: 80.0%
③ 역률: 60.0%, 효율: 41.7%
④ 역률: 41.7%, 효율: 60.0%

출력전력 계산

$$\text{역률(\%)} = \frac{\text{아크출력} + \text{내부손실}}{\text{전원입력}} \times 100$$

$$= \frac{20 \times 300 + 4,000}{80 \times 300} \times 100 = 41.7\%$$

$$\text{효율(\%)} = \frac{\text{아크출력}}{\text{아크출력} + \text{내부손실}} \times 100$$

$$= \frac{20 \times 300}{20 \times 300 + 4,000} \times 100 = 60\%$$

정답 16 ① 17 ④ 18 ② 19 ② 20 ④

21

CO_2 가스 아크 용접용 와이어 중 탈산제, 아크 안정제 등 합금 원소가 포함되어 있어 양호한 용착금속을 얻을 수 있으며, 아크도 안정되어 스패터가 적고 비드의 외관이 깨끗하게 되는 것은?

① 혼합 솔리드 와이어　　② 복합 와이어
③ 솔리드 와이어　　　　④ 특수 와이어

복합 와이어는 와이어 내부에 플럭스(Flux)가 들어 있어 용접부 보호, 아크 안정, 비드 외관 향상 등의 장점이 있으며 스패터가 솔리드 와이어에 비해 적다.

22 ⭐빈출

다음 중 불활성 가스 금속 아크(MIG) 용접에 관한 설명으로 틀린 것은?

① 아크 자기제어 특성이 있다.
② 직류 역극성 이용 시 청정작용에 의해 알루미늄 등의 용접이 가능하다.
③ 용접 후 슬래그 또는 잔류용제를 제거하기 위한 별도의 처리가 필요하다.
④ 전류밀도가 높아 3mm 이상의 두꺼운 판의 용접에 능률적이다.

불활성 아크 용접은 불활성 가스(Ar, He, Ne 등)를 사용하여 용융금속을 공기로부터 보호하는 반자동 용접법으로 슬래그가 생기지 않는 것이 가장 큰 특징이다.

23 ⭐빈출

다음 중 용접법에 있어 융접에 해당하는 것은?

① 테르밋 용접　　　　② 저항 용접
③ 심 용접　　　　　　④ 유도가열 용접

테르밋 용접(Thermit Welding)
금속 산화물(보통 산화철, Fe_2O_3)과 알루미늄 분말(Al) 사이의 강력한 산화 – 환원 반응(Thermite Reaction)을 이용해 3,000℃ 이상의 고온을 만들어 용접하는 화학적 용접이다.

테르밋 반응식
$Fe_2O_3 + 2Al \rightarrow 2Fe + Al_2O_3$

24 ⭐빈출

서브머지드 아크 용접의 용제 중 흡습성이 높아 보통 사용 전에 150 ~ 300℃에서 1시간 정도 재건조해서 사용하는 것은?

① 용제형　　　　　　② 혼성형
③ 용융형　　　　　　④ 소결형

SAW용 용제(Flux)의 종류
• 용융형 용제: 일반 탄소강 및 구조물 등에 사용하며 화학적 균일성이 양호하고 수분 흡수가 적어 재활용이 가능하다.
• 소결형 용제: 스테인리스강, 합금강, 대형구조물 등에 사용하며 합금 성분을 첨가하여 조성 조절이 용이하나, 흡습성이 높아 사용 전에 150~300℃에서 1시간 정도 재건조하여 사용해야 한다.
• 혼성형 용제: 일반구조물 및 조선용에 사용되며 용융형과 소결형의 중간 특성을 가진다.

25

겹치기 저항 용접에 있어서 접합부에 나타나는 용융 응고된 금속 부분은?

① 마크(Mark)
② 스폿(Spot)
③ 포인트(Point)
④ 너깃(Nugget)

저항 용접인 스폿 용접에서 전류와 가압으로 접합면 사이가 가열 용융될 때의 접합부를 너깃이라고 한다.

26

CO_2 가스 아크 용접 시 작업장의 CO_2 가스가 몇 % 이상이면 인체에 위험한 상태가 되는가?

① 1%　　　　　　　② 4%
③ 10%　　　　　　④ 15%

CO_2는 비독성이지만, 공기 중 농도가 높아지면 산소결핍을 유발하여 질식 위험을 초래한다. 체적비 15% 이상이면 의식 상실 및 사망 위험이 있는 위험한 상태가 된다.

정답　　21 ②　22 ③　23 ①　24 ④　25 ④　26 ④

27

연납땜에 가장 많이 사용되는 용가재는?

① 주석납
② 인동납
③ 양은납
④ 황동납

주석(Sn)과 납(Pb)을 혼합한 합금을 연납이라고 하며, 그 중 Sn 40% + Pb 60% 조성은 가장 널리 쓰이는 일반형 땜납이다.

28 ⭐빈출

교류와 직류아크 용접기를 비교해서 직류아크 용접기의 특징이 아닌 것은?

① 구조가 복잡하다.
② 아크의 안정성이 우수하다.
③ 비피복 용접봉 사용이 가능하다.
④ 역률이 불량하다.

- 교류 용접기는 리액턴스 성분이 많은 변압기 구조를 사용하며 무효전력이 많이 발생하여 역률이 매우 낮고 불량하다.
- 직류 용접기는 역률과 효율이 좋다.

29 ⭐빈출

가스 용접에서 사용되는 아세틸렌 가스의 성질을 설명한 것 중 맞는 것은?

① 비중은 1.105이다.
② 순수한 아세틸렌 가스는 악취가 난다.
③ 15℃, 1kgf/cm^{2}의 아세틸렌 1L의 무게는 1.176g이다.
④ 각종 액체에 잘 용해되며, 물에는 6배 용해된다.

아세틸렌 1L(15℃, 1kgf/cm^2)의 무게는 약 1.176g으로 공기보다 가볍다.

30

다음 중 가스 절단 작업 시 주의사항으로 틀린 것은?

① 가스 절단에 알맞은 보호구를 착용한다.
② 절단 진행 중에 시선은 절단면을 떠나서는 안 된다.
③ 호스는 흐트러지지 않도록 정해진 꼬임 상태로 작업한다.
④ 가스 호스가 용융금속이나 산화물의 비산으로 인해 손상되지 않도록 한다.

가연성 가스(아세틸렌, 프로판 등)와 산소(O$_2$)를 사용하는 작업은 고압가스로 인한 폭발, 화재, 역화(Backfire) 현상이 발생할 수 있어 호스, 토치, 역화방지기 등의 상태 관리와 배치가 중요하며, 특히 호스는 꼬이지 않도록 곧게 펴서 사용해야 한다.

31 ⭐빈출

가스 용접에서 산소 용기 취급에 대한 설명이 잘못된 것은?

① 산소 용기 밸브, 조정기 등을 기름천으로 잘 닦는다.
② 산소 용기 운반 시에는 충격을 주어서는 안 된다.
③ 산소 밸브의 개폐는 천천히 해야 한다.
④ 가스 누설의 점검은 비눗물로 한다.

산소 용기의 취급
- 산소(O$_2$)와 기름(유분) 또는 기름천, 기름이 묻은 장갑은 절대 접촉해서는 안 된다.
- 산소 용기 운반 시 충격에 주의를 기울이며 움직여야 한다.
- 산소 밸브는 천천히 개폐하며 밸브를 끝까지 열지 않도록 주의해야 한다.
- 용기 밸브가 사용 중 얼었을 경우 따뜻한 물을 활용하여 녹여 사용해야 한다.
- 가스 누설 점검은 사용 전에 실시하며 비눗물 또는 검사액으로 한다.
- 통풍이 잘 되고 직사광선에 노출되지 않는 공간에 40℃ 이하를 유지하며 세워서 보관해야 한다.

32 ⭐빈출

용접법과 기계적 접합법을 비교할 때, 용접법의 장점이 아닌 것은?

① 작업 공정이 단축되며 경제적이다.
② 기밀성, 수밀성, 유밀성이 우수하다.
③ 재료가 절약되고 중량이 가벼워진다.
④ 이음효율이 낮다.

용접의 장점
- 금속 결합으로 기밀, 수밀, 유밀성이 우수하다.
- 조립, 가공 공정이 단순화되어 작업성능이 좋다.
- 겹침 이음 또는 리벳 이음 등에 비해 재료를 절약할 수 있다.
- 자동화가 비교적 용이하다.
- 이음부 자재 절약으로 무게가 가벼워진다.

33 <빈출>

피복 아크 용접봉의 보관과 건조방법으로 틀린 것은?

① 건조하고 진동이 없는 곳에 보관한다.
② 저소수계는 100 ~ 150℃에서 30분 건조한다.
③ 피복제의 계통에 따라 건조 조건이 다르다.
④ 일미나이트계는 70 ~ 100℃에서 30 ~ 60분 건조한다.

> 저수소계 용접봉은 피복제 내의 수분(H_2O)을 제거하기 위해 300~ 350℃에서 1~2시간 건조해야 한다.

34

오스테나이트계 스테인리스강을 용접 시 냉각과정에서 고온균열이 발생하게 되는 원인으로 틀린 것은?

① 아크의 길이가 너무 길 때
② 모재가 오염되어 있을 때
③ 크레이터 처리를 하였을 때
④ 구속력이 가해진 상태에서 용접할 때

> 오스테나이트계 스테인리스강은 특히 고온균열에 취약하며 크레이터 처리인 끝맺음을 하지 않을 경우 수축응력이 집중되어 크레이터 균열이 쉽게 발생한다.

35 <빈출>

맞대기 용접에서 판 두께가 대략 6mm 이하의 경우에 사용되는 홈의 형상은?

① I형
② X형
③ U형
④ H형

용접 홈 형상의 종류
- 한면 홈 이음: I형, V형, ✔형(베벨형), U형, J형
- 양면 홈 이음: 양면 I형, X형, K형, H형 양면 J형
- 판 두께에 따른 용접 홈
  - 6mm까지는 I형
  - 6~19mm는 V형, ✔형(베벨형), J형
  - 12mm 이상은 X형, K형, 양면 J형
  - 16~50mm는 U형
  - 50mm 이상은 H형

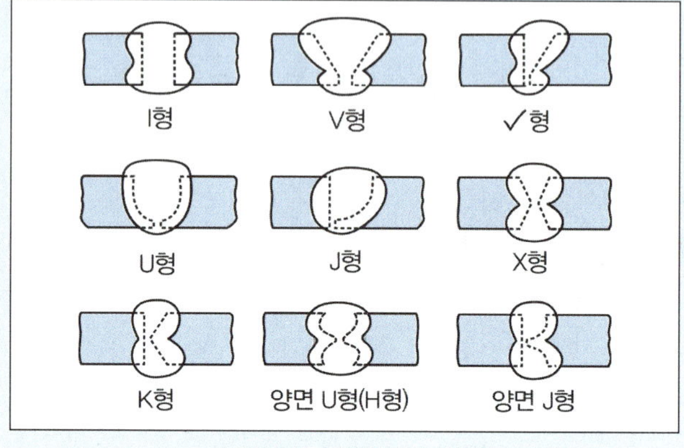

▲ 맞대기 용접의 홈 형상

36 <빈출>

피복 아크 용접에 관한 설명 중 틀린 것은?

① 피복 아크 용접은 가스 용접보다 두꺼운 판의 용접에 사용한다.
② 피복 아크 용접에서 교류보다 직류의 아크가 안정되어 있다.
③ 직류 전류에서 60 ~ 75%가 음극에서 열이 발생한다.
④ 피복 아크 용접이 가스 용접보다 온도가 높다.

> 직류 전류에서는 정극성일 경우 전극(-), 모재(+)로 모재에서 약 70%, 전극에서 약 30%의 열이 발생하고 역극성일 경우 전극(+), 모재(-)로 전극에서 약 70%, 모재에서 약 30%의 열이 발생한다. 직류 전류에서 약 70%의 열은 양극에서 발생한다.

37 빈출

다음 중 담금질과 가장 관계가 깊은 것은?

① 변태점
② 금속간 화합물
③ 열전대
④ 고용체

담금질은 강을 고온에서 가열한 후 급속 냉각시켜 경화를 유도하는 공정으로 조직 변화는 반드시 변태점을 기준으로 발생한다.

38 빈출

주철 중에 유황이 함유되어 있을 때 미치는 영향 중 틀린 것은?

① 유동성을 해치므로 주조를 곤란하게 하고 정밀한 주물을 만들기 어렵게 한다.
② 주조 시 수축률을 크게 하므로 기공을 만들기 쉽다.
③ 흑연의 생성을 방해하고, 고온취성을 일으킨다.
④ 주조응력을 작게 하고, 균열 발생을 저지한다.

유황은 철강 및 주철에 유해 불순물로 작용하여 황화철을 형성하고 고온취성을 유발하여 응력과 균열을 증가시킨다.

39

다음 중 일반적으로 순금속이 합금에 비해 가지고 있는 우수한 성질로 가장 적절한 것은?

① 주조성이 우수하다.
② 전기전도도가 우수하다.
③ 압축강도가 우수하다.
④ 경도 및 강도가 우수하다.

금속의 전도도는 자유전자의 이동으로 결정되며 불순물이나 결함이 적어 전자의 이동이 방해받지 않게 되어 전기전도도가 우수하다.

40

다음 중 탄소강에 망간(Mn)을 함유시킬 때 미치는 영향으로 틀린 것은?

① 고온에서 결정립 성장을 억제시킨다.
② 주조성을 좋게 하여 황(S)의 해소를 감소시킨다.
③ 강의 담금질 효과를 감소시켜 경화능이 감소된다.
④ 강의 연신율을 많이 감소시키지 않고 강도, 경도, 인성을 증대시킨다.

망간은 철강의 대표적인 합금원소로 기계적 성질 향상과 황 제거의 역할로 적열취성을 방지한다.

41 빈출

주철의 성장 원인이 아닌 것은?

① Fe_3C 흑연화에 의한 팽창
② 불균일한 가열로 생기는 균열에 의한 팽창
③ 흡수되는 가스의 팽창으로 인해 항복되어 생기는 팽창
④ 고용된 원소인 Mn의 산화에 의한 팽창

합금강의 주요 합금원소는 Ni, Cr, Mo, Si, Mn 등이 있다. 망간(Mn)강의 인성 향상 및 균열방지 및 황과 반응 감소 효과로 적열취성을 방지하며 팽창과는 무관하다.

42

공구용 강재로 고탄소강을 사용하는 목적으로 가장 적합한 것은?

① 경도와 내마모성을 필요로 하기 때문에
② 인성과 연성이 필요하기 때문에
③ 피로와 충격에 견디어야 하기 때문에
④ 표면 경화를 할 목적으로

고탄소강은 경도와 내마모성이 우수하며 공구 절삭날 등에 사용되어지나 취성으로 인한 가공성이 좋지 않다.
• 저탄소강: 탄소 함유량 0.25% C 미만 강철
• 중탄소강: 탄소 함유량 0.25 ~ 0.6% C 미만 강철
• 고탄소강: 탄소 함유량 0.6 ~ 1.6% C 강철

43

매크로 조직시험에서 철강재의 부식에 사용되지 않는 것은?

① 염산 1 : 물 1의 액
② 염산 3.8 : 황산 1.2 : 물 5.0의 액
③ 소금 1 : 물 1.5의 액
④ 초산 1 : 물 3의 액

철강의 금속조직을 관찰하기 위해 사용되는 부식액
• 염산 부식액(HCl) = 염산 1 : 물 1
• 복합 부식액(혼합형) = 염산 3.8 : 황산 1.2 : 물 5.0
• 초산 용액 = 초산 1 : 물 3

44

모재의 열 변형이 거의 없으며, 이종금속의 용접이 가능하고 정밀한 용접을 할 수 있으며, 비접촉식 방식으로 모재에 손상을 주지 않는 용접은?

① 레이저 용접
② 테르밋 용접
③ 스터드 용접
④ 플라즈마 제트 아크 용접

레이저 용접(Laser Beam Welding, LBW)
집중된 단일 파장의 광에너지를 사용하여 모재를 용융시키는 비접촉식 용접법으로 열원 집중도가 매우 높고 열 영향부가 작아 변형이 거의 없는 고정밀 용접이다.

45 빈출

MIG 용접 시 와이어 송급방식의 종류가 아닌 것은?

① 풀 방식
② 푸시 방식
③ 푸시 풀 방식
④ 푸시 언더 방식

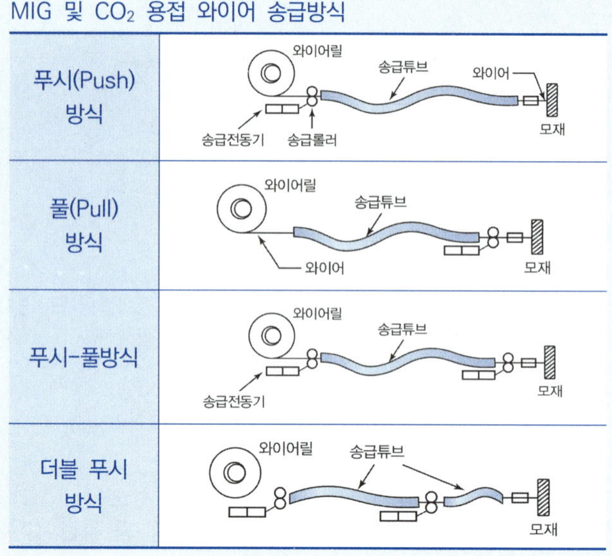

46 빈출

다음 중 비파괴시험이 아닌 것은?

① 초음파 시험
② 피로시험
③ 침투시험
④ 누설시험

기계적 시험(파괴시험)은 기계적 성질을 이용한 강도, 연성, 경도 등을 평가하는 방법으로 피로시험, 인장시험, 굽힘시험, 충격시험, 경도시험 등이 있다.

47 빈출

일렉트로 슬래그 아크 용접에 대한 설명 중 맞지 않는 것은?

① 일렉트로 슬래그 용접은 단층 수직 상진 용접을 하는 방법이다.
② 일렉트로 슬래그 용접은 아크를 발생시키지 않고 와이어와 용융 슬래그 그리고 모재 내에 흐르는 전기 저항열에 의하여 용접한다.
③ 일렉트로 슬래그 용접의 홈 형상은 I형 그대로 사용한다.
④ 일렉트로 슬래그 용접 전원으로는 정전류형의 직류가 적합하고, 용융금속의 용착량은 90% 정도이다.

> 일렉트로 슬래그 용접(ESW)은 용융 슬래그의 전기저항열로 용접하는 공정으로 와이어의 송급속도에 맞춰 전압을 일정하게 유지해 주는 정전압형이 적합하다.

48 빈출

피복 아크 용접봉에서 아크길이와 아크전압의 설명으로 틀린 것은?

① 아크길이가 너무 길면 불안정하다.
② 양호한 용접을 하려면 짧은 아크를 사용한다.
③ 아크전압은 아크길이에 반비례한다.
④ 아크길이가 적당할 때 정상적인 작은 입자의 스패터가 생긴다.

> 피복 아크 용접에서 아크전압(Arc Voltage)은 아크길이(Arc Length)와 밀접한 관계를 가지며, 아크전압은 아크길이에 비례한다.

49

AI의 표면을 적당한 전해액 중에서 양극 산화처리하면 표면에 방식성이 우수한 산화피막층이 만들어진다. 알루미늄의 방식방법에 많이 이용되는 것은?

① 규산법
② 수산법
③ 탄화법
④ 질화법

> 양극 산화법
> • 알루미늄을 전해조에 넣고 전류를 흘려 산화피막을 형성시키는 표면 처리법으로 부식 방지 및 내마모성 향상 등에 사용된다.
> • 표면 처리 방식법: 황산법, 크롬산법, 수산법

50

해드필드강(Hadfield Steel)에 대한 설명으로 옳은 것은?

① Ferrite계 고Ni강이다.
② Pearlite계 고Co강이다.
③ Cementite계 고Cr강이다.
④ Austenite계 Mn강이다.

> 해드필드강은 대표적인 오스테나이트계 망간강으로 고망간강에 속하며, 높은 내충격성과 내마모성을 가지고 있다.

51

좌우, 상하 대칭인 그림과 같은 형상을 도면화하려고 할 때 이에 관한 설명으로 틀린 것은? (단, 물체에 뚫린 구멍의 크기는 같고 간격은 6mm로 일정하다.)

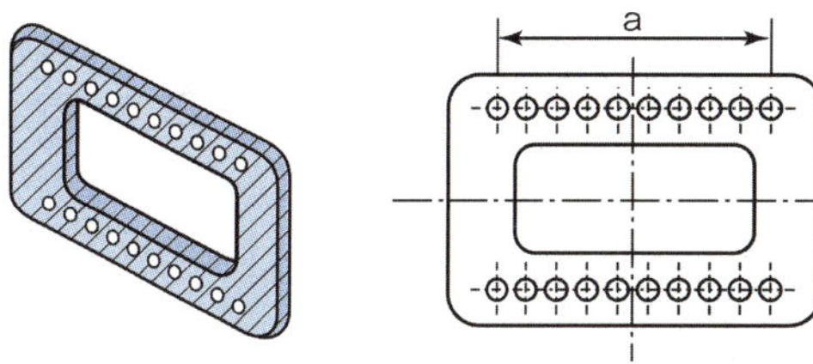

① 치수 a는 9×6(= 54)으로 기입할 수 있다.
② 대칭기호를 사용하여 도형을 1/2로 나타낼 수 있다.
③ 구멍은 동일 형상일 경우 대표 형상을 제외한 나머지 구멍은 생략할 수 있다.
④ 구멍은 크기가 동일하더라도 각각의 치수를 모두 나타내야 한다.

> 구멍 크기가 동일할 경우 'x–y 드릴'로 표시할 수 있다.

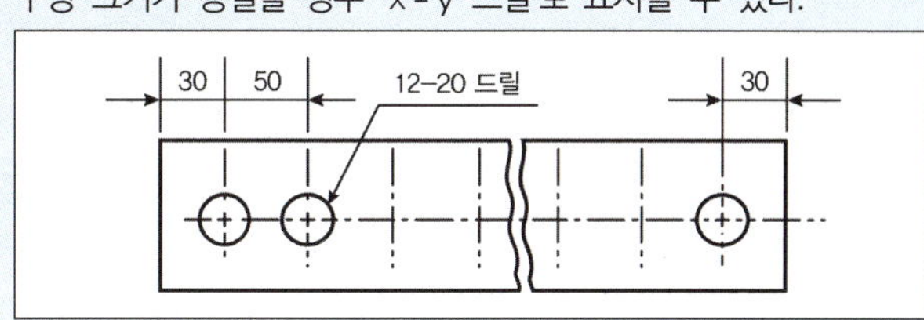

52

도면에 그려진 길이가 실제 대상물의 길이보다 큰 경우 사용한 척도의 종류인 것은?

① 현척　　　　　　　② 실척
③ 배척　　　　　　　④ 축척

배척은 실제보다 크게 그려 확대 표시할 때 사용하는 척도이며 반대의 의미는 축척이 있다.

53

다음 중 치수 보조기호를 적용할 수 없는 것은?

① 구의 지름 치수　　　② 단면이 정사각형인 면
③ 단면이 정삼각형인 면　④ 판재의 두께 치수

치수 보조기호는 구·원·정사각형·두께 등에 사용하지만 정삼각형에는 규정된 보조기호가 존재하지 않는다.

54 ⭐빈출

배관 도시기호 중 체크 밸브를 나타내는 것은?

① 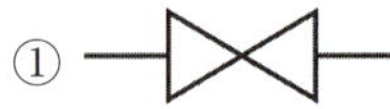　　　② 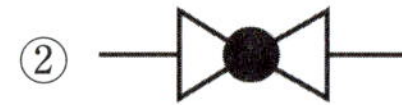

③ 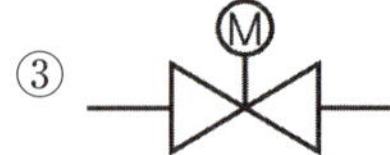　　　④ 

밸브 및 콕 몸체의 표시방법

밸브·콕의 종류	그림 기호	밸브·콕의 종류	그림 기호
밸브 일반	⋈	앵글 밸브	◁
게이트 밸브	⋈	3방향 밸브	⋈
글로브 밸브	⋈●	안전 밸브	⋈
체크 밸브	◁● 또는 ⋈		⋈
볼 밸브	⋈	콕 일반	⋈
버터플라이 밸브	⋈ 또는 ◣●		

55

다음 입체도의 화살표 방향을 정면도로 한다면 좌측면도로 적합한 투상도는?

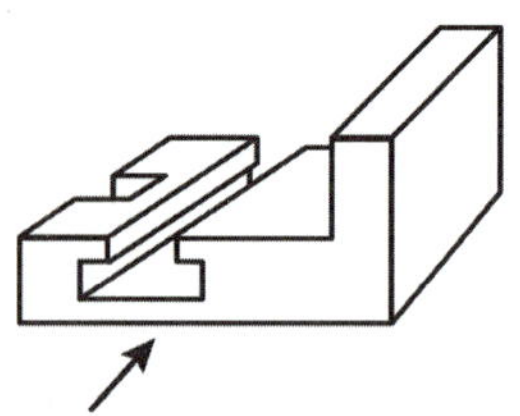

① 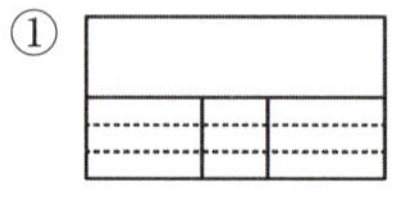　　② 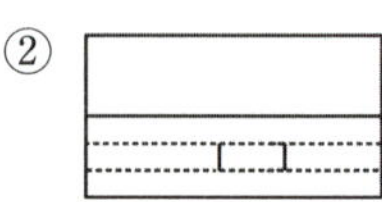

③ 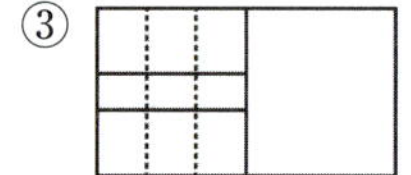　　④ 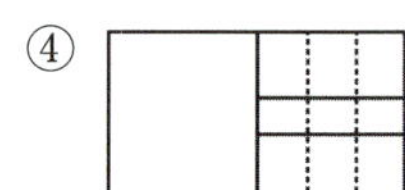

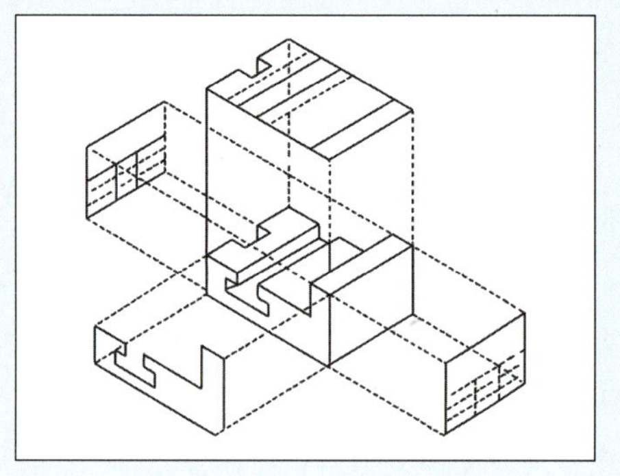

56

그림과 같이 가공 전 또는 가공 후의 모양을 표시하는데 사용하는 선의 명칭은?

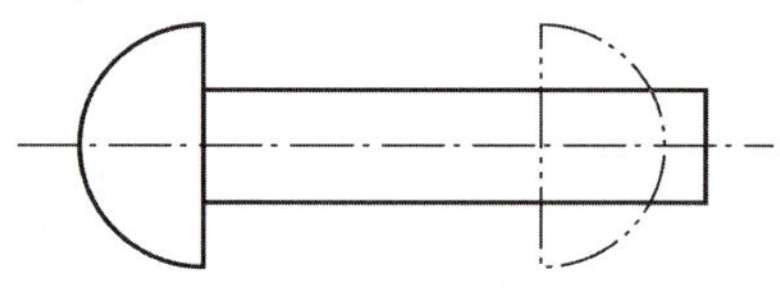

① 숨은선　　　　　　② 파단선
③ 가상선　　　　　　④ 절단선

가는 2점 쇄선(가상선, Imaginary Line)
도면에서 실제로 존재하지 않는 부분을 표시하거나 절단, 이동, 회전, 가공 전·후 상태 등을 나타내는 선

57

그림과 같은 제3각 투상도에 가장 적합한 입체도는?

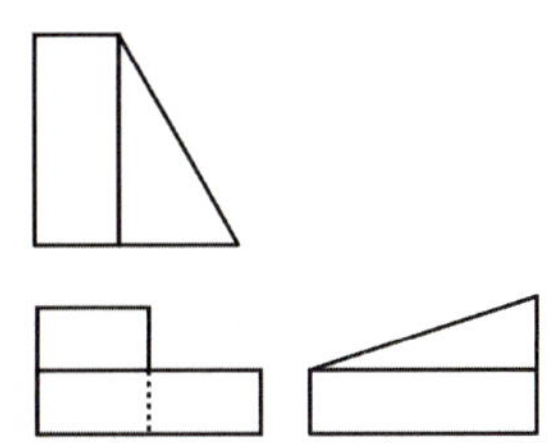

① 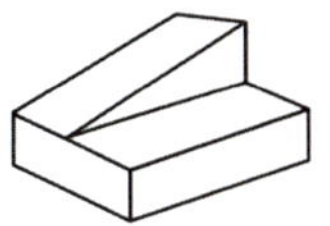

② 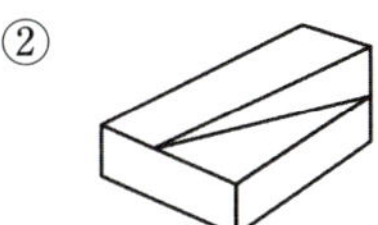

③ 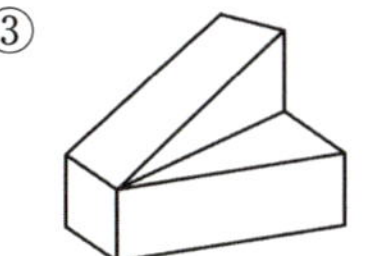

④ 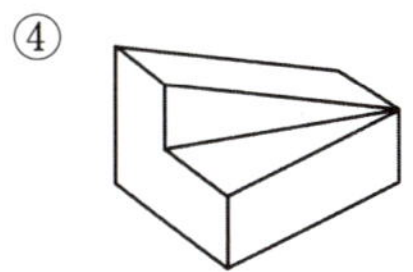

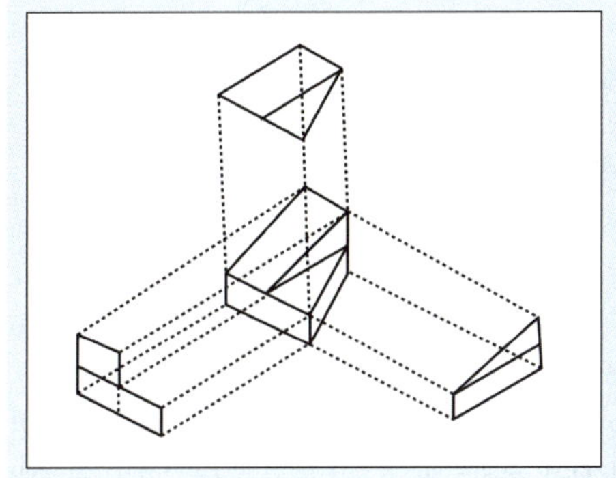

58

호의 길이 치수를 가장 적합하게 나타낸 것은?

① 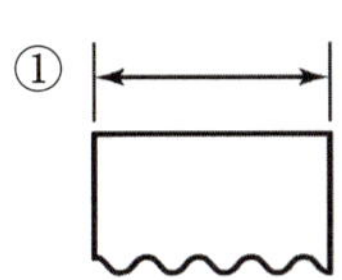

② 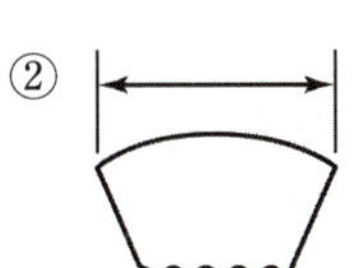

③ 

④ 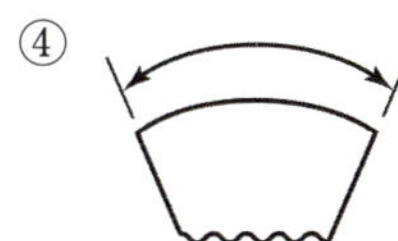

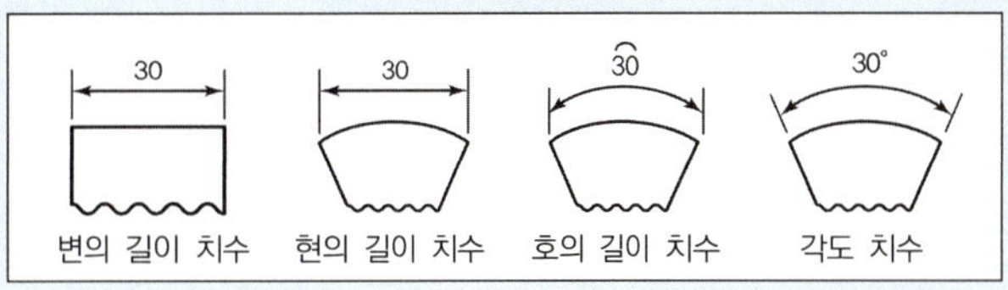

59

나사의 표시가 "M42 × 3 – 6H"로 되어 있을 때 이 나사에 대한 설명으로 틀린 것은?

① 암나사 등급이 6H이다.
② 호칭지름(바깥지름)은 42mm이다.
③ 피치는 3mm이다.
④ 왼 나사이다

M은 미터 나사, 기본은 오른 나사(RH)이며, 왼 나사이면 LH를 별도 표기해야 한다.

60

다음 재료기호 중 용접 구조용 압연 강재에 속하는 것은?

① SPPS380
② SPCC
③ SCW450
④ SM400C

용접 구조용 압연 강재(SM)
교량, 건축물, 플랜트 구조물, 탱크, 기계 구조물 등에서 용접성·인성·가공성이 요구되는 부분에 사용된다.

정답 57 ② 58 ③ 59 ④ 60 ④

01 빈출

서브머지드 아크 용접에서 누설방지 비드를 배치하는 이유로 맞는 것은?

① 용접 공정 수를 줄이기 위하여
② 크랙을 방지하기 위하여
③ 용접변형을 방지하기 위하여
④ 용락을 방지하기 위하여

자동 용접 중 하나인 서브머지드 아크 용접은 용입이 깊고 열량이 많아 누설방지 비드 또는 백킹제를 배치해야 용락이 발생하지 않는다.

02 빈출

납땜에 사용되는 용제가 갖추어야 할 조건으로 틀린 것은?

① 청정한 금속면의 산화를 방지할 것
② 납땜 후 슬래그의 제거가 용이할 것
③ 모재나 땜납에 대한 부식 작용이 최소한일 것
④ 전기저항 납땜에 사용되는 것은 부도체일 것

전기저항 납땜(Resistance Soldering)은 전극으로 전류를 흘려 이음부 자체의 전기저항 발열로 가열·납땜하는 방식이므로 용제는 도체이어야 한다.

03 빈출

아세틸렌(C_2H_2)의 성질로 맞지 않는 것은?

① 매우 불안전한 기체이므로 공기 중에서 폭발위험성이 매우 크다.
② 비중이 1.906으로 공기보다 무겁다.
③ 순수한 것은 무색, 무취의 기체이다.
④ 구리, 은, 수은과 접촉하면 폭발성 화합물을 만든다.

아세틸렌의 비중은 공기를 1로 기준했을 때 약 0.906으로, 공기보다 가볍다.

04 빈출

다음 중 초음파 탐상법의 종류가 아닌 것은?

① 극간법
② 공진법
③ 투과법
④ 펄스 반사법

초음파 탐상법(UT)
금속이나 비금속 재료 내부의 결함(기공, 균열, 박리 등)을 고주파 초음파(약 1 ~ 10MHz)를 이용해 검사하는 비파괴검사 기법으로 펄스 반사법이 가장 널리 사용된다.

초음파 탐상법의 종류
- 투과법: 송신기와 수신기를 활용하여 시험체를 통과할 때 초음파의 감쇠로 결함을 확인한다.
- 펄스 반사법: 반사파의 형태를 활용하여 반사되는 신호의 시간 지연으로 결함을 확인한다.
- 공진법: 연속적으로 변화되는 파장을 보내 두께나 탄성계수를 이용하여 결함을 확인한다.

05 빈출

전류밀도가 클 때 가장 잘 나타나는 것으로 아크전류가 일정할 때 아크전압이 높아지면 용접봉의 용융속도가 늦어지고 아크전압이 낮아지면 용융속도가 빨라지는 특성은?

① 부특성
② 절연회복 특성
③ 전압회복 특성
④ 아크길이 자기제어 특성

아크길이 자기제어 특성
아크 용접에서 전류가 일정할 때 아크전압이 높아지면(아크길이가 길어지면) 용융속도가 느려지고, 아크전압이 낮아지면(아크길이가 짧아지면) 용융속도가 빨라져 아크길이가 일정하게 유지되는 현상을 말한다.

정답　　01 ④　02 ④　03 ②　04 ①　05 ④

06 빈출

용접제품을 조립하다가 V홈 맞대기 이음 홈의 간격이 5mm 정도 멀어졌을 때 홈의 보수 및 용접방법으로 가장 적합한 것은?

① 그대로 용접한다.
② 뒷댐판을 대고 용접한다.
③ 덧살올림 용접 후 가공하여 규정 간격을 맞춘다.
④ 치수에 맞는 재료로 교환하여 루트 간격을 맞춘다.

V형 맞대기 이음에서 루트 간격이 설계보다 5mm 이상 과대하게 벌어진 경우 모재 모서리를 덧살올림(버터링) 용접으로 보강 후 홈을 다시 가공해 규정 간격을 맞춰서 진행한다.

07

가스 절단에서 예열불꽃이 약할 때 나타나는 현상이 아닌 것은?

① 드래그가 증가한다.
② 절단이 중단되기 쉽다.
③ 절단속도가 늦어진다.
④ 슬래그 중의 철 성분의 박리가 어려워진다.

• 가스 절단에서 예열불꽃은 절단 시작부를 충분히 가열하여 금속이 산소 절단 온도에 도달하도록 한다.
• 예열 온도가 낮으면 드래그 배출이 원활하지 않아 커지게 되며, 절단이 끊기는 현상이 발생되고 절단속도가 늦어지게 된다.

08 빈출

모재의 절단부를 불활성 가스로 보호하고 금속 전극에 대전류를 흐르게 하여 절단하는 방법으로 알루미늄과 같이 산화에 강한 금속에 이용되는 절단방법은?

① 산소 절단
② TIG 절단
③ MIG 절단
④ 플라즈마 절단

텅스텐 아크 절단(Tungsten Arc Cutting, TIG Cutting)
비소모성 전극을 사용하며 아크열로 금속을 녹여 절단하는 방식으로 가열 효과를 높이기 위해 아르곤(Ar) 가스에 수소(H_2)를 첨가한다. 주로 알루미늄, 마그네슘, 구리, 스테인리스강 등의 절단에 활용된다.

09 빈출

용접의 장점 중 맞는 것은?

① 저온취성이 생길 우려가 많다.
② 재질의 변형 및 잔류응력이 존재한다.
③ 용접사의 기량에 따라 용접 결과가 좌우된다.
④ 기밀, 수밀, 유밀성이 우수하다.

용접의 장점
• 금속 결합으로 기밀, 수밀, 유밀성이 우수하다.
• 조립, 가공 공정이 단순화되어 작업성능이 좋다.
• 겹침 이음 또는 리벳 이음 등에 비해 재료를 절약할 수 있다.
• 자동화가 비교적 용이하다.
• 이음부 자재 절약으로 무게가 가벼워진다.

10 빈출

기계적 접합으로 볼 수 없는 것은?

① 볼트 이음
② 리벳 이음
③ 접어 잇기
④ 압접

접합 방법
• 기계적 접합: 리벳, 볼트, 나사, 핀, 코터, 접어 잇기 등
• 야금적 접합: 용접, 압접, 납땜

11 빈출

다음 중 무색, 무취, 무미와 독성이 없고, 공기 중에 약 0.94% 정도를 포함하는 불활성 가스는?

① 헬륨(He)
② 아르곤(Ar)
③ 네온(Ne)
④ 크립톤(Kr)

아르곤(Argon, Ar)
• 기체 비율(공기 중): 약 0.94%
• 기체 종류: 불활성 가스
• 성질: 무색, 무취, 무미, 무독성

정답   06 ③ 07 ④ 08 ② 09 ④ 10 ④ 11 ②

12

CO_2 가스 아크 용접 결합에 있어서 다공성이란 무엇을 의미하는가?

① 질소, 수소, 일산화탄소 등에 의한 기공을 말한다.
② 와이어 선단부에 용적이 붙어 있는 것을 말한다.
③ 스패터가 발생하여 비드의 외관에 붙어 있는 것을 말한다.
④ 노즐과 모재간 거리가 지나치게 작아서 와이어 송급 불량을 의미한다.

> 용융금속은 고온에서 수소(H_2), 질소(N_2), 일산화탄소(CO) 등을 흡수했다가 응고 시 방출하지 못하면 다공성 기공이 형성된다.

13 ⭐빈출

피복 아크 용접 시 일반적으로 언더컷을 발생시키는 원인으로 가장 거리가 먼 것은?

① 용접전류가 너무 높을 때
② 아크길이가 너무 길 때
③ 부적당한 용접봉을 사용했을 때
④ 홈 각도 및 루트 간격이 좁을 때

> 홈 각도 및 루트 간격은 용입 부족과 관련이 있다.
>
> **언더컷**
> 용접 비드의 가장자리에 모재가 과도하게 녹아 파여진 형상으로 용융금속이 충분히 채워지지 않아 홈이 생기는 결함을 말한다.
> 이 현상은 용접 시 전류가 높거나, 아크길이가 과도하게 길 때, 용접속도가 너무 빠를 때 주로 발생된다.

14 ⭐빈출

피복 배합제의 성분 중 탈산제로 사용되지 않는 것은?

① 규소철　　　　② 망간철
③ 알루미늄　　　④ 유황

> • 탈산제는 산소를 제거하여 기공과 산화물의 발생을 방지하며, 유황은 불순물로 금속의 균열과 취성을 유발하므로 탈산제로 사용하지 않는다.
> • 탈산제: Si, Mn, Al, Ti, Zr 등

15 ⭐빈출

다음 중 CO_2 가스 아크 용접의 자기쏠림 현상을 방지하는 대책으로 틀린 것은?

① 가스 유량을 조절한다.
② 어스의 위치를 변경한다.
③ 용접부의 틈을 적게 한다.
④ 엔드 탭을 부착한다.

> **아크 쏠림**
> 아크 용접 시 자기장(Magnetic Field)의 불균형 때문에 아크가 일정 방향으로 치우치는 현상을 말하며, 자기 불림이라고도 한다.
>
> **아크 쏠림 방지대책**
> • 교류 용접기를 사용하거나 후퇴법으로 용접한다.
> • 짧은 아크를 사용하고 접지점을 용접부에서 멀리한다.
> • 접지선을 2개 연결하고 아크 발생 주변을 비자성체로 만든다.
> • 접지 케이블이 감기지 않도록 하고, 접지부에 녹, 페인트 등 방해물이 없도록 청결을 유지한다.
> • 아크 쏠림 반대 방향으로 기울인다.
> • 용접부의 시작과 끝 부분에 엔드 탭을 활용한다.

16

CO_2 가스 아크 용접에서 기공의 발생 원인으로 틀린 것은?

① 노즐에 스패터가 부착되어 있다.
② 노즐과 모재 사이의 거리가 짧다.
③ 모재가 오염(기름, 녹, 페인트)되어 있다.
④ CO_2 가스의 유량이 부족하다.

> 노즐과 모재 사이의 거리가 멀어질수록 보호가스의 차폐 효과가 떨어져 기공 발생률이 높아진다.

17

피복 아크 용접작업에서 용접봉을 용접 진행 방향으로 $70 \sim 80°$ 기울이고, 좌우에 대하여 $90°$가 되게 하여, 주로 박판 용접 및 용접의 이면 비드 형성에 사용하는 운봉법은?

① 직선 비드　　　② 원형 비드
③ 반달형 비드　　④ 삼각형 비드

- 용접 시 아크를 일정한 패턴으로 좌우 또는 전후로 움직임을 가지고 비드의 모양과 용입 깊이를 조절하는 방법으로 운봉 방법에 따라 비드 형상, 용입, 열분포가 달라진다.
- 직선비드: 70~80° 기울기, 90° 좌우, 박판 및 이면 비드용

18

전기저항 용접 중 플래시 용접 과정의 3단계를 순서대로 바르게 나타낸 것은?

① 업셋 → 플래시 → 예열
② 예열 → 업셋 → 플래시
③ 예열 → 플래시 → 업셋
④ 플래시 → 업셋 → 예열

- 플래시 용접은 맞댄 두 단면 사이에 저전압·대전류를 인가하고 미세 간극에서 플래싱(스파크 방전)으로 급가열한 뒤, 업셋으로 계면을 소성 결합시키는 방식이다.
- 과정: 예열 → 플래시 → 업셋

19

다음 중 안내 레일형 일렉트로 슬래그 용접에 필요한 장치로 옳은 것은?

① 송급장치, 콘택트 팁
② 콘택트 팁, 주행 대차
③ 가이드 레일, 주행 대차
④ 냉각수 및 수냉 동판

일렉트로 슬래그 용접장치: 안내 레일, 제어 상자, 냉각장치(냉각수 및 수냉 동판), 와이어 공급장치, 전원장치 등

20 ⭐

가스 절단 시 예열불꽃이 약할 때 일어나는 현상으로 틀린 것은?

① 드래그가 증가한다.
② 절단면이 거칠어진다.
③ 역화를 일으키기 쉽다.
④ 절단속도가 느려지고, 절단이 중단되기 쉽다.

가스 절단 시 예열불꽃이 강하면 과열이 진행되며, 산화층이 두꺼워지고 표면이 거칠어진다.

21 ⭐

다음 중 피복 아크 용접에 있어 용접봉에서 모재로 용융금속이 옮겨가는 상태를 분류한 것이 아닌 것은?

① 폭발 이행형
② 스프레이 이행형
③ 글로뷸러 이행형
④ 단락 이행형

금속의 이행형식

용접 시 용접봉(또는 와이어)의 끝이 용융되며, 녹은 금속 방울이 아크를 통해 모재로 넘어가는 현상

- 단락형: 전극과 용융지가 주기적으로 접촉 후 단락되며 방울이 모재로 이행된다.
- 글로뷸러형(핀치효과형): 비교적 큰 용적이 중력에 의해 모재로 이행되며 단락이 발생되지 않는다.
- 스프레이형: 미세한 금속 입자가 고속으로 스프레이처럼 분사되 모재로 이행된다.

22

텅스텐 전극봉 중에서 전자 방사능력이 현저하게 뛰어난 장점이 있으며 불순물이 부착되어도 전자 방사가 잘 되는 전극은?

① 순텅스텐 전극
② 토륨 텅스텐 전극
③ 지르코늄 텅스텐 전극
④ 마그네슘 텅스텐 전극

텅스텐 전극봉의 색상별 종류

재질	색상	특징
순텅스텐	녹색	알루미늄 용접에 주로 많이 사용되며, 연마를 하지 않아도 용접이 가능한 장점이 있음
1% 토륨	노랑	철, 스테인리스, 크롬강 등에 사용되며 전극의 수명 긺
2% 토륨	빨강	1% 토륨보다 전자 방출이 높고, 전극 수명이 길며 용접 아크 안정성 우수함. 토륨 방사능 성분을 사용하므로 주의 필요
1% 란탄	흑색	단락에 대한 저항성이 강하고, 전자 방출률이 높으며 수명이 긺
1.5% 란탄	금색	모든 금속 용접이 가능하며, 우수한 용접성을 가지고 있음
2% 란탄	하늘색	모든 금속 용접이 가능하며, 우수한 용접성을 가지고 있음
지르코니아	갈색 / 백색	교류 용접을 이용한 알루미늄 용접에서 우수한 용접성을 보임
세륨	회색	저전류 용접에 사용됨

정답

18 ③ 19 ④ 20 ② 21 ① 22 ②

23

용접 균열을 방지하기 위한 일반적인 사항으로 맞지 않는 것은?

① 좋은 강재를 사용한다.
② 응력집중을 피한다.
③ 용접부에 노치를 만든다.
④ 용접시공을 잘한다.

- 노치(Notch): 국부적인 홈 또는 결함부
- 노치 부분에 응력이 집중되면 균열이 발생하기 쉽고 용접 시 용융이 불균일해져 결합력이 약해진다.

24 빈출

강판의 두께가 12mm, 폭 100mm인 평판을 V형 홈으로 맞대기 용접이음할 때, 이음효율 $\eta = 0.8$로 하면 인장력 P는? (단, 재료의 최저 인장강도는 40N/mm²이고, 안전율은 4로 한다.)

① 960N
② 9,600N
③ 860N
④ 8,600N

- 단면적 A = 두께×폭 = 12mm×100mm = 1,200mm²
- 최저 인장강도 = 40N/mm², 안전율 = 4
- 허용응력 = $\dfrac{인장강도}{안전율} = \dfrac{40}{4} = 10N/mm^2$
- 이음효율 $\eta = 0.8$
- P = $\eta \times \sigma \times A$ = 0.8 × 10 × 1,200 = 9,600N

25 빈출

가스 용접에서 전진법과 후진법을 비교하여 설명한 것으로 맞는 것은?

① 용착금속의 냉각속도는 후진법이 서랭된다.
② 용접변형은 후진법이 크다.
③ 산화의 정도가 심한 것은 후진법이다.
④ 용접속도는 후진법보다 전진법이 더 빠르다.

구분	전진법 (Forward Welding)	후진법 (Backward Welding)
용접봉 위치	불꽃 앞쪽	불꽃 뒤쪽
불꽃의 진행 방향	불꽃이 진행 방향과 같은 방향	불꽃이 진행 방향의 반대 방향
화염의 작용	불꽃이 미리 모재를 예열하지 못해 용접부 보호가 작아져 산화가 발생하기 쉬움	불꽃이 이미 용착된 금속 위를 지나 예열 효과가 커져 산화 발생이 감소함
용접 속도	느림	빠름
용입 깊이	얕음	깊음
용착금속 조직	거침	미세함
적용 두께	얇은 판 (약 3mm 이하)	두꺼운 판 (3mm 이상)

26

용접선과 하중의 방향이 평행하게 작용하는 필릿 용접은?

① 전면   ② 측면
③ 경사   ④ 변두리

하중 방향에 따른 분류
- 전면 필릿: 하중이 용접선에 수직으로 작용
- 측면 필릿: 하중이 용접선과 평행하게 작용
- 경사 필릿: 하중이 용접선에 비스듬히 작용

27 빈출

다음 중 용접법의 분류에 속하지 않는 것은?

① 납땜   ② 리벳팅
③ 용접   ④ 압접

접합 방법
- 기계적 접합: 리벳, 볼트, 나사, 핀, 코터, 접어 잇기 등
- 야금적 접합: 용접, 압접, 납땜

정답   23 ③   24 ②   25 ①   26 ②   27 ②

28 빈출

용접부의 시험에서 비파괴검사로만 짝지어진 것은?

① 인장시험 – 외관시험
② 피로시험 – 누설시험
③ 형광시험 – 충격시험
④ 초음파 시험 – 방사선 투과시험

- RT는 방사선 투과검사로 방사선 X선이나 γ선을 이용하여 내부 결함을 탐상하는 방법을 의미한다.
- 비파괴검사: 육안검사(VT), 방사선 투과검사(RT), 초음파 탐상검사(UT), 자분 탐상검사(MT), 침투 탐상검사(PT)

29 빈출

아세틸렌의 성질에 대한 설명으로 틀린 것은?

① 탄화수소에서 가장 완전한 가스이다.
② 산소와 적당히 혼합하여 연소하면 고온을 얻는다.
③ 아세톤에 25배로 용해된다.
④ 공기보다 가볍다.

아세틸렌(C_2H_2)은 무색, 가연성, 폭발성이 강한 가스로 불포화 탄화수소라고도 하는 매우 반응성이 큰 가연성 가스이다. 충격 가열 압력에 의해 자기분해를 할 수 있어 불안전하다고 볼 수 있다.

30 빈출

이산화탄소 아크 용접법에서 이산화탄소(CO_2)의 역할을 설명한 것 중 틀린 것은?

① 아크를 안정시킨다.
② 용융금속 주위를 산성 분위기로 만든다.
③ 용융속도를 빠르게 한다.
④ 양호한 용착금속을 얻을 수 있다.

이산화탄소(CO_2) 가스 아크 용접
- 반자동 용접으로 용접 시 보호가스로 이산화탄소를 활용하며, 아크와 용융지를 외기(산소, 질소)로부터 보호한다.
- 용접 시 소모성 와이어(용극식)를 전극으로 사용하며 아크열로 모재와 와이어가 용융되어 용접풀을 형성하게 된다.

31 빈출

다음 중 연소의 3요소를 올바르게 나열한 것은?

① 가연물, 산소, 공기
② 가연물, 빛 탄산가스
③ 가연물, 산소, 정촉매
④ 가연물, 산소, 점화원

32 빈출

가스 용접작업 시 후진법의 설명으로 옳은 것은?

① 용접속도가 빠르다.
② 열 이용률이 나쁘다.
③ 얇은 판의 용접에 적합하다.
④ 용접변형이 크다.

후진법은 전진법에 비해 용접속도가 빠르다.

33

볼트나 환봉 등을 강판이나 형강에 직접 용접하는 방법으로 볼트나 환봉을 홀더에 끼우고 모재와 볼트 사이에 순간적으로 아크를 발생시켜 용접하는 것은?

① 피복 아크 용접
② 스터드 용접
③ 테르밋 용접
④ 전자 빔 용접

스터드 용접
아크를 이용하여 스터드 볼트나 환봉을 강판이나 형강에 직접 용접하는 방법으로 모재에 융착시키는 방식을 활용하여 접합하는 아크 용접의 한 종류이다.

정답 28 ④ 29 ① 30 ③ 31 ④ 32 ① 33 ②

34

경납용 용가재에 대한 각각의 설명으로 틀린 것은?

① 은납: 구리, 은, 아연이 주성분으로 구성된 합금으로 인장강도, 전연성 등의 성질이 우수하다.
② 황동납: 구리와 니켈의 합금으로, 값이 저렴하여 공업용으로 많이 쓰인다.
③ 인동납: 구리가 주 성분이며 소량의 은, 인을 포함한 합금으로 되어 있다. 일반적으로 구리 및 구리합금의 땜납으로 쓰인다.
④ 알루미늄납: 일반적으로 알루미늄에 규소, 구리를 첨가하여 사용하며 융점은 660℃ 정도이다.

> 황동은 구리-아연(Cu-Zn)을 주성분으로 하는 대표적인 구리계 합금이다.

35

AW – 220, 무부하 전압 80V, 아크전압이 30V인 용접기의 효율은? (단, 내부손실은 2.5kW이다.)

① 71.5%
② 72.5%
③ 73.5%
④ 74.5%

> $$효율(\%) = \frac{아크출력}{아크출력 + 내부손실} \times 100$$
> $$= \frac{30 \times 220}{30 \times 220 + 2,500} \times 100 = 72.5\%$$

36 빈출

피복 아크 용접봉은 피복제가 연소한 후 생성된 물질이 용접부를 보호한다. 용접부의 보호방식에 따른 분류가 아닌 것은?

① 가스 발생식
② 스프레이형
③ 반가스 발생식
④ 슬래그 생성식

> **피복 아크 용접봉의 용접부 보호방식 분류**
> 가스 발생식, 슬래그 생성식, 반가스 발생식

37 빈출

스프링강을 830~860℃에서 담금질하고 450~570℃에서 뜨임 처리하였다. 이때 얻어지는 조직은?

① 마텐자이트
② 트루스타이트
③ 소르바이트
④ 시멘타이트

> **소르바이트(Sorbite)**
> 스프링강은 일반적으로 탄소강(C 0.6~0.7%)이며, 담금질(830~860℃)로 오스테나이트(Austenite)를 급냉시켜 마텐자이트(Martensite) 조직이 형성되며, 뜨임(450~600℃) 일부 탄소가 확산하여 시멘타이트(Fe_3C)가 석출되고 마텐자이트가 분해되어 소르바이트(Sorbite) 조직이 형성된다.

38 빈출

강의 표준 조직이 아닌 것은?

① 페라이트(Ferrite)
② 펄라이트(Pearlite)
③ 시멘타이트(Cementite)
④ 소르바이트(Sorbite)

> 탄소강의 표준 조직은 페라이트, 펄라이트, 오스테나이트, 레데뷰라이트, 시멘타이트로 구성된 조직으로 열처리 전의 상태를 가진다.

39 빈출

직류아크 용접을 할 때 극성 선택에 고려되어야 할 사항으로 거리가 먼 것은?

① 용접봉 심선의 재질
② 피복제의 종류
③ 용접이음의 모양
④ 용접 지그

> • 지그는 용접 구조물을 고정하는 역할로 극성 선택과는 무관하다.
> • 극성 선택 시 피복제의 종류, 용접봉의 재질, 이음 모양에 따라 아크의 열분포 및 용입깊이, 아크 안정성 등에 영향을 준다.

40

고장력강(HT)의 용접성을 가급적 좋게 하기 위해 줄여야 할 합금 원소는?

① C   ② Mn
③ Si   ④ CR

탄소가 낮아질수록 용접성이 향상된다.

41

고셀룰로오스계 용접봉에 대한 설명으로 틀린 것은?

① 비드표면이 거칠고 스패터가 많은 것이 결점이다.
② 피복제 중 셀룰로오스가 20~30% 정도 포함되어 있다.
③ 고셀룰로오스계는 E4311로 표시한다.
④ 슬래그 생성계에 비해 용접전류를 10~15% 높게 사용한다.

고셀룰로오스계 용접봉(E4311)
가스 실드계의 대표적인 용접봉인 E4311은 유기물을 20 ~ 30% 포함하며, 비드 표면이 거치나 수직, 상진, 하진 위보기 작업성이 우수하다. 특히, 슬래그 생성계에 비해 용접전류를 높게 사용 시 과전류로 인한 비드 품질이 저하되어 전류를 낮게 사용해야 안정적이다.

42

일반적으로 강에 S, Pb, P 등을 첨가하여 절삭성을 향상시킨 강은?

① 구조용강   ② 쾌삭강
③ 스프링강   ④ 탄소공구강

쾌삭강(快削鋼)
절삭가공(선반, 밀링 등) 시 절삭저항을 줄이고, 공구 마모를 감소시키기 위해 절삭성이 향상되도록 특수 원소(P, S, Pb 등)를 첨가한 강이며, 잘 깎이는 강으로 쾌삭강이라 한다.

43

알루미늄 합금의 종류 중 Y합금의 주요 성분으로 옳은 것은?

① Al – Si   ② Al – Mg
③ Al – Cu – Ni – Mg   ④ Zn – Si – Ni – Mg

Y합금(Y-alloy)
열처리형 알루미늄 합금의 일종으로 내열성, 인장강도, 피로강도가 우수하여 항공기 엔진 실린더 헤드, 피스톤, 압축기 부품 등에 사용되며 조성은 Cu, Ni, Mg, Al으로 구성되어 있다.

44

다음 중 주조상태의 주강품 조직이 거칠고 취약하기 때문에 반드시 실시해야 하는 열처리는?

① 침탄   ② 풀림
③ 질화   ④ 금속 침투

주강품은 주조상태 그대로 사용하기에는 조직이 거칠고 약하여 풀림 처리를 통해 조직 미세화와 내부응력을 제거한다.

45

다음 중 Al의 성질에 관한 설명으로 틀린 것은?

① 가볍고 전연성이 우수하다.
② 전기전도도는 구리보다 낮다.
③ 전기, 열의 양도체이며 내식성이 좋다.
④ 기계적 성질은 순도가 높을수록 강하다.

알루미늄은 가볍고 전연성이 우수하며 구리보다 낮은 전기전도성을 가진다. 순도가 높을수록 약해지고 연해져 기계적 성질이 낮은 금속 중 하나이다.

46

Mg 및 Mg합금의 성질에 대한 설명으로 옳은 것은?

① Mg의 열전도율은 Cu와 Al보다 높다.
② Mg의 전기전도율은 Cu와 Al보다 높다.
③ Mg합금보다 Al합금의 비강도가 우수하다.
④ Mg는 알칼리에 잘 견디나, 산이나 염수에는 침식된다.

마그네슘(Mg)은 알칼리성 용액에서 $Mg(OH)_2$ 보호막이 안정하여 비교적 내알칼리성이 좋다. 반면 산성 용액과 염화물(염수) 환경에서는 보호막이 파괴되어 부식이 빠르다는 것이 일반적인 특성이다.

정답   40 ①   41 ④   42 ②   43 ③   44 ②   45 ④   46 ④

47 빈출

가볍고 강하며 내식성이 우수하나 600℃ 이상에서는 급격히 산화되어 TIG 용접 시 용접토치에 특수(Shield Gas) 장치가 반드시 필요한 금속은?

① Al
② Ti
③ Mg
④ Cu

48 빈출

용접작업을 하지 않을 때는 무부하 전압을 20~30V 이하로 유지하고 용접봉을 작업물에 접촉시키면 릴레이(Relay) 작동에 의해 전압이 높아져 용접작업이 가능하게 하는 장치는?

① 아크부스터
② 원격제어장치
③ 전격방지기
④ 용접봉 홀더

49

금속에 대한 설명으로 틀린 것은?

① 리튬(Li)은 물보다 가볍다.
② 고체 상태에서 결정구조를 가진다.
③ 텅스텐(W)은 이리듐(Ir)보다 비중이 크다.
④ 일반적으로 용융점이 높은 금속은 비중도 큰 편이다.

50

가스 용접작업에서 양호한 용접부를 얻기 위해 갖추어야 할 조건으로 잘못된 것은?

① 기름, 녹 등을 용접 전에 제거하여 결함을 방지한다.
② 모재의 표면이 균일하면 과열의 흔적은 있어도 된다.
③ 용착금속의 용입상태가 균일해야 한다.
④ 용접부에 첨가된 금속의 성질이 양호해야 한다.

51 빈출

대상물의 보이지 않는 부분의 모양을 표시할 때에 사용하는 선의 종류는?

① 가는 파선
② 가는 2점 쇄선
③ 가는 실선
④ 가는 1점 쇄선

선의 구분

종류	구분	명칭	용도
실선	▬▬▬	굵은 실선	외형선
	———	가는 실선	치수선, 중심선, 해칭(Hatching)선
	〜〜〜	자유 실선	부분 생략 또는 부분 단면의 경계
파선	– – – –	굵은 파선 또는 가는 파선	보이지 않는 외형선, 숨은선
쇄선	–·–·–	가는 1점 쇄선	중심선, 물체 또는 도형의 대칭선, 회전 단면의 외형선, 피치선
	–··–··–	가는 2점 쇄선	가상 외형선, 인접한 외형선, 가동 물체의 회전 위치선
	▬·–·▬	절단부 쇄선 (양끝이 굵은 선에 중간은 가는 쇄선)	절단 평면의 위치(절단선)
	–·–·–·	굵은 1점 쇄선	표면 처리 부분

52

열간 성형 리벳의 종류별 호칭길이(L)를 표시한 것 중 잘못 표시된 것은?

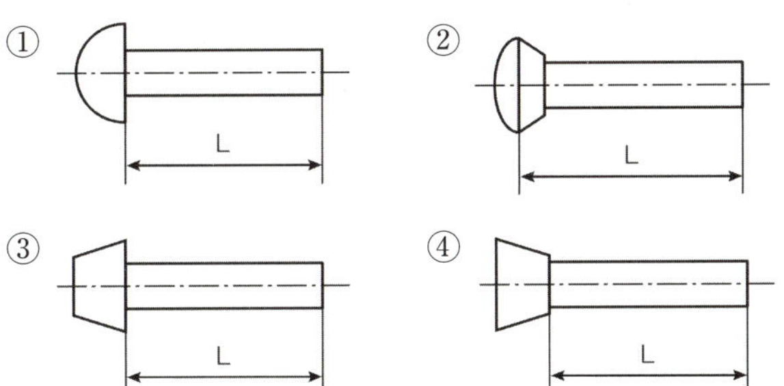

카운터 싱크형(접시머리/평접시머리)은 머리 윗면(평면)부터 리벳 끝까지를 L 길이로 측정한다.

53 ⭐빈출

전개도법의 종류 중 주로 각기둥이나 원기둥의 전개에 가장 많이 이용되는 방법은?

① 삼각형을 이용한 전개도법
② 방사선을 이용한 전개도법
③ 평행선을 이용한 전개도법
④ 사각형을 이용한 전개도법

각기둥 또는 원기둥의 전개에서는 평행선을 이용한 전개도법이 가장 적합하다.
• 방사선 전개법: 각뿔, 원뿔, 원추
• 삼각형 전개법: 복합 곡면, 이음관(경사 원뿔대)

54

그림과 같은 입체도에서 화살표 방향을 정면으로 할 때 평면도로 가장 적합한 것은?

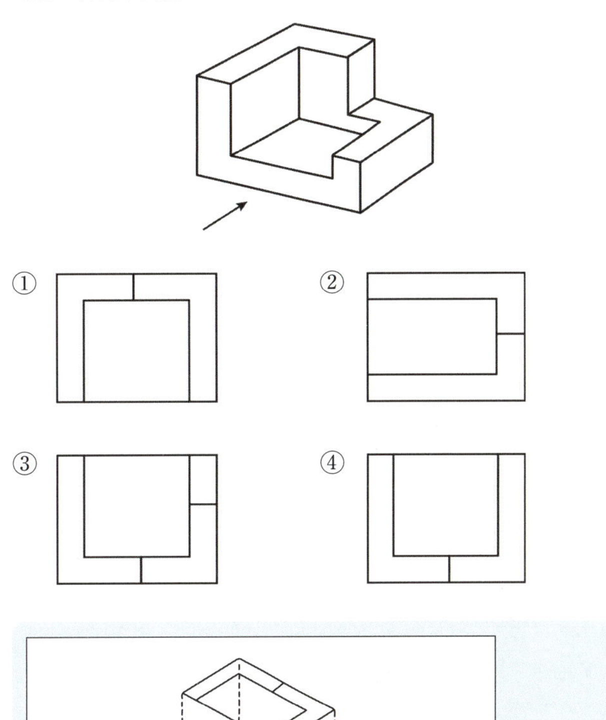

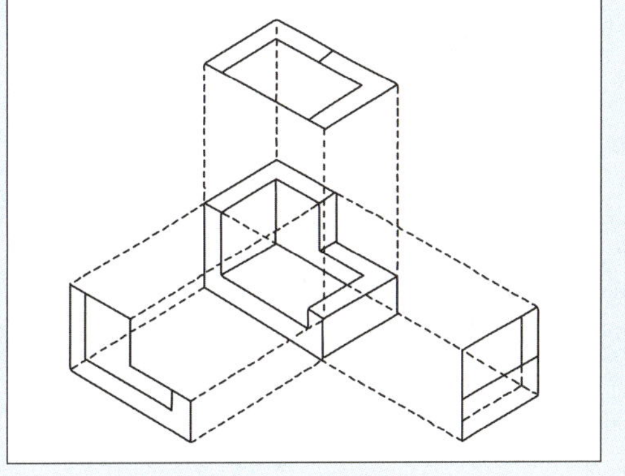

55 빈출

밸브 표시기호에 대한 밸브 명칭이 틀린 것은?

①  : 슬루스 밸브

② : 3방향 밸브

③ : 버터플라이 밸브

④ : 볼 밸브

밸브 및 콕 몸체의 표시방법

밸브·콕의 종류	그림 기호	밸브·콕의 종류	그림 기호
밸브 일반		앵글 밸브	
게이트 밸브		3방향 밸브	
글로브 밸브			
체크 밸브	또는	안전 밸브	
볼 밸브			
버터플라이 밸브	또는	콕 일반	

56 빈출

전기아연도금 강판 및 강대의 KS 기호 중 일반용 기호는?

① SECD
② SECE
③ SEFC
④ SECC

전기아연도금: SECC 일반용(Commercial) 기호

57 빈출

관의 끝 부분의 표시방법으로 용접식 캡을 나타내는 것은?

①  ② 

③ ④

배관의 끝 부분을 나타내는 기호

기호	이름
	막힌 플랜지
	용접식 캡
	나사박음식 캡

58 빈출

그림과 같은 배관 도면에서 도시기호 S는 어떤 유체를 나타내는 것인가?

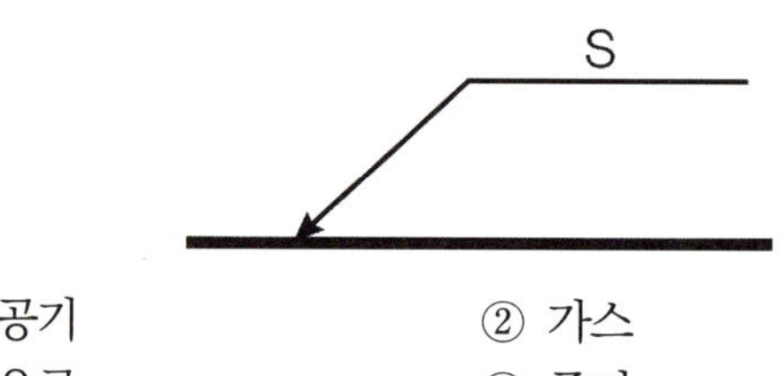

① 공기 ② 가스
③ 유류 ④ 증기

배관도(Piping Diagram)에서 유체의 종류를 구분하기 위한 문자 기호로 공기 A, 물 W, 증기 S, 가스 G, 연료유 O로 구분한다.

59

그림과 같은 입체도에서 화살표 방향이 정면일 때 정면도로 가장 적합한 것은?

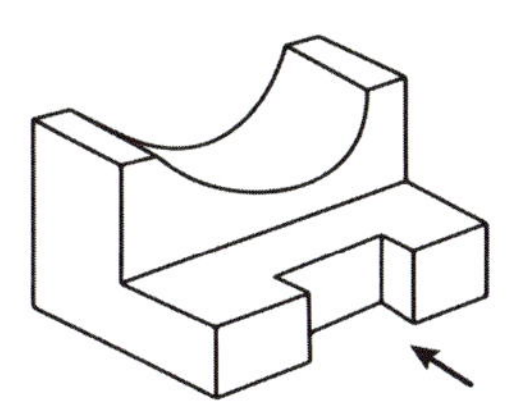

① 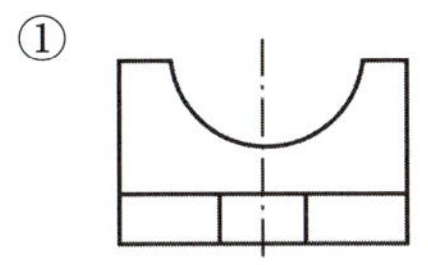 ② 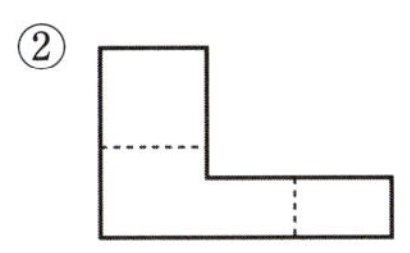

③ 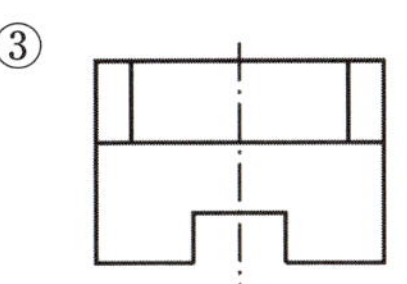 ④ 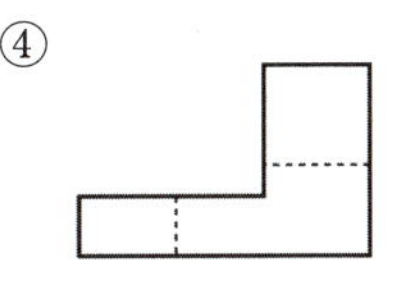

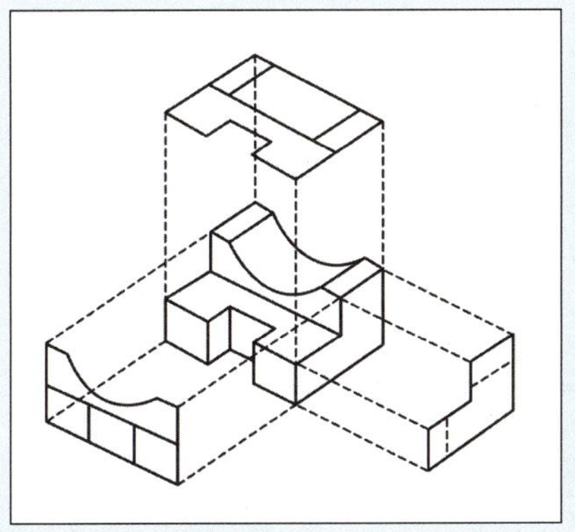

60

기계제도에서 도면에 치수를 기입하는 방법에 대한 설명으로 틀린 것은?

① 길이는 원칙으로 mm의 단위로 기입하고, 단위 기호는 붙이지 않는다.
② 치수의 자릿수가 많을 경우 세 자리마다 콤마를 붙인다.
③ 관련 치수는 되도록 한 곳에 모아서 기입한다.
④ 치수는 되도록 주 투상도에 집중하여 기입한다.

기계제도(ISO/KS)에서 치수는 mm를 기본단위로 기입하고 단위 기호를 생략하며, 숫자 중간에 콤마(,) 같은 자릿수 구분 기호를 넣지 않는다.

01 ⭐빈출

다음 중 연강을 가스 용접할 때 사용하는 용제는?

① 붕사
② 염화나트륨
③ 사용하지 않는다.
④ 중탄산소다 + 탄산소다

금속별 사용 용제

금속 종류	사용 용제
황동(Brass)	붕사(Borax)
구리(Cu)	붕사 + 염화나트륨 혼합
알루미늄(Al)	염화리튬(LiCl), 염화칼륨(KCl) 등 염화물계 용제
연강(Steel)	용제 사용하지 않음

02 ⭐빈출

산소 용기의 취급 시 주의사항으로 틀린 것은?

① 기름이 묻은 손이나 장갑을 착용하고는 취급하지 않아야 한다.
② 통풍이 잘 되는 야외에서 직사광선에 노출시켜야 한다.
③ 용기의 밸브가 얼었을 경우에는 따뜻한 물로 녹여야 한다.
④ 사용 전에는 비눗물 등을 이용하여 누설 여부를 확인한다.

산소 용기의 취급
• 산소(O_2)와 기름(유분) 또는 기름천, 기름이 묻은 장갑은 절대 접촉해서는 안 된다.
• 산소 용기 운반 시 충격에 주의를 기울이며 움직여야 한다.
• 산소 밸브는 천천히 개폐하며 밸브를 끝까지 열지 않도록 주의해야 한다.
• 용기 밸브가 사용 중 얼었을 경우 따뜻한 물을 활용하여 녹여 사용해야 한다.
• 가스 누설 점검은 사용 전에 실시하며 비눗물 또는 검사액으로 한다.
• 통풍이 잘 되고 직사광선에 노출되지 않는 공간에 40℃ 이하를 유지하며 세워서 보관해야 한다.

03 ⭐빈출

아크전류가 일정할 때 아크전압이 높아지면 용접봉의 용융속도가 늦어지고 아크전압이 낮아지면 용융속도가 빨라지는 특성을 무엇이라 하는가?

① 부저항 특성
② 절연회복 특성
③ 전압회복 특성
④ 아크길이 자기제어 특성

아크길이 자기 제어 특성
아크 용접에서 전류가 일정할 때 아크전압이 높아지면(아크길이가 길어지면) 용융속도가 느려지며 아크전압이 낮아지면(아크길이가 짧아지면) 용융속도가 빨라지는 현상을 말한다.

정답 01 ③ 02 ② 03 ④

04

용접변형의 교정법에서 점 수축법의 가열온도와 가열시간으로 가장 적당한 것은?

① 100 ~ 200℃, 20초
② 300 ~ 400℃, 20초
③ 500 ~ 600℃, 30초
④ 700 ~ 800℃, 30초

점 수축법은 변형 교정을 위해 작은 점을 짧은 시간 고온으로 가열하여 냉각 시 수축을 유도하는 방법으로 가열온도는 500~600℃, 가열시간은 약 30초 정도가 적당하다.

05 빈출

다음 중 용제와 와이어가 분리되어 공급되고 아크가 용제 속에서 일어나며 잠호 용접이라 불리는 용접은?

① MIG 용접
② 심 용접
③ 서브머지드 아크 용접
④ 일렉트로 슬래그 용접

서브머지드 아크 용접(SAW)
용접부를 용제(Flux)로 덮은 상태에서 아크를 발생시켜 용접하는 방식으로 잠호 용접, 불가시 용접, 유니언 멜트 용접이라고도 한다. 아크와 용융금속이 대기와 차단되므로 산화가 방지되고 용입이 깊으며 자동용접으로 생산성이 우수하다.

06

구리에 40 ~ 50% Ni을 첨가한 합금으로서 전기저항이 크고 온도계수가 일정하므로 통신기자재, 저항선, 전열선 등에 사용하는 니켈합금은?

① 인바
② 엘린바
③ 모넬메탈
④ 콘스탄탄

콘스탄탄
구리에 니켈을 40 ~ 50% 첨가한 합금으로 전기저항이 크고 온도변화에 따른 저항값의 변화가 거의 없는 특성을 가지는 니켈계 합금강을 말한다.

07

가스 절단에서 절단하고자 하는 판의 두께가 25.4mm일 때, 표준 드래그의 길이는?

① 2.4mm
② 5.2mm
③ 6.4mm
④ 7.2mm

평균 표준 드래그의 길이는 판 두께의 약 20%로 계산하면 다음과 같다.

$$\frac{25.4}{100} \times 20 = 5.08 ≒ 5.1mm$$

08 빈출

TIG 용접에서 청정작용이 가장 잘 발생하는 용접전원은?

① 직류 역극성일 때
② 직류 정극성일 때
③ 교류 정극성일 때
④ 극성에 관계없음

직류 역극성(DCRP)인 경우 전극(+), 모재(−)로 청정작용이 가장 우수하다.

09

저온뜨임의 목적이 아닌 것은?

① 치수의 경년변화 방지
② 담금질 응력 제거
③ 내마모성의 향상
④ 기공의 방지

- 저온뜨임(150 ~ 250℃): 담금질을 통해 균열과 취성을 완화하고 치수 변화를 줄이는 목적을 가지며 마텐자이트의 분해로 인성과 내마모성도 향상된다.
- 기공의 방지는 용접 또는 주조 시 공정상의 결함으로 관련이 없다.

10

황동의 화학적 성질에 해당되지 않는 것은?

① 질량 효과　　　　② 자연 균열
③ 탈아연 부식　　　④ 고온 탈아연

11 빈출

엔진 구동형 용접기에 비해 정류기형 직류아크 용접기의 특성에 관한 설명으로 틀린 것은?

① 보수와 점검이 어렵다.
② 취급이 간단하고 가격이 싸다.
③ 고장이 적고, 소음이 나지 않는다.
④ 교류를 정류하므로 완전한 직류를 얻지 못한다.

12 빈출

가스 용접에서 전진법과 비교한 후진법의 설명으로 맞는 것은?

① 열 이용률이 나쁘다.
② 용접속도가 느리다.
③ 용접변형이 크다.
④ 두꺼운 판의 용접에 적합하다.

구분	전진법 (Forward Welding)	후진법 (Backward Welding)
열 이용률	낮음	높음
용접속도	느림	빠름
용접변형	큼	작음
홈 각도	큼(80°)	작음(60°)

13

플라즈마 아크 절단법에 관한 설명으로 틀린 것은?

① 알루미늄 등의 경금속에는 작동가스로 아르곤과 수소의 혼합가스가 사용된다.
② 가스 절단과 같은 화학반응은 이용하지 않고, 고속의 플라즈마를 사용한다.
③ 텅스텐 전극과 수냉 노즐 사이에 아크를 발생시키는 것을 비이행형 절단법이라 한다.
④ 기체의 원자가 저온에서 음(-)이온으로 분리된 것을 플라즈마라 한다.

14 빈출

피복 아크 용접봉에 탄소량을 적게 하는 가장 큰 이유는?

① 스패터 방지를 위하여　　② 균열 방지를 위하여
③ 산화 방지를 위하여　　　④ 기밀 유지를 위하여

15 빈출

압축공기를 이용하여 가우징, 결함 부위 제거, 절단 및 구멍 뚫기 등에 널리 사용되는 아크 절단방법은?

① 탄소 아크 절단
② 금속 아크 절단
③ 산소 아크 절단
④ 아크 에어 가우징

16 ⭐ 빈출

다음 중 가스 용접작업에 관한 안전사항으로 틀린 것은?

① 아세틸렌 병 주변에서 흡연하지 않는다.
② 호스의 누설 시험 시에는 비눗물을 사용한다.
③ 산소 및 아세틸렌 병 등 빈병은 섞어서 보관한다.
④ 용접 시 토치의 끝을 긁어서 오물을 털지 않는다.

충전가스 용기와 공병(빈병)은 엄격히 구분하여 보관해야 하며, 특히 가연성 가스(아세틸렌)와 조연성 가스(산소)는 서로 분리하여 보관해야 한다.

17 ⭐ 빈출

다음 중 용접작업에 있어 가용접 시 주의해야 할 사항으로 옳은 것은?

① 본 용접보다 높은 온도로 예열을 한다.
② 개선 홈 내의 가접부는 백치핑으로 완전히 제거한다.
③ 가접의 위치는 주로 부품의 끝 모서리에 한다.
④ 용접봉은 본 용접작업 시에 사용하는 것 보다 두꺼운 것을 사용한다.

부재의 위치 고정 및 변형 방지를 위해 진행하는 가용접은 열 변형, 틀어짐 등을 방지한다. 개선 홈 내의 가접부는 백치핑으로 완전히 제거해야 불완전 융합, 기공, 슬래그 혼입을 방지할 수 있다.

18 ⭐ 빈출

중탄소강의 용접에 대하여 설명한 것 중 맞지 않는 것은?

① 중탄소강을 용접할 경우에 탄소량이 증가함에 따라 800~900℃ 정도 예열을 할 필요가 있다.
② 탄소량이 0.4% 이상인 중탄소강은 후열 처리를 고려하여야 한다.
③ 피복 아크 용접할 경우는 저수소계 용접봉을 선정하여 건조시켜 사용한다.
④ 서브머지드 아크 용접할 경우는 와이어와 플럭스 선정 시 용접부 강도 수준을 충분히 고려하여야 한다.

중탄소강의 예열온도는 약 100~300℃ 정도로 열처리를 진행한다.

19 ⭐ 빈출

피복 아크 용접봉에서 피복제의 역할로 옳은 것은?

① 아크를 안정시킨다.
② 재료의 급랭을 도와준다.
③ 산화성 분위기로 용착금속을 보호한다.
④ 슬래그 제거를 어렵게 한다.

피복제의 역할
• 슬래그 형성 및 용착금속의 보호: 슬래그층의 형성으로 냉각속도를 완화하여 표면을 보호한다.
• 아크 안정 작용: 아크를 안정시켜 용접작업을 용이하게 한다.
• 합금원소 공급: 용착금속의 기계적 성질을 개선한다.
• 스패터 감소 및 절연 작용: 피복층의 전기 절연기능과 함께 전류를 조정하여 스패터를 감소시킨다.

20 ⭐ 빈출

용접제품을 조립하다가 V홈 맞대기 이음 홈의 간격이 5mm 정도 벌어졌을 때 홈의 보수 및 용접방법으로 가장 적합한 것은?

① 그대로 용접한다.
② 뒷판을 대고 용접한다.
③ 치수에 맞는 재료로 교환하여 루트 간격을 맞춘다.
④ 덧살올림 용접 후 가공하여 규정 간격을 맞춘다.

V형 맞대기 이음에서 루트 간격이 설계보다 5mm 과대하게 벌어졌다면 과대 루트 간격 보정 시에는 모재 모서리를 덧살올림(버터링) 용접으로 보강 후 홈을 다시 가공해 규정 간격을 맞춰서 진행한다.

21

레이저 용접이 적용되는 분야 및 응용 범위에 속하지 않는 것은?

① 다이아몬드의 구멍 뚫기, 절단 등에 응용
② 용접 비드 표면의 기공 및 각종 불순물의 제거
③ 가는 선이나 작은 물체의 용접 및 박판의 용접에 적용
④ 우주 통신, 로켓의 추적, 광학, 계측기 등에 응용

레이저 용접은 집속된 고에너지 광을 이용하여 금속을 용융 접합하는 정밀 용접법이다. 용접 비드 표면의 기공 및 각종 불순물 제거는 용접 전 결함 원인 제거로 적용 분야와는 거리가 멀다.

22 빈출

피복 아크 용접봉의 피복제에 합금제로 첨가되는 것은?

① 규산칼륨
② 페로망간
③ 이산화망간
④ 붕사

- 탈산제는 산소를 제거하여 기공과 산화물의 발생을 방지하며, 유황은 불순물로 금속의 균열과 취성을 유발하므로 탈산제로 사용하지 않는다.
- 탈산제: Si, Mn, Al, Ti, Zr 등

23 빈출

가스 용접에서 탄화불꽃의 설명과 관련이 가장 적은 것은?

① 속불꽃과 겉불꽃 사이에 밝은 백색의 제3불꽃이 있다.
② 산화작용이 일어나지 않는다.
③ 아세틸렌 과잉불꽃이다.
④ 표준불꽃이다.

중성불꽃(표준불꽃): 청백색의 짧은 불꽃으로 산소 1 : 아세틸렌 1의 비율을 가지며 온도는 약 3,200℃이다.

24

용접기의 보수 및 점검사항 중 잘못 설명한 것은?

① 습기나 먼지가 많은 장소는 용접기 설치를 피한다.
② 용접기 케이스와 2차 측 단자의 두 쪽 모두 접지를 피한다.
③ 가동 부분 및 냉각판을 점검하고 주유를 한다.
④ 용접케이블의 파손된 부분은 절연 테이프로 감아준다.

용접기 접지는 용접기 케이스와 2차 측 단자를 모두 하는 것이 가장 좋으며, 특히 용접기 케이스는 반드시 감전 누전을 대비하여 접지를 하여야 한다.

25 빈출

용접부 시험 중 비파괴시험 방법이 아닌 것은?

① 초음파시험
② 크리프시험
③ 침투시험
④ 맴돌이 전류시험

크리프 시험
재료에 일정한 하중을 장시간 가했을 때 시간에 따른 변형 또는 파단을 보는 기계적 시험이다.

26

용접 중 전류를 측정할 때 후크메타(클램프메타)의 측정 위치로 적합한 것은?

① 1차 측 접지선
② 피복 아크 용접봉
③ 1차 측 케이블
④ 2차 측 케이블

실제 용접전류는 용접기 2차 측(출력 측)에서 전극 홀더 및 토치에서 접지 사이로 흐르는데, 후크메타는 도선 하나를 집어 그 선에 흐르는 전류를 비접촉으로 측정하는 장비로 2차 측 케이블에 클램프해야 정확한 용접전류가 나온다.

27 빈출

산소병의 내용적이 40.7리터인 용기에 압력이 100kgf/cm^{2}로 충전되어 있다면 프랑스식 팁 100번을 사용하여 표준불꽃으로 약 몇 시간까지 용접이 가능한가?

① 16시간
② 22시간
③ 31시간
④ 41시간

- 산소 용기의 총 가스량 = 40.7L × 100 = 4,070L
- 프랑스식 팁 100번 = 시간당 소비량 100L/h
- ∴ 4,070L ÷ 100L/h = 40.7h = 약 41시간

28 빈출

납땜법에 관한 설명으로 틀린 것은?

① 비철금속의 접합도 가능하다.
② 재료에 수축 현상이 없다.
③ 땜납에는 연납과 경납이 있다.
④ 모재를 녹여서 용접한다.

납땜(Soldering/Brazing)
모재는 녹이지 않고 납땜재만 녹여서 모세관 현상으로 결합시키는 공정을 말한다. 대표적인 구분은 연납과 경납으로 450℃ 온도 기준으로 분류한다.

정답　　22 ②　23 ④　24 ②　25 ②　26 ④　27 ④　28 ④

29

플라즈마 아크 용접에 관한 설명 중 틀린 것은?

① 전류밀도가 크고 용접속도가 빠르다.
② 기계적 성질이 좋으며 변형이 적다.
③ 설비비가 적게 든다.
④ 1층으로 용접할 수 있으므로 능률적이다.

> 플라즈마 아크 용접(PAW)은 전용 토치, 전원 공급장치, 가스 제어 시스템 등이 필요하여 타 용접법에 비해 설비 구성이 복잡하고 초기 투자 비용(설비비)이 높다.

30

2개의 모재에 압력을 가해 접촉시킨 다음 접촉에 압력을 주면서 상대운동을 시켜 접촉면에서 발생하는 열을 이용하는 용접법은?

① 가스 압접　　　② 냉간 압접
③ 마찰 용접　　　④ 열간 압접

> **마찰 용접**
> 두 모재를 가압된 상태에서 회전 왕복운동을 통해 접촉면의 마찰열을 발생시켜 가열하고, 정지된 상태에서 순간적으로 압력을 일정하게 전달하는 고상 접합 방법이다.

31 ⭐

다음 중 피복 아크 용접에 있어 용접봉에서 모재로 용융금속이 옮겨가는 상태를 분류한 것이 아닌 것은?

① 폭발 이행형
② 스프레이 이행형
③ 글로뷸러 이행형
④ 단락 이행형

> **금속의 이행형식**
> • 단락형: 전극과 용융지가 주기적으로 접촉 후 단락되며 방울이 모재로 이행된다.
> • 글로뷸러형(핀치효과형): 비교적 큰 용적이 중력에 의해 모재로 이행되며 단락이 발생되지 않는다.
> • 스프레이형: 미세한 금속 입자가 고속으로 스프레이처럼 분사되어 모재로 이행된다.

32 ⭐

다음 중 아크 용접 시 사용 전류의 종류에 관한 설명으로 틀린 것은?

① 정극성(DCSP)은 모재 측을 양(+)극으로 한다.
② 교류(AC)는 직류 정극성과 직류 역극성의 중간 상태이다.
③ 역극성(DCRP)은 용접봉을 양(+)극으로 하며, 모재의 용입이 깊다.
④ 정극성(DCSP)은 용접봉을 음(-)극으로 하며, 비드의 폭이 좁은 특징을 나타낸다.

> **정극성 DCSP(Direct Current Straight Polarity)**
> • 용접봉(−), 모재(+)
> • 용입 깊고, 비드 폭이 좁다.
>
> **역극성 DCRP(Direct Current Reverse Polarity)**
> • 용접봉(+), 모재(−)
> • 용입 얕고, 비드 폭이 넓다.
> • 청정작용이 있다.

33

다음 중 산소 – 프로판 가스 절단에서 혼합비의 비율로 가장 적절한 것은? (단, 표시는 산소 : 프로판으로 나타낸다.)

① 2 : 1
② 3 : 1
③ 4.5 : 1
④ 9 : 1

> **프로판 완전 연소식**
> $C_3H_8 + 5O_2 \rightarrow 3CO_2 + 4H_2O$
> 실제 절단용 예열불꽃에서는 연소손실과 효율을 고려해 산소 : 프로판 비율 = 약 4.5 : 1 정도로 맞춘다.

34

다음 중 용접선 방향의 인장응력을 완화시키는 저온응력완화법을 올바르게 설명한 것은?

① 500℃에서 10℃씩 온도가 내려가면서 풀림 처리하는 방법
② 500℃로 가열한 후 압력을 걸고 수랭시키는 방법
③ 용접선 양측의 정속으로 이동하는 가스 불꽃에 의하여 너비 약 150mm에 걸쳐서 150 ~ 200℃로 가열한 다음 수랭하는 방법
④ 용접선의 좌우 양측에 각각 250mm의 범위를 625℃에서 1시간 가열하여 공랭시키는 방법

35 ⭐빈출

다음 중 서브머지드 아크 용접에서 기공의 발생 원인과 가장 거리가 먼 것은?

① 용제의 건조 불량
② 용접속도의 과대
③ 용접부의 구속이 심할 때
④ 용제 중에 불순물의 혼입

36

3 ~ 5% Ni, 1% Si을 첨가한 Cu합금으로 C합금이라고도 하며, 강력하고 전도율이 좋아 용접봉이나 전극재료로 사용되는 것은?

① 톰백   ② 문쯔메탈
③ 길딩메탈   ④ 콜슨합금

37 ⭐빈출

이산화탄소 아크 용접의 시공법에 대한 설명으로 맞는 것은?

① 와이어의 돌출길이가 길수록 비드가 아름답다.
② 와이어의 용융속도는 아크전류에 정비례하여 증가한다.
③ 와이어의 돌출길이가 길수록 늦게 용융된다.
④ 와이어의 돌출길이가 길수록 아크가 안정된다.

38

다음 중 CO_2 가스 아크 용접에 적용되는 금속으로 맞는 것은?

① 알루미늄
② 황동
③ 연강
④ 마그네슘

39

알루미늄에 약 10%까지의 마그네슘을 첨가한 합금으로 다른 주물용 알루미늄 합금에 비하여 내식성, 강도, 연신율이 우수한 것은?

① 실루민
② 두랄루민
③ 하이드로날륨
④ Y합금

    34 ③   35 ③   36 ④   37 ②   38 ③   39 ③

40 빈출

경도가 큰 재료를 A_1 변태점 이하의 일정온도로 가열하여 인성을 증가시킬 목적으로 하는 열처리법은?

① 뜨임
② 풀림
③ 불림
④ 담금질

일반 열처리

열처리명	효과
풀림	내부 응력 제거, 연성 향상
불림	조직 균질화, 기계적 성질 개선
담금질	경도·강도 증가
뜨임	담금질 후 인성 회복, 잔류응력 제거

41 빈출

교류아크 용접기에서 가변저항을 이용하여 전류의 원격조정이 가능한 용접기는?

① 가포화 리액터형
② 가동 코일형
③ 탭 전환형
④ 가동 철심형

가포화 리액터형은 가변저항에 의한 제어전류로 철심의 자속을 변화시켜 용접전류를 제어하므로 미세전류 조정이 안정적이고 원격조정이 가능하다.

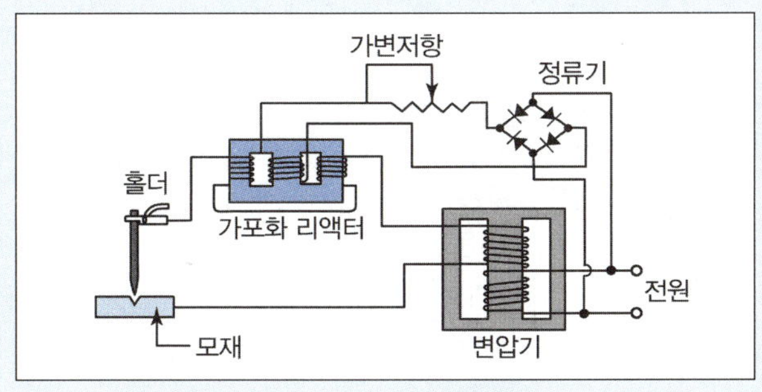

▲ 가포화 리액터형

42 빈출

주철 조직 중 γ 고용체와 Fe_3C의 기계적 혼합으로 생긴 공정주철로 A_1 변태점 이상에서 안정적으로 존재하는 것은?

① 레데뷰라이트(Ledeburite)
② 시멘타이트(Cementite)
③ 페라이트(Ferrite)
④ 펄라이트(Pearlite)

레데뷰라이트

γ(오스테나이트) 고용체 + 시멘타이트(Fe_3C)가 기계적으로 혼합된 공정 조직

43

Mg(마그네슘)의 특성을 나타낸 것 중 틀린 것은?

① Fe, Ni 및 Cu 등의 함유에 의하여 내식성이 대단히 좋다.
② 비중이 1.74로 실용금속 중에서 매우 가볍다.
③ 알칼리에는 견디나 산이나 열에는 약하다.
④ 바닷물에 대단히 약하다.

마그네슘(Mg)은 철(Fe), 니켈(Ni), 구리(Cu)와 같은 불순물에 극도로 민감하며, 이러한 원소들이 미량이라도 포함될 경우 내식성이 급격히 저하된다.

44

탄소강에 관한 설명으로 옳은 것은?

① 탄소가 많을수록 가공변형은 어렵다.
② 탄소강의 내식성은 탄소가 증가할수록 증가한다.
③ 아공석강에서 탄소가 많을수록 인장강도가 감소한다.
④ 아공석강에서 탄소가 많을수록 경도가 감소한다.

탄소 함량이 많을수록 경도와 강도가 높아지지만 연성과 인성은 떨어져 가공변형이 어렵다.
② 내식성 향상은 Cr, Ni 등의 합금원소가 증가될 때 향상된다.
③ 아공석강은 탄소가 많을수록 인장강도가 증가한다.
④ 아공석강은 탄소가 많을수록 경도가 증가한다.

    40 ①   41 ①   42 ①   43 ①   44 ①

45

탄소강의 적열취성의 원인이 되는 원소는?

① S
② CO_2
③ Si
④ Mn

황(S): 강의 가공성 향상과 강의 인성 감소 및 적열취성 발생

46

다음 중 알루미늄 합금이 아닌 것은?

① 라우탈(Lautal)
② 실루민(Silumin)
③ 두랄루민(Duralumin)
④ 켈밋(Kelmet)

켈밋합금
Cu - Pb계 베어링 합금으로 보통 Pb 30 ~ 40%를 포함하고 있으며, 고속·고하중 베어링에 적합하여 자동차, 항공기 등에 사용된다.

47 ⭐빈출

다음 중 일반적인 연강의 탄소 함유량으로 가장 적절한 것은?

① 0.1% 이하
② 0.13 ~ 0.2%
③ 1.0 ~ 1.4%
④ 2.0 ~ 3.0%

- 저탄소강: 탄소 함유량 0.25% C 미만 강철
- 중탄소강: 탄소 함유량 0.25 ~ 0.6% C 미만 강철
- 고탄소강: 탄소 함유량 0.6 ~ 1.6% C 강철

48

다음 중 고탄소 경강품(주강)을 이용한 부품으로 가장 적합하지 않은 것은?

① 기어
② 실린더
③ 압연기
④ 피아노선

고탄소강 부품은 고경도, 내마모성을 확보하여 사용하며 대형, 복잡한 형상의 하중이 집중되는 기어, 실린더, 압연기, 롤 및 프레임 등에 사용된다.

주강(Cast Steel)
강을 용융시켜 주형에 부어서 만든 제품으로 기계가공성, 인성, 내마모성 등을 높이는 목적으로 특정 합금 원소를 첨가하여 제조하는 강을 말한다. 응고 시 체적 수축이 커 수축공이 발생될 위험이 있으므로 결함 방지 조치를 해야 한다.

49

용접용 재료를 인장시험한 결과 [그림]과 같은 응력 – 변형선도를 얻었다. 다음 중 D점에 해당하는 내용으로 옳은 것은?

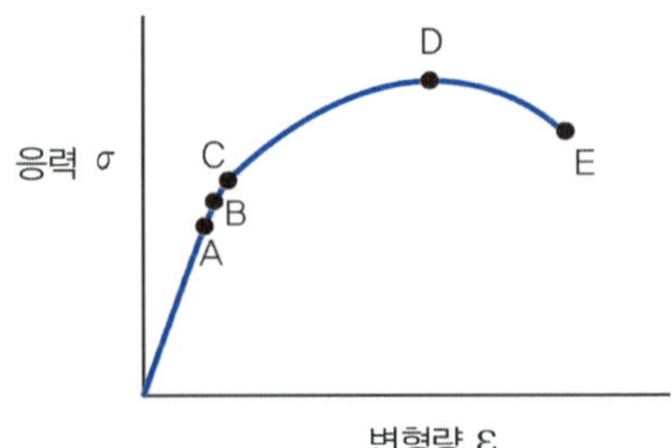

① 비례한도점
② 최대하중점
③ 파단점
④ 항복점

A	비례한도점
B	항복점
C	변형 구간
D	최대하중점, 인장강도 시험 중 가장 큰 하중을 받는 시점으로 이때의 응력을 인장강도라 함
E	파단점

50 ⭐빈출

연강용 피복 아크 용접봉의 종류 중 피복제의 계통은 산화티탄계로, 피복제 중에서 산화티탄(TiO_2)이 약 35% 정도 포함되어 있으며, 일반 경구조물의 용접에 많이 사용되는 용접봉의 기호는?

① E4301
② E4303
③ E4313
④ E4316

고산화티탄계 피복 아크 용접봉(E4313)
- 피복제에 산화티탄(TiO_2)이 약 35% 내외로 포함되어 있으며, 아크가 안정적이고 스패터가 적다.
- 일반 경구조물 및 박판 용접에 많이 사용되고 유동성이 좋은 슬래그를 형성하며, 냉각 시 쉽게 박리되어 비드 표면이 고른 장점을 가지나, 고온 균열이 발생할 수 있다.

정답
45 ① 46 ④ 47 ② 48 ④ 49 ② 50 ③

51

판금작업 시 강판재료를 절단하기 위하여 가장 필요한 도면은?

① 조립도 　　　　　② 전개도
③ 배관도 　　　　　④ 공정도

52

3각 기둥, 4각 기둥 등과 같은 각 기둥 및 원기둥을 평행하게 펼치는 전개방법의 종류는?

① 삼각형을 이용한 전개도법
② 평행선을 이용한 전개도법
③ 방사선을 이용한 전개도법
④ 사다리꼴을 이용한 전개도법

53

치수 기입법에서 지름, 반지름, 구의 지름 및 반지름, 모떼기, 두께 등을 표시할 때 사용하는 보조기호 표시가 잘못된 것은?

① 두께: D6 　　　　② 반지름: R3
③ 모따기: C3 　　　④ 구의 반지름: SR6

54

회전 도시 단면도에 대한 설명으로 틀린 것은?

① 절단할 곳의 전·후를 끊어서 그 사이에 그린다.
② 절단선의 연장선 위에 그린다.
③ 도형 내의 절단한 곳에 겹쳐서 도시할 경우 굵은 실선을 사용하여 그린다.
④ 절단면은 90° 회전하여 표시한다.

55

다음 그림과 같은 양면 용접부 조합기호의 명칭으로 옳은 것은?

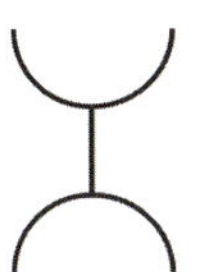

① 양면 V형 맞대기 용접
② 넓은 루트면이 있는 양면 V형 용접
③ 넓은 루트면이 있는 K형 맞대기 용접
④ 양면 U형 맞대기 용접

56

다음 중 단독형체로 적용되는 기하공차로만 짝지어진 것은?

① 평면도, 진원도
② 진직도, 직각도
③ 평행도, 경사도
④ 위치도, 대칭도

치수 기입이 "□20"으로 치수 앞에 정사각형이 표시되었을 경우의 올바른 해석은?

① 이론적으로 정확한 치수가 20mm이다.
② 체적이 $20mm^3$인 정육면체이다.
③ 면적이 $20mm^3$인 정육면체이다.
④ 한 변의 길이가 20mm인 정사각형이다.

치수 보조기호

기호	구분
∅	지름 기호
R	반지름 기호
SR	구의 반지름 기호
□	정사각형의 한 변 치수
C	모따기(Chamfer) 치수
t	판의 두께
( )	참고 치수

58 빈출

그림과 같은 정투상도의 제3각법으로 나타낸 정면도와 우측면도를 보고 평면도를 올바르게 도시한 것은?

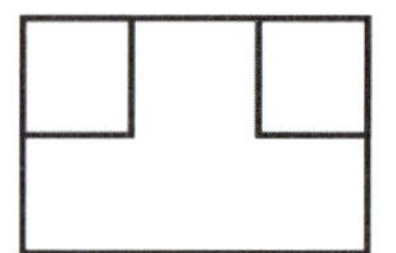
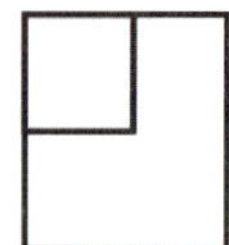

① 
② 

③ 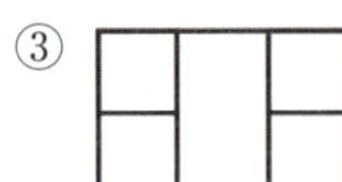
④ 

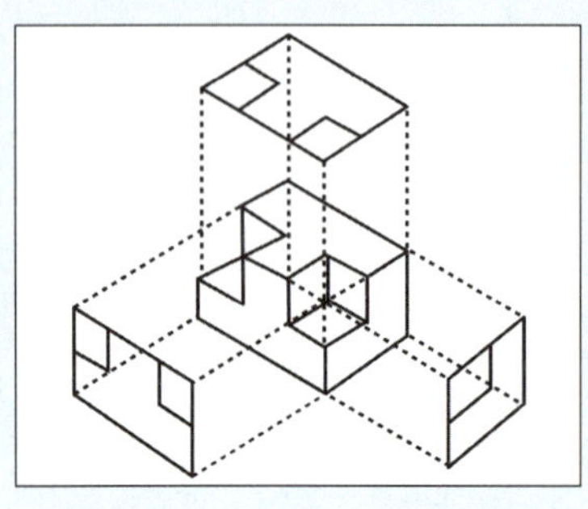

59

정투상법의 제1각법과 제3각법에서 배열 위치가 정면도를 기준으로 동일한 위치에 놓이는 투상도는?

① 좌측면도
② 평면도
③ 저면도
④ 배면도

배면도(뒤쪽 면)만은 두 방식 모두 정면도의 같은 쪽에 배치하는 것이 원칙이다.

60

그림의 형강을 올바르게 나타낸 치수 표시법은? (단, 형강 길이는 K이다.)

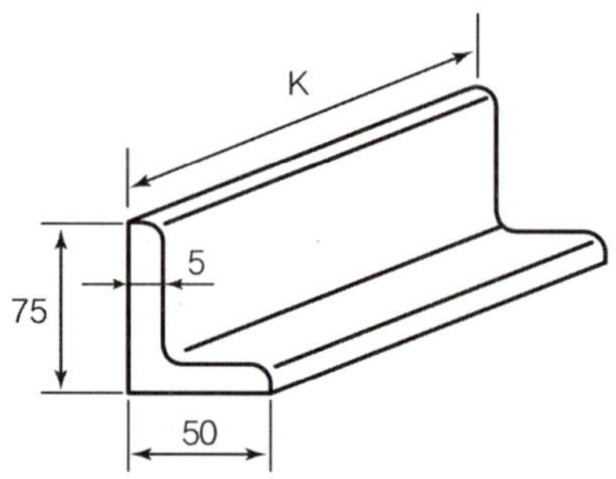

① L 75×50×5×K
② L 75×50×5-K
③ L 50×75-5-K
④ L 50×75×5×K

형강의 치수를 기입 시 형강의 종류 부호 뒤에 '변의 길이×변의 길이×두께 - 재료의 길이'를 표시한다.

Chapter 05

2022년 1회 | CBT 기출복원문제

01 빈출

직류아크 용접기와 비교한 교류아크 용접기의 설명에 해당되는 것은?

① 아크의 안정성이 우수하다.
② 자기 쏠림 현상이 있다.
③ 역률이 매우 양호하다.
④ 무부하 전압이 높다.

교류아크 용접기는 직류 용접기에 비해 무부하 전압이 더 높아(일반적으로 70~80V 수준) 감전 위험이 상대적으로 크다.

02 빈출

용접 구조물의 제작도면에 사용하는 보조기능 중 RT는 비파괴시험 중 무엇을 뜻하는가?

① 초음파 탐상시험
② 자기분말 탐상시험
③ 침투 탐상시험
④ 방사선 투과시험

• RT는 방사선 투과검사로 방사선 X선이나 γ선을 이용하여 내부 결함을 탐상하는 방법을 의미한다.
• 비파괴검사: 육안검사(VT), 방사선 투과검사(RT), 초음파 탐상검사(UT), 자분 탐상검사(MT), 침투 탐상검사(PT)

03

다음 그림과 같은 다층 용접법은?

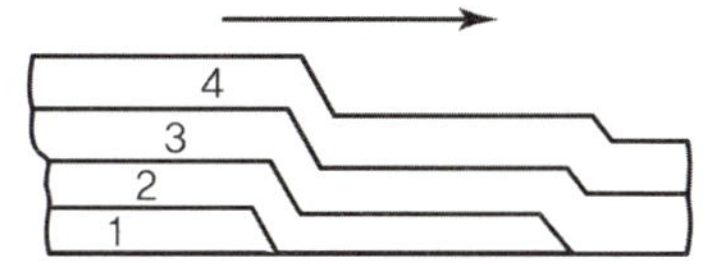

① 빌드업법
② 캐스케이드법
③ 전진블록법
④ 스킵법

짧은 비드를 계단식(스텝)으로 앞쪽에서 뒤쪽으로 겹쳐가며 다층으로 쌓아올리는 방법을 캐스케이드 용접법이라고 한다.

04

TIG 용접에서 직류 정극성으로 용접할 때 전극 선단의 각도가 가장 적합한 것은?

① 5 ~ 10°
② 10 ~ 20°
③ 20 ~ 50°
④ 60 ~ 70°

• TIG 용접의 직류 정극성 조건에서 일반적으로 아크를 집중시키기 위해 20°~50°로 뾰족하게 연마한다.
• 텅스텐 전극봉은 각도가 작을수록(뾰족할수록) 용입이 깊고 비드 폭이 좁으며, 각도가 클수록(넓을수록) 용입이 얕고 비드 폭이 넓어진다.

05

수동 가스 절단 작업 중 절단면의 윗 모서리가 녹아 둥글게 되는 현상이 생기는 원인과 거리가 먼 것은?

① 팁과 강판 사이의 거리가 가까울 때
② 절단 가스의 순도가 높을 때
③ 예열불꽃이 너무 강할 때
④ 절단속도가 너무 느릴 때

일반적으로 산화 반응 안정은 절단면 품질을 향상시키는 데 기여한다.

정답  　01 ④　02 ④　03 ②　04 ③　05 ②

06

다음 중 발화성 물질이 아닌 것은?

① 카바이드　　　　　② 금속나트륨
③ 황린　　　　　　　④ 질산에텔

> **자기반응성 물질(제5류)**
> 질산에틸은 공기나 물이 필요하지 않으며 충격, 마찰 또는 가열만으로 스스로 폭발 분해를 일으키는 자기반응성 물질이다.

07 ⭐빈출

가스 용접용 토치의 팁 중 표준불꽃으로 1시간 용접 시 아세틸렌 소모량이 100L인 것은?

① 고압식 200번 팁
② 중압식 200번 팁
③ 가변압식 100번 팁
④ 불변압식 100번 팁

> • 가변압식 가스 용접토치에서 팁의 능력은 시간당 아세틸렌 소모량(L/h 또는 m³/h)으로 규정한다.
> • 100L/h ≈ 100번 팁이 적정하다.

08

아래 그림과 같이 용접 길이를 짧게 나누어 간격을 두면서 용접하는 방법은?

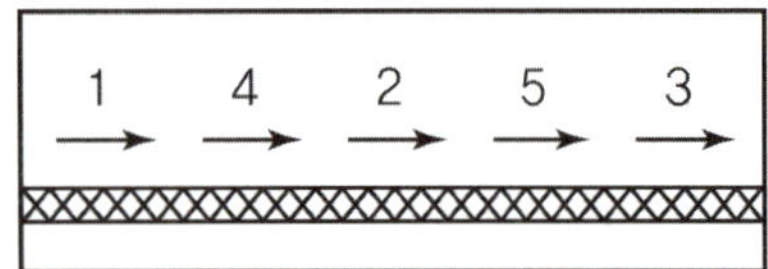

① 전진법　　　　　　② 후진법
③ 대칭법　　　　　　④ 스킵법

> **스킵법(Skip Welding)**
> 긴 용접선을 한 번에 연속적으로 용접하지 않고 일정 길이로 나눈 여러 구간을 건너뛰며 간헐적으로 용접하는 방법으로, 열의 집중을 방지하여 변형, 잔류응력을 줄이는데 효과적이다.

09 ⭐빈출

CO_2 가스 아크 용접에서 일반적으로 용접전류를 높게 할 때의 사항을 열거한 것 중 옳은 것은?

① 용접입열이 작아진다.
② 와이어의 녹아내림이 빨라진다.
③ 용착율과 용입이 감소한다.
④ 우수한 비드 형상을 얻을 수 있다.

> **CO_2 가스 아크 용접전류 증가**
> • 아크 열량이 증가하며 용입이 깊어진다.
> • 와이어 용융속도가 증가하여 녹아내림이 빨라진다.
> • 용착률이 향상되고 스패터가 증가한다.

10

다음 중 일반적으로 가스 폭발을 방지하기 위한 예방대책에 있어 가장 먼저 조치를 취하여야 할 사항은?

① 방화수 준비
② 가스 누설의 방지
③ 착화의 원인 제거
④ 배관의 강도 증가

> 사전에 가스 누설 방지 조치를 통해 예방할 수 있다.

11 ⭐빈출

저수소계 용접봉의 특징이 아닌 것은?

① 용착금속 중 수소량이 다른 용접봉에 비해서 현저하게 적다.
② 용착금속의 취성이 크며 화학적 성질도 좋다.
③ 균열에 대한 감수성이 특히 좋아서 두꺼운 판 용접에 사용된다.
④ 고탄소강 및 황의 함유량이 많은 쾌삭강 등의 용접에 사용되고 있다.

> 저수소계 용접봉은 수소량이 매우 적으며, 수소로 인한 취성이 없어 용착금속의 취성이 작다.

정답　　06 ④　07 ③　08 ④　09 ②　10 ②　11 ②

12 ⭐빈출

다음 중 피복 아크 용접에 비교한 가스 메탈 아크 용접(GMAW)법의 특징으로 틀린 것은?

① 용접봉을 교체하는 작업이 불필요하기 때문에 능률적이다.
② 슬래그가 없으므로 슬래그 제거 시간이 절약된다.
③ 과도한 스패터로 인해 용접재료의 손실이 있어 용착효율이 약 60% 정도이다.
④ 전류밀도가 높기 때문에 용입이 크다.

> 가스 메탈 아크 용접(GMAW)은 연속적인 와이어 공급으로 작업효율이 높고 스패터가 과도하지 않으며 용착효율은 약 80% 이상이다.

13

안전·보건 표지의 색채, 색도기준 및 용도에서 문자 및 빨간색 또는 노란색에 대한 보조색으로 사용되는 색채는?

① 파란색
② 녹색
③ 흰색
④ 검은색

안전보건표지의 색채, 색도기준 및 용도

색채	색도기준	용도	사용례
빨간색	7.5R 4/14	금지	정지신호, 소화설비 및 그 장소, 유해행위의 금지
		경고	화학물질 취급장소에서의 유해·위험 경고
노란색	5Y 8.5/12	경고	화학물질 취급장소에서의 유해·위험 경고 이외의 위험 경고, 주의표지 또는 기계방호물
파란색	2.5PB 4/10	지시	특정 행위의 지시 및 사실의 고지
녹색	2.5G 4/10	안내	비상구 및 피난소, 사람 또는 차량의 통행표지
흰색	N9.5	–	파란색 또는 녹색에 대한 보조색
검은색	N0.5	–	문자 및 빨간색 또는 노란색에 대한 보조색

14

다음 중 전기설비화재에 적용이 불가능한 소화기는?

① 포말 소화기
② 이산화탄소 소화기
③ 무상강화액 소화기
④ 할로겐화합물 소화기

> 포말 소화기(거품): 소화 약제의 주성분이 물(수용액)이며, 전기가 매우 잘 통하기 때문에 감전될 위험이 매우 높아 전기화재에는 사용이 불가하다.

15

용접법을 크게 융접, 압접, 납땜으로 분류할 때 압접에 해당되는 것은?

① 전자 빔 용접
② 초음파 용접
③ 원자 수소 용접
④ 일렉트로 슬래그 용접

> **압접(Pressure Welding)**
> 용접봉이나 모재를 녹여서(용용) 붙이는 '융접'과는 달리, 금속을 녹이지 않고 고체 상태(고상)에서 접합하는 방식으로 대표적으로 저항 용접, 마찰 용접, 초음파 용접, 폭발 용접, 냉간 압접 등이 있다.

16

15℃, 1kgf/cm^{2}하에서 사용 전 용해 아세틸렌 병의 무게가 50kgf이고, 사용 후 무게가 47kgf일 때 사용한 아세틸렌의 양은 몇 L인가?

① 2,915
② 2,815
③ 3,815
④ 2,715

> $C = 905 \times (A-B)$
> $= 905 \times (50-47) = 2,715L$
> A: 병 전체 무게
> B: 빈병 무게

17

용접에서 예열에 관한 설명 중 틀린 것은?

① 용접작업에 의한 수축 변형을 감소시킨다.
② 용접부의 냉각속도를 느리게 하여 결함을 방지한다.
③ 고급 내열합금도 용접 균열을 방지하기 위하여 예열을 한다.
④ 알루미늄 합금, 구리 합금은 50~70℃의 예열이 필요하다.

알루미늄 합금은 예열이 불필요하며, 필요에 따라서 50 ~ 70℃ 예열을 하고 구리 합금의 경우 200 ~ 400℃ 정도의 예열이 필요하다.

18 ⭐

다음 중 용접에서 예열하는 목적과 가장 거리가 먼 것은?

① 수소의 방출을 용이하게 하여 저온균열을 방지한다.
② 열 영향부와 용착금속의 연성을 방지하고, 경화를 증가시킨다.
③ 용접부의 기계적 성질을 향상시키고, 경화조직의 석출을 방지시킨다.
④ 온도 분포가 완만하게 되어 열응력의 감소로 변형과 잔류응력의 발생을 적게 한다.

예열의 목적
용접 전 모재와 주변부를 일정온도로 가열하는 작업을 말하며, 급격한 냉각을 방지하고 용접 시 균열, 응력, 조직경화를 완화하기 위한 목적을 가진다.

19

다음 중 용접 결함의 보수 용접에 관한 사항으로 가장 적절하지 않은 것은?

① 재료의 표면에 얕은 결함은 덧붙임 용접으로 보수한다.
② 언더컷이나 오버랩 등은 그대로 보수 용접을 하거나 정으로 따내기 작업을 한다.
③ 결함이 제거된 모재 두께가 필요한 치수보다 얇게 되었을 때에는 덧붙임 용접으로 보수한다.
④ 덧붙임 용접으로 보수할 수 있는 한도를 초과할 때에는 결함 부분을 잘라내어 맞대기 용접으로 보수한다.

결함 위에 그대로 용접 시 결함이 그대로 갇히게 되어, 얕은 결함뿐만 아니라 모든 결함을 완벽히 제거 후 그 위에 덧붙임 용접을 진행해야 한다.

20

불활성 가스 텅스텐 아크 용접에서 고주파 전류를 사용할 때의 이점이 아닌 것은?

① 전극을 모재에 접촉시키지 않아도 아크 발생이 용이하다.
② 전극을 모재에 접촉시키지 않으므로 아크가 불안정하여 아크가 끊어지기 쉽다.
③ 전극을 모재에 접촉시키지 않으므로 전극의 수명이 길다.
④ 일정한 지름의 전극에 대하여 광범위한 전류의 사용이 가능하다.

불활성 가스 텅스텐 아크 용접에서 고주파 전류를 사용 시 아크 발생이 안정적으로 되며, 전극 오염 및 소모가 감소된다.

21

산소 - 아세틸렌 가스 용접의 장점이 아닌 것은?

① 용접기의 운반이 비교적 자유롭다.
② 아크 용접에 비해서 유해광선의 발생이 적다.
③ 열의 집중성이 높아서 용접이 효율적이다.
④ 가열할 때 열량 조절이 비교적 자유롭다.

산소 - 아세틸렌 용접은 아크 용접보다 전달되는 열량이 부족하여 기계적 성질 및 강도가 낮아 신뢰성이 낮다.

22

기계적 시험법 중 동적시험방법에 해당하는 것은?

① 굽힘시험
② 인장시험
③ 크리프 시험
④ 피로시험

반복 진동 등 시간에 따라 하중이 변하는 조건에서 성능을 평가하는 시험으로 대표적인 시험은 피로시험이 있다.

23 ⭐

불활성 가스 금속 아크 용접(MIG)에서 크레이터 처리에 의해 낮아진 전류가 서서히 줄어들면서 아크가 끊어지는 기능으로 용접부가 녹아내리는 것을 방지하는 제어 기능은?

① 스타트 시간
② 예비가스 유출시간
③ 번 백 시간
④ 크레이터 충전시간

번 백 시간
와이어 송급이 멈춘 후에도 전류를 순간적으로 유지시키며 흘러보내 와이어 끝을 깔끔하게 끊어내는(Burn Back) 역할이 진행되는 시간이다.

24

솔리드 와이어 CO_2 가스 아크 용접에서 CO_2 가스에 Ar 가스를 혼합 시 특징에 대한 설명으로 틀린 것은?

① 아크가 안정된다.
② 후판 용접에 주로 사용된다.
③ 스패터가 감소한다.
④ 생산성이 저하된다.

CO_2 가스에 Ar 가스를 혼합 시 아크 안정성 향상, 스패터 감소, 비드 형성 개선 등의 효과가 있으나 용입이 얇아져 후판 용접이 아닌 박판 용접에 적합하다.

25

불활성 가스 텅스텐 아크 용접(TIG)의 KS 규격이나 미국용접협회(AWS)에서 정하는 텅스텐 전극봉의 식별 색상이 황색이면 어떤 전극봉인가?

① 순텅스텐
② 지르코늄 텅스텐
③ 1% 토륨 텅스텐
④ 2% 토륨 텅스텐

텅스텐 전극봉의 색상

재질	색상	재질	색상
순텅스텐	녹색	1.5% 란탄	금색
1% 토륨	노랑	2% 란탄	하늘색
2% 토륨	빨강	지르코니아	갈색 / 백색
1% 란탄	흑색	세륨	회색

26

다음 중 용접 비용을 계산하는데 있어 비용 절감 요소로 틀린 것은?

① 대기시간 최대화
② 효과적인 재료 사용계획
③ 합리적이고 경제적인 설계
④ 가공 불량에 의한 용접의 손실 최소화

대기시간이 길어질수록 용접기가 사용되지 않아 비용 절감하고는 멀어지게 되므로 최소화해야 생산성을 높일 수 있다.

27 ⭐

다음 중 아크 발생 초기에 모재가 냉각되어 있어 용접입열이 부족한 관계로 아크가 불안정하기 때문에 아크 초기에만 용접전류를 특별히 크게 하는 장치를 무엇이라 하는가?

① 원격제어장치
② 핫스타트장치
③ 고주파발생장치
④ 전격방지장치

핫스타트(Hot Start)장치
아크 시작 순간에 일시적으로 전류를 크게 올려주어 불순물이 있는 상태에서도 아크 점화를 안정적으로 쉽게 해주는 역할을 한다.

28

200V용 아크 용접기의 1차 입력이 15kVA일 때 퓨즈의 용량은 얼마(A)가 적합한가?

① 65
② 75
③ 90
④ 100

- V = 200V
- P = 15kVA = 15,000VA

$$I = \dfrac{P}{V} = \dfrac{15,000}{200} = 75A$$

29

용접작업 시 안전에 관한 사항으로 틀린 것은?

① 높은 곳에서 용접작업 할 경우 추락, 낙하 등의 위험이 있으므로 항상 안전벨트와 안전모를 착용한다.
② 용접작업 중에 여러 가지 유해가스가 발생하기 때문에 통풍 또는 환기장치가 필요하다.
③ 가연성의 분진, 화약류 등 위험물이 있는 곳에서는 용접을 해서는 안 된다.
④ 가스 용접은 강한 빛이 나오지 않기 때문에 보안경을 착용하지 않아도 괜찮다.

가스 용접 시 강한 가시광과 적외선으로 각막 및 망막 등 눈에 손상을 가져올 수 있어 규정된 차광도의 보안경을 착용해야 한다.

30 빈출

가스 절단 작업을 할 때 양호한 절단면을 얻기 위하여 예열 후 절단을 실시하는데 예열불꽃이 강할 경우 미치는 영향 중 잘못 표현된 것은?

① 절단면이 거칠어진다.
② 절단면이 매우 양호하다.
③ 모서리가 용융되어 둥글게 된다.
④ 슬래그 중의 철 성분의 박리가 어려워진다.

가스 절단 시 예열불꽃이 강하면 과열이 진행되며, 산화층이 두꺼워지고 표면이 거칠어진다.

31 빈출

가스 용접에서 후진법에 대한 설명으로 틀린 것은?

① 전진법에 비해 용접변형이 작고 용접속도가 빠르다.
② 전진법에 비해 두꺼운 판의 용접에 적합하다.
③ 전진법에 비해 열 이용율이 좋다.
④ 전진법에 비해 산화의 정도가 심하고 용착금속 조직이 거칠다.

후진법은 토치가 용착금속(용융지) 쪽을 향하며 진행 방향과 반대로 비추면서 나아가 깊은 용입과 빠른 진행속도로 비드 조직이 비교적 치밀하고 양호하여 안정적인 용접성을 가진다.

32

아크 에어 가우징법으로 절단을 할 때 사용되어지는 장치가 아닌 것은?

① 가우징 봉
② 컴프레셔
③ 가우징 토치
④ 냉각장치

아크 에어 가우징 장치: 전원, 가우징 토치, 탄소 또는 흑연 전극봉, 압축공기, 호스 및 배선

33

금속재료의 미세조직을 금속현미경을 사용하여 광학적으로 관찰하고 분석하는 현미경시험의 진행순서로 맞는 것은?

① 시료 채취 → 연마 → 세척 및 건조 → 부식 → 현미경 관찰
② 시료 채취 → 연마 → 부식 → 세척 및 건조 → 현미경 관찰
③ 시료 채취 → 세척 및 건조 → 연마 → 부식 → 현미경 관찰
④ 시료 채취 → 세척 및 건조 → 부식 → 연마 → 현미경 관찰

금속현미경(광학) 조직 관찰의 표준 순서
1. 시료 채취
2. 연마
3. 세척 및 건조
4. 부식(에칭)
5. 현미경 관찰

정답   28 ② 29 ④ 30 ② 31 ④ 32 ④ 33 ①

34 ⭐ 빈출

용접전류에 의한 아크 주위에 발생하는 자장이 용접봉에 대해서 비대칭으로 나타나는 현상을 방지하기 위한 방법 중 옳은 것은?

① 직류 용접에서 극성을 바꿔 연결한다.
② 접지점을 될 수 있는 대로 용접부에서 가까이 한다.
③ 용접봉 끝을 아크가 쏠리는 방향으로 기울인다.
④ 피복제가 모재에 접촉할 정도로 짧은 아크를 사용한다.

아크 쏠림
아크 용접 시 자기장(Magnetic Field)의 불균형 때문에 아크가 일정 방향으로 치우치는 현상을 말하며, 자기 불림이라고도 한다.
아크 쏠림 방지대책
• 교류 용접기를 사용하거나 후퇴법으로 용접한다.
• 짧은 아크를 사용하고 접지점을 용접부에서 멀리한다.
• 접지선을 2개 연결하고 아크 발생 주변을 비자성체로 만든다.
• 접지 케이블이 감기지 않도록 하고, 접지부에 녹, 페인트 등 방해물이 없도록 청결을 유지한다.
• 아크 쏠림 반대 방향으로 기울인다.
• 용접부의 시작과 끝 부분에 엔드 탭을 활용한다.

35

환원 가스 발생 작용을 하는 피복 아크 용접봉의 피복제 성분은?

① 산화티탄
② 규산나트륨
③ 탄산칼륨
④ 당밀

당밀이나 카세인은 유기물로 열분해 시 환원성 가스(CO, H_2)를 다량 발생시켜 환원 가스 발생 작용을 담당한다.

36 ⭐ 빈출

저수소계 용접봉의 건조 온도에 대하여 올바르게 설명한 것은?

① 건조로 속의 온도가 100℃ 가열되었을 때부터의 2 ~ 4시간 정도 건조시킨다.
② 건조로 속의 온도가 200℃일 때 용접봉을 넣은 다음부터 30분 정도 건조시킨다.
③ 건조로 속에 들어있는 용접봉의 온도가 300~350℃에 도달한 시간부터 1 ~ 2시간 건조시킨다.
④ 건조로 속에 들어있는 용접봉의 온도가 100~200℃에 도달한 시간부터 2 ~ 3시간 건조시킨다.

저수소계 용접봉은 피복제 내의 수분(H_2O)을 제거하기 위해 300 ~ 350℃에서 1 ~ 2시간 건조해야 한다.

37

탄소강은 200 ~ 300℃에서 연신율과 단면수축률이 상온보다 저하되어 단단하고 깨지기 쉬우며, 강의 표면이 산화되는 현상은?

① 적열메짐
② 상온메짐
③ 청열메짐
④ 저온메짐

청열메짐
200~300℃에서 질소·탄소의 변형 시효가 진행됨에 따라 연성이 저하되고 취성이 증가하며, 산화막이 얇게 형성되어 푸른색(청색)의 착색이 나타나는 현상이다.

38

가스 용접 시 용접부의 시공 상태에 대한 설명으로 틀린 것은?

① 용접부에는 노치 부분이 있어야 양호한 용접성을 얻을 수 있다.
② 용접부에는 기름, 먼지, 녹 등을 완전히 제거하여야 한다.
③ 용접부에는 청결을 유지해야 한다.
④ 용접부의 개선 면이 일직선으로 정교해야 한다.

• 노치(Notch): 국부적인 홈 또는 결함부
• 노치 부분에 응력이 집중되면 균열이 발생하기 쉽고 용접 시 용융이 불균일해져 결합력이 약해진다.

39

피복 아크 용접 시 아크열에 의하여 용접봉과 모재가 녹아서 용착금속이 만들어지는데 이때 모재가 녹은 깊이를 무엇이라 하는가?

① 용융지
② 용입
③ 슬래그
④ 용적

용입
용접 시 모재가 용융된 최대 깊이로, 단면에서 비드 표면 기준의 루트 쪽으로 측정한 깊이를 말한다.

정답   34 ④   35 ④   36 ③   37 ③   38 ①   39 ②

40 빈출

다음 중 알루미늄(Al)에 관한 설명으로 틀린 것은?

① 전·연성이 우수하다.
② 산이나 알칼리에 약하다.
③ 실용금속 중 가장 가볍다.
④ 열과 전기의 전도성이 양호하다.

- 실용금속 중 가장 가벼운 금속은 마그네슘이다.
- 알루미늄은 비중이 약 2.7로 뛰어난 내식성과 가공성을 가지며, 구리에 이어 전기 및 열전도성이 높은 금속이나 공기 중에는 산화 피막이 형성된다.

41 빈출

탄소 전극봉 대신 절단 전용의 특수 피복을 입힌 전극봉을 사용하여 절단하는 방법은?

① 금속 아크 절단
② 탄소 아크 절단
③ 아크 에어 가우징
④ 플라즈마 제트 절단

금속 아크 절단은 피복이 있는 금속 전극봉(용접봉)을 사용하여 아크열로 모재를 절단하며 주로 철강류 절단에 사용한다.

42 빈출

알루미늄과 그 합금에 대한 설명 중 틀린 것은?

① 비중 2.7, 용융점 약 660℃이다.
② 염산이나 황산 등의 무기산에도 잘 부식되지 않는다.
③ 알루미늄 주물은 무게가 가벼워 자동차 산업에 많이 사용된다.
④ 대기 중에서 내식성이 강하고 전기와 열의 좋은 전도체이다.

알루미늄은 대기 중에서 치밀한 산화막(Al_2O_3)이 생겨 내식성이 좋으나 무기산과 같은 강산, 강알칼리성에는 쉽게 용해되어 위험하다.

43 빈출

다음 중 용융금속의 이행형태가 아닌 것은?

① 단락형
② 스프레이형
③ 연속형
④ 글로블러형

금속의 이행형식
용접 시 용접봉(또는 와이어)의 끝이 용융되며, 녹은 금속 방울이 아크를 통해 모재로 넘어가는 현상
- 단락형: 전극과 용융지가 주기적으로 접촉 후 단락되며 방울이 모재로 이행된다.
- 글로블러형(핀치효과형): 비교적 큰 용적이 중력에 의해 모재로 이행되며 단락이 발생되지 않는다.
- 스프레이형: 미세한 금속 입자가 고속으로 스프레이처럼 분사되어 모재로 이행된다.

44

용접 결함과 그 원인을 조합한 것으로 틀린 것은?

① 선상조직 - 용착금속의 냉각속도가 빠를 때
② 오버랩 - 전류가 너무 낮을 때
③ 용입 불량 - 전류가 너무 높을 때
④ 슬래그 섞임 - 전층의 슬래그 제거가 불완전할 때

용입 불량: 전류가 너무 낮거나, 용접속도가 빠를 때 발생한다.

45

A는 병 전체 무게(빈병 + 아세틸렌 가스)이고, B는 빈병의 무게이며, 또한 15℃, 1기압에서의 아세틸렌 가스 용적을 905리터라고 할 때, 용해 아세틸렌 가스의 양 C(리터)를 계산하는 식은?

① $C = 905 \times (B - A)$
② $C = 905 + (B - A)$
③ $C = 905 \times (A - B)$
④ $C = 905 + (A - B)$

용해 아세틸렌 가스: 아세틸렌(C_2H_2)은 폭발위험이 크기 때문에 아세톤(Acetone) 속에 녹여서 용해 상태로 고압 용기에 충전하여 사용한다. 이때 가스통의 충전량은 용기 무게 변화로 계산한다.
$C = 905 \times (A - B)$
A: 병 전체 무게
B: 빈병 무게

정답   40 ③   41 ①   42 ②   43 ③   44 ③   45 ③

46 

재료에 어떤 일정한 하중을 가하고 어떤 온도에서 긴 시간 동안 유지하면 시간이 경과함에 따라 스트레인이 증가하는 것을 측정하는 시험방법은?

① 피로시험
② 충격시험
③ 비틀림 시험
④ 크리프 시험

크리프 시험

재료에 일정한 하중을 장시간 가했을 때 시간에 따른 변형 또는 파단을 보는 기계적 시험이다.

47

가스 용접에서 양호한 용접부를 얻기 위한 조건으로 틀린 것은?

① 모재 표면에 기름, 녹 등을 용접 전에 제거하여 결함을 방지하여야 한다.
② 용착금속의 용입 상태가 불균일해야 한다.
③ 과열의 흔적이 없어야 하며, 용접부에 첨가된 금속의 성질이 양호해야 한다.
④ 슬래그, 기공 등의 결함이 없어야 한다.

용접부는 균일한 용입과 일정한 비드 형상을 가져야 한다.

48

주강의 성능별 분류 중 내식용 강은 어떤 원소를 첨가한 것인가?

① Cr, Ni
② Mn, V
③ P, S
④ W, Ti

주강(Cast Steel)

강을 용융시켜 주형에 부어서 만든 제품으로 기계가공성, 인성, 내마모성 등을 높이는 목적으로 특정 합금 원소를 첨가하여 제조하는 강을 말한다.
• Cr(크롬): 내식성, 내산화성, 경도 증가
• Ni(니켈): 인성, 내식성 증가
• Mn(망간): 내마모성, 인성 증가
• V(바나듐): 내열・내마모성 증가

49

Al – Si계 합금의 조대한 공정조직을 미세화하기 위하여 나트륨(Na), 수산화나트륨(NaOH), 알칼리염류 등을 합금 용탕에 첨가하여 10~15분간 유지하는 처리는?

① 시효 처리
② 폴링 처리
③ 개량 처리
④ 응력제거 풀림 처리

개량 처리

Al – Si계 합금에 공정조직을 미세화로 바꾸기 위해 Na, NaOH, 알칼리염류 등을 용탕 합금하여 10 ~ 15분 유지하는 공정을 말한다.

50

다음 중 주강의 특성에 관한 설명으로 틀린 것은?

① 유동성이 나쁘다.
② 주조 시의 수축이 적다.
③ 고온 인장강도가 낮다.
④ 표피 및 그 인접 부위의 품질이 양호하다.

주강(Cast Steel)

강을 용융시켜 주형에 부어서 만든 제품으로 기계가공성, 인성, 내마모성 등을 높이는 목적으로 특정 합금 원소를 첨가하여 제조하는 강을 말한다. 응고시 체적 수축이 크므로 수축공이 발생될 위험이 있어 결함 방지 조치를 해야 한다.

51

다음 중 지시선 및 인출선을 잘못 나타낸 것은?

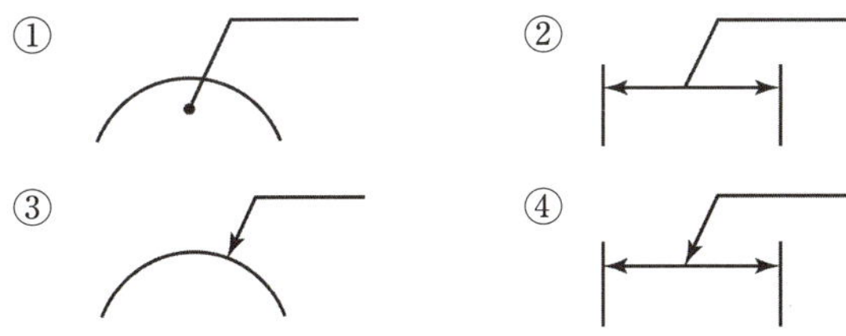

지시선이 치수선이나 치수보조선에 닿을 때는 끝 부분에 아무런 표시(화살표나 점)를 하지 않아야 한다.

52

배관의 간략 도시방법 중 환기계 및 배수계의 끝 장치 도시방법의 평면도에서 그림과 같이 도시된 것의 명칭은?

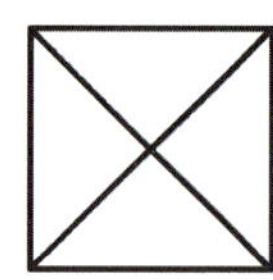

① 배수구
② 환기관
③ 벽붙이 환기 삿갓
④ 고정식 환기 삿갓

배관 도면, 특히 환기 및 배수 시스템의 평면도에서 그림과 같이 X 자가 그려진 사각형 기호는 '고정식 환기 삿갓'이라 한다.

53

그림의 입체도를 제3각법으로 올바르게 투상한 투상도는?

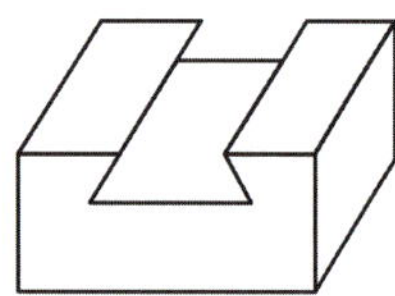

① ② ③ ④

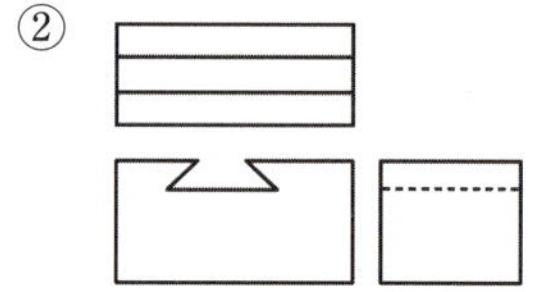
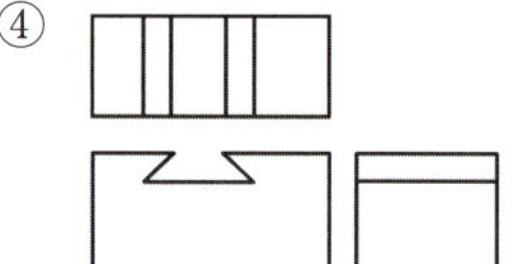

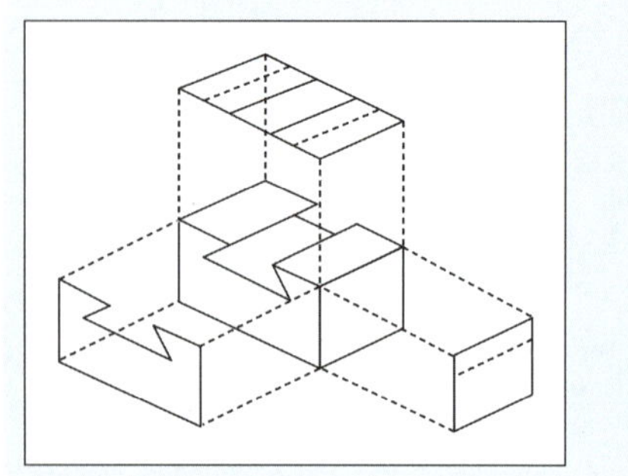

54

다음 입체도의 화살표 방향 투상 도면으로 가장 적합한 것은?

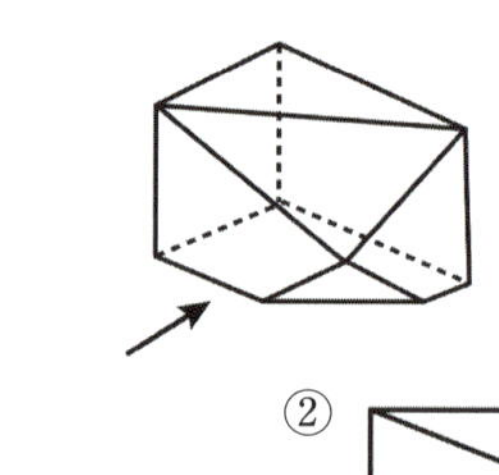

① 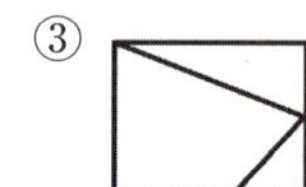 ② 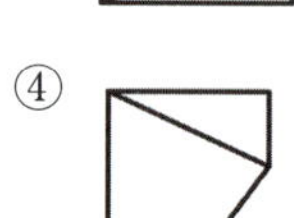
③ ④

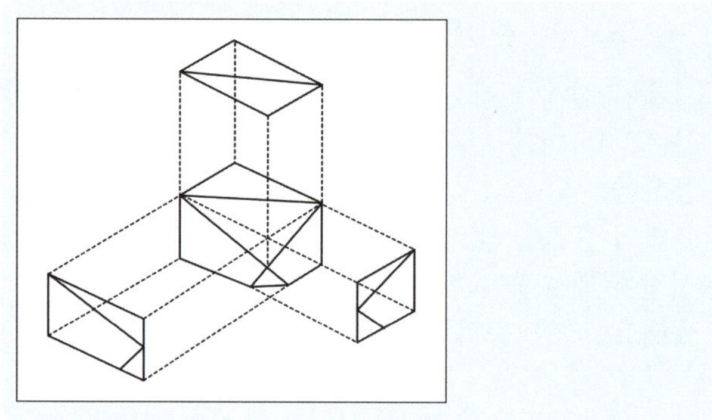

55

도면에서 반드시 표제란에 기입해야 하는 항목으로 틀린 것은?

① 재질
② 척도
③ 투상법
④ 도명

- 재질(Material)은 도면의 표제란 필수항목이 아니라 선택항목이다.
- 표제란(Title Block): 도면의 하단 또는 우측 하단에 위치하며, 도면의 식별 정보를 명확히 표시하는 공간을 말한다.
- 필수 표제: 도명, 도면 번호, 척도, 투상법, 작성일자, 작성자(검토자) 등

52 ④ 53 ③ 54 ③ 55 ①

56

기계제도에서 도면 작성 시 반드시 기입해야 할 것은?

① 비교눈금　　　　② 윤곽선
③ 구분기호　　　　④ 재단마크

도면 양식
기계제도에서 도면 양식의 기본 구성으로 윤곽선, 표제란, 도면번호, 중심마크 등이 표시되어야 한다.

57 빈출

그림과 같은 KS 용접 보조기호의 설명으로 옳은 것은?

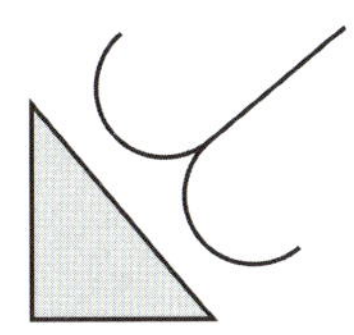

① 필릿 용접부 토우를 매끄럽게 함
② 필릿 용접 끝단부를 볼록하게 다듬질
③ 필릿 용접 끝단부에 영구적인 덮개판을 사용
④ 필릿 용접 중앙부에 제거 가능한 덮개판을 사용

세모는 필릿 용접을 뜻하며, 용접 기호는 토우 부분을 매끄럽게 하라는 기호이다.

58 빈출

배관 제도 밸브 도시기호에서 일반 밸브가 닫힌 상태를 도시한 것은?

① 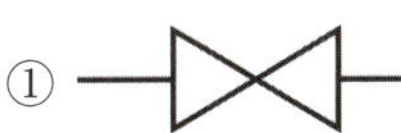　　　② 

③ 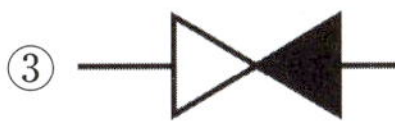　　　④ 

밸브 기호 내부가 비어 있으면 열림(Open), 검게 칠해져 있으면 닫힘(Closed)을 의미한다.

59 빈출

KS 기계재료 표시기호 "SS400"의 400은 무엇을 나타내는가?

① 경도　　　　② 연신율
③ 탄소 함유량　　　　④ 최저 인장강도

일반 구조용 압연강재(SS400)의 표시에서 400은 최저 인장강도 $400N/mm^2$(= MPa)를 의미한다.

60 빈출

KS에서 기계제도에 관한 일반사항 설명으로 틀린 것은?

① 치수는 참고 치수, 이론적으로 정확한 치수를 기입할 수도 있다.
② 도형의 크기와 대상물의 크기의 사이에는 올바른 비례 관계를 보유하도록 그린다. 다만 잘못 볼 염려가 없다고 생각되는 도면은 도면의 일부 또는 전부에 대하여 이 비례 관계는 지키지 않아도 좋다.
③ 기능상의 요구, 호환성, 제작 기술 수준 등을 기본으로 불가결의 경우만 기하공차를 지시한다.
④ 길이 치수는 특별히 지시가 없는 한 그 대상물의 측정을 3점 측정에 따라 행한 것으로 하여 지시한다.

KS에서 2점 측정 기준을 원칙으로 하며, 물체의 실제 길이를 양 끝점간 거리로 측정하여 표시한다.

01 ★빈출

아세틸렌 가스가 산소와 반응하여 완전 연소할 때 생성되는 물질은?

① CO, H_2O
② $2CO_2$, H_2O
③ CO, H_2
④ CO_2, H_2

$$2C_2H_2 + 5O_2 \rightarrow 4CO_2 + 2H_2O$$

02 ★빈출

피복 아크 용접봉에서 피복제의 주된 역할이 아닌 것은?

① 용융금속의 용적을 미세화하여 용착효율을 높인다.
② 용착금속의 응고와 냉각속도를 빠르게 한다.
③ 스패터의 발생을 적게 하고 전기 절연작용을 한다.
④ 용착금속에 적당한 합금원소를 첨가한다.

피복제의 역할
- 슬래그 형성 및 용착금속의 보호: 슬래그층의 형성으로 냉각속도를 완화하여 표면을 보호한다.
- 아크 안정 작용: 아크를 안정시켜 용접작업을 용이하게 한다.
- 합금원소 공급: 용착금속의 기계적 성질을 개선한다.
- 스패터 감소 및 절연 작용: 피복층의 전기 절연기능과 함께 전류를 조정하여 스패터를 감소시킨다.

03 ★빈출

용접설계에 있어서 일반적인 주의사항 중 틀린 것은?

① 용접에 적합한 구조설계를 할 것
② 용접길이는 될 수 있는 대로 길게 할 것
③ 결함이 생기기 쉬운 용접방법은 피할 것
④ 구조상의 노치부를 피할 것

과다 용접은 용접량·입열·변형·잔류응력·원가를 불필요하게 키우므로 요구 및 강도, 설계하중 등을 만족하는 최소 길이로 계획해야 한다.

04 ★빈출

다음 용접법 중 비소모식 아크 용접법은?

① 논 가스 아크 용접
② 피복 금속 아크 용접
③ 서브머지드 아크 용접
④ 불활성 가스 텅스텐 아크 용접

비소모식 아크 용접법이란 전극이 용융되지 않고 아크만 발생시켜 용접하는 방식으로 전극봉 자체가 용착금속이 되지 않는 용접법을 말하며, TIG 용접이 해당된다.

05 ★빈출

다음 중 TIG 용접기의 주요 장치 및 기구가 아닌 것은?

① 보호가스 공급장치
② 와이어 공급장치
③ 냉각수 순환장치
④ 제어장치

TIG(GTAW)는 비소모성 텅스텐 전극을 사용하며 용가재를 필요에 따라 수동으로 투입한다.

06 ★빈출

수소 함유량이 타 용접봉에 비해서 1/10 정도 현저하게 적고 특히 균열의 감소성이나 탄소, 황의 함유량이 많은 강의 용접에 적합한 용접봉은?

① E4301
② E4313
③ E4316
④ E4324

저수소계 용접봉(E4316)
- 주성분: 석회석($CaCO_3$), 형석(CaF_2), 소량의 Fe 분말
- 수소 함량: 일반 용접봉의 약 1/10 수준
- 건조 조건: 300 ~ 350℃의 고온에서 1 ~ 2시간 건조

 정답

01 ② 02 ② 03 ② 04 ④ 05 ② 06 ③

07 빈출

직류아크 용접의 정극성과 역극성의 특징에 대한 설명으로 옳은 것은?

① 정극성은 용접봉의 용융이 느리고 모재의 용입이 깊다.
② 역극성은 용접봉의 용융이 빠르고 모재의 용입이 깊다.
③ 모재에 음극(-), 용접봉에 양극(+)을 연결하는 것을 정극성이라 한다.
④ 역극성은 일반적으로 비드 폭이 좁고 두꺼운 모재의 용접에 적당하다.

> **정극성 DCSP(Direct Current Straight Polarity)**
> • 용접봉(-), 모재(+)
> • 용입 깊고, 비드 폭이 좁다.
>
> **역극성 DCRP(Direct Current Reverse Polarity)**
> • 용접봉(+), 모재(-)
> • 용입 얕고, 비드 폭이 넓다.
> • 박판, 주철, 고탄소강, 합금강 등에 사용된다.

08

용접 중에 아크가 전류의 자기작용에 의해서 한쪽으로 쏠리는 현상을 아크 쏠림(Arc Blow)이라 한다. 다음 중 아크 쏠림의 방지법이 아닌 것은?

① 직류 용접기를 사용한다.
② 아크의 길이를 짧게 한다.
③ 보조판(엔드 탭)을 사용한다.
④ 후퇴법을 사용한다.

> 교류 용접기를 사용하거나 후퇴법으로 용접한다.

09

Fe-C 상태도에서 아공석강의 탄소 함량으로 옳은 것은?

① 0.025 ~ 0.80% C
② 0.80 ~ 2.0% C
③ 2.0 ~ 4.3% C
④ 4.3 ~ 6.67% C

> 아공석강: 0.02 ~ 0.80% C

10 빈출

용접 홈의 형식 중 두꺼운 판의 양면 용접을 할 수 없는 경우에 가공하는 방법으로 한쪽 용접에 의해 충분한 용입을 얻으려고 할 때 사용되는 홈은?

① I형 홈
② V형 홈
③ U형 홈
④ H형 홈

> U형 홈은 루트 반지름을 크게 하여 루트부의 응력 집중을 줄이고 아크 접근성을 높여 루트 용입을 확실히 확보한다.

11

AW - 220, 무부하 전압 80V, 아크전압이 30V인 용접기의 효율은? (단, 내부손실은 2.5kW이다.)

① 71.5%
② 72.5%
③ 73.5%
④ 74.5%

> $$효율(\%) = \frac{아크출력}{아크출력 + 내부손실} \times 100$$
> $$= \frac{30 \times 220}{30 \times 220 + 2,500} \times 100 = 72.5\%$$

12

납땜 시 강한 접합을 위한 틈새는 어느 정도가 가장 적당한가?

① 0.02 ~ 0.10mm
② 0.20 ~ 0.30mm
③ 0.30 ~ 0.40mm
④ 0.40 ~ 0.50mm

> 모세관 작용이 확보되고 균형을 이루는 틈새는 0.02 ~ 0.10mm가 적합하다.

13 ⭐빈출

가변압식 가스 용접토치에서 팁의 능력에 대한 설명으로 옳은 것은?

① 매 시간당 소비되는 아세틸렌 가스의 양
② 매 시간당 소비되는 산소의 양
③ 매 분당 소비되는 아세틸렌 가스의 양
④ 매 분당 소비되는 산소의 양

> 가변압식 가스 용접토치에서 팁의 능력은 시간당 아세틸렌 소모량(L/h 또는 m^3/h)으로 규정한다.

14 ⭐빈출

정격 2차 전류 200A, 정격사용률 40%, 아크 용접기로 150A의 용접전류 사용 시 허용사용률은 약 얼마인가?

① 51% 　　② 61%
③ 71% 　　④ 81%

> $$허용사용률(\%) = \frac{(정격\ 2차\ 전류)^2}{(실제\ 용접전류)^2} \times 정격사용률$$
>
> $$= \frac{200^2 \times 40}{150^2} = 71.11\%$$

15

다음 중 용접용 보안면의 일반 구조에 관한 설명으로 틀린 것은?

① 복사열에 노출될 수 있는 금속 부분은 단열 처리해야 한다.
② 착용자와 접촉하는 보안면의 모든 부분에는 피부 자극을 유발하지 않는 재질을 사용해야 한다.
③ 용접용 보안면의 내부 표면은 유광 처리하고 보안면 내부로는 일정량 이상의 빛이 들어오도록 해야 한다.
④ 보안면에는 돌출 부분, 날카로운 모서리 혹은 사용 도중 불편하거나 상해를 줄 수 있는 결함이 없어야 한다.

> 용접용 보안면은 유광이 아닌 무광 처리가 되어 있어야 하며, 빛을 막아 눈 또는 피부를 보호해야 한다.

16 ⭐빈출

산소 아크 절단을 설명한 것 중 틀린 것은?

① 가스 절단에 비해 절단면이 거칠다.
② 직류 정극성이나 교류를 사용한다.
③ 중실(속이 찬) 원형봉의 단면을 가진 강(Steel)전극을 사용한다.
④ 절단 속도가 빨라 철강 구조물 해체, 수중 해체 작업에 이용된다.

> **산소 아크 절단(Oxygen Arc Cutting, OAC)**
> 아크열로 금속을 가열·용융시키고 동시에 산소(O_2)를 불어넣어 산화반응으로 절단하는 방법으로, 피복 아크 용접봉 중간에 속이 비어있는 이유는 해당 구멍을 통해 산소를 공급하기 위해서이다. 철강 구조물 해체나 수중 해체 작업에 이용된다.

17 ⭐빈출

서브머지드 아크 용접에서 용융형 용제의 특징에 대한 설명으로 옳은 것은?

① 용제의 화학적 균일성이 양호하다.
② 용접전류에 따라 입도의 크기는 같은 용제를 사용해야 한다.
③ 비드 외관이 거칠다.
④ 흡습성이 크다.

> 용융형 용제: 일반 탄소강, 구조물 등에 사용하며 화학적 균일성이 양호하고 수분흡수가 적어 재활용이 가능하다.

18

토륨 텅스텐 전극봉에 대한 설명으로 맞는 것은?

① 전자 방사능력이 떨어진다.
② 아크 발생이 어렵고 불순물 부착이 많다.
③ 직류 정극성에는 좋으나 교류에는 좋지 않다.
④ 전극의 소모가 많다.

> 토륨 텅스텐 전극은 직류에서 집중된 아크와 깊은 용입을 얻기 좋아 탄소강, 스테인리스강에 적합하며, AC 교류에서는 순텅스텐 또는 지르코니아계 등이 선호된다.

정답　　13 ① 　14 ③ 　15 ③ 　16 ③ 　17 ① 　18 ③

19 ⭐빈출

용착법에 대해 잘못 표현된 것은?

① 전진법: 홈을 한 부분씩 여러 층으로 쌓아올린 다음 다른 부분으로 진행하는 방법이다.
② 후진법: 용접진행 방향과 용착 방향이 서로 반대가 되는 방법이다.
③ 대칭법: 이음의 수축에 따른 변형이 서로 대칭이 되게 할 경우에 사용된다.
④ 스킵법: 이음 전 길이에 대해서 뛰어 넘어서 용접하는 방법이다.

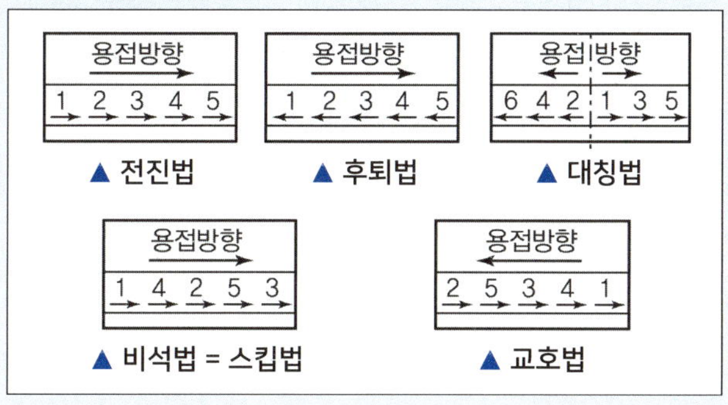

20 ⭐빈출

불활성 가스 금속 아크 용접의 용적 이행 방식 중 용융 이행 상태는 아크기류 중에서 용가재가 고속으로 용융, 미입자의 용적으로 분사되어 모재에 용착되는 용적 이행은?

① 용락 이행
② 단락 이행
③ 스프레이 이행
④ 글로뷸러 이행

스프레이형: 미세한 금속 입자가 고속으로 스프레이처럼 분사되어 모재로 이행된다.

21 ⭐빈출

MIG 용접에서 와이어 송급방식이 아닌 것은?

① 푸시 방식
② 풀 방식
③ 푸시 풀 방식
④ 포터블 방식

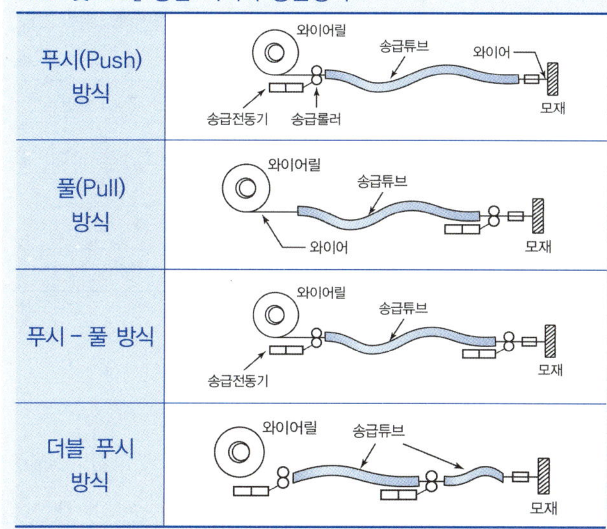

22 ⭐빈출

가스 용접 시 팁 끝이 순간적으로 막혀 가스 분출이 나빠지고 혼합실까지 불꽃이 들어가는 현상을 무엇이라 하는가?

① 인화
② 역류
③ 점화
④ 역화

인화
가연성 물질에서 나온 증기·가스가 공기와 혼합되어 점화원에 접촉했을 때 순간적으로 연소속도가 가스 분출 속도보다 빨라져 불꽃이 분출구 안으로 들어가는 현상

23

다음 중 고압가스 용기의 색상이 틀린 것은?

① 산소 – 청색
② 수소 – 주황색
③ 아르곤 – 회색
④ 아세틸렌 – 황색

> 가스 용기는 가스 종류별로 색상을 다르게 표시하여 안전사고를 예방하도록 산업안전보건기준과 고압가스 안전관리법에 따라 정해져 있다.

가스의 종류	도색	가스의 종류	도색
산소	녹색	이산화탄소	청색
수소	주황색	아세틸렌	황색
염소	갈색	암모니아	백색
질소	회색	LPG	밝은 회색

24 빈출

용접시공 시 발생하는 용접변형이나 잔류응력의 발생을 줄이기 위해 용접시공 순서를 정한다. 다음 중 용접시공 순서에 대한 사항으로 틀린 것은?

① 제품의 중심에 대하여 대칭으로 용접을 진행시킨다.
② 같은 평면 안에 많은 이음이 있을 때에는 수축은 가능한 자유단으로 보낸다.
③ 수축이 적은 이음을 가능한 먼저 용접하고 수축이 큰 이음을 나중에 용접한다.
④ 리벳작업과 용접을 같이 할 때는 용접을 먼저 실시하여 용접열에 의해서 리벳의 구멍이 늘어남을 방지한다.

> 큰 수축이 먼저 발생하면 구조물의 변형 방향이 고정되어 이후 작은 수축이 이를 상쇄하기 때문에 수축이 큰 이음을 먼저, 수축이 작은 이음을 나중에 용접한다.

25 빈출

용접의 변 끝을 따라 모재가 파여지고 용착금속이 채워지지 않고 홈으로 남아있는 부분을 무엇이라고 하는가?

① 언더컷
② 피트
③ 슬래그
④ 오버랩

- 언더컷: 용접 비드의 가장자리에 모재가 과도하게 녹아 파여지는 형상으로 용융금속이 충분히 채워지지 않아 홈이 생기는 결함을 말한다.
- 피트: 표면의 작은 구멍으로 가스 또는 기공 자국이 발생한다.
- 슬래그: 용착금속이 형성되는 과정에서 생기는 부산물로 주로 금속 산화물이나 이산화규소 등으로 구성된다.
- 오버랩: 용착금속이 모재와 융합되지 않은 채 모재 위로 단순히 덮이거나 둥근 턱처럼 튀어나온 상태이다.

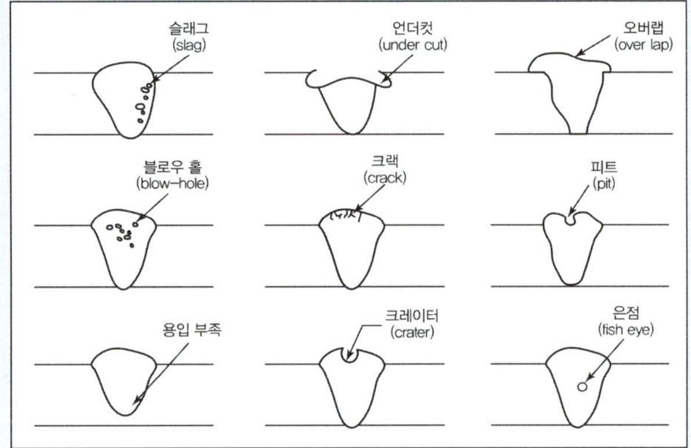

정답 23 ① 24 ③ 25 ①

26 빈출

다음 중 산소 – 아세틸렌 용접법에서 전진법과 비교한 후진법의 설명으로 틀린 것은?

① 용접속도가 느리다.
② 열 이용률이 좋다.
③ 용접변형이 작다.
④ 홈 각도가 작다.

구분	전진법 (Forward Welding)	후진법 (Backward Welding)
용접봉 위치	불꽃 앞쪽	불꽃 뒤쪽
불꽃의 진행 방향	불꽃이 진행 방향과 같은 방향	불꽃이 진행 방향의 반대 방향
화염의 작용	불꽃이 미리 모재를 예열하지 못해 용접부 보호가 작아져 산화가 발생하기 쉬움	불꽃이 이미 용착된 금속 위를 지나 예열 효과가 커져 산화 발생이 감소함
열 이용률	낮음	높음
용접속도	느림	빠름
용입깊이	얕음	깊음
용착금속 조직	거침	미세함
용접변형	큼	작음
홈 각도	큼(80°)	작음(60°)
적용 두께	얇은 판(약 3mm 이하)	두꺼운 판(3mm 이상)

27

이산화탄소 가스 아크 용접에서 CO_2 가스가 인체에 미치는 영향 중 위험한 상태가 되는 CO_2(체적 %량)량은?

① 0.1 이상
② 3 이상
③ 8 이상
④ 15 이상

> CO_2는 비독성이지만, 공기 중 농도가 높아지면 산소결핍을 유발하여 질식 위험을 초래한다. 체적비 15% 이상이면 의식 상실 및 사망 위험이 있는 위험한 상태가 된다.

28

주철의 보수 용접방법에 해당되지 않는 것은?

① 스터드링
② 비녀장법
③ 버터링법
④ 백킹법

> 백킹법(Backing)은 맞대기 용접 시 루트 하부에 백킹바 또는 세라믹 백킹재를 대어 이면 비드의 형상 확보를 돕는 용접기법이다.

29 빈출

용접의 결함과 원인을 각각 짝지은 것 중 틀린 것은?

① 언더컷: 용접전류가 너무 높을 때
② 오버랩: 용접전류가 너무 낮을 때
③ 용입 불량: 이음설계가 불량할 때
④ 기공: 저수소계 용접봉을 사용했을 때

> 저수소계 용접봉은 기공을 방지하는 목적으로 사용된다.
>
> 저수소계(E4316)
> 피복제 속에 함유된 성분 중 수소의 근원이 되는 성분을 없애고 탄산석회 또는 플루오르칼슘을 주성분으로 하여 석회계 용접봉이라고도 한다.

30 빈출

용접의 특징에 대한 설명으로 옳은 것은?

① 복잡한 구조물 제작이 어렵다.
② 기밀, 수밀, 유밀성이 나쁘다.
③ 변형의 우려가 없어 시공이 용이하다.
④ 용접사의 기량에 따라 용접부의 품질이 좌우된다.

> 용접은 작업자의 숙련도가 품질에 큰 영향을 미치며, 자동화 로봇화가 아닌 수동 또는 반자동 공정에서 특히 많이 발생한다.

31

안전모의 일반 구조에 대한 설명으로 틀린 것은?

① 안전모는 모체, 착장체 및 턱끈을 가질 것
② 착장체의 구조는 착용자의 머리 부위에 균등한 힘이 분배되도록 할 것
③ 안전모의 내부 수직 거리는 25mm 이상 50mm 미만일 것
④ 착장체의 머리 고정대는 착용자의 머리 부위에 고정하도록 조절할 수 없을 것

착장체는 작업자의 머리 크기에 맞게 조절할 수 있어야 한다.
착장체
머리와 모체를 일정 거리로 띄워 충격을 완화하고 착용감을 유지하는 역할을 한다.

32

사고의 원인 중 인적 사고 원인에서 선천적 원인은?

① 신체의 결함
② 무지
③ 과실
④ 미숙련

인적 사고 원인은 선천적(타고난) 요인과 후천적(행동 · 능력) 요인으로 신체의 결함은 선천적 요인이다.

33 빈출

다음 중 급열, 급냉에 의한 열응력이나 변형, 균열을 방지하기 위해 용접 전에 실시하는 작업은?

① 예열
② 청소
③ 가공
④ 후열

예열의 목적
용접 전 모재와 주변부를 일정온도로 가열하는 작업을 말하며 급격한 냉각을 방지하고 용접 시 균열, 응력, 조직경화를 완화하기 위한 목적을 가진다.

34 빈출

직류아크 용접기와 비교하여 교류아크 용접기에 대한 설명으로 가장 올바른 것은?

① 무부하 전압이 높고 감전의 위험이 많다.
② 구조가 복잡하고 극성변화가 가능하다.
③ 자기 쏠림 방지가 불가능하다.
④ 아크 안정성이 우수하다.

교류아크 용접기는 직류기에 비해 무부하 전압이 더 높아(일반적으로 70~80V 수준) 감전 위험이 상대적으로 크다.

35 빈출

다음 중 토치를 이용하여 용접부의 뒷면을 따내거나 강재의 표면 결함을 제거하며 U형, H형의 용접 홈을 가공하기 위하여 깊은 홈을 파내는 가공법은?

① 산소창 절단
② 가스 가우징
③ 분말 절단
④ 스카핑

가스 가우징(Oxy-Fuel Gouging)
용접부 뒷면 가우징(따내기), 표면 결함 제거, U 또는 H형 용접 홈 가공을 위해 사용되는 방법으로 전용 가우징 팁으로 산소를 집중 분사해 가공하며 스테인리스강 및 비철금속(알루미늄, 구리 등)은 절단이 불가능하다.

36

물과 얼음, 수증기가 평형을 이루는 3중점 상태에서의 자유도는?

① 0
② 1
③ 2
④ 3

F(자유도) = C − P + 2, 물의 삼중점은 성분 수 C = 1, 상수 P = 3 (고체 · 액체 · 기체)이므로 F = 1 − 3 + 2 = 0이다.

37 _{비출}

불활성 가스 금속 아크(MIG) 용접의 특징 설명으로 옳은 것은?

① 바람의 영향을 받지 않아 방풍대책이 필요 없다.
② TIG 용접에 비해 전류밀도가 높아 용융속도가 빠르고 후판 용접에 적합하다.
③ 각종 금속 용접이 불가능하다.
④ TIG 용접에 비해 전류밀도가 낮아 용접속도가 느리다.

MIG 용접(Metal Inert Gas Welding)은 소모성 전극 와이어를 연속 송급하여 아크를 발생시키는 용접법으로 전류밀도가 높고 용융속도가 빠르며, 두꺼운 판(후판) 용접에도 적합하다.

38

AI의 비중과 용융점(℃)은 약 얼마인가?

① 2.7, 660℃
② 4.5, 390℃
③ 8.9, 220℃
④ 10.5, 450℃

- 알루미늄은 가볍고 전연성이 우수하며 구리보다 낮은 전기전도성을 가진다. 순도가 높을수록 약해지고 연해져 기계적 성질이 낮은 금속 중 하나이다.
- 알루미늄 비중 2.7, 용융점 660℃

39 _{비출}

다음 중 용접입열이 일정할 때 냉각속도가 가장 느린 재료는?

① 연강
② 스테인리스강
③ 알루미늄
④ 구리

스테인리스강은 열 확산도가 낮아 열이 잘 퍼지지 않으므로 냉각속도가 느리다.

40

전해 인성 구리는 약 400℃ 이상의 온도에서 사용하지 않는 이유로 옳은 것은?

① 풀림취성을 발생시키기 때문이다.
② 수소취성을 발생시키기 때문이다.
③ 고온취성을 발생시키기 때문이다.
④ 상온취성을 발생시키기 때문이다.

전해 인성 구리는 고온(약400℃ 이상)에서 수소와 반응하여 수소취성(Hydrogen Embrittlement)을 일으킨다.

41

강재의 절단 부분을 나타낸 그림이다. ①, ②, ③, ④의 명칭이 틀린 것은?

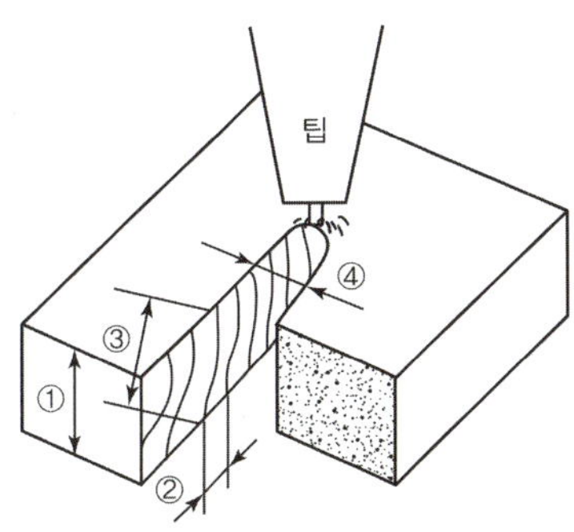

① 판 두께
② 드래그(Drag)
③ 드래그 라인(Drag Line)
④ 피치(Pitch)

④는 절단 폭을 나타낸다.

가스 절단의 원리

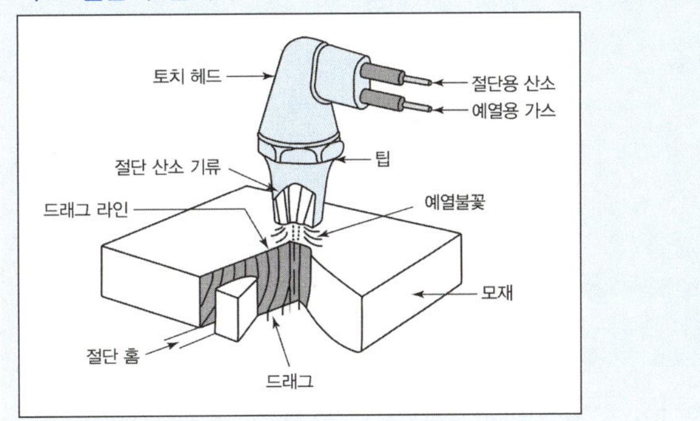

42

해드필드강(Hadfield Steel)에 대한 설명으로 옳은 것은?

① Ferrite계 고Ni강이다.
② Pearlite계 고Co강이다.
③ Cementite계 고Cr강이다.
④ Austenite계 Mn강이다.

해드필드강은 대표적인 오스테나이트계 망간강으로 고망간강에 속하며, 높은 내충격성과 내마모성을 가지고 있다.

43 ⭐빈출

구리의 물리적 성질에서 용융점은 약 몇 ℃ 정도인가?

① 660℃
② 1,083℃
③ 1,528℃
④ 3,410℃

• 알루미늄의 용융점: 660℃
• 구리의 용융점: 1,083℃
• 철의 용융점: 1,538℃
• 텅스텐의 용융점: 3,410℃

44

금속재료의 표면에 강이나 주철의 작은 입자(∅0.5mm~1.0mm)를 고속으로 분사시켜, 표면의 경도를 높이는 방법은?

① 침탄법
② 질화법
③ 폴리싱
④ 쇼트피닝

쇼트피닝
강·주철 입자(∅0.5~1.0mm) 등의 구형 쇼트를 고속으로 충돌시켜 표면을 소성 변형시키고, 경도·피로강도·내마모성을 향상시키는 기계적 피닝 처리방법이다.

45

다음 중 가스 용접에 사용되는 아세틸렌용 용기와 고무 호스의 색깔이 올바르게 연결된 것은?

① 용기: 녹색, 호스: 흑색
② 용기: 회색, 호스: 적색
③ 용기: 황색, 호스: 적색
④ 용기: 백색, 호스: 청색

아세틸렌 용기의 색깔은 황색이며, 아세틸렌 호스는 적색(빨강)으로 구분한다.

46

구상흑연주철에서 그 바탕조직이 펄라이트이면서 구상흑연의 주위를 유리된 페라이트가 감싸고 있는 조직의 명칭은?

① 오스테나이트(Austenite) 조직
② 시멘타이트(Cementite) 조직
③ 레데뷰라이트(Ledeburite) 조직
④ 불스 아이(Bull's Eye) 조직

구상흑연 주변에 얇은 페라이트 고리가 둘러싼 미세조직을 불스 아이(Bull's Eye) 조직이라 부른다.

47

연강용 가스 용접봉에서 "625 ±25℃에서 1시간 동안 응력을 제거했다"는 영문자 표시에 해당되는 것은?

① NSR
② GB
③ SR
④ GA

• SR(Stress Relieved): 응력 제거 열처리를 실시함
• NSR(Non Stress Relieved): 응력 제거 처리를 하지 않음

48

주변 온도가 변화하더라도 재료가 가지고 있는 열팽창계수나 탄성계수 등의 특정한 성질이 변하지 않는 강은?

① 쾌삭강
② 불변강
③ 강인강
④ 스테인리스강

불변강은 온도 변화에 따른 열팽창이 거의 없는 특수 합금강으로 게이지, 시계추, 측정기, 항공기 부품 등 정밀도가 요구되는 기기에 사용된다.

정답 42 ④ 43 ② 44 ④ 45 ③ 46 ④ 47 ③ 48 ②

49

가스 용접작업에서 양호한 용접부를 얻기 위해 갖추어야 할 조건과 가장 거리가 먼 것은?

① 기름, 녹 등을 용접 전에 제거하여 결함을 방지한다.
② 모재의 표면이 균일하면 과열의 흔적은 있어도 된다.
③ 용착금속의 용입 상태가 균일해야 한다.
④ 용접부에 첨가된 금속의 성질이 양호해야 한다.

> 과열의 흔적으로 취성이 증가하며, 조직의 변화로 용접 시 결함이 발생될 수 있다.

50

7 : 3 황동에 1% 내외의 Sn을 첨가하여 열교환기, 증발기 등에 사용되는 합금은?

① 콜슨 황동
② 네이벌 황동
③ 애드미럴티 황동
④ 에버듀어 메탈

> **애드미럴티 황동(Admiralty Brass)**
> 7 : 3 황동 = Cu 70% − Zn 30%에 Sn 약 1%를 첨가한 합금으로 탈아연 부식 저항과 내해수성이 좋아 복수기(열교환기), 증발기 등에 사용된다.

51

다음 도면은 정면도와 우측면도만이 올바르게 도시되어 있다. 평면도로 가장 적합한 것은?

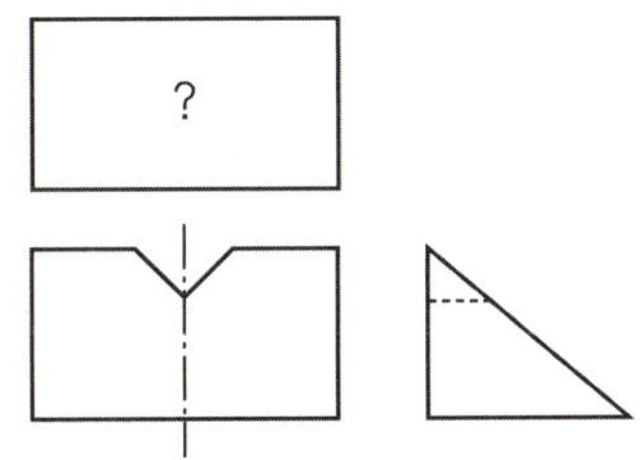

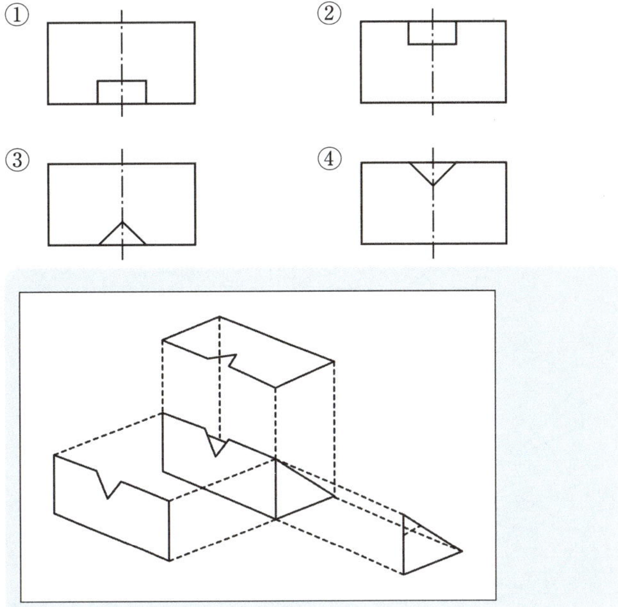

52

그림과 같은 ㄷ형강의 치수 기입 방법으로 옳은 것은? (단, L은 형강의 길이를 나타낸다.)

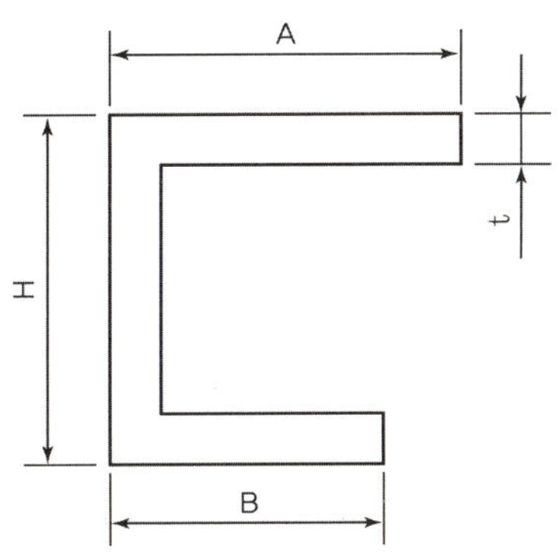

① ㄷ A×B×H×t − L
② ㄷ H×A×B×t − L
③ ㄷ B×A×H×t − L
④ ㄷ H×B×A×L − t

> • ㄷ: ㄷ형강
> • 일반적으로 높이(H) × 윗변(A) × 아랫변(B) × 두께(t) − 길이(L) 순서로 표기한다.

그림과 같은 제3각법 정투상도에 가장 적합한 입체도는?

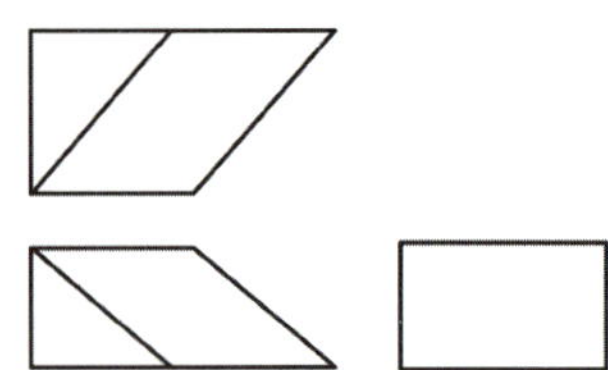

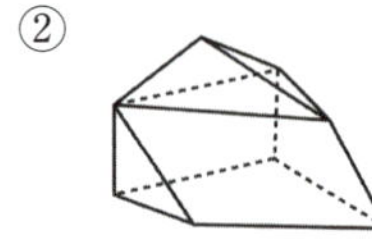

① 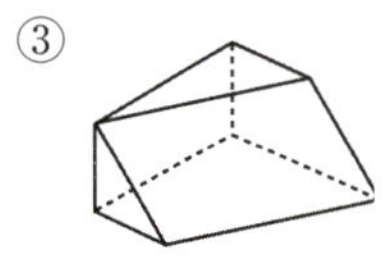 ② 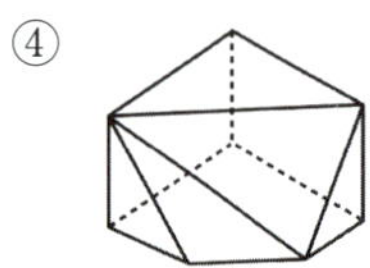

③ ④

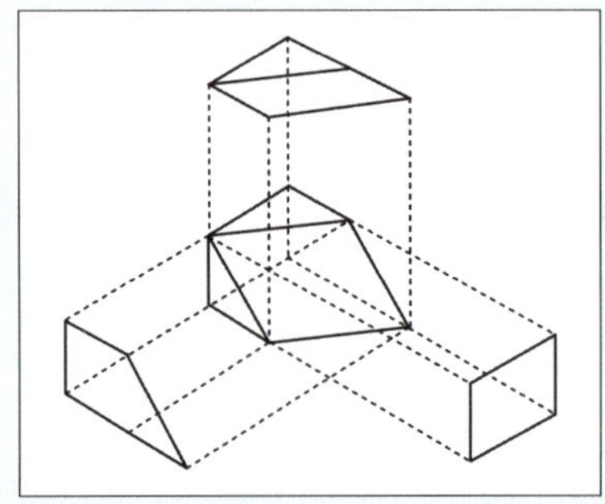

54

표제란에 표시하는 내용이 아닌 것은?

① 재질 ② 척도
③ 각법 ④ 제품명

- 재질(Material)은 도면의 표제란 필수항목이 아니라 선택항목이다.
- 표제란(Title Block): 도면의 하단 또는 우측 하단에 위치하며, 도면의 식별 정보를 명확히 표시하는 공간을 말한다.
- 필수 표제: 도명, 도면 번호, 척도, 투상법, 작성일자, 작성자(검토자) 등

55 ⭐빈출

그림과 같은 용접 기호에서 "z3"의 설명으로 옳은 것은?

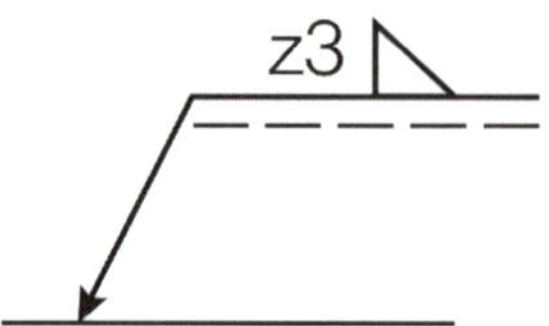

① 필릿 용접부의 목 길이가 3mm이다.
② 필릿 용접부의 목 두께가 3mm이다.
③ 용접을 위쪽으로 3군데 하라는 표시이다.
④ 용접을 위쪽으로 3mm 하라는 표시이다.

삼각형은 필릿 용접, z3은 필릿 용접의 크기인 목 길이를 나타내는 기호이다.

56 ⭐빈출

그림과 같이 원통을 경사지게 절단한 제품을 제작할 때, 다음 중 어떤 전개법이 가장 적합한가?

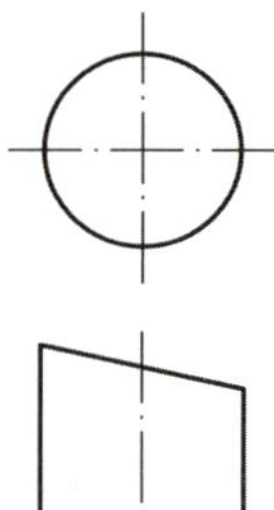

① 사각형법 ② 평행선법
③ 삼각형법 ④ 방사선법

원통(원기둥)은 생성선이 서로 평행이므로, 표면 전개 시 평행선 전개법이 가장 적합하다.

57 ⭐

관 끝의 표시방법 중 용접식 캡을 나타낸 것은?

① ——✕
② ——┐
③ ——‖
④ ——◗

배관의 끝 부분을 나타내는 기호	
기호	이름
——‖	막힌 플랜지
——◗	용접식 캡
——┐	나사박음식 캡

58 ⭐

다음 배관 도면에 포함되어 있는 요소로 볼 수 없는 것은?

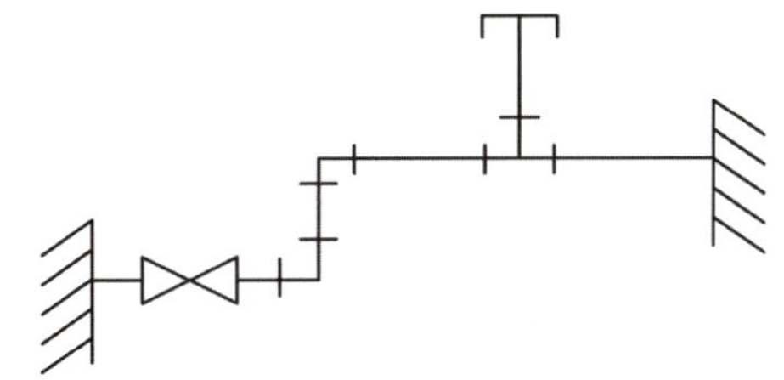

① 엘보
② 티
③ 캡
④ 체크 밸브

배관 이음 기호			
기호	이름	기호	이름
——╫——	유니언	——┴——	티
——‖——	플랜지	┴——	90° 엘보
——┼——	나사 이음	✕——	45° 엘보

* ——┐ : 캡 기호, ▷◁ : 체크 밸브

59

그림과 같은 ㄱ형강을 올바르게 나타낸 치수 표시법은? (단, 두께는 5mm이고, 형강 길이는 L이다.)

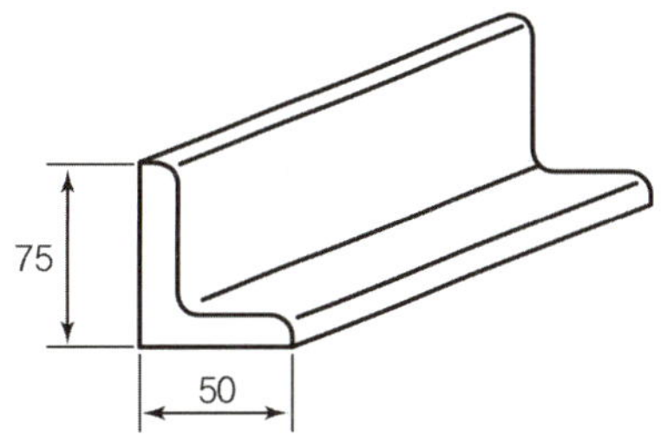

① L 75×50×5−L
② L 75×50×5+L
③ L 75×50×5×L
④ L 75×50−5−L

형강 치수: L A×B×t−L
A: 한쪽 변의 길이(그림에서 75mm)
B: 다른 쪽 변의 길이(그림에서 50mm)
t: 두께(5mm)

60

KS 재료기호 중 기계 구조용 탄소강재의 기호는?

① SM 35C
② SS 490B
③ SF 340A
④ STKM 20A

• SM: 기계 구조용 강
• 35: 탄소 함유량 → 즉, 0.35% C

01 ★빈출

저항 용접의 장점이 아닌 것은?

① 대량 생산에 적합하다.
② 후열 처리가 필요하다.
③ 산화 및 변질 부분이 적다.
④ 용접봉, 용재가 불필요하다.

저항 용접
전류의 저항열을 이용하여 국부적으로 접합하는 방법으로 열 영향부가 넓지 않아 후열 처리가 필요하지 않다.

02 ★빈출

서브머지드 아크 용접 시 발생하는 기공의 원인이 아닌 것은?

① 직류 역극성 사용
② 용제의 건조 불량
③ 용제의 산포량 부족
④ 와이어 녹, 기름, 페인트

직류의 극성은 용입과 비드 폭의 좁고 넓음을 의미하며, 기공이 생기는 원인과는 무관하다.

03

아크 플라즈마는 고전류가 되면 방전전류에 의하여 생기는 자장과 전류의 작용으로 아크의 단면이 수축된다. 그 결과 아크 단면이 수축하여 가늘게 되고 전류밀도가 증가한다. 이와 같은 성질을 무엇이라고 하는가?

① 열적 핀치효과
② 자기적 핀치효과
③ 플라즈마 핀치효과
④ 동적 핀치효과

자기적 핀치효과
아크 플라즈마(Arc Plasma)에서 대전된 입자(전자, 이온)가 흐르는 전류에 의해 자기장이 형성되고, 이 자기장이 다시 전류 흐름 방향으로 작용하면서 아크 단면이 좁아지고 전류밀도가 증가하는 현상을 말한다.

04 ★빈출

용접 후 변형을 교정하는 방법이 아닌 것은?

① 박판에 대한 점 수축법
② 형재(形材)에 대한 직선 수축법
③ 가스 가우징법
④ 롤러에 거는 방법

가스 가우징(Oxy-Fuel Gouging)
용접부 뒷면 가우징(따내기), 표면 결함 제거, U 또는 H형 용접 홈 가공을 위해 사용되는 방법으로 전용 가우징 팁으로 산소를 집중 분사해 가공하며 스테인리스강 및 비철금속(알루미늄, 구리 등)은 절단이 불가능하다.

05

합금 공구강을 나타내는 한국산업표준(KS)의 기호는?

① SKH2
② SCr2
③ STS11
④ SNCM

합금 공구강의 기호는 STS이다.

정답   01 ②   02 ①   03 ②   04 ③   05 ③

06

아세틸렌은 각종 액체에 잘 용해된다. 그러면 1기압 아세톤 2L에는 몇 L의 아세틸렌이 용해되는가?

① 2
② 10
③ 25
④ 50

아세틸렌은 아세톤 1L당 약 25L(15℃, 1기압 기준)까지 용해된다. 따라서 아세톤 2L × 25 = 50L의 아세틸렌이 용해된다.

07

안전모의 일반구조에 대한 설명으로 틀린 것은?

① 안전모는 모체, 착장체 및 턱끈을 가질 것
② 착장체의 구조는 착용자의 머리 부위에 균등한 힘이 분배되도록 할 것
③ 안전모의 내부 수직거리는 25mm 이상 50mm 미만일 것
④ 착장체의 머리 고정대는 착용자의 머리 부위에 고정하도록 조절할 수 없을 것

착장체는 작업자의 머리 크기에 맞게 조절할 수 있어야 한다.

착장체
머리와 모체를 일정 거리로 띄워 충격을 완화하고 착용감을 유지하는 역할을 한다.

08

암모니아(NH₃) 가스 중에서 500℃ 정도로 장시간 가열하여 강제품의 표면을 경화시키는 열처리는?

① 침탄 처리
② 질화 처리
③ 화염 경화처리
④ 고주파 경화처리

질화 처리는 강제품의 표면을 경화시키기 위해 저온에서 질소를 확산시켜 변형을 줄이고 처리시간이 긴 공정을 말한다.

09

피복 아크 용접 시 용접 회로의 구성 순서가 바르게 연결된 것은?

① 용접기 → 접지 케이블 → 용접봉 홀더 → 용접봉 → 아크 → 모재 → 헬멧
② 용접기 → 전극 케이블 → 용접봉 홀더 → 용접봉 → 아크 → 접지 케이블 → 모재
③ 용접기 → 접지 케이블 → 용접봉 홀더 → 용접봉 → 아크 → 전극 케이블 → 모재
④ 용접기 → 전극 케이블 → 용접봉 홀더 → 용접봉 → 아크 → 모재 → 접지 케이블

용접 회로: 용접기 → 전극 케이블 → 용접봉 홀더 → 용접봉 → 아크 → 모재 → 접지 케이블

10

전류조정이 용이하고 전류조정을 전기적으로 하기 때문에 이동부분이 없으며 가변저항을 사용함으로써 용접전류의 원격조정이 가능한 용접기는?

① 탭 전환형
② 가동 코일형
③ 가동 철심형
④ 가포화 리액터형

가포화 리액터형은 가변저항에 의한 제어전류로 철심의 자속을 변화시켜 용접전류를 제어하므로 미세전류 조정이 안정적이고 원격조정이 가능하다.

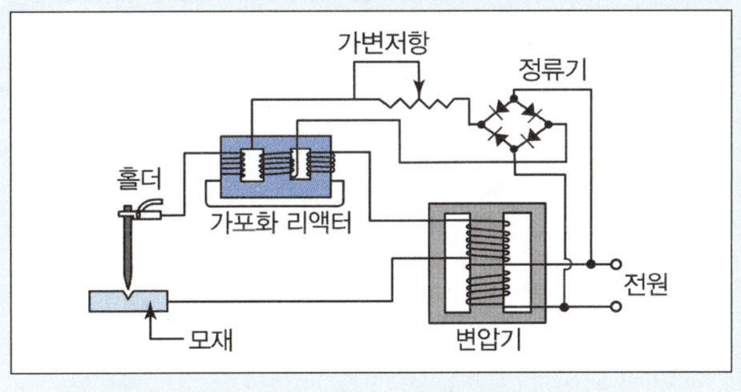

▲ 가포화 리액터형

11 ⭐빈출

다음 ( ) 안에 가장 적합한 내용은?

> 일렉트로 슬래그 용접은 용융 용접의 일종으로서 와이어와 용융 슬래그 사이에 ( )을 이용하여 용접하는 특수한 용접방법이다.

① 전자 빔열
② 통전된 전류의 저항열
③ 가스열
④ 통전된 전류의 아크열

12

다음 중 CO_2 가스 아크 용접 결함에 있어 기공 발생의 원인으로 볼 수 없는 것은?

① 팁이 마모되어 있다.
② 용접 부위가 지저분하다.
③ CO_2 가스 유량이 부족하다.
④ 노즐과 모재간의 거리가 너무 길다.

13

다음 중 아크 에어 가우징 장치가 아닌 것은?

① 수냉장치
② 전원(용접기)
③ 가우징 토치
④ 압축공기(컴프레서)

14

플라즈마 절단에 대한 설명으로 틀린 것은?

① 플라즈마(Plasma)는 고체, 액체, 기체 이외의 제4의 물리상태라고도 한다.
② 비이행형 아크 절단은 텅스텐 전극과 수냉 노즐과의 사이에서 아크 플라즈마를 발생시키는 것이다.
③ 이행형 아크 절단은 텅스텐 전극과 모재 사이에서 아크 플라즈마를 발생시키는 것이다.
④ 아크 플라즈마의 온도는 약 5,000℃의 열원을 가진다.

15

2개의 모재에 압력을 가해 접촉시킨 다음 접촉면에 압력을 주면서 상대운동을 시켜 접촉면에서 발생하는 열을 이용하는 용접법은?

① 가스 압접
② 냉간 압접
③ 마찰 용접
④ 열간 압접

16

다음 절단법 중에서 두꺼운 판, 주강의 슬래그 덩어리, 암석의 천공 등의 절단에 이용되는 절단법은?

① 산소창 절단
② 수중 절단
③ 분말 절단
④ 포갬 절단

정답   11 ②   12 ①   13 ①   14 ④   15 ③   16 ①

17 빈출

교류아크 용접기의 종류에 속하지 않는 것은?

① 가동 코일형
② 가동 철심형
③ 전동기 구동형
④ 탭 전환형

용접기의 종류
- 교류아크 용접기: 탭 전환형, 가동 코일형, 가동 철심형, 가포화 리액터형
- 직류아크 용접기: 엔진 구동형, 전동 발전형, 정류기형

18 빈출

용접부의 외관검사 시 관찰사항이 아닌 것은?

① 용입
② 오버랩
③ 언더컷
④ 경도

외관검사(Visual Inspection, VT)
외관검사는 용접 후 가장 먼저 실시하는 1차 검사로 용접부의 표면 상태(비드 형상, 언더컷, 오버랩, 균열, 용입 부족, 크레이터 등)를 육안 또는 확대경으로 관찰하여 결함을 판단한다.

19

가스 용접작업에서 보통작업을 할 때 압력 조정기의 산소 압력은 몇 kg/cm^2 이하이어야 하는가?

① 6 ~ 7
② 3 ~ 4
③ 1 ~ 2
④ 0.1 ~ 0.3

가스 용접(일반작업)의 산소 조정압은 보통 3 ~ 4kg/cm^2이다.

20 빈출

초음파 탐상법에 속하지 않은 것은?

① 펄스 반사법
② 투과법
③ 공진법
④ 관통법

초음파 탐상법의 종류
- 투과법: 송신기와 수신기를 활용하여 시험체를 통과할 때 초음파의 감쇠로 결함을 확인한다.
- 펄스 반사법: 반사파의 형태를 활용하여 반사되는 신호의 시간 지연으로 결함을 확인한다.
- 공진법: 연속적으로 변화되는 파장을 보내 두께나 탄성계수를 이용하여 결함을 확인한다.

자화방법의 종류
극간법, 관통법, 전류통전법

21 빈출

다음 중 납땜작업 시 차광유리의 차광도 번호로 가장 적정한 것은?

① 2 ~ 4
② 5 ~ 6
③ 8 ~ 10
④ 11 ~ 12

용접 차광도 번호
- 가스 용접 및 납땜 시: 2 ~ 4
- TIG 용접 시: 9 ~ 12
- 아크 용접 시: 10 ~ 13

22 빈출

다음 중 산화철 분말과 알루미늄 분말을 혼합한 배합제에 점화하면 반응열이 약 2,800℃에 달하며, 주로 레일이음에 사용되는 용접법은?

① 스폿 용접
② 테르밋 용접
③ 심 용접
④ 일렉트로 가스 용접

테르밋 용접(Thermit Welding)
금속 산화물(보통 산화철, Fe_2O_3)과 알루미늄 분말(Al) 사이의 강력한 산화 – 환원 반응(Thermite Reaction)을 이용해 3,000℃ 이상의 고온을 만들어 용접하는 화학적 용접이다. 점화제로 과산화바륨, 알루미늄, 마그네슘 등을 사용하여 초기 점화 에너지를 제공한다.

테르밋 반응식
$$Fe_2O_3 + 2Al \rightarrow 2Fe + Al_2O_3$$

23 ⭐빈출

와이어 돌출길이는 콘택트 팁(Contack Tip) 선단으로부터 와이어 선단 부분까지의 길이를 의미하는데, 와이어를 이용한 용접법에서는 용접 결과에 미치는 영향으로 매우 중요한 인자이다. 다음 중 CO_2 용접에서 와이어 돌출길이(Wire Extend Length)가 길어질 경우의 설명으로 틀린 것은?

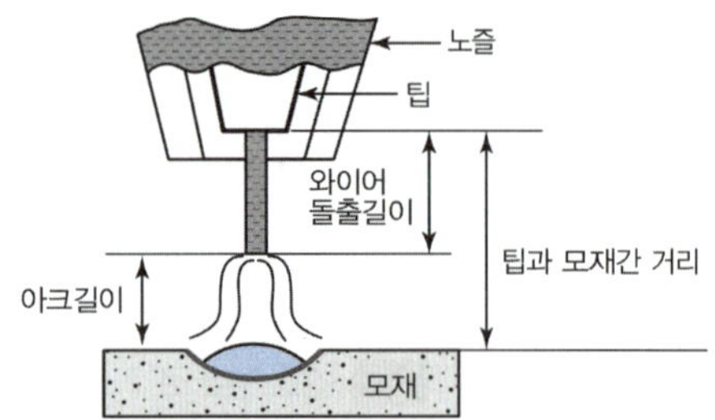

① 전기저항열이 증가한다.
② 용착속도가 커진다.
③ 보호효과가 나빠진다.
④ 용착효율이 작아진다.

와이어 돌출길이는 콘택트 팁 선단으로부터 와이어 선단 부분까지의 거리를 의미하며, 거리에 따라 용접 결과물에 영향을 미친다. 와이어 돌출길이가 길어질 경우 전기저항열의 증가로 용착효율이 낮아진다.

24

다음 중 절단에 관한 설명으로 옳은 것은?

① 수중 절단은 침몰선의 해체나 교량의 개조 등에 사용되며 연료가스로는 헬륨을 가장 많이 사용한다.
② 탄소 전극봉 대신 절단 전용의 피복을 입힌 피복봉을 사용하여 절단하는 방법을 금속 아크 절단이라 한다.
③ 산소 아크 절단은 속이 꽉 찬 피복 용접봉과 모재 사이에 아크를 발생시키는 가스 절단법이다.
④ 아크 에어 가우징은 중공의 탄소 또는 흑연 전극에 압축공기를 병용한 아크 절단법이다.

① 수중 절단의 연료가스로 산소 – 수소(Oxy – Hydrogen) 등이 사용되며 헬륨가스는 사용되지 않는다.
③ 산소 아크 절단은 속이 빈 피복 전극을 통해 산소를 분사하여 절단한다.
④ 아크 에어 가우징은 동피복된 흑연 전극과 압축공기를 사용하여 금속을 파내는 작업이다.

25 ⭐빈출

다음 중 자동 불활성 가스 텅스텐 아크 용접의 종류에 해당하지 않는 것은?

① 단전극 TIG 용접형
② 전극 높이 고정형
③ 아크길이 자동 제어형
④ 와이어 자동 송급형

• 전극 제어 방식에 의한 분류: 전극 높이 고정형, 아크길이 자동 제어형
• 용가재 공급 방식에 의한 분류: 와이어 자동 송급형

26

금속과 금속을 충분히 접근시키면 그들 사이에 원자 간의 인력이 작용하여 서로 결합한다. 다음 중 이러한 결합을 이루기 위해서는 원자들을 몇 cm 정도까지 접근시켜야 하는가?

① 10^{-6} ② 10^{-7}
③ 10^{-8} ④ 10^{-9}

• 금속의 원자 간 결합은 원자들이 서로 충분히 접근하기 위해서 10^{-8}cm의 결합거리를 가지고 밀착되어야 한다. 용접 시 용융 또는 확산을 통해 이 거리까지 접근시켜야 된다.
• 금속 결합 거리는 10^{-8}cm(1Å = 10^{-8}cm)이다.

27

다음 중 용접시공에 있어 각 변형의 방지대책으로 틀린 것은?

① 구속지그를 활용한다.
② 용접속도를 느리게 한다.
③ 역변형의 시공법을 활용한다.
④ 개선각도는 작업에 지장이 없는 한도 내에서 작게 하는 것이 좋다.

용접속도를 느리게 하면 입열이 증가되어 열 변형이 증가하게 되므로 적정한 속도로 용접해야 한다.

23 ② 24 ② 25 ① 26 ③ 27 ②

28 빈출

서브머지드 아크 용접에 사용되는 용접용 용제 중 용융형 용제에 대한 설명으로 옳은 것은?

① 화학적 균일성이 양호하다.
② 미용용 용제는 다시 사용이 불가능하다.
③ 흡수성이 거의 없으므로 재건조가 불필요하다.
④ 용융 시 분해되거나 산화되는 원소를 첨가할 수 있다.

서브머지드 아크 용접(SAW)
용접부를 용제(Flux)로 덮은 상태에서 아크를 발생시켜 용접하는 방식으로 잠호 용접, 불가시 용접, 유니언 멜트 용접이라고도 한다. 아크와 용융금속이 대기와 차단되므로 산화가 방지되고 용입이 깊으며 자동용접으로 생산성이 우수하다.

SAW용 용제(Flux)의 종류
• 용융형 용제: 일반 탄소강 및 구조물 등에 사용하며 화학적 균일성이 양호하고 수분 흡수가 적어 재활용이 가능하다.
• 소결형 용제: 스테인리스강, 합금강, 대형구조물 등에 사용하며 합금 성분을 첨가하여 조성 조절이 용이하나, 흡습성이 높아 사용 전에 150~300℃에서 1시간 정도 재건조하여 사용해야 한다.
• 혼성형 용제: 일반구조물 및 조선용에 사용되며 용융형과 소결형의 중간 특성을 가진다.

29

다음 중 일반적으로 모재의 용융선 근처의 열 영향부에서 발생되는 균열이며 고탄소강이나 저합금강 등을 용접할 때 용접열에 의한 열 영향부의 경화와 변태응력 및 용착금속의 확산성 수소에 의해 발생되는 균열은?

① 비드 밑 균열
② 루트 균열
③ 설퍼 균열
④ 크레이터 균열

비드 밑 균열(Underbead Crack)
용착금속 아래쪽 열 영향부에서 모재 내부 냉각 후 발생되는 균열로 열 영향부의 경화 및 변태응력 등 확산성 수소로 인해 발생된다.

30 빈출

용접법 중 용접법에 속하지 않는 것은?

① 스터드 용접
② 산소 아세틸렌 용접
③ 일렉트로 슬래그 용접
④ 초음파 용접

31 빈출

가스 메탈 아크 용접(GMAW)에서 보호가스를 아르곤(Ar) 가스와 CO_2 가스 또는 산소(O_2)를 소량 혼합하여 용접하는 방식을 무엇이라 하는가?

① MIG 용접
② FCA 용접
③ TIG 용접
④ MAG 용접

가스 메탈 아크 용접의 분류
• MIG 용접: 불활성 가스(Inert Gas) Ar, He
• MAG 용접: 활성 가스(Active Gas) CO_2 또는 Ar + CO_2, Ar + O_2

32

용접부의 형상에 따른 필릿 용접의 종류가 아닌 것은?

① 연속 필릿
② 단속 필릿
③ 경사 필릿
④ 단속 지그재그 필릿

필릿 용접은 모재가 직각 또는 T자, ㄱ자 형태로 접합될 때 사용하는 용접법이다. 일반적으로 연속 필릿, 단속 필릿, 지그재그(스태거) 필릿으로 구분된다.

33 빈출

철강계통의 레일, 차축 용접과 보수에 이용되는 테르밋 용접법의 특징 설명으로 틀린 것은?

① 용접작업이 단순하다.
② 용접용 기구가 간단하고 설비비가 싸다.
③ 용접시간이 길고 용접 후 변형이 크다.
④ 전력이 필요없다.

테르밋 용접은 화학 반응열을 활용하여 용접하며 전력공급이 필요 없고 용접시간이 짧아 변형이 적은 장점을 가진다.

28 ①   29 ①   30 ④   31 ④   32 ③   33 ③

34 빈출

용접에 의한 이음을 리벳 이음과 비교했을 때 용접이음의 장점이
아닌 것은?

① 이음 구조가 간단하다.
② 판 두께에 제한을 거의 받지 않는다.
③ 용접 모재의 재질에 대한 영향이 작다.
④ 기밀성과 수밀성을 얻을 수 있다.

> 용접은 강도, 기밀성, 제작 효율이 높지만 열에 의한 금속 조직 변
> 화(열 영향부, HAZ)가 생겨 모재 재질에 영향을 크게 받는다.

35

형틀 굽힘(굴곡)시험을 할 때 시험편을 보통 몇 도까지 굽히는가?

① 120°
② 180°
③ 240°
④ 300°

> 모든 용접 굽힘시험의 표준 각도는 180°를 기준으로 한다.
>
> **형틀 굽힘(굴곡)시험**
> 용접부 또는 모재 시편을 지정된 형틀(지그) 위에 올려놓고 일정한
> 반지름을 가진 핀 또는 펀치로 굽히는 시험을 말한다.

36 빈출

금속의 결정구조에서 조밀육방격자(HCP)의 배위수는?

① 6
② 8
③ 10
④ 12

> 조밀육방격자는 HCP(Hexagonal Close-Packed)로 Ti, Be, Mg,
> Zn, Cd, Co 등이 있으며, 배위수는 12개, 단위 격자당 원자 수는
> 2개로 구성된다.

37 빈출

TIG 용접에서 전극봉의 마모가 심하지 않으면서 청정작용이 있
고 알루미늄이나 마그네슘 용접에 가장 적합한 전원 형태는?

① 직류 정극성(DCSP)
② 직류 역극성(DCRP)
③ 고주파 교류(ACHF)
④ 일반 교류(AC)

> TIG 용접에서 알루미늄이나 마그네슘과 같은 비철금속은 표면에 강
> 한 산화막(Al_2O_3, MgO)이 용접법을 방해하므로 청정작용이 필수
> 로 필요하다. 청정작용은 극성이 주기적으로 바뀌는 고주파 교류의
> (+) 반주기에서는 산화막 제거(청정작용)를, (−) 반주기에서는 모재
> 용융을 가지고 온다.

38

안전 보호구의 구비요건 중 틀린 것은?

① 착용이 간편할 것
② 재료의 품질이 양호할 것
③ 구조와 끝 마무리가 양호할 것
④ 위험, 유해 요소에 대한 방호성능이 나쁠 것

> **안전 보호구**
> 작업 중 발생할 수 있는 위험 및 유해 요인으로부터 인체를 보호하
> 기 위한 장비로서 방호성능이 우수해야 한다.

39

용접 시 발생되는 아크광선에 대한 재해 원인이 아닌 것은?

① 차광도가 낮은 차광유리를 사용했을 때
② 사이드에 아크 빛이 들어 왔을 때
③ 아크 빛을 직접 눈으로 보았을 때
④ 차광도가 높은 차광유리를 사용했을 때

> 빛 투과량이 적어 눈 보호에 안전하지만, 차광도가 너무 높으면 시
> 야가 어두워 작업성이 떨어질 수 있으므로 각 용접별 적정한 차광
> 도를 가진 차광유리를 사용해야 한다.

정답 34 ③ 35 ② 36 ④ 37 ③ 38 ④ 39 ④

40 ⭐

가스 용접에 사용되는 연료가스의 일반적 성질 중 틀린 것은?

① 발열량이 커야 한다.
② 불꽃의 온도가 높아야 한다.
③ 용융금속과 화학반응을 일으키지 말아야 한다.
④ 연소속도가 늦어야 한다.

가스 용접용 연료가스의 일반적 조건
- 금속을 충분히 가열시킬 수 있도록 발열량이 커야한다.
- 용접부를 빠르게 가열하여 변형과 산화를 줄일 수 있도록 불꽃의 온도가 높아야 한다.
- 산화를 방지하고 용융금속과 화학반응을 최소화해야 한다.
- 안정된 화염을 유지하고 집중된 가열을 위해 연소속도가 빨라야 한다.

41

WC, TiC, TaC 등의 금속탄화물을 Co로 소결한 것으로서 탄화물 소결공구라고 하며, 일반적으로 칠드주철, 경질 유리 등도 쉽게 절삭할 수 있는 공구강은?

① 주조경질합금
② 고속도강
③ 세라믹
④ 초경합금

초경합금은 WC·TiC·TaC + Co 소결체로 고속도강의 약 2~3배의 경도를 가지고 내마모성이 우수하며 고속 절삭에 적합하다.
적용 분야: 칠드주철, 주강, 비철금속, 유리 등

42

강을 담금질할 때 다음 냉각액 중에서 냉각효과가 가장 빠른 것은?

① 기름
② 공기
③ 물
④ 소금물

담금질 시 냉각 능력은 공기 < 기름 < 물 < 소금물(브라인)이다.

43

두께가 6.0mm인 연강판을 가스 용접하려고 할 때 가장 적합한 용접봉의 지름은 몇 mm인가?

① 1.6 ② 2.6
③ 4.0 ④ 5.0

$$D = \frac{T}{2} + 1 = \frac{6}{2} + 1 = 4\text{mm}$$ 로 사용하는 것이 가장 적당하다.

44 ⭐

텅스텐 전극과 모재 사이에 아크를 발생시켜 알루미늄, 마그네슘, 구리 및 구리합금, 스테인리스강 등의 절단에 사용되는 것은?

① TIG 절단
② MIG 절단
③ 탄소 절단
④ 산소 아크 절단

텅스텐 아크 절단(Tungsten Arc Cutting, TIG Cutting)
비소모성 전극을 사용하며 아크열로 금속을 녹여 절단하는 방식으로 가열 효과를 높이기 위해 아르곤(Ar) 가스에 수소(H_2)를 첨가한다. 주로 알루미늄, 마그네슘, 구리, 스테인리스강 등의 절단에 활용된다.

45

다음 중 베어링강의 구비조건으로 옳은 것은?

① 높은 탄성한도와 피로한도
② 낮은 탄성한도와 피로한도
③ 높은 취성파괴와 연성파괴
④ 낮은 내마모성과 내압성

베어링강은 축과 회전체 사이의 마찰을 줄이기 위한 강재로 활용되며, 피로강도와 내마모성이 매우 중요하고 탄성한도가 높아야 한다.

46 빈출

다음 중 가스 용접에서 용제를 사용하는 가장 중요한 이유로 옳은 것은?

① 침탄이나 질화를 돕기 위하여
② 용접봉 용융속도를 느리게 하기 위하여
③ 용융온도가 높은 슬래그를 만들기 위하여
④ 용접 중에 생기는 금속의 산화물을 용해하기 위하여

47

다음 중 비중은 4.5 정도이며 가볍고 강하며 열에 잘 견디고 내식성이 강한 특징을 가지고 있으며 융점이 1,670℃ 정도로 높고 스테인리스강보다도 우수한 내식성 때문에 600℃까지 고온 산화가 거의 없는 비철금속은?

① 티타늄(Ti)
② 아연(Zn)
③ 크롬(Cr)
④ 마그네슘(Mg)

48

구리에 3 ~ 4% Ni, 약 1%의 Si가 함유된 합금으로 인장강도와 도전율이 높아 통신선, 전화선으로 사용되는 구리 – 니켈 – 규소 합금은?

① 콜슨(Corson) 합금
② 켈밋(Kelmit) 합금
③ 포금(Gunmetal)
④ CTG 합금

49

고급주철의 바탕 조직으로 맞는 것은?

① 페라이트 조직
② 펄라이트 조직
③ 오스테나이트 조직
④ 공정 조직

50 빈출

산소에 대한 설명으로 틀린 것은?

① 무색, 무취, 무미이다.
② 물의 전기 분해로도 제조한다.
③ 가연성 가스이다.
④ 액체 산소는 보통 연한 청색을 띤다.

51 

배관 도면에서 그림과 같은 기호의 의미로 가장 적합한 것은?

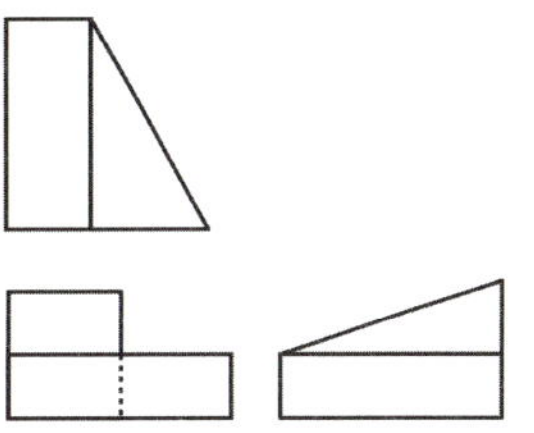

① 체크 밸브
② 볼 밸브
③ 콕 일반
④ 안전 밸브

밸브 및 콕 몸체의 표시방법			
밸브·콕의 종류	그림 기호	밸브·콕의 종류	그림 기호
밸브 일반	▷◁	앵글 밸브	
게이트 밸브	▷◁	3방향 밸브	▷◁
글로브 밸브	▶●	안전 밸브	
체크 밸브	▷◀ 또는		
볼 밸브	▷●◁		
버터플라이 밸브	▷◁ 또는	콕 일반	▷●◁

52

제도를 하는데 있어서 아주 굵은 선, 굵은 선, 가는 선의 굵기 비율은 어떻게 해야 하는가?

① 3 : 2 : 1
② 4 : 2 : 1
③ 9 : 5 : 1
④ 9 : 3 : 1

제도의 선 굵기 상대비율
아주 굵은 선 : 굵은 선 : 가는 선 = 4 : 2 : 1

53

그림과 같이 제3각법으로 정투상한 도면에 적합한 입체도는?

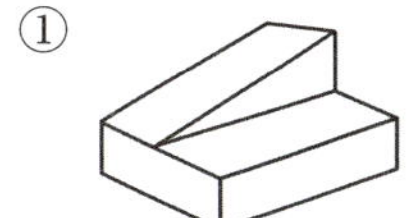

① 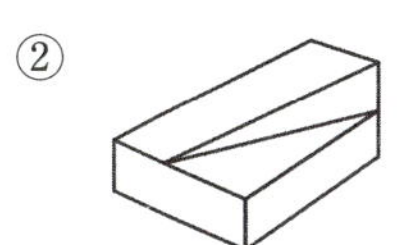

② 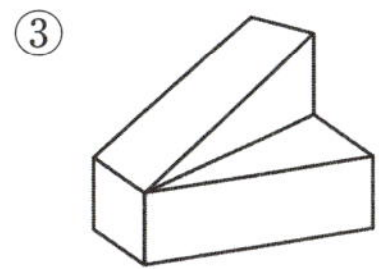

③ 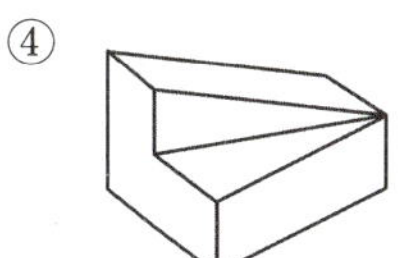

④ 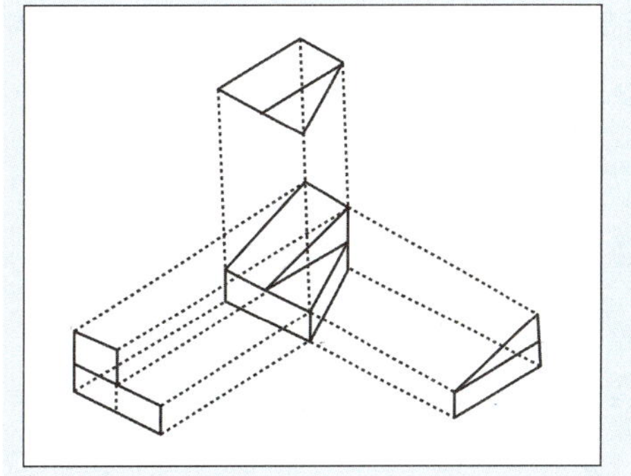

54

다음 중 원호의 길이를 나타내는 치수기호로 올바른 것은?

① R50
② □50
③ 5̲0̲
④ ⌒50

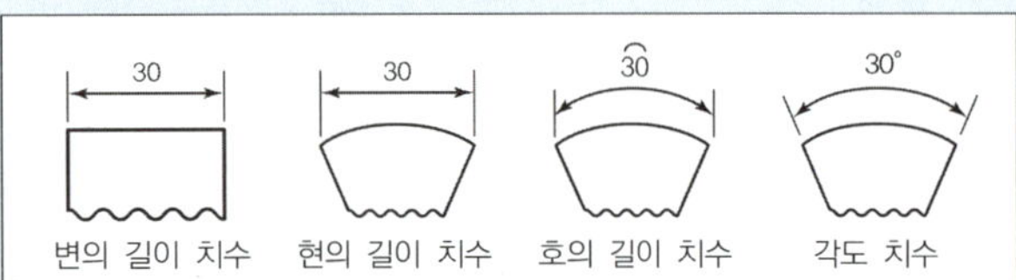

55

그림과 같은 심 용접이음에 대한 용접기호 표시 설명 중 틀린 것은?

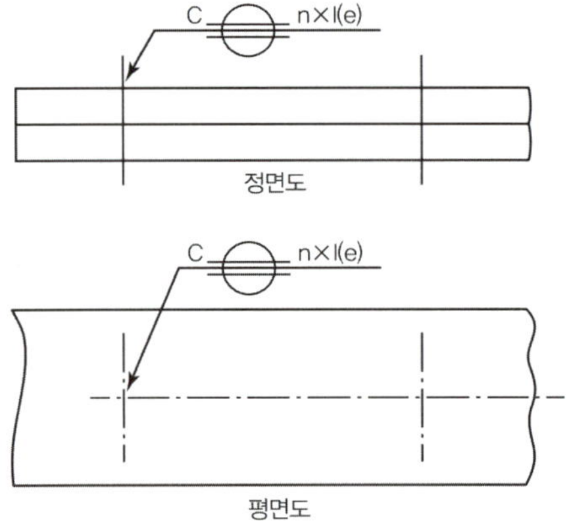

① C: 용접부의 너비
② n: 용접부의 수
③ l: 용접길이
④ (e): 용접부의 깊이

(e): 용접부 중심 간 거리

56

리벳의 종류 중 호칭길이를 나타낼 때 머리부의 전체를 포함하여 표시하는 것은?

① 둥근머리 리벳
② 남비머리 리벳
③ 얇은 납작머리 리벳
④ 접시머리 리벳

- 외부에서 눌러 고정되는 머리부와 판을 관통하는 몸통부로 구분된다.
- 리벳 중 호칭길이에 머리 전체를 포함시키는 형태는 접시머리 리벳이다.

57 빈출

그림과 같이 가공 전 또는 가공 후의 모양을 표시하는데 사용하는 선의 명칭은?

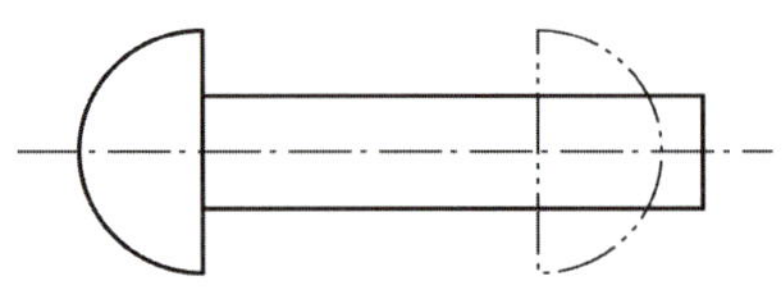

① 숨은선
② 파단선
③ 가상선
④ 절단선

그림은 투상법의 기호이다. 몇 각법을 나타내는 기호인가?

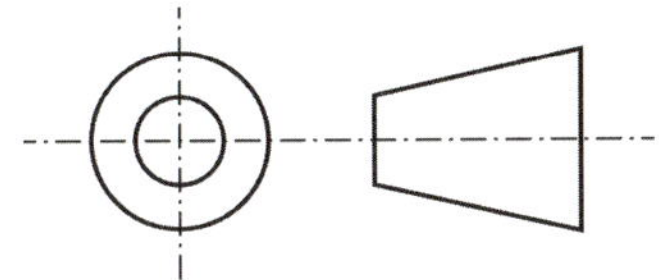

① 제1각법 　　② 제2각법
③ 제3각법 　　④ 제4각법

제3각법을 나타내는 투상법 기호이다.

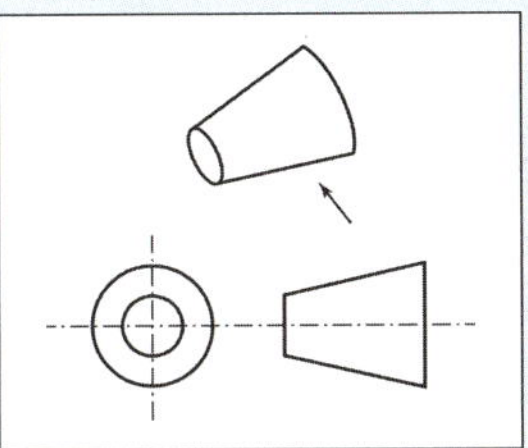

그림과 같은 용접기호의 설명으로 옳은 것은?

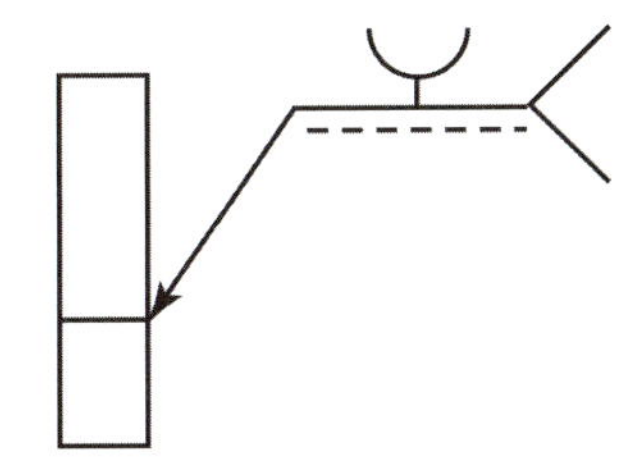

① U형 맞대기 용접, 화살표 쪽 용접
② V형 맞대기 용접, 화살표 쪽 용접
③ U형 맞대기 용접, 화살표 반대쪽 용접
④ V형 맞대기 용접, 화살표 반대쪽 용접

• 용접 기호: 기호의 모양이 'U'자 형태이므로 U형 맞대기 용접을 의미한다.
• 참조선: 기호가 실선 쪽에 위치하므로 화살표가 가리키는 쪽에 용접을 실시한다.

다음 그림의 치수 기입에 대한 설명으로 틀린 것은?

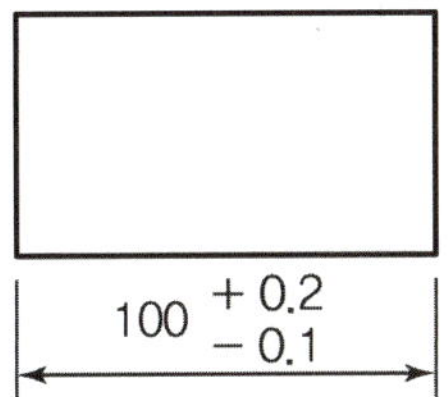

$$100 \, {}^{+0.2}_{-0.1}$$

① 기준치수는 100이다.
② 공차는 0.1이다.
③ 최대 허용치수는 100.2이다.
④ 최소 허용치수는 99.9이다.

공차는 상한 − 하한으로 100.2 − 99.9 = 0.30이다.

08

2022년 4회 | CBT 기출복원문제

01 ⭐빈출

토치를 사용하여 용접 부분의 뒷면을 따내거나 U형, H형으로 용접 홈을 가공하는 것으로 일명 가스 파내기라고 부르는 가공법은?

① 산소창 절단
② 선삭
③ 가스 가우징
④ 천공

> **가스 가우징(Oxy-Fuel Gouging)**
> 용접부 뒷면 가우징(따내기), 표면 결함 제거, U 또는 H형 용접 홈 가공을 위해 사용되는 방법으로 전용 가우징 팁으로 산소를 집중 분사해 가공하며 스테인리스강 및 비철금속(알루미늄, 구리 등)은 절단이 불가능하다.

02 ⭐빈출

용접부의 시험법 중 기계적 시험법에 해당하는 것은?

① 부식시험
② 육안 조직시험
③ 현미경 조직시험
④ 피로시험

> • 기계적 시험은 기계적 성질을 이용한 강도, 연성, 경도 등을 평가하는 방법으로 피로시험, 인장시험, 굽힘시험, 충격시험, 경도시험 등이 있다.
> • 화학적 시험은 내식성, 화학적 성질로 평가하며 부식시험, 화학분석시험 등으로 분류된다.

03 ⭐빈출

다음 중 용접 자세 기호로 틀린 것은?

① F
② V
③ H
④ OS

① F: 아래보기 자세
② V: 수직 자세
③ H: 수평 자세
④ O(OH): 위보기 자세

04

가스 용접작업 시 주의사항으로 틀린 것은?

① 반드시 보호안경을 착용한다.
② 산소 호스와 아세틸렌 호스는 색깔 구분 없이 사용한다.
③ 불필요한 긴 호스를 사용하지 말아야 한다.
④ 용기 가까운 곳에서는 인화물질의 사용을 금한다.

> 호스는 반드시 색깔을 구분하여 사용해야 하며, 산소는 청색(파랑), 아세틸렌은 적색(빨강)으로 구분한다.

05 ⭐빈출

서브머지드 아크 용접의 특징으로 틀린 것은?

① 콘택트 팁에서 통전되므로 와이어 중에 저항열이 적게 발생되어 고전류 사용이 가능하다.
② 아크가 보이지 않으므로 용접부의 적부를 확인하기가 곤란하다.
③ 용접길이가 짧을 때 능률적이며 수평 및 위보기 자세 용접에 주로 이용된다.
④ 일반적으로 비드 외관이 아름답다.

> 서브머지드 아크 용접은 자동 용접이며, 아크가 보이지 않는 상태에서 용접이 진행되므로 주로 아래보기 또는 수평 필릿 자세에 이용되며 위보기 자세는 불가능하다.

정답 01 ③ 02 ④ 03 ④ 04 ② 05 ③

06 ⭐빈출

연강의 인장시험에서 하중 100N, 시험편의 최초 단면적이 20mm²일 때 응력은 몇 N/mm²인가?

① 5　　　　　　　　② 10
③ 15　　　　　　　④ 20

응력(σ)은 작용하는 하중(P)을 단면적(A)으로 나눈 값이다.

$$\sigma = \frac{P}{A} = \frac{100}{20} = 5\text{N/mm}^2$$

07 ⭐빈출

고셀룰로오스계 용접봉은 셀룰로오스를 몇 % 정도 포함하고 있는가?

① 0 ~ 5　　　　　　② 6 ~ 15
③ 20 ~ 30　　　　　④ 30 ~ 40

고셀룰로오스계 용접봉(E4311)
가스 실드계의 대표적인 용접봉인 E4311은 유기물을 20 ~ 30% 포함하며, 비드 표면이 거치나 수직, 상진, 하진 위보기 작업성이 우수하다. 특히, 슬래그 생성계에 비해 용접전류를 높게 사용 시 과전류로 인한 비드 품질이 저하되어 전류를 낮게 사용해야 안정적이다.

08 ⭐빈출

아크 용접기의 사용률에서 아크시간과 휴식시간을 합한 전체 시간은 몇 분을 기준으로 하는가?

① 60분　　　　　　② 30분
③ 10분　　　　　　④ 5분

사용률은 용접기를 일정 전류로 용접할 때 60분 동안 실제로 용접(아크 점등)이 가능한 시간의 비율(%)을 말한다.

$$\text{사용률(\%)} = \frac{\text{아크 시간}}{\text{아크시간} + \text{휴식시간}} \times 100$$

09 ⭐빈출

가용접에 대한 설명으로 틀린 것은?

① 가용접 시에는 본 용접보다도 지름이 큰 용접봉을 사용하는 것이 좋다.
② 가용접은 본 용접과 비슷한 기량을 가진 용접사에 의해 실시되어야 한다.
③ 강도상 중요한 곳과 용접의 시점 및 종점이 되는 끝 부분은 가용접을 피한다.
④ 가용접은 본 용접을 실시하기 전에 좌우의 홈 또는 이음 부분을 고정하기 위한 짧은 용접이다.

가용접 시 본 용접보다 지름이 작거나 동일한 용접봉을 활용하는 것이 작업성이 좋다.

10

연납의 대표적인 것으로 주석 40%, 납 60%의 합금으로 땜납으로서의 가치가 가장 큰 땜납은?

① 저용점 땜납　　　　② 주석 – 납
③ 납 – 카드뮴납　　　④ 납 – 은납

주석(Sn)과 납(Pb)을 혼합한 합금을 연납이라고 하며, 그 중 Sn 40% + Pb 60% 조성은 가장 널리 쓰이는 일반형 땜납이다.

11

박판의 스테인리스강의 좁은 홈의 용접에서 아크 교란 상태가 발생할 때 적합한 용접방법은?

① 고주파 펄스 티그 용접
② 고주파 펄스 미그 용접
③ 고주파 펄스 일렉트로 슬래그 용접
④ 고주파 펄스 이산화탄소 아크 용접

펄스 TIG는 전류를 고주파로 미세 제어하며, 아크 기둥을 가늘고 안정하게 만들어 아크블로를 완화시키므로 박판의 스테인리스강의 좁은 홈 등에 이용된다.

12

주물 제품을 용접한 후 용접에 의한 잔류응력을 최소화하기 위한 조치방법으로 틀린 것은?

① 주물을 단열재로 덮는다.
② 주물을 토치로 후열 처리한다.
③ 주물을 로(爐)에 옮긴다.
④ 주물을 급랭시켜 조직을 완화시킨다.

주물은 용접 후 열응력이 발생하게 되며, 이때 응력을 방치하게 되면 균열, 변형, 기공이 발생할 수 있다. 잔류응력을 줄이기 위해서는 후열 처리를 진행해야 하며 급랭 시에는 열응력이 확대되어 균열 발생이 더 잘 이루어진다.

13

산소 용기의 윗부분에 각인되어 있는 표시 중 최고충전압력의 표시는 무엇인가?

① TP
② FP
③ WP
④ LP

TP(Test Pressure)
내압시험압력: 용기의 강도 및 기밀성을 시험할 때 적용하는 시험압력

FP(Filling Pressure)
최고충전압력: 실제 가스 충전 시 최대허용압력

14

다음 중 용접기를 설치해도 되는 장소로 가장 적합한 것은?

① 옥외의 비바람이 치는 장소
② 진동이나 충격을 받는 장소
③ 유해한 부식성 가스가 존재하는 장소
④ 주위 온도가 10℃ 정도인 장소

용접기 설치
• 용접기는 습기, 비, 유해가스, 진동, 분진, 고열의 영향이 적은 장소에 설치해야 한다.
• 주위 온도는 0~40℃ 범위 내에 설치하며 습도는 약 85% 이하가 권장된다.

15

피복 아크 용접작업 시 감전으로 인한 재해의 원인으로 틀린 것은?

① 1차 측과 2차 측 케이블의 피복 손상부에 접촉되었을 경우
② 피용접물에 붙어있는 용접봉을 떼려다 몸에 접촉되었을 경우
③ 용접기기의 보수 중에 입출력 단자가 절연된 곳에 접촉되었을 경우
④ 용접작업 중 홀더에 용접봉을 물릴 때나, 홀더가 신체에 접촉되었을 경우

피복 아크 용접에서 감전사고는 전류가 인체를 통과할 때 발생한다. 절연된 곳에 접촉된 경우는 이미 전류가 통하지 않는 상태이므로 감전이 일어날 수 없어 감전 원인이 될 수 없다.

16

다음 중 제2도 화상에 관한 설명으로 가장 적절한 것은?

① 피부가 붉게 되고 따끔거리는 통증을 수반하는 화상으로 피부층 중의 가장 바깥층인 표피의 손상만 가져온 화상
② 표피와 진피 모두 영향을 미친 화상으로 피부가 빨갛게 되며 통증과 부어오름이 생기는 화상
③ 표피와 진피, 하피까지 영향을 미쳐서 검게 되거나 반투명 백색이 되고 피부 표면 아래 혈관을 응고시키는 현상
④ 표피와 진피조직이 탄화되어 검게 변한 경우이며 피하의 근육, 힘줄, 신경 또는 골조직까지 손상을 받는 화상

① 제1도 화상
② 제2도 화상
③ 제3도 화상
④ 제4도 화상

12 ④ 13 ② 14 ④ 15 ③ 16 ②

17

CO_2 가스 아크 편면 용접에서 이면 비드의 형성은 물론 뒷면 가우징 및 뒷면 용접을 생략할 수 있고, 모재의 중량에 따른 뒤업기(Turn Over) 작업을 생략할 수 있도록 홈 용접부 이면에 부착하는 것은?

① 스캘롭
② 엔드 탭
③ 뒷댐재
④ 포지셔너

> 뒷댐재(Backing)는 용접 이면 비드 형성을 돕는 장치로, CO_2 가스 아크 용접에서 주로 사용된다. 이면(뒷면)에 용융금속이 흘러내리지 않게 받쳐주어 비드 형성을 안정화하는데 목적을 가진다.

18 빈출

다음 중 저탄소강의 용접에 관한 설명으로 틀린 것은?

① 용접 균열의 발생 위험이 크기 때문에 용접이 비교적 어렵고, 용접법의 적용에 제한이 있다.
② 피복 아크 용접의 경우 피복 아크 용접봉은 모재와 강도 수준이 비슷한 것을 선정하는 것이 바람직하다.
③ 판의 두께가 두껍고 구속이 큰 경우에는 저수소계 계통의 용접봉이 사용된다.
④ 두께가 두꺼운 강재일 경우 적절한 예열을 할 필요가 있다.

> 저탄소강은 탄소 함량이 낮아 용접성이 매우 좋다.

19 빈출

서브머지드 아크 용접에서 사용하는 용제 중 흡습성이 가장 적은 것은?

① 용융형
② 혼성형
③ 고온 소결형
④ 저온 소결형

> **SAW용 용제(Flux)의 종류**
> • 용융형 용제: 일반 탄소강, 구조물 등에 사용하며 화학적 균일성이 양호하고 수분 흡수가 적어 재활용이 가능하다.
> • 소결형 용제: 스테인리스강, 합금강, 대형구조물 등에 사용하며 합금 성분을 첨가하여 조성 조절이 용이하다.
> • 혼성형 용제: 일반구조물 및 조선용에 사용되며 용융형과 소결형의 중간 특성을 가진다.

20 빈출

다음 중 교류아크 용접기의 종류별 특성으로 가변저항의 변화를 이용하여 용접전류를 조정하는 형식은?

① 탭 전환형
② 가동 코일형
③ 가동 철심형
④ 가포화 리액터형

> 가포화 리액터형은 가변저항에 의한 제어전류로 철심의 자속을 변화시켜 용접전류를 제어하므로 미세전류 조정이 안정적이고 원격조정이 가능하다.

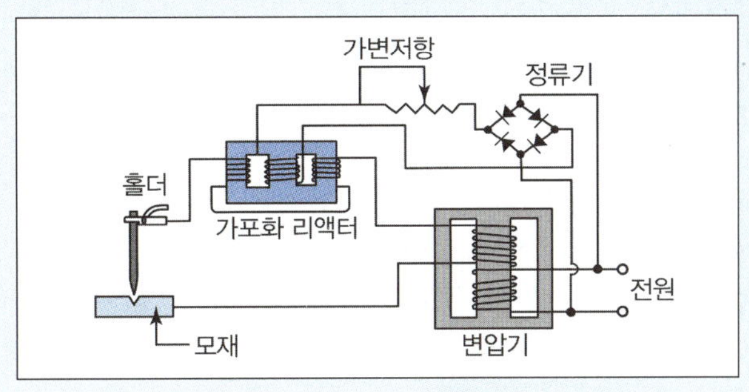

▲ 가포화 리액터형

21

가스 절단에서 프로판 가스와 비교한 아세틸렌 가스의 장점에 해당되는 것은?

① 후판 절단의 경우 절단속도가 빠르다.
② 박판 절단의 경우 절단속도가 빠르다.
③ 중첩 절단을 할 때에는 절단속도가 빠르다.
④ 절단면이 거칠지 않다.

> 박판 절단에서는 화염이 집중되고 온도가 높은 아세틸렌이 유리하다.
>
> **프로판 가스와 아세틸렌 가스**
>
> | 구분 | 아세틸렌(C_2H_2) | 프로판(C_3H_8) |
> | --- | --- | --- |
> | 최고 화염온도
(산소 혼합 시) | 약 3,200℃ | 약 2,900℃ |
> | 불꽃의 집중도 | 매우 높아
좁고 뾰족한 불꽃 | 넓고 완만한 불꽃 |
> | 연소속도 | 매우 빠름 | 느림 |
> | 절단 특성 | 박판 절단에 유리
(정밀하고 빠름) | 후판 절단에 유리
(가열 영역 넓음) |
> | 경제성 | 비싸고 위험성 높음 | 가격 저렴, 저장 용이 |

정답　　17 ③　18 ①　19 ①　20 ④　21 ②

다음 중 반자동 CO_2 용접에서 용접전류와 전압을 높일 때의 특성을 설명한 것으로 옳은 것은?

① 용접전류가 높아지면 용착율과 용입이 감소한다.
② 아크전압이 높아지면 비드가 좁아진다.
③ 용접전류가 높아지면 와이어의 용융속도가 느려진다.
④ 아크전압이 지나치게 높아지면 기포가 발생한다.

용접전류
용접 시 용융금속의 양과 용입 깊이를 결정하며, 전류가 너무 낮으면 용입 불량, 너무 높으면 와이어의 용융속도가 빨라져 언더컷, 스패터 증가 등의 결함이 발생한다.

용접전압
용접 시 아크길이와 비드 폭을 결정하며, 전압이 너무 낮으면 스패터가 증가하고 용입이 부족해지며, 너무 높으면 보호가스가 분리되어 산소 또는 질소 혼입으로 아크가 불안정하고 기포가 발생하게 된다.

23 빈출

다음 중 불꽃의 구성 요소가 아닌 것은?

① 불꽃심   ② 속불꽃
③ 겉불꽃   ④ 환원불꽃

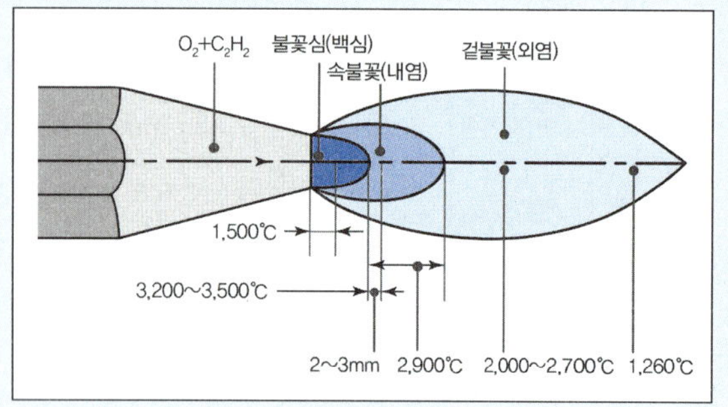

산소 – 아세틸렌 가스의 불꽃 구성

24 빈출

다음 중 연강용 가스 용접봉의 종류인 "GB43"에서 "43"이 의미하는 것은?

① 가스 용접봉
② 용착금속의 연신율 구분
③ 용착금속의 최소 인장강도 수준
④ 용착금속의 최대 인장강도 수준

- GB = 가스 용접봉
- 43 = 용착금속의 최소 인장강도(Minimum Tensile Strength)

25

피복 아크 용접봉에서 피복 배합제인 아교는 무슨 역할을 하는가?

① 아크 안정제
② 합금제
③ 탈산제
④ 환원가스 발생제

아교는 유기물로 열 분해 시 환원성 가스(CO, H_2)를 다량 발생시키는 환원가스 발생 작용을 담당한다.

26 빈출

다음 중 불활성 가스 금속 아크(MIG) 용접에서 주로 사용되는 가스는?

① Ar
② CO
③ O_2
④ H

- 불활성 가스 중 가장 많이 사용되는 가스는 아르곤으로 가격이 저렴하고 금속을 보호하는 역할이 우수하다.
- MIG 용접: 불활성 가스 Ar, He
- MAG 용접: CO_2, Ar + O_2, Ar + CO_2

27

구리와 아연을 주성분으로 한 합금으로 철강이나 비철금속의 납땜에 사용되는 것은?

① 황동납   ② 인동납
③ 은납   ④ 주석납

황동은 구리 – 아연(Cu – Zn)계 합금으로 강이나 비철금속의 경납(브레이징)에 널리 쓰인다.

28

다음 중 구속력이 가해진 상태에서 오스테나이트계 스테인리스강을 용접할 때 고온 균열을 방지하기 위해서 사용하는 용접봉은?

① 크롬계 오스테나이트 용접봉
② 망간계 오스테나이트 용접봉
③ 크롬 - 몰리브덴계 오스테나이트 용접봉
④ 크롬 - 니켈 - 망간계 오스테나이트 용접봉

오스테나이트계 스테인리스강은 용접 후 응고 온도가 높은 상태에서 구속력이 강해져 용입부나 용접금속에 균열이 생기는데, 이때 고온 균열을 방지하고 구속력이 강해진 상태에서 사용하기 위해서는 망간과 니켈, 크롬이 함유된 용접봉을 활용한다.

29

수중 절단 작업을 할 때에는 예열가스의 양을 공기 중의 몇 배로 하는가?

① 0.5 ~ 1배
② 1.5 ~ 2배
③ 4 ~ 8배
④ 9 ~ 16배

수중 절단 작업 시 예열가스의 양을 공기 중 대비 약 4 ~ 8배로 잡는다.

30

다음 중 용접 시 용착금속의 응고를 지연시켜 급랭을 방지하는 이유와 가장 거리가 먼 것은?

① 급랭에 의한 균열을 방지할 수 있다.
② 용접부에 담금질 경화가 되는 현상을 줄일 수 있다.
③ 기공, 슬래그 혼입 등 결함의 원인을 방지할 수 있다.
④ 전기 용접의 경우 소요되는 전력을 줄일 수 있다.

급격한 냉각을 방지하는 이유는 용접 시 균열, 응력, 조직경화를 완화하기 위한 목적을 가진다. 전기 용접 시 소요되는 전력과는 무관하다.

31

이산화탄소의 특징이 아닌 것은?

① 색, 냄새가 없다.
② 공기보다 가볍다.
③ 상온에서도 쉽게 액화한다.
④ 대기 중에서 기체로 존재한다.

이산화탄소(CO_2)의 밀도는 공기보다 약 1.5배 무겁다.

32 빈출

가스 용접 시 안전사항으로 적당하지 않은 것은?

① 산소병은 60℃ 이하 온도에서 보관하고, 직사광선을 피하여 보관한다.
② 호스는 길지 않게 하며, 용접이 끝났을 때는 용기 밸브를 잠근다.
③ 작업자 눈을 보호하기 위해 적당한 차광유리를 사용한다.
④ 호스 접속구는 호스 밴드로 조이고 비눗물 등으로 누설 여부를 검사한다.

산소 용기의 취급
• 산소(O_2)와 기름(유분) 또는 기름천, 기름이 묻은 장갑은 절대 접촉해서는 안 된다.
• 산소 용기 운반 시 충격에 주의를 기울이며 움직여야 한다.
• 산소 밸브는 천천히 개폐하며 밸브를 끝까지 열지 않도록 주의해야 한다.
• 용기 밸브가 사용 중 얼었을 경우 따뜻한 물을 활용하여 녹여 사용해야 한다.
• 가스 누설 점검은 사용 전에 실시하며 비눗물 또는 검사액으로 한다.
• 통풍이 잘 되고 직사광선에 노출되지 않는 공간에 40℃ 이하를 유지하며 세워서 보관해야 한다.

33

폭발 위험성이 가장 큰 산소와 아세틸렌의 혼합비(%)는?

① 40 : 60
② 15 : 85
③ 60 : 40
④ 85 : 15

연소에 필요한 산소는 약 85%, 아세틸렌은 약 15% 부근이 최대 폭발 위험 조성이다.

34

가스 절단에 따른 변형을 최소화할 수 있는 방법이 아닌 것은?

① 적당한 지그를 사용하여 절단재의 이동을 구속한다.
② 절단에 의하여 변형되기 쉬운 부분을 최후까지 남겨 놓고 냉각하면서 절단한다.
③ 여러 개의 토치를 이용하여 평행 절단한다.
④ 가스 절단 직후 절단물 전체를 650℃로 가열한 후 즉시 수냉한다.

즉시 수냉할 경우 냉각수축으로 균열이 발생할 수 있다.

35

다음 중 맞대기 저항 용접의 종류가 아닌 것은?

① 업셋 용접　　　　② 프로젝션 용접
③ 퍼커션 용접　　　④ 플래시 버트 용접

프로젝션 용접은 접합할 모재의 한쪽 면에 미리 돌기를 만들어, 이 돌기 부분에 전류와 가압력이 집중되도록 하여 용접하는 방식으로 겹치기 저항 용접에 해당한다.

36

온도 변화에 따라 열팽창계수, 탄성계수 등이 변하지 않는 불변강의 종류가 아닌 것은?

① 인바(Invar)　　　② 텅갈로이(Tungalloy)
③ 엘린바(Elinvar)　④ 플라티나이트(Platinite)

- 텅갈로이는 탄화텅스텐계 초경합금으로 온도의 변화에 따라 성질이 변화한다.
- 불변강: 인바, 엘린바, 코엘린바, 플라티나이트

37

피복 아크 용접봉의 피복 배합제의 성분 중에서 탈산제에 해당하는 것은?

① 산화티탄(TiO_2)　　② 규소철(Fe - Si)
③ 셀룰로오스(Cellulose)　④ 일미나이트($TiO_2 \cdot FeO$)

피복 배합제에서 탈산제는 용융금속 속의 산소를 제거하여 기공 및 산화를 줄이며 대표적으로 규소철과 망간 등이 해당된다.

38 ⭐빈출

가스 용접작업에서 후진법에 비교한 전진법의 특징 설명으로 맞는 것은?

① 용접변형이 작다.
② 용접 속도가 빠르다.
③ 산화의 정도가 심하다.
④ 용착금속의 조직이 미세하다.

구분	전진법 (Forward Welding)	후진법 (Backward Welding)
용접봉 위치	불꽃 앞쪽	불꽃 뒤쪽
불꽃의 진행 방향	불꽃이 진행 방향과 같은 방향	불꽃이 진행 방향의 반대 방향
화염의 작용	불꽃이 미리 모재를 예열하지 못해 용접부 보호가 작아져 산화가 발생하기 쉬움	불꽃이 이미 용착된 금속 위를 지나 예열 효과가 커져 산화 발생이 감소함
용접속도	느림	빠름
용입깊이	얕음	깊음
용착금속 조직	거침	미세함
적용 두께	얇은 판 (약 3mm 이하)	두꺼운 판 (3mm 이상)

39

탄소가 0.25%인 탄소강이 0~500℃의 온도 범위에서 일어나는 기계적 성질의 변화 중 온도가 상승함에 따라 증가되는 성질은?

① 항복점　　　　　② 탄성한계
③ 탄성계수　　　　④ 연신율

0~500℃의 온도 범위에서 항복점과 탄성한계, 탄성계수는 감소하며 연신율은 증가한다.

정답　　　34 ④　35 ②　36 ②　37 ②　38 ③　39 ④

40

철강의 열처리에서 열처리 방식에 따른 종류가 아닌 것은?

① 계단 열처리
② 항온 열처리
③ 표면경화 열처리
④ 내부경화 열처리

금속을 일정한 온도 범위로 가열 후 냉각하고, 금속의 조직과 기계적 성질(강도, 경도, 인성 등)을 인위적으로 조절하는 공정으로 계단 열처리, 항온 열처리, 표면경화 열처리 등이 있다.

41

산소나 탈산제를 품지 않으며, 유리에 대한 봉착성이 좋고 수소취성이 없는 시판동은?

① 무산소동
② 전기동
③ 전련동
④ 탈산동

무산소동

유리에 대한 봉착성이 우수하고 수소취성이 없는 시판용 구리로, 산소와 탈산제를 첨가하지 않을 뿐만 아니라 인과 같은 탈산 잔류 원소도 남지 않도록 고순도로 제조한다.

42

텅스텐 아크 절단은 특수한 TIG 절단토치를 사용한 절단법이다. 주로 사용되는 작동 가스는?

① $Ar + C_2H_2$
② $Ar + H_2$
③ $Ar + O_2$
④ $Ar + CO_2$

텅스텐 아크 절단(Tungsten Arc Cutting, TIG Cutting)

비소모성 전극을 사용하며 아크열로 금속을 녹여 절단하는 방식으로 가열 효과를 높이기 위해 아르곤(Ar) 가스에 수소(H_2)를 첨가한다. 주로 알루미늄, 마그네슘, 구리, 스테인리스강 등의 절단에 활용된다.

43

18 – 8형 스테인리스강의 특징을 설명한 것 중 틀린 것은?

① 비자성체이다.
② 18 - 8에서 18은 Cr%, 8은 Ni%이다.
③ 결정구조는 면심입방격자를 갖는다.
④ 500 ~ 800℃로 가열하면 탄화물이 입계에 석출하지 않는다.

오스테나이트계 스테인리스강

- Cr 18% + Ni 8%(18 – 8형)을 기본으로 하는 대표적인 스테인리스강으로, 비자성체이며 가공성과 내식성이 우수하나 결정입계 부식에 취약하다.
- 결정구조는 면심입방격자를 가지며, 500 ~ 800℃ 구간으로 가열하면 강 내부의 크롬(Cr)과 탄소(C)가 결합하여 크롬탄화물($Cr_{23}C_6$)이 결정입계에 석출된다.

44

다음 중 보통 주강에 3% 이하의 Cr을 첨가하여 강도와 내마멸성을 증가시켜 분쇄기계, 석유화학 공업용 기계 부품 등에 사용되는 합금 주강은?

① Ni 주강
② Cr 주강
③ Mn 주강
④ Ni - Cr 주강

3% 이하의 Cr을 첨가한 Cr 주강은 내마멸성과 강도가 증가되어 분쇄기계, 공업용 기계 부품 등에 활용된다.

45

알루마이트법이라 하며, Al 제품을 2% 수산 용액에서 전류를 흘려 표면에 단순하고 치밀한 산화막을 만드는 방법은?

① 통산법
② 황산법
③ 수산법
④ 크롬산법

수산법은 약 2% 수산용액에서 전류를 흘려 단단하고 치밀한 산화막을 형성하는 방법이다.

정답

40 ④   41 ①   42 ②   43 ④   44 ②   45 ③

46 ⭐빈출

다음 중 용접 부품에서 일어나기 쉬운 잔류응력을 감소시키기 위한 열처리법은?

① 완전 풀림(Full Annealing)
② 연화 풀림(Softening Annealing)
③ 확산 풀림(Diffusion Annealing)
④ 응력제거 풀림(Stress Relief Annealing)

47 ⭐빈출

내식강 중에서 가장 대표적인 특수 용도용 합금강은?

① 주강
② 탄소강
③ 스테인리스강
④ 알루미늄강

48

다음 중 금속 아크 절단법에 관한 설명으로 틀린 것은?

① 전원은 직류 정극성이 적합하다.
② 피복제는 발열량이 적고 탄화성이 풍부하다.
③ 절단면은 가스 절단면에 비하여 거칠다.
④ 담금질 경화성이 강한 재료의 절단부는 기계 가공이 곤란하다.

49 ⭐빈출

담금질에 대한 설명 중 옳은 것은?

① 위험 구역에서는 급냉한다.
② 임계 구역에서는 서냉한다.
③ 강을 경화시킬 목적으로 실시한다.
④ 정지된 물속에서 냉각 시 대류단계에서 냉각속도가 최대가 된다.

50

다음 중 Fe-Si 또는 Ca-Si 등의 접종제로 접종 처리하여 흑연을 미세화하고 바탕조직을 펄라이트(Pearlite) 조직화하여 강도와 인성을 높인 주철은?

① 백주철(White Cast Iron)
② 칠드주철(Chilled Cast Iron)
③ 미하나이트주철(Meehanite Cast Iron)
④ 흑심가단주철(Black Heart Melleable Cast Iron)

51

다음 중 대상물을 한쪽 단면도로 올바르게 나타낸 것은?

① 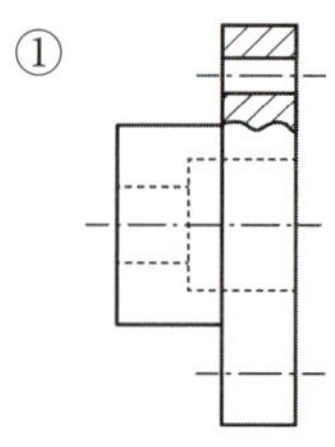
② 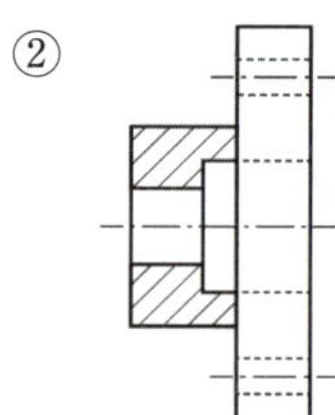
③ 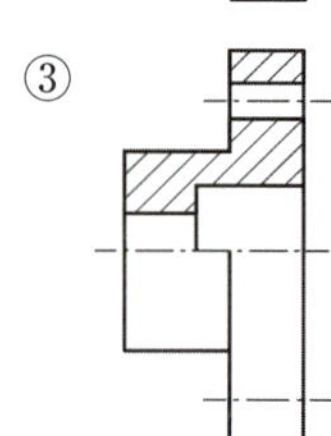
④ 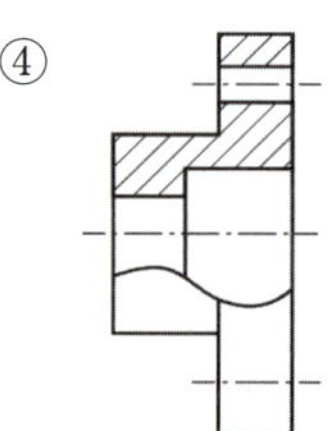

정답 46 ④ 47 ③ 48 ② 49 ③ 50 ③ 51 ③

52

그림과 같은 원추를 전개하였을 경우 전개면의 꼭지각이 180°가 되려면 ∅D의 치수는 얼마가 되어야 하는가?

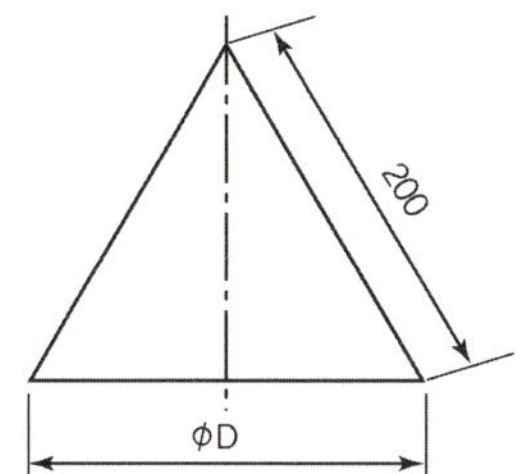

① ∅ 100
② ∅ 120
③ ∅ 180
④ ∅ 200

- 부채꼴의 반지름 = 원뿔의 모선 길이 $l = 200$
- 부채꼴의 중심각 $\theta = 180°$

$$\frac{r}{l} = \frac{\theta}{360°}$$

$$\frac{r}{200} = \frac{180}{360}$$

$$\therefore r = 200 \times \frac{1}{2} = 100$$

$$\rightarrow \text{지름 } D = 2 \times r = 2 \times 100 = 200$$

53

도면에 물체를 표시하기 위한 투상에 관한 설명 중 잘못된 것은?

① 주 투상도는 대상물의 모양 및 기능을 가장 명확하게 표시하는 면을 그린다.
② 보다 명확한 설명을 위해 주 투상도를 보충하는 다른 투상도를 많이 나타낸다.
③ 특별한 이유가 없을 경우 대상물을 가로 길이로 놓은 상태로 그린다.
④ 서로 관련되는 그림의 배치는 되도록 숨은선을 쓰지 않도록 한다.

도면 작성의 기본 원칙 중 하나는 간결성으로 물체의 형상을 이해하는 데 꼭 필요한 최소한의 투상도만을 사용해야 한다.

54

그림과 같은 입체도의 화살표 방향 투시도로 가장 적합한 것은?

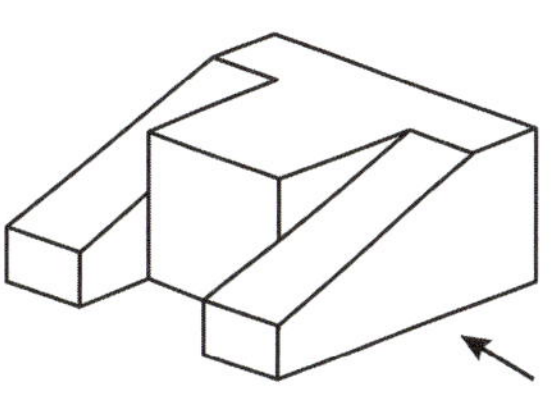

① 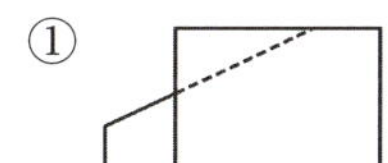
② 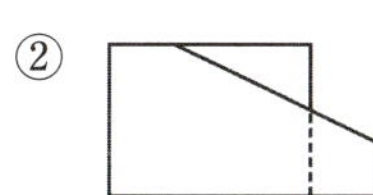
③ 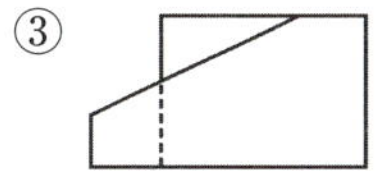
④ 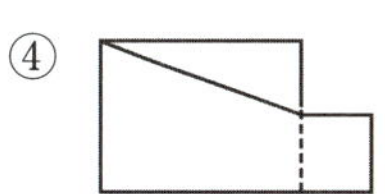

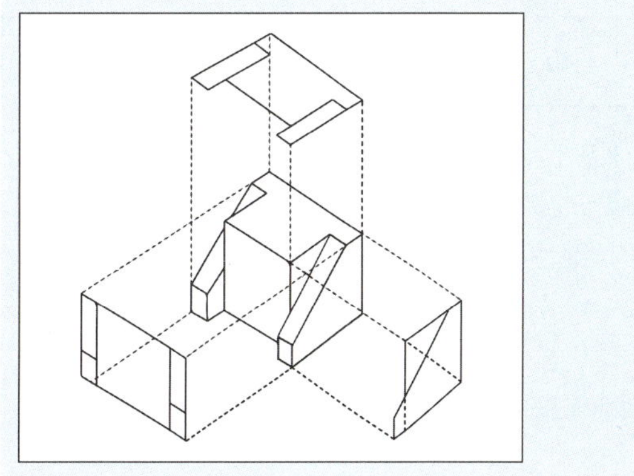

55

그림에서 나타난 용접기호의 의미는?

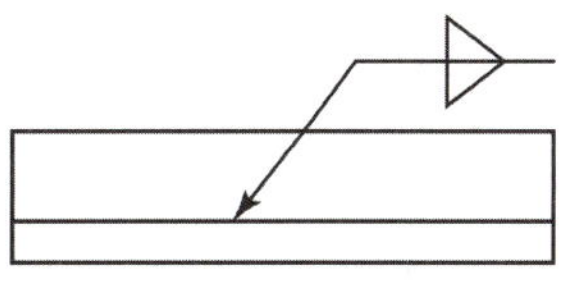

① 플레어 K형 용접
② 양쪽 필릿 용접
③ 플러그 용접
④ 프로젝션 용접

기본 기호인 삼각형 모양은 필릿 용접을 나타내는 기호이며, 참조선 위, 아래 양쪽에 모두 삼각형이 있어 양쪽 필릿 용접에 대한 기호이다.

56 빈출

도면에 330으로 표시된 기계 재료의 의미로 가장 적합한 설명은?

① 합금 공구강으로 최저 인장강도는 $300N/mm^2$
② 일반 구조용 압연강재로 최저 인장강도는 $300N/mm^2$
③ 일반 압연 스테인리스 강관으로 탄소 함유량은 0.33%
④ 압력 배관용 탄소강재로 탄소 함유량은 0.33%

> 일반 구조용 압연강재(SS330)의 표시에서 330은 최저 인장강도 $330N/mm^2$(= MPa)를 의미한다.

57

도면에 대한 호칭방법이 다음과 같이 나타날 때 이에 대한 설명으로 틀린 것은?

> KS B ISO 5457 - A1t - TP 112.5 - R - TBL

① 도면은 KS B ISO 5457을 따른다.
② A1 용지 크기이다.
③ 재단하지 않은 용지이다.
④ $112.5g/m^2$ 사양의 트레이싱지이다.

> R: Trimmed(재단된) 용지를 뜻한다.

58

다음 판금 가공물의 전개도를 그릴 때 각 부분별 전개도법으로 가장 적당한 것은?

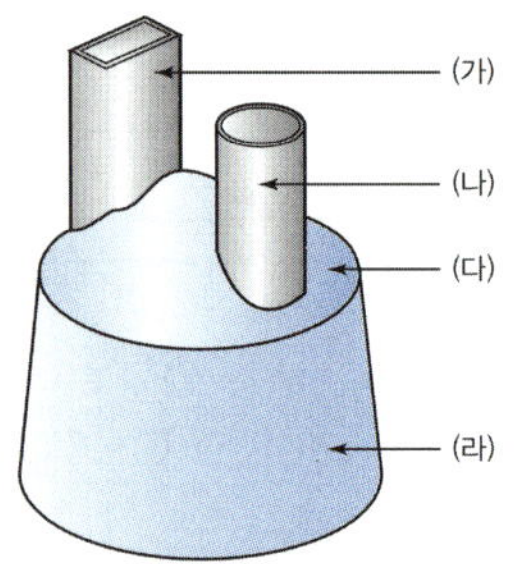

① (가)는 방사선을 이용한 전개도법
② (나)는 삼각형을 이용한 전개도법
③ (다)는 평행선을 이용한 전개도법
④ (라)는 삼각형을 이용한 전개도법

(가) 수직 원통 부분: 평행선 전개법
(나) 작은 원통 부분: 평행선 전개법
(다) 원추형 부분: 방사선 전개법
(라) 원추와 원통 부분: 삼각형 전개법

59 빈출

제3각법의 투상도에서 도면의 배치 관계는?

① 평면도를 중심하여 정면도는 위에 우측면도는 우측에 배치된다.
② 정면도를 중심하여 평면도는 밑에 우측면도는 우측에 배치된다.
③ 정면도를 중심하여 평면도는 위에 우측면도는 우측에 배치된다.
④ 정면도를 중심하여 평면도는 위에 우측면도는 좌측에 배치된다.

투상법

구분	제1각법 (First-Angle)	제3각법 (Third-Angle)
투상 위치	물체가 투상면 앞쪽	물체가 투상면 뒤쪽
도면 배치법칙	좌우·상하가 실제와 반대	좌우·상하가 실제와 같음
평면도(윗면도)	정면도의 아래쪽	정면도의 위쪽
저면도(아랫면도)	정면도의 위쪽	정면도의 아래쪽
좌측면도	정면도의 오른쪽	정면도의 왼쪽
우측면도	정면도의 왼쪽	정면도의 오른쪽

60

그림과 같은 용접기호의 의미를 바르게 설명한 것은?

① 구멍의 지름이 n이고 e의 간격으로 d개인 플러그 용접
② 구멍의 지름이 d이고 e의 간격으로 n개인 플러그 용접
③ 구멍의 지름이 n이고 e의 간격으로 d개인 심 용접
④ 구멍의 지름이 d이고 e의 간격으로 n개인 심 용접

> 플러그 용접기호로, d는 구멍 지름을, N은 용접 개수, (e)는 중심 간격을 나타낸다.

Chapter 09

2023년 1회 | CBT 기출복원문제

01 ★빈출

다음 중 CO_2 가스 아크 용접의 장점으로 틀린 것은?

① 용착금속의 기계적 성질이 우수하다.
② 슬래그 혼입이 없고, 용접 후 처리가 간단하다.
③ 전류밀도가 높아 용입이 깊고, 용접 속도가 빠르다.
④ 풍속 2m/s 이상의 바람에도 영향을 받지 않는다.

> CO_2 가스 아크 용접은 차폐가스 방식으로 바람에 민감하므로 풍속 2m/s 이상에서는 차폐가 무너져 기공·산화가 발생하기 쉽다.

02

다이캐스팅 합금강 재료의 요구조건에 해당되지 않는 것은?

① 유동성이 좋아야 한다.
② 열간 메짐성(취성)이 적어야 한다.
③ 금형에 대한 점착성이 좋아야 한다.
④ 응고수축에 대한 용탕 보급성이 좋아야 한다.

> 다이캐스팅 합금은 금형에 달라붙으면 안 되고 사출과 탈형이 원활하여야 하므로 점착성이 좋으면 안 된다.

03 ★빈출

용접 결함 중 구조상 결함이 아닌 것은?

① 슬래그 섞임
② 용입 불량과 융합 불량
③ 언더컷
④ 피로강도 부족

용접 결함의 분류

용접 결함	분류
치수상 결함	변형(Distortion)
	치수 불량: 비드 폭, 덧붙임, 목두께 등의 과부족
	형상 불량: 용접공의 기량 또는 도면 이해 부족으로 형상이 불량한 것
구조상 결함	기공 및 피트(Porosity & Pit)
	융합 불량(LF, Lack of Fusion, Incomplete Fusion)
	용입 부족(IP, Incomplete Penetration)
	언더컷(Under Cut)
	오버랩(Over Lap)
	슬래그 섞임(Slag Inclusion)
	은점(Fish Eye)
	스패터(Spatter)
	균열(Crack)
	라미네이션(Lamination)
성질상 결함	기계적 성질 불량: 연성, 인장 및 피로강도 등
	화학적 성질 불량: 화학성분, 부식 등

04

온도의 상승에도 강도를 잃지 않는 재료로서 복잡한 모양의 성형 가공도 용이하므로 항공기, 미사일 등의 기계 부품으로 사용되어지는 PH형 스테인리스강은?

① 페라이트계 스테인리스강
② 마텐자이트계 스테인리스강
③ 오스테나이트계 스테인리스강
④ 석출경화형 스테인리스강

> **석출경화형 스테인리스강**
> PH형 스테인리스강이라고 하며, 오스테나이트계나 마텐자이트계의 스테인리스강에 Cu, Al, Nb, Ti 등의 석출경화성 원소를 첨가하고 저온 열처리하여 강도를 크게 향상시킨 합금이다. 고강도, 내식성, 가공성이 우수하여 항공기 부품, 미사일, 터빈축 등에 사용된다.

정답　01 ④　02 ③　03 ④　04 ④

05

피복 아크 용접기를 사용할 때 지켜야 할 사항으로 틀린 것은?

① 정격 이상으로 사용하면 과열되어 소손이 생긴다.
② 탭 전환은 반드시 아크를 중지시킨 후에 시행한다.
③ 1차 측 탭은 2차 측 무부하 전압을 높이거나 용접전류를 올리는데 사용한다.
④ 2차 측 단자의 한쪽과 용접기 케이스는 반드시 접지를 확실히 해야 한다.

1차 측 탭은 사용되는 전압(220 또는 330V)에 따라 맞게 조정하는 기능을 가진다.

06 빈출

재료의 인장 시험방법으로 알 수 없는 것은?

① 인장강도　　　　② 단면수축률
③ 피로강도　　　　④ 연신율

피로는 오랜 시간 항복강도 또는 인장강도보다 작은 반복하중을 받을 경우 균열이 누적되어 파괴되는 현상으로 피로파괴라고도 한다.

07

전기에 감전되었을 때 체내에 흐르는 전류가 몇 mA일 때 근육 수축이 일어나는가?

① 5mA
② 20mA
③ 50mA
④ 100mA

감전 재해

전류(mA)	인체 반응	설명
20~50	강한 근육 수축, 호흡 곤란	호흡근 경직, 의식 혼미 가능성
50 이상	심실세동, 사망 위험	심장 리듬 붕괴

08 빈출

다음 중 아크의 길이가 너무 길었을 때 일어나는 현상과 가장 거리가 먼 것은?

① 아크가 불안정하다.
② 스패터가 감소한다.
③ 산화 및 질화가 일어나기 쉽다.
④ 열의 집중 불량, 용입 불량의 우려가 있다.

아크길이가 길어질수록 전압이 상승하고 아크가 불안정해져 스패터가 증가된다.

09

용접부에 은점을 일으키는 주요 원소는?

① 수소　　　　② 인
③ 산소　　　　④ 탄소

은점
주요 원인은 수소로 용접 중 수소가 금속 내에 용해되었다가 응고 과정에서 방출되지 못할 때 기포 또는 은백색 반점 형태로 나타나는 결함이다.

10 빈출

피복 아크 용접기를 사용하여 아크 발생을 8분간 하고 2분간 쉬었다면, 용접기 사용률은 몇 %인가?

① 25　　　　② 40
③ 65　　　　④ 80

$$\text{사용률}(\%) = \frac{\text{아크시간}}{\text{아크시간} + \text{휴식시간}} \times 100$$

$$= \frac{8}{8+2} \times 100 = 80\%$$

물체의 정면도를 기준으로 하여 뒤쪽에서 본 투상도는?

① 정면도
② 평면도
③ 저면도
④ 배면도

배면도(뒤쪽 면)만은 두 방식 모두 정면도의 같은 쪽에 배치하는 것이 원칙이다.

12 빈출

다음 중 불활성 가스 텅스텐 아크 용접에서 중간 형태의 용입과 비드 폭을 얻을 수 있으며, 청정효과가 있어 알루미늄이나 마그네슘 등의 용접에 사용되는 전원은?

① 직류 정극성
② 직류 역극성
③ 고주파 교류
④ 교류 전원

TIG 용접에서 알루미늄이나 마그네슘과 같은 비철금속은 표면에 강한 산화막(Al_2O_3, MgO)이 용접법을 방해하므로 청정작용이 필수로 필요하다. 청정작용은 극성이 주기적으로 바뀌는 고주파 교류의 (+) 반주기에서는 산화막 제거(청정작용)를, (–) 반주기에서는 모재 용융을 가지고 온다.

13

기계제도에서 도형의 생략에 관한 설명으로 틀린 것은?

① 도형이 대칭 형식인 경우에는 대칭 중심선의 한쪽 도형만을 그리고 그 대칭 중심선의 양 끝 부분에 대칭 그림 기호를 그려서 대칭임을 나타낸다.
② 대칭 중심선의 한쪽 도형을 대칭 중심선을 조금 넘는 부분까지 그려서 나타낼 수도 있으며, 이때 중심선 양 끝에 대칭 그림 기호를 반드시 나타내야 한다.
③ 같은 종류, 같은 모양의 것이 다수 줄지어 있는 경우에는 실형 대신 그림 기호를 피치선과 중심선과의 교점에 기입하여 나타낼 수 있다.
④ 축, 막대, 관과 같은 동일 단면형의 부분은 지면을 생략하기 위하여 중간 부분을 파단선으로 잘라내서 그 긴요한 부분만을 가까이 하여 도시할 수 있다.

대칭 중심선을 약간 넘어서 한쪽 도형을 그리는 경우에는 대칭 기호(도시 기호)를 생략해야 한다.

14

다음 중 용접 후 잔류응력완화법에 해당하지 않는 것은?

① 기계적 응력완화법
② 저온응력완화법
③ 피닝법
④ 화염경화법

• 용접 후 잔류응력완화법은 열적 방법(저온응력완화 열처리 등)과 기계적 방법(피닝, 진동 및 기계적 응력완화 등)으로 수행한다.
• 화염경화법은 표면을 가열 후 급랭하여 경화층을 형성하는 표면 경화 공정을 말한다.

15

아크 용접부에 기공이 발생하는 원인과 가장 관련이 없는 것은?

① 이음 강도 설계가 부적당할 때
② 용착부가 급랭될 때
③ 용접봉에 습기가 많을 때
④ 아크길이, 전류값 등이 부적당할 때

①은 구조 설계 단계 문제로 기공 발생 원인과 직접적인 관련이 없다.

16 빈출

용접 자세를 나타내는 기호가 틀리게 짝지어진 것은?

① 위보기 자세: OH
② 수직 자세: V
③ 아래보기 자세: U
④ 수평 자세: H

아래보기 자세: F

17

안전 · 보건표지의 색채, 색도기준 및 용도에서 색채에 따른 용도를 올바르게 나타낸 것은?

① 빨간색: 안내
② 파란색: 지시
③ 녹색: 경고
④ 노란색: 금지

안전보건표지의 색채, 색도기준 및 용도			
색채	색도기준	용도	사용례
빨간색	7.5R 4/14	금지	정지신호, 소화설비 및 그 장소, 유해행위의 금지
		경고	화학물질 취급장소에서의 유해 · 위험 경고
노란색	5Y 8.5/12	경고	화학물질 취급장소에서의 유해 · 위험 경고 이외의 위험 경고, 주의표지 또는 기계방호물
파란색	2.5PB 4/10	지시	특정 행위의 지시 및 사실의 고지
녹색	2.5G 4/10	안내	비상구 및 피난소, 사람 또는 차량의 통행표지
흰색	N9.5	–	파란색 또는 녹색에 대한 보조색
검은색	N0.5	–	문자 및 빨간색 또는 노란색에 대한 보조색

18 ⭐빈출

교류 아크 용접기의 종류에 속하지 않는 것은?

① 가동 코일형
② 탭 전환형
③ 정류기형
④ 가포화 리액터형

용접기의 종류
• 교류아크 용접기: 탭 전환형, 가동 코일형, 가동 철심형, 가포화 리액터형
• 직류아크 용접기: 엔진 구동형, 전동 발전형, 정류기형

19 ⭐빈출

일반적인 용접의 장점으로 옳은 것은?

① 재질 변형이 생긴다.
② 작업 공정이 단축된다.
③ 잔류응력이 발생한다.
④ 품질검사가 곤란하다.

용접의 특징
• 금속 결합으로 기밀, 수밀, 유밀성이 우수하다.
• 얇은 판부터 두꺼운 판까지 두께에 제한이 없다.
• 조립, 가공 공정이 단순화되어 작업성이 좋다.
• 용접부 절단 제거 시 보수와 수리가 어렵다.
• 용접사의 기술 수준에 따른 숙련도가 요구된다.
• 기상 및 작업 환경 조건에 따른 제한이 발생한다.
• 국부적인 열 집중으로 변형 및 잔류응력이 발생된다.

20

다음과 같은 용착법은?

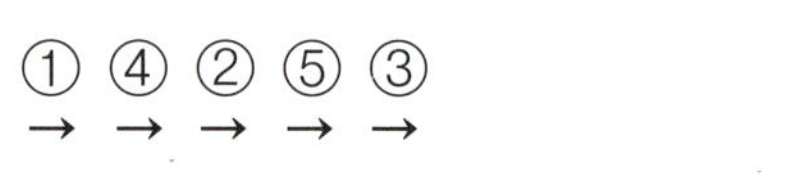

① 대칭법
② 전진법
③ 후진법
④ 스킵법

스킵법(Skip Welding)
긴 용접선을 한 번에 연속적으로 용접하지 않고 일정 길이로 나눈 여러 구간을 건너뛰며 간헐적으로 용접하는 방법으로, 열의 집중을 방지하여 변형, 잔류응력을 줄이는데 효과적이다.

21

그림과 같은 도면에서 "A"의 길이는 얼마인가?

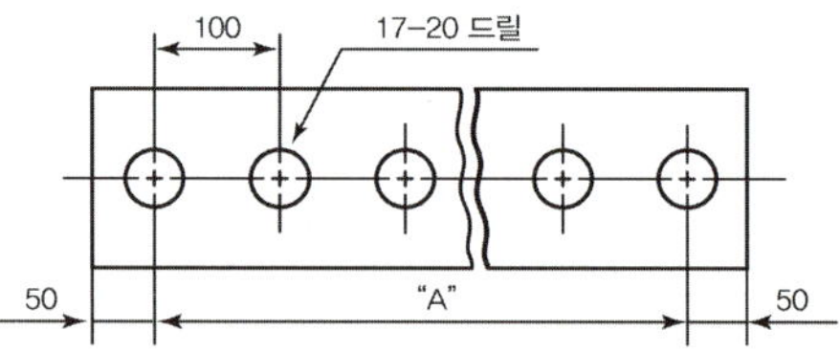

① 1,500mm
② 1,600mm
③ 1,700mm
④ 1,800mm

17개의 구멍 홀 간격은 100mm
(17-1) × 100 = 1,600mm

22 ⭐빈출

연강용 피복 아크 용접봉 심선의 4가지 화학성분 원소는?

① C, Si, P, S
② C, Si, Fe, S
③ C, Si, Ca, P
④ Al, Fe, Ca, P

23

그림과 같이 지름이 같은 원기둥과 원기둥이 직각으로 만날 때의 상관선은 어떻게 나타나는가?

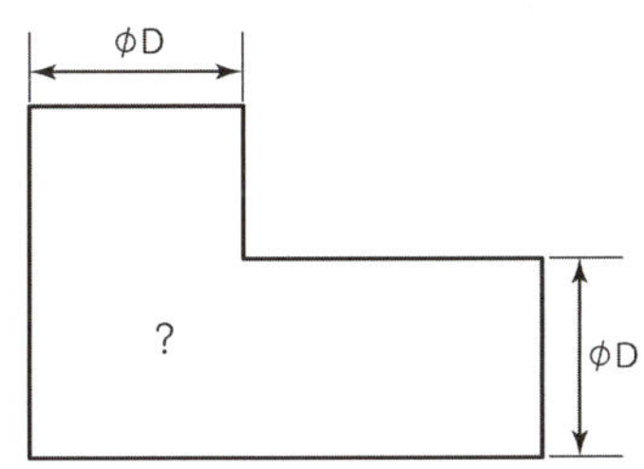

① 점선 형태의 직선
② 실선 형태의 직선
③ 실선 형태의 포물선
④ 실선 형태의 하이포이드 곡선

24 ⭐빈출

그림과 같은 물체를 한쪽 단면도로 나타낼 때 가장 옳은 것은?

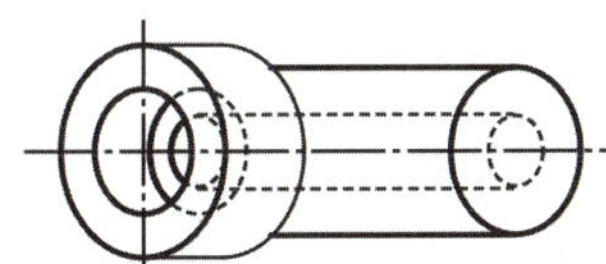

① 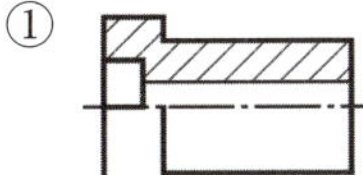
② 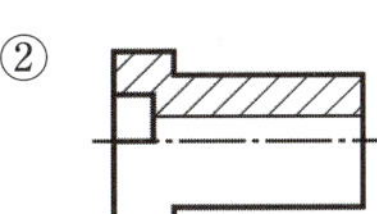
③ 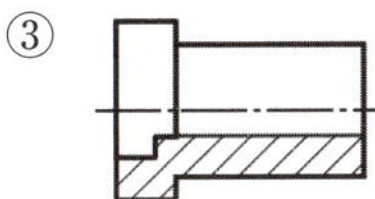
④ 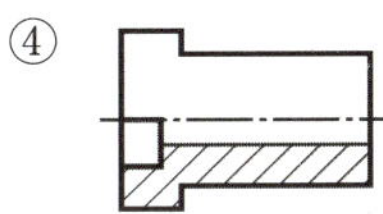

25

용접작업 중 지켜야 할 안전사항으로 틀린 것은?

① 보호장구를 반드시 착용하고 작업한다.
② 훼손된 케이블은 사용 후에 보수한다.
③ 도장된 탱크 안에서의 용접은 충분히 환기시킨 후에 작업한다.
④ 전격방지기가 설치된 용접기를 사용한다.

26

그림과 같이 기계 도면 작성 시 가공에 사용하는 공구 등의 모양을 나타낼 필요가 있을 때 사용하는 선으로 올바른 것은?

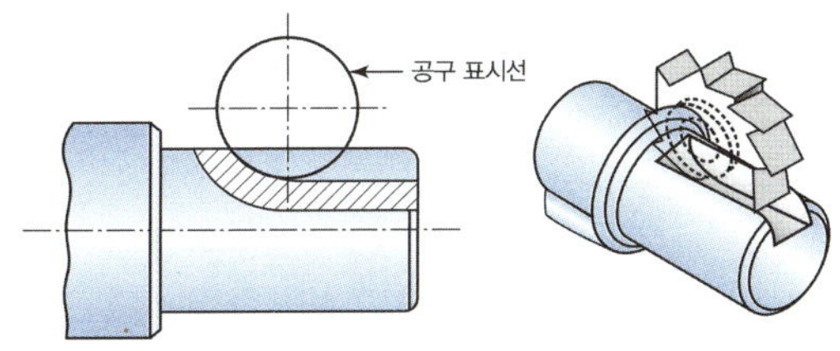

① 가는 실선
② 가는 1점 쇄선
③ 가는 2점 쇄선
④ 가는 파선

27 ⭐빈출

서브머지드 아크 용접부의 결함으로 가장 거리가 먼 것은?

① 기공
② 균열
③ 언더컷
④ 용착

정답   22 ① 23 ② 24 ① 25 ② 26 ③ 27 ④

28 빈출

다음 중 용접부의 검사방법에 있어 비파괴검사법이 아닌 것은?

① X선 투과시험
② 형광 침투시험
③ 피로시험
④ 초음파 시험

기계적 시험은 기계적 성질을 이용한 강도, 연성, 경도 등을 평가하는 방법으로 피로시험, 인장시험, 굽힘시험, 충격시험, 경도시험 등이 있다.

29

피복 아크 용접봉에서 아크길이와 아크전압의 설명으로 틀린 것은?

① 아크길이가 너무 길면 불안정하다.
② 양호한 용접을 하려면 짧은 아크를 사용한다.
③ 아크전압은 아크길이에 반비례한다.
④ 아크길이가 적당할 때 정상적인 작은 입자의 스패터가 생긴다.

피복 아크 용접에서 아크전압(Arc Voltage)은 아크길이(Arc Length)와 밀접한 관계를 가지며 아크전압은 아크길이에 비례한다.

30 빈출

다음 중 방사선 투과검사에 대한 설명으로 틀린 것은?

① 내부결함 검출에 용이하다.
② 검사 결과를 필름에 영구적으로 기록할 수 있다.
③ 라미네이션 및 미세한 표면 균열도 검출된다.
④ 방사선 투과검사에 필요한 기구로는 투과도계, 계조계, 증감지 등이 있다.

방사선 투과검사(Radiographic Testing, RT)
X선 또는 감마선을 시험체에 투과하여 내부 결함을 방사선 흡수량의 차이로 기록하는 검사방법으로 두꺼운 재료의 투과 한계와 표면 결함인 라미네이션, 균열 등은 검출이 어렵다.

31 빈출

재료의 접합방법은 기계적 접합과 야금적 접합으로 분류하는데 야금적 접합에 속하지 않는 것은?

① 리벳
② 융접
③ 압접
④ 납땜

접합 방법
• 기계적 접합: 리벳, 볼트, 나사, 핀, 코터, 접어 잇기 등
• 야금적 접합: 융접, 압접, 납땜

32

용접작업 시의 전격 방지대책으로 잘못된 것은?

① TIG 용접 시 텅스텐 전극봉을 교체할 때는 항상 전원 스위치를 차단하고 작업한다.
② TIG 용접 시 수냉식 토치는 과열을 방지하기 위해 냉각수 탱크에 넣어 식힌 후 작업한다.
③ 용접하지 않을 때에는 TIG 용접의 텅스텐 전극봉을 제거하거나 노즐 뒷쪽으로 밀어 넣는다.
④ 홀더나 용접봉은 절대로 맨손으로 취급하지 않는다.

수냉식 TIG 토치는 냉각수가 순환되는 구조로 설계되어 있으며 별도의 냉각장치가 내부적으로 냉각을 담당하고 있다. 토치를 냉각수 탱크에 넣어 식히는 행위는 절연파손 감전 위험, 냉각수 오염 등 원인이 발생한다.

33

가스 절단에서 양호한 절단면을 얻기 위한 조건으로 맞지 않는 것은?

① 드래그가 가능한 한 클 것
② 절단면 표면의 각이 예리할 것
③ 슬래그 이탈이 양호할 것
④ 경제적인 절단이 이루어질 것

드래그는 가능한 작고 일정한 것이 좋으며, 홈이 높고 노치가 있는 경우 절단속도가 너무 빠르거나 산소압력의 부족으로 작업이 불량한 것을 나타낸다.

34

용접전류 150A, 전압이 30V일 때 아크출력은 몇 kW인가?

① 4.2kW   ② 4.5kW
③ 4.8kW   ④ 5.8kW

$P = V \times I$
   $= 30V \times 150A = 4{,}500W = 4.5kW$
V: 전압(V)
I: 전류(A)
P: 전력(W)

35

다음 도면은 정면도와 우측면도만이 올바르게 도시되어 있다. 평면도로 가장 적합한 것은?

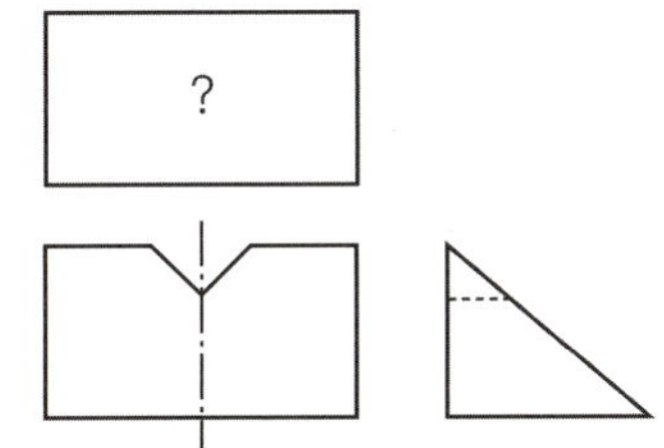

① 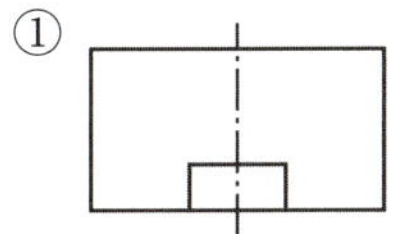   ② 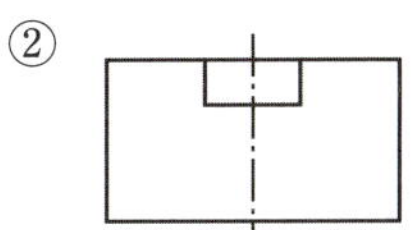

③ 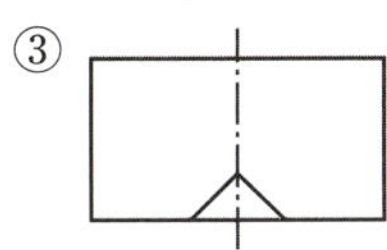   ④ 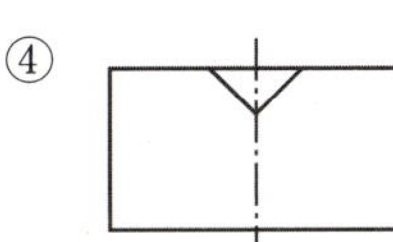

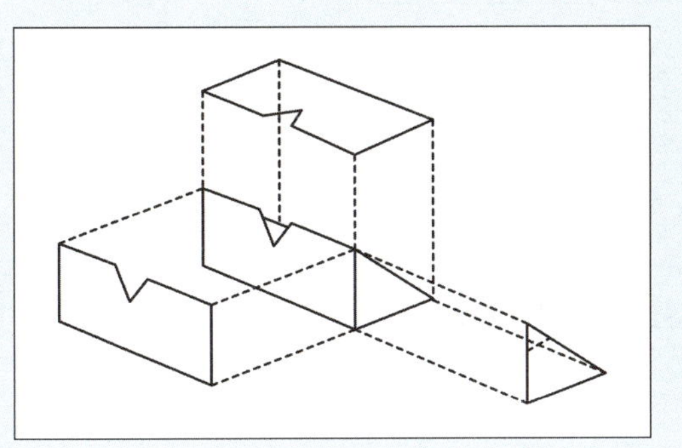

36

용접기의 구비조건이 아닌 것은?

① 구조 및 취급이 간단해야 한다.
② 사용 중에 온도 상승이 적어야 한다.
③ 전류조정이 용이하고 일정한 전류가 흘러야 한다.
④ 용접효율과 상관없이 사용 유지비가 적게 들어야 한다.

유지비가 적게 드는 것은 경제적인 관점으로 유지비 절감보다 안정적인 용접 품질확보가 우선이다.

용접기의 구비조건
• 구조 및 취급이 간단하여 현장 작업자가 쉽게 운용할 수 있을 것
• 사용 중 온도 상승이 적어 효율 저하를 방지할 것
• 전류조정이 용이하고 안정된 전류를 유지하여 일정한 아크를 유지할 것
• 절연이 완전하고 감전사고를 방지할 것
• 진동, 충격, 습기 등에 견딜 수 있고 현장 환경에 적용이 가능한 내구성을 가질 것

37

마그네슘의 성질에 대한 설명 중 잘못된 것은?

① 비중은 1.74이다.
② 비강도가 알루미늄 합금보다 우수하다.
③ 면심입방격자이며 냉간 가공이 우수하다.
④ 구상흑연주철의 첨가제로 사용한다.

마그네슘의 결정구조는 조밀육방격자로 냉간 가공성이 좋지 않다.

38

비금속 개재물이 강에 미치는 영향이 아닌 것은?

① 고온 메짐의 원인이 된다.
② 인성은 향상시키나 경도를 떨어뜨린다.
③ 열처리 시 개재물로 인한 균열을 발생시킨다.
④ 단조나 압연 작업 중에 균열의 원인이 된다.

비금속 개재물(산화물, 황화물, 규산염 등)은 강의 품질을 저하시키는 불순물로 단조, 압연 등의 충격으로 인한 균열이 발생되고 열처리시 균열이 생기며 인성과 연성, 피로강도의 저하 원인이 된다.

39 ⭐

다음 중 아크 절단의 종류에 속하지 않는 것은?

① 탄소 아크 절단 ② 플라즈마 제트 절단
③ 스카핑 ④ 아크 에어 가우징

스카핑
표면 결함을 제거하는 홈 파기 가공방법으로, 결함을 방지하기 위해 단면을 완만한 타원형 홈 모양이 되도록 하는 가스 절삭 가공법

40

기계제도에서의 척도에 대한 설명으로 잘못된 것은?

① 척도는 표제란에 기입하는 것이 원칙이다.
② 축척의 표시는 2 : 1, 5 : 1, 10 : 1 등과 같이 나타낸다.
③ 척도란 도면에서의 길이와 대상물의 실제길이의 비이다.
④ 도면을 정해진 척도값으로 그리지 못하거나 비례하지 않을 때에는 척도를 'NS'로 표시할 수 있다.

배척(확대척도)은 실제보다 크게 그려 확대 표시(2 : 1, 5 : 1, 10 : 1) 하며, 축척은 실제보다 작게 그려 축소 표시한다.

41

금속간 화합물의 특징을 설명한 것 중 옳은 것은?

① 어느 성분 금속보다 용융점이 낮다.
② 어느 성분 금속보다 경도가 낮다.
③ 일반 화합물에 비하여 결합력이 약하다.
④ Fe_3C는 금속간 화합물에 해당되지 않는다.

금속간 화합물은 두 종류 이상의 금속 원소가 일정한 원자 비율로 결합하여, 모체가 되는 금속과는 전혀 다른 고유의 결정 구조를 갖는 화합물이다. 모체가 되는 금속과는 전혀 다른 고유의 결정 구조를 갖는 화합물로 결합력이 약하다.

42 ⭐

피복 아크 용접에서 일반적으로 가장 많이 사용되는 차광유리의 차광도 번호는?

① 4 ~ 5 ② 7 ~ 8
③ 10 ~ 11 ④ 14 ~ 15

용접 차광도 번호
• 가스 용접 및 납땜 시: 2 ~ 4
• TIG 용접 시: 9 ~ 12
• 아크 용접 시: 10 ~ 13

43 ⭐

가스 용접에 사용되는 가연성 가스의 종류가 아닌 것은?

① 프로판 가스 ② 수소 가스
③ 아세틸렌 가스 ④ 산소

산소는 다른 물질의 연소를 돕는 기체로 조연성 가스이다.

44 ⭐

그림과 같은 제3각법 정투상도의 3면도를 기초로 한 입체도로 가장 적합한 것은?

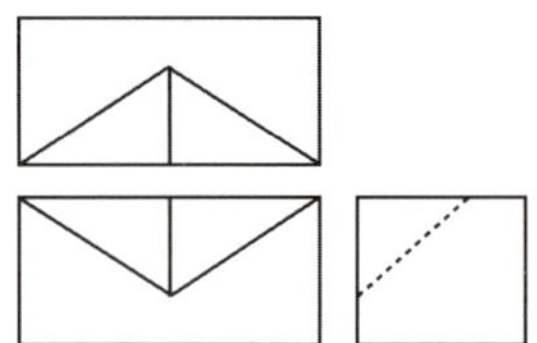

①  ② 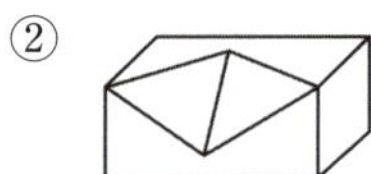

③ 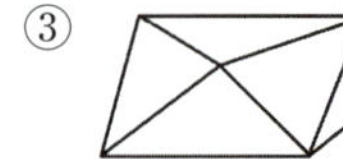 ④ 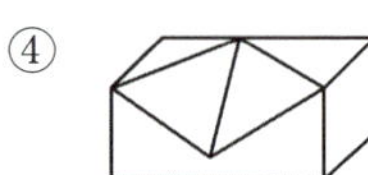

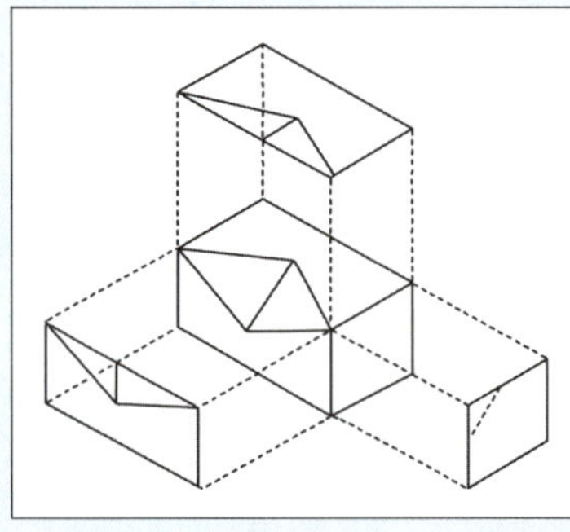

45

아래 [그림]과 같이 각 층마다 전체의 길이를 용접하면서 쌓아올리는 가장 일반적인 방법으로 주로 사용하는 용착법은?

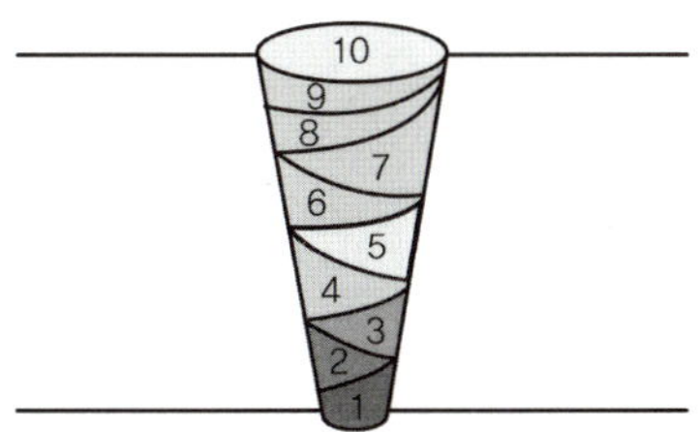

① 교호법
② 덧살올림법
③ 캐스케이드법
④ 전진블록법

46 빈출

직류아크 용접에서 역극성의 특징으로 맞는 것은?

① 용입이 깊어 후판 용접에 사용된다.
② 박판, 주철, 고탄소강, 합금강 등에 사용된다.
③ 봉의 녹음이 느리다
④ 비드 폭이 좁다

47 빈출

용접봉의 피복 배합제 중 탈산제로 쓰이는 가장 적합한 것은?

① 탄산칼륨
② 페로망간
③ 형석
④ 이산화망간

48 빈출

다음 중 금속 산화물과 정제된 고체 알루미늄 파우더의 혼합 때 발생하는 과정에서 용접열이 얻어지고, 용융된 금속이 용가제로 되는 발열 반응으로 형성되는 점화를 이용한 용접법은?

① 플라즈마 아크 용접
② 테르밋 용접
③ 플래시 버트 용접
④ 프로젝션 용접

49

합금강이 탄소강에 비하여 좋은 성질이 아닌 것은?

① 기계적 성질 향상
② 결정입자의 조대화
③ 내식성, 내마멸성 향상
④ 고온에서 기계적 성질 저하 방지

정답   45 ②   46 ②   47 ②   48 ②   49 ②

50 빈출

서브머지드 아크 용접에서 루트 간격이 0.8mm보다 넓을 때 누설방지 비드를 배치하는 가장 큰 이유로 맞는 것은?

① 기공을 방지하기 위하여
② 크랙을 방지하기 위하여
③ 용접변형을 방지하기 위하여
④ 용락을 방지하기 위하여

자동 용접 중 하나인 서브머지드 아크 용접은 용입이 깊고 열량이 많아 누설방지 비드 또는 백킹제를 배치해야 용락이 발생하지 않는다.

51 빈출

다음 중 용접봉의 용융속도를 나타낸 것은?

① 단위 시간당 용접입열의 양
② 단위 시간당 소모되는 용접전류
③ 단위 시간당 형성되는 비드의 길이
④ 단위 시간당 소비되는 용접봉의 길이

용접봉의 용융속도
일정 시간 동안 용접봉이 얼마나 빠르게 소모되는지를 나타내는 지표로 단위 시간당 소비되는 용접봉의 길이(양)를 말한다.

52 빈출

직류 용접에서 아크 쏠림(Arc Blow)에 대한 설명으로 틀린 것은?

① 아크 쏠림의 방지대책으로는 용접봉 끝을 아크 쏠림 방향으로 기울인다.
② 자기 불림(Magnetic Blow)이라고도 한다.
③ 용접전류에 의해 아크 주위에 발생하는 자장이 용접에 대해서 비대칭으로 나타나는 현상이다.
④ 용접봉에 아크가 한 쪽으로 쏠리는 현상이다.

아크 쏠림은 직류아크 용접 시 자기장(Magnetic Field)의 불균형 때문에 아크가 일정 방향으로 치우치는 현상을 말하며, 자기 불림이라고도 한다. 방지대책으로 아크 쏠림 반대 방향으로 기울인다.

53 빈출

다음 중 CO₂ 가스 아크 용접에서 일반적으로 다공성의 원인이 되는 가스가 아닌 것은?

① 산소
② 수소
③ 질소
④ 일산화탄소

용융금속은 고온에서 수소(H_2), 질소(N_2), 일산화탄소(CO) 등을 흡수했다가 응고 시 방출되지 못하면 다공성 기공이 형성된다.

54

그림과 같이 길이가 긴 T형 필릿 용접을 할 경우에 일어나는 용접변형의 영향은?

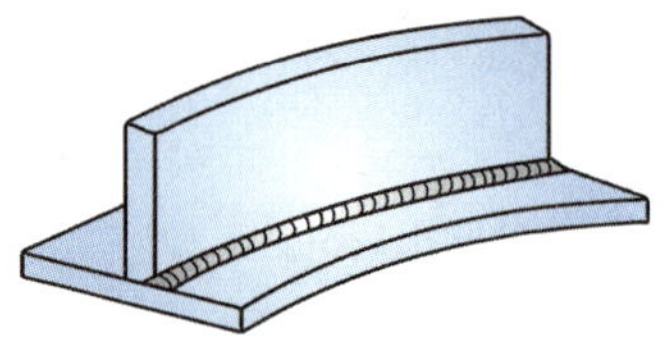

① 회전변형
② 세로 굽힘변형
③ 좌굴변형
④ 가로 굽힘변형

수축 및 변형

55

다음 중 겹치기 저항 용접에 있어서 접합부에 나타나는 용융 응고된 금속 부분을 무엇이라 하는가?

① 용융지　　　　　　② 너깃
③ 크레이터　　　　　④ 언더컷

저항 용접인 스폿 용접에서 전류와 가압으로 접합면 사이가 가열 용융될 때 접합부를 너깃이라고 한다.

56

Y합금의 일종으로 Ti과 Cu를 0.2% 정도씩 첨가한 것으로 피스톤에 사용되는 것은?

① 두랄루민　　　　　② 코비탈륨
③ 로엑스합금　　　　④ 하이드로날륨

코비탈륨
Y합금(Y－alloy) 계열의 알루미늄 합금으로 기존 Y합금(Al－Cu－Ni－Mg계)에 소량의 Ti(티타늄)과 Cu(구리)를 추가하여 내열성과 기계적 강도를 개선한 합금이다.

57

일반적으로 피복 아크 용접 시 운봉폭은 심선 지름의 몇 배인가?

① 1～2배　　　　　　② 2～3배
③ 5～6배　　　　　　④ 7～8배

용접 시 운봉폭은 용접봉을 좌우로 흔들며 용융풀을 조절하는 폭을 말한다. 운봉폭은 심선의 지름의 2~3배로 하며, 너무 좁으면 융합 불량이 생기고 너무 넓으면 비드가 퍼져 용입이 얕아져 언더컷이 발생한다.

58

다음 중에서 이면 용접 기호는?

① 　　　② 

③ 　　　④ 

용접부의 기본 기호		
명칭	그림	기호
일면 개선형 맞대기 용접		$\vee$
넓은 루트 면이 있는 한 면 개선형 맞대기 용접		$\curlyvee$
이면 용접		$\smile$
점(Spot) 용접 (바뀌기 전, 후 기호)		$\bigcirc$
		$*$

59

인장강도가 98~196MPa 정도이며, 기계 가공성이 좋아 공작기계의 베드, 일반기계 부품, 수도관 등에 사용되는 주철은?

① 백주철　　　　　　② 회주철
③ 반주철　　　　　　④ 흑주철

회주철
절단면이 회색을 띠며 내부 조직에 흑연이 판상으로 분포되어 있다. 기계적 강도는 낮지만 진동 흡수성, 내마모성, 주조성, 가공성이 우수하여 공작기계 베드나 일반기계 부품, 수도관 등에 널리 사용된다.

60

가스 절단의 예열불꽃의 역할에 대한 설명으로 틀린 것은?

① 절단 산소 운동량 유지
② 절단 산소 순도 저하 방지
③ 절단 개시 발화점 온도 가열
④ 절단재의 표면 스케일 등의 박리성 저하

예열불꽃의 역할은 절단 시작 전 금속을 발화점 온도까지 가열하여 순도 저하를 방지하는 역할로 스케일 등의 박리성 저하와는 무관하다.

정답　　55 ②　56 ②　57 ②　58 ③　59 ②　60 ④

01

다음 중 응력 제거방법에 있어 노내 풀림법에 대한 설명으로 틀린 것은?

① 일반 구조물 압연강재의 노내 및 국부 풀림의 유지온도는 725±50℃이며, 유지시간은 판 두께 25mm에 대하여 5시간 정도이다.
② 잔류응력의 제거는 어떤 한계 내에서 유지온도가 높을수록 또 유지시간이 길수록 효과가 크다.
③ 보통 연강에 대하여 제품을 노내에서 출입시키는 온도는 300℃를 넘어서는 안 된다.
④ 응력제거 열처리법 중에서 가장 잘 이용되고 또 효과가 큰 것은 제품 전체를 가열로 안에 넣고 적당한 온도에서 얼마동안 유지한 다음 노내에서 서냉하는 것이다.

일반적인 연강 및 압연강재의 응력 제거(SR) 온도는 625±50℃ 정도가 적당하며, 유지시간은 보통 판 두께 25mm(1인치)당 1시간을 기준으로 한다.

02

다음 중 기계적 압력, 마찰, 진동에 의한 열을 이용하는 용접방식이 아닌 것은?

① 마찰 압접
② 피복 아크 용접
③ 초음파 용접
④ 냉간 압접

피복 아크 용접은 기계적 접합이 아닌 융접에 해당하는 용접 방식이다.

03

피복 아크 용접 결함 중 용착금속의 냉각 속도가 빠르거나 모재의 재질이 불량할 때 일어나기 쉬운 결함으로 가장 적당한 것은?

① 용입 불량
② 언더컷
③ 오버랩
④ 선상조직

용착금속이 급냉 또는 재질이 불량할 때 선상 조직이 미세한 균열 형태로 나타난다.

04

가스 용접의 아래보기 자세에서 왼손에는 용접봉, 오른손에는 토치를 잡고 작업할 때 전진법을 설명한 것은?

① 위에서 아래로 용접한다.
② 아래에서 위로 용접한다.
③ 왼쪽에서 오른쪽으로 용접한다.
④ 오른쪽에서 왼쪽으로 용접한다.

오른손 잡이 기준(오른손에 토치)으로 전진법은 오른쪽에서 왼쪽으로 후진법은 왼쪽에서 오른쪽으로 용접한다.

05

다음 중 용접 모재와 전극 사이의 아크열을 이용하는 방법으로 용접작업에서의 주된 에너지원에 속하는 용접열원은?

① 가스 에너지
② 전기 에너지
③ 기계적 에너지
④ 충격 에너지

용접 중 아크열을 활용하는 용접작업은 전기에너지를 에너지원으로 활용한다.

정답　01 ① 02 ② 03 ④ 04 ④ 05 ②

06 빈출

직류아크 용접의 설명 중 올바른 것은?

① 용접봉을 양극, 모재를 음극에 연결하는 경우를 정극성이라고 한다.
② 역극성은 용입이 깊다.
③ 역극성은 두꺼운 판의 용접에 적합하다.
④ 정극성은 용접 비드의 폭이 좁다.

직류 정극성은 모재쪽에 열이 전달되어서 용입이 깊고 비드 폭이 좁다.

07 빈출

가스 용접에서 산소 용기 취급에 대한 설명이 잘못된 것은?

① 산소 용기 밸브, 조정기 등은 기름천으로 잘 닦는다.
② 산소 용기 운반 시에는 충격을 주어서는 안 된다.
③ 산소 밸브의 개폐는 천천히 해야 한다.
④ 가스 누설의 점검은 비눗물로 한다.

산소 용기의 취급
- 산소(O_2)와 기름(유분) 또는 기름천, 기름이 묻은 장갑은 절대 접촉해서는 안 된다.
- 산소 용기 운반 시 충격에 주의를 기울이며 움직여야 한다.
- 산소 밸브는 천천히 개폐하며 밸브를 끝까지 열지 않도록 주의해야 한다.
- 용기 밸브가 사용 중 얼었을 경우 따뜻한 물을 활용하여 녹여 사용해야 한다.
- 가스 누설 점검은 사용 전에 실시하며 비눗물 또는 검사액으로 한다.
- 통풍이 잘 되고 직사광선에 노출되지 않는 공간에 40℃ 이하를 유지하며 세워서 보관해야 한다.

08

다음 중 수중 절단 시 토치를 수중에 넣기 전에 보조팁에 점화를 하기 위해 가장 적합한 연료가스는?

① 질소
② 아세톤
③ 수소
④ 이산화탄소

수중 절단에서는 일반 가연성 가스를 사용할 수 없으며 고압 고온 조건에서 안정적인 수소(H_2)가 가장 널리 사용된다.

09

가단주철(Malleable Cast Iron)의 종류가 아닌 것은?

① 백심가단주철
② 흑심가단주철
③ 레데뷰라이트 가단주철
④ 펄라이트 가단주철

가단주철(Malleable Cast Iron)
백주철을 장시간 열처리하여 내부의 시멘타이트(Fe_3C)를 분해하고 자유 흑연을 미세하게 분산시킨 주철로 인성과 연성, 충격저항성이 향상된다.

가단 주철의 종류
- 백심가단주철
- 흑심가단주철
- 펄라이트 가단주철

10

TIG 용접토치의 분류 중 형태에 따른 종류가 아닌 것은?

① T형 토치
② Y형 토치
③ 직선형 토치
④ 플렉시블형 토치

TIG 용접토치의 종류: T형 토치, 플렉시블형 토치, 직선형 토치

11

그림과 같이 제3각법으로 정투상한 각뿔의 전개도 형상으로 적합한 것은?

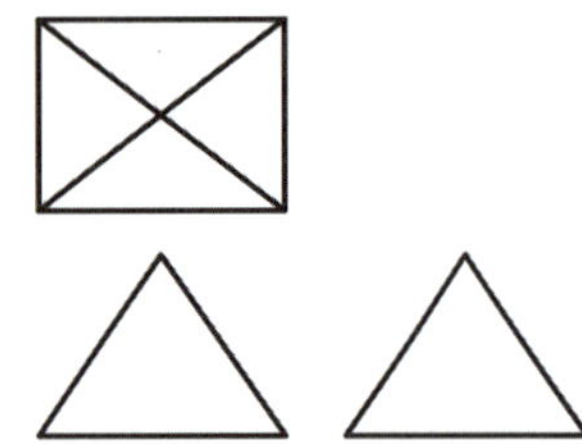

① 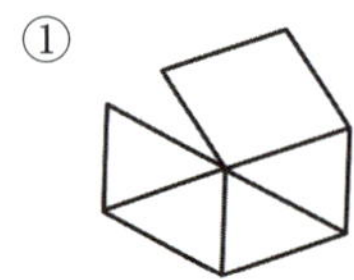　② 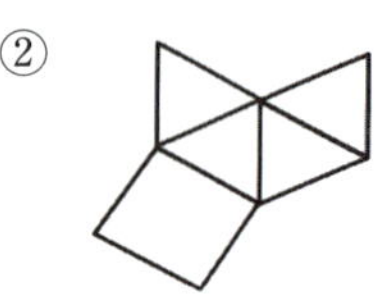

③ 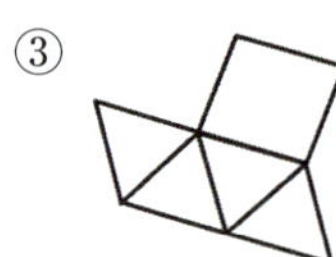　④ 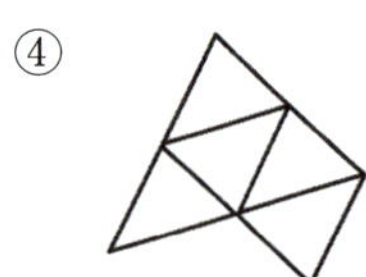

사각뿔의 전개도는 1개의 사각형 밑면과 4개의 삼각형 옆면으로 이루어져 있다.
①, ③ 사각형 밑면은 있지만, 4개의 삼각형이 뿔의 형태로 접힐 수 없도록 잘못된 위치에 붙어있다.
④ 사각형 밑면이 없고 삼각형으로만 구성되어 있으므로 틀리다.

12 빈출

다음 중 침투 탐상검사의 장점이 아닌 것은?

① 시험방법이 간단하다.
② 제품의 크기, 형상 등에 크게 구애를 받지 않는다.
③ 검사원의 경험과 지식에 따라 크게 좌우된다.
④ 미세한 균열도 탐상이 가능하다.

검사원의 경험과 지식에 따라 크게 좌우되는 것은 단점이다.

침투 탐상검사(PT)

침투 탐상검사는 모재 표면의 미세한 결함(균열, 기공, 기포, 핀홀 등)을 색상 대비나 형광 발광을 이용해 시각적으로 확인하는 비파괴 시험으로 주변 온도·습도·오염도에 따라 침투액의 점도, 확산 속도, 증발 특성이 달라지므로 검출 감도에 큰 차이가 발생할 수 있다.

13 빈출

그림과 같이 이면 용접에 해당하는 용접기호는?

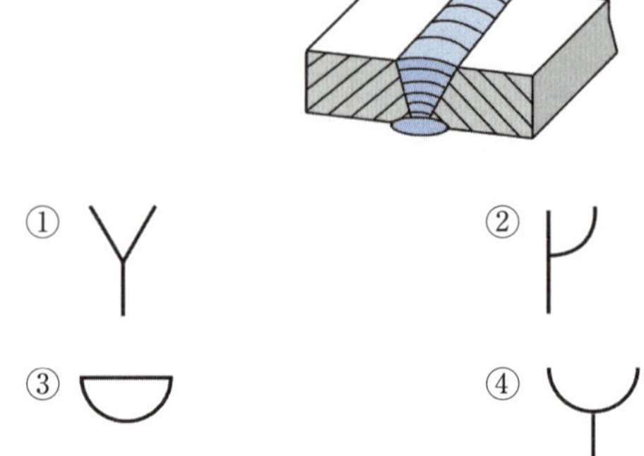

① Y　② ⋎

③ ⌣　④ Y

용접부의 기본 기호

명칭	그림	기호
넓은 루트 면이 있는 V형 맞대기 용접		Y
U형 맞대기 용접 (평행면 또는 경사면)		Y
J형 맞대기 용접		Ⴒ
이면 용접		⌣

14 빈출

다음 중 비파괴검사 기호와 명칭이 올바르게 표현된 것은?

① MT: 방사선 투과검사
② PT: 침투 탐상검사
③ RT: 초음파 탐상검사
④ UT: 와전류 탐상검사

방사선 투과검사(RT), 초음파 탐상검사(UT), 자분 탐상검사(MT), 침투 탐상검사(PT), 육안 검사(VT)

15

피복 아크 용접봉으로 강판의 판 두께에 따라 맞대기 용접에 적용하는 개선 홈 형식 중 적합하지 않은 것은?

① I형: 판 두께 6.0mm 정도까지 적용
② V형: 판 두께 6.0~20mm 정도 적용
③ ✔형: 판 두께 50mm까지 적용
④ X형: 판 두께 10~40mm 정도 적용

용접 홈 형상의 종류
- 한면 홈 이음: I형, V형, ✔형(베벨형), U형, J형
- 양면 홈 이음: 양면 I형, X형, K형, H형 양면 J형
- 판 두께에 따른 용접 홈
  - 6mm까지는 I형
  - 6~19mm는 V형, ✔형(베벨형), J형
  - 12mm 이상은 X형, K형, 양면 J형
  - 16~50mm는 U형
  - 50mm 이상은 H형

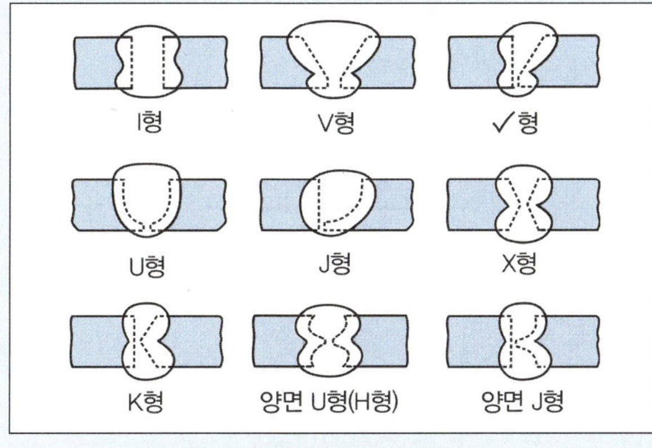

▲ 맞대기 용접의 홈 형상

16

주석 청동 중에 Pb를 3~28% 정도를 첨가한 것으로 그 조직 중에 Pb가 거의 고용되지 않고 입계에 점재하여 윤활성이 좋으므로 베어링, 패킹 재료 등에 사용되는 것은?

① 압연용 청동
② 연 청동
③ 미술용 청동
④ 베어링용 청동

연 청동
납(Pb)이 거의 고용되지 않고 미세한 강도와 압연가공용으로 활용된다.

17

직류아크 용접기로 두께가 15mm이고, 길이가, 5m인 고장력 강판을 용접하는 도중에 아크가 용접봉 방향에서 한쪽으로 쏠리었다. 다음 중 이러한 현상을 방지하는 방법으로 틀린 것은?

① 이음의 처음과 끝에 엔드 탭을 이용할 것
② 용량이 더 큰 직류 용접기로 교체할 것
③ 용접부가 긴 경우에는 후퇴 용접법으로 할 것
④ 용접봉 끝을 아크 쏠림 반대 방향으로 기울일 것

용량이 더 큰 직류 용접기를 사용하여 불균형함을 해결하지 못한다.

아크 쏠림
직류아크 용접 시 자기장(Magnetic Field)의 불균형 때문에 아크가 일정 방향으로 치우치는 현상을 말하며, 자기 불림이라고도 한다.

아크 쏠림 방지대책
- 교류 용접기를 사용하거나 후퇴법으로 용접한다.
- 짧은 아크를 사용하고 접지점을 용접부에서 멀리한다.
- 접지선을 2개 연결하고 아크 발생 주변을 비자성체로 만든다.
- 접지 케이블이 감기지 않도록 하고, 접지부에 녹, 페인트 등 방해물이 없도록 청결을 유지한다.
- 아크 쏠림 반대 방향으로 기울인다.
- 용접부의 시작과 끝 부분에 엔드 탭을 활용한다.

18

다음 중 연소를 가장 바르게 설명한 것은?

① 물질이 열을 내며 탄화한다.
② 물질이 탄산가스와 반응한다.
③ 물질이 산소와 반응하여 환원한다.
④ 물질이 산소와 반응하여 열과 빛을 발생한다.

연소
가연물(물질)이 산소와 급격히 화학 반응을 일으켜 열과 빛을 동반하는 산화 반응으로 연속적인 발열 및 발광 반응이 나타난다.

19

페라이트계 스테인리스강의 특징이 아닌 것은?

① 표면 연마된 것은 공기나 물에 부식되지 않는다.
② 질산에는 침식되나 염산에는 침식되지 않는다.
③ 오스테나이트계에 비하여 내산성이 낮다.
④ 풀림상태 또는 표면이 거친 것은 부식되기 쉽다.

페라이트계 스테인리스강은 산화성에는 강하지만 염화물에는 취약하다.

20

서브머지드 아크 용접의 현상 조립용 간이 백킹법 중 철분 충진제의 사용목적으로 틀린 것은?

① 홈의 정밀도를 보충해 준다.
② 양호한 이면 비드를 형성시킨다.
③ 슬래그와 용융금속의 선행을 방지한다.
④ 아크를 안정시키고 용착량을 적게 한다.

철분 충진제
아크 안정 및 용착량 증가를 위해 사용된다.

21 빈출

다음 중 기계제도 분야에서 가장 많이 사용되며, 제3각법에 의하여 그리므로 모양을 엄밀, 정확하게 표시할 수 있는 도면은?

① 캐비닛도
② 등각투상도
③ 투시도
④ 정투상도

정투상도(Orthographic Projection)
물체를 평면에 직각 투영하여 여러 방향에서 본 모양을 그린 도면법이다. 주로 정면도(Front View), 평면도(Top View), 저면도(Bottom View), 측면도(Side View)로 구성된다.

22 빈출

납땜의 가열방법에서 가열원으로 사용하는 것이 아닌 것은?

① 가스
② 저항열
③ 고주파 전류
④ 감마선

납땜의 가열방법
가스 가열, 전기저항 가열, 고주파 가열 등

납땜(Soldering / Brazing)
모재는 녹이지 않고 납땜재만 녹여서 모세관 현상으로 결합시키는 공정을 말한다. 대표적인 구분은 연납과 경납으로 450℃ 온도 기준으로 분류한다.

23

지지장치를 의미하는 배관 도시 기호가 그림과 같이 나타날 때 이 지지장치의 형식은?

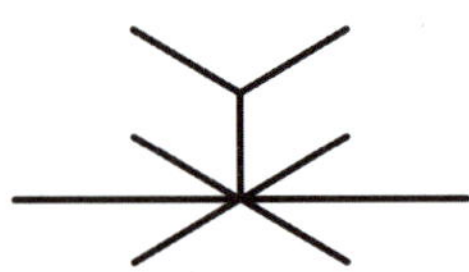

① 고정식
② 가이드식
③ 슬라이드식
④ 일반식

배관의 위치가 고정되고 이동 및 회전 불가를 표현하는 기호로 고정식에 해당한다.

지지장치의 역할
배관은 유체의 자중, 진동, 열팽창력 등에 의해 변형·파손될 수 있으므로 이를 지지·흡수·제한하는 장치를 설치한다.

24 빈출

치수선, 치수보조선, 지시선, 회전 단면도선으로 사용되는 선의 종류는?

① 가는 파선
② 가는 1점 쇄선
③ 가는 실선
④ 가는 2점 쇄선

> 가는 실선: 치수선, 치수보조선, 지시선, 회전 단면도선 등에 활용한다.

선의 구분

종류	구분	명칭	용도
실선	───	굵은 실선	외형선
	───	가는 실선	치수선, 중심선, 해칭(Hatching)선
	∿	자유 실선	부분 생략 또는 부분 단면의 경계
파선	─ ─ ─ ─	굵은 파선 또는 가는 파선	보이지 않는 외형선, 숨은선
쇄선	─·─·─·─	가는 1점 쇄선	중심선, 물체 또는 도형의 대칭선, 회전 단면의 외형선, 피치선
	─··─··─	가는 2점 쇄선	가상 외형선, 인접한 외형선, 가동 물체의 회전 위치선
	▬·─·▬	절단부 쇄선 (양끝이 굵은 선에 중간은 가는 쇄선)	절단 평면의 위치(절단선)
	─·─·─	굵은 1점 쇄선	표면 처리 부분

25 빈출

다음 중 MIG 용접에 있어 와이어 속도가 급격하게 감소하면 아크전압이 높아져서 전극의 용융속도가 감소하므로 아크길이가 짧아져 다시 원래의 길이로 돌아오는 특성은?

① 부저항 특성
② 자기제어 특성
③ 수하 특성
④ 정전류 특성

> **아크길이 자기제어 특성**
> 아크 용접에서 전류가 일정할 때 아크전압이 높아지면(아크길이가 길어지면) 용융속도가 느려지고, 아크전압이 낮아지면(아크길이가 짧아지면) 용융속도가 빨라져 아크길이가 일정하게 유지되는 현상을 말한다.

26

기계제도에 관한 일반사항의 설명으로 틀린 것은?

① 도형의 크기와 대상물의 크기의 사이에는 올바른 비례관계를 보유하도록 그린다. 다만 잘못 볼 염려가 없다고 생각되는 도면은 도면의 일부 또는 전부에 대하여 이 비례관계는 지키지 않아도 좋다.
② 선의 굵기 방향의 중심은 선의 이론상 그려야 할 위치 위에 있어야 한다.
③ 서로 근접하여 그리는 선의 선 간격(중심거리)은 원칙적으로 평행선의 경우 선의 굵기의 3배 이상으로 하고 선과 선의 간격은 0.7mm 이상으로 하는 것이 좋다.
④ 투명한 재료로 만들어지는 대상물 또는 부분은 투상도에서 전부 투명한 것(없는 것)으로 하여 나타낸다.

> 투명 재료라도 투상도에서는 불투명체와 동일하게 외형선으로 나타내야 한다.

27

온도의 상승에도 강도를 잃지 않는 재료로서 복잡한 모양의 성형 가공도 용이하므로 항공기, 미사일 등의 기계부품으로 사용되어지는 PH형 스테인리스강은?

① 페라이트계 스테인리스강
② 마텐자이트계 스테인리스강
③ 오스테나이트계 스테인리스강
④ 석출 경화형 스테인리스강

> **석출경화형 스테인리스강**
> PH형 스테인리스강이라고 하며, 오스테나이트계나 마텐자이트계의 스테인리스강에 Cu, Al, Nb, Ti 등의 석출경성 원소를 첨가하고 저온 열처리하여 강도를 크게 향상시킨 합금이다. 고강도, 내식성, 가공성이 우수하여 항공기 부품, 미사일, 터빈축 등에 사용된다.

 **정답**　　24 ③　25 ②　26 ④　27 ④

28

다음 중 테르밋제의 점화제가 아닌 것은?

① 과산화바륨
② 망간
③ 알루미늄
④ 마그네슘

29

다음 중 Mg-Al-Zn계 합금의 대표적인 것은?

① 알민(Almin)
② 다우메탈(Dow Metal)
③ 라우탈(Lautal)
④ 엘렉트론(Elektron)

30

다음 중 서브머지드 아크 용접을 다른 명칭으로 불리우는 것에 속하지 않는 것은?

① 잠호 용접
② 유니언 멜트 용접
③ 불가시 아크 용접
④ 헬리 아크 용접

31

다음 중 안전보건관리책임자는 상시 근로자가 몇 명 이상을 사용하는 사업에 선임하여야 하는가?

① 10명
② 50명
③ 100명
④ 300명

32

다음 중 가스 절단에서 절단용 산소의 순도가 저하되거나 불순물이 증가되면 나타나는 현상으로 볼 수 없는 것은?

① 절단속도가 빨라진다.
② 절단면이 거칠어진다.
③ 산소의 소비량이 많아진다.
④ 슬래그의 이탈성이 나빠진다.

33

가스 용접의 특징 설명으로 틀린 것은?

① 가열 시 열량 조절이 비교적 자유롭다.
② 피복 금속 아크 용접에 비해 후판 용접에 적당하다.
③ 전원 설비가 없는 곳에서도 쉽게 설치할 수 있다.
④ 피복 금속 아크 용접에 비해 유해광선의 발생이 비교적 적다.

34 

다음 중 용접 결함에서 구조상 결함에 속하는 것은?

① 기공
② 인장강도의 부족
③ 변형
④ 화학적 성질 부족

기공
용착부가 급속히 냉각될 때, 또는 용융금속 내의 가스가 빠져나가지 못하고 굳어버리며 발생한다.

기공 생성 억제방법
모재를 예열해 냉각속도를 완화하고, 용접 후 후열로 잔류가스를 배출시켜 기공 생성을 억제한다.

35

배관도에서 유체의 종류와 문자 기호를 나타낸 것 중 틀린 것은?

① 공기: A
② 연료 가스: G
③ 연료유 또는 냉동기유: O
④ 증기: W

배관도(Piping Diagram)에서 유체의 종류를 구분하기 위한 문자 기호로 공기 A, 물 W, 증기 S, 가스 G, 연료유 O로 구분한다.

36

피복 아크 용접 결함의 종류에 따른 원인과 대책이 바르게 묶인 것은?

① 기공: 용착부가 급냉되었을 때 - 예열 및 후열을 한다.
② 슬래그 섞임: 운봉속도가 빠를 때 - 운봉에 주의한다.
③ 용입 불량: 용접전류가 높을 때 - 전류를 약하게 한다.
④ 언더컷: 용접전류가 낮을 때 - 전류를 높게 한다.

② 슬래그 섞임: 운봉속도가 너무 느릴 때 또는 층간 청소 불량 시 발생한다.
③ 용입 불량: 전류가 너무 낮거나, 용접속도가 빠를 때 발생한다.
④ 언더컷: 전류가 너무 높거나, 아크길이가 길 때, 용접속도가 빠를 때 발생한다.

37

탄소강의 용도에서 내마모성과 경도를 동시에 요구하는 경우 적당한 탄소 함유량은?

① 0.05 ~ 0.3% C
② 0.3 ~ 0.45% C
③ 0.45 ~ 0.65% C
④ 0.65 ~ 1.2% C

고탄소강은 경도와 내마모성이 우수하며 공구 절삭날 등에 사용되어지나 취성으로 인한 가공성이 좋지 않다.
• 저탄소강: 탄소 함유량 0.25% C 미만 강철
• 중탄소강: 탄소 함유량 0.25 ~ 0.6% C 미만 강철
• 고탄소강: 탄소 함유량 0.6 ~ 1.6% C 강철

38

다음 중 가스 용접에서 용제를 사용하는 주된 이유로 적합하지 않은 것은?

① 재료표면의 산화물을 제거한다.
② 용융금속의 산화·질화를 감소하게 한다.
③ 청정작용으로 용착을 돕는다.
④ 용접봉의 심선의 유해성분을 제거한다.

용제(Flux)
금속 용접이나 납땜 시, 금속 표면에 존재하는 산화물 등을 제거하고, 용융금속을 보호하기 위해 사용하는 물질로 주로 붕사, 불화칼슘, 규산염 등이 해당된다.

39 빈출

다음 중 산소-아세틸린 가스 용접에 있어 전진법에 관한 설명으로 옳은 것은?

① 용접속도는 후진법보다 느리다.
② 열 이용률을 후진법보다 좋다.
③ 산화의 정도는 후진법보다 약하다.
④ 용착금속의 조직은 후진법보다 미세하다.

구분	전진법 (Forward Welding)	후진법 (Backward Welding)
용접봉 위치	불꽃 앞쪽	불꽃 뒤쪽
불꽃의 진행 방향	불꽃이 진행 방향과 같은 방향	불꽃이 진행 방향의 반대 방향
화염의 작용	불꽃이 미리 모재를 예열하지 못해 용접부 보호가 작아져 산화가 발생하기 쉬움	불꽃이 이미 용착된 금속 위를 지나 예열 효과가 커져 산화 발생이 감소함
용접속도	느림	빠름
용입깊이	얕음	깊음
용착금속 조직	거침	미세함
적용 두께	얇은 판 (약 3mm 이하)	두꺼운 판 (3mm 이상)

40 빈출

전개도 작성 시 삼각형 전개법으로 사용하기 가장 적합한 형상은?

① 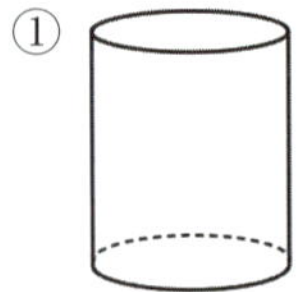
② 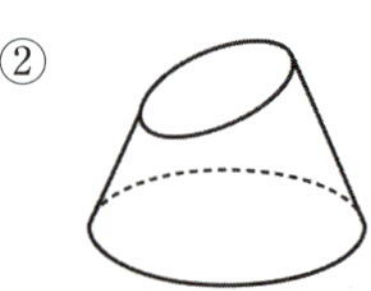
③ 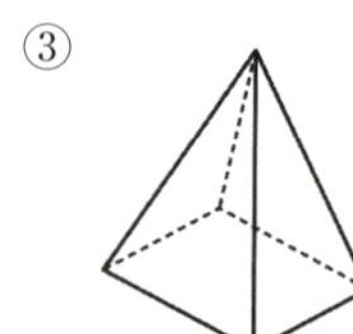
④ 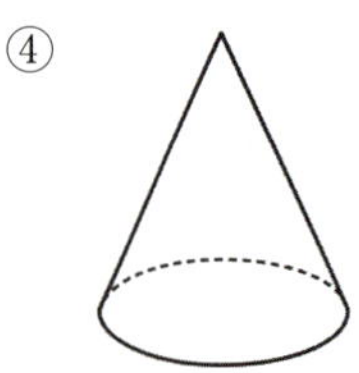

- 방사선 전개법: 각뿔, 원뿔, 원추
- 삼각형 전개법: 복합 곡면, 이음관(경사 원뿔대)
- 평행선 전개법: 원통부

41 빈출

다음 중 18-8형 오스테나이트계 스테인리스강의 주요 함금원소로 옳은 것은?

① Ni: 18%, Cr: 8%
② Cr: 18%, Ni: 8%
③ Cr: 18%, Mn: 8%
④ Ni: 18%, Mn: 8%

오스테나이트계 스테인리스강

Cr 18% + Ni 8%(18-8형)을 기본으로 하는 대표적 스테인리스강으로 가공성과 내식성이 우수하나 결정입계 부식에 취약하다.

42

산소 용기의 표시로 용기 윗부분에 각인이 찍혀 있다. 잘못 표시된 것은?

① 용기 제작사 명칭 및 기호
② 충전가스 명칭
③ 용기 중량
④ 최저충전압력

산소 용기 각인

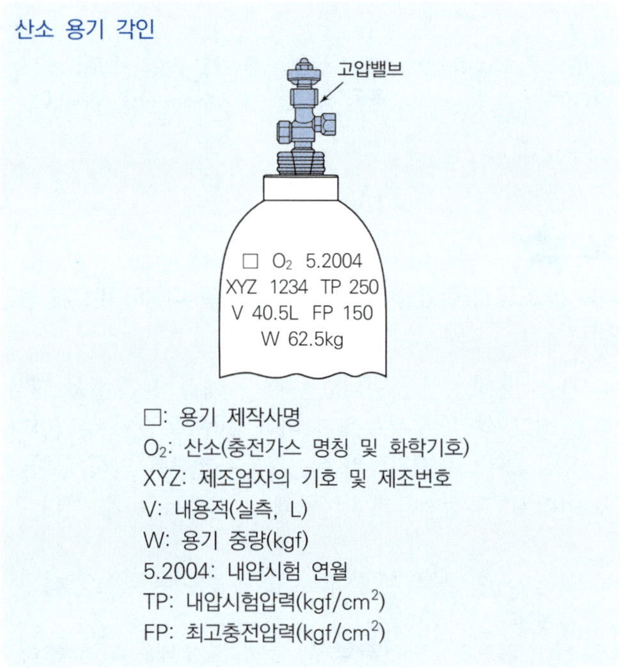

□: 용기 제작사명
O₂: 산소(충전가스 명칭 및 화학기호)
XYZ: 제조업자의 기호 및 제조번호
V: 내용적(실측, L)
W: 용기 중량(kgf)
5.2004: 내압시험 연월
TP: 내압시험압력(kgf/cm²)
FP: 최고충전압력(kgf/cm²)

정답   39 ①   40 ②   41 ②   42 ④

43

다음 중 용접작업 전 예열을 하는 목적으로 틀린 것은?

① 용접작업성의 향상을 위하여
② 용접부의 수축 변형 및 잔류응력을 경감시키기 위하여
③ 용접금속 및 열 영향부의 연성 또는 인성을 향상시키기 위하여
④ 고탄소강이나 합금강 열 영향부의 경계를 높게 하기 위하여

용접 전 모재와 주변부를 일정온도로 가열하는 작업을 말하며, 급격한 냉각을 방지하고 용접 시 균열, 응력, 조직경화를 완화하기 위한 목적을 가진다.

44 

그림의 용접 도시기호가 나타내는 용접은?

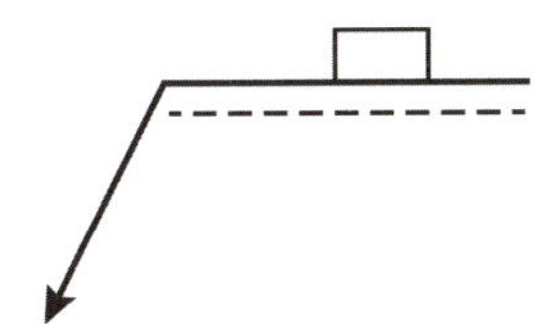

① 점 용접
② 플러그 용접
③ 심 용접
④ 가장자리 용접

- 플러그 용접: 접합할 두 금속판 중 한쪽 판에 원형 구멍을 뚫고, 그 구멍 속으로 용융금속을 채워 아래쪽 모재와 융합시켜 접합한다(기호: ⬚).
- 이음 형식 및 용착부 형상에 따른 분류
  - 맞대기 용접(Butt Welding)
  - 필릿 용접(Fillet Welding)
  - 플러그 용접(Plug Welding)
  - 비드 용접(Bead Welding)
  - 슬롯 용접(Slot Welding)

45

불활성 가스 금속 아크 용접에서 가스 공급계통의 확인 순서로 가장 적합한 것은?

① 용기 → 감압밸브 → 유량계 → 제어장치 → 용접토치
② 용기 → 유량계 → 감압밸브 → 제어장치 → 용접토치
③ 감압밸브 → 용기 → 유량계 → 제어장치 → 용접토치
④ 용기 → 제어장치 → 감압밸브 → 유량계 → 용접토치

MIG 용접에서의 가스 공급 순서

용기 → 감압밸브 → 유량계 → 제어장치 → 토치

46

다음 중 MIG 용접 시 와이어 송급방식의 종류가 아닌 것은?

① 풀(Pull) 방식
② 푸시 오버(Push-Over) 방식
③ 푸시 풀(Push-Pull) 방식
④ 푸시(Push) 방식

MIG 및 CO_2 용접 와이어 송급방식

47

연강용 가스 용접봉은 인이나 황 등의 유해성분이 극히 적은 저탄소강이 사용되는데, 연강용 가스 용접봉에 함유된 성분 중 규소(Si)가 미치는 영향은?

① 강의 강도를 증가시키거나 연신율, 굽힘성 등이 감소된다.
② 기공은 막을 수 있으나 강도가 떨어진다.
③ 강에 취성을 주며 가연성을 잃게 한다.
④ 용접부의 저항력을 감소시키고 기공발생의 원인이 된다.

48 빈출

피복 아크 용접에서 용접봉을 선택할 때 고려할 사항이 아닌 것은?

① 모재와 용접부의 기계적 성질
② 모재와 용접부의 물리적, 화학적 성질
③ 경제성 고려
④ 용접기의 종류와 예열 방법

49 빈출

다음 중 서브머지드 아크 용접의 장점에 해당되지 않는 것은?

① 용입이 깊다.
② 비드 외관이 아름답다
③ 용융속도 및 융착속도가 빠르다.
④ 개선각을 크게 하여 용접 패스 수를 줄일 수 있다.

50

Cu-Ni-Si계 합금으로 강도와 전기전도율이 좋아 주로 통신선, 전화선 등에 쓰이는 것은?

① 콜슨(Corson) 합금
② 알드레이(Aldrey) 합금
③ 네이벌(Naval) 합금
④ 두랄루민(Duralumin) 합금

51

피복 금속 아크 용접에서 가접을 할 때 본 용접보다 지름이 약간 가는 용접봉을 사용하게 되는 이유로 가장 적합한 것은?

① 용접봉의 소비량을 줄이기 위하여
② 가접 모양을 좋게 하기 위하여
③ 변형량을 줄이기 위하여
④ 충분한 용입이 되게 하기 위하여

52 빈출

다음 자기 불림(Magnetic Blow)은 어느 용접에서 생기는가?

① 가스 용접
② 교류아크 용접
③ 일렉트로 슬래그 용접
④ 직류아크 용접

정답   47 ②   48 ④   49 ④   50 ①   51 ④   52 ④

53 ⭐빈출

피복제 중에 석회석이나 형석을 주성분으로 한 피복제를 사용한 것으로서 용착금속 중의 수소량이 다른 용접봉에 비해서 1/10 정도로 적은 용접봉은?

① E4301
② E4311
③ E4316
④ E4327

저수소계 용접봉(E4316)
• 주성분: 석회석($CaCO_3$), 형석(CaF_2), 소량의 Fe 분말
• 수소 함량: 일반 용접봉의 약 1/10 수준
• 건조 조건: 300~350℃의 고온에서 1~2시간 건조

54

용접시공 시 발생하는 용접변형이나 잔류응력 발생을 최소화하기 위하여 용접 순서를 정할 때 유의사항으로 틀린 것은?

① 동일평면 내에 많은 이음이 있을 때 수축은 가능한 자유단으로 보낸다.
② 중심선에 대하여 대칭으로 용접한다.
③ 수축이 적은 이음은 가능한 먼저 용접하고, 수축이 큰 이음은 나중에 한다.
④ 리벳작업과 용접을 같이 할 때에는 용접을 먼저 한다.

큰 수축이 먼저 발생하면 구조물의 변형 방향이 고정되어 이후 작은 수축이 이를 상쇄하기 때문에 수축이 큰 이음을 먼저, 수축이 작은 이음을 나중에 용접한다.

55

다음 중 오스테나이트계 스테인리스강을 용접하면 냉각하면서 고온균열이 발생할 수 있는 경우는?

① 아크길이가 너무 짧을 때
② 크레이터 처리를 하지 않았을 때
③ 모재 표면이 청정했을 때
④ 구속력이 없는 상태에서 용접할 때

오스테나이트계 스테인리스강은 특히 고온균열에 취약하며, 크레이터 처리인 끝 맺음을 하지 않을 경우 수축응력이 집중되어 크레이터 균열이 쉽게 발생한다.

56 ⭐빈출

직류아크 용접기의 종류가 아닌 것은?

① 엔진 구동형
② 전동 발전형
③ 정류기형
④ 가동 철심형

용접기의 종류
• 교류아크 용접기: 탭 전환형, 가동 코일형, 가동 철심형, 가포화 리액터형
• 직류아크 용접기: 엔진 구동형, 전동 발전형, 정류기형

57

피복 아크 용접용 기구 중 홀더(Holder)에 관한 사용 중 옳지 않은 것은?

① 용접봉을 고정하고 용접전류를 용접 케이블을 통하여 용접봉 쪽으로 전달하는 기구이다.
② 홀더 자신은 전기저항과 용접봉을 고정시키는 조(Jaw) 부분의 접촉점에 의한 발열이 되지 않아야 한다.
③ 홀더가 400호라면 정격 2차 전류가 400A임을 의미한다.
④ 손잡이 이외의 부분까지 절연체로 감싸서 전격의 위험을 줄이고 온도 상승에도 견딜 수 있는 일명 안전 홀더 즉 B형을 선택하여 사용한다.

전류가 흐르는 집게(조, Jaw) 부분까지 절연체로 완전히 감싸면 전류 전달이 불가능하여 용접이 불가능하다.

58 ⭐빈출

그림과 같이 물체를 구멍, 홈 등 측정 부분만의 모양을 도시하는 것을 목적으로 하는 투상도의 명칭은?

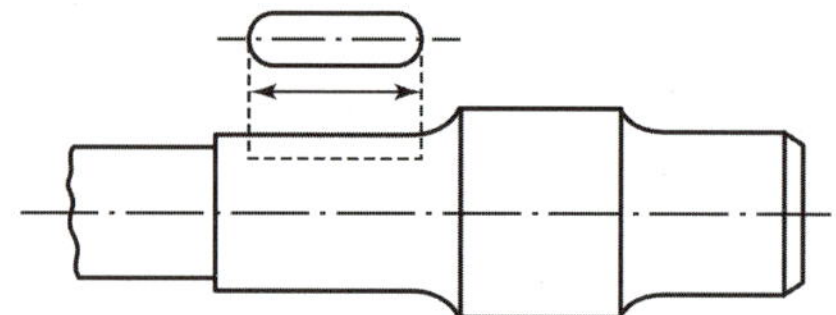

① 회전 투상도
② 보조 투상도
③ 부분 투상도
④ 국부 투상도

국부 투상도
물체 전체가 아니라 일부(구멍, 홈, 요철 등)만을 명확하게 표현하기 위해 특정 부분만 별도로 도시한 투상도를 말한다.

59 ⭐빈출

TIG 용접으로 스테인리스강을 용접하려고 한다. 가장 적합한 전원 극성으로 맞는 것은?

① 교류 전원
② 직류 역극성
③ 직류 정극성
④ 고주파 교류 전원

스테인리스강은 산화피막이 얇고 청정도 높기 때문에 직류 정극성을 사용해야 한다.

60

다음 중 스터드 용접에서 페룰의 역할이 아닌 것은?

① 아크열을 발산한다.
② 용착부의 오염을 방지한다.
③ 용융금속의 유출을 막아준다.
④ 용융금속의 산화를 방지한다.

페룰은 내열성 도기로 스터드 용접 시 용융금속의 유출을 막고 아크를 집중시키며, 부분에 위치한 흠으로 열과 가스를 방출 하여 산화를 방지한다.

정답   58 ④   59 ③   60 ①

Chapter 11

2023년 3회 | CBT 기출복원문제

01 ⭐빈출

탄산가스 아크 용접의 장점이 아닌 것은?

① 가스 아크이므로 시공이 편리하다.
② 적용되는 재질이 철 계통으로 한정되어 있다.
③ 용착금속의 기계적 성질 및 금속학적 성질이 우수하다.
④ 전류밀도가 높아 용입이 깊고 용접 속도를 빠르게 할 수 있다.

> 탄산가스(CO_2) 아크 용접은 반자동 또는 자동 용접법으로, 저렴한 가스 비용과 높은 생산성을 가지며 철 계통으로 한정되는 것은 단점으로 작용된다.

02

합금강에 영향을 끼치는 주요 합금원소가 아닌 것은?

① 흑연
② 니켈
③ 크롬
④ 망간

> 합금강의 주요 합금원소는 Ni, Cr, Mo, Si, Mn 등이 있으며, 흑연은 주철에서 탄소가 석출된 형태로 합금강하고는 상관이 없다.

03 ⭐빈출

일렉트로 슬래그 용접의 단점에 해당되는 것은?

① 용접능률과 용접품질이 우수하므로 후판 용접 등에 적당하다.
② 용접진행 중에 용접부를 직접 관찰할 수 없다.
③ 최소한의 변형과 최단시간의 용접법이다.
④ 다전극을 이용하면 더욱 능률을 높일 수 있다.

> 일렉트로 슬래그 용접(ESW)은 용융 슬래그의 저항발열로 용접이 진행되어 아크·용융풀을 슬래그가 가려 작업 중 직접 관찰이 불가능하다.

04

가스 용접작업에서 양호한 용접부를 얻기 위해 갖추어야 할 조건으로 잘못된 것은?

① 기름, 녹 등을 용접 전에 제거하여 결함을 방지한다.
② 모재의 표면이 균일하면 과열의 흔적은 있어도 된다.
③ 용착금속의 용입상태가 균일해야 한다.
④ 용접부에 첨가된 금속의 성질이 양호해야 한다.

> 가스 용접작업에서 과열은 취성 및 균열 유발로 연결될 수 있어 주의가 필요하다.

05

가동 철심형 교류아크 용접기에 관한 설명으로 틀린 것은?

① 교류아크 용접기의 종류에서 현재 가장 많이 사용하고 있다.
② 용접작업 중 가동 철심의 진동으로 소음이 발생할 수 있다.
③ 가동 철심을 움직여 누설자속을 변동시켜 전류를 조절한다.
④ 광범위한 전류조절이 쉬우나 미세한 전류조정은 불가능하다.

가동 철심형
가장 많이 사용하는 기본적인 용접기로 미세한 전류조정이 가능하다.

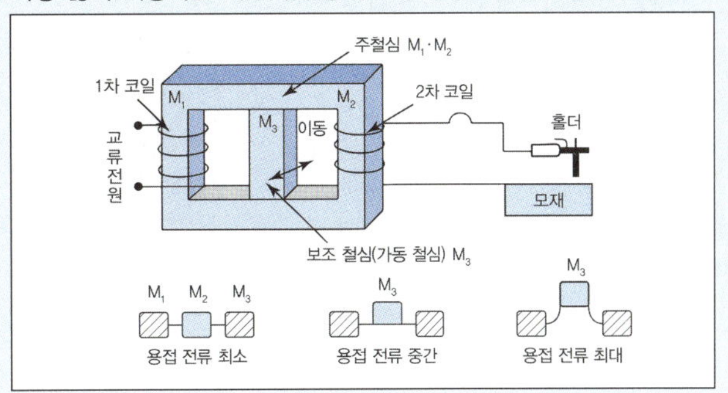

정답
01 ② 02 ① 03 ② 04 ② 05 ④

06 ⭐빈출

용접 결함 중 균열의 보수방법으로 가장 옳은 방법은?

① 작은 지름의 용접봉으로 재용접한다.
② 굵은 지름의 용접봉으로 재용접한다.
③ 전류를 높게 하여 재용접한다.
④ 정지구멍을 뚫어 균열 부분은 홈을 판 후 재용접한다.

> 용접부 균열은 끝이 날카로우면 응력 집중이 크고 진행(연장)될 수 있으므로 보수 시 먼저 정지구멍을 균열 말단에 뚫어 응력 완화를 한 뒤, 결함 구간을 그라인딩으로 완전 제거 후 재용접한다.

07 ⭐빈출

용접작업 시 주의사항을 설명한 것으로 틀린 것은?

① 화재를 진화하기 위하여 방화설비를 설치할 것
② 용접작업 부근에 점화원을 두지 않도록 할 것
③ 배관 및 기기에서 가스 누출이 되지 않도록 할 것
④ 가연성 가스는 항상 옆으로 뉘어서 보관할 것

> 가연성 가스는 반드시 세워서 보관해야 하며, 눕혀서 보관 시 폭발 및 누출 위험이 매우 커 위험하다.

08

다음 중 황동의 자연 균열(Season Craking) 방지책과 가장 거리가 먼 것은?

① Zn 도금을 한다.
② 표면에 도료를 칠한다.
③ 암모니아, 탄산가스 분위기에 보관한다.
④ 180~260℃에서 응력제거 풀림을 한다.

> **황동(Brass)의 자연 균열**
> 황동(주로 Cu-Zn 합금)이 잔류응력을 가진 상태에서 암모니아(NH_3)나 습한 대기 중에 노출될 때 응력부식 균열이 발생하는 현상을 말한다.

09

SF-340A는 탄소강 단강품이며, 340은 최저 인장강도를 나타낸다. 이때 최저 인장강도의 단위로 가장 옳은 것은?

① N/m^2
② kgf/m^2
③ N/mm^2
④ kgf/mm^2

> 최소 인장강도(Tensile Strength)는 N/mm^2 단위로 표시한 수치를 의미한다.

10

강 구조물 용접에서 맞대기 이음의 루트 간격의 차이에 따라 보수 용접을 하는데 보수방법으로 틀린 것은?

① 맞대기 루트 간격 6mm 이하일 때에는 이음부의 한쪽 또는 양쪽을 덧붙임 용접한 후 절삭하여 규정 간격으로 개선 홈을 만들어 용접한다.
② 맞대기 루트 간격 15mm 이상일 때에는 판을 전부 또는 일부(대략 300mm 이상의 폭)를 바꾼다.
③ 맞대기 루트 간격 6~15mm일 때에는 이음부에 두께 6mm 정도의 뒷댐판을 대고 용접한다.
④ 맞대기 루트 간격 15mm 이상일 때에는 스크랩을 넣어서 용접한다.

> 스크랩은 임의의 철 조각을 넣어 용접하는 것으로 재질, 두께 등의 불일치로 균열의 위험이 있어 허용되지 않는 보수 방식이다.

11

다음 배관도 중 "P"가 의미하는 것은?

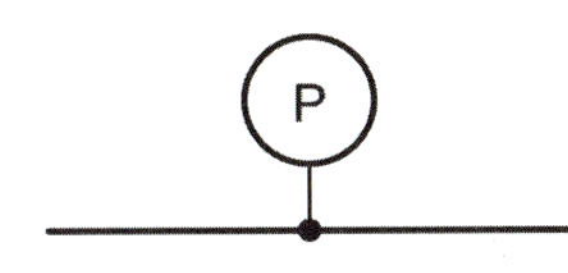

① 온도계 ② 압력계
③ 유량계 ④ 핀구멍

12 빈출

CO_2 가스 아크 용접에서 용접전류를 높게 할 때의 사항을 열거한 것 중 옳은 것은?

① 용착율과 용입이 감소한다.
② 와이어의 녹아내림이 빨라진다.
③ 용접입열이 작아진다.
④ 와이어 송급속도가 늦어진다.

CO_2 가스 아크 용접전류 증가
- 아크 열량이 증가하며 용입이 깊어진다.
- 와이어 용융속도가 증가하여 녹아내림이 빨라진다.
- 용착률이 향상되고 스패터가 증가한다.

13

제3각 정투상도에서 저면도의 배치 위치로 옳은 것은?

① 정면도의 아래쪽 ② 정면도의 오른쪽
③ 정면도의 위쪽 ④ 정면도의 왼쪽

정투상도(Orthographic Projection)
물체를 평면에 직각 투영하여 여러 방향에서 본 모양을 그린 도면법이다. 주로 정면도(Front View), 평면도(Top View), 저면도(Bottom View), 측면도(Side View)로 구성된다.

투상법

구분	제1각법 (First-Angle)	제3각법 (Third-Angle)
투상 위치	물체가 투상면 앞쪽	물체가 투상면 뒤쪽
도면 배치법칙	좌우·상하가 실제와 반대	좌우·상하가 실제와 같음
평면도(윗면도)	정면도의 아래쪽	정면도의 위쪽
저면도(아랫면도)	정면도의 위쪽	정면도의 아래쪽
좌측면도	정면도의 오른쪽	정면도의 왼쪽
우측면도	정면도의 왼쪽	정면도의 오른쪽

14

2개의 모재에 압력을 가해 접촉시킨 다음 접촉에 압력을 주면서 상대운동을 시켜 접촉면에서 발생하는 열을 이용하는 용접법은?

① 가스 압접 ② 냉간 압접
③ 마찰 용접 ④ 열간 압접

마찰 용접
두 모재를 가압된 상태에서 회전 왕복운동을 통해 접촉면의 마찰열을 발생시켜 가열하고, 정지된 상태에서 순간적으로 압력을 일정하게 전달하는 고상 접합 방법이다.

15 빈출

가스 용접에 대한 설명 중 옳은 것은?

① 아크 용접에 비해 불꽃의 온도가 높다.
② 열 집중성이 좋아 효율적인 용접이 가능하다.
③ 전원설비가 있는 곳에서만 설치가 가능하다.
④ 가열할 때 열량 조절이 비교적 자유롭기 때문에 박판 용접에 적합하다.

가스 용접은 불꽃의 크기, 산소와 아세틸렌의 혼합비, 그리고 토치의 이송속도를 통해 입열량을 미세하게 조절할 수 있어 박판 용접에 적합하다.

16 ⭐빈출

구상흑연주철은 주조성, 가공성 및 내마멸성이 우수하다. 이러한 구상흑연주철 제조 시 구상화제로 첨가되는 원소로 옳은 것은?

① P, S
② O, N
③ Pb, Zn
④ Mg, Ca

구상흑연주철
- 일반 회주철의 흑연이 구상형태로 변형된 주철로, 인성과 충격값이 크게 향상된 재료이다.
- Mg, Ca, Ce, Si, Rare Earth(희토류) 등의 원소를 첨가하면 흑연이 구상형태로 응고된다.

17

다음 중 용해 시 흡수한 산소를 인(P)으로 탈산하여 산소를 0.01% 이하로 한 동(Copper)은?

① 전기동
② 정련동
③ 탈산동
④ 무산소동

탈산동
산소를 인(P)으로 탈산하여 0.01% 이하로 줄인 동이다.

18 ⭐빈출

산소와 아세틸렌 용기의 취급상의 주의사항으로 옳은 것은?

① 직사광선이 잘 드는 곳에 보관한다.
② 아세틸렌병은 안전상 눕혀서 사용한다.
③ 산소병은 40℃ 이하 온도에서 보관한다.
④ 산소병 내에 다른 가스를 혼합해도 상관없다.

산소 용기의 취급
- 산소(O_2)와 기름(유분) 또는 기름천, 기름이 묻은 장갑은 절대 접촉해서는 안 된다.
- 산소 용기 운반 시 충격에 주의를 기울이며 움직여야 한다.
- 산소 밸브는 천천히 개폐하며 밸브를 끝까지 열지 않도록 주의해야 한다.
- 용기 밸브가 사용 중 얼었을 경우 따뜻한 물을 활용하여 녹여 사용해야 한다.
- 가스 누설 점검은 사용 전에 실시하며 비눗물 또는 검사액으로 한다.
- 통풍이 잘 되고 직사광선에 노출되지 않는 공간에 40℃ 이하를 유지하며 세워서 보관해야 한다.

19

그림에서 마텐자이트 변태가 가장 빠른 곳은?

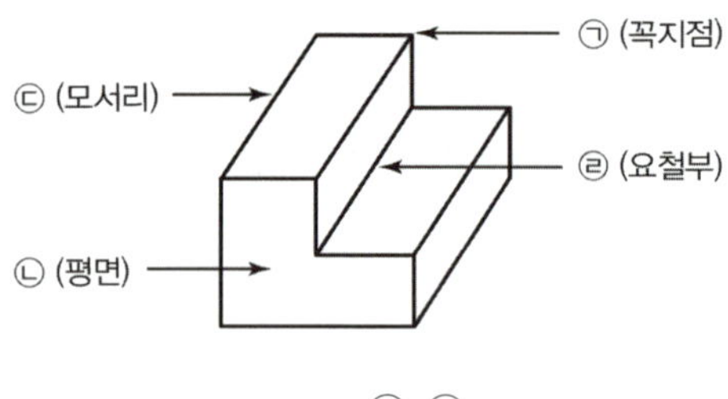

① ㉠
② ⓛ
③ ⓒ
④ ㉣

꼭지점(㉠): 3방향으로 표면이 노출되어 가장 빨리 식는 곳으로 마텐자이트 변태가 가장 먼저(많이) 진행된다.
그 다음 모서리, 평면, 요철부 순서이다.

20

산소 프로판 가스 용접 시 산소 : 프로판 가스의 혼합비로 가장 적당한 것은?

① 1 : 1
② 2 : 1
③ 2.5 : 1
④ 4.5 : 1

프로판 완전 연소식
$C_3H_8 + 5O_2 \rightarrow 3CO_2 + 4H_2O$
하지만 실제 절단용 예열불꽃에서는 연소손실과 효율을 고려해 산소 : 프로판 비율 = 약 4.5 : 1 정도로 맞춘다.

21

기계재료 기호 SM 15CK에서 "15"가 의미하는 것은?

① 침탄 깊이
② 최저 인장강도
③ 탄소 함유량
④ 최대 인장강도

15는 탄소 함유량×100 → 약 0.15% C 함유이다.

정답   16 ④ 17 ③ 18 ③ 19 ① 20 ④ 21 ③

22

스테인리스강을 TIG 용접 시 보호가스 유량에 관한 사항 중 옳은 것은?

① 용접 시 아크 보호능력을 최대한으로 하기 위하여 가능한 한 가스 유량을 크게 하는 것이 좋다.
② 낮은 유속에서도 우수한 보호작용을 하고 박판 용접에서 용락의 가능성이 적으며, 안정적인 아크를 얻을 수 있는 헬륨(He)을 사용하는 것이 좋다.
③ 가스 유량이 과다하게 유출되는 경우에는 가스 흐름이 난류현상이 생겨 아크가 불안정해지고 용접금속의 품질이 나빠진다.
④ 양호한 용접 품질을 얻기 위해 79.5% 정도의 순도를 가진 보호가스를 사용하면 된다.

① TIG 용접 시 적정 유량 범위를 지켜야 하며, 과도한 유량은 오히려 난류를 형성하여 아크를 불안정하게 만든다.
② 헬륨은 이온화 에너지가 높아 아크 열량이 크며 불안정한 아크가 발생된다. 이에 따라 아르곤에 소량 혼합하여 용입을 깊게 하거나 용접속도를 높이는 데 사용한다.
④ 보호가스는 순도 99.9%의 고순도를 사용해야 양호한 품질을 얻을 수 있다.

23

그림과 같은 정투상도의 제3각법으로 나타낸 정면도와 우측면도를 보고 평면도를 올바르게 도시한 것은?

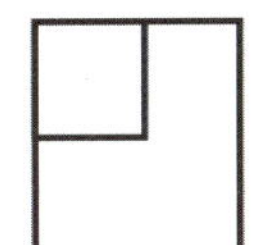

① 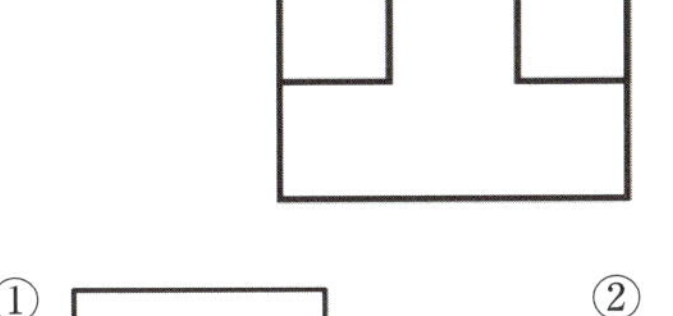

② 

③ 

④ 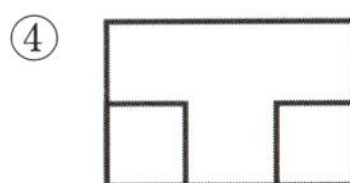

24

그림과 같은 부등변 ㄱ강형의 치수로 가장 적합한 것은?

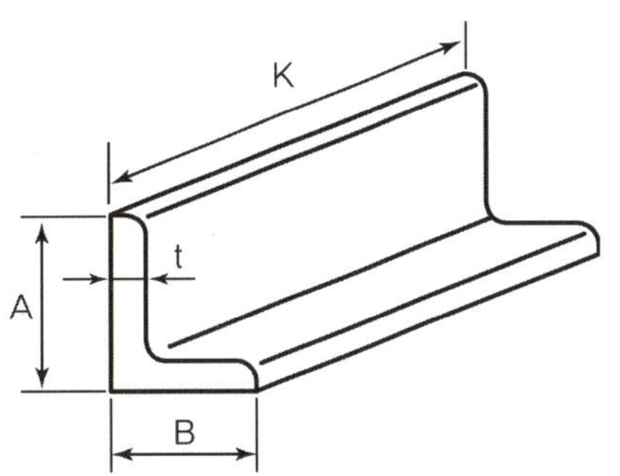

① L A × B × t − K
② L B × t × A − K
③ L K × t × A − B
④ L K × A × t − B

L A × B × t − K
• A, B: 두 다리 길이(보통 A > B)
• t: 두께
• K: 재료의 길이(길이 치수)

25

플라즈마 아크 용접장치에서 아크 플라즈마의 냉각가스로 쓰이는 것은?

① 아르곤과 수소의 혼합가스
② 아르곤과 산소의 혼합가스
③ 아르곤과 메탄의 혼합가스
④ 아르곤과 프로판의 혼합가스

플라즈마 아크 용접(PAW)
플라즈마 가스로 Ar 또는 Ar + H_2를 사용한다. H_2를 소량 첨가 시 열전도도가 올라가고 아크 집중과 함께 냉각 효과가 유리해진다.

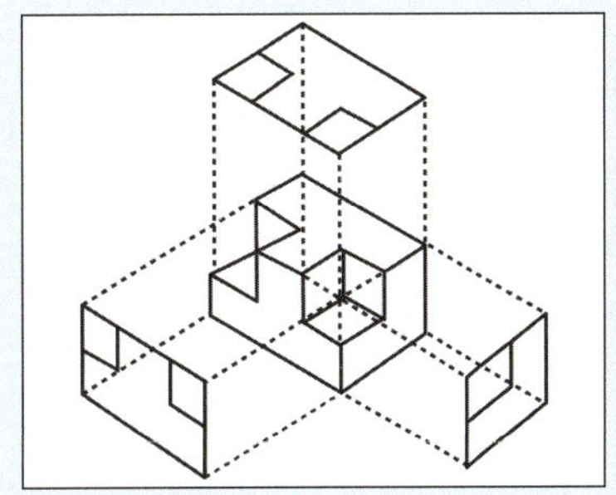

정답 22 ③ 23 ④ 24 ① 25 ①

26

도면의 양식에서 반드시 마련해야 할 사항이 아닌 것은?

① 윤곽선
② 중심마크
③ 표제란
④ 비교눈금

도면 양식
기계제도에서 도면의 기본적인 구성 요소와 규격화된 틀로 윤곽선, 표제란, 도면번호, 중심마크 등이 표시되어야 한다.

27

강자성을 가지는 은백색의 금속으로 화학 반응용 촉매, 공구 소결재로 널리 사용되고 바이탈륨의 주성분 금속은?

① Ti
② Co
③ Al
④ Pt

코발트(Co)
대표적인 강자성체로 은백색의 금속 광택을 가지고 있다. 석유 및 수소화 반응의 촉매, 공구 소결재로서 초경합금의 결합재로 사용된다.

28 ⭐빈출

침투 탐상법의 장점으로 틀린 것은?

① 국부적 시험이 가능하다.
② 미세한 균열도 탐상이 가능하다.
③ 주변환경 특히 온도에 둔감해 제약을 받지 않는다.
④ 철, 비철, 플라스틱, 세라믹 등 거의 모든 제품에 적용이 용이하다.

침투 탐상검사(PT)
• 모재 표면의 미세한 결함(균열, 기공, 기포, 핀홀 등)을 색상 대비나 형광 발광을 이용하며, 현상제를 통해 시각적으로 확인하는 비파괴시험으로 주변 온도・습도・오염도에 따라 침투액의 점도, 확산속도, 증발 특성이 달라지므로 검출 감도에 큰 차이가 발생할 수 있다.
• 시험 순서: 전처리, 침투처리, 제거처리(세척), 현상처리, 관찰(판독), 후처리

29 ⭐빈출

다음 중 탄소강의 표준 조직이 아닌 것은?

① 페라이트
② 펄라이트
③ 시멘타이트
④ 마텐자이트

탄소강의 표준 조직은 페라이트, 펄라이트, 오스테나이트, 레데뷰라이트, 시멘타이트로 구성된 조직으로 열처리 전의 상태를 가진다.

30 ⭐빈출

다음 중 일렉트로 가스 아크 용접에 주로 사용되는 가스는?

① Ar
② CO_2
③ H_2
④ He

일렉트로 가스 아크 용접에 주된 가스는 CO_2(이산화탄소)를 사용한다.

31

용접할 때 용접 전 적당한 온도로 예열을 하면 냉각속도를 느리게 하여 결함을 방지할 수 있다. 예열 온도 설명 중 옳은 것은?

① 고장력강의 경우는 용접 홈을 $50 \sim 350℃$로 예열
② 저합금강의 경우는 용접 홈을 $200 \sim 500℃$로 예열
③ 연강을 $0℃$ 이하에서 용접할 경우는 이음의 양쪽 폭 100mm 정도를 $40 \sim 250℃$로 예열
④ 주철의 경우는 용접 홈을 $40 \sim 75℃$로 예열

고장력강(탄소당량↑)은 수소균열(냉균열)과 열 영향부의 경화 위험이 크므로 조성・두께・구속 정도에 따라 대략 $50 \sim 350℃$ 범위에서 예열을 적용한다.

32 ★빈출

정격 2차 전류 300A, 정격사용률 40%인 아크 용접기로 실제 200A 용접전류를 사용하여 용접하는 경우 전체 시간을 10분으로 하였을 때 다음 중 용접시간과 휴식시간을 올바르게 나타낸 것은?

① 5분 용접 후 5분간 휴식한다.
② 7분 용접 후 3분간 휴식한다.
③ 9분 용접 후 1분간 휴식한다.
④ 10분 동안 계속 용접한다.

- 허용사용률(%)

$$= 정격사용률 \times \left(\frac{정격\ 2차\ 전류}{실제\ 용접전류}\right)^2$$

$$= 40 \times \left(\frac{300}{200}\right)^2 = 90\%$$

- 9분 용접 후 1분간 휴식해야 한다.

33 ★빈출

서브머지드 아크 용접에서 다전극 방식에 의한 분류에 속하지 않는 것은?

① 푸시 풀식 　　　　② 탠덤식
③ 횡병렬식 　　　　④ 횡직렬식

다전극 방식에 의한 분류
- 탠덤식: 진행 방향에 앞뒤로 배치
- 횡직렬식: 진행 방향에 직각으로 일렬 배치
- 횡병렬식: 진행 방향에 가로로 평행 배치

34 ★빈출

다음 중 잔류응력 제거방법에 있어 용접선 양측을 일정 속도로 이동하는 가스 불꽃에 의하여 너비 약 150mm를 150~200℃로 가열한 다음 곧 수냉하는 방법은?

① 피닝법 　　　　② 기계적 응력완화법
③ 국부풀림법 　　④ 저온응력완화법

저온응력완화법
가스 불꽃에 의하여 용접선 양측에 일정한 속도를 가지고 폭 약 150mm를 150~200℃ 가열한 후 곧바로 수냉하는 방법을 말한다.

35

다음 중 도면에서 단면도의 해칭에 대한 설명으로 틀린 것은?

① 해칭선은 반드시 주된 중심선에 45°로만 경사지게 긋는다.
② 해칭선은 가는 실선으로 규칙적으로 줄을 늘어놓는 것을 말한다.
③ 단면도에 재료 등을 표시하기 위해 특수한 해칭(또는 스머징)을 할 수 있다.
④ 단면 면적이 넓을 경우에는 그 외형선에 따라 적절한 범위에 해칭(또는 스머징)을 할 수 있다.

단면 해칭선은 보통 45°만 써야 하는 것은 아니며 겹치거나 인접 부품과 구분 등 필요에 따라 30°, 60°로 간격을 바꿔 그릴 수 있다.

36 ★빈출

MIG 용접 제어장치의 기능으로 크레이터 처리 기능에 의해 낮아진 전류가 서서히 줄어들면서 아크가 끊어지며 이면 용접부가 녹아내리는 것을 방지하는 것을 의미하는 것은?

① 예비가스 유출시간 　　② 스타트 시간
③ 크레이터 충전시간 　　④ 번 백 시간

번 백 시간
와이어 송급이 멈춘 후에도 전류를 순간적으로 유지시키며 흘려보내 와이어 끝을 깔끔하게 끊어내는(Burn Back) 역할이 진행되는 시간이다.

37 ★빈출

강의 표면에 질소를 침투시켜 경화시키는 표면경화법은?

① 침탄법
② 질화법
③ 고주파 담금질
④ 방전경화법

강의 표면에 질소(N_2)를 침투시켜 질화물을 형성함으로써 표면 경도를 높이는 방법은 질화법(Nitriding)이다.

38 빈출

피복제 중에 산화티탄(TiO₂)을 약 35% 정도 포함한 용접봉으로서 아크는 안정되고 스패터는 적으나, 고온 균열(Hot Crack)을 일으키기 쉬운 결점이 있는 용접봉은?

① E4301
② E4313
③ E4311
④ E4316

39 빈출

가스 용접에서 알루미늄을 용접하고자 할 때 일반적으로 어떤 용접봉을 사용하는가?

① Al에 소량의 C를 첨가한 용접봉
② Al에 소량의 Fe를 첨가한 용접봉
③ Al에 소량의 P를 첨가한 용접봉
④ Al에 소량의 S를 첨가한 용접봉

40

도면에 리벳의 호칭이 "KS B 1102 보일러용 둥근머리 리벳 13 × 30 SV 400"으로 표시된 경우 올바른 설명은?

① 리벳의 수량 13개
② 리벳의 길이 30mm
③ 최대 인장강도 400kPa
④ 리벳의 호칭 지름 30mm

41 빈출

납땜 용제가 갖추어야 할 조건으로 틀린 것은?

① 모재의 산화피막과 같은 불순물을 제거하고 유동성이 좋을 것
② 청정한 금속면의 산화를 방지할 것
③ 납땜 후 슬래그의 제거가 용이할 것
④ 침지땜에 사용되는 것은 젖은 수분을 함유할 것

42

연강용 가스 용접봉은 인이나 황 등의 유해성분이 극히 적은 저탄소강이 사용되는데, 연강용 가스 용접봉에 함유된 성분 중 규소(Si)가 미치는 영향은?

① 강의 강도를 증가시키거나 연신율, 굽힘성 등이 감소된다.
② 기공은 막을 수 있으나 강도가 떨어진다.
③ 강에 취성을 주며 가연성을 잃게 한다.
④ 용접부의 저항력을 감소시키고 기공발생의 원인이 된다.

43

다음 중 가스 용접에서 산화불꽃으로 용접할 경우 가장 적합한 용접 재료는?

① 황동
② 모넬메탈
③ 알루미늄
④ 스테인리스

정답   38 ②   39 ③   40 ②   41 ④   42 ②   43 ①

44 ⭐ 빈출

다음 중 저온 배관용 탄소강관의 기호는?

① SPPS   ② SPLT
③ SPHT   ④ SPA

- 일반 배관용 탄소강관[D3507(G3452) / SPP(SGP): Steel Pipe Piping]
- 압력 배관용 탄소강관[D3562(G3454) / SPPS(STPG): Steel Pipe Pressure Service]
- 고압 배관용 탄소강관[D3564(G3455) / SPPH(STS): Steel Pipe Pressure High]
- 고온 배관용 탄소강관[D3570(G3456) / SPHT(STPT): Steel Pipe High Temperature]
- 배관용 아크 용접 탄소강관[D3583(G3457 / SPW(STPY): Steel Pipe Welding]
- 저온 배관용 탄소강관[D3569(G3460) / SPLT(STPL): Steel Pipe Low Temperature]

45 ⭐ 빈출

용접부의 검사법 중 기계적 시험이 아닌 것은?

① 인장시험   ② 부식시험
③ 굽힘시험   ④ 피로시험

- 기계적 시험은 기계적 성질을 이용한 강도, 연성, 경도 등을 평가하는 방법으로 피로시험, 인장시험, 굽힘시험, 충격시험, 경도시험 등이 있다.
- 화학적 시험은 내식성, 화학적 성질로 평가하며 부식시험, 화학분석시험 등으로 분류된다.

46

야금적 접합법의 종류에 속하는 것은?

① 납땜 이음   ② 볼트 이음
③ 코터 이음   ④ 리벳 이음

납땜은 모재를 녹이지 않더라도 용가재가 녹아 확산·합금화로 접합되므로 야금적 접합법에 해당한다.

47 ⭐ 빈출

다음 중 서브머지드 아크 용접(Submerged Arc Welding)에서 용제의 역할과 가장 거리가 먼것은?

① 아크 안정
② 용락 방지
③ 용접부의 보호
④ 용착금속의 재질

서브머지드 아크 용접 시 용락 방지를 위해 누설 방지 비드 또는 백킹제를 배치한다.

용제(Flux)
- 아크의 안정 작용
- 산화, 질화 방지
- 슬래그 형성
- 용착금속 재질 개선
- 탈산정련 작용

48

TIG 용접에서 교류 전원을 사용 시 모재가 (−)극이 될 때 모재 표면의 수분, 산화물 등의 불순물로 인하여 전자 방출 및 전류의 흐름이 어렵고, 텅스텐 전극이 (−)극이 되는 경우에 전자가 다량으로 방출되는 등 2차 전류가 불평형하게 되는데 이러한 현상을 무엇이라 하는가?

① 전극의 소손작용
② 전극의 전압상승작용
③ 전극의 청정작용
④ 전극의 정류작용

전극의 정류작용
모재 표면의 산화피막, 수분, 오염층으로 인해 모재가 음극(−)이 될 때 전자 방출이 잘 이루어지지 않아 전류가 한쪽 방향으로만 흐르려는 직류화로 정류 현상이 발생한다.

49

가스 절단 작업 시의 표준 드래그 길이는 일반적으로 모재 두께의 몇 % 정도인가?

① 5
② 10
③ 20
④ 30

50 ★빈출

탄소강에 니켈이나 크롬 등을 첨가하여 대기 중이나 수중 또는 산에 잘 견디는 내식성을 부여한 합금강으로 불수강이라고도 하는 것은?

① 고속도강
② 주강
③ 스테인리스강
④ 탄소 공구강

51

화재 발생 시 사용하는 소화기에 대한 설명으로 틀린 것은?

① 전기로 인한 화재에는 포말 소화기를 사용한다.
② 분말 소화기는 기름화재에 적합하다.
③ CO_2 가스 소화기는 소규모의 인화성 액체 화재나 전기설비 화재의 초기 진화에 좋다.
④ 보통화재에는 포말, 분말, CO_2 소화기를 사용한다.

52

소재의 표면에 강이나 주철로 된 작은 입자를 고속으로 분사시켜 표면 경도를 높이는 것은?

① 화염경화법
② 하드페이싱
③ 고주파 경화법
④ 숏 피닝

53

다음 중 직류아크 용접기의 종류별 특성으로 옳은 것은?

① 발전형은 보수와 점검이 어렵다.
② 발전형은 교류를 정류하므로 완전한 직류를 얻지 못한다.
③ 정류기형은 회전을 하므로 고장나기가 쉽고 소음이 난다.
④ 정류기형은 옥외나 교류전원이 없는 장소에서 사용한다.

54

일반적으로 MIG 용접의 전류밀도는 아크 용접의 몇 배 정도 되는가?

① 2~4배
② 4~6배
③ 6~8배
④ 8~11배

55 ★빈출

가변압식 가스 용접토치에서 팁의 능력에 대한 설명으로 옳은 것은?

① 매 시간당 소비되는 아세틸렌 가스의 양
② 매 시간당 소비되는 산소의 양
③ 매 분당 소비되는 아세틸렌 가스의 양
④ 매 분당 소비되는 산소의 양

정답   49 ③ 50 ③ 51 ① 52 ④ 53 ① 54 ③ 55 ①

56

니켈-크롬 합금 중 사용한도가 1,000℃까지 측정할 수 있는 합금은?

① 망간
② 우드메탈
③ 배빗메탈
④ 크로멜-알루멜

크로멜 - 알루멜
K형 열전대로 니켈 90%와 크롬 10%로 구성된 합금이며, 사용한도가 약 1,000℃까지 가능하여 온도 측정에 널리 사용된다.

57 빈출

산소 - 아세틸렌 불꽃의 종류가 아닌 것은?

① 중성불꽃
② 탄화불꽃
③ 산화불꽃
④ 질화불꽃

가스 용접 불꽃의 종류
- 탄화불꽃: 길고 붉은 불꽃으로 아세틸렌 과다불꽃이라고 하며 온도는 약 3,000℃이다.
- 중성불꽃(표준불꽃): 청백색의 짧은 불꽃으로 산소 1 : 아세틸렌 1의 비율을 가지며 온도는 약 3,200℃이다.
- 산화불꽃: 짧고 밝은 청색 불꽃으로 산소 과다불꽃이라고 하며 산화 분위기로 온도는 약 3,400℃이다.
- 아세틸렌 불꽃: 순수 가연성 가스의 불꽃으로 황적색을 띠며 온도는 약 1,800℃이다.

58 빈출

배관도에 사용된 밸브표시가 올바른 것은?

① 밸브 일반:
② 게이트 밸브:
③ 나비 밸브:
④ 체크 밸브:

밸브 · 콕의 종류	그림 기호	밸브 · 콕의 종류	그림 기호
밸브 일반		앵글 밸브	
게이트 밸브		3방향 밸브	
글로브 밸브			
체크 밸브	또는	안전 밸브	
볼 밸브			
버터플라이 밸브	또는	콕 일반	

밸브 및 콕 몸체의 표시방법

59 빈출

다음 중 아크 에어 가우징에 사용되지 않는 것은?

① 가우징 토치
② 가우징 봉
③ 압축공기
④ 열교환기

아크 에어 가우징 장치: 전원, 가우징 토치, 탄소 또는 흑연 전극봉, 압축공기, 호스 및 배선

60 빈출

용접 후열 처리를 하는 목적 중 맞지 않는 것은?

① 담금질에 의한 경화
② 응력제거 풀림 처리
③ 완전 풀림 처리
④ 용접 후의 급냉 회피

담금질은 강을 고온에서 가열한 후 급속 냉각시켜 경화를 유도하는 공정으로 후열 처리와 거리가 멀다.

정답　　56 ④　57 ④　58 ④　59 ④　60 ①

01 빈출

다음 중 연소의 3요소를 올바르게 나열한 것은?

① 가연물, 산소, 공기
② 가연물, 빛 탄산가스
③ 가연물, 산소, 정촉매
④ 가연물, 산소, 점화원

02

저합금강 중에서 연강에 비하여 고장력강의 사용 목적으로 틀린 것은?

① 재료가 절약된다.
② 구조물이 무거워진다.
③ 용접공 수가 절감된다.
④ 내식성이 향상된다.

고장력강은 같은 공간의 설치 부분에 더 얇고 가볍게 설계하여 재료 절감과 부재 경량화를 시킬 수 있다.

03

피복 아크 용접작업에서 용접봉을 용접 진행 방향으로 70~80° 기울이고, 좌우에 대하여 90°가 되게 하여, 주로 박판 용접 및 용접의 이면 비드 형성에 사용하는 운봉법은?

① 직선 비드
② 원형 비드
③ 반달형 비드
④ 삼각형 비드

운봉(Weaving)

• 용접 시 아크를 일정한 패턴으로 좌우 또는 전후로 움직임을 가지고 비드의 모양과 용입 깊이를 조절하는 방법으로 운봉 방법에 따라 비드 형상, 용입, 열분포가 달라진다.
• 직선비드: 70~80° 기울기, 90° 좌우, 박판 및 이면 비드용

04

구리(Cu)합금 중에서 가장 큰 강도와 경도를 나타내며 내식성, 도전성, 내피로성 등이 우수하여 베어링, 스프링 및 전극재료 등으로 사용되는 재료는?

① 인(P) 청동
② 규소(Si) 청동
③ 니켈(Ni) 청동
④ 베릴륨(Be) 청동

베릴륨 청동

• 구리에 베릴륨을 첨가한 청동합금으로 비철금속 중 대표적인 고강도 합금이다.
• 피로한도, 내열성, 내식성이 우수하며 고급스프링, 베어링, 항공기 부품 등에 널리 사용된다.

05 빈출

용접작업 시의 전격에 대한 방지대책으로 올바르지 않은 것은?

① TIG 용접 시 텅스텐봉을 교체할 때는 전원 스위치를 차단하지 않고 해야 한다.
② 습한 장갑이나 작업복을 입고 용접하면 감전의 위험이 있으므로 주의한다.
③ 절연홀더의 절연 부분이 균열이나 파손되었으면 곧바로 보수하거나 교체한다.
④ 용접작업이 끝났을 때나 장시간 중지할 때에는 반드시 스위치를 차단시킨다.

TIG(아크) 용접에서 텅스텐 전극 교체 시에는 반드시 전원을 차단하고, 토치·케이블의 잔류 전하가 방전된 것을 확인한 뒤 작업한다.

정답   01 ④   02 ②   03 ①   04 ④   05 ①

06

피복 아크 용접 시 일반적으로 언더컷을 발생시키는 원인으로 가장 거리가 먼 것은?

① 용접전류가 너무 높을 때
② 아크길이가 너무 길 때
③ 부적당한 용접봉을 사용했을 때
④ 홈 각도 및 루트 간격이 좁을 때

홈 각도 및 루트 간격은 용입 부족과 관련이 있다.

언더컷
용접 비드의 가장자리에 모재가 과도하게 녹아 파여진 형상으로 용융금속이 충분히 채워지지 않아 홈이 생기는 결함을 말한다.
이 현상은 용접 시 전류가 높거나, 아크길이가 과도하게 길 때, 용접속도가 너무 빠를 때 주로 발생된다.

07

초음파 탐상법에서 널리 사용되며 초음파의 펄스를 시험체의 한쪽 면으로부터 송신하여 결함 에코의 형태로 결함을 판정하는 방법은?

① 투과법
② 공진법
③ 침투법
④ 펄스 반사법

펄스 반사법: 반사파의 형태를 활용하여 반사되는 신호의 시간 지연으로 결함을 확인한다.

08

다음 중 풀림의 목적이 아닌 것은?

① 결정립을 조대화시켜 내부응력을 상승시킨다.
② 가공경화 현상을 해소시킨다.
③ 경도를 줄이고 조직을 연화시킨다.
④ 내부응력을 제거한다.

풀림(소둔, Annealing)의 목적은 내부응력 제거, 가공경화 해소, 연화(경도 저하) 및 연성·인성 회복, 조직 균일화·미세화이다.

09

용접작업을 하지 않을 때는 무부하 전압을 20~30V 이하로 유지하고 용접봉을 작업물에 접촉시키면 릴레이(Relay) 작동에 의해 전압이 높아져 용접작업을 가능하게 하는 장치는?

① 아크부스터
② 원격제어장치
③ 전격방지기
④ 용접봉 홀더

전격방지기
아크 용접기의 무부하 전압 등 작업자가 전극봉이나 모재에 접촉 시 감전에 대한 위험에서 보호하기 위해 필수적으로 설치해야 하는 안전장치이다.

10

부탄가스의 화학 기호로 맞는 것은?

① C_4H_{10}
② C_3H_8
③ C_5H_{12}
④ C_2H_6

- 부탄: C_4H_{10}
- 프로판: C_3H_8
- 펜탄: C_5H_{12}
- 에탄: C_2H_6
- 아세틸렌: C_2H_2

11

그림과 같은 용접이음 방법의 명칭으로 가장 적합한 것은?

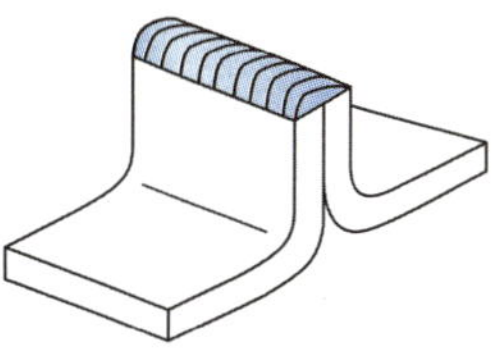

① 연속 필릿 용접
② 플랜지형 겹치기 용접
③ 연속 모서리 용접
④ 플랜지형 맞대기 용접

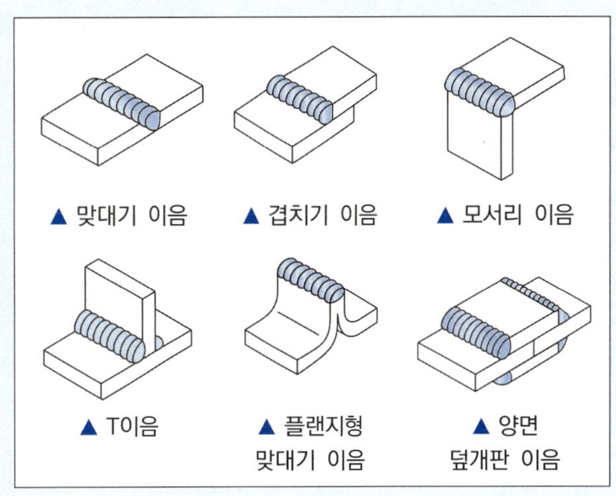

12

다층 용접방법 중 각 층마다 전체의 길이를 용접하면서 쌓아올리는 용착법은?

① 전진블록법　　　　② 덧살올림법
③ 캐스케이드법　　　④ 스킵법

> **덧살올림법(빌드업법)**
> 여러 층을 쌓아올리는 용접으로 표면에 새로운 기계적·화학적 성질을 부여하기 위해 사용한다.

13

그림의 도면에서 X의 거리는?

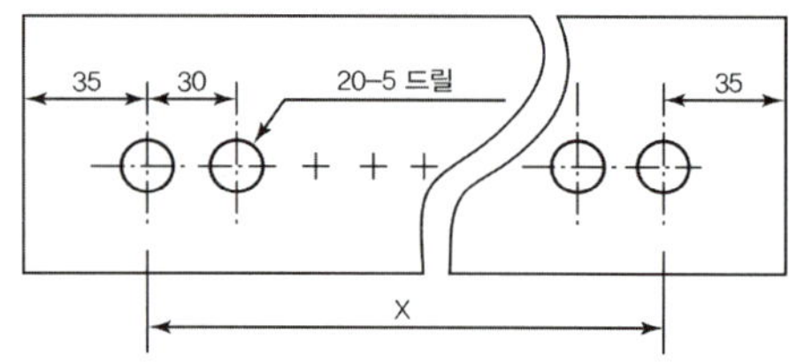

① 510mm　　　　② 570mm
③ 600mm　　　　④ 630mm

> • 구멍 간 간격: 30mm
> • 구멍 1개 직경: 20mm
> • 구멍 개수: 20개(간격 20−1=19)
> X = (30×19) = 570mm

14 빈출

다음 중 용접법의 분류에 속하지 않는 것은?

① 납땜　　　　　② 리벳팅
③ 융접　　　　　④ 압접

> **접합 방법**
> • 기계적 접합: 리벳, 볼트, 나사, 핀, 코터, 접어 잇기 등
> • 야금적 접합: 융접, 압접, 납땜

15 빈출

다음 중 CO_2 가스 아크 용접의 자기쏠림 현상을 방지하는 대책으로 틀린 것은?

① 가스 유량을 조절한다.
② 어스의 위치를 변경한다.
③ 용접부의 틈을 적게 한다.
④ 엔드 탭을 부착한다.

> **아크 쏠림**
> 아크 용접 시 자기장(Magnetic Field)의 불균형 때문에 아크가 일정 방향으로 치우치는 현상을 말하며, 자기 불림이라고도 한다.
> **아크 쏠림 방지대책**
> • 교류 용접기를 사용하거나 후퇴법으로 용접한다.
> • 짧은 아크를 사용하고 접지점을 용접부에서 멀리한다.
> • 접지선을 2개 연결하고 아크 발생 주변을 비자성체로 만든다.
> • 접지 케이블이 감기지 않도록 하고, 접지부에 녹, 페인트 등 방해물이 없도록 청결을 유지한다.
> • 아크 쏠림 반대 방향으로 기울인다.
> • 용접부의 시작과 끝 부분에 엔드 탭을 활용한다.

16 빈출

직류아크 용접을 할 때 극성 선택에 고려되어야 할 사항으로 거리가 먼 것은?

① 용접봉 심선의 재질　　② 피복제의 종류
③ 용접이음의 모양　　　④ 용접 지그

> • 지그는 용접 구조물을 고정하는 역할로 극성 선택과는 무관하다.
> • 극성 선택 시 피복제의 종류, 용접봉의 재질, 이음 모양에 따라 아크의 열분포 및 용입깊이, 아크 안정성 등에 영향을 준다.

17

철강에서 펄라이트 조직으로 구성되어 있는 강은?

① 경질강　　　　② 공석강
③ 강인강　　　　④ 고용체강

> 공석강을 서서히 냉각시키면, 이때 펄라이트 조직을 구성하게 된다.

정답　　12 ②　13 ②　14 ②　15 ①　16 ④　17 ②

18 ⭐

볼트나 환봉 등을 강판이나 형강에 직접 용접하는 방법으로 볼트나 환봉을 홀더에 끼우고 모재와 볼트 사이에 순간적으로 아크를 발생시켜 용접하는 것은?

① 피복 아크 용접
② 스터드 용접
③ 테르밋 용접
④ 전자 빔 용접

스터드 용접
아크를 이용하여 스터드 볼트나 환봉을 강판이나 형강에 직접 용접하는 방법으로 모재에 융착시키는 방식을 활용하여 접합하는 아크 용접의 한 종류이다.

19 ⭐

강의 재질을 연하고 균일하게 하기 위한 목적으로 아래 [그림]의 열처리 곡선과 같이 행하는 열처리는?

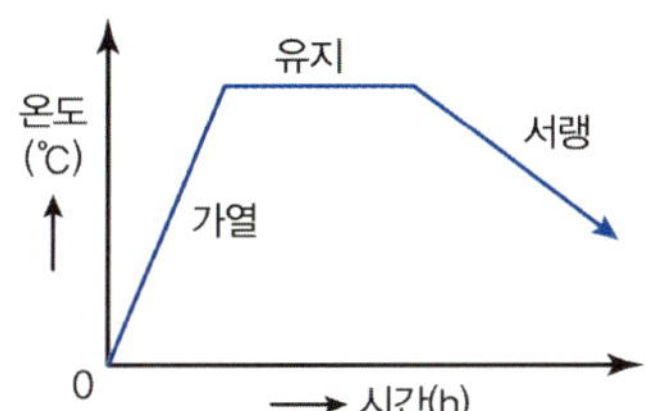

① 풀림(Annealing)
② 뜨임(Tempering)
③ 불림(Normalizing)
④ 담금질(Quenching)

일반 열처리

열처리명	효과
풀림	내부 응력 제거, 연성 향상
불림	조직 균질화, 기계적 성질 개선
담금질	경도·강도 증가
뜨임	담금질 후 인성 회복, 잔류응력 제거

20

다음 중 무색, 무취, 무미와 독성이 없고, 공기 중에 약 0.94% 정도를 포함하는 불활성 가스는?

① 헬륨(He)
② 아르곤(Ar)
③ 네온(Ne)
④ 크립톤(Kr)

아르곤(Argon, Ar)
• 기체 비율(공기 중): 약 0.94%
• 기체 종류: 불활성 가스
• 성질: 무색, 무취, 무미, 무독성

21 ⭐

다음 중 가는 실선으로 나타내는 경우가 아닌 것은?

① 시작점과 끝점을 나타내는 치수선
② 소재의 굽은 부분이나 가공 공정의 표시선
③ 상세도를 그리기 위한 틀의 선
④ 금속 구조 공학 등의 구조를 나타내는 선

기계제도 규격(KS B 0001)
• 금속 구조 공학이나 토목, 건축 등의 구조물을 나타내는 선은 주로 굵은 실선을 사용하여 물체의 외형을 정확하게 표현해야 한다.
• 굵은 실선(외형선): 물체의 외형, 구조물의 골격 등

22 ⭐

용접전류가 낮거나, 운봉 및 유지각도가 불량할 때 발생하는 용접 결함은?

① 용락
② 언더컷
③ 오버랩
④ 선상조직

오버랩: 전류가 낮으면 입열이 부족해 모재 가장자리가 충분히 용융·용입되지 못하고, 용융금속이 가장자리 위로 흘러 덮여 붙는 현상이다.

23

다음 입체도의 화살표 방향이 정면일 때 평면도로 적합한 것은?

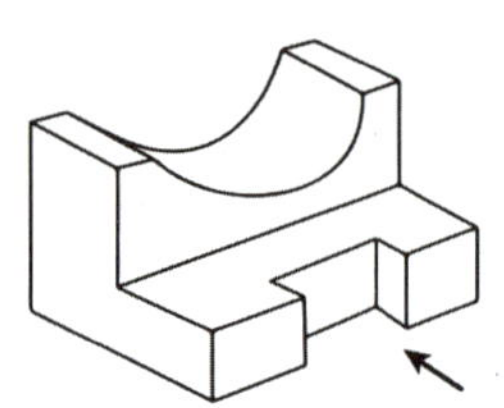

① 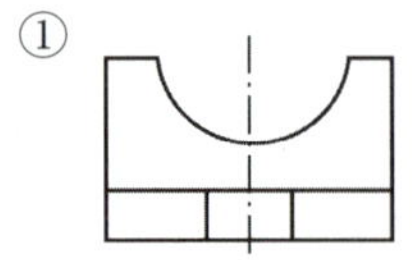　② 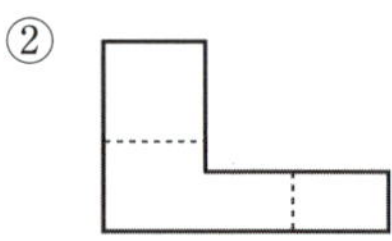

③ 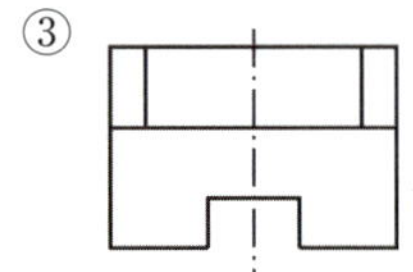　④ 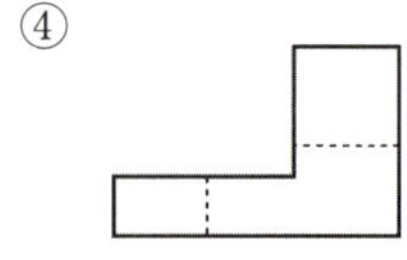

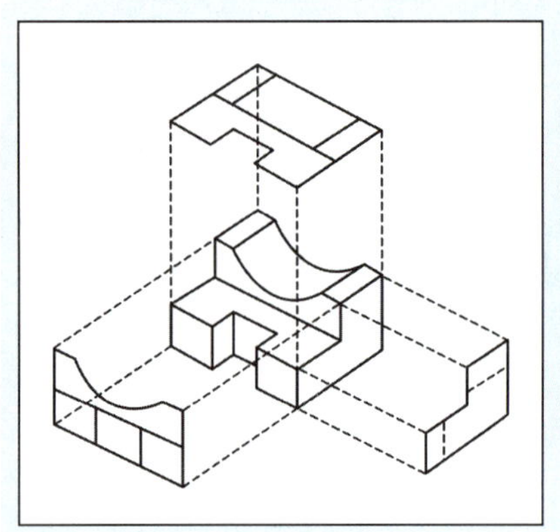

24

다음 재료 기호 중 용접 구조용 압연 강재에 속하는 것은?

① SPPS380　　② SPCC
③ SCW450　　④ SM400C

25 빈출

아세틸렌의 성질에 대한 설명으로 틀린 것은?

① 탄화수소에서 가장 완전한 가스이다.
② 산소와 적당히 혼합하여 연소하면 고온을 얻는다.
③ 아세톤에 25배로 용해된다.
④ 공기보다 가볍다.

26 빈출

그림과 같은 도면에서 나타난 "□40" 치수에서 "□"가 뜻하는
것은?

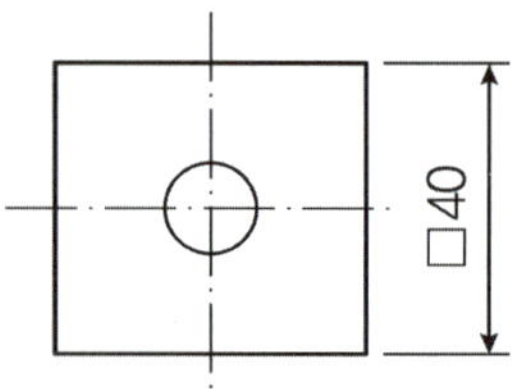

① 정사각형의 변
② 이론적으로 정확한 치수
③ 판의 두께
④ 참고 치수

27 빈출

스프링강을 830 ~ 860℃에서 담금질하고 450 ~ 570℃에서 뜨임 처리하였다. 이때 얻어지는 조직은?

① 마텐자이트
② 트루스타이트
③ 소르바이트
④ 시멘타이트

> **소르바이트(Sorbite)**
> 스프링강은 일반적으로 탄소강(C 0.6 ~ 0.7%)이며, 담금질(830 ~ 860℃)로 오스테나이트(Austenite)를 급냉시켜 마텐자이트(Martensite) 조직이 형성되며, 뜨임(450 ~ 600℃) 일부 탄소가 확산하여 시멘타이트(Fe_3C)가 석출되고 마텐자이트가 분해되어 소르바이트(Sorbite) 조직이 형성된다.

28

용접작업 시 작업자의 부주의로 발생하는 안염, 각막염, 백내장 등을 일으키는 원인은?

① 용접 흄 가스
② 아크불빛
③ 전격재해
④ 용접 보호가스

> 아크불빛에는 강한 자외선(UV)과 적외선(IR), 가시광 고조도가 포함되어 광각막염, 각막염 등을 유발한다.

29 빈출

다음 중 Al의 성질에 관한 설명으로 틀린 것은?

① 가볍고 전연성이 우수하다.
② 전기전도도는 구리보다 낮다.
③ 전기, 열의 양도체이며 내식성이 좋다.
④ 기계적 성질은 순도가 높을수록 강하다.

> 알루미늄은 가볍고 전연성이 우수하며 구리보다 낮은 전기전도성을 가진다. 순도가 높을수록 약해지고 연해져 기계적 성질이 낮은 금속 중 하나이다.

30 빈출

산화하기 쉬운 알루미늄을 용접할 경우에 가장 적합한 용접법은?

① 서브머지드 아크 용접
② 불활성 가스 아크 용접
③ CO_2 아크 용접
④ 피복 아크 용접

> TIG 용접은 청정작용을 통해 산화하기 쉬운 금속(알루미늄, 마그네슘 등)의 용접이 가능하다.

31 빈출

가스 용접에서 전진법과 후진법을 비교하여 설명한 것으로 맞는 것은?

① 용착금속의 냉각속도는 후진법이 서랭된다.
② 용접변형은 후진법이 크다.
③ 산화의 정도가 심한 것은 후진법이다.
④ 용접속도는 후진법보다 전진법이 더 빠르다.

구분	전진법 (Forward Welding)	후진법 (Backward Welding)
용접봉 위치	불꽃 앞쪽	불꽃 뒤쪽
불꽃의 진행 방향	불꽃이 진행 방향과 같은 방향	불꽃이 진행 방향의 반대 방향
화염의 작용	불꽃이 미리 모재를 예열하지 못해 용접부 보호가 작아져 산화가 발생하기 쉬움	불꽃이 이미 용착된 금속 위를 지나 예열 효과가 커져 산화 발생이 감소함
용접 속도	느림	빠름
용입 깊이	얕음	깊음
용착금속 조직	거침	미세함
적용 두께	얇은 판 (약 3mm 이하)	두꺼운 판 (3mm 이상)

32 빈출

불활성 가스 금속 아크 용접의 제어장치로서 크레이터 처리 기능에 의해 낮아진 전류가 서서히 줄어들면서 아크가 끊어지는 기능으로 이면용접 부위가 녹아내리는 것을 방지하는 것은?

① 예비가스 유출시간
② 스타트 시간
③ 크레이터 충전시간
④ 번 백 시간

번 백 시간
와이어 송급이 멈춘 후에도 전류를 순간적으로 유지시키며 흘려보내 와이어 끝을 깔끔하게 끊어내는(Burn Back) 역할이 진행되는 시간이다.

33 빈출

용접의 장점 중 맞는 것은?

① 저온취성이 생길 우려가 많다.
② 재질의 변형 및 잔류응력이 존재한다.
③ 용접사의 기량에 따라 용접 결과가 좌우된다.
④ 기밀, 수밀, 유밀성이 우수하다.

용접의 장점
• 금속 결합으로 기밀, 수밀, 유밀성이 우수하다.
• 조립, 가공 공정이 단순화되어 작업성능이 좋다.
• 겹침 이음 또는 리벳 이음 등에 비해 재료를 절약할 수 있다.
• 자동화가 비교적 용이하다.
• 이음부 자재 절약으로 무게가 가벼워진다.

34

모재 두께 9mm, 용접길이 150mm인 맞대기 용접의 최대 인장하중(kgf)은 얼마인가? (단, 용착금속의 인장강도는 43kgf/mm^{2}이다.)

① 716kgf
② 4,450kgf
③ 40,635kgf
④ 58,050kgf

• 두께 t = 9mm
• 길이 L = 150mm
단면적 A = t×L
　　　　 = 9×150 = 1,350mm^2
→ 최대 인장하중 = 단면적 × 인장강도
　　　　　　　　 = 1,350×43
　　　　　　　　 = 58,050kgf

35 빈출

전개도법의 종류 중 주로 각기둥이나 원기둥의 전개에 가장 많이 이용되는 방법은?

① 삼각형을 이용한 전개도법
② 방사선을 이용한 전개도법
③ 평행선을 이용한 전개도법
④ 사각형을 이용한 전개도법

각기둥 또는 원기둥의 전개에서는 평행선을 이용한 전개도법이 가장 적합하다.
• 방사선 전개법: 각뿔, 원뿔, 원추
• 삼각형 전개법: 복합 곡면, 이음관(경사 원뿔대)

36 빈출

서브머지드 아크 용접에서 누설방지 비드를 배치하는 이유로 맞는 것은?

① 용접 공정 수를 줄이기 위하여
② 크랙을 방지하기 위하여
③ 용접변형을 방지하기 위하여
④ 용락을 방지하기 위하여

자동 용접 중 하나인 서브머지드 아크 용접은 용입이 깊고 열량이 많아 누설방지 비드 또는 백킹제를 배치해야 용락이 발생하지 않는다.

37

두 개의 모재를 강하게 맞대어 놓고 서로 상대 운동을 주어 발생되는 열을 이용하는 방식은?

① 마찰 용접
② 냉간 압접
③ 가스 압접
④ 초음파 용접

마찰 용접
두 모재를 가압된 상태에서 회전 왕복운동을 통해 접촉면의 마찰열을 발생시켜 가열하고, 정지된 상태에서 순간적으로 압력을 일정하게 전달하는 고상 접합 방법이다.

정답　　32 ④　33 ④　34 ④　35 ③　36 ④　37 ①

38

알루미늄 합금의 종류 중 Y합금의 주요 성분으로 옳은 것은?

① Al – Si
② Al – Mg
③ Al – Cu – Ni – Mg
④ Zn – Si – Ni – Mg

Y합금(Y-alloy)
Y합금은 열처리형 알루미늄 합금의 일종으로 내열성, 인장강도, 피로강도가 우수하여 항공기 엔진 실린더 헤드, 피스톤, 압축기 부품 등에 사용되며 조성은 Cu, Ni, Mg, Al으로 구성되어 있다.

39

용접부의 시험 중 용접성 시험에 해당하지 않는 시험법은?

① 노치취성시험
② 열특성시험
③ 용접연성시험
④ 용접균열시험

용접성시험
용접 과정에서의 균열, 연성·취성, 열 영향부 등을 직접 평가하는 시험

열특성시험
재료의 열전도율, 비열, 선팽창계수 같은 일반 재료의 물성을 측정하는 시험

40

관의 끝 부분의 표시방법으로 용접식 캡을 나타내는 것은?

① 
② 
③ 
④ 

배관의 끝 부분을 나타내는 기호	
기호	이름
─┤|	막힌 플랜지
─┤)	용접식 캡
─┐	나사박음식 캡

41

가볍고 강하며 내식성이 우수하나 600℃ 이상에서는 급격히 산화되어 TIG 용접 시 용접토치에 특수(Shield Gas) 장치가 반드시 필요한 금속은?

① Al
② Ti
③ Mg
④ Cu

Ti은 스테인리스강보다 내식성과 인장강도가 우수하며 가볍고 강한 특성을 가지고 있다. 특히 고온강도가 강하여 내열성이 우수하고 고온 산화에 안정성이 매우 좋아 해양 플랜트, 항공기, 의료용 임플란트, 화학 플랜트, 원자력 설비 등에 사용된다.

42

AW – 220, 무부하 전압 80V, 아크전압이 30V인 용접기의 효율은? (단, 내부손실은 2.5kW이다.)

① 71.5%
② 72.5%
③ 73.5%
④ 74.5%

$$효율(\%) = \frac{아크출력}{아크출력 + 내부손실} \times 100$$

$$= \frac{30 \times 220}{30 \times 220 + 2,500} \times 100 = 72.5\%$$

43

용접 균열을 방지하기 위한 일반적인 사항으로 맞지 않는 것은?

① 좋은 강재를 사용한다.
② 응력집중을 피한다.
③ 용접부에 노치를 만든다.
④ 용접시공을 잘한다.

- 노치(Notch): 국부적인 홈 또는 결함부
- 노치 부분에 응력이 집중되면 균열이 발생하기 쉽고 용접 시 용융이 불균일해져 결합력이 약해진다.

44 ⭐빈출

대상물의 보이지 않는 부분의 모양을 표시할 때에 사용하는 선의 종류는?

① 가는 파선
② 가는 2점 쇄선
③ 가는 실선
④ 가는 1점 쇄선

선의 구분

종류	구분	명칭	용도
실선	▬▬▬	굵은 실선	외형선
	———	가는 실선	치수선, 중심선, 해칭(Hatching)선
	〜〜〜	자유 실선	부분 생략 또는 부분 단면의 경계
파선	– – – –	굵은 파선 또는 가는 파선	보이지 않는 외형선, 숨은선
쇄선	–·–·–	가는 1점 쇄선	중심선, 물체 또는 도형의 대칭선, 회전 단면의 외형선, 피치선
	–··–··–	가는 2점 쇄선	가상 외형선, 인접한 외형선, 가동 물체의 회전 위치선
	▬–·–▬	절단부 쇄선 (양끝이 굵은 선에 중간은 가는 쇄선)	절단 평면의 위치(절단선)
	–·–·–	굵은 1점 쇄선	표면 처리 부분

45

가스 절단에서 예열불꽃이 약할 때 나타나는 현상이 아닌 것은?

① 드래그가 증가한다.
② 절단이 중단되기 쉽다.
③ 절단속도가 늘어진다.
④ 슬래그 중의 철 성분의 박리가 어려워진다.

- 가스 절단에서 예열불꽃은 절단 시작부를 충분히 가열하여 금속이 산소 절단 온도에 도달하도록 한다.
- 예열 온도가 낮으면 드래그 배출이 원활하지 않아 커지게 되며, 절단이 끊기는 현상이 발생되고 절단속도가 늘어지게 된다.

46

다음 중 안내 레일형 일렉트로 슬래그 용접에 필요한 장치로 옳은 것은?

① 송급장치, 콘택트 팁
② 콘택트 팁, 주행 대차
③ 가이드 레일, 주행 대차
④ 냉각수 및 수냉 동판

일렉트로 슬래그 용접장치: 안내 레일, 제어 상자, 냉각장치(냉각수 및 수냉 동판), 와이어 공급장치, 전원장치 등

47 ⭐빈출

용접봉의 용융금속이 표면장력의 작용으로 모재에 옮겨 가는 용적 이행으로 맞는 것은?

① 스프레이형
② 핀치효과형
③ 단락형
④ 용적형

금속의 이행형식
- 단락형: 전극과 용융지가 주기적으로 접촉 후 단락되며 방울이 모재로 이행된다.
- 글로뷸러형(핀치효과형): 비교적 큰 용적이 중력에 의해 모재로 이행되며 단락이 발생되지 않는다.
- 스프레이형: 미세한 금속 입자가 고속으로 스프레이처럼 분사되어 모재로 이행된다.

48 ⭐빈출

용접금속의 구조상의 결함이 아닌 것은?

① 변형　　② 기공
③ 언더컷　　④ 균열

변형은 용접 후 잔류응력으로 인해 부재 전체가 휘거나 뒤틀리는 치수·형상 불량으로, 용접금속의 구조상 결함(비드 내부/경계의 결함)이 아니다.

49 ⭐빈출

다음은 용접이음부의 홈의 종류이다. 박판 용접에 가장 적합한 것은?

① K형
② H형
③ I형
④ V형

박판은 I형으로, 맞대어도 전원 조건만 적절하면 완전 용입이 가능하고, 입열·변형을 최소화할 수 있다.

50

황동의 종류 중 순Cu와 같이 연하고 코이닝하기 쉬우므로 동전이나 메달 등에 사용되는 합금은?

① 95% Cu - 5% Zn 합금
② 70% Cu - 30% Zn 합금
③ 60% Cu - 40% Zn 합금
④ 50% Cu - 50% Zn 합금

95% Cu - 5% Zn은 도금용 황동으로 압인 성형에 매우 유리한 특성을 가져 메달, 기장, 동전 등의 재질에 활용된다.

51 ⭐빈출

기계제도에서의 척도에 대한 설명으로 잘못된 것은?

① 척도는 표제란에 기입하는 것이 원칙이다.
② 축척의 표시는 2:1, 5:1, 10:1 등과 같이 나타낸다.
③ 척도란 도면에서의 길이와 대상물의 실제길이의 비이다.
④ 도면을 정해진 척도값으로 그리지 못하거나 비례하지 않을 때에는 척도를 'NS'로 표시할 수 있다.

배척(확대척도)은 실제보다 크게 그려 확대 표시(2:1, 5:1, 10:1)하며, 축척은 실제보다 작게 그려 축소 표시한다.

52

저용융점(Fusible) 합금에 대한 설명으로 틀린 것은?

① Bi를 55% 이상 함유한 합금은 응고 수축을 한다.
② 용도로는 화재통보기, 압축공기용 탱크 안전밸브 등에 사용된다.
③ 33 ~ 66% Pb를 함유한 Bi 합금은 응고 후 시효 진행에 따라 팽창현상을 나타낸다.
④ 저용융점 합금은 약 250℃ 이하의 용융점을 갖는 것이며 Pb, Bi, Sn, In 등의 합금이다.

비스무트(Bi)의 함량이 높아질수록 저용융점 합금은 오히려 팽창한다.

53

가스 용접 시 양호한 용접부를 얻기 위한 조건에 대한 설명 중 틀린 것은?

① 용착금속의 용입 상태가 균일해야 한다.
② 슬래그, 기공 등의 결함이 없어야 한다.
③ 용접부에 첨가된 금속의 성질이 양호하지 않아도 된다.
④ 용접부에는 기름, 먼지, 녹 등을 완전히 제거하여야 한다.

용접부의 강도와 신뢰성을 확보하기 위해서는 용가재(용접봉)를 통해 첨가되는 금속의 성질이 모재와 동등하거나 그 이상의 성질을 가져야 한다.

54

정류기형 직류아크 용접기에서 사용되는 셀렌 정류기는 80℃ 이상이면 파손되므로 주의해야 하는데 실리콘 정류기는 몇 ℃ 이상에서 파손이 되는가?

① 120℃
② 150℃
③ 80℃
④ 100℃

• 셀렌 정류기는 약 80℃ 이상에서 손상된다.
• 실리콘 정류기(Si 다이오드)는 약 150℃ 이상에서 손상된다.

정답   49 ③   50 ①   51 ②   52 ①   53 ③   54 ②

55 빈출

다음 중 알루미늄을 가스 용접할 때 가장 적절한 용제는?

① 붕사
② 탄산나트륨
③ 염화나트륨
④ 중탄산나트륨

금속별 사용 용제	
금속 종류	사용 용제
황동(Brass)	붕사(Borax)
구리(Cu)	붕사 + 염화나트륨 혼합
알루미늄(Al)	염화리튬(LiCl), 염화칼륨(KCl) 등 염화물계 용제
연강(Steel)	용제 사용하지 않음

56 빈출

고셀룰로오스계 용접봉에 대한 설명으로 틀린 것은?

① 비드표면이 거칠고 스패터가 많은 것이 결점이다.
② 피복제 중 셀룰로오스가 20~30% 정도 포함되어 있다.
③ 고셀룰로오스계는 E4311로 표시한다.
④ 슬래그 생성계에 비해 용접전류를 10~15% 높게 사용한다.

고셀룰로오스계 용접봉(E4311)

가스 실드계의 대표적인 용접봉인 E4311은 유기물을 20~30% 포함하며, 비드 표면이 거치나 수직, 상진, 하진 위보기 작업성이 우수하다. 특히, 슬래그 생성계에 비해 용접전류를 높게 사용 시 과전류로 인한 비드 품질이 저하되어 전류를 낮게 사용해야 안정적이다.

57

전자 빔 용접의 종류 중 고전압 소전류형의 가속 전압은?

① 20 ~ 40kV
② 50 ~ 70kV
③ 70 ~ 150kV
④ 150 ~ 300kV

전자 빔 용접의 고전압 소전류형은 70 ~ 150kV의 가속 전압을 가진다.

58 빈출

밸브 표시기호에 대한 밸브 명칭이 틀린 것은?

① : 슬루스 밸브
② : 3방향 밸브
③ : 버터플라이 밸브
④ : 볼 밸브

밸브 및 콕 몸체의 표시방법			
밸브·콕의 종류	그림 기호	밸브·콕의 종류	그림 기호
밸브 일반		앵글 밸브	
게이트 밸브		3방향 밸브	
글로브 밸브		안전 밸브	
체크 밸브	또는		
볼 밸브		콕 일반	
버터플라이 밸브	또는		

55 ③   56 ④   57 ③   58 ①

59 빈출

전류밀도가 클 때 가장 잘 나타나는 것으로 아크전류가 일정할 때 아크전압이 높아지면 용접봉의 용융속도가 늦어지고 아크전압이 낮아지면 용융속도가 빨라지는 특성은?

① 부특성
② 절연회복 특성
③ 전압회복 특성
④ 아크길이 자기제어 특성

아크길이 자기제어 특성
아크 용접에서 전류가 일정할 때 아크전압이 높아지면(아크길이가 길어지면) 용융속도가 느려지고, 아크전압이 낮아지면(아크길이가 짧아지면) 용융속도가 빨라져 아크길이가 일정하게 유지되는 현상을 말한다.

60 빈출

직류아크 용접에서 용접봉의 용융이 늦고, 모재의 용입이 깊어지는 극성은?

① 직류 정극성
② 직류 역극성
③ 용극성
④ 비용극성

정극성 DCSP(Direct Current Straight Polarity)
• 용접봉(−), 모재(+)
• 용입 깊고, 비드 폭이 좁다.

역극성 DCRP(Direct Current Reverse Polarity)
• 용접봉(+), 모재(−)
• 용입 얕고, 비드 폭이 넓다.
• 청정작용이 있다.

01

200V용 아크 용접기의 1차 입력이 150kVA일 때, 퓨즈의 용량은 얼마(A)가 적당한가?

① 65A
② 75A
③ 90A
④ 100A

- V = 200V
- P = 15kVA = 15,000VA

$$I = \frac{P}{V} = \frac{15,000}{200} = 75A$$

02 빈출

다음 (　) 안에 가장 적합한 내용은?

> 일렉트로 슬래그 용접은 용융 용접의 일종으로서 와이어와 용융 슬래그 사이에 (　)을 이용하여 용접하는 특수한 용접방법이다.

① 전자 빔열
② 통전된 전류의 저항열
③ 가스열
④ 통전된 전류의 아크열

일렉트로 슬래그 용접(Electroslag Welding, ESW)
두꺼운 판의 수직 맞대기 용접에 사용하는 고전류 자동 용접법으로, 용융금속의 유출을 방지하기 위해 양쪽에 두꺼운 수냉 동판을 대어 아크를 발생시킨 후 용융 슬래그의 전기저항열을 이용하여 용접을 진행한다.

03 빈출

직류아크 용접기로 두께가 15mm이고, 길이가 5m인 고장력 강판을 용접하는 도중에 아크가 용접봉 방향에서 한쪽으로 쏠리었다. 다음 중 이러한 현상을 방지하는 방법이 아닌 것은?

① 이음의 처음과 끝에 엔드 탭을 이용한다.
② 용량이 더 큰 직류 용접기로 교체한다.
③ 용접부가 긴 경우에는 후퇴 용접법으로 한다.
④ 용접봉 끝을 아크 쏠림 반대 방향으로 기울인다.

용량이 더 큰 직류 용접기를 사용하여 불균형함을 해결하지 못한다.

아크 쏠림
직류아크 용접 시 자기장(Magnetic Field)의 불균형 때문에 아크가 일정 방향으로 치우치는 현상을 말하며, 자기 불림이라고도 한다.

아크 쏠림 방지대책
- 교류 용접기를 사용하거나 후퇴법으로 용접한다.
- 짧은 아크를 사용하고 접지점을 용접부에서 멀리한다.
- 접지선을 2개 연결하고 아크 발생 주변을 비자성체로 만든다.
- 접지 케이블이 감기지 않도록 하고, 접지부에 녹, 페인트 등 방해물이 없도록 청결을 유지한다.
- 아크 쏠림 반대 방향으로 기울인다.
- 용접부의 시작과 끝 부분에 엔드 탭을 활용한다.

04 빈출

피복 아크 용접 결함의 종류에 따른 원인과 대책이 바르게 묶인 것은?

① 기공: 용착부가 급냉되었을 때 – 예열 및 후열을 한다.
② 슬래그 섞임: 운봉속도가 빠를 때 – 운봉에 주의한다.
③ 용입 불량: 용접전류가 높을 때 – 전류를 약하게 한다.
④ 언더컷: 용접전류가 낮을 때 – 전류를 높게 한다.

② 슬래그 섞임: 운봉속도가 너무 느릴 때 또는 층간 청소 불량 시 발생한다.
③ 용입 불량: 전류가 너무 낮거나, 용접속도가 빠를 때 발생한다.
④ 언더컷: 전류가 너무 높거나, 아크길이가 길 때, 용접속도가 빠를 때 발생한다.

정답　　01 ②　02 ②　03 ②　04 ①

05 빈출

다음 중 금속 산화물과 정제된 고체 알루미늄 파우더의 혼합 때 발생하는 과정에서 용접열이 얻어지고, 용융된 금속이 용가제로 되는 발열 반응으로 형성되는 점화를 이용한 용접법은?

① 플라즈마 아크 용접
② 테르밋 용접
③ 플래시 버트 용접
④ 프로젝션 용접

테르밋 용접(Thermit Welding)
금속 산화물(보통 산화철, Fe_2O_3)과 알루미늄 분말(Al) 사이의 강력한 산화 – 환원 반응(Thermite Reaction)을 이용해 3,000℃ 이상의 고온을 만들어 용접하는 화학적 용접이다. 점화제로 과산화바륨, 알루미늄, 마그네슘 등을 사용하여 초기 점화 에너지를 제공한다.

테르밋 반응식
$Fe_2O_3 + 2Al \rightarrow 2Fe + Al_2O_3$

06 빈출

텅스텐 아크 절단은 특수한 TIG 절단토치를 사용한 절단법이다. 주로 사용되는 작동 가스는?

① $Ar + C_2H_2$
② $Ar + H_2$
③ $Ar + O_2$
④ $Ar + CO_2$

텅스텐 아크 절단(Tungsten Arc Cutting, TIG Cutting)
비소모성 전극을 사용하며 아크열로 금속을 녹여 절단하는 방식으로 가열 효과를 높이기 위해 아르곤(Ar) 가스에 수소(H_2)를 첨가한다. 주로 알루미늄, 마그네슘, 구리, 스테인리스강 등의 절단에 활용된다.

07

감전의 위험으로부터 용접작업자를 보호하기 위해 교류 용접기에 설치하는 것은?

① 고주파발생장치
② 전격방지장치
③ 원격제어장치
④ 시간제어장치

전격방지장치는 아크가 꺼져 있을 때 출력 전압을 안전한 저전압(대략 15 ~ 25V 수준)으로 자동 낮추고, 아크 발생 시에만 용접에 필요한 전압으로 즉시 복귀시켜 감전 위험을 줄인다.

08 빈출

일렉트로 슬래그 아크 용접에 대한 설명 중 맞지 않는 것은?

① 일렉트로 슬래그 용접은 단층 수직 상진 용접을 하는 방법이다.
② 일렉트로 슬래그 용접은 아크를 발생시키지 않고 와이어와 용융 슬래그 그리고 모재 내에 흐르는 전기 저항열에 의하여 용접한다.
③ 일렉트로 슬래그 용접의 홈 형상은 I형 그대로 사용한다.
④ 일렉트로 슬래그 용접 전원으로는 정전류형의 직류가 적합하고, 용융금속의 용착량은 90% 정도이다.

일렉트로 슬래그 용접(ESW)은 용융 슬래그의 전기저항열로 용접하는 공정으로 와이어의 송급속도에 맞춰 전압을 일정하게 유지해 주는 정전압형이 적합하다.

09 빈출

용접의 변 끝을 따라 모재가 파여지고 용착금속이 채워지지 않고 홈으로 남아있는 부분을 무엇이라고 하는가?

① 언더컷
② 피트
③ 슬래그
④ 오버랩

- **언더컷**: 용접 비드의 가장자리에 모재가 과도하게 녹아 파여지는 형상으로 용융금속이 충분히 채워지지 않아 홈이 생기는 결함을 말한다.
- **피트**: 표면의 작은 구멍으로 가스 또는 기공 자국이 발생한다.
- **슬래그**: 용착금속이 형성되는 과정에서 생기는 부산물로 주로 금속 산화물이나 이산화규소 등으로 구성된다.
- **오버랩**: 용착금속이 모재와 융합되지 않은 채 모재 위로 단순히 덮이거나 둥근 턱처럼 튀어나온 상태이다.

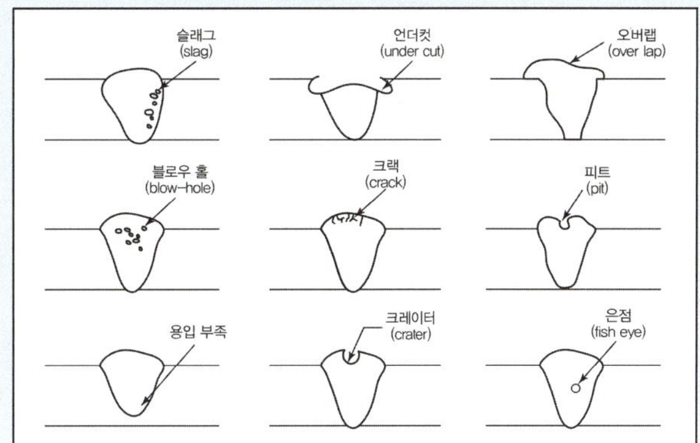

10

강재 부품에 내마모성이 좋은 금속을 용착시켜 경질의 표면층을 얻는 방법은?

① 브레이징(Brazing)
② 숏 피닝(Shot Peening)
③ 하드페이싱(Hard Facing)
④ 질화법(Nitriding)

11 ⭐

스테인리스강을 TIG 용접 시 보호가스 유량에 관한 사항 중 옳은 것은?

① 용접 시 아크 보호능력을 최대한으로 하기 위하여 가능한 한 가스 유량을 크게 하는 것이 좋다.
② 낮은 유속에서도 우수한 보호작용을 하고 박판 용접에서 용락의 가능성이 적으며, 안정적인 아크를 얻을 수 있는 헬륨(He)을 사용하는 것이 좋다.
③ 가스 유량이 과다하게 유출되는 경우에는 가스 흐름이 난류현상이 생겨 아크가 불안정해지고 용접금속의 품질이 나빠진다.
④ 양호한 용접 품질을 얻기 위해 79.5% 정도의 순도를 가진 보호가스를 사용하면 된다.

12

그림과 같은 입체도의 정면도로 적합한 것은?

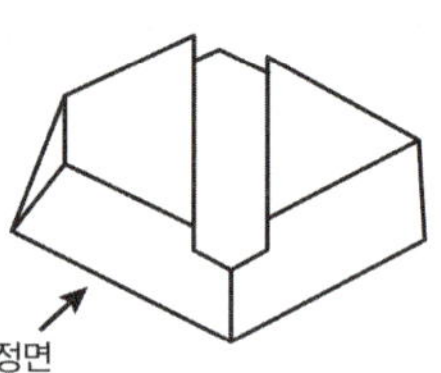

① 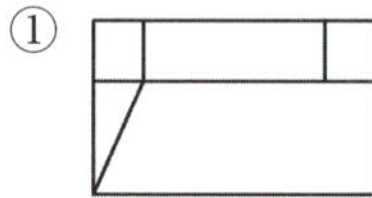 ② 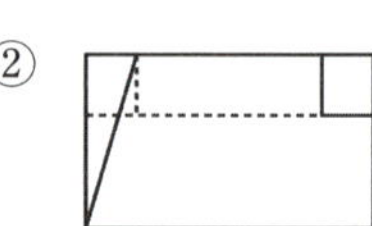

③ 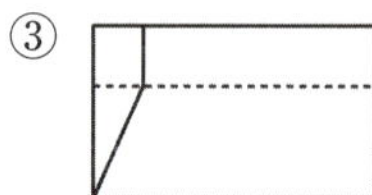 ④ 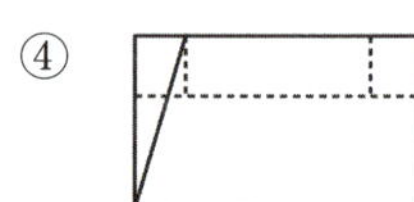

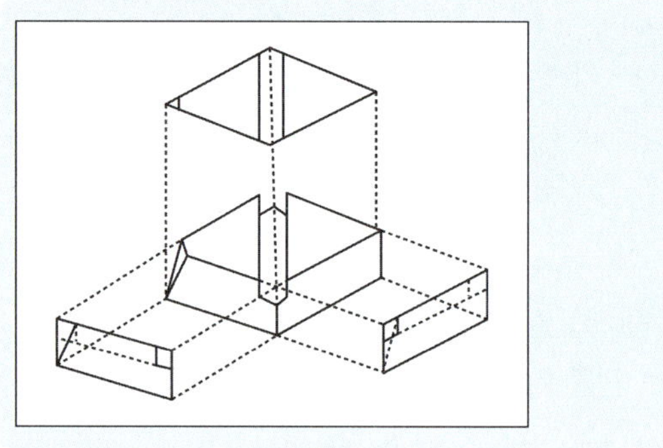

13

35℃에서 150kgf/cm^{2}으로 압축하여 내부용적 45.7리터의 산소 용기에 충전하였을 때, 용기 속의 산소량은 몇 리터인가?

① 6,855 ② 5,250
③ 6,150 ④ 7,005

$$P_1 \times V_1 = P_2 \times V_2$$

$$\rightarrow V_2 = \frac{P_1 \times V_1}{P_2} = \frac{150 \times 45.7}{1} = 6{,}855\text{L}$$

P_1: 충전압력
V_1: 용기 내부용적
P_2: 표준압력
V_2: 가스량

14 ⭐빈출

다음 중 알루미늄에 관한 설명으로 틀린 것은?

① 경금속에 속한다.
② 전기 및 열전도율이 매우 나쁘다.
③ 비중이 2.7 정도, 용융점은 660℃ 정도이다.
④ 산화피막의 보호작용 때문에 내식성이 좋다.

> 알루미늄은 가볍고 전연성이 우수하며 구리보다 낮은 전기전도성을 가진다. 순도가 높을수록 약해지고 연해져 기계적 성질이 낮은 금속중 하나이다.

15

용접기 설치 및 보수할 때 지켜야 할 사항으로 옳은 것은?

① 셀렌 정류기형 직류아크 용접기에서는 습기나 먼지 등이 많은 곳에 설치해도 괜찮다.
② 조정핸들, 미끄럼 부분 등에는 주유해서는 안 된다.
③ 용접 케이블 등의 파손된 부분은 즉시 절연 테이프로 감아야 한다.
④ 냉각용 선풍기, 바퀴 등에도 주유해서는 안 된다.

> 용접기는 전기장비로 설치장소에 습기, 먼지 또는 가스 등으로 인해 절연 저하나 폭발의 위험이 있어 안전한 환경이 조성된 공간에 설치해야 한다.

16

AW – 300, 무부하 전압 80V, 아크전압 20V인 교류 용접기를 사용할 때, 다음 중 역률과 효율을 올바르게 계산한 것은? (단, 내부손실을 4kW라 한다.)

① 역률: 80.0%, 효율: 20.6%
② 역률: 20.6%, 효율: 80.0%
③ 역률: 60.0%, 효율: 41.7%
④ 역률: 41.7%, 효율: 60.0%

> **출력전력 계산**
>
> - 역률(%) = $\dfrac{\text{아크출력} + \text{내부손실}}{\text{전원입력}} \times 100$
>
> $= \dfrac{20 \times 300 + 4,000}{80 \times 300} \times 100 = 41.7\%$
>
> - 효율(%) = $\dfrac{\text{아크출력}}{\text{아크출력} + \text{내부손실}} \times 100$
>
> $= \dfrac{20 \times 300}{20 \times 300 + 4,000} \times 100 = 60\%$

17 ⭐빈출

그림과 같이 이면 용접에 해당하는 용접기호는?

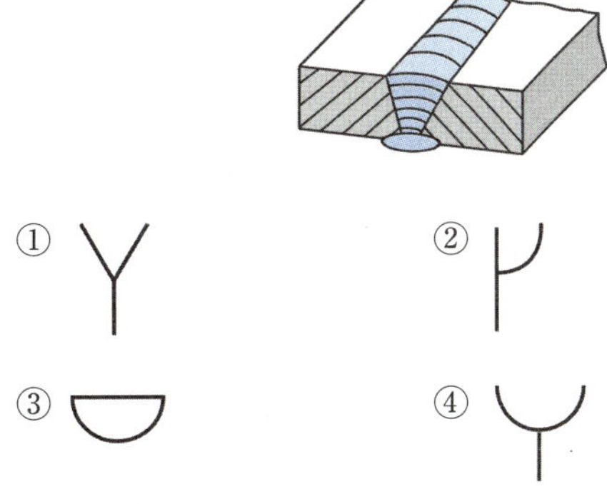

①　②　③　④

> **용접부의 기본 기호**
>
> | 명칭 | 그림 | 기호 |
> | --- | --- | --- |
> | 넓은 루트 면이 있는 V형 맞대기 용접 | | Y |
> | U형 맞대기 용접 (평행면 또는 경사면) | | Y |
> | J형 맞대기 용접 | | ⏃ |
> | 이면 용접 | | ⏝ |

18 빈출

용접에서 예열에 관한 설명 중 틀린 것은?

① 용접작업에 의한 수축 변형을 감소시킨다.
② 용접부의 냉각 속도를 느리게 하여 결함을 방지한다.
③ 고급 내열합금도 용접 균열을 방지하기 위하여 예열을 한다.
④ 알루미늄 합금, 구리 합금은 $50 \sim 70℃$의 예열이 필요하다.

알루미늄 합금은 예열이 불필요하며, 필요에 따라서 $50 \sim 70℃$ 예열을 하고 구리 합금의 경우 $200 \sim 400℃$ 정도의 예열이 필요하다.

19

연강용 가스 용접봉의 용착금속의 기계적 성질 중 시험편의 처리에서 "용접한 그대로 응력을 제거하지 않은 것"을 나타내는 기호는?

① NSR
② SR
③ GA
④ GB

- SR(Stress Relieved): 응력 제거 열처리를 실시함
- NSR(Non Stress Relieved): 응력 제거 처리를 하지 않음

20 빈출

다음 중 용접입열이 일정할 때 냉각속도가 가장 느린 재료는?

① 연강
② 스테인리스강
③ 알루미늄
④ 구리

스테인리스강은 열 확산도가 낮아 열이 잘 퍼지지 않으므로 냉각속도가 느리다.

21

다음 중 연소를 가장 바르게 설명한 것은?

① 물질이 열을 내며 탄화한다.
② 물질이 탄산가스와 반응한다.
③ 물질이 산소와 반응하여 환원한다.
④ 물질이 산소와 반응하여 열과 빛을 발생한다.

22 빈출

다음 중 전기저항 용접에 있어 맥동 점 용접에 관한 설명으로 옳은 것은?

① 1개의 전류 회로에 2개 이상의 용접점을 만드는 용접법이다.
② 전극을 2개 이상으로 하여 2점 이상의 용접을 하는 용접법이다.
③ 점 용접의 기본적인 방법으로 1쌍의 전극으로 1점의 용접부를 만드는 용접법이다.
④ 모재 두께가 다른 경우 전극의 과열을 피하기 위하여 사이클 단위를 몇 번이고 전류를 단속하여 용접하는 것이다.

맥동 점 용접
전류를 흘려 발생하는 저항열을 여러 사이클에 걸쳐 단속하는 용접으로 모재 두께가 다르거나 과열의 위험을 피하기 위하여 전류를 단속적으로 가하는 저항 용접을 말한다.

23

CO_2 가스 아크 용접용 토치 구조에 속하지 않는 것은?

① 스프링 라이너
② 가스 디퓨저
③ 가스 캡
④ 노즐

- CO_2 용접토치의 기본 구조는 노즐, 가스 디퓨저, 콘택트 팁, 스프링 라이너로 구성되어 있다.
- 가스 캡은 가스 텅스텐 아크 용접에서 텅스텐 전극을 고정하는 캡을 말한다.

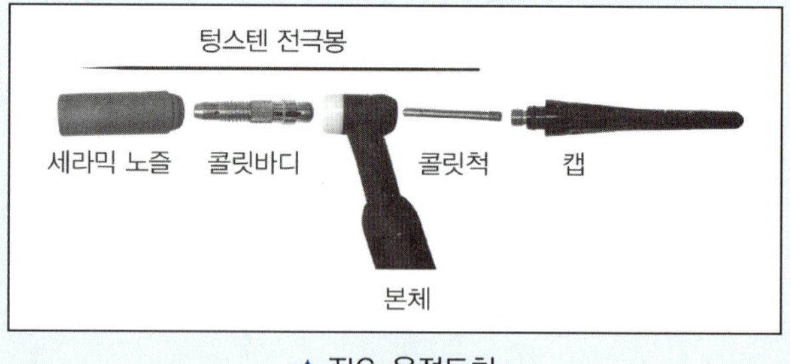

▲ TIG 용접토치

24

그림의 용접 도시기호가 나타내는 용접은?

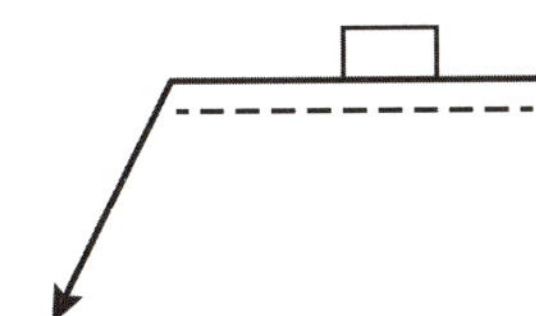

① 점 용접
② 플러그 용접
③ 심 용접
④ 가장자리 용접

- 플러그 용접: 접합할 두 금속판 중 한쪽 판에 원형 구멍을 뚫고, 그 구멍 속으로 용융금속을 채워 아래쪽 모재와 융합시켜 접합한다(기호: ⬜).
- 이음 형식 및 용착부 형상에 따른 분류
  - 맞대기 용접(Butt Welding)
  - 필릿 용접(Fillet Welding)
  - 플러그 용접(Plug Welding)
  - 비드 용접(Bead Welding)
  - 슬롯 용접(Slot Welding)

25 ⭐빈출

헬멧이나 핸드실드의 차광유리 앞에 보호유리를 끼우는 가장 타당한 이유는?

① 시력을 보호하기 위하여
② 가시광선을 차단하기 위하여
③ 적외선을 차단하기 위하여
④ 차광유리를 보호하기 위하여

보호유리
스패터나 흠집으로부터 차광유리를 보호하는 목적을 가진다.

26 ⭐빈출

다음 중 담금질과 가장 관계가 깊은 것은?

① 변태점
② 금속간 화합물
③ 열전대
④ 고용체

담금질 시 강을 고온에서 가열한 후 급속 냉각시켜 경화를 유도하는 공정으로 조직 변화는 반드시 변태점을 기준으로 일어난다.

27 ⭐빈출

가스 용접에서 가변압식(프랑스식) 팁(Tip)의 능력을 나타내는 기준은?

① 1분에 소비하는 산소가스의 양
② 1분에 소비하는 아세틸렌 가스의 양
③ 1시간에 소비하는 산소가스의 양
④ 1시간에 소비하는 아세틸렌 가스의 양

가변압식 토치의 표준불꽃에서 아세틸렌 소비량은 팁 번호(N) = 시간당 소비량(L/h)을 나타낸다.

28

구리에 5 ~ 20% Zn을 첨가한 황동으로, 강도는 낮으나 전연성이 좋고 색깔이 금색에 가까워, 모조금이나 판 및 선 등에 사용되는 것은?

① 톰백
② 켈밋
③ 포금
④ 문쯔메탈

톰백
Cu에 Zn 5 ~ 20% 정도를 넣은 황동으로 강도는 낮지만 전연성(가공성)이 우수하며, 금색에 가까운 색깔로 장식용, 모조금 등에 활용된다.

29 ⭐빈출

서브머지드 아크 용접에 사용되는 용접용 용제 중 용융형 용제에 대한 설명으로 옳은 것은?

① 화학적 균일성이 양호하다.
② 미용융 용제는 다시 사용이 불가능하다.
③ 흡수성이 거의 없으므로 재건조가 불필요하다.
④ 용융 시 분해되거나 산화되는 원소를 첨가할 수 있다.

서브머지드 아크 용접(SAW)
용접부를 용제(Flux)로 덮은 상태에서 아크를 발생시켜 용접하는 방식으로 잠호 용접, 불가시 용접, 유니언 멜트 용접이라고도 한다. 아크와 용융금속이 대기와 차단되므로 산화가 방지되고 용입이 깊으며 자동용접으로 생산성이 우수하다.

SAW용 용제(Flux)의 종류
- 용융형 용제: 일반 탄소강 및 구조물 등에 사용하며 화학적 균일성이 양호하고 수분 흡수가 적어 재활용이 가능하다.
- 소결형 용제: 스테인리스강, 합금강, 대형구조물 등에 사용하며 합금 성분을 첨가하여 조성 조절이 용이하나, 흡습성이 높아 사용 전에 150~300℃에서 1시간 정도 재건조하여 사용해야 한다.
- 혼성형 용제: 일반구조물 및 조선용에 사용되며 용융형과 소결형의 중간 특성을 가진다.

30 ⭐빈출

다음 금속의 기계적 성질에 대한 설명 중 틀린 것은?

① 탄성: 금속에 외력을 가해 변형되었다가 외력을 제거했을 때 원래 상태로 돌아오는 성질
② 경도: 금속 표면이 외력에 저항하는 성질, 즉 물체의 기계적인 단단함의 정도를 나타내는 것
③ 취성: 강도가 크면서 연성이 없는 것, 즉 물체가 약간의 변형에도 견디지 못하고 파괴되는 성질
④ 피로: 재료에 인장과 압축하중을 오랜 시간 동안 연속적으로 되풀이하여도 파괴되지 않는 현상

피로란 항복강도보다 작은 반복하중이 장시간 작용할 때 균열이 발생·성장하여 결국 파괴에 이르는 현상이며, 이를 피로파괴라 한다.

31 ⭐빈출

고체 상태에 있는 두 개의 금속 재료를 융접, 압접, 납땜으로 분류하여 접합하는 방법은?

① 기계적인 접합법
② 화학적 접합법
③ 전기적 접합법
④ 야금적 접합법

기계적 접합: 리벳, 볼트, 나사, 핀, 키 등
외력이나 형상에 의해 부품을 결합하는 방식으로 금속 조직이 직접 결합하지 않는다.

야금적 접합: 융접, 압접, 납땜
재료가 열·압력 등에 의해 금속학적으로 융합(결정 조직 결합)된다.

32

그림과 같은 원추를 전개하였을 경우 전개면의 꼭지각이 180°가 되려면 ∅ D의 치수는 얼마가 되어야 하는가?

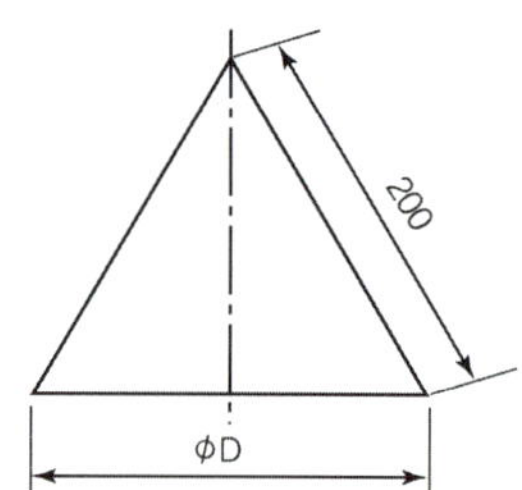

① ∅ 100
② ∅ 120
③ ∅ 180
④ ∅ 200

- 부채꼴의 반지름 = 원뿔의 모선 길이 $l = 200$
- 부채꼴의 중심각 $\theta = 180°$

$$\frac{r}{l} = \frac{\theta}{360°}$$

$$\frac{r}{200} = \frac{180}{360}$$

$$\therefore r = 200 \times \frac{1}{2} = 100$$

→ 지름 $D = 2 \times r = 2 \times 100 = 200$

33 빈출

피복 아크 용접봉의 피복제에 들어가는 탈산제에 모두 해당되는 것은?

① 페로실리콘, 산화니켈, 소맥분
② 페로티탄, 크롬, 규사
③ 페로실리콘, 소맥분, 목재, 톱밥
④ 알루미늄, 구리, 물유리

- 탈산제는 산소를 제거하여 기공과 산화물의 발생을 방지하며, 유황은 불순물로 금속의 균열과 취성을 유발하므로 탈산제로 사용하지 않는다.
- 탈산제: Si, Mn, Al, Ti, Zr 등과 셀룰로오스 함량이 있는 소맥분, 목재, 톱밥도 사용이 가능하다.

34

Cu-Ni-Si계 합금으로 강도와 전기전도율이 좋아 주로 통신선, 전화선 등에 쓰이는 것은?

① 콜슨(Corson) 합금
② 알드레이(Aldrey) 합금
③ 네이벌(Naval) 합금
④ 두랄루민(Duralumin) 합금

콜슨(Corson) 합금
Cu-Ni-Si계 합금으로 강도와 전기전도도 등이 우수하여 통신선, 전화선, 스위치 접점 등에 사용한다.

35

재료 기호가 "SM400C"로 표시되어 있을 때 이는 무슨 재료인가?

① 일반 구조용 압연 강재
② 용접 구조용 압연 강재
③ 스프링 강재
④ 탄소 공구강 강재

용접 구조용 압연 강재
교량, 건축물, 플랜트 구조물, 탱크, 기계 구조물 등에서 용접성·인성·가공성이 요구되는 부분에 사용된다.

36 빈출

다음 중 용접 결함에서 구조상 결함에 속하는 것은?

① 기공
② 인장강도의 부족
③ 변형
④ 화학적 성질 부족

기공
용착부가 급속히 냉각될 때, 또는 용융금속 내의 가스가 빠져나가지 못하고 굳어버리며 발생한다.

기공 생성 억제방법
모재를 예열해 냉각속도를 완화하고, 용접 후 후열로 잔류가스를 배출시켜 기공 생성을 억제한다.

37 빈출

제1각법과 제3각법에 대한 설명 중 틀린 것은?

① 제3각법은 평면도를 정면도의 위에 그린다.
② 제1각법은 저면도를 정면도의 아래에 그린다.
③ 제3각법의 원리는 눈 → 투상면 → 물체의 순서가 된다.
④ 제1각법에서 우측면도는 정면도를 기준으로 본 위치와는 반대쪽인 좌측에 그려진다.

투상법

구분	제1각법 (First-Angle)	제3각법 (Third-Angle)
투상 위치	물체가 투상면 앞쪽	물체가 투상면 뒤쪽
도면 배치법칙	좌우·상하가 실제와 반대	좌우·상하가 실제와 같음
평면도(윗면도)	정면도의 아래쪽	정면도의 위쪽
저면도(아랫면도)	정면도의 위쪽	정면도의 아래쪽
좌측면도	정면도의 오른쪽	정면도의 왼쪽
우측면도	정면도의 왼쪽	정면도의 오른쪽

정답 33 ③ 34 ① 35 ② 36 ① 37 ②

38

일명 비석법이라고도 하며, 용접길이를 짧게 나누어 간격을 두면서 용접하는 용착법은?

① 전진법　　　　　　② 후진법
③ 대칭법　　　　　　④ 스킵법

스킵법(Skip Welding)
긴 용접선을 한 번에 연속적으로 용접하지 않고 일정 길이로 나눈 여러 구간을 건너뛰며 간헐적으로 용접하는 방법으로, 열의 집중을 방지하여 변형, 잔류응력을 줄이는데 효과적이다.

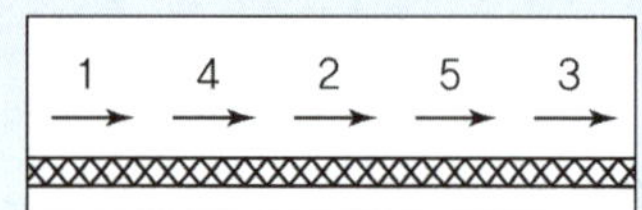

39 빈출

산소 아크 절단에 대한 설명으로 가장 적합한 것은?

① 전원은 직류 역극성이 사용된다.
② 가스 절단에 비하여 절단속도가 느리다.
③ 가스 절단에 비하여 절단면이 매끄럽다.
④ 철강 구조물 해체나 수중 해체 작업에 이용된다.

산소 아크 절단(Oxygen Arc Cutting, OAC)
아크열로 금속을 가열·용융시키고 동시에 산소(O_2)를 불어넣어 산화반응으로 절단하는 방법으로, 피복 아크 용접봉 중간에 속이 비어있는 이유는 해당 구멍을 통해 산소를 공급하기 위해서이다. 철강 구조물 해체나 수중 해체 작업에 이용된다.

40 빈출

가스 절단의 예열불꽃의 역할에 대한 설명으로 틀린 것은?

① 절단 산소 운동량 유지
② 절단 산소 순도 저하 방지
③ 절단 개시 발화점 온도 가열
④ 절단재의 표면 스케일 등의 박리성 저하

예열불꽃의 역할은 절단 시작 전 금속을 발화점 온도까지 가열하여 순도 저하를 방지하는 역할로 스케일 등의 박리성 저하와는 무관하다.

41

리벳 구멍에 카운터 싱크가 없고 공장에서 드릴 가공 및 끼워 맞추기 할 때의 간략 표시기호는?

①	②

③	④
	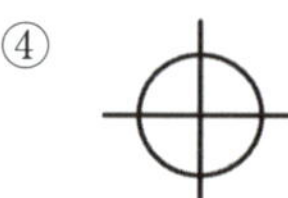

① 현장에서 드릴 가공 및 끼워 맞춤
③ 공장에서 드릴 가공 및 끼워 맞춤

42

피복 아크 용접기를 사용할 때 지켜야 할 사항으로 틀린 것은?

① 정격 이상으로 사용하면 과열되어 소손이 생긴다.
② 탭 전환은 반드시 아크를 중지시킨 후에 시행한다.
③ 1차 측 탭은 2차 측 무부하 전압을 높이거나 용접전류를 올리는데 사용한다.
④ 2차 측 단자의 한쪽과 용접기 케이스는 반드시 접지를 확실히 해야 한다.

1차 측 탭은 사용되는 전압(220 또는 330V)에 따라 맞게 조정하는 기능을 가진다.

43

형상기억효과를 나타내는 합금이 일으키는 변태는?

① 펄라이트 변태
② 마텐자이트 변태
③ 오스테나이트 변태
④ 레데뷰라이트 변태

형상기억합금은 외부에서 변형을 주더라도 특정 온도로 가열하면 원래의 모양으로 자기 복원이 되는 특수 금속으로, 이 현상이 가능한 이유는 가역적인 마텐자이트 변태 때문이다.

44

다음 중 가스 절단에서 절단용 산소의 순도가 저하되거나 불순물이 증가되면 나타나는 현상으로 볼 수 없는 것은?

① 절단속도가 빨라진다.
② 절단면이 거칠어진다.
③ 산소의 소비량이 많아진다.
④ 슬래그의 이탈성이 나빠진다.

절단용 산소의 순도가 저하되거나 불순물이 증가되면 절단 시 불이 꺼지거나 절단속도가 느려진다.

45 빈출

그림과 같은 도시기호가 나타내는 것은?

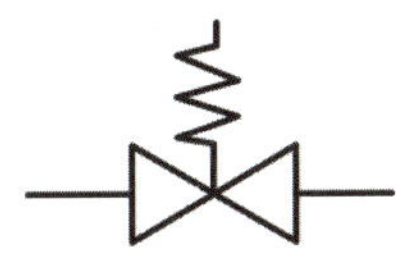

① 안전 밸브　　　　② 전동 밸브
③ 스톱 밸브　　　　④ 슬루스 밸브

밸브 및 콕 몸체의 표시방법

밸브·콕의 종류	그림 기호	밸브·콕의 종류	그림 기호
밸브 일반	▷◁	앵글 밸브	◁
게이트 밸브	▷◁	3방향 밸브	▷◁
글로브 밸브	▶◀	안전 밸브	▷◁ (스프링)
체크 밸브	▷◀ 또는 ⋈		
볼 밸브	▷◁		
버터플라이 밸브	▷◁ 또는 ⋈	콕 일반	▷○◁

46

도면에서의 지시한 용접법으로 바르게 짝지어진 것은?

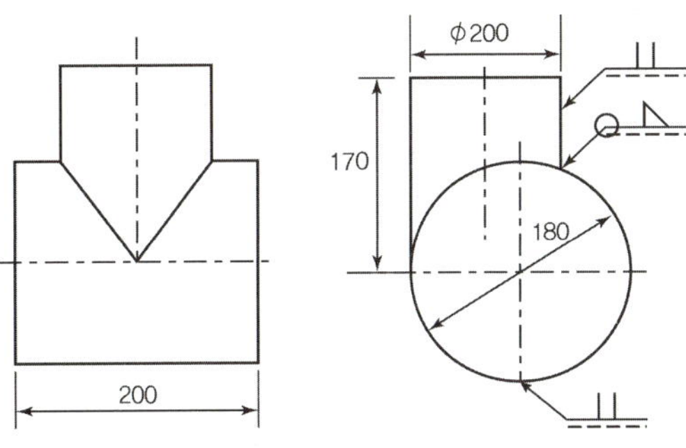

① 이면 용접, 필릿 용접
② 겹치기 용접, 플러그 용접
③ 평형 맞대기 용접, 필릿 용접
④ 심 용접, 겹치기 용접

- 평형 맞대기 용접: 아래쪽 원통이 바닥판과 만나는 부분에 평행선 두 개(||)로 된 기호를 말한다.
- 필릿 용접: 위쪽 원통과 아래쪽 원통이 만나는 T자형 이음에 삼각형 기호를 말한다.

47 빈출

강재의 표면에 개재물이나 탈탄층 등을 제거하기 위하여 비교적 얇고 넓게 깎아내는 가공방법은?

① 스카핑
② 가스 가우징
③ 아크 에어 가우징
④ 워터 제트 절단

스카핑

표면 결함을 제거하는 홈 파기 가공방법으로, 결함을 방지하기 위해 단면을 완만한 타원형 홈 모양이 되도록 하는 가스 절삭 가공법이다.

48 빈출

교류아크 용접기의 종류 중 조작이 간단하고 원격조정이 가능한 용접기는?

① 가포화 리액터형 용접기
② 가동 코일형 용접기
③ 가동 철심형 용접기
④ 탭 전환형 용접기

가포화 리액터형은 가변저항에 의한 제어전류로 철심의 자속을 변화시켜 용접전류를 제어하므로 미세전류 조정이 안정적이고 원격조정이 가능하다.

49

탄소강은 200~300℃에서 연신율과 단면수축률이 상온보다 저하되어 단단하고 깨지기 쉬우며, 강의 표면이 산화되는 현상은?

① 적열메짐
② 상온메짐
③ 청열메짐
④ 저온메짐

청열메짐
200~300℃에서 질소·탄소의 변형 시효가 진행됨에 따라 연성이 저하되고 취성이 증가하며, 산화막이 얇게 형성되어 푸른색(청색)의 착색이 나타나는 현상이다.

50 빈출

교류아크 용접기에서 안정한 아크를 얻기 위하여 상용 주파의 아크전류에 고전압의 고주파를 중첩시키는 방법으로 아크 발생과 용접작업을 쉽게 할 수 있도록 하는 부속장치는?

① 전격방지장치
② 고주파 발생장치
③ 원격제어장치
④ 핫스타트장치

고주파 발생장치
교류(AC)아크 용접기는 전류의 방향이 매 초에 바뀌기 때문에 교류가 0A가 되는 순간마다 아크가 꺼질 위험이 있으며, 이 현상을 방지하기 위해 고전압의 고주파 전류를 중첩시켜 아크가 끊기지 않고 안정적으로 유지되도록 하는 장치를 말한다.

51

용접 시 구조물을 고정시켜 줄 지그의 선택기준으로 잘못된 것은?

① 물체의 고정과 탈부착이 복잡해야 한다.
② 변형을 막아줄 만큼 견고하게 잡아줄 수 있어야 한다.
③ 용접 위치를 유리한 용접 자세로 쉽게 움질일 수 있어야 한다.
④ 물체를 튼튼하게 고정시켜 줄 크기와 힘이 있어야 한다.

용접 지그는 작업 효율과 정밀도 향상을 위해 사용하는 장치로 반드시 고정과 탈부착이 간편해야 한다.

52 빈출

용접부 검사법 중 기계적 시험법이 아닌 것은?

① 굽힘시험
② 경도시험
③ 인장시험
④ 부식시험

- 기계적 시험은 기계적 성질을 이용한 강도, 연성, 경도 등을 평가하는 방법으로 피로시험, 인장시험, 굽힘시험, 충격시험, 경도시험 등이 있다.
- 화학적 시험은 내식성, 화학적 성질로 평가하며 부식시험, 화학분석시험 등으로 분류된다.

53 빈출

금속 침투법 중 칼로라이징은 어떤 금속을 침투시킨 것인가?

① B
② Cr
③ Al
④ Zn

칼로라이징(Calorizing)
철강 표면에 알루미늄을 고온에서 확산시켜 Al-Fe 합금층을 형성시키는 표면 처리법으로 내산화성, 내식성 등을 높이는 방법이다.

54

강자성체 금속에 해당되는 것은?

① Bi, Sn, Au
② Fe, Pt, Mn
③ Ni, Fe, Co
④ Co, Sn, Cu

강자성체 금속은 외부 자기장이 없더라도 스스로 정렬되어 강한 자화를 보이는 금속으로 Ni, Fe, Co 등이 있다.

55 빈출

용접이음을 설계할 때 주의사항으로 틀린 것은?

① 구조상의 노치부를 피한다.
② 용접 구조물의 특성 문제를 고려한다.
③ 맞대기 용접보다 필릿 용접을 많이 하도록 한다.
④ 용접성을 고려한 사용 재료의 선정 및 열 영향 문제를 고려한다.

맞대기 이음은 단면 연속성이 좋아 응력 분포가 균일하며, 피로성능이 우수하고 변형·잔류응력이 상대적으로 적다.

56

피복 금속 아크 용접에서 가접을 할 때 본 용접보다 지름이 약간 가는 용접봉을 사용하게 되는 이유로 가장 적합한 것은?

① 용접봉의 소비량을 줄이기 위하여
② 가접 모양을 좋게 하기 위하여
③ 변형량을 줄이기 위하여
④ 충분한 용입이 되게 하기 위하여

가접은 본 용접 전에 모재의 위치를 고정하기 위해 임시로 붙이는 용접을 말하며, 가접부는 본 용접 시 완전히 녹아 들어가야 하므로 충분한 용입이 확보되어야 한다.

57 빈출

강의 표면경화법이 아닌 것은?

① 풀림
② 금속 용사법
③ 금속 침투법
④ 하드페이싱

표면경화법
고주파 담금질, 침탄법, 질화법, 금속 침투법, 하드페이싱 등이 있으며, 화학적으로 침투시켜 경화층을 형성하여 표면을 단단하게 하고 내부의 인성을 유지하는 열처리 방법이다.

58

그림의 입체도를 제3각법으로 올바르게 투상한 투상도는?

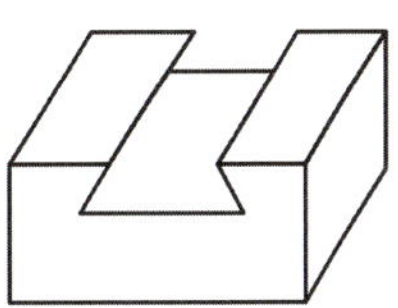

① 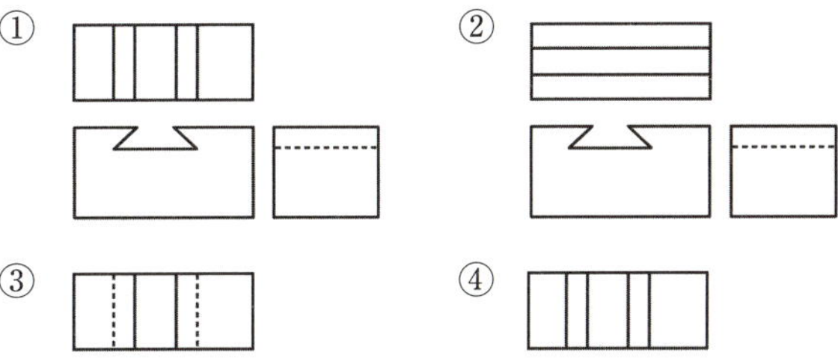

③ 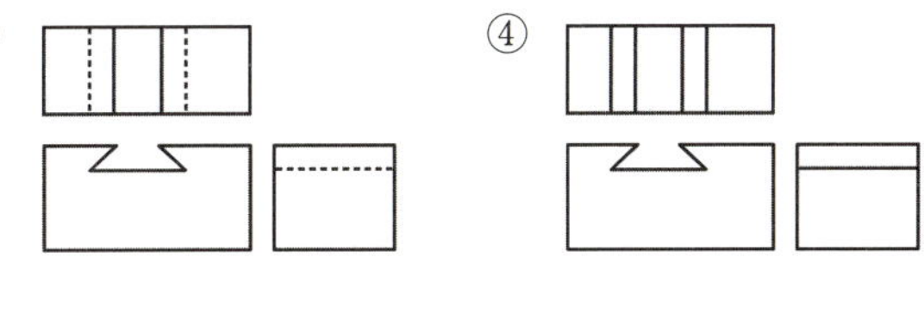

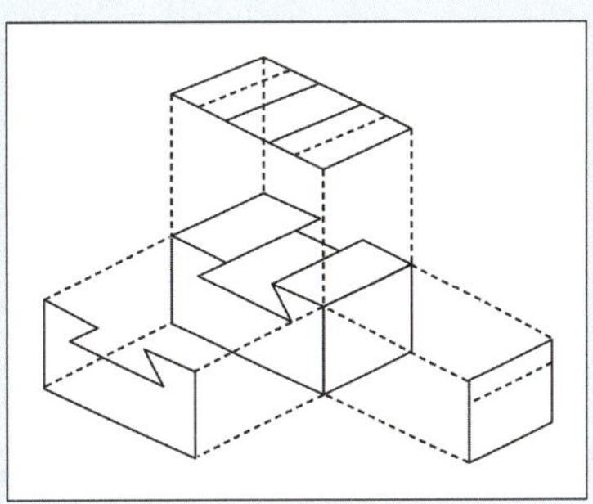

59 ⭐빈출

다음 중 아크가 발생하는 초기에 용접봉과 모재가 냉각되어 있어 아크가 불안정하기 때문에 아크 발생을 쉽게 하기 위하여 아크 초기에만 용접전류를 특별히 크게 하는 장치는?

① 핫스타트장치
② 고주파 발생장치
③ 원격제어장치
④ 전격방지장치

핫스타트(Hot Start)장치
아크 시작 순간에 일시적으로 전류를 크게 올려주어 불순물이 있는 상태에서도 아크 점화를 안정적으로 쉽게 해주는 역할을 한다.

60

필릿 용접부의 보수방법에 대한 설명으로 옳지 않은 것은?

① 간격이 1.5mm 이하일 때에는 그대로 용접하여도 좋다.
② 간격이 1.5 ~ 4.5mm일 때에는 넓혀진 만큼 각장을 감소시킬 필요가 있다.
③ 간격이 4.5mm일 때에는 라이너를 넣는다.
④ 간격이 4.5mm 이상일 때에는 300mm 정도의 치수로 판을 잘라낸 후 새로운 판으로 용접한다.

간격이 커질수록 루트부 공극을 메우기 위해 입열과 용착량을 더 확보해야 하며, 구조 강도를 유지하려면 유효 목두께가 줄지 않도록 각장을 유지하거나 넓혀야 한다.

01

구조물의 본 용접작업에 대하여 설명한 것 중 맞지 않는 것은?

① 위빙 폭은 심선 지름의 2~3배 정도가 적당하다.
② 용접 시단부의 기공 발생 방지대책으로 핫스타트(Hot Start)장치를 설치한다.
③ 용접작업 종단에 수축공을 방지하기 위하여 아크를 빨리 끊어 크레이터를 남게 한다.
④ 구조물의 끝 부분이나 모서리, 구석 부분과 같이 응력이 집중되는 곳에서 용접봉을 갈아끼우는 것을 피하여야 한다.

> 용접 종단부에 발생한 수축공 크레이터는 균열로 이어질 수 있기 때문에 아크를 천천히 끊고 크레이터 처리를 통해 매꿈작업을 진행해 주어야 기공이 감소한다.

02

일반적으로 가스 용접봉의 지름이 2.6mm일 때 강판의 두께는 몇 mm 정도가 적당한가?

① 1.6mm
② 3.2mm
③ 4.5mm
④ 6.0mm

> $$D = \frac{T}{2} + 1$$
>
> $$2.6 = \frac{T}{2} + 1$$
>
> $$\therefore \ T = 1.6 \times 2 = 3.2\text{mm}$$

03 ★ 빈출

용접 결함 중 내부에 생기는 결함은?

① 언더컷
② 오버랩
③ 크레이터 균열
④ 기공

> 기공: 용착부가 급속히 냉각될 때, 또는 용융금속 내의 가스가 빠져나가지 못하고 굳어버리며 발생한다.

04 ★ 빈출

초음파 탐상법에서 일반적으로 널리 사용되며 초음파의 펄스를 시험체의 한쪽 면으로부터 송신하여 그 결함에서 반사되는 반사파의 형태로 결함을 판정하는 방법은?

① 투과법
② 공진법
③ 침투법
④ 펄스 반사법

> **초음파 탐상법(UT)**
> 금속이나 비금속 재료 내부의 결함(기공, 균열, 박리 등)을 고주파 초음파(약 1 ~ 10MHz)를 이용해 검사하는 비파괴검사 기법으로 펄스 반사법이 가장 널리 사용된다.
>
> **초음파 탐상법의 종류**
> • 투과법: 송신기와 수신기를 활용하여 시험체를 통과할 때 초음파의 감쇠로 결함을 확인한다.
> • 펄스 반사법: 반사파의 형태를 활용하여 반사되는 신호의 시간 지연으로 결함을 확인한다.
> • 공진법: 연속적으로 변화되는 파장을 보내 두께나 탄성계수를 이용하여 결함을 확인한다.

정답   01 ③   02 ②   03 ④   04 ④

05

다음 중 물체의 낙하 또는 비래 및 추락에 의한 위험물 방지 또는 경감하고, 머리 부위 감전에 의한 위험을 방지하기 위한 용도의 안전모 기호로 옳은 것은?

① AB
② AE
③ AG
④ ABE

안전모의 기능

기호	용도	주요 기능
A형	추락, 낙하, 비래 방지	일반 산업용(건설, 제조 등)
B형	전기 감전 방지	절연용 안전모
E형	추락 및 전기 감전 방지 (A+B 복합 기능)	–
C형	충돌·마찰·접촉 방지(경량용)	–
G형	화학물질, 열로부터 보호(방열용)	–

06 빈출

다음 중 피복 아크 용접봉의 피복제 역할에 관한 설명으로 틀린 것은?

① 아크를 안정시킨다.
② 용착금속의 냉각속도를 느리게 한다.
③ 용융금속의 용적을 미세화하고 용착효율을 높인다.
④ 용융점이 높은 적당한 점성의 무거운 슬래그를 만든다.

용접 시 슬래그의 혼입을 방지하고자 용융점이 낮아야 하며, 적당한 점성을 가지되 무게는 가벼운 슬래그를 만들어야 한다.

피복제의 역할
- 슬래그의 형성 및 용착금속의 보호: 슬래그층의 형성으로 냉각속도를 완화하여 표면을 보호한다.
- 아크 안정 작용: 아크를 안정시켜 용접작업을 용이하게 한다.
- 합금원소 공급: 용착금속의 기계적 성질을 개선한다.
- 스패터 감소 및 절연 작용: 피복층의 전기 절연기능과 함께 전류를 조정하여 스패터를 감소시킨다.

07 빈출

연강용 피복 아크 용접봉의 피복 배합제 중 아크 안정제 역할을 하는 종류로 묶어 놓은 것 중 옳은 것은?

① 적철강, 알루미나, 붕산
② 붕산, 구리, 마그네슘
③ 알루미나, 마그네슘, 탄산나트륨
④ 산화티탄, 규산나트륨, 석회석, 탄산나트륨

아크 안정제
전자의 방출을 쉽게 하여 아크를 안정시키는 역할로 산화티탄, 규산칼륨, 규산나트륨, 석회석, 탄산나트륨 등이 있다.

08

잠수함, 우주선 등 극한 상태에서 파이프의 이음쇠에 사용되는 기능성 합금은?

① 초전도합금
② 수소저장합금
③ 아모퍼스합금
④ 형상기억합금

형상기억합금(SMA)
온도 변화에 따라 변형 전의 기억된 형태로 복원되는 특수 합금으로, 잠수함, 우주선, 로봇 등이 운용되는 극한 환경에서도 자체 복원 기능과 내열성 등이 우수하다.

09 빈출

CO_2 용접 결함 중 기공의 방지대책에 관한 설명으로 틀린 것은?

① 오염, 녹, 페인트 등을 제거한다.
② 산소의 압력을 높인다.
③ 순도가 높은 CO_2 가스를 사용한다.
④ 노즐에 부착되어 있는 스패터를 제거한 후 용접한다.

CO_2 가스 아크 용접의 보호가스는 CO_2이며, 산소(O_2)와 무관하다. 만약 산소가 혼입되면 산화가 증가되어 오히려 결함 발생 위험이 있다.

10 빈출

CO_2 가스 아크 용접에서 아크전압에 대한 설명으로 옳은 것은?

① 아크전압이 높으면 비드 폭이 넓어진다.
② 아크전압이 높으면 비드가 볼록해진다.
③ 아크전압이 높으면 용입이 깊어진다.
④ 아크전압이 높으면 아크길이가 짧다.

> 아크전압이 높으면 아크길이가 길어지며 비드 폭이 넓고 평평해지면서 용입은 얕아진다.

11

다음 중 용접작업 시 감전으로 인한 사망재해의 원인과 가장 거리가 먼 것은?

① 용접작업 중 홀더에 용접봉을 물릴 때나, 홀더가 신체에 접촉되었을 때
② 피용접물에 붙어 있는 용접봉을 떼려다 몸에 접촉되었을 때
③ 용접 후 슬래그를 제거하다가 슬래그가 몸에 접촉되었을 때
④ 1차 측과 2차 측의 케이블의 피복 손상부에 접촉되었을 때

> 용접 후 슬래그 제거를 하다 슬래그가 몸에 접촉되었을 때 발생하는 위험은 화상이며, 감전으로 인한 사망재해량의 원인과는 거리가 멀다.

12 빈출

제3각법의 투상도에서 도면의 배치 관계는?

① 평면도를 중심하여 정면도는 위에 우측면도는 우측에 배치된다.
② 정면도를 중심하여 평면도는 밑에 우측면도는 우측에 배치된다.
③ 정면도를 중심하여 평면도는 위에 우측면도는 우측에 배치된다.
④ 정면도를 중심하여 평면도는 위에 우측면도는 좌측에 배치된다.

투상법

구분	제1각법 (First-Angle)	제3각법 (Third-Angle)
투상 위치	물체가 투상면 앞쪽	물체가 투상면 뒤쪽
도면 배치법칙	좌우·상하가 실제와 반대	좌우·상하가 실제와 같음
평면도(윗면도)	정면도의 아래쪽	정면도의 위쪽
저면도(아랫면도)	정면도의 위쪽	정면도의 아래쪽
좌측면도	정면도의 오른쪽	정면도의 왼쪽
우측면도	정면도의 왼쪽	정면도의 오른쪽

13 빈출

CO_2 가스 아크 용접 시 저전류 영역에서 가스유량은 약 몇 L/min 정도가 가장 적당한가?

① 1 ~ 5
② 6 ~ 10
③ 10 ~ 15
④ 16 ~ 20

> 10~15L/min: 실내·무풍 조건의 저전류 영역 표준 권장치에 해당하여 가장 안정적이다.

14 빈출

가변압식 토치의 팁 번호 400번을 사용하여 표준불꽃으로 2시간 동안 용접할 때 아세틸렌 가스의 소비량은 몇 L인가?

① 400
② 800
③ 1600
④ 2400

> **가변압식 토치의 표준불꽃에서 아세틸렌 소비량**
> 팁 번호(N) = N L/h
> Q = 400L/h×2h = 800L

15 ★빈출

MIG 용접에서 가장 많이 사용되는 용적 이행 형태는?

① 단락 이행 ② 스프레이 이행
③ 입상 이행 ④ 글로뷸러 이행

스프레이형: 미세한 금속 입자가 고속으로 스프레이처럼 분사되어 모재로 이행된다.

16 ★빈출

솔리드 와이어 CO_2 가스 아크 용접에서 CO_2 가스에 Ar 가스를 혼합 시 특징에 대한 설명으로 틀린 것은?

① 아크가 안정된다.
② 후판 용접에 주로 사용된다.
③ 스패터가 감소한다.
④ 생산성이 저하된다.

CO_2 가스에 Ar 가스를 혼합 시 아크 안전성 향상, 스패터 감소, 비드 형성 개선 등의 효과가 있으나 용입이 얇아져 박판 용접에 적합하다.

17

좌우, 상하 대칭인 그림과 같은 형상을 도면화하려고 할 때 이에 관한 설명으로 틀린 것은? (단, 물체에 뚫린 구멍의 크기는 같고 간격은 6mm로 일정하다.)

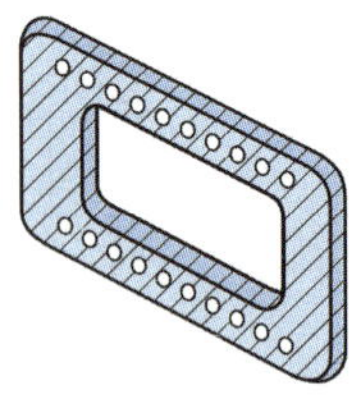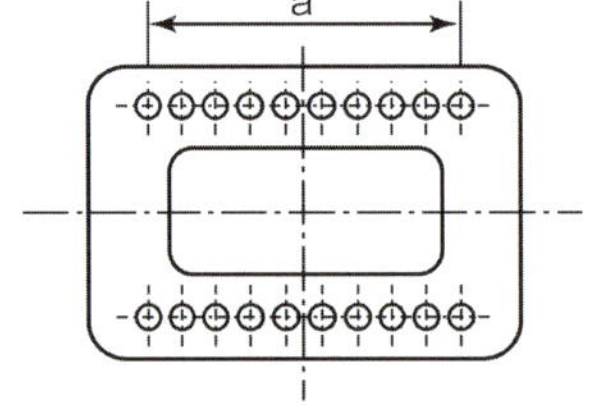

① 치수 a는 9×6(= 54)으로 기입할 수 있다.
② 대칭기호를 사용하여 도형을 1/2로 나타낼 수 있다.
③ 구멍은 동일 형상일 경우 대표 형상을 제외한 나머지 구멍은 생략할 수 있다.
④ 구멍은 크기가 동일하더라도 각각의 치수를 모두 나타내야 한다.

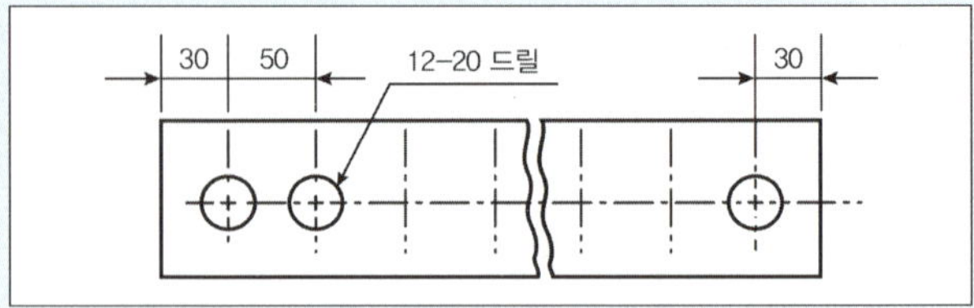

구멍 크기가 동일할 경우 'x - y 드릴'로 표시할 수 있다.

18 ★빈출

불활성 가스 금속 아크 용접에서 가스 공급계통의 확인 순서로 가장 적합한 것은?

① 용기 → 감압밸브 → 유량계 → 제어장치 → 용접토치
② 용기 → 유량계 → 감압밸브 → 제어장치 → 용접토치
③ 감압밸브 → 용기 → 유량계 → 제어장치 → 용접토치
④ 용기 → 제어장치 → 감압밸브 → 유량계 → 용접토치

MIG 용접에서의 가스 공급 순서
용기 → 감압밸브 → 유량계 → 제어장치 → 토치

19

금속 간의 원자가 접합하는 인력 범위는?

① 10^{-4}cm ② 10^{-6}cm
③ 10^{-8}cm ④ 10^{-10}cm

원자 수준의 결합 거리(크기)를 나타내는 단위로 옹스트롬 Å(10^{-8}cm)을 사용한다.

20 ★빈출

CO_2 가스 아크 용접에서 복합 와이어의 구조에 해당하지 않는 것은?

① T관상 와이어 ② 아코스 와이어
③ S관상 와이어 ④ NCG 와이어

복합 와이어: 아코스 와이어, S관상 와이어, NCG 와이어 등

정답   15 ② 16 ② 17 ④ 18 ① 19 ③ 20 ①

21 빈출

다음 중 가스 용접봉을 선택할 때 고려할 사항과 가장 거리가 먼 것은?

① 가능한 한 모재와 같은 재질이어야 하며 모재에 충분한 강도를 줄 수 있을 것
② 기계적 성질에 나쁜 영향을 주지 않아야 하며 용융 온도가 모재와 동일할 것
③ 용접봉의 재질 중에는 불순물을 포함하고 있지 않을 것
④ 강도를 증가시키기 위하여 탄소 함유량이 풍부한 고탄소강을 사용할 것

고탄소강 용접봉은 탄소가 많아 냉각 중 경화, 취성, 균열 발생 위험이 크기 때문에 용접봉으로 부적합하며, 저탄소강 용접봉이 일반 연강 용접에 적합하다.

22

다음 중 용접 시 수소의 영향으로 발생하는 결함과 가장 거리가 먼 것은?

① 기공　　　　　② 균열
③ 은점　　　　　④ 설퍼

- 설퍼는 황이라는 화학원소로 수소와 직접적인 관련이 있는 결함이 아니며, 황은 적열 취성과 관련있는 고온 균열을 말한다.
- 은점: 주요 원인이 수소이며, 용접 중 수소가 금속 내에 용해되었다가 응고 과정에서 방출되지 못할 때 발생하는 기포 또는 은색 원형 반점(물고기 눈 모양의 은색 반점) 형태의 결함을 말한다.

23

용접 시 구조물을 고정시켜 줄 지그의 선택기준으로 잘못된 것은?

① 물체의 고정과 탈부착이 복잡해야 한다.
② 변형을 막아줄 만큼 견고하게 잡아줄 수 있어야 한다.
③ 용접 위치를 유리한 용접 자세로 쉽게 움질일 수 있어야 한다.
④ 물체를 튼튼하게 고정시켜 줄 크기와 힘이 있어야 한다.

용접 지그는 작업 효율과 정밀도 향상을 위해 사용하는 장치로 반드시 고정과 탈부착이 간편해야 한다.

24

나사의 도시법에 대한 설명으로 틀린 것은?

① 불완전 나사부는 기능상 필요한 경우 경사된 굵은 실선으로 그린다.
② 수나사와 암나사의 골을 표시하는 선은 가는 실선으로 그린다.
③ 수나사에서 완전 나사부와 불완전 나사부의 경계선은 굵은 실선으로 그린다.
④ 수나사와 암나사의 측면 도시에서 각각의 골 지름은 가는 실선으로 약 3/4의 원으로 그린다.

나사의 도시법 중 불완전 나사부 또는 완전 나사부는 가는 실선으로 표시해야 한다.

25 빈출

다음 중 비용극식 불활성 가스 아크 용접은?

① GMAW　　　　② GTAW
③ MMAW　　　　④ SMAW

TIG 용접(GTAW)은 비소모성 텅스텐 전극봉과 불활성 가스(Ar, He)를 사용하여 아크열로 금속을 용융시키는 용접법이다.

26 빈출

연강보다 열전도율은 작고 열팽창계수는 1.5배 정도이며 염산, 황산 등에 약하고 결정입계 부식이 발생하기 쉬운 스테인리스강은?

① 페라이트계
② 시멘타이트계
③ 오스테나이트계
④ 마텐자이트계

오스테나이트계 스테인리스강
Cr 18% + Ni 8%(18-8형)를 기본으로 하는 대표적인 스테인리스강으로 가공성과 내식성이 우수하나 결정입계 부식에 취약하다.

27

산업용 로봇 중 직각 좌표계 로봇의 장점에 속하는 것은?

① 오프라인 프로그래밍이 용이하다.
② 로봇 주위에 접근이 가능하다.
③ 1개의 선형축과 2개의 회전축으로 이루어져 있다.
④ 작은 설치공간에 큰 작업영역이다.

경로가 좌표로 바로 표현되므로 오프라인 프로그램이 쉽다.

28

용접법의 분류 중에서 융접에 속하는 것은?

① 심 용접
② 테르밋 용접
③ 초음파 용접
④ 플래시 용접

테르밋 용접은 융접에 해당하며, ①, ③, ④는 압접에 해당한다.

29 빈출

다음 중 자동 불활성 가스 텅스텐 아크 용접의 종류에 해당하지 않는 것은?

① 단전극 TIG 용접형
② 전극 높이 고정형
③ 아크길이 자동 제어형
④ 와이어 자동 송급형

• 전극 제어 방식에 의한 분류: 전극 높이 고정형, 아크길이 자동 제어형
• 용가재 공급 방식에 의한 분류: 와이어 자동 송급형

30 빈출

다음 중 아크 용접에서 아크 쏠림 방지법이 아닌 것은?

① 교류 용접기를 사용한다.
② 접지점을 2개로 한다.
③ 짧은 아크를 사용한다.
④ 직류 용접기를 사용한다.

아크 쏠림
아크 용접 시 자기장(Magnetic Field)의 불균형 때문에 아크가 일정 방향으로 치우치는 현상을 말하며, 자기 불림이라고도 한다.

아크 쏠림 방지대책
• 교류 용접기를 사용하거나 후퇴법으로 용접한다.
• 짧은 아크를 사용하고 접지점을 용접부에서 멀리한다.
• 접지선을 2개 연결하고 아크 발생 주변을 비자성체로 만든다.
• 접지 케이블이 감기지 않도록 하고, 접지부에 녹, 페인트 등 방해물이 없도록 청결을 유지한다.
• 아크 쏠림 반대 방향으로 기울인다.
• 용접부의 시작과 끝 부분에 엔드 탭을 활용한다.

31 빈출

가연성 가스로 스파크 등에 의한 화재에 대하여 가장 주의해야 할 가스는?

① C_3H_8 ② CO_2
③ He   ④ O_2

프로판 가스(C_3H_8)는 가연성 가스로 주의가 필요하다.

32 빈출

판금작업 시 강판재료를 절단하기 위하여 가장 필요한 도면은?

① 조립도   ② 전개도
③ 배관도   ④ 공정도

전개도(展開圖)
입체물(3D 형상)의 곡면 또는 평면을 한 평면 위에 펼쳐서(전개) 실제 절단, 절곡, 접합 등 제작에 필요한 치수를 나타낸 도면을 말한다.

정답   27 ①   28 ②   29 ①   30 ④   31 ①   32 ②

33 빈출

다음 중 가스 용접에 있어 납땜의 용제가 갖추어야 할 조건으로 옳은 것은?

① 청정한 금속면의 산화가 잘 이루어질 것
② 전기저항 납땜에 사용되는 것은 부도체일 것
③ 용제의 유효 온도 범위와 납땜의 온도가 일치할 것
④ 땜납이 표면장력과 차이를 만들고 모재와의 친화력이 낮을 것

온도 범위가 실제 납땜 온도와 일치해야 효과가 나타나고 정확한 접합이 이루어진다.
① 금속 표면의 산화막을 제거해야 하며 용접 시 산화가 이루어지면 안 된다.
② 전기저항 납땜 시 사용되는 것은 전기가 잘 흘러야 열이 발생하므로 접촉부의 금속과 납은 도체이어야 한다.
④ 표면장력과 차이를 줄이고 모재와 친화력이 높아야 접합력이 우수해진다.

34 빈출

가스 가공에서 강재 표면의 홈, 탈탄층 등의 결함을 제거하기 위해 얇게 그리고 타원형 모양으로 표면을 깎아내는 가공법은?

① 가스 가우징
② 분말 절단
③ 산소창 절단
④ 스카핑

스카핑
표면 결함을 제거하는 홈 파기 가공방법으로, 결함을 방지하기 위해 단면을 완만한 타원형 홈 모양이 되도록 하는 가스 절삭 가공법이다.

35

배관의 간략 도시방법 중 환기계 및 배수계의 끝 장치 도시방법의 평면도에서 그림과 같이 도시된 것의 명칭은?

① 배수구
② 환기관
③ 벽붙이 환기 삿갓
④ 고정식 환기 삿갓

배관 도면, 특히 환기 및 배수 시스템의 평면도에서 그림과 같이 X자가 그려진 사각형 기호는 '고정식 환기 삿갓'이라 한다.

36 빈출

MIG 용접 시 와이어 송급방식의 종류가 아닌 것은?

① 풀 방식
② 푸시 방식
③ 푸시 풀 방식
④ 푸시 언더 방식

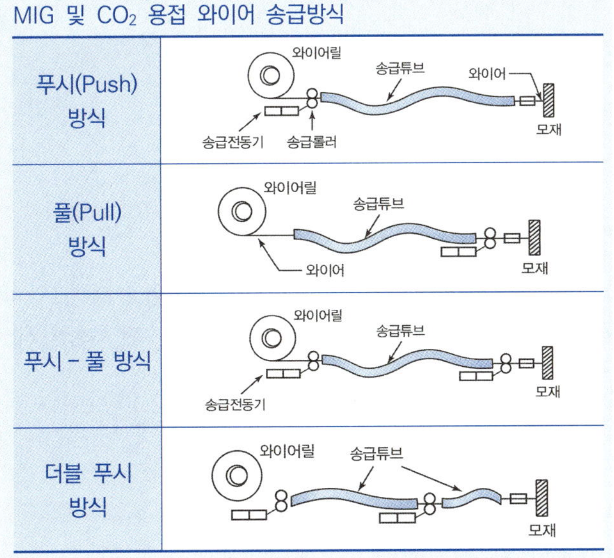

37 빈출

그림의 입체도에서 화살표 방향을 정면으로 하여 제3각법으로 그린 정투상도는?

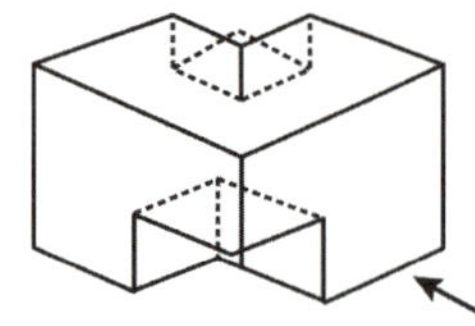

① 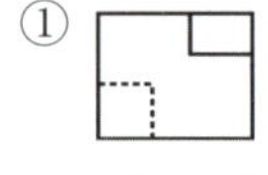
② 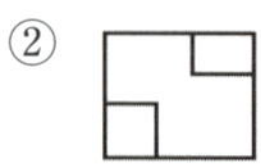

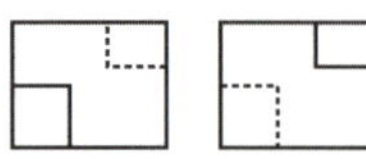
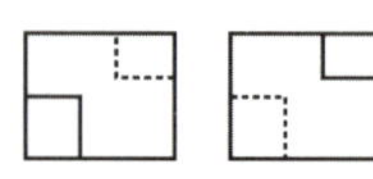

③ 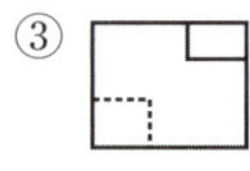
④ 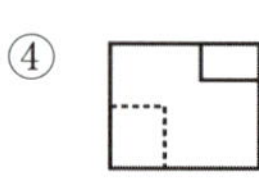

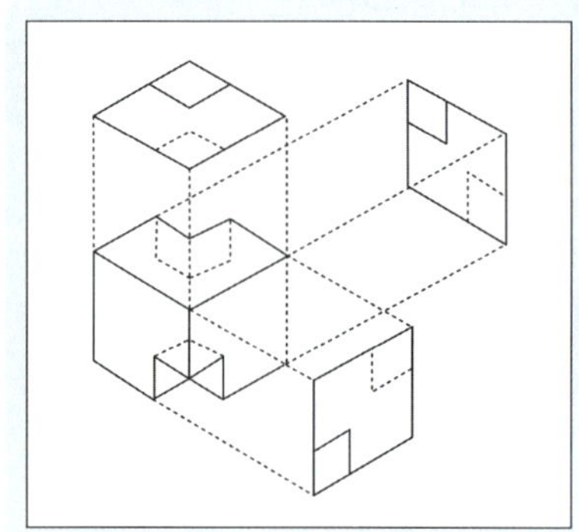

38 빈출

피복제 중에 산화티탄을 약 35% 정도 포함하였고 슬래그의 박리성이 좋아 비드의 표면이 고우며 작업성이 우수한 특징을 지닌 연강용 피복 아크 용접봉은?

① E4301
② E4311
③ E4313
④ E4316

39 빈출

주철에 대한 설명으로 틀린 것은?

① 인장강도에 비해 압축강도가 높다.
② 회주철은 편상 흑연이 있어 감쇠능이 좋다.
③ 주철 절삭 시에는 절삭유를 사용하지 않는다.
④ 액상일 때 유동성이 나쁘며, 충격저항이 크다.

40 빈출

열간가공이 쉽고 다듬질 표면이 아름다우며 용접성이 우수한 강으로 몰리브덴 첨가로 담금질성이 높아 각종 축, 강력볼트, 아암, 레버 등에 많이 사용되는 강은?

① 크롬 – 몰리브덴강
② 크롬 – 바나듐강
③ 규소 – 망간강
④ 니켈 – 구리 – 코발트강

41 ★빈출

그림과 같은 도면에서 괄호 안의 치수는 무엇을 나타내는가?

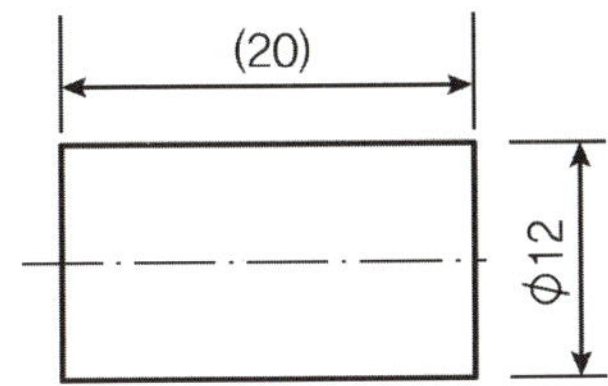

① 완성 치수
② 참고 치수
③ 다듬질 치수
④ 비례척이 아닌 치수

( ): 참고 치수

42 ★빈출

서브머지드 아크 용접기로 스테인리스강 용접, 덧살붙임 용접, 조선의 대판계(大板繼)를 용접할 때 사용하는 용접용 용제(Flux)는?

① 용융형 용제
② 혼성형 용제
③ 소결형 용제
④ 혼합형 용제

스테인리스강이나 덧살 용접처럼 화학조성이 정밀하게 관리되어야 하는 용접에는 소결형 용제를 활용한다.

서브머지드 아크 용접(SAW)
용접부를 용제(Flux)로 덮은 상태에서 아크를 발생시켜 용접하는 방식으로 잠호 용접, 불가시 용접, 유니언 멜트 용접이라고도 한다. 아크와 용융금속이 대기와 차단되므로 산화가 방지되고 용입이 깊으며 자동용접으로 생산성이 우수하다.

SAW용 용제(Flux)의 종류
• 용융형 용제: 일반 탄소강 및 구조물 등에 사용하며 화학적 균일성이 양호하고 수분 흡수가 적어 재활용이 가능하다.
• 소결형 용제: 스테인리스강, 합금강, 대형구조물 등에 사용하며 합금 성분을 첨가하여 조성 조절이 용이하나, 흡습성이 높아 사용 전에 150~300℃에서 1시간 정도 재건조하여 사용해야 한다.
• 혼성형 용제: 일반구조물 및 조선용에 사용되며 용융형과 소결형의 중간 특성을 가진다.

43

침탄법에 대한 설명으로 옳은 것은?

① 표면을 용융시켜 연화시키는 것이다.
② 망상 시멘타이트를 구상화시키는 방법이다.
③ 강재의 표면에 아연을 피복시키는 방법이다.
④ 홈강재의 표면에 탄소를 침투시켜 경화시키는 것이다.

침탄법의 경도는 질화법보다 낮으며 홈강재의 표면에 탄소를 침투시키는 방법이다.

44

여러 사람이 공동으로 용접작업을 할 때 다른 사람에게 유해광선의 해(害)를 끼치지 않게 하기 위해서 설치해야 하는 것은?

① 차광막　　　　　② 경계통로
③ 환기장치　　　　④ 집진장치

용접작업 시 유해광선으로 인해 차광막을 설치하여 주변 작업자들에게 해를 끼치지 않도록 조치가 필요하다. 내부에서 작업할 때에는 용접 시 발생하는 흄 등을 제거하기 위한 집진장치 시설을 확보해야 하며, 주변 인화물질을 정리하고 항시 소화기를 배치해 두어야 한다.

45 ★빈출

3각 기둥, 4각 기둥 등과 같은 각기둥 및 원기둥을 평행하게 펼치는 전개방법의 종류는?

① 삼각형을 이용한 전개도법
② 평행선을 이용한 전개도법
③ 방사선을 이용한 전개도법
④ 사다리꼴을 이용한 전개도법

각기둥 또는 원기둥의 전개에서는 평행선을 이용한 전개도법이 가장 적합하다.

46 

배관 도면에서 그림과 같은 기호의 의미로 가장 적합한 것은?

① 체크 밸브
② 볼 밸브
③ 콕 일반
④ 안전 밸브

밸브 및 콕 몸체의 표시방법			
밸브·콕의 종류	그림 기호	밸브·콕의 종류	그림 기호
밸브 일반	▷◁	앵글 밸브	
게이트 밸브	▷◁	3방향 밸브	
글로브 밸브	▶●◀	안전 밸브	
체크 밸브	▶◀ 또는		
볼 밸브	▷⊗◁		
버터플라이 밸브	▷◁ 또는	콕 일반	▷◁

47

플라즈마 아크 용접에 대한 설명으로 잘못된 것은?

① 아크 플라즈마의 온도는 10,000 ~ 30,000℃ 온도에 달한다.
② 핀치효과에 의해 전류밀도가 크므로 용입이 깊고 비드 폭이 좁다.
③ 무부하 전압이 일반 아크 용접기에 비하여 2 ~ 5배 정도 낮다.
④ 용접장치 중에 고주파 발생장치가 필요하다.

플라즈마 아크 용접기의 무부하 전압은 일반 아크 용접기보다 높다.

48

다음 중 가스 절단에 있어 양호한 절단면을 얻기 위한 조건으로 옳은 것은?

① 드래그가 가능한 클 것
② 절단면 표면의 각이 예리할 것
③ 슬래그 이탈이 이루어지지 않을 것
④ 절단면이 평활하며 드래그의 홈이 깊을 것

양호한 절단면을 얻기 위한 조건
• 상부 모서리가 손상 없이 예리할 것
• 절단면이 평활하며 드래그(줄무늬의)의 홈이 얕고 균일할 것
• 슬래그가 쉽게 탈락할 것

49

비파괴검사가 아닌 것은?

① 자기 탐상시험
② 침투 탐상시험
③ 샤르피 충격시험
④ 초음파 탐상시험

샤르피(Charpy) 충격시험기
충격을 받았을 때 금속재료의 저항 능력을 평가하는 장비로 용접부의 인성을 평가하기 위한 충격시험기를 말한다.

50

가연성 가스에 대한 설명 중 가장 옳은 것은?

① 가연성 가스는 CO_2와 혼합하면 더욱 잘 탄다.
② 가연성 가스는 혼합 공기가 적은 만큼 완전 연소한다.
③ 산소, 공기 등과 같이 스스로 연소하는 가스를 말한다.
④ 가연성 가스는 혼합한 공기와의 비율이 적절한 범위 안에서 잘 연소한다.

가연성 가스는 가연성 물질 + 산소공급원(공기/산소) + 점화원이 갖춰질 때 연소한다.

51

다음 중 전기저항 용접에 있어 맥동 점 용접에 관한 설명으로 옳은 것은?

① 1개의 전류 회로에 2개 이상의 용접점을 만드는 용접법이다.
② 전극을 2개 이상으로 하여 2점 이상의 용접을 하는 용접법이다.
③ 점 용접의 기본적인 방법으로 1쌍의 전극으로 1점의 용접부를 만드는 용접법이다.
④ 모재 두께가 다른 경우 전극의 과열을 피하기 위하여 사이클 단위를 몇 번이고 전류를 단속하여 용접하는 것이다.

> **맥동 점 용접**
> 전류를 흘려 발생하는 저항열을 여러 사이클에 걸쳐 단속하는 용접으로 모재 두께가 다르거나 과열의 위험을 피하기 위하여 전류를 단속적으로 가하는 저항 용접을 말한다.

52

피복 금속 아크 용접봉은 습기의 영향으로 기공(Blow Hole)과 균열(Crack)의 원인이 된다. 보통 용접봉 ㉠과 저수소계 용접봉 ㉡의 온도와 건조 시간은? (단, 보통 용접봉은 ㉠으로, 저수소계 용접봉은 ㉡으로 나타냈다.)

① ㉠ 70 ~ 100℃ 30 ~ 60분, ㉡ 100 ~ 150℃ 1 ~ 2시간
② ㉠ 70 ~ 100℃ 2 ~ 3시간, ㉡ 100 ~ 150℃ 20 ~ 30분
③ ㉠ 70 ~ 100℃ 30 ~ 60분, ㉡ 300 ~ 350℃ 1 ~ 2시간
④ ㉠ 70 ~ 100℃ 2 ~ 3시간, ㉡ 300 ~ 350℃ 20 ~ 30분

> **용접봉의 건조 조건**
> • 보통 용접봉: 70 ~ 100℃, 30 ~ 60분
> • 저수소계 용접봉: 300 ~ 350℃, 1 ~ 2시간

53

주요 성분이 Ni－Fe 합금인 불변강의 종류가 아닌 것은?

① 인바　　　　　　② 모넬메탈
③ 엘린바　　　　　④ 플래티나이트

> 모넬메탈은 Ni－Cu 합금으로 불변강이 아니다.

54

주석 청동의 용해 및 주조에서 1.5 ~ 1.7%의 아연을 첨가할 때의 효과로 옳은 것은?

① 수축률이 감소된다.　　② 침탄이 촉진된다.
③ 취성이 향상된다.　　　④ 가스가 흡입된다.

> 아연을 소량 첨가하면 용융점이 약간 낮아지고 유동성이 증가하면서 응고 시 수축공의 발생을 억제한다.

55 ⭐빈출

다음 중 주철 용접 시 주의사항으로 틀린 것은?

① 용접봉은 가능한 한 지름이 굵은 용접봉을 사용한다.
② 보수 용접을 행하는 경우는 결함 부분을 완전히 제거한 후 용접한다.
③ 균열의 보수는 균열의 성장을 방지하기 위해 균열의 양 끝에 정지구멍을 뚫는다.
④ 용접전류는 필요 이상 높이지 말고 직선비드를 배치하며, 지나치게 용입을 깊게 하지 않는다.

> 용접봉이 굵을수록 필요 전류가 올라가게 되며, 특히 열 충격에 민감한 주철 같은 경우 입열을 최소화해야 하므로 규격에 맞는 용접봉을 사용한다.

56 ⭐빈출

탄소강의 종류 중 탄소 함유량이 0.3 ~ 0.5%이고 탄소량이 증가함에 따라서 용접부에서 저온균열이 발생될 위험성이 커지기 때문에 150 ~ 250℃로 예열을 실시할 필요가 있는 탄소강은?

① 저탄소강　　　　② 중탄소강
③ 고탄소강　　　　④ 대탄소강

> 중탄소강: 탄소 함유량이 약 0.25~0.6% C 미만 강철로서 탄소량이 증가함에 따라 저온균열로 이어지게 되므로 150~250℃로 예열을 실시해 주어야 한다.

57

시편의 표점거리가 125mm, 늘어난 길이가 145mm이었다면 연신율은?

① 16% ② 20%

③ 26% ④ 30%

$$\text{연신율} = \frac{L - L_0}{L_0} \times 100 = \frac{145 - 125}{125} \times 100 = 16\%$$

L_0: 처음 표점거리(mm)

L: 늘어난 표점거리(mm)

58 빈출

기계 구조용 탄소강관의 KS 재료기호는?

① SPC ② SPS

③ SWP ④ STKM

KS 재료기호
- S: Steel(강재)
- T: Tube(관)
- K: Structural(구조용)
- M: Machine(기계용)

59 빈출

충전가스 용기 중 암모니아 가스 용기의 도색은?

① 회색 ② 청색

③ 녹색 ④ 백색

가스 용기별 도색

가스의 종류	도색
산소	녹색
수소	주황색
염소	갈색
질소	회색
이산화탄소	청색
아세틸렌	황색
암모니아	백색
LPG	밝은 회색

60 빈출

대상물에 감마선, 엑스선을 투과시켜 필름에 나타나는 상으로 결함을 판별하는 비파괴검사법은?

① 초음파 탐상검사
② 침투 탐상검사
③ 와전류 탐상검사
④ 방사선 투과검사

RT는 방사선 투과검사로 방사선 X선이나 γ선을 이용하여 내부 결함을 탐상하는 방법을 의미한다.

2024년 3회 | CBT 기출복원문제

01  빈출

용착금속의 극한강도가 30kgf/mm², 안전율이 6이면 허용응력은?

① 3kgf/mm²
② 4kgf/mm²
③ 5kgf/mm²
④ 6kgf/mm²

- 용착금속의 인장강도 = 30kgf/mm²
- 안전율 = 6

$$\sigma = \frac{\text{인장강도}}{\text{안전율}} = \frac{30}{6} = 5\text{kgf/mm}^2$$

02

다음 전기저항 용접법 중 주로 기밀, 수밀, 유밀성을 필요로 하는 탱크의 용접 등에 가장 적합한 것은?

① 점(Spot) 용접법
② 심(Seam) 용접법
③ 프로젝션(Projection) 용접법
④ 플래시(Flash) 용접법

심 용접(Seam Welding)
- 저항 용접(Resistance Welding)의 일종으로 두 장의 판을 연속적으로 이어붙이는 용접법이다.
- 원판형 롤러 전극을 회전시켜 끊김없는 연속 용접선(비드)을 만들며 기밀 및 수밀, 유밀성이 필요한 탱크 용접에 적합하다.

03

서브머지드 아크 용접기에서 다전극 방식에 의한 분류에 속하지 않는 것은?

① 푸시 - 풀식
② 탠덤식
③ 횡병렬식
④ 횡직렬식

다전극 방식에 의한 분류
- 탠덤식: 진행 방향에 앞뒤로 배치
- 횡직렬식: 진행 방향에 직각으로 일렬 배치
- 횡병렬식: 진행 방향에 가로로 평행 배치

04 빈출

용접에 의한 이음을 리벳이음과 비교했을 때, 용접이음의 장점이 아닌 것은?

① 이음 구조가 간단하다.
② 판 두께에 제한을 거의 받지 않는다.
③ 용접 모재의 재질에 대한 영향이 작다.
④ 기밀성과 수밀성을 얻을 수 있다.

용접은 강도, 기밀성, 제작 효율이 높지만, 열에 의한 금속 조직 변화(열 영향부, HAZ)가 생겨 모재 재질에 영향을 크게 받는다.

05

다음 중 전자 빔 용접의 장점과 거리가 먼 것은?

① 고진공 속에서 용접을 하므로 대기와 반응하기 쉬운 활성 재료도 용이하게 용접된다.
② 두꺼운 판의 용접이 불가능하다.
③ 용접을 정밀하고 정확하게 할 수 있다.
④ 에너지 집중이 가능하기 때문에 고속으로 용접이 된다.

전자 빔 용접(EBW)은 고에너지 전자 빔을 이용하여 매우 깊은 용입을 얻는 공정으로 후판 용접에 유리하다.

정답　01 ③　02 ②　03 ①　04 ③　05 ②

06

금속의 결정구조에 대한 설명으로 틀린 것은?

① 결정입자의 경계를 결정입계라 한다.
② 결정체를 이루고 있는 각 결정을 결정입자라 한다.
③ 체심입방격자는 단위격자 속에 있는 원자 수가 3개이다.
④ 물질을 구성하고 있는 원자가 입체적으로 규칙적인 배열을 이루고 있는 것을 결정이라 한다.

체심입방격자는 BCC(Body-Centered Cubic)로 Li, Na, Cr, Mo, α, δ - Fe 등이 있으며, 배위수는 8개, 단위 격자당 원자 수는 2개로 구성된다.

07

가스 용접에서 프로판 가스의 성질 중 틀린 것은?

① 연소할 때 필요한 산소의 양은 1 : 1 정도이다.
② 폭발한계가 좁아 다른 가스에 비해 안전도가 높고 관리가 쉽다.
③ 액화가 용이하여 용기에 충전이 쉽고 수송이 편리하다.
④ 상온에서 기체 상태이고 무색, 투명하여 약간의 냄새가 난다.

프로판 연소 반응식

$C_3H_8 + 5O_2 \rightarrow 3CO_2 + 4H_2O$

프로판 1몰 연소에 산소 5몰이 필요하므로 혼합비는 1 : 5이다.

08

피복제 중에 산화티탄을 약 35% 정도 포함하였고 슬래그의 박리성이 좋아 비드의 표면이 고우며 작업성이 우수한 특징을 지닌 연강용 피복 아크 용접봉은?

① E4301
② E4311
③ E4313
④ E4316

고산화티탄계 피복 아크 용접봉(E4313)
• 피복제에 산화티탄(TiO_2)이 약 35% 내외로 포함되어 있으며, 아크가 안정적이고 스패터가 적다.
• 일반 경구조물 및 박판 용접에 많이 사용되고 유동성이 좋은 슬래그를 형성하며, 냉각 시 쉽게 박리되어 비드 표면이 고른 장점을 가지나, 고온 균열이 발생할 수 있다.

09

용접의 변 끝을 따라 모재가 파여지고 용착금속이 채워지지 않고 홈으로 남아있는 부분을 무엇이라고 하는가?

① 언더컷
② 피트
③ 슬래그
④ 오버랩

• 언더컷: 용접 비드의 가장자리에 모재가 과도하게 녹아 파여지는 형상으로 용융금속이 충분히 채워지지 않아 홈이 생기는 결함을 말한다.
• 피트: 표면의 작은 구멍으로 가스 또는 기공 자국이 발생한다.
• 슬래그: 용착금속이 형성되는 과정에서 생기는 부산물로 주로 금속 산화물이나 이산화규소 등으로 구성된다.
• 오버랩: 용착금속이 모재와 융합되지 않은 채 모재 위로 단순히 덮이거나 둥근 턱처럼 튀어나온 상태이다.

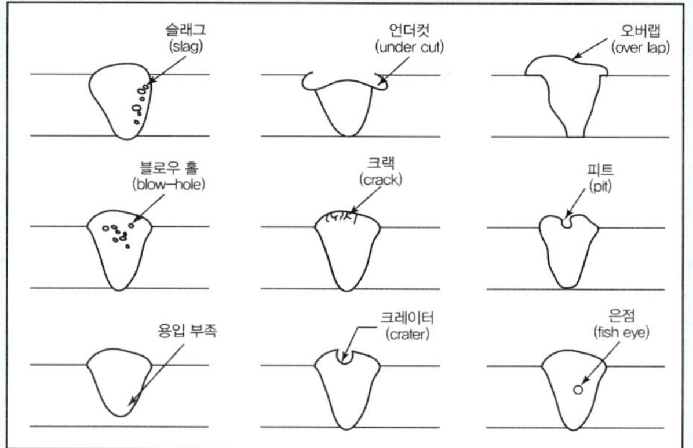

10

저수소계 용접봉의 건조 온도에 대하여 올바르게 설명한 것은?

① 건조로 속의 온도가 100℃ 가열되었을 때부터의 2 ~ 4시간 정도 건조시킨다.
② 건조로 속의 온도가 200℃일 때 용접봉을 넣은 다음부터 30분 정도 건조시킨다.
③ 건조로 속에 들어있는 용접봉의 온도가 300~350℃에 도달한 시간부터 1 ~ 2시간 건조시킨다.
④ 건조로 속에 들어있는 용접봉의 온도가 100~200℃에 도달한 시간부터 2 ~ 3시간 건조시킨다.

저수소계 용접봉은 피복제 내의 수분(H_2O)을 제거하기 위해 300~350℃에서 1~2시간 건조해야 한다.

정답   06 ③   07 ①   08 ③   09 ①   10 ③

11 ⭐빈출

다음 가스 중 가연성 가스로만 되어있는 것은?

① 아세틸렌, 헬륨
② 수소, 프로판
③ 아세틸렌, 아르곤
④ 산소, 이산화탄소

가연성 가스: 공기 중의 산소와 혼합되었을 때 점화원에 의해 불이 붙거나 폭발할 위험이 있는 가스로 수소(H_2), 메탄(CH_4), 프로판 (C_3H_8), 아세틸렌(C_2H_2) 등이 있다.

12

그림과 같은 제3각법 정투상도의 3면도를 기초로 한 입체도로 가장 적합한 것은?

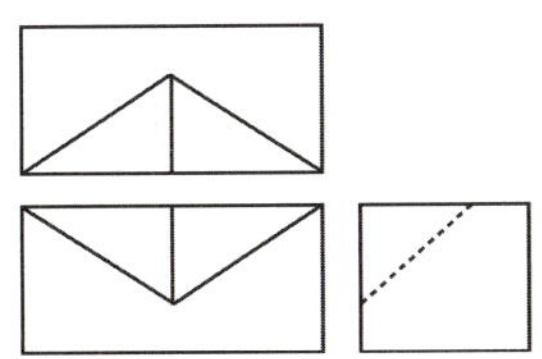

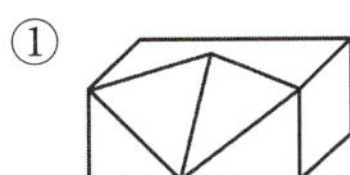

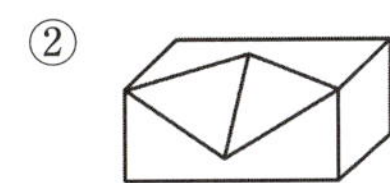

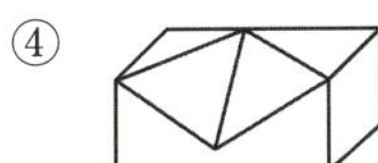

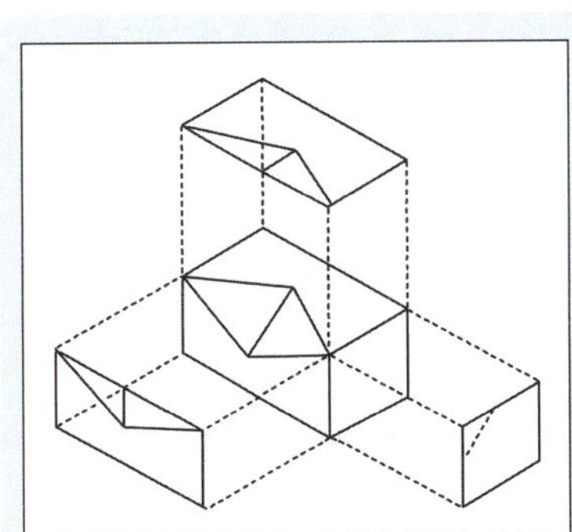

13

A는 병 전체 무게(빈병 + 아세틸렌 가스)이고, B는 빈병의 무게이며, 또한 15℃, 1기압에서의 아세틸렌 가스 용적을 905리터라고 할 때, 용해 아세틸렌 가스의 양 C(리터)를 계산하는 식은?

① $C = 905 \times (B - A)$
② $C = 905 + (B - A)$
③ $C = 905 \times (A - B)$
④ $C = 905 + (A - B)$

용해 아세틸렌 가스: 아세틸렌(C_2H_2)은 폭발위험이 크기 때문에 아세톤(Acetone) 속에 녹여서 용해 상태로 고압 용기에 충전하여 사용한다. 이때 가스통의 충전량은 용기 무게 변화로 계산한다.
$C = 905 \times (A - B)$
A: 병 전체 무게
B: 빈병 무게

14 ⭐빈출

아크 에어 가우징 작업에 사용되는 압축공기의 압력으로 적당한 것은?

① $1 \sim 3\text{kgf/cm}^2$
② $5 \sim 7\text{kgf/cm}^2$
③ $9 \sim 12\text{kgf/cm}^2$
④ $14 \sim 156\text{kgf/cm}^2$

가우징 시 압축공기의 압력은 약 $5 \sim 7\text{kgf/cm}^2$가 좋다.

15

용접 현장에서 지켜야 할 안전사항 중 잘못 설명한 것은?

① 탱크 내에서는 혼자 작업한다.
② 인화성 물체 부근에서는 작업을 하지 않는다.
③ 좁은 장소에서의 작업 시는 통풍을 실시한다.
④ 부득이 가연성 물체 가까이에서 작업 시에는 화재발생 예방조치를 한다.

밀폐공간 용접 전 산소농도(18 ~ 23.5% 범위)와 가연성 가스 · 유해가스 농도를 측정하고, 연속 환기 · 감시자 배치 · 구조장비 대기를 갖춘 뒤 작업을 진행해야 한다.

16

가동 철심형 교류아크 용접기에 관한 설명으로 틀린 것은?

① 교류아크 용접기의 종류에서 현재 가장 많이 사용하고 있다.
② 용접작업 중 가동 철심의 진동으로 소음이 발생할 수 있다.
③ 가동 철심을 움직여 누설자속을 변동시켜 전류를 조절한다.
④ 광범위한 전류조절이 쉬우나 미세한 전류조정은 불가능하다.

가동 철심형
가장 많이 사용하는 기본적인 용접기로 미세한 전류조정이 가능하다.

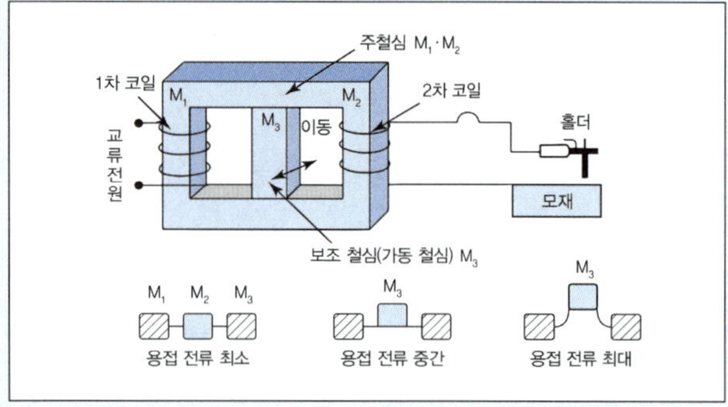

17 ⭐빈출

선의 종류와 용도에 대한 설명으로 연결이 틀린 것은?

① 가는 실선: 짧은 중심을 나타내는 선
② 가는 파선: 보이지 않는 물체의 모양을 나타내는 선
③ 가는 1점 쇄선: 기어의 피치원을 나타내는 선
④ 가는 2점 쇄선: 중심이 이동한 중심궤적을 표시하는 선

선의 구분

종류	구분	명칭	용도
실선	▬▬▬	굵은 실선	외형선
	———	가는 실선	치수선, 중심선, 해칭(Hatching)선
	∿∿∿	자유 실선	부분 생략 또는 부분 단면의 경계
파선	– – – –	굵은 파선 또는 가는 파선	보이지 않는 외형선, 숨은선
쇄선	‒·‒·‒	가는 1점 쇄선	중심선, 물체 또는 도형의 대칭선, 회전 단면의 외형선, 피치선
	‒··‒··‒	가는 2점 쇄선	가상 외형선, 인접한 외형선, 가동 물체의 회전 위치선
	▬·‒·▬	절단부 쇄선 (양끝이 굵은 선에 중간은 가는 쇄선)	절단 평면의 위치(절단선)
	▬·‒·▬	굵은 1점 쇄선	표면 처리 부분

18 ⭐빈출

다음 중 이산화탄소 아크 용접의 특징에 대한 설명으로 틀린 것은?

① 전류밀도가 높아 용입이 깊다.
② 자동 또는 반자동 용접은 불가능하다.
③ 용착금속의 기계적, 금속학적 성질이 우수하다.
④ 가시 아크이므로 용융지의 상태를 보면서 용접할 수 있어 시공이 편리하다.

이산화탄소(CO_2) 가스 아크 용접
• 반자동 용접으로 용접 시 보호가스로 이산화탄소를 활용하며, 아크와 용융지를 외기(산소, 질소)로부터 보호한다.
• 용접 시 소모성 와이어(용극식)를 전극으로 사용하며 아크 열로 모재와 와이어가 용융되어 용접풀을 형성하게 된다.

19

가스 용접봉을 선택하는 공식으로 맞는 것은? (단, D: 용접봉 지름(mm), T: 판 두께(mm))

① $D = \dfrac{T}{2} + 1$

② $D = \dfrac{T}{2} + 2$

③ $D = \dfrac{T}{2} - 1$

④ $D = \dfrac{T}{2} - 2$

$D = \dfrac{T}{2} + 1$, D: 용접봉 지름, T: 모재의 판 두께

20

열과 전기의 전도율이 가장 좋은 금속은?

① Cu   ② Al
③ Ag   ④ Au

은(Ag)이 모든 금속 중 열전도율이 가장 크고 그 다음이 구리(Cu), 금(Au), 알루미늄(Al) 순이다.

21

CO_2 가스 아크 용접에서 솔리드 와이어에 비교한 복합 와이어의 특징을 설명한 것으로 틀린 것은?

① 양호한 용착금속을 얻을 수 있다.
② 스패터가 많다.
③ 아크가 안정된다.
④ 비드 외관이 깨끗하며 아름답다.

복합 와이어는 와이어 내부에 플럭스(Flux)가 들어 있어 용접부 보호, 아크 안정, 비드 외관 향상 등의 장점이 있으며 스패터가 솔리드 와이어에 비해 적다.

22

가스 절단에서 팁(Tip)의 백심 끝과 강판 사이의 간격으로 가장 적당한 것은?

① 0.1 ~ 0.3mm   ② 0.4 ~ 1mm
③ 1.5 ~ 2mm   ④ 4 ~ 5mm

불꽃의 백심(내염) 끝은 모재 표면에 닿지 않고 아주 가까운 거리(약 1.5 ~ 2mm)를 유지해야 하며, 너무 가까우면 역화 및 팁 손상 등의 현상이 발생된다.

23

발전(모터, 엔진형)형 직류아크 용접기와 비교하여 정류기형 직류아크 용접기를 설명한 것 중 틀린 것은?

① 고장이 적고 유지보수가 용이하다.
② 취급이 간단하고 가격이 싸다.
③ 초소형 경량화 및 안정된 아크를 얻을 수 있다.
④ 완전한 직류를 얻을 수 있다.

정류기형은 교류를 정류해 DC로 바꾸지만 남는 맥동 직류가 있어 완전한 직류를 얻을 수 없다.

24

단면을 나타내는 해칭선의 방향이 가장 적합하지 않은 것은?

① 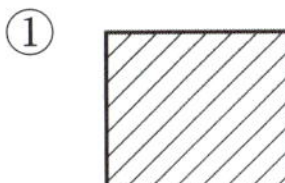   ② 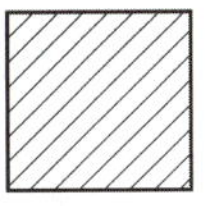

③ 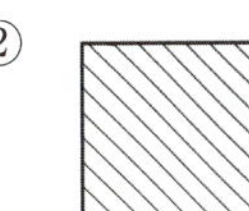   ④ 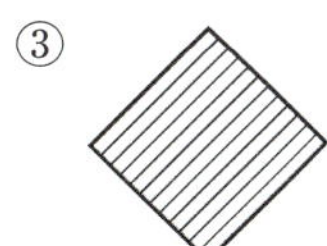

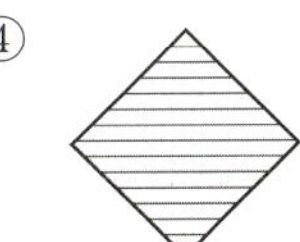

①, ② 기본 각도: 해칭선은 물체의 주요 외형선이나 중심선에 대해 45°로 긋는 것을 원칙으로 한다.
④ 물체의 외형선 자체가 45°로 기울어져 있다. 이 경우 45° 규칙을 적용하면 해칭선이 외형선과 평행하거나 수직이 되어 이런 경우에는 해칭선을 수평 또는 수직으로 그린다.

25

아세틸렌 가스가 산소와 반응하여 완전 연소할 때 생성되는 물질은?

① CO, H_2O
② $2CO_2$, H_2O
③ CO, H_2
④ CO_2, H_2

26

건축용 철골, 볼트, 리벳 등에 사용되는 것으로 연신율이 약 22%이고, 탄소 함량이 약 0.15%인 강재는?

① 연강
② 경강
③ 최경강
④ 탄소공구강

27 ⭐빈출

다음 중 서브머지드 아크 용접에 사용되는 용제에 관한 설명으로 틀린 것은?

① 소결형 용제는 용융형 용제에 비하여 용제의 소모량이 적다.
② 용융형 용제는 거친 입자의 것일수록 높은 전류에 사용해야 한다.
③ 소결형 용제는 페로실리콘, 페로망간 등에 의해 강력한 탈산 작용이 된다.
④ 용제는 용접부를 대기로부터 보호하면서 아크를 안정시키고, 야금 반응에 의하여 용착금속의 재질을 개선하기 위해 사용한다.

28 ⭐빈출

다음 중 표면경화법의 종류에 속하지 않는 것은?

① 고주파 담금질
② 침탄법
③ 질화법
④ 풀림법

29 ⭐빈출

용접용 용제는 성분에 의해 용접작업성, 용착금속의 성질이 크게 변화하므로 다음 중 원료와 제조방법에 따른 서브머지드 아크 용접의 용접용 용제에 속하지 않는 것은?

① 고온 소결형 용제
② 저온 소결형 용제
③ 용융형 용제
④ 스프레이형 용제

30

철에 Al, Ni, Co를 첨가한 합금으로 잔류 자속밀도가 크고 보자력이 우수한 자성 재료는?

① 퍼멀로이
② 센더스트
③ 알니코 자석
④ 페라이트 자석

정답   25 ②   26 ①   27 ②   28 ④   29 ④   30 ③

PART 03

31 빈출

침투 탐상법의 장점으로 틀린 것은?

① 국부적 시험이 가능하다.
② 미세한 균열도 탐상이 가능하다.
③ 주변환경 특히 온도에 둔감해 제약을 받지 않는다.
④ 철, 비철, 플라스틱, 세라믹 등 거의 모든 제품에 적용이 용이하다.

침투 탐상검사(PT)
• 모재 표면의 미세한 결함(균열, 기공, 기포, 핀홀 등)을 색상 대비나 형광 발광을 이용하며, 현상제를 통해 시각적으로 확인하는 비파괴시험으로 주변 온도·습도·오염도에 따라 침투액의 점도, 확산속도, 증발 특성이 달라지므로 검출 감도에 큰 차이가 발생할 수 있다.
• 시험 순서: 전처리, 침투처리, 제거처리(세척), 현상처리, 관찰(판독), 후처리

32

다음 중 현의 치수 기입을 올바르게 나타낸 것은?

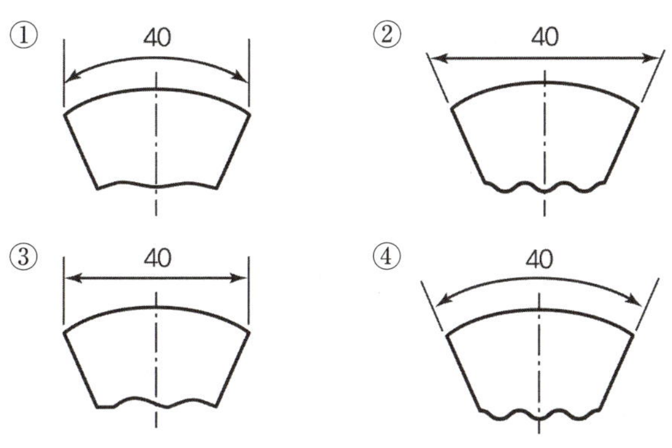

치수 기입
현의 길이는 현에 수직으로 치수보조선을 긋고 현에 평행한 치수선을 사용하여 표시한다. 원호의 길이는 현과 같은 치수보조선을 긋고 그 원호와 같은 중심의 원호를 치수선으로 하며, 치수 수치의 위에 원호를 표시하는 기호(⌒)를 붙인다.

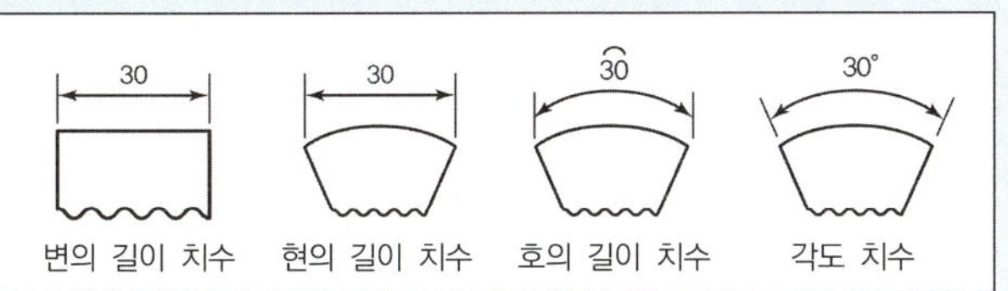

33 빈출

다음 중 용접용 지그 선택의 기준으로 적절하지 않은 것은?

① 물체를 튼튼하게 고정시켜 줄 크기와 힘이 있을 것
② 변형을 막아줄 만큼 견고하게 잡아줄 수 있을 것
③ 물품의 고정과 분해가 어렵고 청소가 편리할 것
④ 용접 위치를 유리한 용접 자세로 쉽게 움직일 수 있을 것

지그는 용접 구조물을 고정하는 역할로 작업의 효율을 높이기 위해 사용되며, 고정과 분해가 쉽고 청소가 용이해야 한다.

34 빈출

프로판 가스의 특징으로 틀린 것은?

① 안전도가 높고 관리가 쉽다.
② 온도 변화에 따른 팽창률이 크다.
③ 액화하기 어렵고 폭발 한계가 넓다.
④ 상온에서는 기체 상태이고 무색, 투명하다.

프로판(Propane, C_3H_8)은 가스 용접 및 절단에서 자주 사용하는 액화석유가스(LPG)의 주성분 중 하나로 압축만으로도 쉽게 액화되며 폭발 범위가 좁아 안전도가 높다.

35 빈출

도면에서 표제란과 부품란으로 구분할 때 다음 중 일반적으로 표제란에만 기입하는 것은?

① 부품번호　　　　② 부품기호
③ 수량　　　　　　④ 척도

• 표제란의 필수 표제: 도명, 도면번호, 척도, 투상법, 작성일자, 작성자(검토자) 등
• 부품란의 표제: 부품번호, 부품기호, 재질, 수량, 비고 등

36

용접 시 발생하는 변형을 적게 하기 위하여 구속하고 용접하였다면 잔류응력은 어떻게 되는가?

① 잔류응력이 작게 발생한다.
② 잔류응력이 크게 발생한다.
③ 잔류응력은 변함없다.
④ 잔류응력과 구속용접과는 관계없다.

구속이 크면 열 변형이 자유롭게 발생하지 못하므로 기계적 구속변형이 커지게 되어 잔류응력이 크게 남는다.

37 빈출

다음 중 한쪽 단면도를 올바르게 도시한 것은?

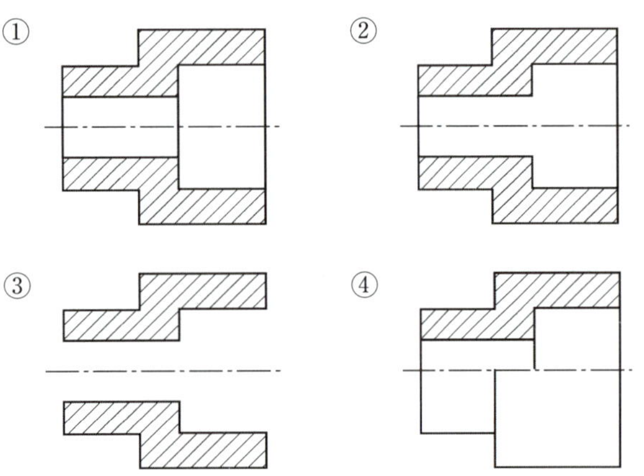

① ② ③ ④

한쪽 단면도
대칭인 물체의 내부와 외부를 동시에 보여주기 위해 사용하는 도면법으로 중심선을 기준으로 한쪽은 내부를 보여주고 다른 한쪽은 외부를 보여주는 외형도로 나타낸다.

38

가스 용접토치의 취급상 주의사항으로 틀린 것은?

① 토치를 작업장 바닥이나 흙 속에 방치하지 않는다.
② 팁을 바꿔 끼울 때는 반드시 양쪽 밸브를 모두 열고 난 다음 행한다.
③ 토치를 망치 등 다른 용도로 사용해서는 안 된다.
④ 작업 중 발생하기 쉬운 역류, 역화, 인화에 항상 주의하여야 한다.

팁을 교체할 경우 모든 밸브를 닫은 상태에서 교체해야 하며, 밸브를 연 상태에 작업할 경우 가스 누출 및 폭발의 원인이 된다.

39 빈출

불활성 가스 금속 아크(MIG) 용접의 특징 설명으로 옳은 것은?

① 바람의 영향을 받지 않아 방풍대책이 필요 없다.
② TIG 용접에 비해 전류밀도가 높아 용융속도가 빠르고 후판 용접에 적합하다.
③ 각종 금속 용접이 불가능하다.
④ TIG 용접에 비해 전류밀도가 낮아 용접속도가 느리다.

MIG 용접(Metal Inert Gas Welding)은 소모성 전극 와이어를 연속 송급하여 아크를 발생시키는 용접법으로 전류밀도가 높고 용융속도가 빠르며, 두꺼운 판(후판) 용접에도 적합하다.

40 빈출

MIG 용접이나 탄산가스 아크 용접과 같이 전류밀도가 높은 자동이나 반자동 용접기가 갖는 특성은?

① 수하 특성과 정전압 특성
② 정전압 특성과 상승 특성
③ 수하 특성과 상승 특성
④ 맥동전류 특성

정전압 특성
전류가 변해도 전압이 거의 일정하게 유지되는 외부 특성으로 가스 금속 아크(GMAW, MIG) 용접과 같은 자동 또는 반자동 용접에서 아크길이의 자동 안정을 위해 일반적으로 사용된다.

상승 특성
아크전류가 증가함에 따라 아크전압도 함께 상승하는 현상으로 자동 또는 반자동 용접에서 아크를 안정시키기 위해 사용된다.

41

그림과 같은 도면의 설명으로 가장 올바른 것은?

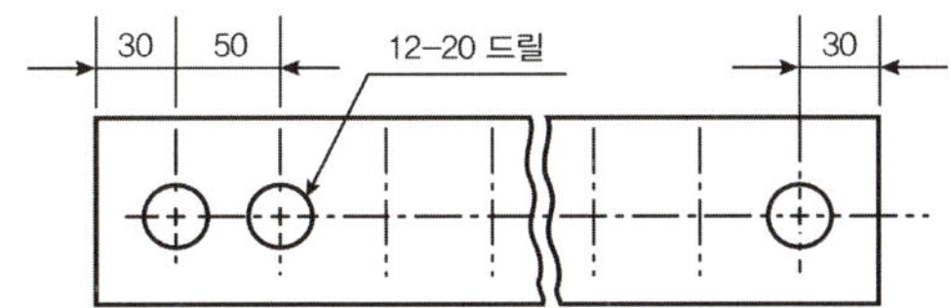

① 전체 길이가 660mm이다.
② 드릴 가공 구멍의 지름은 20mm이다.
③ 드릴 가공 구멍의 수는 30개이다.
④ 드릴 가공 구멍의 피치는 30mm이다.

① 전체 길이 = 60+(50 × (12-1)) = 610mm
③ 드릴 가공 구멍 수 = 12개
④ 드릴 가공 구멍 간 사이 거리 = 50mm

42

TIG 용접에서 직류 정극성으로 용접할 때 전극 선단의 각도로 가장 적합한 것은?

① 5 ~ 10°   ② 10 ~ 20°
③ 30 ~ 50°   ④ 60 ~ 70°

TIG 용접(GTAW)의 직류 정극성 조건에서 텅스텐 전극 선단은 30 ~ 50° 정도의 각도로 연마한다.

43 ★ 빈출

다음의 담금질 조직 중 경도가 가장 높은 것은?

① 마텐자이트
② 오스테나이트
③ 트루스타이트
④ 소르바이트

담금질 조직 경도 비교: 마텐자이트 > 트루스타이트 > 소르바이트 > 오스테나이트

44

다음 중 산소 용기의 각인사항에 포함되지 않는 것은?

① 내용적
② 내압시험압력
③ 가스 충전일시
④ 용기 중량

TP(Test Pressure)
내압시험압력: 용기의 강도 및 기밀성을 시험할 때 적용하는 시험 압력

FP(Filling Pressure)
최고충전압력: 실제 가스 충전 시 최대허용압력

45

지지장치를 의미하는 배관 도시 기호가 그림과 같이 나타날 때 이 지지장치의 형식은?

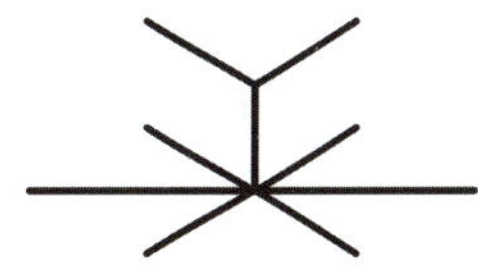

① 고정식
② 가이드식
③ 슬라이드식
④ 일반식

배관의 위치가 고정되고 이동 및 회전 불가를 표현하는 기호로 고정식에 해당한다.

지지장치의 역할
배관은 유체의 자중, 진동, 열팽창력 등에 의해 변형·파손될 수 있으므로 이를 지지·흡수·제한하는 장치를 설치한다

46

다음 그림은 경유 서비스 탱크 지지철물의 정면도와 측면도이다. 모두 동일한 ㄱ형강일 경우 중량은 약 몇 kgf인가? (단, ㄱ형강 (L-50×50×6)의 단위 m당 중량은 4.43kgf/m이고, 정면도와 측면도에서 좌우 대칭이다.)

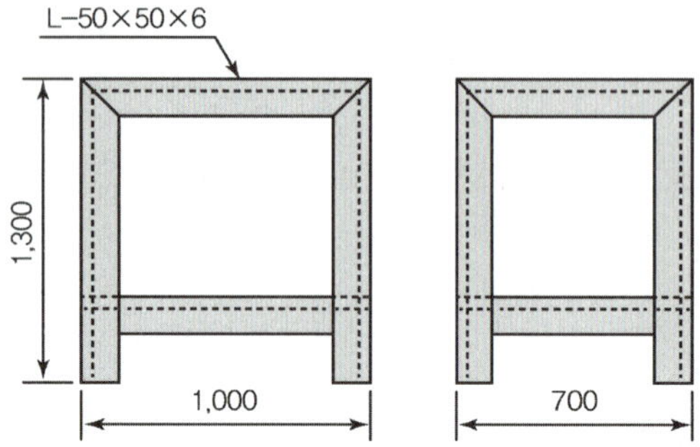

① 44.3
② 53.1
③ 55.4
④ 76.1

- 수직부재: 4본 × 1.3m = 5.2m
- 상부 테두리(사각 프레임):
  (1.0 + 1.0 + 0.7 + 0.7)m = 3.4m
- 하부 보강재(대칭으로 각각 2본) = 3.4m
- 폭 방향: 1.0m × 2 = 2.0m
- 깊이 방향: 0.7m × 2 = 1.4m
- → 총 길이 = 5.2 + 3.4 + 3.4 = 12.0m
- ∴ 중량 = 12.0m × 4.43kgf/m = 53.16kgf ≒ 53.1kgf

47

용접부의 시험법 중 기계적 시험법에 해당하는 것은?

① 부식시험
② 육안 조직시험
③ 현미경 조직시험
④ 피로시험

- 기계적 시험은 기계적 성질을 이용한 강도, 연성, 경도 등을 평가하는 방법으로 피로시험, 인장시험, 굽힘시험, 충격시험, 경도시험 등이 있다.
- 화학적 시험은 내식성, 화학적 성질로 평가하며 부식시험, 화학분석시험 등으로 분류된다.

48

TIG 용접에서 교류 전원을 사용 시 모재가 (−)극이 될 때 모재 표면의 수분, 산화물 등의 불순물로 인하여 전자 방출 및 전류의 흐름이 어렵고, 텅스텐 전극이 (−)극이 되는 경우에 전자가 다량으로 방출되는 등 2차 전류가 불평형하게 되는데 이러한 현상을 무엇이라 하는가?

① 전극의 소손작용
② 전극의 전압상승작용
③ 전극의 청정작용
④ 전극의 정류작용

전극의 정류작용
모재 표면의 산화피막, 수분, 오염층으로 인해 모재가 음극(−)이 될 때 전자 방출이 잘 이루어지지 않아 전류가 한쪽 방향으로만 흐르려는 직류화로 정류 현상이 발생한다.

49

다음 중 탄소강에 망간(Mn)을 함유시킬 때 미치는 영향으로 틀린 것은?

① 고온에서 결정립 성장을 억제시킨다.
② 주조성을 좋게 하여 황(S)의 해소를 감소시킨다.
③ 강의 담금질 효과를 감소시켜 경화능이 감소된다.
④ 강의 연신율을 많이 감소시키지 않고 강도, 경도, 인성을 증대시킨다.

망간은 철강의 대표적인 합금원소로 기계적 성질 향상과 황 제거의 역할로 적열취성을 방지한다.

50 ⭐빈출

피복 아크 용접용 기구에 해당되지 않는 것은?

① 주행 대차　　　　② 용접봉 홀더
③ 접지 클램프　　　　④ 전극 케이블

> 주행 대차(트롤리)는 자동 또는 반자동 용접장비에 해당하며, 피복 아크 용접용 기구랑은 거리가 멀다.

피복 아크 용접 회로

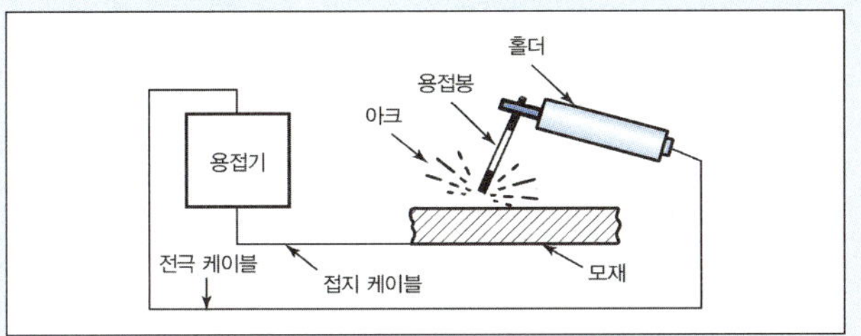

51 ⭐빈출

피복 아크 용접봉의 피복 배합제 성분 중 가스 발생제는?

① 산화티탄　　　　② 규산나트륨
③ 규산칼륨　　　　④ 탄산바륨

> • 가스 발생제는 가열 시 CO_2 등의 가스를 발생시켜 아크와 용융지를 차폐하고 보호 분위기를 조성한다.
> • 셀룰로오스, 녹말, 톱밥, 탄산바륨, 석회석 등이 있다.

52

구조물의 본 용접작업에 대하여 설명한 것 중 맞지 않는 것은?

① 위빙 폭은 심선 지름의 2~3배 정도가 적당하다.
② 용접 시단부의 기공 발생 방지 대책으로 핫 스타트(hot start) 장치를 설치한다.
③ 용접작업 종단에 수축공을 방지하기 위하여 아크를 빨리 끊어 크레이터를 남게 한다.
④ 구조물의 끝 부분이나 모서리, 구석부분과 같이 응력이 집중되는 곳에서 용접봉을 갈아 끼우는 것을 피하여야 한다.

> 용접 종단 부 수축공 크레이터는 균열로 이어질 수 있기 때문에 아크를 천천 끊고 크레이터 처리를 통해 매꿈작업을 진행해줘야 기공이 감소한다.

53

오스테나이트계 스테인리스강을 용접하여 사용 중에 용접부에서 녹이 발생하였다. 이를 방지하기 위한 방법이 아닌 것은?

① Ti, V, Nb 등이 첨가된 재료를 사용한다.
② 저탄소의 재료를 선택한다.
③ 용체화 처리 후 사용한다.
④ 크롬 탄화물을 형성하도록 시효 처리를 한다.

> 크롬 탄화물을 형성하도록 시효 처리하는 것은 부식을 유발한다.

54 ⭐빈출

탄소강에 니켈이나 크롬 등을 첨가하여 대기 중이나 수중 또는 산에 잘 견디는 내식성을 부여한 합금강으로 불수강이라고도 하는 것은?

① 고속도강　　　　② 주강
③ 스테인리스강　　　　④ 탄소 공구강

> 탄소강에 크롬 및 니켈 등을 첨가하여 내식성을 증가시킨 강을 스테인리스강이라고 하며 불수강이라고도 한다.

55 ⭐빈출

도면에 물체를 표시하기 위한 투상에 관한 설명 중 잘못된 것은?

① 주 투상도는 대상물의 모양 및 기능을 가장 명확하게 표시하는 면을 그린다.
② 보다 명확한 설명을 위해 주 투상도를 보충하는 다른 투상도를 많이 나타낸다.
③ 특별한 이유가 없을 경우 대상물을 가로 길이로 놓은 상태로 그린다.
④ 서로 관련되는 그림의 배치는 되도록 숨은선을 쓰지 않도록 한다.

> 도면 작성의 기본 원칙 중 하나는 간결성으로 물체의 형상을 이해하는 데 꼭 필요한 최소한의 투상도만을 사용해야 한다.

정답　　50 ①　51 ④　52 ③　53 ④　54 ③　55 ②

56

논 가스 아크 용접의 장점으로 틀린 것은?

① 보호가스나 용제를 필요로 하지 않는다.
② 피복 아크 용접봉의 저수소계와 같이 수소의 발생이
   적다.
③ 용접 비드가 좋지만 슬래그 박리성은 나쁘다.
④ 용접장치가 간단하며 운반이 편리하다.

논(Non) 가스 아크 용접은 일반적으로 외부 보호가스를 쓰지 않는
공정을 말하며, 용접 비드가 가스 아크 용접에 비해 좋지 않고 슬래
그 박리성이 나쁜 것이 단점으로 작용된다.

57 ⭐

전개도는 대상물을 구성하는 면을 평면 위에 전개한 그림을 의미
하는데, 원기둥이나 각기둥의 전개에 가장 적합한 전개도법은?

① 평행선 전개도법
② 방사선 전개도법
③ 삼각형 전개도법
④ 사각형 전개도법

평행선 전개도법: 원기둥, 각기둥
물체의 모든 모서리선이나 측면의 선이 서로 평행한 경우에 사용하
며, 전개도에서 높이를 평행하게 투상한다.

58 ⭐

그림은 배관용 밸브의 도시 기호이다. 어떤 밸브의 도시 기호인가?

① 앵글 밸브
② 체크 밸브
③ 게이트 밸브
④ 안전 밸브

밸브 및 콕 몸체의 표시방법

밸브·콕의 종류	그림 기호	밸브·콕의 종류	그림 기호
밸브 일반	⋈	앵글 밸브	◁
게이트 밸브	⋈	3방향 밸브	⋈
글로브 밸브	●⋈	안전 밸브	⋈
체크 밸브	▷◀ 또는		
볼 밸브	⋈	콕 일반	⋈
버터플라이 밸브	⋈ 또는 ●◀		

59

절단의 종류 중 아크 절단에 속하지 않는 것은?

① 탄소 아크 절단   ② 금속 아크 절단
③ 플라즈마 제트 절단   ④ 수중 절단

수중 절단

예열용 가스로 주로 수소가스를 이용하며, 침몰선의 해체나 교량의
교각 개조 등에 사용되는 특수 절단법으로 물속, 수면 아래에서 작
업을 진행한다.

60 ⭐

알루미늄 분말과 산화철 분말을 1 : 3의 비율로 혼합하고, 점화제
로 점화하면 일어나는 화학 반응은?

① 테르밋 반응   ② 용융 반응
③ 포정 반응   ④ 공석 반응

테르밋 용접(Thermit Welding)

금속 산화물(보통 산화철, Fe_2O_3)과 알루미늄 분말(Al) 사이의 강력
한 산화 – 환원 반응(Thermite Reaction)을 이용해 3,000℃ 이상
의 고온을 만들어 용접하는 화학적 용접이다. 점화제로 과산화바륨,
알루미늄, 마그네슘 등을 사용하여 초기 점화 에너지를 제공한다.

테르밋 반응식

$$Fe_2O_3 + 2Al \rightarrow 2Fe + Al_2O_3$$

정답   56 ③   57 ①   58 ②   59 ④   60 ①

01 ⭐빈출

다음 중 산소 및 아세틸렌 용기의 취급방법으로 적절하지 않은 것은?

① 산소 용기 밸브, 조정기, 도관, 취부구는 반드시 기름이 묻은 천으로 깨끗이 닦아야 한다.
② 산소 용기의 운반 시는 충격을 주어서는 안 된다.
③ 산소 용기 내에 다른 가스를 혼합하면 안 되며, 산소 용기는 직사광선을 피해야 한다.
④ 아세틸렌 용기는 세워서 사용하며 병에 충격을 주어서는 안 된다.

기름은 산소와 반응하여 폭발적 산화 반응(자연발화)을 일으키므로 기름이 묻은 천으로 닦는 행위는 매우 위험하다.

02 ⭐빈출

서브머지드 아크 용접의 용융형 용제에서 입도에 대한 설명으로 틀린 것은?

① 용제의 입도는 발생 가스의 방출상태에는 영향을 미치나, 용제의 용융성과 비드 형상에는 영향을 미치지 않는다.
② 가는 입자일수록 높은 전류를 사용해야 한다.
③ 거친 입자의 용제에 높은 전류를 사용하면 비드가 거칠어 기공, 언더컷 등이 발생한다.
④ 가는 입자의 용제를 사용하면 비드 폭이 넓어지고, 용입이 얕아진다.

서브머지드 아크 용접에서 용제의 입도는 가스 방출상태와 용제의 용융성, 아크의 안정성, 비드 형상에 직접적인 영향을 미친다.

03

용접 시 냉각속도에 관한 설명 중 틀린 것은?

① 예열을 하면 냉각속도가 완만하게 된다.
② 얇은 판보다는 두꺼운 판이 냉각속도가 크다.
③ 알루미늄이나 구리는 연강보다 냉각속도가 느리다.
④ 맞대기 이음보다는 T형 이음이 냉각속도가 크다.

Al이나 Cu는 연강보다 열전도율이 높아 오히려 더 빠르게 냉각된다.

04 ⭐빈출

아크 에어 가우징에 대한 설명으로 틀린 것은?

① 가스 가우징에 비해 2~3배 작업 능률이 좋다.
② 용접 현장에서 결함부 제거, 용접 홈의 준비 및 가공 등에 이용된다.
③ 탄소강 등 철 제품에만 사용한다.
④ 탄소 아크 절단에 압축공기를 같이 사용하는 방법이다.

아크 에어 가우징
압축공기를 사용하여 가우징, 절단 및 구멍 뚫기, 결함 제거 등에 사용되며 철 제품(탄소강)뿐만 아니라 스테인리스강, 주강, 비철금속 등 다양한 금속에 적용 가능하다.

정답   01 ①   02 ①   03 ③   04 ③

05

두꺼운 판의 양쪽에 수냉 동판을 대고 용융 슬래그 속에서 아크를 발생시킨 후 용융 슬래그의 전기저항열을 이용하여 용접하는 방법은?

① 서브머지드 아크 용접　② 불활성 가스 아크 용접
③ 일렉트로 슬래그 용접　④ 전자 빔 용접

> **일렉트로 슬래그 용접(Electroslag Welding, ESW)**
> 두꺼운 판의 수직 맞대기 용접에 사용하는 고전류 자동 용접법으로, 용융금속의 유출을 방지하기 위해 양쪽에 두꺼운 수냉 동판을 대어 아크를 발생시킨 후 용융 슬래그의 전기저항열을 이용하여 용접을 진행한다.

06

경납용 용가재에 대한 각각의 설명이 틀린 것은?

① 은납: 구리, 은, 아연이 주성분으로 구성된 합금으로 인장강도, 전연성 등의 성질이 우수하다.
② 황동납: 구리와 니켈의 합금으로, 값이 저렴하여 공업용으로 많이 쓰인다.
③ 인동납: 구리가 주 성분이며 소량의 은, 인을 포함한 합금으로 되어 있다. 일반적으로 구리 및 구리 합금의 땜납으로 쓰인다.
④ 알루미늄납: 일반적으로 알루미늄에 규소, 구리를 첨가하여 사용하며 융점은 $660°C$ 정도이다.

> 황동은 구리 – 아연(Cu – Zn)계 합금이다.

07

용접 시 발생하는 변형을 적게 하기 위하여 구속하고 용접하였다면 잔류응력은 어떻게 되는가?

① 잔류응력이 작게 발생한다.
② 잔류응력이 크게 발생한다.
③ 잔류응력은 변함없다.
④ 잔류응력과 구속용접과는 관계없다.

> 구속이 크면 열 변형이 자유롭게 발생하지 못하므로 기계적 구속 변형이 커지게 되어 잔류응력이 크게 남는다.

08

다음 중 강에 함유되어 있는 수소(H_2) 가스의 영향에 대한 설명으로 옳은 것은?

① 강도를 증가시킨다.
② 경도를 증가시킨다.
③ 적열취성의 원인이 된다.
④ 헤어크랙(Hair Crack)의 원인이 된다.

> 강 내부에 수소가 존재할 경우 수소취성이라는 위험한 현상을 가지고 온다. 이때 수소가 확산되며 기공이나 미세균열이 발생되는데, 이를 헤어크랙이라 한다.

09

다음 중 확산연소를 올바르게 설명한 것은?

① 수소, 메탄, 프로판 등과 같은 가연성 가스가 버너 등에서 공기 중으로 유출해서 연소하는 경우이다.
② 알콜, 에테르 등 인화성 액체의 연소에서처럼 액체의 증발에 의해서 생긴 증기가 착화하여 화염을 발화하는 경우이다.
③ 목재, 석탄, 종이 등의 고체 가연물 또는 지방유와 같이 고비점(高沸點)의 액체 가연물이 연소하는 경우이다.
④ 화약처럼 그 물질 자체의 분자 속에 산소를 함유하고 있어 연소 시 공기 중의 산소를 필요로 하지 않고 물질 자체의 산소를 소비해서 연소하는 경우이다.

> ① 확산연소: 연료가 대기 중으로 방출(유출)된 뒤 주변 공기 속의 산소와 자연스럽게 섞이면서 연소가 진행되는 형태를 말한다.
> ② 액면연소: 점화원에 의해 액체 연료의 연소가 진행되며, 증발과 동시에 발생한 증기의 연소가 일어나는 형태를 말한다.
> ③ 분해연소: 고체 연료(석탄, 목재)나 쉽게 증발되지 않는 고비점 액체 연료(중유, 파라핀유 등)가 열에 의해 화학적 분해가 되며 가연성 기체가 연소하는 현상을 말한다.
> ④ 자기연소: 물질 내부에 이미 산소 성분이 포함되어 있어, 외부 공기의 산소를 공급받지 않아도 스스로의 산소를 사용하여 연소가 일어나는 형태를 말한다.

정답　05 ③　06 ②　07 ②　08 ④　09 ①

10 ⭐

순철의 자기변태(A_2)점 온도는 약 몇 ℃인가?

① 210℃   ② 768℃
③ 910℃   ④ 1,400℃

철의 자기변태점은 약 768℃이다.

11

다음 중 CO_2 가스 아크 용접 시 작업장의 이산화탄소 체적 농도가 3~4%일 때 인체에 일어나는 현상으로 가장 적절한 것은?

① 두통 및 뇌빈혈을 일으킨다.
② 위험 상태가 된다.
③ 치사량이 된다.
④ 아무렇지도 않다.

• 0.5% 이하: 작업환경 기준 수준
• 1 ~ 2%: 호흡 수 약간 증가
• 3 ~ 4%: 두통, 어지럼, 뇌빈혈 느낌(산소 부족 증상) 발생
• 5 ~ 10%: 위험 상태(호흡곤란, 판단력 저하)
• 10% 이상: 의식 소실 및 치사 위험

12

그림과 같이 제3각법으로 정투상한 각뿔의 전개도 형상으로 적합한 것은?

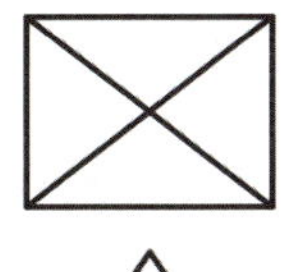

①    ② 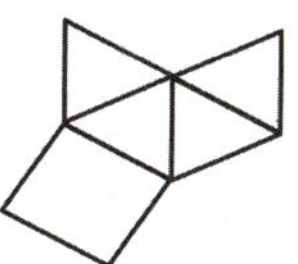

③ 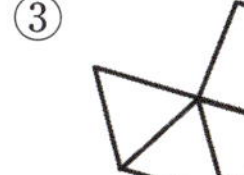   ④ 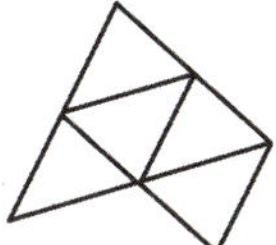

사각뿔의 전개도는 1개의 사각형 밑면과 4개의 삼각형 옆면으로 이루어져 있다.
①, ③ 사각형 밑면은 있지만, 4개의 삼각형이 뿔의 형태로 접힐 수 없도록 잘못된 위치에 붙어있다.
④ 사각형 밑면이 없고 삼각형으로만 구성되어 있으므로 틀리다.

13

용접변형에 대한 교정 방법이 아닌 것은?

① 가열법
② 가압법
③ 절단에 의한 정형과 재용접
④ 역변형법

역변형법
열에 의한 응력을 완화시켜주는 방법으로 용접 전에 변형을 예측해 반대 방향으로 미리 휘어놓는 방법을 말한다.

14 ⭐

알루미늄에 대한 설명으로 틀린 것은?

① 내식성과 가공성이 우수하다.
② 전기와 열의 전도도가 낮다.
③ 비중이 작아 가볍다.
④ 주조가 용이하다.

• 실용금속 중 가장 가벼운 금속은 마그네슘이다.
• 알루미늄은 비중이 약 2.7로 뛰어난 내식성과 가공성을 가지며, 구리에 이어 전기 및 열전도성이 높은 금속이나 공기 중에는 산화 피막이 형성된다.

15

리벳이음과 비교하여 용접이음의 특징을 열거한 중 틀린 것은?

① 구조가 복잡하다.
② 이음 효율이 높다.
③ 공정의 수가 절감된다.
④ 유밀, 기밀, 수밀이 우수하다.

용접이음은 일체화 구조로 리벳이음보다 구조가 단순하다.

정답   10 ②   11 ①   12 ②   13 ④   14 ②   15 ①

16 ⭐빈출

피복 아크 용접봉에서 피복제의 가장 중요한 역할은?

① 변형 방지
② 인장력 증대
③ 모재 강도 증가
④ 아크 안정

피복제의 역할
- 슬래그 형성 및 용착금속의 보호: 슬래그층의 형성으로 냉각속도를 완화하여 표면을 보호한다.
- 아크 안정 작용: 아크를 안정시켜 용접작업을 용이하게 한다.
- 합금원소 공급: 용착금속의 기계적 성질을 개선한다.
- 스패터 감소 및 절연 작용: 피복층의 전기 절연기능과 함께 전류를 조정하여 스패터를 감소시킨다.

17

단면도에서 단면한 부분에 등간격의 경사된 선을 사용하지 아니하고 연필 혹은 색연필로 외형선 안쪽을 색칠한 것을 무엇이라 하는가?

① 해칭
② 스케치
③ 코킹
④ 스머징

- 스머징(Smudging): 단면선을 긋지 않고 색연필이나 연필로 면을 칠한다.
- 단면도: 물체 내부 구조를 명확히 표현하기 위해 물체를 절단한 후 그 절단면을 도면에 표시한다.

18 ⭐빈출

피복 아크 용접봉의 피복제 중에서 아크를 안정시켜 주는 성분은?

① 붕사
② 페로망간
③ 니켈
④ 산화티탄

아크 안정제
전자의 방출을 쉽게 하여 아크를 안정시키는 역할로 산화티탄, 규산칼륨, 규산나트륨, 석회석 등이 있다.

19 ⭐빈출

용접부의 연성 결함의 유무를 조사하기 위하여 실시하는 시험법은?

① 경도시험
② 인장시험
③ 초음파 시험
④ 굽힘시험

굽힘시험은 용접부를 규정 각도까지 굽혀 균열, 박리, 기공 노출 등의 연성 결함을 확인한다.

20

다음 중 펄라이트 조직으로 1~2%의 Mn, 0.2~1%의 C로 인장강도가 440~863MPa이며, 연신율은 13~34%이고, 건축, 토목, 교량재 등 일반 구조용으로 쓰이는 망간(Mn)강은?

① 듀콜(Ducol)강
② 크로만실(Chromansil)강
③ 크로마이징
④ 해드필드(Hardfield)강

듀콜강은 망간강으로서 1~2%의 Mn, 0.2~1%의 C로 강도가 우수하고, 연신율이 좋아 교량, 압력용기, 건축 등에 사용되는 펄라이트 계의 구조용 강이다.

21

가스 용접 시 토치의 팁이 막혔을 때 조치방법으로 가장 올바른 것은?

① 팁 클리너를 사용한다.
② 내화 벽돌 위에 가볍게 문지른다.
③ 철판 위에 가볍게 문지른다.
④ 줄칼로 부착물을 제거한다.

팁이 막히는 이유는 슬래그나 스패터, 가스 내 불순물, 탄소나 그을음 등으로 인한 막힘 현상이 주요 원인으로, 팁 구멍의 크기와 일치하는 클리너를 사용하여 가볍게 밀어내어 청소하여야 한다.

22

다음 그림은 탄산가스 아크 용접(CO_2 Gas Arc Welding)에서 용접토치의 팁과 모재 부분을 나타낸 것이다. d 부분의 명칭을 올바르게 설명한 것은?

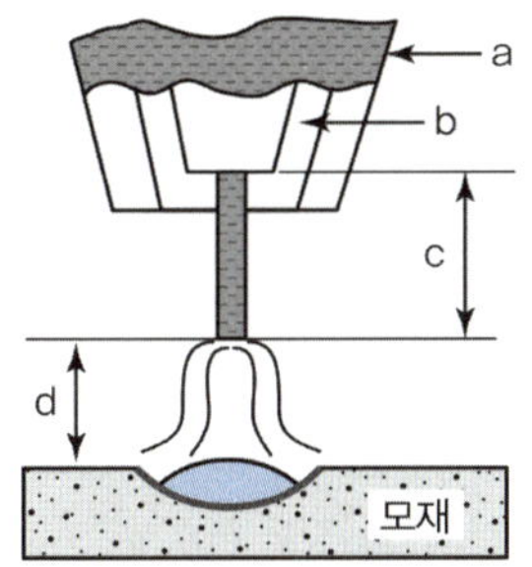

① 팁과 모재간 거리
② 가스 노즐과 팁간 거리
③ 와이어 돌출길이
④ 아크길이

d: 모재 표면과 와이어 끝에서 열과 함께 빛을 내는 발광부의 길이로 아크길이라고 한다.

23

용접용 로봇 설치장소에 관한 설명으로 틀린 것은?

① 로봇 팔을 최소로 줄인 경로 장소를 선택한다.
② 로봇 움직임이 충분히 보이는 장소를 선택한다.
③ 로봇 케이블 등이 사람 발에 걸리지 않도록 설치한다.
④ 로봇 팔이 제어 판넬, 조작 판넬 등에 닿지 않는 장소를 선택한다.

산업용 로봇 설치 시에는 가동 범위를 충분히 확보하여 주변 구조물과의 충돌 위험을 제거해야 한다. 제어반(비상 정지장치 포함)은 작업자가 조작하기 용이하고 안전한 장소에 배치해야 한다.

24

그림과 같은 도면에서 A부의 길이는 얼마인가?

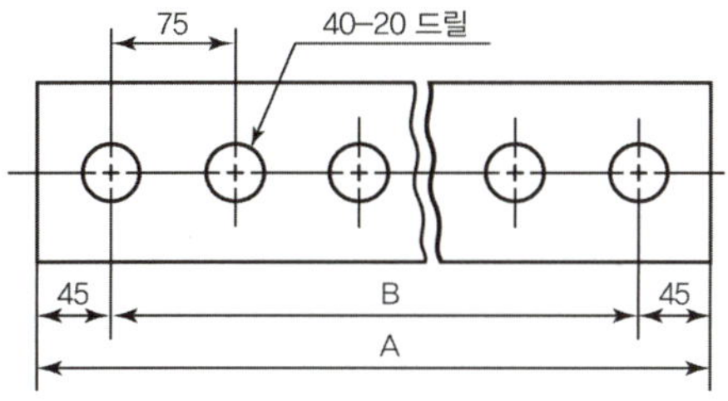

① 3,000mm
② 3,015mm
③ 3,090mm
④ 3,185mm

• 양단 여유거리: 45mm×2
• 구멍 간 간격: 75mm
• 구멍 1개 직경: 20mm
• 구멍 개수: 40개(간격 40 − 1 = 39)
∴ A = (39×75) + (45×2) = 3,015mm

25

철강을 가스 절단하려고 할 때 절단 조건으로 틀린 것은?

① 슬래그의 이탈이 양호하여야 한다.
② 모재에 연소되지 않은 물질이 적어야 한다.
③ 생성된 산화물의 유동성이 좋아야 한다.
④ 생성된 금속 산화물의 용융온도는 모재의 용융점보다 높아야 한다.

가스 절단은 산소와의 발열 산화 반응으로 철을 슬래그로 만들고 이를 불어내는 과정으로, 슬래그 배출을 위해 산화물이 모재보다 낮은 용융점을 가지고 쉽게 녹아 유도되어야 한다.

26

용해 아세틸렌 가스는 각각 몇 ℃, 몇 kgf/cm^2로 충전하는 것이 가장 적합한가?

① 40℃, 160kgf/cm^2
② 35℃, 150kgf/cm^2
③ 20℃, 30kgf/cm^2
④ 15℃, 15kgf/cm^2

용해 아세틸렌 다공질 충전 실린더의 표준 충전 조건은 15℃, 15kgf/cm^2이다.

정답   22 ④   23 ①   24 ②   25 ④   26 ④

27

직류 피복 아크 용접기와 비교한 교류 피복 아크 용접기의 설명으로 옳은 것은?

① 무부하 전압이 낮다.
② 아크의 안정성이 우수하다.
③ 아크 쏠림이 거의 없다.
④ 전격의 위험이 적다.

28

탄소강 중에 함유된 규소의 일반적인 영향 중 틀린 것은?

① 경도의 상승
② 연신율의 감소
③ 용접성의 저하
④ 충격값의 증가

29

피복 아크 용접용 기구에 해당되지 않는 것은?

① 주행 대차
② 용접봉 홀더
③ 접지 클램프
④ 전극 케이블

주행 대차(트롤리)는 자동 또는 반자동 용접장비에 해당하며, 피복 아크 용접용 기구랑은 거리가 멀다.

피복 아크 용접 회로

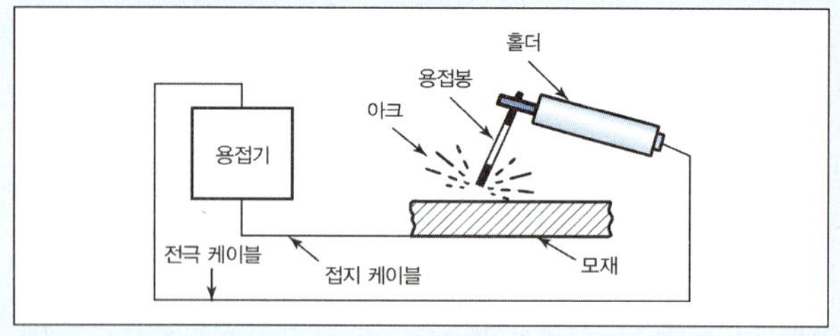

30

금속 표면에 알루미늄을 침투시켜 내식성을 증가시키는 것은?

① 칼로라이징
② 크로마이징
③ 세라다이징
④ 실리코라이징

31

맞대기 용접이음에서 판 두께가 9mm, 용접선 길이 120mm, 하중이 7,560N일 때, 인장응력은 몇 N/mm²인가?

① 5
② 6
③ 7
④ 8

- 판 두께 t = 9mm
- 용접선 길이 L = 120mm
- 하중 P = 7,560N
- 단면적 A = t×L = 9×120 = 1,080mm²

$$\sigma = \frac{P}{A} = \frac{7,560}{1,080} = 7\,N/mm^2$$

32

원호의 반지름이 커서 그 중심 위치를 나타낼 필요가 있을 경우 지면 등의 제약이 있을 때는 그 반지름의 치수선을 구부려서 표시할 수 있다. 이때 치수선의 표시방법으로 맞는 것은?

① 치수선에 화살표가 붙은 부분은 정확한 중심 위치를 향하도록 한다.
② 중심점에서 연결된 치수선의 방향은 정확히 화살표로 향한다.
③ 치수선의 방향은 중심에 관계없이 보기 좋게 긋는다.
④ 중심점의 위치는 원호의 실제 중심 위치에 있어야 한다.

반지름이 큰 원호의 중심이 도면 밖에 있어 직접 표시하기 어려울 때는 치수선을 구부려 표시할 수 있으며, 화살표가 붙은 부분은 실제 중심 방향을 향하도록 표시해야 한다.

27 ③ 28 ④ 29 ① 30 ① 31 ③ 32 ①

33

다음 중 전기설비화재에 적용이 불가능한 소화기는?

① 포말 소화기
② 이산화탄소 소화기
③ 무상강화액 소화기
④ 할로겐 화합물 소화기

전기화재(C급)에 물(水)이나 물 기반 약제를 사용하는 것은 감전
(Electric Shock) 위험이 있으므로 절대 금지된다. 포말 소화기는
물과 포소화약제를 섞어 거품을 만들어 분사하는 거품 소화기로 전
기화재에 사용 시 감전의 위험이 있다.

34

Al-Mg 합금으로 내해수성, 내식성, 연신율이 우수하여 선박용
부품, 조리용 기구, 화학용 부품에 사용되는 Al 합금은?

① Y합금
② 두랄루민
③ 라우탈
④ 하이드로날륨

하이드로날륨(Hydronalium)
Al - Mg계 합금(알루미늄 약 95%, 마그네슘 약 3~5%)으로 뛰어
난 내해수성, 내식성, 성형성(연신율)을 가지고 있다. 이름 속
Hydro + Aluminum에서 물이나 해수에 강한 알루미늄을 뜻하는
것을 알 수 있으며 선박용 재료, 화학기기, 조리용 기기 등에 활용
된다.

35

선의 종류와 명칭이 바르게 짝지어진 것은?

① 가는 실선 - 숨은선
② 굵은 실선 - 외형선
③ 가는 파선 - 지시선
④ 굵은 1점 쇄선 - 수준면선

① 숨은선: 굵은 파선 또는 가는 파선
③ 지시선: 가는 실선
④ 수준면선: 가는 실선

36

MIG 용접에서 사용되는 와이어 송급장치의 종류가 아닌 것은?

① 푸시 방식(Push Type)
② 풀 방식(Pull Type)
③ 펄스 방식(Pulse Type)
④ 푸시 풀 방식(Push-Pull Type)

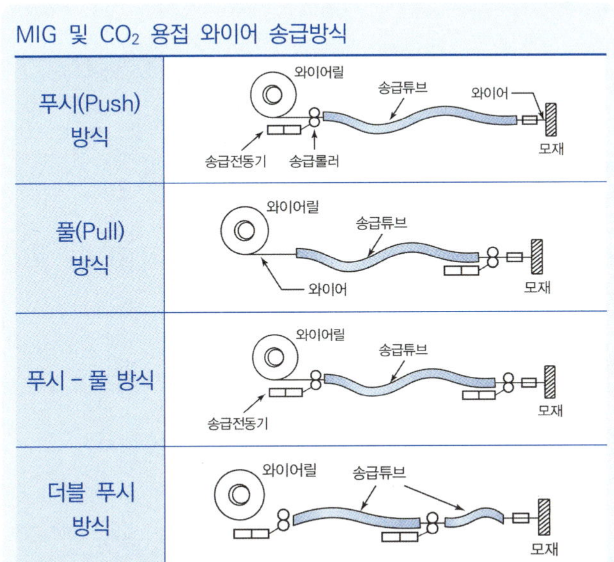

37

그림과 같이 기계 도면 작성 시 가공에 사용하는 공구 등의 모양
을 나타낼 필요가 있을 때 사용하는 선으로 올바른 것은?

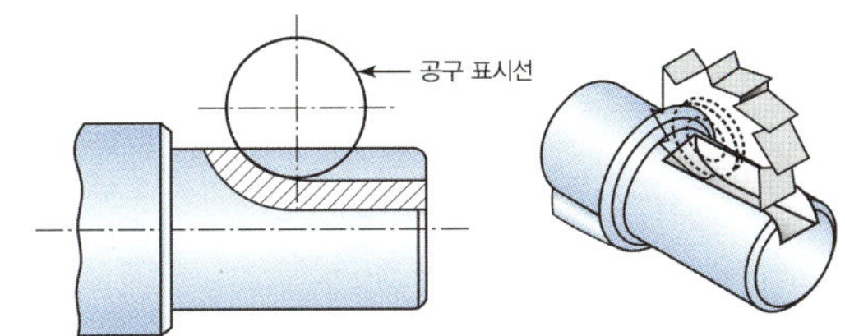

① 가는 실선　　② 가는 1점 쇄선
③ 가는 2점 쇄선　　④ 가는 파선

가는 2점 쇄선(가상선, Imaginary Line)
도면에서 실제로 존재하지 않는 부분을 표시하거나 절단, 이동,
회전, 가공 전·후 상태 등을 나타내는 선

38 ⭐빈출

전자동 MIG 용접과 반자동 용접을 비교했을 때 전자동 MIG 용접의 장점으로 틀린 것은?

① 용접 속도가 빠르다.
② 생산 단가를 최소화할 수 있다.
③ 우수한 품질의 용접이 얻어진다.
④ 용착 효율이 낮아 능률이 매우 좋다.

전자동 MIG 용접은 용착 효율이 좋으며 생산성 능률이 매우 우수하다.

39

금속의 소성변형을 일으키는 원인 중 원자 밀도가 가장 큰 격자면에서 잘 일어나는 것은?

① 슬립
② 쌍정
③ 전위
④ 편석

금속의 소성변형은 주로 원자 밀도가 가장 높은 격자면과 그 면에서 원자 밀도가 큰 방향을 따라 슬립(Slip)으로 일어난다.

40 ⭐빈출

비파괴검사 방법 중 자분 탐상시험에서 자화방법의 종류에 속하는 것은?

① 극간법
② 스테레오법
③ 공진법
④ 펄스 반사법

자화방법의 종류: 극간법, 관통법, 전류통전법

41

주 투상도를 나타내는 방법에 관한 설명으로 옳지 않은 것은?

① 조립도 등 주로 기능을 나타내는 도면에서는 대상물을 사용하는 상태로 표시한다.
② 주 투상도를 보충하는 다른 투상도는 되도록 적게 표시한다.
③ 특별한 이유가 없을 경우, 대상물을 세로 길이로 놓은 상태로 표시한다.
④ 부품도 등 가공하기 위한 도면에서는 가공에 있어서 도면을 가장 많이 이용하는 공정에서 대상물을 놓은 상태로 표시한다.

가장 긴 치수는 가로로 보이도록 배치한다. 특별한 경우가 아니라면 가로 방향의 길이를 기준으로 한다.

42

아크 용접작업 중 감전이 되었을 때 전류가 몇 mA 이상이 인체에 흐르면 심장마비를 일으켜 순간적으로 사망할 위험이 있는가?

① 5 　　　　　② 10
③ 15 　　　　　④ 50

인체에 교류 50/60Hz 기준 약 50mA 이상이 흐르면 심장마비의 위험이 증가한다.

43

잠수함, 우주선 등 극한 상태에서 파이프의 이음쇠에 사용되는 기능성 합금은?

① 초전도합금 　　　　② 수소저장합금
③ 아모퍼스합금 　　　④ 형상기억합금

형상기억합금(SMA)
온도 변화에 따라 변형 전의 기억된 형태로 복원되는 특수 합금으로, 잠수함, 우주선, 로봇 등이 운용되는 극한 환경에서도 자체 복원 기능과 내열성 등이 우수하다.

정답　　38 ④　39 ①　40 ①　41 ③　42 ④　43 ④

44

용접 결함 중 치수상 결함에 해당하는 변형, 치수 불량, 형상 불량에 대한 방지대책과 가장 거리가 먼 것은?

① 역변형법 적용이나 지그를 사용한다.
② 습기, 이물질 제거 등 용접부를 깨끗이 한다.
③ 용접 전이나 시공 중에 올바른 시공법을 적용한다.
④ 용접 조건과 자세, 운봉법을 적정하게 한다.

> 용접부의 습기, 기름기, 녹 등 이물질을 사전에 제거하는 것은 내부 결함 방지에 효과적이다.

45

다음과 같은 KS 용접 기호의 해독으로 틀린 것은?

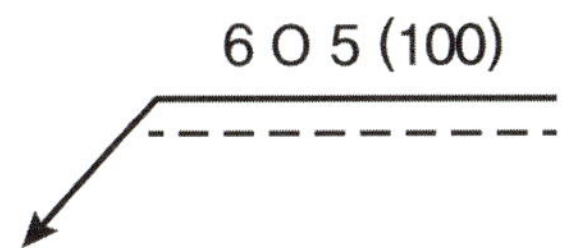

① 화살표 반대쪽 점 용접
② 점 용접부의 지름 6mm
③ 용접부의 개수(용접 수) 5개
④ 점 용접한 간격은 100mm

> 기호가 실선 쪽에 위치하므로 화살표 쪽 점 용접을 의미한다.

46 ⭐ 빈출

기계제도에서 물체의 보이지 않는 부분의 형상을 나타내는 선은?

① 외형선
② 가상선
③ 절단선
④ 숨은선

> 기계제도에서 보이지 않는 모서리·구멍·단차 등 가려진 형상은 숨은선(숨김선)으로 표기하며, 단절된 파선(― ― ― ―) 형태를 사용한다.

선의 구분

종류	구분	명칭	용도
실선	(굵은 실선)	굵은 실선	외형선
	(가는 실선)	가는 실선	치수선, 중심선, 해칭(Hatching)선
	(자유 실선)	자유 실선	부분 생략 또는 부분 단면의 경계
파선	(파선)	굵은 파선 또는 가는 파선	보이지 않는 외형선, 숨은선
쇄선	(가는 1점 쇄선)	가는 1점 쇄선	중심선, 물체 또는 도형의 대칭선, 회전 단면의 외형선, 피치선
	(가는 2점 쇄선)	가는 2점 쇄선	가상 외형선, 인접한 외형선, 가동 물체의 회전 위치선
	(절단부 쇄선)	절단부 쇄선 (양끝이 굵은 선에 중간은 가는 쇄선)	절단 평면의 위치(절단선)
	(굵은 1점 쇄선)	굵은 1점 쇄선	표면 처리 부분

47

수직판 또는 수평면 내에서 선회하는 회전 영역이 넓고 팔이 기울어져 상하로 움직일 수 있어 주로 스폿 용접, 중량물 취급 등에 많이 이용되는 로봇은?

① 다관절 로봇
② 극좌표 로봇
③ 원통 좌표 로봇
④ 직각 좌표계 로봇

극좌표 로봇

회전, 팔의 길이 변화, 상하 이동의 세 가지 자유도를 가지고 있으며 팔이 상하로 기울어 움직일 수 있고, 회전 범위가 넓으며 주로 스폿 용접, 중량물 취급, 주조품 적재 등에 활용된다.

48

용접 전의 일반적인 준비사항이 아닌 것은?

① 사용 재료를 확인하고 작업 내용을 검토한다.
② 용접전류, 용접 순서를 미리 정해둔다.
③ 이음부에 대한 불순물을 제거한다.
④ 예열 및 후열처리를 실시한다.

> 예열 및 후열 처리는 재질(탄소당량), 두께, 수소균열의 위험 등에 따라 필요 시 수행하는 조건부 공정이다.

49

용해 시 흡수한 산소를 인(P)으로 탈산하여 산소를 0.01% 이하로 한 것이며, 고온에서 수소취성이 없고 용접성이 좋아 가스관, 열교환관 등으로 사용되는 구리는?

① 탈산구리
② 정련구리
③ 전기구리
④ 무산소구리

> 탈산구리: 용해 시 흡수한 산소를 인(P)으로 탈산해 산소 함량을 0.01% 이하로 낮춰 고온에서 수소취성에 안전하고 용접성이 좋아 가스관, 열교환관에 사용된다.

50

이산화탄소 아크 용접의 솔리드 와이어 용접봉에 대한 설명으로 YGA – 50W – 1.2 – 20에서 "50"이 뜻하는 것은?

① 용접봉의 무게
② 용착금속의 최소 인장강도
③ 용접 와이어
④ 가스실드 아크 용접

> **솔리드 와이어 용접봉**
> YGA – 50W – 1.2 – 20
> • YGA: 용도 및 방식
> • 50: 용착금속의 최소 인장강도
> • W: 용도 구분
> • 1.2: 와이어의 지름
> • 20: 와이어의 무게

51

가스 용접을 하기 전 용기의 무게는 57kg이었다. 용접 후 무게가 55kg이었다면 이때 사용한 용해 아세틸렌 가스의 양은 몇 L인가? (단, 15℃, 1기압 하에서 아세틸렌 가스 1kg의 용적은 905L 이다.)

① 905
② 1,810
③ 2,715
④ 3,620

> • 사용된 질량 = 57kg − 55kg = 2kg
> • 조건: 15℃, 1기압에서 아세틸렌 1kg = 905L
> • 사용량(체적) = 2kg × 905L/kg = 1,810L

52 ⭐빈출

팁 끝이 모재에 닿는 순간 순간적으로 팁 끝이 막혀 팁 속에서 폭발음이 나면서 불꽃이 꺼졌다가 다시 나타나는 현상은?

① 인화
② 역화
③ 역류
④ 선화

> **역화**
> 가스혼합기(또는 팁 내부) 쪽으로 불꽃이 역으로 타들어가는 현상으로 아세틸렌과 산소가 혼합되어 있는 부분으로 불꽃이 되돌아가 팁 내부 또는 호스 내부에서 폭발 위험이 있다.

53

상자성체 금속에 해당되는 것은?

① Al
② Fe
③ Ni
④ Co

> 알루미늄(Al)은 상자성체로, 외부 자기장에 약하게 끌리지만 자장이 사라지면 자화가 거의 남지 않는다.

54 빈출

금속의 결정구조에서 조밀육방격자(HCP)의 배위수는?

① 6
② 8
③ 10
④ 12

조밀육방격자는 HCP(Hexagonal Close-Packed)로 Ti, Be, Mg, Zn, Cd, Co 등이 있으며, 배위수는 12개, 단위 격자당 원자 수는 2개로 구성된다.

55 빈출

용접기의 구비조건이 아닌 것은?

① 구조 및 취급이 간단해야 한다.
② 사용 중에 온도 상승이 적어야 한다.
③ 전류 조정이 용이하고 일정한 전류가 흘러야 한다.
④ 용접 효율과 상관없이 사용 유지비가 적게 들어야 한다.

유지비가 적게 드는 것은 경제적인 관점이며, 용접기를 활용하는데 있어 유지비 절감보다 안정적인 용접 품질확보가 우선되어야 한다.

용접기의 구비조건
• 구조 및 취급이 간단하여 현장 작업자가 쉽게 운용할 수 있을 것
• 사용 중 온도 상승이 적어 효율 저하를 방지할 것
• 전류 조정이 용이하고 안정된 전류를 유지하여 일정한 아크를 유지할 것
• 절연이 완전하고 감전사고를 방지할 것
• 진동, 충격, 습기 등에 견딜 수 있고 현장 환경에 적용이 가능한 내구성을 가질 것

56

다음 중 가스 절단토치 형식에 있어 절단 팁이 동심형에 해당하는 것은?

① 영국식
② 미국식
③ 독일식
④ 프랑스식

프랑스식(French Type)
• 절단 팁: 동심형
• 산소와 아세틸렌의 혼합비가 1 : 1 표준불꽃 상에서 1시간에 소비되는 아세틸렌(C_2H_2) 가스의 양

영국식(British type)
• 절단 팁: 비동심형
• 산소와 아세틸렌의 혼합비가 1 : 1 표준불꽃 상에서 1시간에 소비되는 산소(O_2) 가스의 양

57

다음 중 Ni - Cu 합금이 아닌 것은?

① 어드밴스
② 콘스탄탄
③ 모넬메탈
④ 니칼로이

니칼로이(Nicaloy): 일반적으로 Ni 기반의 내열·내마모 합금(니켈-크롬-붕소-규소 등)

58

기계 재료기호 SM35C의 설명으로 틀린 것은?

① S는 강을 뜻한다.
② C는 탄소를 뜻한다.
③ 35는 최저 인장강도를 뜻한다.
④ SM은 기계 구조용 탄소강을 뜻한다.

35는 탄소 함유량 × 100 → 즉, 0.35% C이다.

59

스터드 용접장치에서 내열성의 도기로 만들어 아크를 보호하기 위한 것으로 모재와 접촉하는 부분은 흠이 패여 있어 내부에서 발생하는 열과 가스를 방출할 수 있도록 한 것을 무엇이라 하는가?

① 제어장치
② 스터드
③ 용접토치
④ 페룰

페룰은 내열성 도기로 스터드 용접 시 용융금속의 유출을 막고 아크를 집중시키며, 부분에 위치한 흠으로 열과 가스를 방출하여 산화를 방지한다.

60 빈출

용접기의 특성 중에서 부하전류가 증가하면 단자전압이 저하하는 특성은?

① 수하 특성
② 상승 특성
③ 정전압 특성
④ 자기제어 특성

수하 특성
아크 용접기의 전류 - 전압 곡선 중 하나로 부하전류가 증가하면 단자전압이 낮아지는 현상을 말한다.

정답　　54 ④　55 ④　56 ④　57 ④　58 ③　59 ④　60 ①

PART 04

2025년
CBT 기출복원문제
(1~4회)

Chapter 01

2025년 CBT 기출복원문제

2025년 제1회 CBT 기출복원문제

자격종목	시험시간	문항수	점수
피복아크용접기능사	1시간	60문항	

답안표기란

01	① ② ③ ④
02	① ② ③ ④
03	① ② ③ ④
04	① ② ③ ④
05	① ② ③ ④
06	① ② ③ ④

01 다음 중 알루미늄(Al)에 관한 설명으로 틀린 것은?

① 전·연성이 우수하다.
② 산이나 알칼리에 약하다.
③ 실용금속 중 가장 가볍다.
④ 열과 전기의 전도성이 양호하다.

02 초음파 탐상법에서 널리 사용되며 초음파의 펄스를 시험체의 한쪽 면으로부터 송신하여 결함에코의 형태로 결함을 판정하는 방법은?

① 투과법
② 공진법
③ 침투법
④ 펄스 반사법

03 용접 홈 이음 형태 중 U형은 루트 반지름을 가능한 크게 만드는데 그 이유로 가장 알맞은 것은?

① 큰 개선각도
② 많은 용착량
③ 충분한 용입
④ 큰 변형량

04 연강용 피복 아크 용접봉의 피복 배합제 중 아크 안정제 역할을 하는 종류로 묶여 놓은 것 중 옳은 것은?

① 적철강, 알루미나, 붕산
② 붕산, 구리, 마그네슘
③ 알루미나, 마그네슘, 탄산나트륨
④ 산화티탄, 규산나트륨, 석회석, 탄산나트륨

05 용접기의 구비조건이 아닌 것은?

① 구조 및 취급이 간단해야 한다.
② 사용 중에 온도 상승이 적어야 한다.
③ 전류조정이 용이하고 일정한 전류가 흘러야 한다.
④ 용접 효율과 상관없이 사용 유지비가 적게 들어야 한다.

06 2종류 이상의 선이 같은 장소에서 중복될 경우 다음 중 가장 우선적으로 그려야 할 선은?

① 중심선
② 숨은선
③ 무게중심선
④ 치수보조선

07 7 : 3 황동에 1% 내외의 Sn을 첨가하여 열교환기, 증발기 등에 사용되는 합금은?

① 콜슨 황동
② 네이벌 황동
③ 애드미럴티 황동
④ 에버듀어 메탈

08 피복 아크 용접작업 시 감전으로 인한 재해의 원인으로 틀린 것은?

① 1차 측과 2차 측 케이블의 피복 손상부에 접촉되었을 경우
② 피용접물에 붙어 있는 용접봉을 떼려다 몸에 접촉되었을 경우
③ 용접기기의 보수 중에 입출력 단자가 절연된 곳에 접촉되었을 경우
④ 용접작업 중 홀더에 용접봉을 물릴 때나, 홀더가 신체에 접촉되었을 경우

09 아크 용접기에서 부하전류가 증가하여도 단자전압이 거의 일정하게 되는 특성은?

① 절연 특성
② 수하 특성
③ 정전압 특성
④ 보존 특성

10 용접부를 끝이 구면인 해머로 가볍게 때려 용착금속부의 표면에 소성변형을 주어 인장응력을 완화시키는 잔류 응력 제거법은?

① 피닝법
② 노내 풀림법
③ 저온 응력 완화법
④ 기계적 응력 완화법

11 용접 결함 중 구조상 결함이 아닌 것은?

① 슬래그 섞임
② 용입 불량과 융합 불량
③ 언더컷
④ 피로강도 부족

12 다음 중 Fe-Si 또는 Ca-Si 등의 접종제로 접종 처리하여 흑연을 미세화하고 바탕 조직을 펄라이트(Pearlite) 조직화하여 강도와 인성을 높인 주철은?

① 백주철(White Cast Iron)
② 칠드주철(Chilled Cast Iron)
③ 미하나이트주철(Meehanite Cast Iron)
④ 흑심가단주철(Black Heart Melleable Cast Iron)

13 가스 가우징용 토치의 본체는 프랑스식 토치와 비슷하나 팁은 비교적 저압으로 대용량의 산소를 방출할 수 있도록 설계되어 있는데 이는 어떤 설계 구조인가?

① 초코　　　　② 인젝트
③ 오리피스　　④ 슬로우 다이버전트

14 다음 중 두꺼운 강판, 주철, 강괴 등의 절단에 이용되는 절단법은?

① 산소창 절단　　② 수중 절단
③ 분말 절단　　　④ 포갬 절단

15 다음 중 가스 절단토치 형식에 있어 절단 팁이 동심형에 해당하는 것은?

① 영국식　　　② 미국식
③ 독일식　　　④ 프랑스식

답안표기란				
07	①	②	③	④
08	①	②	③	④
09	①	②	③	④
10	①	②	③	④
11	①	②	③	④
12	①	②	③	④
13	①	②	③	④
14	①	②	③	④
15	①	②	③	④

16 그림과 같은 치수 기입 방법은?

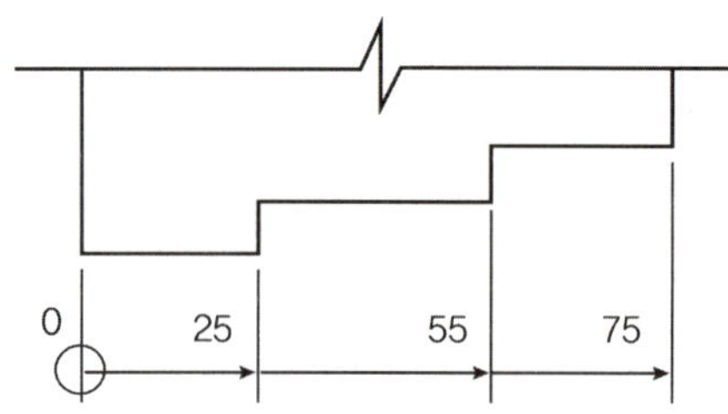

① 직렬 치수 기입법
② 병렬 치수 기입법
③ 조합 치수 기입법
④ 누진 치수 기입법

17 용해 아세틸렌 취급 시 주의사항으로 틀린 것은?

① 저장 장소는 통풍이 잘 되어야 된다.
② 저장 장소에는 화기를 가까이 하지 말아야 한다.
③ 용기는 진동이나 충격을 가하지 말고 신중히 취급해야 한다.
④ 용기는 아세톤의 유출을 방지하기 위해 눕혀서 보관한다.

18 고셀룰로오스계 용접봉에 대한 설명으로 틀린 것은?

① 비드표면이 거칠고 스패터가 많은 것이 결점이다.
② 피복제 중 셀룰로오스가 20~30% 정도 포함되어 있다.
③ 고셀룰로오스계는 E4311로 표시한다.
④ 슬래그 생성계에 비해 용접전류를 10~15% 높게 사용한다.

19 금속 간의 원자가 접합하는 인력 범위는?

① 10^{-4}cm ② 10^{-6}cm
③ 10^{-8}cm ④ 10^{-10}cm

20 3각 기둥, 4각 기둥 등과 같은 각기둥 및 원기둥을 평행하게 펼치는 전개방법의 종류는?

① 삼각형을 이용한 전개도법
② 평행선을 이용한 전개도법
③ 방사선을 이용한 전개도법
④ 사다리꼴을 이용한 전개도법

21 교류아크 용접기 종류 중 AW-500의 정격 부하 전압은 몇 V인가?

① 28V
② 32V
③ 36V
④ 40V

22 피복 아크 용접 결함 중 기공이 생기는 원인으로 틀린 것은?

① 용접 분위기 가운데 수소 또는 일산화탄소 과잉
② 용접부의 급속한 응고
③ 슬래그의 유동성이 좋고 냉각하기 쉬울 때
④ 과대 전류와 용접속도가 빠를 때

23 피복 아크 용접에서 일반적으로 가장 많이 사용되는 차광유리의 차광도 번호는?

① 4 ~ 5
② 7 ~ 8
③ 10 ~ 11
④ 14 ~ 15

답안표기란				
16	①	②	③	④
17	①	②	③	④
18	①	②	③	④
19	①	②	③	④
20	①	②	③	④
21	①	②	③	④
22	①	②	③	④
23	①	②	③	④

24 기계제도에서 도면에 치수를 기입하는 방법에 대한 설명으로 틀린 것은?

① 길이는 원칙으로 mm의 단위로 기입하고, 단위 기호는 붙이지 않는다.
② 치수의 자릿수가 많을 경우 세 자리마다 콤마를 붙인다.
③ 관련 치수는 되도록 한 곳에 모아서 기입한다.
④ 치수는 되도록 주 투상도에 집중하여 기입한다.

25 초음파 탐상법의 종류에 속하지 않는 것은?

① 투과법
② 펄스 반사법
③ 공진법
④ 극간법

26 아크전류가 일정할 때 아크전압이 높아지면 용접봉의 용융속도가 늦어지고 아크전압이 낮아지면 용융속도가 빨라지는 특성을 무엇이라 하는가?

① 부저항 특성
② 절연회복 특성
③ 전압회복 특성
④ 아크길이 자기제어 특성

27 열간가공이 쉽고 다듬질 표면이 아름다우며 용접성이 우수한 강으로 몰리브덴 첨가로 담금질성이 높아 각종 축, 강력볼트, 아암, 레버 등에 많이 사용되는 강은?

① 크롬 – 몰리브덴강
② 크롬 – 바나듐강
③ 규소 – 망간강
④ 니켈 – 구리 – 코발트강

28 주석청동의 용해 및 주조에서 1.5~1.7%의 아연을 첨가할 때의 효과로 옳은 것은?

① 수축률이 감소된다.
② 침탄이 촉진된다.
③ 취성이 향상된다.
④ 가스가 흡입된다.

29 용접변형 방지법의 종류에 속하지 않는 것은?

① 억제법
② 역변형법
③ 도열법
④ 취성파괴법

30 WC, TiC, TaC 등의 금속탄화물을 Co로 소결한 것으로서 탄화물 소결공구라고 하며, 일반적으로 칠드주철, 경질 유리 등도 쉽게 절삭할 수 있는 공구강은?

① 주조경질합금
② 고속도강
③ 세라믹
④ 초경합금

31 가스 절단에서 프로판 가스와 비교한 아세틸렌 가스의 장점에 해당되는 것은?

① 후판 절단의 경우 절단속도가 빠르다.
② 박판 절단의 경우 절단속도가 빠르다.
③ 중첩 절단을 할 때에는 절단속도가 빠르다.
④ 절단면이 거칠지 않다.

32 가스 용접 모재의 두께가 3.2mm일 때 가장 적당한 용접봉의 지름을 계산식으로 구하면 몇 mm인가?

① 1.6
② 2.0
③ 2.6
④ 3.2

33 인접 부분을 참고로 표시하는데 사용하는 것은?

① 숨은선　　② 가상선
③ 외형선　　④ 피치선

34 용접법을 크게 용접, 압접, 납땜으로 분류할 때 압접에 해당되는 것은?

① 전자 빔 용접
② 초음파 용접
③ 원자 수소 용접
④ 일렉트로 슬래그 용접

35 다음 중 알루미늄 합금(Alloy)의 종류가 아닌 것은?

① 실루민(Silumin)
② Y합금
③ 로엑스(Lo - Ex)
④ 인코넬(Inconel)

36 정투상법의 제1각법과 제3각법에서 배열 위치가 정면도를 기준으로 동일한 위치에 놓이는 투상도는?

① 좌측면도
② 평면도
③ 저면도
④ 배면도

37 산화하기 쉬운 알루미늄을 용접할 경우에 가장 적합한 용접법은?

① 서브머지드 아크 용접
② 불활성 가스 아크 용접
③ CO_2 아크 용접
④ 피복 아크 용접

38 그림과 같은 제3각법 정투상도의 3면도를 기초로 한 입체도로 가장 적합한 것은?

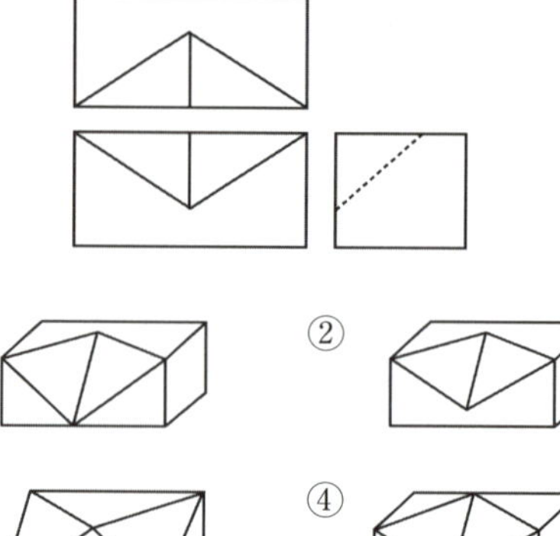

39 다음 중 용접의 장점에 대한 설명으로 옳은 것은?

① 기밀, 수밀, 유밀성이 좋지 않다.
② 두께에 제한이 있다.
③ 작업이 비교적 복잡하다.
④ 보수와 수리가 쉽다.

40 피복 아크 용접봉은 금속심선의 겉에 피복제를 발라서 말린 것으로 한쪽 끝은 홀더에 물려 전류를 통할 수 있도록 심선길이의 얼마만큼을 피복하지 않고 남겨두는가?

① 3mm　　② 10mm
③ 15mm　　④ 25mm

41 가용접에 대한 설명으로 틀린 것은?

① 가용접 시에는 본 용접보다도 지름이 큰 용접봉을 사용하는 것이 좋다.
② 가용접은 본 용접과 비슷한 기량을 가진 용접사에 의해 실시되어야 한다.
③ 강도상 중요한 곳과 용접의 시점 및 종점이 되는 끝 부분은 가용접을 피한다.
④ 가용접은 본 용접을 실시하기 전에 좌우의 홈 또는 이음 부분을 고정하기 위한 짧은 용접이다.

42 서브머지드 아크 용접봉 와이어 표면에 구리를 도금한 이유는?

① 접촉 팁과의 전기 접촉을 원활히 한다.
② 용접시간이 짧고 변형을 적게 한다.
③ 슬래그 이탈성을 좋게 한다.
④ 용융금속의 이행을 촉진시킨다.

43 금속간 화합물의 특징을 설명한 것 중 옳은 것은?

① 어느 성분 금속보다 용융점이 낮다.
② 어느 성분 금속보다 경도가 낮다.
③ 일반 화합물에 비하여 결합력이 약하다.
④ Fe_3C는 금속간 화합물에 해당되지 않는다.

44 내식강 중에서 가장 대표적인 특수 용도용 합금강은?

① 주강
② 탄소강
③ 스테인리스강
④ 알루미늄강

45 다음 중 가스 용접의 특징으로 옳은 것은?

① 아크 용접에 비해서 불꽃의 온도가 높다.
② 아크 용접에 비해 유해광선의 발생이 많다.
③ 전원설비가 없는 곳에서는 쉽게 설치할 수 없다.
④ 폭발의 위험이 크고 금속이 탄화 및 산화될 가능성이 많다.

46 강자성을 가지는 은백색의 금속으로 화학 반응용 촉매, 공구 소결재로 널리 사용되고 바이탈륨의 주성분 금속은?

① Ti   ② Co
③ Al   ④ Pt

47 주물 제품을 용접한 후 용접에 의한 잔류응력을 최소화하기 위한 조치방법으로 틀린 것은?

① 주물을 단열재로 덮는다.
② 주물을 토치로 후열 처리한다.
③ 주물을 로(爐)에 옮긴다.
④ 주물을 급랭시켜 조직을 완화시킨다.

48 탄소강의 적열취성의 원인이 되는 원소는?

① S   ② CO_2
③ Si   ④ Mn

49 15℃, 1kgf/cm^{2}하에서 사용 전 용해아세틸렌 병의 무게가 50kgf이고, 사용 후 무게가 47kgf일 때 사용한 아세틸렌의 양은 몇 L인가?

① 2,915   ② 2,815
③ 3,815   ④ 2,715

50 솔리드 와이어와 같이 단단한 와이어를 사용할 경우 적합한 용접토치 형태로 옳은 것은?

① Y형
② 커브형
③ 직선형
④ 피스톨형

51 기계제도 도면에서 "t120"이라는 치수가 있을 경우 "t"가 의미하는 것은?

① 모떼기   ② 재료의 두께
③ 구의 지름   ④ 정사각형의 변

52 다음 중 반자동 CO_2 용접에서 용접전류와 전압을 높일 때의 특성을 설명한 것으로 옳은 것은?

① 용접전류가 높아지면 용착율과 용입이 감소한다.
② 아크전압이 높아지면 비드가 좁아진다.
③ 용접전류가 높아지면 와이어의 용융 속도가 느려진다.
④ 아크전압이 지나치게 높아지면 기포가 발생한다.

53 표제란에 표시하는 내용이 아닌 것은?

① 재질   ② 척도
③ 각법   ④ 제품명

54 온도 변화에 따라 열팽창계수, 탄성계수 등이 변하지 않는 불변강의 종류가 아닌 것은?

① 인바(Invar)
② 텅갈로이(Tungalloy)
③ 엘린바(Elinvar)
④ 플라티나이트(Platinite)

55 전자 빔 용접의 특징으로 틀린 것은?

① 정밀 용접이 가능하다.
② 용접부의 열 영향부가 크고 설비비가 적게 든다.
③ 용입이 깊어 다층 용접도 단층 용접으로 완성할 수 있다.
④ 유해가스에 의한 오염이 적고 높은 순도의 용접이 가능하다.

56 수중 절단 작업을 할 때에는 예열가스의 양을 공기 중의 몇 배로 하는가?

① 0.5 ~ 1배   ② 1.5 ~ 2배
③ 4 ~ 8배   ④ 9 ~ 16배

57 다음 중 배관용 탄소강관의 재질기호는?

① SPA   ② STK
③ SPP   ④ STS

58 다음 중 주철에 관한 설명으로 틀린 것은?

① 비중은 C와 Si 등이 많을수록 작아진다.
② 용융점은 C와 Si 등이 많을수록 낮아진다.
③ 주철을 600℃ 이상의 온도에서 가열 및 냉각을 반복하면 부피가 감소한다.
④ 투자율을 크게 하기 위해서는 화합 탄소를 적게 하고 유리 탄소를 균일하게 분포시킨다.

59 Mg(마그네슘)의 융점은 약 몇 ℃인가?

① 650℃   ② 1,538℃
③ 1,670℃   ④ 3,600℃

60 불활성 가스 텅스텐 아크 용접(TIG)의 KS 규격이나 미국용접협회(AWS)에서 정하는 텅스텐 전극봉의 식별 색상이 황색이면 어떤 전극봉인가?

① 순텅스텐
② 지르코늄 텅스텐
③ 1% 토륨 텅스텐
④ 2% 토륨 텅스텐

<table>
<tr><th colspan="5">답안표기란</th></tr>
<tr><td>51</td><td>①</td><td>②</td><td>③</td><td>④</td></tr>
<tr><td>52</td><td>①</td><td>②</td><td>③</td><td>④</td></tr>
<tr><td>53</td><td>①</td><td>②</td><td>③</td><td>④</td></tr>
<tr><td>54</td><td>①</td><td>②</td><td>③</td><td>④</td></tr>
<tr><td>55</td><td>①</td><td>②</td><td>③</td><td>④</td></tr>
<tr><td>56</td><td>①</td><td>②</td><td>③</td><td>④</td></tr>
<tr><td>57</td><td>①</td><td>②</td><td>③</td><td>④</td></tr>
<tr><td>58</td><td>①</td><td>②</td><td>③</td><td>④</td></tr>
<tr><td>59</td><td>①</td><td>②</td><td>③</td><td>④</td></tr>
<tr><td>60</td><td>①</td><td>②</td><td>③</td><td>④</td></tr>
</table>

2025년 제2회 CBT 기출복원문제

자격종목	시험시간	문항수	점수
피복아크용접기능사	1시간	60문항	

01 다음 중 담금질과 가장 관계가 깊은 것은?

① 변태점 　　② 금속간 화합물
③ 열전대 　　④ 고용체

02 지름이 10cm인 단면에 8,000kgf의 힘이 작용할 때 발생하는 응력은 약 몇 kgf/cm² 인가?

① 89 　　② 102
③ 121 　　④ 158

03 용접시공 시 발생하는 용접변형이나 잔류응력 발생을 최소화하기 위하여 용접 순서를 정할 때의 유의사항으로 틀린 것은?

① 동일평면 내에 많은 이음이 있을 때 수축은 가능한 자유단으로 보낸다.
② 중심에 대하여 대칭으로 용접한다.
③ 수축이 적은 이음은 가능한 먼저 용접하고, 수축이 큰 이음은 나중에 한다.
④ 리벳작업과 용접을 같이 할 때에는 용접을 먼저 한다.

04 다음 전기저항 용접 중 맞대기 용접이 아닌 것은?

① 업셋 용접
② 버트 심 용접
③ 프로젝션 용접
④ 퍼커션 용접

05 용접 후 변형을 교정하는 방법이 아닌 것은?

① 박판에 대한 점 수축법
② 형재(形材)에 대한 직선 수축법
③ 가스 가우징법
④ 롤러에 거는 방법

06 관의 끝 부분의 표시방법으로 용접식 캡을 나타내는 것은?

①  ② 

③  ④ 

07 구리에 3~4% Ni, 약 1%의 Si가 함유된 합금으로 인장강도와 도전율이 높아 통신선, 전화선으로 사용되는 구리 – 니켈 – 규소 합금은?

① 콜슨(Corson) 합금
② 켈밋(Kelmit) 합금
③ 포금(Gunmetal)
④ CTG 합금

08 용접작업의 경비를 절감시키기 위한 유의사항 중 틀린 것은?

① 용접봉의 적절한 선정
② 용접사의 작업능률의 향상
③ 용접 지그를 사용하여 위보기 자세의 시공
④ 고정구를 사용하여 능률 향상

09 다음 중 이온화 경향이 가장 큰 것은?

① Cr ② K

③ Sn ④ H

10 가스 용접에서 알루미늄을 용접하고자 할 때 일반적으로 어떤 용접봉을 사용하는가?

① Al에 소량의 C를 첨가한 용접봉
② Al에 소량의 Fe를 첨가한 용접봉
③ Al에 소량의 P를 첨가한 용접봉
④ Al에 소량의 S를 첨가한 용접봉

11 용접에 있어 모든 열적 요인 중 가장 영향을 많이 주는 요소는?

① 용접입열
② 용접재료
③ 주위 온도
④ 용접 복사열

12 경도가 큰 재료를 A_1 변태점 이하의 일정 온도로 가열하여 인성을 증가시킬 목적으로 하는 열처리법은?

① 뜨임 ② 풀림
③ 불림 ④ 담금질

13 용접작업 시 전격 방지대책으로 틀린 것은?

① 절연 홀더의 절연 부분이 노출, 파손되면 보수하거나 교체한다.
② 홀더나 용접봉은 맨손으로 취급한다.
③ 용접기의 내부에 함부로 손을 대지 않는다.
④ 땀, 물 등에 의한 습기 찬 작업복, 장갑, 구두 등을 착용하지 않는다.

14 가스 용접에서 사용되는 아세틸렌 가스의 성질을 설명한 것 중 맞는 것은?

① 비중은 1.105이다.
② 순수한 아세틸렌 가스는 악취가 난다.
③ 15℃, $1kgf/cm^2$의 아세틸렌 1L의 무게는 1.176g이다.
④ 각종 액체에 잘 용해되며, 물에는 6배 용해된다.

15 피복 아크 용접작업에서 용접봉을 용접 진행 방향으로 70 ~ 80° 기울이고, 좌우에 대하여 90°가 되게 하여, 주로 박판 용접 및 용접의 이면 비드 형성에 사용하는 운봉법은?

① 직선 비드
② 원형 비드
③ 반달형 비드
④ 삼각형 비드

16 용도에 의한 명칭에서 선의 종류가 모두 가는 실선인 것은?

① 치수선, 치수보조선, 지시선
② 중심선, 지시선, 숨은선
③ 외형선, 치수보조선, 해칭선
④ 기준선, 피치선, 수준면선

17 용접의 변 끝을 따라 모재가 파여지고 용착금속이 채워지지 않고 홈으로 남아있는 부분을 무엇이라고 하는가?

① 언더컷
② 피트
③ 슬래그
④ 오버랩

18 스테인리스강의 종류에 해당되지 않는 것은?

① 페라이트계 스테인리스강
② 레데뷰라이트계 스테인리스강
③ 석출경화형 스테인리스강
④ 마텐자이트계 스테인리스강

19 다음 그림 중에서 용접열량의 냉각속도가 가장 큰 것은?

① 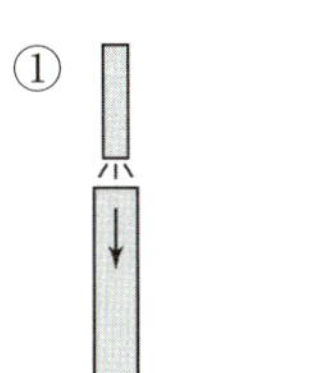

② 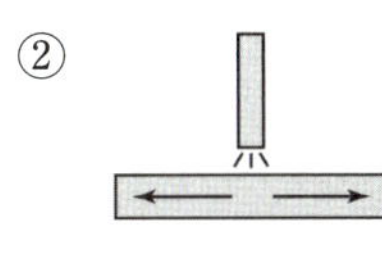

③ 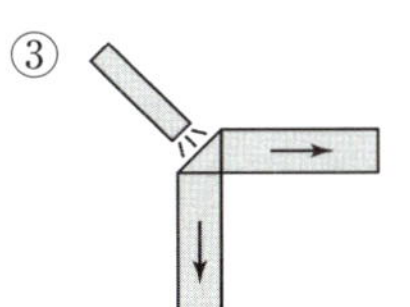

④ 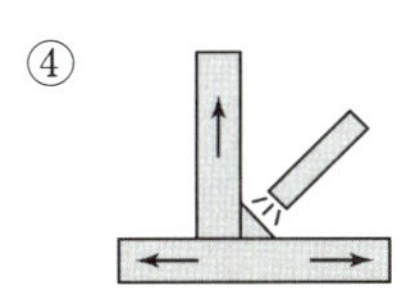

20 KS 기계재료 표시기호 "SS 400"의 400은 무엇을 나타내는가?

① 경도
② 연신율
③ 탄소 함유량
④ 최저 인장강도

21 안전·보건표지의 색채, 색도기준 및 용도에서 색채에 따른 용도를 올바르게 나타낸 것은?

① 빨간색: 안내
② 파란색: 지시
③ 녹색: 경고
④ 노란색: 금지

22 금속재료의 경량화와 강인화를 위하여 섬유강화 금속 복합재료가 많이 연구되고 있다. 강화섬유 중에서 비금속계로 짝지어진 것은?

① K, W
② W, Ti
③ W, Be
④ SiC, Al$_2$O$_3$

23 가스 용접에서 후진법에 대한 설명으로 틀린 것은?

① 전진법에 비해 용접변형이 작고 용접속도가 빠르다.
② 전진법에 비해 두꺼운 판의 용접에 적합하다.
③ 전진법에 비해 열 이용률이 좋다.
④ 전진법에 비해 산화의 정도가 심하고 용착금속 조직이 거칠다.

24 다음 입체도의 화살표 방향을 정면도로 한다면 좌측면도로 적합한 투상도는?

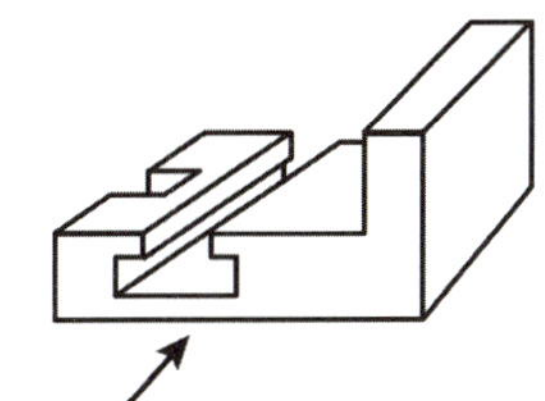

① 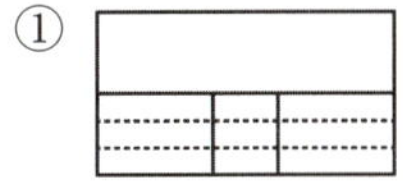

② 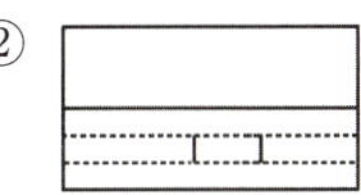

③ 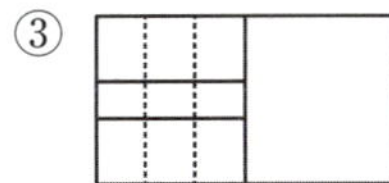

④ 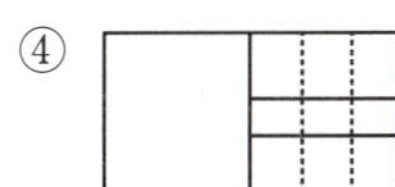

25 산소 – 아세틸렌 가스 불꽃 중 일반적인 가스 용접에는 사용하지 않고 구리, 황동 등의 용접에 주로 이용되는 불꽃은?

① 탄화불꽃
② 중성불꽃
③ 산화불꽃
④ 아세틸렌 불꽃

26 강의 표면에 질소를 침투시켜 경화시키는 표면경화법은?

① 침탄법
② 질화법
③ 고주파 담금질
④ 방전경화법

27 다음 중 오스테나이트계 스테인리스강을 용접하면 냉각하면서 고온균열이 발생할 수 있는 경우는?

① 아크길이가 너무 짧을 때
② 크레이터 처리를 하지 않았을 때
③ 모재 표면이 청정했을 때
④ 구속력이 없는 상태에서 용접할 때

28 금속의 결정구조에서 조밀육방격자(HCP)의 배위수는?

① 6
② 8
③ 10
④ 12

29 화재의 분류 중 C급 화재에 속하는 것은?

① 전기화재
② 금속화재
③ 가스화재
④ 일반화재

30 공구용 강재로 고탄소강을 사용하는 목적으로 가장 적합한 것은?

① 경도와 내마모성을 필요로 하기 때문에
② 인성과 연성이 필요하기 때문에
③ 피로와 충격에 견디어야 하기 때문에
④ 표면 경화를 할 목적으로

31 일렉트로 슬래그 아크 용접에 대한 설명 중 맞지 않는 것은?

① 일렉트로 슬래그 용접은 단층 수직 상진 용접을 하는 방법이다.
② 일렉트로 슬래그 용접은 아크를 발생시키지 않고 와이어와 용융 슬래그 그리고 모재 내에 흐르는 전기저항열에 의하여 용접한다.
③ 일렉트로 슬래그 용접의 홈 형상은 I형 그대로 사용한다.
④ 일렉트로 슬래그 용접 전원으로는 정전류형의 직류가 적합하고, 용융금속의 용착량은 90% 정도이다.

32 다음 중 불꽃의 구성 요소가 아닌 것은?

① 불꽃심
② 속불꽃
③ 겉불꽃
④ 환원불꽃

33 한쪽 단면도에 대한 설명으로 올바른 것은?

① 대칭형의 물체를 중심선을 경계로 하여 외형도의 절반과 단면도의 절반을 조합하여 표시한 것이다.
② 부품도의 중앙 부위의 전후를 절단하여 단면을 90° 회전시켜 표시한 것이다.
③ 도형 전체가 단면으로 표시된 것이다.
④ 물체의 필요한 부분만 단면으로 표시한 것이다.

34 부탄가스의 화학 기호로 맞는 것은?

① C_4H_{10}
② C_3H_8
③ C_5H_{12}
④ C_2H_6

35 마우러 조직도에 대한 설명으로 옳은 것은?

① 주철에서 C와 P 함량에 따른 주철의 조직 관계를 표시한 것이다.
② 주철에서 C와 Mn 함량에 따른 주철의 조직 관계를 표시한 것이다.
③ 주철에서 C와 Si 함량에 따른 주철의 조직 관계를 표시한 것이다.
④ 주철에서 C와 S 함량에 따른 주철의 조직 관계를 표시한 것이다.

36 제도를 하는데 있어서 아주 굵은 선, 굵은 선, 가는 선의 굵기 비율은 어떻게 해야 하는가?

① 3 : 2 : 1
② 4 : 2 : 1
③ 9 : 5 : 1
④ 9 : 3 : 1

37 섬유강화 금속 복합 재료의 기지 금속으로 가장 많이 사용되는 것으로 비중이 약 2.7인 것은?

① Na
② Fe
③ Al
④ Co

38 다음 중 현의 치수 기입을 올바르게 나타낸 것은?

① 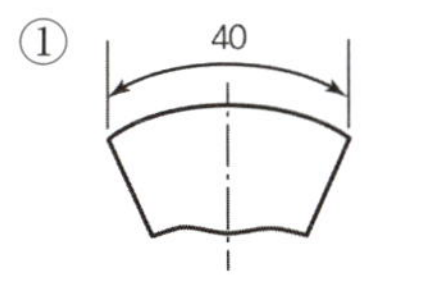
② 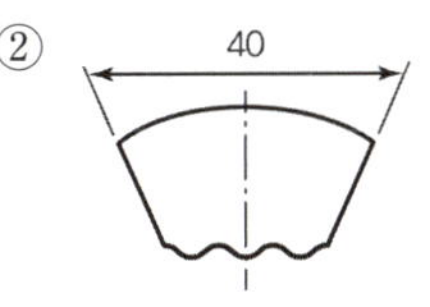
③ 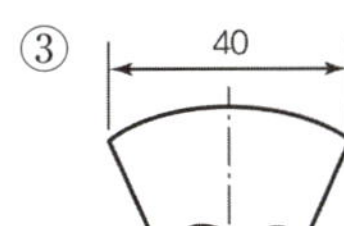
④ 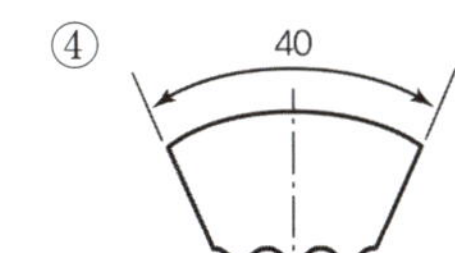

39 연강용 가스 용접봉은 인이나 황 등의 유해성분이 극히 적은 저탄소강이 사용되는데, 연강용 가스 용접봉에 함유된 성분 중 규소(Si)가 미치는 영향은?

① 강의 강도를 증가시키거나 연신율, 굽힘성 등이 감소된다.
② 기공은 막을 수 있으나 강도가 떨어진다.
③ 강에 취성을 주며 가연성을 잃게 한다.
④ 용접부의 저항력을 감소시키고 기공발생의 원인이 된다.

40 시험편을 눌러 구부리는 시험방법으로 굽힘에 대한 저항력을 조사하는 시험방법은?

① 충격시험
② 굽힘시험
③ 전단시험
④ 인장시험

41 용접법을 용접, 압접, 납땜으로 분류할 때 압접에 해당하는 것은?

① 피복 아크 용접
② 전자 빔 용접
③ 테르밋 용접
④ 심 용접

42 다음 중 물체의 낙하 또는 비래 및 추락에 의한 위험물 방지 또는 경감하고, 머리 부위 감전에 의한 위험을 방지하기 위한 용도의 안전모 기호로 옳은 것은?

① AB
② AE
③ AG
④ ABE

43 다음 중 단독형체로 적용되는 기하공차로만 짝지어진 것은?

① 평면도, 진원도
② 진직도, 직각도
③ 평행도, 경사도
④ 위치도, 대칭도

44 엔진 구동형 용접기에 비해 정류기형 직류 아크 용접기의 특성에 관한 설명으로 틀린 것은?

① 보수와 점검이 어렵다.
② 취급이 간단하고 가격이 싸다.
③ 고장이 적고, 소음이 나지 않는다.
④ 교류를 정류하므로 완전한 직류를 얻지 못한다.

45 다음 중 아세틸렌 가스의 관으로 사용할 경우 폭발성 화합물을 생성하게 되는 것은?

① 순구리관
② 스테인리스강관
③ 알루미늄합금관
④ 탄소강관

46 탄소강에 관한 설명으로 옳은 것은?

① 탄소가 많을수록 가공변형은 어렵다.
② 탄소강의 내식성은 탄소가 증가할수록 증가한다.
③ 아공석강에서 탄소가 많을수록 인장강도가 감소한다.
④ 아공석강에서 탄소가 많을수록 경도가 감소한다.

47 CO_2 가스 아크 편면 용접에서 이면 비드의 형성은 물론 뒷면 가우징 및 뒷면 용접을 생략할 수 있고, 모재의 중량에 따른 뒤업기(Turn Over) 작업을 생략할 수 있도록 홈 용접부 이면에 부착하는 것은?

① 스캘롭　　② 엔드 탭
③ 뒷댐재　　④ 포지셔너

48 주철의 편상 흑연 결함을 개선하기 위하여 마그네슘, 세륨, 칼슘 등을 첨가한 것으로 기계적 성질이 우수하여 자동차 주물 및 특수 기계의 부품용 재료에 사용되는 것은?

① 미하나이트주철
② 구상흑연주철
③ 칠드주철
④ 가단주철

49 다음 중 비파괴시험에 해당하는 시험은?

① 굽힘시험
② 현미경 조직시험
③ 파면시험
④ 초음파 시험

50 직류아크 용접의 정극성과 역극성의 특징에 대한 설명으로 옳은 것은?

① 정극성은 용접봉의 용융이 느리고 모재의 용입이 깊다.
② 역극성은 용접봉의 용융이 빠르고 모재의 용입이 깊다.
③ 모재에 음극(-), 용접봉에 양극(+)을 연결하는 것을 정극성이라 한다.
④ 역극성은 일반적으로 비드 폭이 좁고 두꺼운 모재의 용접에 적당하다.

답안표기란				
43	①	②	③	④
44	①	②	③	④
45	①	②	③	④
46	①	②	③	④
47	①	②	③	④
48	①	②	③	④
49	①	②	③	④
50	①	②	③	④

51 다음 중 일반 구조용 탄소강관의 KS 재료 기호는?

① SPP ② SPS
③ SKH ④ STK

52 다음 중 용접봉의 용융속도를 나타낸 것은?

① 단위 시간당 용접입열의 양
② 단위 시간당 소모되는 용접전류
③ 단위 시간당 형성되는 비드의 길이
④ 단위 시간당 소비되는 용접봉의 길이

53 용접부에 결함 발생 시 보수하는 방법 중 틀린 것은?

① 기공이나 슬래그 섞임 등이 있는 경우는 깎아내고 재용접한다.
② 균열이 발견되었을 경우 균열 위에 덧살올림 용접을 한다.
③ 언더컷일 경우 가는 용접봉을 사용하여 보수한다.
④ 오버랩일 경우 일부분을 깎아내고 재용접한다.

54 스프링강을 830 ~ 860℃에서 담금질 하고 450 ~ 570℃에서 뜨임 처리하였다. 이때 얻어지는 조직은?

① 마텐자이트 ② 트루스타이트
③ 소르바이트 ④ 시멘타이트

55 다음 중 무색, 무취, 무미와 독성이 없고, 공기 중에 약 0.94% 정도를 포함하는 불활성 가스는?

① 헬륨(He) ② 아르곤(Ar)
③ 네온(Ne) ④ 크립톤(Kr)

56 용접제품을 조립하다가 V홈 맞대기 이음 홈의 간격이 5mm 정도 멀어졌을 때 홈의 보수 및 용접방법으로 가장 적합한 것은?

① 그대로 용접한다.
② 뒷댐판을 대고 용접한다.
③ 덧살올림 용접 후 가공하여 규정 간격을 맞춘다.
④ 치수에 맞는 재료로 교환하여 루트 간격을 맞춘다.

57 그림과 같이 원통을 경사지게 절단한 제품을 제작할 때, 다음 중 어떤 전개법이 가장 적합한가?

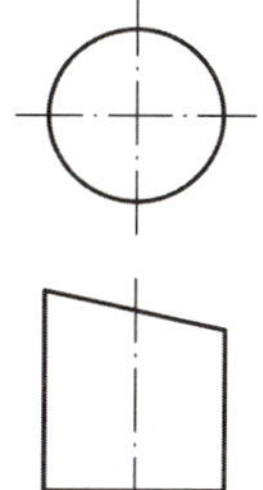

① 사각형법
② 평행선법
③ 삼각형법
④ 방사선법

58 용접 결함에서 언더컷이 발생하는 조건이 아닌 것은?

① 전류가 너무 낮을 때
② 아크길이가 너무 길 때
③ 부적당한 용접봉을 사용할 때
④ 용접속도가 적당하지 않을 때

59 주철의 일반적인 성질을 설명한 것 중 틀린 것은?

① 용탕이 된 주철은 유동성이 좋다.
② 공정 주철의 탄소량은 4.3% 정도이다.
③ 강보다 용융 온도가 높아 복잡한 형상이라도 주조하기 어렵다.
④ 주철에 함유하는 전 탄소(Total Carbon)는 흑연＋화합탄소로 나타낸다.

60 용접기의 구비조건에 해당되는 사항으로 옳은 것은?

① 사용 중 용접기 온도 상승이 커야 한다.
② 용접 중 단락되었을 경우 대전류가 흘러야 된다.
③ 소비전력이 큰 역률이 좋은 용접기를 구비한다.
④ 무부하 전압을 최소로 하여 전격기의 위험을 줄인다.

<table>
<tr><td colspan="5" align="center">답안표기란</td></tr>
<tr><td>59</td><td>①</td><td>②</td><td>③</td><td>④</td></tr>
<tr><td>60</td><td>①</td><td>②</td><td>③</td><td>④</td></tr>
</table>

2025년 제3회 CBT 기출복원문제

자격종목	시험시간	문항수	점수
피복아크용접기능사	1시간	60문항	

01 가스 침탄법의 특징에 대한 설명으로 틀린 것은?

① 침탄온도, 기체혼합비 등의 조절로 균일한 침탄층을 얻을 수 있다.
② 열효율이 좋고 온도를 임의로 조절할 수 있다.
③ 대량 생산에 적합하다.
④ 침탄 후 직접 담금질이 불가능하다.

02 비용극식, 비소모식 아크 용접에 속하는 것은?

① 피복 아크 용접
② TIG 용접
③ 서브머지드 아크 용접
④ CO_2 용접

03 피복제 중에 산화티탄(TiO_2)을 약 35% 정도 포함한 용접봉으로서 아크는 안정되고 스패터는 적으나, 고온 균열(Hot Crack)을 일으키기 쉬운 결점이 있는 용접봉은?

① E4301
② E4313
③ E4311
④ E4316

04 다음 중 불활성 가스(Inert Gas)가 아닌 것은?

① Ar
② He
③ Ne
④ CO_2

05 다음 중 홈 가공에 관한 설명으로 옳지 않은 것은?

① 능률적인 면에서 용입이 허용되는 한 홈 각도는 작게 하고 용착금속량도 적게 하는 것이 좋다.
② 용접 균열이라는 관점에서 루트 간격은 클수록 좋다.
③ 자동 용접의 홈 정도는 손 용접보다 정밀한 가공이 필요하다.
④ 홈 가공의 정밀도는 용접능률과 이음의 성능에 큰 영향을 끼친다.

06 그림과 같이 지름이 같은 원기둥과 원기둥이 직각으로 만날 때의 상관선은 어떻게 나타나는가?

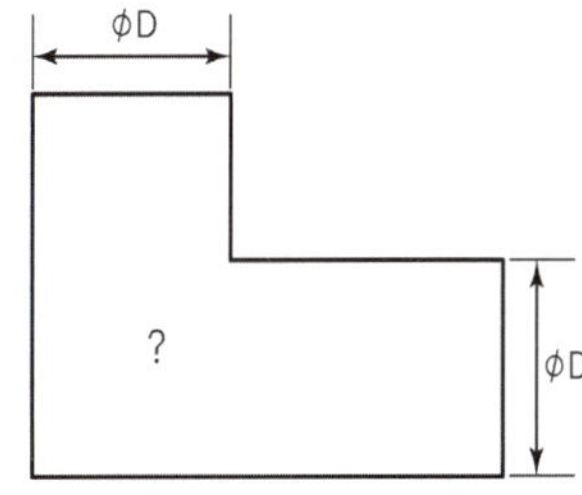

① 점선 형태의 직선
② 실선 형태의 직선
③ 실선 형태의 포물선
④ 실선 형태의 하이포이드 곡선

07 탄소강은 200~300℃에서 연신율과 단면 수축률이 상온보다 저하되어 단단하고 깨지기 쉬우며, 강의 표면이 산화되는 현상은?

① 적열메짐
② 상온메짐
③ 청열메짐
④ 저온메짐

08 가스 용접작업에서 후진법의 특징이 아닌 것은?

① 열 이용률이 좋다.
② 용접속도가 빠르다.
③ 용접변형이 작다.
④ 얇은 판의 용접에 적당하다.

09 시험편의 지름이 15mm, 최대하중이 5,200kgf일 때 인장강도는?

① $16.8 \mathrm{kgf/mm^2}$ ② $29.4 \mathrm{kgf/mm^2}$
③ $33.8 \mathrm{kgf/mm^2}$ ④ $55.8 \mathrm{kgf/mm^2}$

10 용접설계에 있어서 일반적인 주의사항 중 틀린 것은?

① 용접에 적합한 구조설계를 할 것
② 용접길이는 될 수 있는 대로 길게 할 것
③ 결함이 생기기 쉬운 용접방법은 피할 것
④ 구조상의 노치부를 피할 것

11 다음 중 일렉트로 슬래그 용접의 특징으로 틀린 것은?

① 박판 용접에는 적용할 수 없다.
② 장비 설치가 복잡하며 냉각장치가 요구된다.
③ 용접시간이 길고 장비가 저렴하다.
④ 용접 진행 중 용접부를 직접 관찰할 수 없다.

12 알루미늄에 약 10%까지의 마그네슘을 첨가한 합금으로 다른 주물용 알루미늄 합금에 비하여 내식성, 강도, 연신율이 우수한 것은?

① 실루민   ② 두랄루민
③ 하이드로날륨   ④ Y합금

13 다음 중 서브머지드 아크 용접의 다른 명칭이 아닌 것은?

① 잠호 용접
② 헬리 아크 용접
③ 유니언 멜트 용접
④ 불가시 아크 용접

14 3 ~ 5% Ni, 1% Si을 첨가한 Cu합금으로 C합금이라고도 하며, 강력하고 전도율이 좋아 용접봉이나 전극재료로 사용되는 것은?

① 톰백   ② 문쯔메탈
③ 길딩메탈   ④ 콜슨합금

15 아크 용접에서 피복제의 역할이 아닌 것은?

① 전기 절연작용을 한다.
② 용착금속의 응고와 냉각속도를 빠르게 한다.
③ 용착금속에 적당한 합금원소를 첨가한다.
④ 용적(Globule)을 미세화하고, 용착효율을 높인다.

16 배관 도시기호 중 체크 밸브를 나타내는 것은?

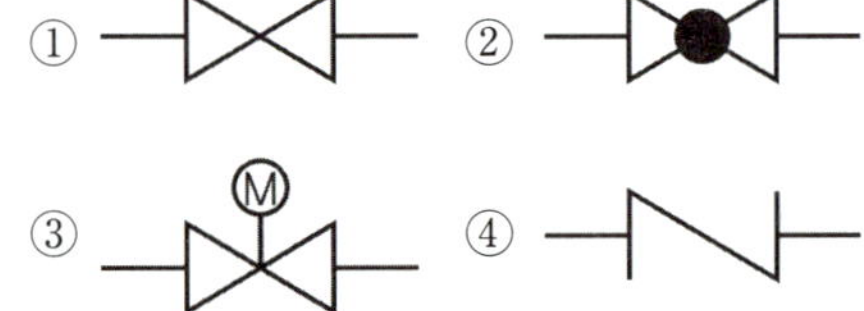

17 납땜의 가열방법에서 가열원으로 사용하는 것이 아닌 것은?

① 가스   ② 저항열
③ 고주파 전류   ④ 감마선

18 주철에 관한 설명으로 틀린 것은?

① 인장강도가 압축강도보다 크다.
② 주철은 백주철, 반주철, 회주철 등으로 나눈다.
③ 주철은 메짐(취성)이 연강보다 크다.
④ 흑연은 인장강도를 약하게 한다.

19 용접기의 사용률이 40%인 경우 아크시간과 휴식시간을 합한 전체 시간은 10분을 기준으로 했을 때 발생 시간은 몇 분인가?

① 4   ② 6
③ 8   ④ 10

20 그림과 같은 용접이음 방법의 명칭으로 가장 적합한 것은?

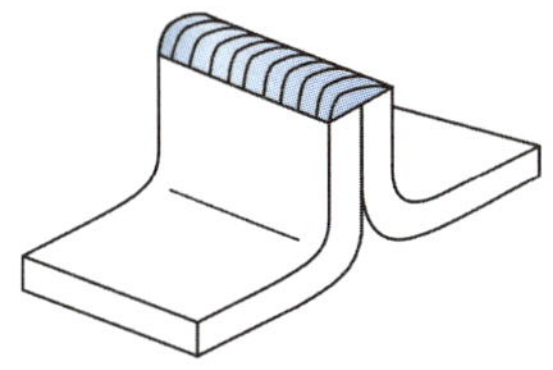

① 연속 필릿 용접
② 플랜지형 겹치기 용접
③ 연속 모서리 용접
④ 플랜지형 맞대기 용접

21 이산화탄소 아크 용접의 보호가스 설비에서 저전류 영역의 가스유량은 약 몇 L/min 정도가 가장 적당한가?

① 1~5
② 6~9
③ 10~15
④ 20~25

22 주위의 온도에 의하여 선팽창계수나 탄성률 등의 특정한 성질이 변하지 않는 불변강이 아닌 것은?

① 인바
② 엘린바
③ 슈퍼인바
④ 베빗메탈

23 용접기의 가동 핸들로 1차 코일을 상하로 움직여 2차 코일의 간격을 변화시켜 전류를 조정하는 용접기로 맞는 것은?

① 가포화 리액터형
② 가동 코어 리액터형
③ 가동 코일형
④ 가동 철심형

24 다음 중 한쪽 단면도를 올바르게 도시한 것은?

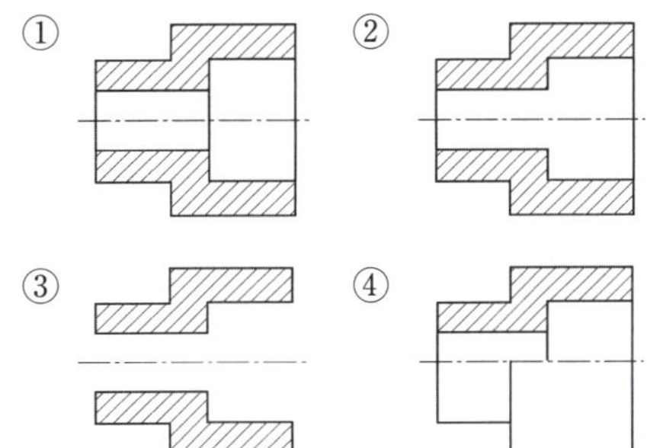

25 35℃에서 150kgf/cm²으로 압축하여 내부 용적 40.7리터의 산소 용기에 충전하였을 때, 용기 속의 산소량은 몇 리터인가?

① 4,470   ② 5,291
③ 6,105   ④ 7,000

26 플라즈마 절단에 대한 설명으로 틀린 것은?

① 플라즈마(Plasma)는 고체, 액체, 기체 이외의 제4의 물리상태라고도 한다.
② 비이행형 아크 절단은 텅스텐 전극과 수냉 노즐과의 사이에서 아크 플라즈마를 발생시키는 것이다.
③ 이행형 아크 절단은 텅스텐 전극과 모재 사이에서 아크 플라즈마를 발생시키는 것이다.
④ 아크 플라즈마의 온도는 약 5,000℃의 열원을 가진다.

27 다음 중 구속력이 가해진 상태에서 오스테나이트계 스테인리스강을 용접할 때 고온 균열을 방지하기 위해서 사용하는 용접봉은?

① 크롬계 오스테나이트 용접봉
② 망간계 오스테나이트 용접봉
③ 크롬 – 몰리브덴계 오스테나이트 용접봉
④ 크롬 – 니켈 – 망간계 오스테나이트 용접봉

28 강에 S, Pb 등의 특수 원소를 첨가하여 절삭할 때 칩을 잘게 하고 피삭성을 좋게 만든 강은 무엇인가?

① 불변강
② 쾌삭강
③ 베어링강
④ 스프링강

29 가스 용접에서 모재의 두께가 6mm일 때 사용되는 용접봉의 직경은 얼마인가?

① 1mm　　② 4mm
③ 7mm　　④ 9mm

30 열간가공과 냉간가공을 구분하는 온도로 옳은 것은?

① 재결정 온도
② 재료가 녹는 온도
③ 물의 어는 온도
④ 고온취성 발생온도

31 교류 피복 아크 용접기에서 아크 발생 초기에 용접전류를 강하게 흘려보내는 장치를 무엇이라고 하는가?

① 원격제어장치　　② 핫스타트장치
③ 전격방지기　　　④ 고주파 발생장치

32 가스 용접 시 양호한 용접부를 얻기 위한 조건에 대한 설명 중 틀린 것은?

① 용착금속의 용입 상태가 균일해야 한다.
② 슬래그, 기공 등의 결함이 없어야 한다.
③ 용접부에 첨가된 금속의 성질이 양호하지 않아도 된다.
④ 용접부에는 기름, 먼지, 녹 등을 완전히 제거하여야 한다.

33 단면도의 표시방법에 관한 설명 중 틀린 것은?

① 단면을 표시할 때에는 해칭 또는 스머징을 한다.
② 인접한 단면의 해칭은 선의 방향 또는 각도를 변경하든지 그 간격을 변경하여 구별한다.
③ 절단했기 때문에 이해를 방해하는 것이나 절단하여도 의미가 없는 것은 원칙적으로 긴 쪽 방향으로는 절단하여 단면도를 표시하지 않는다.
④ 가스킷 같이 얇은 제품의 단면은 투상선을 한 개의 가는 실선으로 표시한다.

34 연강 피복 아크 용접봉인 E4316의 계열은 어느 계열인가?

① 저수소계
② 고산화티탄계
③ 철분 저수소계
④ 일미나이트계

35 질량의 대소에 따라 담금질 효과가 다른 현상을 질량 효과라고 한다. 탄소강에 니켈, 크롬, 망간 등을 첨가하면 질량 효과는 어떻게 변하는가?

① 질량 효과가 커진다.
② 질량 효과가 작아진다.
③ 질량 효과는 변하지 않는다.
④ 질량 효과가 작아지다가 커진다.

36 그림과 같은 입체도에서 화살표 방향에서 본 투상을 정면으로 할 때 평면도로 가장 적합한 것은?

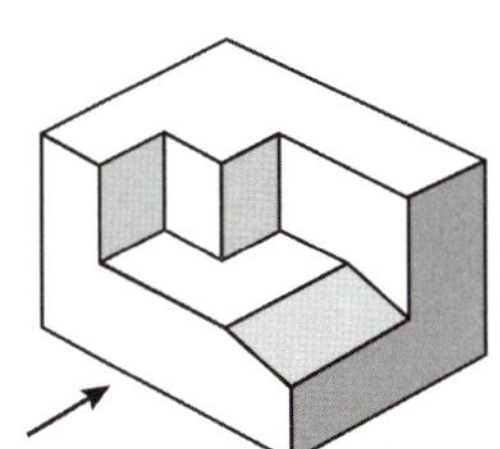

① 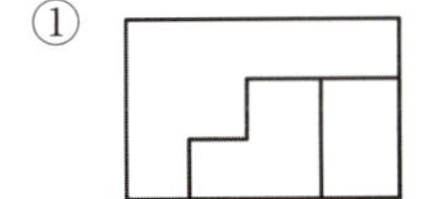   ② 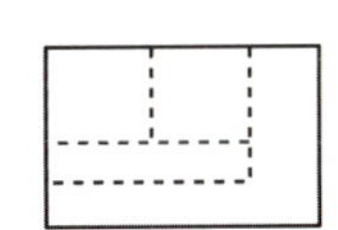

③ 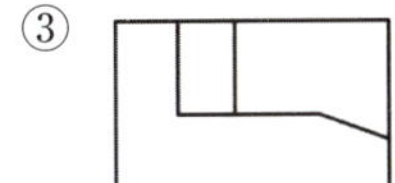   ④ 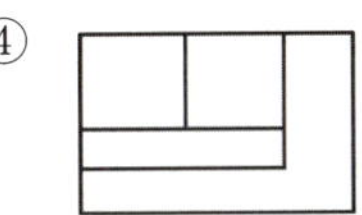

37 고주파 교류 전원을 사용하여 TIG 용접을 할 때 장점으로 틀린 것은?

① 긴 아크 유지가 용이하다.
② 전극봉의 수명이 길어진다.
③ 비접촉에 의해 용착금속과 전극의 오염을 방지한다.
④ 동일한 전극봉 크기로 사용할 수 있는 전류 범위가 작다.

38 재료기호가 "SM400C"로 표시되어 있을 때 이는 무슨 재료인가?

① 일반 구조용 압연 강재
② 용접 구조용 압연 강재
③ 스프링 강재
④ 탄소 공구강 강재

39 용접에서 예열에 관한 설명 중 틀린 것은?

① 용접작업에 의한 수축 변형을 감소시킨다.
② 용접부의 냉각속도를 느리게 하여 결함을 방지한다.
③ 고급 내열합금도 용접 균열을 방지하기 위하여 예열을 한다.
④ 알루미늄 합금, 구리 합금은 50~70℃의 예열이 필요하다

40 제3각법의 투상도에서 도면의 배치 관계는?

① 평면도를 중심하여 정면도는 위에 우측면도는 우측에 배치된다.
② 정면도를 중심하여 평면도는 밑에 우측면도는 우측에 배치된다.
③ 정면도를 중심하여 평면도는 위에 우측면도는 우측에 배치된다.
④ 정면도를 중심하여 평면도는 위에 우측면도는 좌측에 배치된다.

41 다음 중 용접설계상 주의해야 할 사항으로 틀린 것은?

① 국부적으로 열이 집중되도록 할 것
② 용접에 적합한 구조의 설계를 할 것
③ 결함이 생기기 쉬운 용접방법은 피할 것
④ 강도가 약한 필릿 용접은 가급적 피할 것

42 가변압식 가스 용접토치에서 팁의 능력에 대한 설명으로 옳은 것은?

① 매 시간당 소비되는 아세틸렌 가스의 양
② 매 시간당 소비되는 산소의 양
③ 매 분당 소비되는 아세틸렌 가스의 양
④ 매 분당 소비되는 산소의 양

43 도면에 리벳의 호칭이 "KS B 1102 보일러용 둥근머리 리벳 13 × 30 SV 400"으로 표시된 경우 올바른 설명은?

① 리벳의 수량 13개
② 리벳의 길이 30mm
③ 최대 인장강도 400kPa
④ 리벳의 호칭 지름 30mm

44 전기저항 점 용접법에 대한 설명으로 틀린 것은?

① 인터랙 점 용접이란 용접점의 부분에 직접 2개의 전극을 물리지 않고 용접전류가 피용접물의 일부를 통하여 다른 곳으로 전달하는 방식이다.
② 단극식 점 용접이란 적극이 1쌍으로 1개의 점 용접부를 만드는 것이다.
③ 맥동 점 용접은 사이클 단위를 몇 번이고 전류를 연속하여 통전하는 것으로 용접속도 향상 및 용접변형 방지에 좋다.
④ 직렬식 점 용접이란 1개의 전류 회로에 2개 이상의 용접점을 만드는 방법으로 전류 손실이 많아 전류를 증가시켜야 한다.

45 플래시 용접(Flash Welding)법의 특징으로 틀린 것은?

① 가열 범위가 좁고 열 영향부가 적으며 용접속도가 빠르다.
② 용접면에 산화물의 개입이 적다.
③ 종류가 다른 재료의 용접이 가능하다.
④ 용접면의 끝맺음 가공이 정확하여야 한다.

46 순구리(Cu)와 철(Fe)의 용융점은 약 몇 ℃인가?

① Cu 660℃, Fe 890℃
② Cu 1,063℃, Fe 1,050℃
③ Cu 1,083℃, Fe 1,538℃
④ Cu 1,455℃, Fe 2,200℃

47 용접의 장점 중 맞는 것은?

① 저온취성이 생길 우려가 많다.
② 재질의 변형 및 잔류응력이 존재한다.
③ 용접사의 기량에 따라 용접 결과가 좌우된다.
④ 기밀, 수밀, 유밀성이 우수하다.

48 가스 용접 시 사용하는 용제에 대한 설명으로 틀린 것은?

① 용제의 융점은 모재의 융점보다 낮은 것이 좋다.
② 용제는 용융금속의 표면에 떠올라 용착금속의 성질을 양호하게 한다.
③ 용제는 용접 중에 생기는 금속의 산화물 또는 비금속 개재물을 용해하여 용융온도가 높은 슬래그를 만든다.
④ 연강에는 용제를 일반적으로 사용하지 않는다.

<table>
<tr><td colspan="5">답안표기란</td></tr>
<tr><td>41</td><td>①</td><td>②</td><td>③</td><td>④</td></tr>
<tr><td>42</td><td>①</td><td>②</td><td>③</td><td>④</td></tr>
<tr><td>43</td><td>①</td><td>②</td><td>③</td><td>④</td></tr>
<tr><td>44</td><td>①</td><td>②</td><td>③</td><td>④</td></tr>
<tr><td>45</td><td>①</td><td>②</td><td>③</td><td>④</td></tr>
<tr><td>46</td><td>①</td><td>②</td><td>③</td><td>④</td></tr>
<tr><td>47</td><td>①</td><td>②</td><td>③</td><td>④</td></tr>
<tr><td>48</td><td>①</td><td>②</td><td>③</td><td>④</td></tr>
</table>

49 불활성 가스를 이용한 용가재인 전극 와이어를 송급장치에 의해 연속적으로 보내어 아크를 발생시키는 소모식 또는 용극식 용접 방식을 무엇이라 하는가?

① TIG 용접
② MIG 용접
③ 피복 아크 용접
④ 서브머지드 아크 용접

50 불활성 가스 금속 아크 용접의 용적 이행 방식 중 용융 이행 상태는 아크기류 중에서 용가재가 고속으로 용융, 미입자의 용적으로 분사되어 모재에 용착되는 용적 이행은?

① 용락 이행
② 단락 이행
③ 스프레이 이행
④ 글로뷸러 이행

51 기계제도에서 도면 작성 시 반드시 기입해야 할 것은?

① 비교눈금
② 윤곽선
③ 구분기호
④ 재단마크

52 용접변형의 교정법에서 점 수축법의 가열 온도와 가열시간으로 가장 적당한 것은?

① 100~200℃, 20초
② 300~400℃, 20초
③ 500~600℃, 30초
④ 700~800℃, 30초

53 불활성 가스 금속 아크 용접(MIG)의 용착 효율은 얼마 정도인가?

① 58%
② 78%
③ 88%
④ 98%

54 해드필드강(Hadfield Steel)에 대한 설명으로 옳은 것은?

① Ferrite계 고Ni강이다.
② Pearlite계 고Co강이다.
③ Cementite계 고Cr강이다.
④ Austenite계 Mn강이다.

55 용접부의 외관검사 시 관찰사항이 아닌 것은?

① 용입
② 오버랩
③ 언더컷
④ 경도

56 가스 중에서 최소의 밀도로 가장 가볍고 확산속도가 빠르며, 열전도가 가장 큰 가스는?

① 수소
② 메탄
③ 프로판
④ 부탄

57 용접 보조기호 중 현장 용접을 나타내는 기호는?

① ⚑
②　○
③ （점 깃발 기호）
④ ◉

49	①	②	③	④
50	①	②	③	④
51	①	②	③	④
52	①	②	③	④
53	①	②	③	④
54	①	②	③	④
55	①	②	③	④
56	①	②	③	④
57	①	②	③	④

58 자동화 용접장치의 구성요소가 아닌 것은?

① 고주파 발생장치
② 칼럼
③ 트랙
④ 갠트리

59 포금(Gun Metal)에 대한 설명으로 틀린 것은?

① 내해수성이 우수하다.
② 성분은 8~12% Sn 청동에 1~2% Zn을 첨가한 합금이다.
③ 용해 주조 시 탈산제로 사용되는 P의 첨가량을 많이 하여 합금 중에 P를 0.05~0.5% 정도 남게 한 것이다.
④ 수압, 수증기에 잘 견디므로 선박용 재료로 널리 사용된다.

60 산소 용기의 윗부분에 각인되어 있는 표시 중 최고충전압력의 표시는 무엇인가?

① TP
② FP
③ WP
④ LP

답안표기란				
58	①	②	③	④
59	①	②	③	④
60	①	②	③	④

2025년 제4회 CBT 기출복원문제

자격종목	시험시간	문항수	점수
피복아크용접기능사	1시간	60문항	

01 금속과 금속을 충분히 접근시키면 그들 사이에 원자 간의 인력이 작용하여 서로 결합한다. 다음 중 이러한 결합을 이루기 위해서는 원자들을 몇 cm 정도까지 접근시켜야 하는가?

① 10^{-6}
② 10^{-7}
③ 10^{-8}
④ 10^{-9}

02 정격 2차 전류 300A, 정격사용률 40%인 아크 용접기로 실제 200A 용접전류를 사용하여 용접하는 경우 전체 시간을 10분으로 하였을 때 다음 중 용접시간과 휴식시간을 올바르게 나타낸 것은?

① 10분 동안 계속 용접한다.
② 5분 용접 후 5분간 휴식한다.
③ 7분 용접 후 3분간 휴식한다.
④ 9분 용접 후 1분간 휴식한다.

03 용접 중 전류를 측정할 때 후크메타(클램프메타)의 측정 위치로 적합한 것은?

① 1차 측 접지선
② 피복 아크 용접봉
③ 1차 측 케이블
④ 2차 측 케이블

04 용접부의 중앙으로부터 양 끝을 향해 용접해 나가는 방법으로, 이음의 수축에 의한 변형이 서로 대칭이 되게 할 경우에 사용되는 용착법을 무엇이라 하는가?

① 전진법
② 비석법
③ 캐스케이드법
④ 대칭법

05 탄산가스 아크 용접에 대한 설명으로 맞지 않는 것은?

① 가스 아크이므로 시공이 편리하다.
② 철 및 비철류의 용접에 적합하다.
③ 전류밀도가 높고 용입이 깊다.
④ 바람의 영향을 받으므로 풍속 2m/s 이상일 때에는 방풍장치가 필요하다.

06 그림과 같이 가공 전 또는 가공 후의 모양을 표시하는데 사용하는 선의 명칭은?

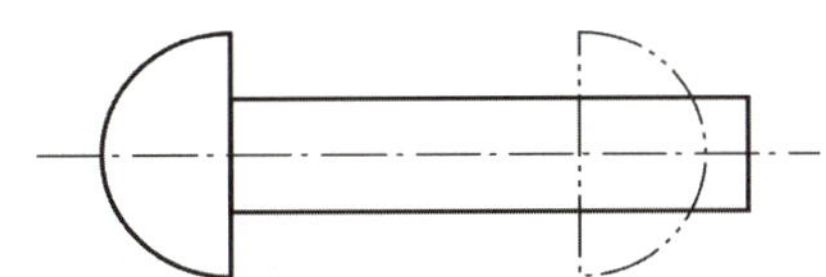

① 숨은선
② 파단선
③ 가상선
④ 절단선

07 탄소가 0.25%인 탄소강이 0~500℃의 온도 범위에서 일어나는 기계적 성질의 변화 중 온도가 상승함에 따라 증가되는 성질은?

① 항복점
② 탄성한계
③ 탄성계수
④ 연신율

08 CO_2 가스 아크 용접 시 작업장의 CO_2 가스가 몇 % 이상이면 인체에 위험한 상태가 되는가?

① 1%
② 4%
③ 10%
④ 15%

09 용접할 때 예열과 후열이 필요한 재료는?

① 15mm 이하 연강판
② 중탄소강
③ 18℃일 때 18mm 연강판
④ 순철판

10 용접작업 시 안전에 관한 사항으로 틀린 것은?

① 높은 곳에서 용접작업할 경우 추락, 낙하 등의 위험이 있으므로 항상 안전벨트와 안전모를 착용한다.
② 용접작업 중에 여러 가지 유해가스가 발생하기 때문에 통풍 또는 환기장치가 필요하다.
③ 가연성의 분진, 화약류 등 위험물이 있는 곳에서는 용접을 해서는 안 된다.
④ 가스 용접은 강한 빛이 나오지 않기 때문에 보안경을 착용하지 않아도 괜찮다.

11 60% Cu – 40% Zn 황동으로 복수기용 판, 볼트, 너트 등에 사용되는 합금은?

① 톰백(Tombac)
② 길딩메탈(Gilding Metal)
③ 문쯔메탈(Muntz Metal)
④ 애드미럴티메탈(Admiralty Metal)

12 전기저항 용접 중 플래시 용접 과정의 3단계를 순서대로 바르게 나타낸 것은?

① 업셋 → 플래시 → 예열
② 예열 → 업셋 → 플래시
③ 예열 → 플래시 → 업셋
④ 플래시 → 업셋 → 예열

13 주철 용접 시 주의사항으로 옳은 것은?

① 용접전류는 약간 높게 하고 운봉하여, 곡선비드를 배치하며 용입을 깊게 한다.
② 가스 용접 시 중성불꽃 또는 산화불꽃을 사용하고 용제는 사용하지 않는다.
③ 냉각되어 있을 때 피닝작업을 하여 변형을 줄이는 것이 좋다.
④ 용접봉의 지름은 가는 것을 사용하고, 비드의 배치는 짧게 하는 것이 좋다.

14 고Mn강으로 내마멸성과 내충격성이 우수하고, 특히 인성이 우수하기 때문에 파쇄장치, 기차 레일, 굴착기 등의 재료로 사용되는 것은?

① 엘린바(Elinvar)
② 디디뮴(Didymium)
③ 스텔라이트(Stellite)
④ 해드필드(Hadfield)강

15 용접설계상 주의사항으로 틀린 것은?

① 용접에 적합한 설계를 할 것
② 구조상의 노치부가 생성되게 할 것
③ 결함이 생기기 쉬운 용접방법은 피할 것
④ 용접이음이 한 곳으로 집중되지 않도록 할 것

답안표기란				
08	①	②	③	④
09	①	②	③	④
10	①	②	③	④
11	①	②	③	④
12	①	②	③	④
13	①	②	③	④
14	①	②	③	④
15	①	②	③	④

16 그림과 같은 입체도의 화살표 방향 투시도로 가장 적합한 것은?

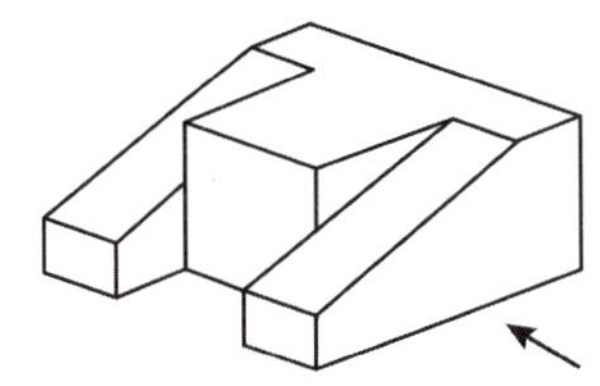

① (도형) ② (도형)
③ (도형) ④ (도형)

17 TIG 용접 및 MIG 용접에 사용되는 불활성 가스로 가장 적합한 것은?

① 수소 가스 ② 아르곤 가스
③ 산소 가스 ④ 질소 가스

18 Al – Si계 합금의 조대한 공정조직을 미세화하기 위하여 나트륨(Na), 수산화나트륨(NaOH), 알칼리염류 등을 합금 용탕에 첨가하여 10 ~ 15분간 유지하는 처리는?

① 시효 처리
② 폴링 처리
③ 개량 처리
④ 응력제거 풀림 처리

19 서브머지드 아크 용접에 관한 설명으로 틀린 것은?

① 장비의 가격이 고가이다.
② 홈 가공의 정밀을 요하지 않는다.
③ 불가시 용접이다.
④ 주로 아래보기 자세로 용접한다.

20 치수 기입법에서 지름, 반지름, 구의 지름 및 반지름, 모떼기, 두께 등을 표시할 때 사용하는 보조기호 표시가 잘못된 것은?

① 두께: D6
② 반지름: R3
③ 모따기: C3
④ 구의 반지름: SR6

21 다음 중 테르밋 용접의 특징에 관한 설명으로 틀린 것은?

① 용접작업이 단순하다.
② 용접기구가 간단하고, 작업장소의 이동이 쉽다.
③ 용접시간이 길고, 용접 후 변형이 크다.
④ 전기가 필요없다.

22 다음 중 탄소강에 망간(Mn)을 함유시킬 때 미치는 영향으로 틀린 것은?

① 고온에서 결정립 성장을 억제시킨다.
② 주조성을 좋게 하여 황(S)의 해소를 감소시킨다.
③ 강의 담금질 효과를 감소시켜 경화능이 감소된다.
④ 강의 연신율을 많이 감소시키지 않고 강도, 경도, 인성을 증대시킨다.

23 MIG 용접의 용적 이행 중 단락 아크 용접에 관한 설명으로 맞는 것은?

① 용적이 안정된 스프레이 형태로 용접된다.
② 고주파 및 저전류 펄스를 활용한 용접이다.
③ 임계전류 이상의 용접전류에서 많이 적용된다.
④ 저전류, 저전압에서 나타나며 박판 용접에 사용된다.

<table>
<tr><th colspan="5">답안표기란</th></tr>
<tr><td>16</td><td>①</td><td>②</td><td>③</td><td>④</td></tr>
<tr><td>17</td><td>①</td><td>②</td><td>③</td><td>④</td></tr>
<tr><td>18</td><td>①</td><td>②</td><td>③</td><td>④</td></tr>
<tr><td>19</td><td>①</td><td>②</td><td>③</td><td>④</td></tr>
<tr><td>20</td><td>①</td><td>②</td><td>③</td><td>④</td></tr>
<tr><td>21</td><td>①</td><td>②</td><td>③</td><td>④</td></tr>
<tr><td>22</td><td>①</td><td>②</td><td>③</td><td>④</td></tr>
<tr><td>23</td><td>①</td><td>②</td><td>③</td><td>④</td></tr>
</table>

24 기계제도에서의 척도에 대한 설명으로 잘못된 것은?

① 척도는 표제란에 기입하는 것이 원칙이다.
② 축척의 표시는 2 : 1, 5 : 1, 10 : 1 등과 같이 나타낸다.
③ 척도란 도면에서의 길이와 대상물의 실제길이의 비이다.
④ 도면을 정해진 척도값으로 그리지 못하거나 비례하지 않을 때에는 척도를 'NS'로 표시할 수 있다.

25 아크 용접의 재해라 볼 수 없는 것은?

① 아크광선에 의한 전안염
② 스패터 비산으로 인한 화상
③ 역화로 인한 화재
④ 전격에 의한 감전

26 용접의 변 끝을 따라 모재가 파여지고 용착금속이 채워지지 않고 홈으로 남아있는 부분을 무엇이라고 하는가?

① 언더컷　　　　② 피트
③ 슬래그　　　　④ 오버랩

27 담금질에 대한 설명 중 옳은 것은?

① 위험 구역에서는 급냉한다.
② 임계 구역에서는 서냉한다.
③ 강을 경화시킬 목적으로 실시한다.
④ 정지된 물속에서 냉각 시 대류단계에서 냉각속도가 최대가 된다.

28 다음 중 담금질에서 나타나는 조직으로 경도와 강도가 가장 높은 조직은?

① 시멘타이트　　② 오스테나이트
③ 소르바이트　　④ 마텐자이트

29 다음 중 다층 용접 시 적용하는 용착법이 아닌 것은?

① 빌드업법
② 캐스케이드법
③ 스킵법
④ 전진블록법

30 다음 중 베어링강의 구비조건으로 옳은 것은?

① 높은 탄성한도와 피로한도
② 낮은 탄성한도와 피로한도
③ 높은 취성파괴와 연성파괴
④ 낮은 내마모성과 내압성

31 2개의 모재에 압력을 가해 접촉시킨 다음 접촉면에 압력을 주면서 상대운동을 시켜 접촉면에서 발생하는 열을 이용하는 용접법은?

① 가스 압접　　　② 냉간 압접
③ 마찰 용접　　　④ 열간 압접

32 수소 함유량이 타 용접봉에 비해서 1/10 정도 현저하게 적고 특히 균열의 감소성이나 탄소, 황의 함유량이 많은 강의 용접에 적합한 용접봉은?

① E4301　　　　② E4313
③ E4316　　　　④ E4324

33 판금작업 시 강판재료를 절단하기 위하여 가장 필요한 도면은?

① 조립도
② 전개도
③ 배관도
④ 공정도

답안표기란				
24	①	②	③	④
25	①	②	③	④
26	①	②	③	④
27	①	②	③	④
28	①	②	③	④
29	①	②	③	④
30	①	②	③	④
31	①	②	③	④
32	①	②	③	④
33	①	②	③	④

34 다음 중 용접기에서 모재를 (+)극에, 용접봉을 (−)극에 연결하는 아크 극성으로 옳은 것은?

① 직류 정극성
② 직류 역극성
③ 용극성
④ 비용극성

35 다음 중 CO_2 가스 아크 용접에 적용되는 금속으로 맞는 것은?

① 알루미늄   ② 황동
③ 연강   ④ 마그네슘

36 다음 배관도 중 "P"가 의미하는 것은?

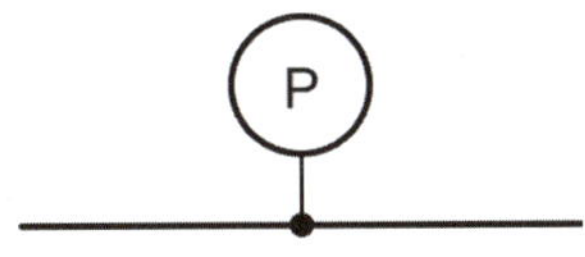

① 온도계   ② 압력계
③ 유량계   ④ 핀구멍

37 연납과 경납을 구분하는 온도는?

① 550℃   ② 450℃
③ 350℃   ④ 250℃

38 도면에 330으로 표시된 기계 재료의 의미로 가장 적합한 설명은?

① 합금 공구강으로 최저 인장강도는 300N/mm^2
② 일반 구조용 압연강재로 최저 인장강도는 300N/mm^2
③ 일반 압연 스테인리스 강관으로 탄소 함유량은 0.33%
④ 압력 배관용 탄소강재로 탄소 함유량은 0.33%

39 다음 중 용접 결함의 보수 용접에 관한 사항으로 가장 적절하지 않은 것은?

① 재료의 표면에 얕은 결함은 덧붙임 용접으로 보수한다.
② 언더컷이나 오버랩 등은 그대로 보수 용접을 하거나 정으로 따내기 작업을 한다.
③ 결함이 제거된 모재 두께가 필요한 치수보다 얇게 되었을 때에는 덧붙임 용접으로 보수한다.
④ 덧붙임 용접으로 보수할 수 있는 한도를 초과할 때에는 결함 부분을 잘라내어 맞대기 용접으로 보수한다.

40 용접금속의 용융부에서 응고 과정의 순서로 옳은 것은?

① 결정핵 생성 → 결정경계 → 수지상정
② 결정핵 생성 → 수지상정 → 결정경계
③ 수지상정 → 결정핵 생성 → 결정경계
④ 수지상정 → 결정경계 → 결정핵 생성

41 헬멧이나 핸드실드의 차광유리 앞에 보호유리를 끼우는 가장 타당한 이유는?

① 시력을 보호하기 위하여
② 가시광선을 차단하기 위하여
③ 적외선을 차단하기 위하여
④ 차광유리를 보호하기 위하여

42 내용적 40.7리터의 산소병에 150kgf/cm^{2}의 압력이 게이지에 표시되었다면 산소병에 들어있는 산소량은 몇 리터인가?

① 3,400   ② 4,055
③ 5,055   ④ 6,105

43 대상물의 보이지 않는 부분의 모양을 표시할 때에 사용하는 선의 종류는?

① 가는 파선
② 가는 2점 쇄선
③ 가는 실선
④ 가는 1점 쇄선

44 산소-아세틸렌 용접에서 표준불꽃으로 연강판 두께 2mm를 60분간 용접하였더니 200L의 아세틸렌 가스가 소비되었다면, 다음 중 가장 적당한 가변압식 팁의 번호는?

① 100번 　　② 200번
③ 300번 　　④ 400번

45 다음에서 설명하고 있는 현상은?

> 알루미늄 용접에서는 사용 전류에 한계가 있어 용접전류가 어느 정도 이상이 되면 청정 작용이 일어나지 않아 산화가 심하게 생기며 아크길이가 불안정하게 변동되어 비드 표면이 거칠게 주름이 생기는 현상

① 번 백(Burn Back)
② 퍼커링(Puckering)
③ 버터링(Buttering)
④ 멜트 백킹(Melt Backing)

46 마그네슘(Mg)의 특성을 설명한 것 중 틀린 것은?

① 비강도가 Al 합금보다 떨어진다.
② 구상흑연주철의 첨가제로 사용된다.
③ 비중이 약 1.74 정도로 실용금속 중 가볍다.
④ 항공기, 자동차 부품, 전기기기, 선박, 광학기계, 인쇄제판 등에 사용된다.

47 납땜에 사용되는 용제가 갖추어야 할 조건으로 틀린 것은?

① 청정한 금속면의 산화를 방지할 것
② 납땜 후 슬래그의 제거가 용이할 것
③ 모재나 땜납에 대한 부식 작용이 최소한일 것
④ 전기저항 납땜에 사용되는 것은 부도체일 것

48 금속재료의 표면에 강이나 주철의 작은 입자(∅0.5mm ~ 1.0mm)를 고속으로 분사시켜, 표면의 경도를 높이는 방법은?

① 침탄법
② 질화법
③ 폴리싱
④ 쇼트피닝

49 TIG 용접에서 직류 정극성을 사용하였을 때 용접효율을 올릴 수 있는 재료는?

① 알루미늄
② 마그네슘
③ 마그네슘 주물
④ 스테인리스강

50 불활성 가스 금속 아크(MIG) 용접의 특징 설명으로 옳은 것은?

① 바람의 영향을 받지 않아 방풍대책이 필요없다.
② TIG 용접에 비해 전류밀도가 높아 용용속도가 빠르고 후판 용접에 적합하다.
③ 각종 금속 용접이 불가능하다.
④ TIG 용접에 비해 전류밀도가 낮아 용접속도가 느리다.

<table>
<tr><th colspan="5">답안표기란</th></tr>
<tr><td>43</td><td>①</td><td>②</td><td>③</td><td>④</td></tr>
<tr><td>44</td><td>①</td><td>②</td><td>③</td><td>④</td></tr>
<tr><td>45</td><td>①</td><td>②</td><td>③</td><td>④</td></tr>
<tr><td>46</td><td>①</td><td>②</td><td>③</td><td>④</td></tr>
<tr><td>47</td><td>①</td><td>②</td><td>③</td><td>④</td></tr>
<tr><td>48</td><td>①</td><td>②</td><td>③</td><td>④</td></tr>
<tr><td>49</td><td>①</td><td>②</td><td>③</td><td>④</td></tr>
<tr><td>50</td><td>①</td><td>②</td><td>③</td><td>④</td></tr>
</table>

51 기계 제작 부품 도면에서 도면의 윤곽선 오른쪽 아래 구석에 위치하는 표제란을 가장 올바르게 설명한 것은?

① 품번, 품명, 재질, 주서 등을 기재한다.
② 제작에 필요한 기술적인 사항을 기재한다.
③ 제조 공정별 처리방법, 사용공구 등을 기재한다.
④ 도번, 도명, 제도 및 검도 등 관련자 서명, 척도 등을 기재한다.

52 산소 용기의 취급 시 주의사항으로 틀린 것은?

① 기름이 묻은 손이나 장갑을 착용하고는 취급하지 않아야 한다.
② 통풍이 잘 되는 야외에서 직사광선에 노출시켜야 한다.
③ 용기의 밸브가 얼었을 경우에는 따뜻한 물로 녹여야 한다.
④ 사용 전에는 비눗물 등을 이용하여 누설 여부를 확인한다.

53 현미경 시험을 하기 위해 사용되는 부식제 중 철강용에 해당되는 것은?

① 왕수
② 염화제2철용액
③ 피크린산
④ 플루오르화수소액

54 금속의 소성변형을 일으키는 원인 중 원자 밀도가 가장 큰 격자면에서 잘 일어나는 것은?

① 슬립　　　② 쌍정
③ 전위　　　④ 편석

55 피복 아크 용접봉의 피복제 작용을 설명한 것 중 틀린 것은?

① 스패터를 많게 하고, 탈탄 정련작용을 한다.
② 용융금속의 용적을 미세화하고, 용착효율을 높인다.
③ 슬래그 제거를 쉽게 하며, 파형이 고운 비드를 만든다.
④ 공기로 인한 산화, 질화 등의 해를 방지하여 용착금속을 보호한다.

56 가용접에 대한 설명으로 틀린 것은?

① 가용접 시에는 본 용접보다도 지름이 큰 용접봉을 사용하는 것이 좋다.
② 가용접은 본 용접과 비슷한 기량을 가진 용접사에 의해 실시되어야 한다.
③ 강도상 중요한 곳과 용접의 시점 및 종점이 되는 끝 부분은 가용접을 피한다.
④ 가용접은 본 용접을 실시하기 전에 좌우의 홈 또는 이음 부분을 고정하기 위한 짧은 용접이다.

57 치수 기입방법이 틀린 것은?

①
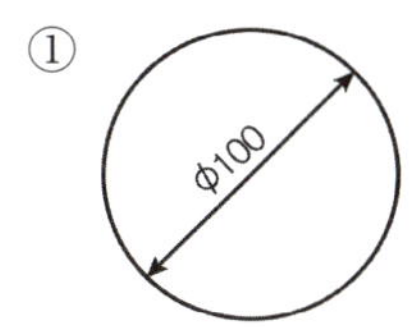

②
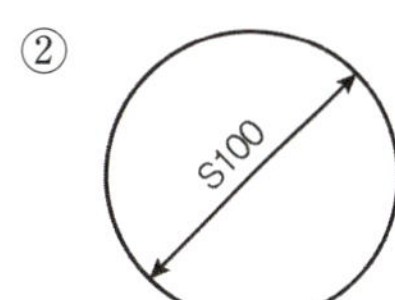

③
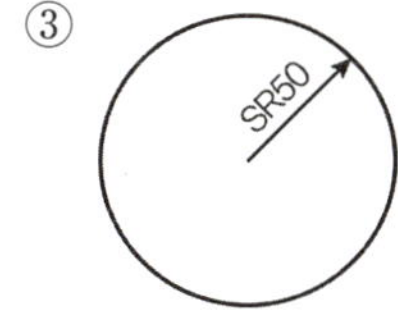

④
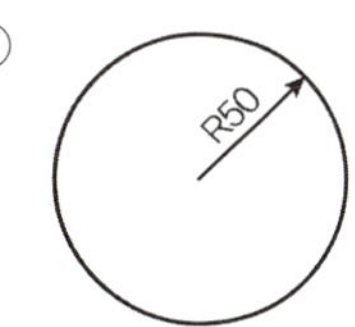

58 다음 중 귀마개를 착용하고 작업하면 안 되는 작업자는?

① 조선소의 용접 및 취부 작업자
② 자동차 조립공장의 조립 작업자
③ 강재 하역장의 크레인 신호자
④ 판금 작업장의 타출 판금 작업자

59 알루미늄 합금의 종류 중 Y합금의 주요 성분으로 옳은 것은?

① Al – Si
② Al – Mg
③ Al – Cu – Ni – Mg
④ Zn – Si – Ni – Mg

60 서브머지드 아크 용접에서 다전극 방식에 의한 분류가 아닌 것은?

① 유니언식
② 횡병렬식
③ 횡직렬식
④ 탠덤식

답안표기란				
58	①	②	③	④
59	①	②	③	④
60	①	②	③	④

Chapter 02

2025년 CBT 기출복원문제
정답 및 해설

2025년 제1회 CBT 기출복원문제

01	02	03	04	05	06	07	08	09	10	11	12	13	14	15	16	17	18	19	20
③	④	③	④	④	②	③	③	③	①	④	③	④	①	④	④	④	④	③	②
21	22	23	24	25	26	27	28	29	30	31	32	33	34	35	36	37	38	39	40
④	③	③	②	④	④	①	①	④	④	②	③	②	②	④	④	②	②	④	④
41	42	43	44	45	46	47	48	49	50	51	52	53	54	55	56	57	58	59	60
①	①	③	③	④	②	④	①	④	②	②	④	①	②	②	③	③	③	①	③

01 빈출 ▶ ③

- 실용금속 중 가장 가벼운 금속은 마그네슘이다.
- 알루미늄은 비중이 약 2.7로 뛰어난 내식성과 가공성을 가지며, 구리에 이어 전기 및 열전도성이 높은 금속이나 공기 중에는 산화피막이 형성된다.

02 빈출 ▶ ④

펄스 반사법: 반사파의 형태를 활용하여 반사되는 신호의 시간 지연으로 결함을 확인한다.

03 ▶ ③

U형 홈은 루트 반지름을 크게 하여 루트부의 응력 집중을 줄이고 아크 접근성을 높여 루트 용입을 확실히 확보한다.

04 빈출 ▶ ④

아크 안정제
전자의 방출을 쉽게 하여 아크를 안정시키는 역할로 산화티탄, 규산칼륨, 규산나트륨, 석회석, 탄산나트륨 등이 있다.

05 빈출 ▶ ④

유지비가 적게 드는 것은 경제적인 관점이며, 용접기를 활용하는데 있어 유지비 절감보다 안정적인 용접 품질확보가 우선되어야 한다.

용접기의 구비조건
- 구조 및 취급이 간단하여 현장 작업자가 쉽게 운용할 수 있을 것
- 사용 중 온도 상승이 적어 효율 저하를 방지할 것
- 전류 조정이 용이하고 안정된 전류를 유지하여 일정한 아크를 유지할 것
- 절연이 완전하고 감전사고를 방지할 것
- 진동, 충격, 습기 등에 견딜 수 있고 현장 환경에 적용이 가능한 내구성을 가질 것

06 ▶ ②

도면에서 선이 겹칠 때 순서
1. 외형선
2. 숨은선
3. 절단선
4. 중심선
5. 무게중심선
6. 치수보조선

07 ▶ ③

애드미럴티 황동(Admiralty Brass)
7 : 3 황동 = Cu 70% - Zn 30%에 Sn 약 1%를 첨가한 합금으로 탈아연 부식 저항과 내해수성이 좋아 복수기(열교환기), 증발기 등에 사용된다.

08 ▶ ③

피복 아크 용접에서 감전사고는 전류가 인체를 통과할 때 발생한다. 절연된 곳에 접촉된 경우는 이미 전류가 통하지 않는 상태이므로 감전이 일어날 수 없어 감전원인이 될 수 없다.

09 빈출 ▶ ③

정전압 특성
전류가 변해도 전압이 거의 일정하게 유지되는 외부 특성으로 가스 금속 아크(GMAW, MIG) 용접과 같은 자동 또는 반자동 용접에서 아크 길이의 자동 안정을 위해 일반적으로 사용된다.

10 빈출   ▶ ①

피닝법
용접 후 비드 표면을 해머 등으로 두드려 인장응력을 완화시키는 방법으로 응력 완화법이다.

11 빈출   ▶ ④

용접 결함의 분류

용접 결함	분류
치수상 결함	변형(Distortion)
	치수 불량: 비드 폭, 덧붙임, 목두께 등의 과부족
	형상 불량: 용접공의 기량 또는 도면 이해 부족으로 형상이 불량한 것
구조상 결함	기공 및 피트(Porosity & Pit)
	융합 불량(LF, Lack of Fusion, Incomplete Fusion)
	용입 부족(IP, Incomplete Penetration)
	언더컷(Under Cut)
	오버랩(Over Lap)
	슬래그 섞임(Slag Inclusion)
	은점(Fish Eye)
	스패터(Spatter)
	균열(Crack)
	라미네이션(Lamination)
성질상 결함	기계적 성질 불량: 연성, 인장 및 피로강도 등
	화학적 성질 불량: 화학성분, 부식 등

12   ▶ ③

미하나이트주철
Fe-Si, Ca-Si, Al 등을 이용하여 접종 처리를 한 주철의 일종으로 흑연의 크기와 분포를 미세화한 제어를 통해 균질한 조직을 얻는 공정 주철이며 강도와 인성을 향상시킨다.

13 빈출   ▶ ④

가스 가우징
가연성 가스(아세틸렌 등)와 산소(O_2)를 이용하여 금속을 녹이는 작업으로 절단 팁 대신 슬로우 다이버전트형 팁을 사용한다.

14 빈출   ▶ ①

산소창 절단
철분(Fe 분말) 또는 용제의 미세 입자를 고압 가스로 분사해 산화열이나 화학반응으로 절단하는 특수 절단법을 말한다.

15   ▶ ④

프랑스식(French Type)
• 절단 팁: 동심형
• 산소와 아세틸렌의 혼합비가 1 : 1 표준불꽃 상에서 1시간에 소비되는 아세틸렌(C_2H_2) 가스의 양

영국식(British Type)
• 절단 팁: 비동심형
• 산소와 아세틸렌의 혼합비가 1 : 1 표준불꽃 상에서 1시간에 소비되는 산소(O_2) 가스의 양

16   ▶ ④

누진 치수 기입법
원점(0)을 두고, 각 위치까지의 거리를 원점으로부터 누적된 값으로 표시한다.

17 빈출   ▶ ④

가연성 가스는 반드시 세워서 보관해야 하며, 눕혀서 보관 시 폭발 및 누출 위험이 매우 커 위험하다.

18 빈출   ▶ ④

고셀룰로오스계 용접봉(E4311)
가스 실드계의 대표적인 용접봉인 E4311은 유기물을 20~30% 포함하며, 비드 표면이 거치나 수직, 상진, 하진 위보기 작업성이 우수하다. 특히, 슬래그 생성계에 비해 용접전류를 높게 사용 시 과전류로 인한 비드 품질이 저하되어 전류를 낮게 사용해야 안정적이다.

19   ▶ ③

원자 수준의 결합 거리(크기)를 나타내는 단위로 옹스트롬 $\mathring{A}(10^{-8}cm)$을 사용한다.

20   ▶ ②

각기둥 또는 원기둥의 전개에서는 평행선을 이용한 전개도법이 가장 적합하다.

21   ▶ ④

AW-500의 경우는 40V의 정격 부하 전압으로 규정된다.

22 빈출   ▶ ③

슬래그의 유동성이 좋고 냉각하기 쉬우면 일반적으로 원활한 가스 배출과 안정적인 표면 보호가 진행되어 기공이 발생하지 않는다.

23 빈출   ▶ ③

용접 차광도 번호
• 가스 용접 및 납땜 시: 2 ~ 4

• TIG 용접 시: 9 ~ 12
• 아크 용접 시: 10 ~ 13

24 ▶ ②

기계제도(ISO/KS)에서는 치수 mm를 기본단위로 기입하고 단위 기호를 생략하며, 숫자 중간에 콤마(,) 같은 자릿수 구분 기호를 넣지 않는다.

25 ▶ ④

초음파 탐상법의 종류
• 투과법: 송신기와 수신기를 활용하여 시험체를 통과할 때 초음파의 감쇠로 결함을 확인한다.
• 펄스 반사법: 반사파의 형태를 활용하여 반사되는 신호의 시간 지연으로 결함을 확인한다.
• 공진법: 연속적으로 변화되는 파장을 보내 두께나 탄성계수를 이용하여 결함을 확인한다.

자화방법의 종류
극간법, 관통법, 전류통전법

26  ▶ ④

아크길이 자기제어 특성
아크 용접에서 전류가 일정할 때 아크전압이 높아지면(아크길이가 길어지면) 용융속도가 느려지고, 아크전압이 낮아지면(아크길이가 짧아지면) 용융속도가 빨라져 아크길이가 일정하게 유지되는 현상을 말한다.

27 ▶ ①

크롬 – 몰리브덴강(Cr – Mo)
Mo 첨가로 담금질성이 높아져서 열간 가공성과 절삭 다듬질 면이 양호하다. 적절한 예열·후열 조건에서 용접성도 양호한 저합금강이다.

28 ▶ ①

아연을 소량 첨가 시 용융점이 약간 낮아지고 유동성이 증가하면 응고 수축에 의한 수축공의 발생이 줄어든다.

29 ▶ ④

용접변형 제어
• 억제법: 지그, 구속으로 변형을 억제하는 방법
• 역변형법: 선 가공법이라고도 하며, 용접 전에 용접 반대 방향으로 미리 휘어놓는 방법
• 도열법: 국부 가열 후 자연 냉각으로 수축을 이용한 방법

30 ▶ ④

초경합금은 WC·TiC·TaC + Co 소결체로 고속도강의 약 2~3배의 경도를 가지고 내마모성이 우수하며 고속 절삭에 적합하다.
적용 분야: 칠드주철, 주강, 비철금속, 유리 등

31  ▶ ②

박판 절단에서는 화염이 집중되고 온도가 높은 아세틸렌이 유리하다.

구분	아세틸렌(C_2H_2)	프로판(C_3H_8)
최고 화염온도 (산소 혼합 시)	약 3,200℃	약 2,900℃
불꽃의 집중도	매우 높아 좁고 뾰족한 불꽃	넓고 완만한 불꽃
연소속도	매우 빠름	느림
절단 특성	박판 절단에 유리 (정밀하고 빠름)	후판 절단에 유리 (가열영역 넓음)
경제성	비싸고 위험성 높음	가격 저렴, 저장 용이

32 ▶ ③

d = 0.8t = 0.8×3.2 = 2.56mm ≒ 2.6mm
t: 판 두께(mm)

33  ▶ ②

가는 2점 쇄선(가상선, Imaginary Line)
도면에서 실제로 존재하지 않는 부분을 표시하거나 절단, 이동, 회전, 가공 전·후 상태 등을 나타내는 선

34  ▶ ②

압접(Pressure Welding)
용접봉이나 모재를 녹여서(용융) 붙이는 '용접'과는 달리, 금속을 녹이지 않고 고체 상태(고상)에서 접합하는 방식으로 대표적으로 저항용접, 마찰 용접, 초음파 용접, 폭발 용접, 냉간 압접 등이 있다.

35 ▶ ④

인코넬: Ni-Cr 초내열합금(니켈합금)으로 고온, 고압 부식환경에서 뛰어난 내구성과 내화학성, 내열성을 가진 합금이다.

36  ▶ ④

배면도(뒤쪽 면)만은 두 방식 모두 정면도의 같은 쪽에 배치하는 것이 원칙이다.

37 ▶ ②

TIG 용접은 청정작용을 통해 산화하기 쉬운 금속(알루미늄, 마그네슘 등)의 용접이 가능하다.

38 빈출 ▶ ②

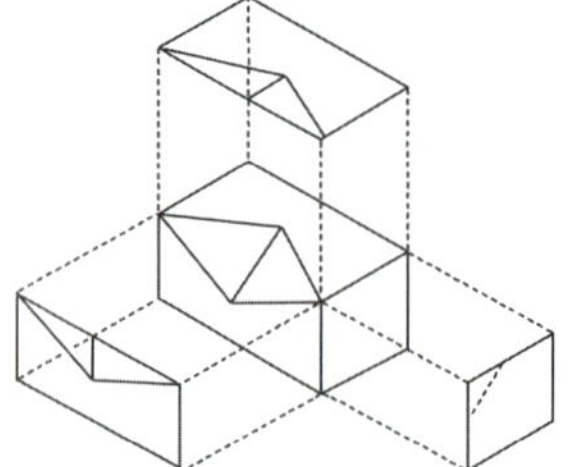

39 빈출 ▶ ④

용접의 특징
• 금속 결합으로 기밀, 수밀, 유밀성이 우수하다.
• 얇은 판부터 두꺼운 판까지 두께에 제한이 없다.
• 조립, 가공 공정이 단순화되어 작업성이 좋다.
• 용접부 절단 제거 시 보수와 수리가 어렵다.
• 용접사의 기술 수준에 따른 숙련도가 요구된다.
• 기상 및 작업 환경 조건에 따른 제한이 발생한다.
• 국부적인 열 집중으로 변형 및 잔류응력이 발생된다.

40 ▶ ④

피복 아크 용접봉은 한쪽 끝을 전극 홀더와의 전기 접촉 및 고정을 위해 약 25mm 정도를 무피복 상태로 둔다.

41 빈출 ▶ ①

가용접 시 본 용접보다 지름이 작거나 동일한 용접봉을 활용하는 것이 작업성이 좋다.

42 빈출 ▶ ①

서브머지드와 GMAW의 와이어 표면에 구리를 얇게 도금한 이유
• 전기전도성 향상: 구리 도금이 전기저항을 낮춰 원활한 전류 전달을 가능하게 한다.
• 방청 및 부식 방지: 강철 와이어는 공기 중에서 쉽게 녹이 발생할 수 있으므로 구리 도금으로 산화를 방지하는 역할을 한다.

43 빈출 ▶ ③

금속간 화합물은 두 종류 이상의 금속 원소가 일정한 원자 비율로 결합하여, 모체가 되는 금속과는 전혀 다른 고유의 결정 구조를 갖는 화합물이다. 모체가 되는 금속과는 전혀 다른 고유의 결정 구조를 갖는 화합물로 결합력이 약하다.

44 ▶ ③

스테인리스강: Cr에 의해 수동피막은 크롬옥사이드를 형성해 내식성이 탁월하여 내산·내해수 등 특수 용도에 가장 널리 사용된다.

45 빈출 ▶ ④

가스 용접(산소 − 아세틸렌)은 가연성·산화성 가스를 사용하므로 폭발·화재 위험이 크고, 불꽃 조절을 잘못하면 탄화(탄화불꽃)나 산화(산화불꽃)가 일어나기 쉽다.

46 빈출 ▶ ②

코발트 Co
대표적인 강자성체로 은백색의 금속 광택을 가지고 있다. 석유 및 수소화 반응의 촉매, 공구 소결재로서 초경합금의 결합재로 사용된다.

47 빈출 ▶ ④

주물은 용접 후 열응력이 발생하게 되며, 이때 응력을 방치하게 되면 균열, 변형, 기공이 발생할 수 있다. 잔류응력을 줄이기 위해서는 후열처리를 진행해야 하며 급랭 시에는 열응력이 확대되어 균열 발생이 더 잘 이루어진다.

48 ▶ ①

황(S): 강의 가공성 향상과 강의 인성 감소 및 적열취성 발생

49 ▶ ④

C = 905×(A−B)
　= 905×(50−47) = 2,715L
A: 병 전체 무게
B: 빈병 무게

50 ▶ ②

단단하고 좌굴에 강한 와이어는 급전 경로에 약간의 굴곡(커브)이 있어도 송급 안정성을 유지할 수 있다.

51 ▶ ②

치수 기입 보조기호 표준에 따라 두께는 t로 표현한다.

52 빈출 ▶ ④

용접전류
용접 시 용융금속의 양과 용입 깊이를 결정하며, 전류가 너무 낮으면 용입 불량, 너무 높으면 와이어의 용융속도가 빨라져 언더컷, 스패터 증가 등의 결함이 발생한다.

용접전압
용접 시 아크길이와 비드 폭을 결정하며, 전압이 너무 낮으면 스패터가 증가하고 용입이 부족해지며, 너무 높으면 보호가스가 분리되어 산소 또는 질소 혼입으로 아크가 불안정하고 기포가 발생하게 된다.

53 ^{빈출} ▶ ①

- 재질(Material)은 도면의 표제란 필수항목이 아니라 선택항목이다.
- 표제란(Title Block): 도면의 하단 또는 우측 하단에 위치하며, 도면의 식별 정보를 명확히 표시하는 공간을 말한다.
- 필수 표제: 도명, 도면 번호, 척도, 투상법, 작성일자, 작성자(검토자) 등

54 ▶ ②

- 텅갈로이는 탄화텅스턴계 초경합금으로 온도의 변화에 따라 성질이 변화한다.
- 불변강: 인바, 엘린바, 코엘린바, 플라티나이트

55 ▶ ②

전자 빔 용접(EBW)은 고에너지 전자 빔을 진공에서 집속해 국부 가열하는 장치로, 고진공장치·고전압 가속계·빔 제어계 등 설비가 복잡해 설비비가 큰 공정이다.

56 ▶ ③

수중 절단 작업 시 예열가스의 양을 공기 중 대비 약 4~8배로 잡는다.

57 ^{빈출} ▶ ③

SPP: 배관용 탄소강관

58 ^{빈출} ▶ ③

주철을 약 600℃ 이상에서 가열·냉각을 반복하면, 조직 내 흑연화가 진행되어 부피가 증가한다.

59 ▶ ①

마그네슘의 융점: 약 650℃

60 ^{빈출} ▶ ③

텅스텐 전극봉의 색상별 종류

재질	색상	특징
순텅스텐	녹색	알루미늄 용접에 주로 많이 사용되며, 연마를 하지 않아도 용접이 가능한 장점이 있음
1% 토륨	노랑	철, 스테인리스, 크롬강 등에 사용되며 전극의 수명 긺
2% 토륨	빨강	1% 토륨보다 전자 방출이 높고, 전극 수명이 길며 용접 아크 안정성 우수함. 토륨 방사능 성분을 사용하므로 주의 필요
1% 란탄	흑색	단락에 대한 저항성이 강하고, 전자 방출률이 높으며 수명이 긺
1.5% 란탄	금색	모든 금속 용접이 가능하며, 우수한 용접성을 가지고 있음
2% 란탄	하늘색	모든 금속 용접이 가능하며, 우수한 용접성을 가지고 있음
지르코니아	갈색 / 백색	교류 용접을 이용한 알루미늄 용접에서 우수한 용접성을 보임
세륨	회색	저전류 용접에 사용됨

2025년 제2회 CBT 기출복원문제

01	02	03	04	05	06	07	08	09	10	11	12	13	14	15	16	17	18	19	20
①	②	③	③	③	④	①	③	②	③	①	①	②	③	①	①	①	②	④	④
21	22	23	24	25	26	27	28	29	30	31	32	33	34	35	36	37	38	39	40
②	④	④	①	③	②	②	④	①	①	④	④	①	①	③	②	③	③	②	②
41	42	43	44	45	46	47	48	49	50	51	52	53	54	55	56	57	58	59	60
④	④	①	①	①	①	③	②	④	①	④	④	②	③	②	③	②	①	③	④

01 빈출 ▶ ①

담금질 시 강을 고온에서 가열한 후 급속 냉각시켜 경화를 유도하는 공정으로 조직 변화는 반드시 변태점을 기준으로 일어난다.

02 빈출 ▶ ②

- 지름 $D = 10cm$
- 반지름 $r = 5cm$
- 단면적 $A = \pi r^2 = \pi(5)^2 = 25\pi cm^2$

$$\sigma = \frac{P}{A} = \frac{8,000}{25\pi} = 101.86 ≒ 102kgf/cm^2$$

03 빈출 ▶ ③

큰 수축이 먼저 발생하면 구조물의 변형 방향이 고정되어 이후 작은 수축이 이를 상쇄하기 때문에 수축이 큰 이음을 먼저, 수축이 작은 이음을 나중에 용접한다.

04 ▶ ③

프로젝션 용접은 접합할 모재의 한쪽 면에 미리 돌기를 만들어, 이 돌기 부분에 전류와 가압력이 집중되도록 하여 용접하는 방식으로 겹치기 저항 용접에 해당한다.

05 빈출 ▶ ③

가스 가우징(Oxy-Fuel Gouging)
용접부 뒷면 가우징(따내기), 표면 결함 제거, U 또는 H형 용접 홈 가공을 위해 사용되는 방법으로 전용 가우징 팁으로 산소를 집중 분사해 가공하며 스테인리스강 및 비철금속(알루미늄, 구리 등)은 절단이 불가능하다.

06 빈출 ▶ ④

배관의 끝 부분을 나타내는 기호

기호	이름
—⊣	막힌 플랜지
—⊃	용접식 캡
—⊐	나사박음식 캡

07 ▶ ①

콜슨(Corson) 합금
Cu − Ni − Si계 합금은 강도와 전기전도도 등이 우수하여 통신선, 전화선, 스위치 접점 등에 사용한다.

08 ▶ ③

위보기 자세(OH)는 작업효율이 가장 낮으며, 용착효율 등의 비용이 증가하여 비효율적인 방법이다.

09 ▶ ②

이온화 경향은 금속이 용액 중에서 전자를 잃고 양이온이 되어 산화되려는 경향으로 $K > Cr > Sn > H$ 순서이다,

10 빈출 ▶ ③

알루미늄은 산소 친화력이 커서 용접 시 공기 중 산소와 결합하여 Al_2O_3(산화알루미늄) 막을 형성할 수 있다. 이에 가스 용접 시 용접봉에 탈산 작용을 도와주는 인(P)을 첨가하여 산화막 생성을 억제한다.

11 빈출 ▶ ①

용접부의 용입 깊이, 냉각속도(미세조직·경도), 잔류응력·변형, 결함(기공·균열) 발생 가능성까지 대부분을 1차적으로 좌우하는 열적 변수는 입열량이다.

12 빈출 ▶ ①

일반 열처리

열처리명	효과
풀림	내부 응력 제거, 연성 향상
불림	조직 균질화, 기계적 성질 개선
담금질	경도·강도 증가
뜨임	담금질 후 인성 회복, 잔류응력 제거

13 빈출 ▶ ②

홀더나 용접봉은 맨손으로 만지는 것을 피하고 절연장갑을 착용해야 하며, 홀더는 전선이 노출된 곳이 없이 절연이 잘 되어 있어야 한다.

14 ▶ ③

아세틸렌 1L(15℃, 1kgf/cm^2)의 무게는 약 1.176g으로 공기보다 가볍다.

15 ▶ ①

운봉(Weaving)
- 용접 시 아크를 일정한 패턴으로 좌우 또는 전후로 움직임을 가지고 비드의 모양과 용입 깊이를 조절하는 방법으로 운봉 방법에 따라 비드 형상, 용입, 열분포가 달라진다.
- 직선비드: 70~80° 기울기, 90° 좌우, 박판 및 이면 비드용

16 빈출 ▶ ①

- 가는 실선: 치수선, 치수보조선, 지시선, 중심선, 해칭선, 수준면선 등
- 가는 파선 또는 굵은 파선: 숨은선
- 가는 1점 쇄선: 중심선, 기준선, 피치선
- 굵은 실선: 외형선

17 빈출 ▶ ①

- 언더컷: 용접 비드의 가장자리에 모재가 과도하게 녹아 파여지는 형상으로 용융금속이 충분히 채워지지 않아 홈이 생기는 결함을 말한다.
- 피트: 표면의 작은 구멍으로 가스 또는 기공 자국이 발생한다.
- 슬래그: 용착금속이 형성되는 과정에서 생기는 부산물로 주로 금속 산화물이나 이산화규소 등으로 구성된다.
- 오버랩: 용착금속이 모재와 융합되지 않은 채 모재 위로 단순히 덮이거나 둥근 턱처럼 튀어나온 상태이다.

18 빈출 ▶ ②

- 스테인리스강은 크롬(Cr) 함량이 약 12% 이상 포함된 합금강으로 페라이트계, 마텐자이트계, 오스테나이트계, 석출경화형 등이 있다.
- 레데뷰라이트는 주철이나 고탄소강에서 나타나는 공정조직의 명칭으로 스테인리스강의 조직과는 관련이 없다.

19 ▶ ④

T형 필릿 모재는 3차원 다중으로 가장 큰 열용량과 연결되어 냉각속도가 가장 크다.

20 빈출 ▶ ④

일반 구조용 압연강재(SS400)의 표시에서 400은 최저 인장강도 400N/mm^2(= MPa)를 의미한다.

21 ▶ ②

안전보건표지의 색채, 색도기준 및 용도

색채	색도기준	용도	사용례
빨간색	7.5R 4/14	금지	정지신호, 소화설비 및 그 장소, 유해행위의 금지
		경고	화학물질 취급장소에서의 유해·위험 경고
노란색	5Y 8.5/12	경고	화학물질 취급장소에서의 유해·위험 경고 이외의 위험 경고, 주의표지 또는 기계방호물
파란색	2.5PB 4/10	지시	특정 행위의 지시 및 사실의 고지
녹색	2.5G 4/10	안내	비상구 및 피난소, 사람 또는 차량의 통행표지
흰색	N9.5	–	파란색 또는 녹색에 대한 보조색
검은색	N0.5	–	문자 및 빨간색 또는 노란색에 대한 보조색

22 ▶ ④

섬유강화 금속에서 비금속계 강화섬유는 보통 세라믹계(SiC, Al$_2$O$_3$, B$_4$C 등)나 탄소섬유 등이 있다.

23 빈출 ▶ ④

후진법은 토치가 용착금속(용융지) 쪽을 향하며 진행 방향과 반대로 비추면서 나아가 깊은 용입, 빠른 진행 속도로 비드 조직이 비교적 치밀하고 양호하여 안정적인 용접성을 가진다.

24 ▶ ①

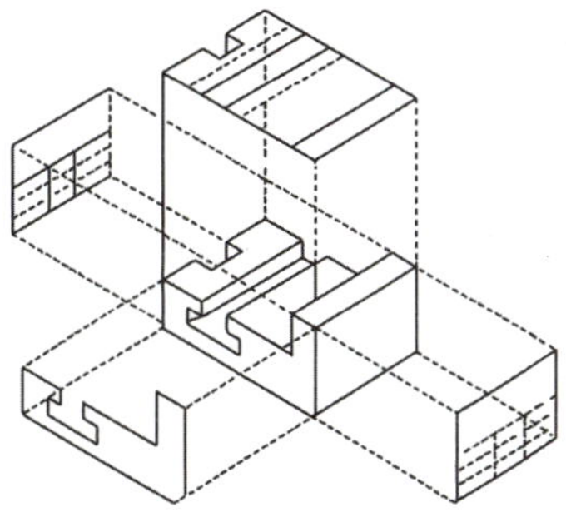

25 빈출 ▶ ③

산화불꽃: 짧고 밝은 청색 불꽃으로 산소과다 불꽃이라고 하여 약 3,400℃의 온도를 가진다. 주로 황동, 구리 등의 용접에 사용된다.

26 ▶ ②

강의 표면에 질소(N$_2$)를 침투시켜 질화물을 형성함으로써 표면 경도를 높이는 방법은 질화법(Nitriding)이다.

27 ▸ ②

오스테나이트계 스테인리스강은 특히 고온균열에 취약하며, 크레이터 처리인 끝 맺음을 하지 않을 경우 수축응력이 집중되어 크레이터 균열이 쉽게 발생한다.

28 빈출 ▸ ④

조밀육방격자는 HCP(Hexagonal Close-Packed)로 Ti, Be, Mg, Zn, Cd, Co 등이 있으며, 배위수는 12개, 단위 격자당 원자 수는 2개로 구성된다.

29 ▸ ①

화재의 분류

등급	종류	표시색	내용
A급	일반화재	백색	목재, 섬유, 고무류, 합성수지 등
B급	유류화재	황색	인화성 액체 등 기름 성분인 것
C급	전기화재	청색	통전 중인 전기설비 및 기기의 화재
D급	금속화재	무색	금속분, 박 등의 금속화재

30 ▸ ①

고탄소강은 경도와 내마모성이 우수하며 공구 절삭날 등에 사용되어지나 취성으로 인한 가공성이 좋지 않다.
- 저탄소강: 탄소 함유량 0.25% C 미만 강철
- 중탄소강: 탄소 함유량 0.25 ~ 0.6% C 미만 강철
- 고탄소강: 탄소 함유량 0.6 ~ 1.6% C 강철

31 빈출 ▸ ④

일렉트로 슬래그 용접(ESW)은 용융 슬래그의 전기저항열로 용접하는 공정으로 와이어의 송급속도에 맞춰 전압을 일정하게 유지해 주는 정전압형이 적합하다.

32 빈출 ▸ ④

산소 – 아세틸렌 가스의 불꽃 구성

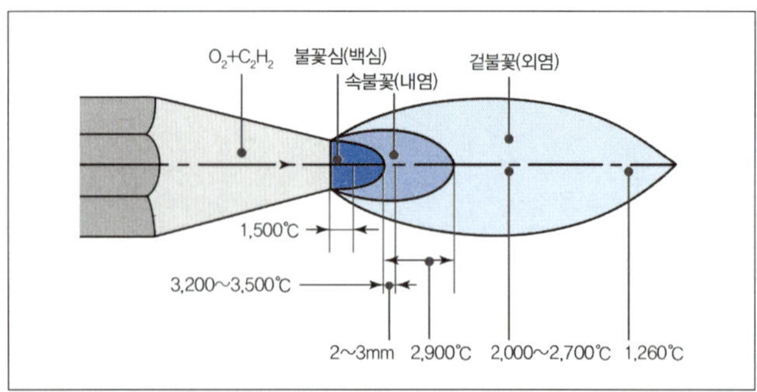

33 빈출 ▸ ①

한쪽 단면도

대칭인 물체의 내부와 외부를 동시에 보여주기 위해 사용하는 도면법으로 중심선을 기준으로 한쪽은 내부를 보여주고 다른 한쪽은 외부를 보여주는 외형도로 나타낸다.

34 ▸ ①

- 부탄: C_4H_{10}
- 프로판: C_3H_8
- 펜탄: C_5H_{12}
- 에탄: C_2H_6
- 아세틸렌: C_2H_2

35 ▸ ③

마우러 조직도는 주철의 총 탄소(C)와 규소(Si) 함량을 축으로 한다.

36 빈출 ▸ ②

제도의 선 굵기 상대비율

아주 굵은 선 : 굵은 선 : 가는 선 = 4 : 2 : 1

37 ▸ ③

알루미늄(Al)

비중 2.7, 용융점 660℃이며, 가볍고 전연성이 우수하고 구리보다 낮은 전기전도성을 가진다. 순도가 높을수록 약해지고 연해져 기계적 성질이 낮은 금속 중 하나이다.

38 ▸ ③

치수 기입

현의 길이는 현에 수직으로 치수보조선을 긋고 현에 평행한 치수선을 사용하여 표시한다. 원호의 길이는 현과 같은 치수보조선을 긋고 그 원호와 같은 중심의 원호를 치수선으로 하며, 치수 수치의 위에 원호를 표시하는 기호(⌒)를 붙인다.

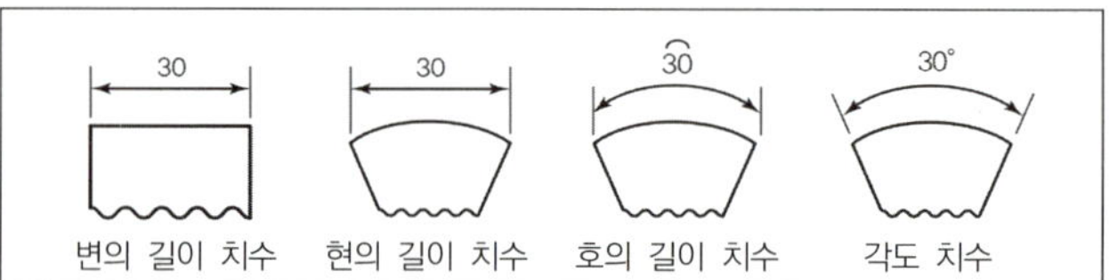

39 ▸ ②

규소(Si)는 용융금속 내에서 탈산제로 작용하며 기공의 발생을 방지한다. 하지만 지나치게 많을 경우 연신율과 굽힘성이 떨어진다.

40 ✈빈출 ▶ ②

굽힘시험
유압기계를 활용하여 시험편을 눌러 구부림으로써 시험하는 방법으로 표준 굽힘 각도는 180°를 기준으로 한다.

41 ▶ ④

심 용접의 종류: 맞대기 심 용접, 매쉬 심 용접, 포일 심 용접
심 용접(Seam Welding)은 저항 용접(Resistance Welding)의 일종으로 두 장의 판을 연속적으로 이어붙이는 용접법(압접)이다. 원판형 롤러 전극을 회전시켜 끊김없는 연속 용접선(비드)을 만든다.

42 ▶ ④

안전모의 기능

기호	용도	주요 기능
A형	추락, 낙하, 비래 방지	일반 산업용(건설, 제조 등)
B형	전기 감전 방지	절연용 안전모
E형	추락 및 전기 감전 방지 (A+B 복합 기능)	–
C형	충돌 · 마찰 · 접촉 방지(경량용)	–
G형	화학물질, 열로부터 보호(방열용)	–

43 ✈빈출 ▶ ①

단독형체(개별형체) 공차
해당 형상 자체에만 적용되는 형상 공차로 진직도, 평면도, 진원도(원통도 포함) 등이 여기에 속한다.

44 ▶ ①

정류기형은 남는 맥동 직류가 있어 완전한 직류를 얻을 수 없으나, 회전부가 없으므로 소음이 적고 보수와 점검이 쉬운 것이 장점이다.

45 ✈빈출 ▶ ①

아세틸렌(C_2H_2)은 구리(Cu)와 반응하여 다음과 같은 폭발성 물질을 만든다.

$$2Cu + C_2H_2 \rightarrow Cu_2C_2 + H_2$$

순구리관은 절대 사용 금지이며, 일반적으로 탄소강관 또는 스테인리스강관을 사용한다.

46 ✈빈출 ▶ ①

탄소 함량이 많을수록 경도와 강도가 높아지지만 연성과 인성은 떨어져 가공변형이 어렵다.
② 내식성 향상은 Cr, Ni 등의 합금원소가 증가될 때 향상된다.

③ 아공석강은 탄소가 많을수록 인장강도가 증가한다.
④ 아공석강은 탄소가 많을수록 경도가 증가한다.

47 ▶ ③

뒷댐재(Backing)는 용접 이면 비드 형성을 돕는 장치로, CO_2 가스 아크 용접에서 주로 사용된다. 이면(뒷면)에 용융금속이 흘러내리지 않게 받쳐주어 비드 형성을 안정화하는데 목적을 가진다.

48 ▶ ②

구상흑연주철은 자동차 주물 및 특수 기계 부품에 널리 사용되며, 일반 회주철에 소량의 마그네슘(Mg), 세륨(Ce), 칼슘(Ca) 등을 첨가하면 흑연의 모양이 둥근 구상형으로 변하며 인성과 연성이 크게 향상된다.

49 ✈빈출 ▶ ④

초음파 탐상법(UT)
- 금속이나 비금속 재료 내부의 결함(기공, 균열, 박리 등)을 고주파 초음파(약 1 ~ 10MHz)를 이용해 검사하는 비파괴검사 기법으로 펄스 반사법이 가장 널리 사용된다.
- 초음파를 이용하므로 투과 능력이 크기 때문에 두꺼운 재료 검사에도 적합하다.

50 ✈빈출 ▶ ①

정극성 DCSP(Direct Current Straight Polarity)
- 용접봉(−), 모재(+)
- 용입 깊고, 비드 폭이 좁다.

역극성 DCRP(Direct Current Reverse Polarity)
- 용접봉(+), 모재(−)
- 용입 얕고, 비드 폭이 넓다.
- 박판, 주철, 고탄소강, 합금강 등에 사용된다.

51 ✈빈출 ▶ ④

- SPP: 일반 배관용 탄소강관
- STK: 일반 구조용 탄소강관

52 ✈빈출 ▶ ④

용접봉의 용융속도
일정 시간 동안 용접봉이 얼마나 빠르게 소모되는지를 나타내는 지표로 단위 시간당 소비되는 용접봉의 길이(양)를 말한다.

53 ✈빈출 ▶ ②

균열은 끝단까지 완전히 제거한 뒤 재용접을 해야 한다.

54 빈출   ▶ ③

소르바이트(Sorbite)

스프링강은 일반적으로 탄소강(C 0.6~0.7%)이며, 담금질(830~860℃)로 오스테나이트(Austenite)를 급냉시켜 마텐자이트(Martensite) 조직이 형성되며, 뜨임(450~600℃) 일부 탄소가 확산하여 시멘타이트(Fe_3C)가 석출되고 마텐자이트가 분해되어 소르바이트(Sorbite) 조직이 형성된다.

55   ▶ ②

아르곤(Argon, Ar)

- 기체 비율(공기 중): 약 0.94%
- 기체 종류: 불활성 가스
- 성질: 무색, 무취, 무미, 무독성

56   ▶ ③

V형 맞대기 이음에서 루트 간격이 설계보다 5mm 이상 과대하게 벌어진 경우 모재 모서리를 덧살올림(버터링) 용접으로 보강 후 홈을 다시 가공해 규정 간격을 맞춰서 진행한다.

57 빈출   ▶ ②

원통(원기둥)은 생성선이 서로 평행이므로, 표면 전개 시 평행선 전개법이 가장 적합하다.

58 빈출   ▶ ①

용접전류

용접 시 용융금속의 양과 용입 깊이를 결정하며, 전류가 너무 낮으면 용입 불량, 너무 높으면 언더컷, 스패터 증가 등의 결함이 발생한다.

59 빈출   ▶ ③

주철은 강보다 용융 온도가 낮아 유동성이 좋으며 복잡한 형상의 주조에 유리하다.

60 빈출   ▶ ④

안정적인 무부하 전압을 최소로 하면 감전 위험이 줄어든다.

2025년 제3회 CBT 기출복원문제

01	02	03	04	05	06	07	08	09	10	11	12	13	14	15	16	17	18	19	20
④	②	②	④	②	②	③	④	②	②	③	③	②	④	②	④	④	①	①	④
21	**22**	**23**	**24**	**25**	**26**	**27**	**28**	**29**	**30**	**31**	**32**	**33**	**34**	**35**	**36**	**37**	**38**	**39**	**40**
③	④	③	④	③	④	④	②	②	①	②	③	④	①	②	①	④	②	④	③
41	**42**	**43**	**44**	**45**	**46**	**47**	**48**	**49**	**50**	**51**	**52**	**53**	**54**	**55**	**56**	**57**	**58**	**59**	**60**
①	①	②	③	④	③	④	③	②	③	②	③	④	④	④	①	①	①	③	②

01 ▶ ④

가스 침탄 후 담금질이 가능하다.

02 빈출 ▶ ②

TIG 용접은 비소모성 텅스텐 전극봉과 불활성 가스(Ar, He)를 사용하여 아크열로 금속을 용융시키는 용접법이다.

03 빈출 ▶ ②

고산화티탄계 피복 아크 용접봉(E4313)

• 피복제에 산화티탄(TiO_2)이 약 35% 내외로 포함되어 있으며, 아크가 안정적이고 스패터가 적다.
• 일반 경구조물 및 박판 용접에 많이 사용되고 유동성이 좋은 슬래그를 형성하며, 냉각 시 쉽게 박리되어 비드 표면이 고른 장점을 가지나, 고온 균열이 발생할 수 있다.

04 빈출 ▶ ④

• CO_2는 고온의 아크열에 의해 일산화탄소(CO)와 산소(O)로 분해되어 용융금속과 화학반응을 일으키는 가스이다.
• 대표적인 불활성 가스: Ar, He, Ne 등

05 ▶ ②

루트 간격은 너무 크면 수축 변형·균열 등의 위험이 증가한다.

06 ▶ ②

지름(D)이 같은 두 원기둥이 직각으로 만날 때, 그 접점들이 이루는 상관선은 평면상에서 실선 형태의 직선으로 나타낸다.

07 ▶ ③

청열메짐
200~300℃에서 질소·탄소의 변형 시효가 진행됨에 따라 연성이 저하되고 취성이 증가하며, 산화막이 얇게 형성되어 푸른색(청색)의 착색이 나타나는 현상이다.

08 빈출 ▶ ④

구분	전진법 (Forward Welding)	후진법 (Backward Welding)
용접봉 위치	불꽃 앞쪽	불꽃 뒤쪽
불꽃의 진행 방향	불꽃이 진행 방향과 같은 방향	불꽃이 진행 방향의 반대 방향
화염의 작용	불꽃이 미리 모재를 예열하지 못해 용접부 보호가 작아져 산화가 발생하기 쉬움	불꽃이 이미 용착된 금속 위를 지나 예열 효과가 커져 산화 발생이 감소함
용접 속도	느림	빠름
용입 깊이	얕음	깊음
용착금속 조직	거침	미세함
적용 두께	얇은 판 (약 3mm 이하)	두꺼운 판 (3mm 이상)

09 ▶ ②

• 단면적 $A = \dfrac{\pi D^2}{4} = \dfrac{\pi \times (15)^2}{4} = 176.71\,mm^2$

• 인장강도 $\sigma = \dfrac{P}{A} = \dfrac{5,200}{176.71} = 29.4\,kgf/mm^2$

10 빈출 ▶ ②

과다 용접은 용접량·입열·변형·잔류응력·원가를 불필요하게 키우므로 요구 및 강도, 설계하중 등을 만족하는 최소 길이로 계획해야 한다.

11 ▶ ③

일렉트로 슬래그 용접(ESW)
매우 두꺼운 판(후판)을 단 한 번의 패스로 단층 용접할 수 있으며, 수직으로 용접부를 올리기 위한 대형 이송장치(캐리지), 용융금속이 새지 않도록 막아주는 수랭식 구리판, 대용량 전원장치 등이 필요한 매우 비싸고 복잡한 설비이다.

12 ▶ ③

하이드로날륨(Hydronalium)
Al – Mg계 합금(알루미늄 약 95%, 마그네슘 약 3 ~ 5%)으로 뛰어난 내해수성, 내식성, 성형성(연신율)을 가지고 있다. 이름 속 Hydro + Aluminum에서 물이나 해수에 강한 알루미늄을 뜻하는 것을 알 수 있으며 선박용 재료, 화학기기, 조리용 기기 등에 활용된다.

13 빈출 ▶ ②

서브머지드 아크 용접(SAW)
용접부를 용제(Flux)로 덮은 상태에서 아크를 발생시켜 용접하는 방식으로 잠호 용접, 불가시 용접, 유니언 멜트 용접이라고도 한다. 아크와 용융금속이 대기와 차단되므로 산화가 방지되고 용입이 깊으며 자동 용접으로 생산성이 우수하다.

14 ▶ ④

콜슨합금은 구리(Cu)에 3 ~ 5%의 니켈(Ni)과 약 1%의 규소(Si)를 첨가한 Cu – Ni – Si계 합금으로 C합금이라고도 하며, 전기적 전도성과 기계적 강도가 높은 고전도 합금이다.

15 빈출 ▶ ②

피복제의 역할
• 슬래그 형성 및 용착금속의 보호: 슬래그층의 형성으로 냉각속도를 완화하여 표면을 보호한다.
• 아크 안정 작용: 아크를 안정시켜 용접작업을 용이하게 한다.
• 합금원소 공급: 용착금속의 기계적 성질을 개선한다.
• 스패터 감소 및 절연 작용: 피복층의 전기 절연기능과 함께 전류를 조정하여 스패터를 감소시킨다.

16 빈출 ▶ ④

밸브 및 콕 몸체의 표시방법

밸브·콕의 종류	그림 기호	밸브·콕의 종류	그림 기호
밸브 일반	▷◁	앵글 밸브	
게이트 밸브	▷◁	3방향 밸브	▷◁
글로브 밸브	▶●◁	안전 밸브	
체크 밸브	▷◀ 또는		
볼 밸브	▷◁	콕 일반	▷◁
버터플라이 밸브	▷◁ 또는		

17 ▶ ④

납땜의 가열방법
가스 가열, 전기저항 가열, 고주파 가열 등

납땜(Soldering / Brazing)
모재는 녹이지 않고 납땜재만 녹여서 모세관 현상으로 결합시키는 공정을 말한다. 대표적인 구분은 연납과 경납으로 450℃ 온도 기준으로 분류한다.

18 빈출 ▶ ①

흑연 등의 영향으로 인장강도는 약하고 압축강도가 강한 재료이다.

19 빈출 ▶ ①

$$사용률(\%) = \frac{아크시간}{아크시간 + 휴식시간} \times 100$$

→ 아크시간 = 0.4 × 10 = 4분

20 빈출 ▶ ④

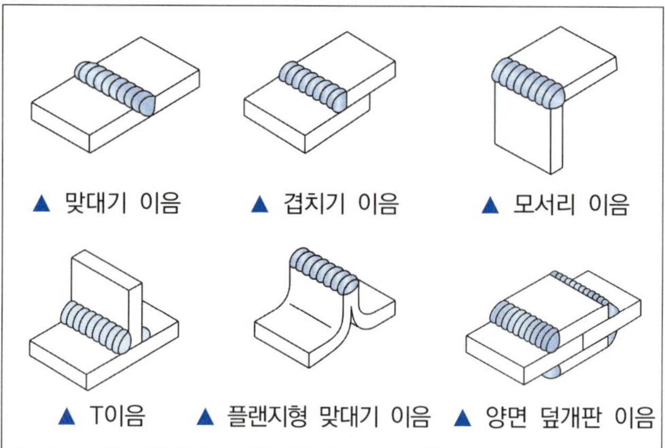

21 ▶ ③

10~15L/min: 실내·무풍 조건의 저전류 영역 표준 권장치에 해당하여 가장 안정적이다.

22 ▶ ④

베빗메탈은 주석(Sn)·안티몬(Sb)·구리(Cu) 등을 주성분으로 한 베어링 합금이다.

23 빈출 ▶ ③

가동 코일형
가동 핸들로 1차 코일을 상하 이동시켜 2차 코일과의 간격(결합계수)을 바꾸어 2차 전류를 조정하는 방식이다.

24 ▶ ④

한쪽 단면도

대칭인 물체의 내부와 외부를 동시에 보여주기 위해 사용하는 도면법으로 중심선을 기준으로 한쪽은 내부를 보여주고 다른 한쪽은 외부를 보여주는 외형도로 나타낸다.

25 ▶ ③

용기 내의 총 산소량 = 기압 × 내용적
$= 150kgf/cm^2 \times 40.7L = 6,105L$

26 ▶ ④

플라즈마 절단은 고온의 이온화된 가스를 활용하여 금속을 용융·절단하는 방법으로, 절단 온도는 10,000~20,000℃까지의 열원을 가진다.

27 ▶ ④

오스테나이트계 스테인리스강은 용접 후 응고 온도가 높은 상태에서 구속력이 강해져 용입부나 용접금속에 균열이 생기는데, 이때 고온 균열을 방지하고 구속력이 강해진 상태에서 사용하기 위해서는 망간과 니켈, 크롬이 함유된 용접봉을 활용한다.

28 ▶ ②

쾌삭강(快削鋼)

절삭가공(선반, 밀링 등) 시 절삭저항을 줄이고, 공구 마모를 감소시키기 위해 절삭성이 향상되도록 특수 원소(P, S, Pb 등)를 첨가한 강이며, 잘 깎이는 강으로 쾌삭강이라 한다.

29 ▶ ②

$d = 0.8t = 0.8 \times 6 = 4.8mm \approx 4mm$
t: 모재 두께(mm)

30 ▶ ①

열간가공과 냉간가공의 구분 기준은 해당 금속의 재결정 온도이다.

31 ▶ ②

핫스타트(Hot Start)장치

아크 시작 순간에 일시적으로 전류를 크게 올려주어 불순물이 있는 상태에서도 아크 점화를 안정적으로 쉽게 해주는 역할을 한다.

32 ▶ ③

용접부의 강도와 신뢰성을 확보하기 위해서는 용가재(용접봉)를 통해 첨가되는 금속의 성질이 모재와 동등하거나 그 이상의 성질을 가져야 한다.

33 ▶ ④

가스킷은 굵은 실선으로 표현해야 한다.

34 ▶ ①

저수소계 용접봉(E4316)

• 주성분: 석회석($CaCO_3$), 형석(CaF_2), 소량의 Fe 분말
• 수소 함량: 일반 용접봉의 약 1/10 수준
• 건조 조건: 300~350℃의 고온에서 1~2시간 건조

35 ▶ ②

질량 효과

• 단면 두께(질량)가 커질수록 담금질 등의 열처리 결과(경도·조직)가 급격히 나빠지는 현상을 말한다.
• Ni, Cr, Mo, Mn 등의 합금원소를 첨가하면 담금질성이 높아져 질량 효과가 작아지게 된다.

36 ▶ ①

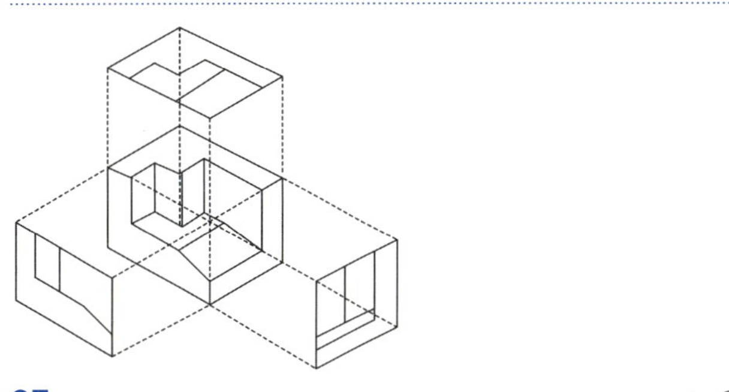

37 ▶ ④

TIG 용접은 동일한 전극봉 크기로 더 넓은 전류범위의 사용이 가능하여 유연성이 높고, 고주파 교류 전원(AC – HF)을 사용하면 아크의 안정성과 청정작용이 크게 향상된다.

38 ▶ ②

용접 구조용 압연 강재

교량, 건축물, 플랜트 구조물, 탱크, 기계 구조물 등에서 용접성·인성·가공성이 요구되는 부분에 사용된다.

39 ▶ ④

알루미늄 합금은 예열이 불필요하며, 필요에 따라서 50~70℃ 예열을 하고 구리 합금의 경우 200~400℃ 정도의 예열이 필요하다.

40 ▶ ③

투상법

구분	제1각법 (First-Angle)	제3각법 (Third-Angle)
투상 위치	물체가 투상면 앞쪽	물체가 투상면 뒤쪽
도면 배치법칙	좌우·상하가 실제와 반대	좌우·상하가 실제와 같음
평면도(윗면도)	정면도의 아래쪽	정면도의 위쪽
저면도(아랫면도)	정면도의 위쪽	정면도의 아래쪽
좌측면도	정면도의 오른쪽	정면도의 왼쪽
우측면도	정면도의 왼쪽	정면도의 오른쪽

41 빈출 ▶ ①

열이 국부에 집중되지 않도록 설계하여 잔류응력·변형·균열을 줄일 수 있도록 해야 한다.

42 빈출 ▶ ①

가변압식 가스 용접토치에서 팁의 능력은 시간당 아세틸렌 소모량(L/h 또는 m^3/h)으로 규정한다.

43 ▶ ②

"13 × 30" → 지름(d) × 길이(L)

44 빈출 ▶ ③

맥동 점 용접
전류를 흘려 발생하는 저항열을 여러 사이클에 걸쳐 단속하는 용접으로 모재 두께가 다르거나 과열의 위험을 피하기 위하여 전류를 단속적으로 가하는 저항 용접을 말한다.

45 ▶ ④

플래시 용접은 저전압·대전류로 양단 사이에 미세 간극을 두고 플래싱(스파크 방전)으로 단면을 급가열한 뒤, 업셋 가압으로 접합하는 저항 압접 공정이다. 단면의 거칠기가 맞댐면의 필수조건은 아니다.

46 ▶ ③

- 알루미늄의 용융점: 660℃
- 구리의 용융점: 1,083℃
- 철의 용융점: 1,538℃
- 텅스텐의 용융점: 3,410℃

47 빈출 ▶ ④

용접의 장점
- 금속 결합으로 기밀, 수밀, 유밀성이 우수하다.
- 조립, 가공 공정이 단순화되어 작업성능이 좋다.
- 겹침 이음 또는 리벳 이음 등에 비해 재료를 절약할 수 있다.
- 자동화가 비교적 용이하다.
- 이음부 자재 절약으로 무게가 가벼워진다.

48 빈출 ▶ ③

용제는 산화물과 결합하여 슬래그를 형성하며, 이때 만들어지는 슬래그는 용융온도가 모재보다 낮아야 한다.

49 빈출 ▶ ②

MIG 용접(Metal Inert Gas Welding)은 불활성 가스(Ar, He)를 보호가스로 사용하며, 소모식 금속 전극 와이어를 송급장치로 연속 공급하여 아크를 유지한다.

50 빈출 ▶ ③

스프레이형: 미세한 금속 입자가 고속으로 스프레이처럼 분사되어 모재로 이행된다.

51 ▶ ②

도면 양식
기계제도에서 도면 양식의 기본 구성으로 윤곽선, 표제란, 도면번호, 중심마크 등이 표시되어야 한다.

52 ▶ ③

점 수축법은 변형 교정을 위해 작은 점을 짧은 시간 고온으로 가열하여, 냉각 시 수축을 유도하는 방법으로 가열온도는 500~600℃, 가열 시간은 약 30초 정도가 적당하다.

53 ▶ ④

MIG 용접(Metal Inert Gas Welding)은 불활성 가스(Ar, He)를 보호가스로 사용하며, 소모식 금속 전극 와이어를 송급장치로 연속 공급하여 아크를 유지하는 용접으로 용착효율은 약 98%로 우수하다.

54 ▶ ④

해드필드강은 대표적인 오스테나이트계 망간강으로 고망간강에 속하며, 높은 내충격성과 내마모성을 가지고 있다.

55 빈출 ▶ ④

외관검사(Visual Inspection, VT)
외관검사는 용접 후 가장 먼저 실시하는 1차 검사로 용접부의 표면상태(비드 형상, 언더컷, 오버랩, 균열, 용입 부족, 크레이터 등)를 육안 또는 확대경으로 관찰하여 결함을 판단한다.

56 ▶ ①

가스 중 밀도가 가장 가벼운 수소는 확산속도가 빨라 환기와 누설점검 시설이 꼭 필요하다.

57 빈출 ▶ ①

용접의 기호

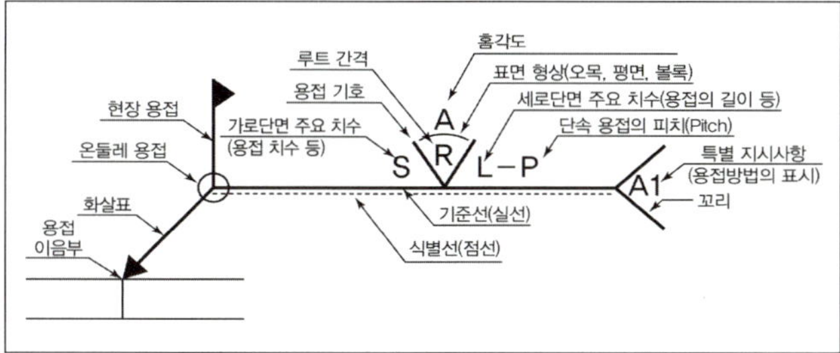

58 ▶ ①

고주파 발생장치

교류(AC)아크 용접기는 전류의 방향이 매 초에 바뀌기 때문에 교류가 0A가 되는 순간마다 아크가 꺼질 위험이 있으며, 이 현상을 방지하기 위해 고전압의 고주파 전류를 중첩시켜 아크가 끊기지 않고 안정적으로 유지되도록 하는 장치를 말한다.

59 ▶ ③

③은 인청동에 대한 설명으로, P를 탈산제로 넣고 0.05 ~ 0.5% 정도를 잔류시켜 피복성과 내마모성을 높인 합금이다.

60 ▶ ②

TP(Test Pressure)
내압시험압력: 용기의 강도 및 기밀성을 시험할 때 적용하는 시험압력

FP(Filling Pressure)
최고충전압력: 실제 가스 충전 시 최대허용압력

<h1 style="text-align:center">2025년 제4회 CBT 기출복원문제</h1>

01	02	03	04	05	06	07	08	09	10	11	12	13	14	15	16	17	18	19	20
③	④	④	④	②	③	④	④	②	④	③	③	④	④	②	③	②	③	②	①
21	22	23	24	25	26	27	28	29	30	31	32	33	34	35	36	37	38	39	40
③	③	④	②	③	①	③	④	③	①	③	③	②	①	③	②	②	②	①	②
41	42	43	44	45	46	47	48	49	50	51	52	53	54	55	56	57	58	59	60
④	④	①	②	②	①	④	④	④	②	④	②	③	①	①	①	②	③	③	①

01 ▶ ③

- 금속의 원자 간 결합은 원자들이 서로 충분히 접근하기 위해서 10^{-8}cm의 결합거리를 가지고 밀착되어야 한다. 용접 시 용융 또는 확산을 통해 이 거리까지 접근시켜야 된다.
- 금속 결합 거리는 10^{-8}cm($1\text{Å} = 10^{-8}$cm)이다.

02 빈출 ▶ ④

- 허용사용률(%)

$$= 정격사용률 \times \left(\frac{정격\ 2차\ 전류}{실제\ 용접전류}\right)^2$$

$$= 40 \times \left(\frac{300}{200}\right)^2 = 90\%$$

- 9분 용접 후 1분간 휴식해야 한다.

03 빈출 ▶ ④

실제 용접전류는 용접기 2차 측(출력 측)에서 전극 홀더 및 토치에서 접지 사이로 흐르는데, 후크메타는 도선 하나를 집어 그 선에 흐르는 전류를 비접촉으로 측정하는 장비로 2차 측 케이블에 클램프해야 정확한 용접전류가 나온다.

04 ▶ ④

대칭법은 이음 중앙에서 양 끝을 향해 좌우 대칭으로 용접해 나가면서 수축 변형과 잔류응력을 서로 상쇄시킨다.

05 빈출 ▶ ②

CO_2 또는 $Ar + CO_2$ 혼합가스로 차폐하는 MAG 용접은 주로 탄소강 · 저합금강에 적합하고, 알루미늄 · 구리 등의 비철에는 불활성 가스 아크 용접을 사용한다.

06 ▶ ③

가는 2점 쇄선(가상선, Imaginary Line)
도면에서 실제로 존재하지 않는 부분을 표시하거나 절단, 이동, 회전, 가공 전 · 후 상태 등을 나타내는 선

07 ▶ ④

0~500℃의 온도 범위에서 항복점과 탄성한계, 탄성계수는 감소하며 연신율은 증가한다.

08 ▶ ④

CO_2는 비독성이지만, 공기 중 농도가 높아지면 산소결핍을 유발하여 질식 위험을 초래한다. 체적비 15% 이상이면 의식 상실 및 사망 위험이 있는 위험한 상태가 된다.

09 ▶ ②

탄소가 많을수록 예열 및 후열 처리를 통해 응력 완화 작업이 필요하다.

10 빈출 ▶ ④

가스 용접 시 강한 가시광과 적외선으로부터 각막 및 망막 등 눈에 손상을 가져올 수 있어 규정된 차광도의 보안경을 착용해야 한다.

11 ▶ ③

문쯔메탈(Muntz Metal)
약 Cu 60% – Zn 40% 조성의 $\alpha + \beta$ 이중상 황동으로 강도와 내해수성이 좋아 복수기용 판, 볼트, 너트, 선체 피복 등에 널리 쓰이는 합금이다.

12 ▶ ③

- 플래시 용접은 맞댄 두 단면 사이에 저전압 · 대전류를 인가하고 미세 간극에서 플래싱(스파크 방전)으로 급가열한 뒤, 업셋으로 계면을 소성 결합시키는 방식이다.
- 과정: 예열 → 플래시 → 업셋

13 빈출 ▶ ④

주철은 탄소 함량이 높아 열충격 · 수축균열에 민감하므로 입열량을 작게 하고 열 영향부를 좁게 유지하는 것이 핵심이다. 가는 용접봉과 짧은 비드로 진행하는 것이 바람직하다.

14　▶ ④

해드필드강은 약 12% Mn의 고망간강으로, 충격을 받을수록 표면이 가공경화되어 내마멸성·내충격성이 탁월하고 인성도 매우 높다.

15　빈출　▶ ②

노치는 응력 집중부로 피로 및 균열, 취성, 파괴의 위험이 커지므로 생성을 피해야 한다.

16　▶ ③

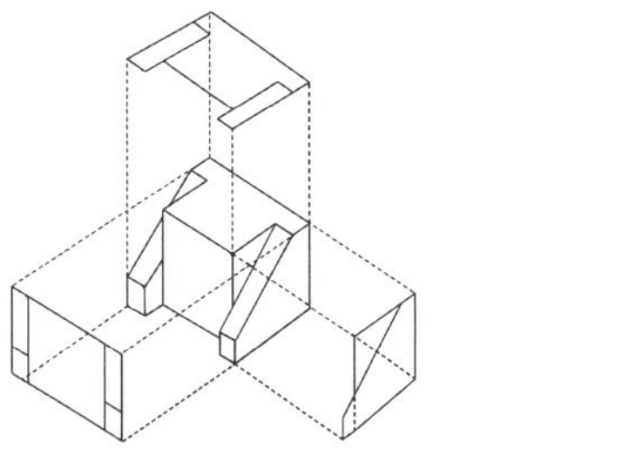

17　빈출　▶ ②

아르곤(Argon, Ar)
- 기체 비율(공기 중): 약 0.94%
- 기체 종류: 불활성 가스
- 성질: 무색, 무취, 무미, 무독성

18　▶ ③

개량 처리
Al−Si계 합금의 공정조직을 미세화하기 위해 Na, NaOH, 알칼리염류 등을 용탕 합금하여 10 ~ 15분간 유지하는 공정을 말한다.

19　빈출　▶ ②

서브머지드 아크 용접(SAW)은 아크와 풀을 플럭스가 덮어 가시성이 없고, 대전류·고적층률로 진행되는 만큼 홈 가공(개선) 정밀도와 루트 간격 관리가 매우 중요하다.

20　빈출　▶ ①

치수 기입 보조기호 표준에 따라 두께는 t로 표현한다.

21　빈출　▶ ③

테르밋 용접은 알루미늄의 산화 반응으로 순간적으로 고온 용융금속을 만들어 짧은 시간에 접합하는 공정이다.

22　▶ ③

망간은 철강의 대표적인 합금원소로 기계적 성질 향상과 황 제거의 역할로 적열취성을 방지한다.

23　빈출　▶ ④

MIG/GMAW 용접의 단락 이행은 용접 와이어가 용융풀에 반복적으로 짧게 접촉(단락)하며 발생하는 현상으로 낮은 전류와 낮은 전압 영역에서 사용된다.

24　▶ ②

- 축척 : 물체보다 작게 그리는 척도이며, 1 : 2, 1 : 5, 1 : 10 등으로 나타낸다.
- 배척 : 물체보다 크게 그리는 척도이며, 2 : 1, 5 : 1, 10 : 1 등으로 나타낸다.

25　▶ ③

역화로 인한 화재는 가스 용접에서 발생하는 현상으로 아크 용접 재해에 해당되지 않는다.

26　빈출　▶ ①

- 언더컷: 용접 비드의 가장자리에 모재가 과도하게 녹아 파여지는 형상으로 용융금속이 충분히 채워지지 않아 홈이 생기는 결함을 말한다.
- 피트: 표면의 작은 구멍으로 가스 또는 기공 자국이 발생한다.
- 슬래그: 용착금속이 형성되는 과정에서 생기는 부산물로 주로 금속 산화물이나 이산화규소 등으로 구성된다.
- 오버랩: 용착금속이 모재와 융합되지 않은 채 모재 위로 단순히 덮이거나 둥근 턱처럼 튀어나온 상태이다.

27　▶ ③

담금질은 강을 고온에서 가열한 후 급속 냉각시켜 경화를 유도하는 공정으로 조직 변화는 반드시 변태점을 기준으로 발생한다.

28　빈출　▶ ④

담금질 조직 경도 비교: 마텐자이트 > 트루스타이트 > 소르바이트 > 오스테나이트

29　빈출　▶ ③

스킵법(Skip Welding)
긴 용접선을 한번에 연속적으로 용접하지 않고 일정 길이로 나눈 여러 구간을 건너뛰며 간헐적으로 용접하는 방법으로, 열의 집중을 방지하여 변형, 잔류응력을 줄이는데 효과적이다.

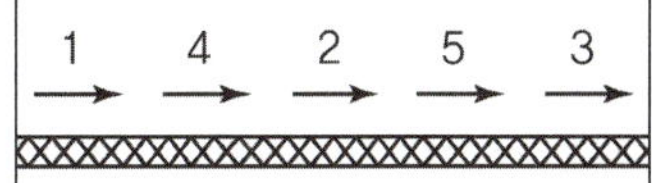

30　▶ ①

베어링강은 축과 회전체 사이의 마찰을 줄이기 위한 강재로 활용되며, 피로강도와 내마모성이 매우 중요하고 탄성한도가 높아야 한다.

31 ▶ ③

마찰 용접

두 모재를 가압된 상태에서 회전 왕복운동을 통해 접촉면의 마찰열을 발생시켜 가열하고, 정지된 상태에서 순간적으로 압력을 일정하게 전달하는 고상 접합 방법이다.

32  ▶ ③

저수소계 용접봉(E4316)

• 주성분: 석회석($CaCO_3$), 형석(CaF_2), 소량의 Fe 분말
• 수소 함량: 일반 용접봉의 약 1/10 수준
• 건조 조건: 300 ~ 350℃의 고온에서 1 ~ 2시간 건조

33 ▶ ②

전개도(展開圖)

입체물(3D 형상)의 곡면 또는 평면을 한 평면 위에 펼쳐서(전개) 실제 절단, 절곡, 접합 등 제작에 필요한 치수를 나타낸 도면을 말한다.

34  ▶ ①

DCSP(Direct Current Straight Polarity) = 직류 정극성 = 전극(−), 모재(+)

35  ▶ ③

CO_2 가스 아크 용접(GMAW)은 활성 가스를 사용하는 용접법으로 철강재(연강·저합금강)에 가장 널리 사용된다.

36 ▶ ②

계기의 표시기호

압력지시계	P
온도지시계	T
유량지시계	F

37  ▶ ②

납땜(Soldering/Brazing)

모재는 녹이지 않고 납땜재만 녹여서 모세관 현상으로 결합시키는 공정을 말한다. 대표적인 구분은 연납과 경납으로 450℃ 온도 기준으로 분류한다.

38 ▶ ②

일반 구조용 압연강재(SS330)의 표시에서 330은 최저 인장강도 $330N/mm^2 (= MPa)$를 의미한다.

39 ▶ ①

결함 위에 그대로 용접 시 결함이 갇히게 되므로 얕은 결함 분만 아니라 모든 결함은 완벽히 제거 후 그 위에 덧붙임 용접을 진행해야 한다.

40 ▶ ②

응고 과정의 순서는 결정핵이 생성되고, 수지상정이 성장하여 수지상이 부딪히면서 서로 다른 성장 영역이 맞닿아 결정경계가 형성되며, 결정립이 갖춰지게 된다.

41 ▶ ④

보호유리

스패터나 흠집으로부터 차광유리를 보호하는 목적을 가진다.

42 ▶ ④

게이지압 $150kgf/cm^2 × 40.7L = 6,105L$

43 ▶ ①

선의 구분

종류	구분	명칭	용도
실선		굵은 실선	외형선
		가는 실선	치수선, 중심선, 해칭(Hatching)선
		자유 실선	부분 생략 또는 부분 단면의 경계
파선		굵은 파선 또는 가는 파선	보이지 않는 외형선, 숨은선
쇄선		가는 1점 쇄선	중심선, 물체 또는 도형의 대칭선, 회전 단면의 외형선, 피치선
		가는 2점 쇄선	가상 외형선, 인접한 외형선, 가동 물체의 회전 위치선
		절단부 쇄선 (양끝이 굵은 선에 중간은 가는 쇄선)	절단 평면의 위치(절단선)
		굵은 1점 쇄선	표면 처리 부분

44  ▶ ②

• 가변압식 가스 용접토치에서 팁의 능력은 시간당 아세틸렌 소모량(L/h 또는 m^3/h)으로 규정한다.
• $200L/h ≈ 200$번 팁이 적정하다.

45  ▶ ②

퍼커링
알루미늄 용접에서 전류가 과다해지면 청정이 제대로 일어나지 않아 산화막이 두껍게 남고, 아크길이가 불안정해져 비드 표면이 거칠고 주름지듯 나타나는 현상을 말한다.

46 ▶ ①

마그네슘(Mg)은 밀도가 1.76 정도로 매우 낮아 비강도가 높다.

47 ▶ ④

전기저항 납땜(Resistance Soldering)은 전극으로 전류를 흘려 이음부 자체의 전기저항 발열로 가열·납땜하는 방식이므로 용제는 도체이어야 한다.

48 ▶ ④

쇼트피닝
강·주철 입자(∅0.5~1.0mm) 등의 구형 쇼트를 고속으로 충돌시켜 표면을 소성 변형시키고, 경도·피로강도·내마모성을 향상시키는 기계적 피닝 처리방법이다.

49 ▶ ④

직류 정극성은 전극(−), 모재(+)로 모재 쪽에 열이 전달되므로 용입이 깊고 비드 폭이 좁다. 주로 스테인리스강에 활용된다.

50 빈출 ▶ ②

MIG 용접(Metal Inert Gas Welding)은 소모성 전극 와이어를 연속 송급하여 아크를 발생시키는 용접법으로 전류밀도가 높고 용용속도가 빠르며, 두꺼운 판(후판) 용접에도 적합하다.

51 ▶ ④

표제란(Title Block)
- 도면의 하단 또는 우측 하단에 위치하며, 도면의 식별정보를 명확히 표시하는 공간을 말한다.
- 필수 표제: 도명, 도면번호, 척도, 투상법, 작성일자, 작성자(검토자) 등

52 빈출 ▶ ②

산소 용기의 취급
- 산소(O₂)와 기름(유분) 또는 기름천, 기름이 묻은 장갑은 절대 접촉해서는 안 된다.
- 산소 용기 운반 시 충격에 주의를 기울이며 움직여야 한다.
- 산소 밸브는 천천히 개폐하며 밸브를 끝까지 열지 않도록 주의해야 한다.
- 용기 밸브가 사용 중 얼었을 경우 따뜻한 물을 활용하여 녹여 사용해야 한다.
- 가스 누설 점검은 사용 전에 실시하며 비눗물 또는 검사액으로 한다.

- 통풍이 잘 되고 직사광선에 노출되지 않는 공간에 40℃ 이하를 유지하며 세워서 보관해야 한다.

53 ▶ ③

피크랄 용액(Picral Solution)
피크린산 + 에탄올 용액으로 탄소강, 저합금강, 주강 등 철강재에 사용하며 금속 조직의 경계가 뚜렷하게 부식되어 현미경 시험에 용이하다.

54 ▶ ①

금속의 소성변형은 주로 원자 밀도가 가장 높은 격자면과 그 면에서 원자 밀도가 큰 방향을 따라 슬립(Slip)으로 일어난다.

55 빈출 ▶ ①

피복제의 역할
- 슬래그 형성 및 용착금속의 보호: 슬래그층의 형성으로 냉각속도를 완화하여 표면을 보호한다.
- 아크 안정 작용: 아크를 안정시켜 용접작업을 용이하게 한다.
- 합금원소 공급: 용착금속의 기계적 성질을 개선한다.
- 스패터 감소 및 절연 작용: 피복층의 전기 절연기능과 함께 전류를 조정하여 스패터를 감소시킨다.

56 빈출 ▶ ①

가용접 시 본 용접보다 지름이 작거나 동일한 용접봉을 활용하는 것이 작업성이 좋다.

57 ▶ ②

① ∅ : 지름(Diameter)을 나타내는 올바른 표준 기호이다.
③ SR: 구(Sphere)의 반지름을 나타내는 올바른 기호이다.
④ R: 반지름(Radius)을 나타내는 올바른 표준 기호이다.

58 ▶ ③

신호자는 크레인 이동·정지·비상상황을 청각(경적·경보음·주변 작업자 고함·무전)으로 즉시 인지해야 하므로 청취가 감쇠되는 귀마개 착용은 금지 또는 제한된다.

59 ▶ ③

Y합금(Y-alloy)
열처리형 알루미늄 합금의 일종으로 내열성, 인장강도, 피로강도가 우수하여 항공기 엔진 실린더 헤드, 피스톤, 압축기 부품 등에 사용되며 조성은 Cu, Ni, Mg, Al으로 구성되어 있다.

60 빈출 ▶ ①

다전극 방식: 탠덤식, 횡직렬식, 횡병렬식

최빈출 60제

Chapter 01

최빈출 60제

빈출 **01**   #피복아크용접회로

피복 아크 용접 회로의 순서가 올바르게 연결된 것은?

① 용접기 – 전극 케이블 – 용접봉 홀더 – 피복 아크 용접봉 – 아크 – 모재 – 접지 케이블

② 용접기 – 용접봉 홀더 – 전극 케이블 – 모재 – 아크 – 피복 아크 용접봉 – 접지 케이블

③ 용접기 – 피복 아크 용접봉 – 아크 – 모재 – 접지 케이블 – 전극 케이블 – 용접봉 홀더

④ 용접기 – 전극 케이블 – 접지 케이블 – 용접봉 홀더 – 피복 아크 용접봉 – 아크 – 모재

피복 아크 용접 회로

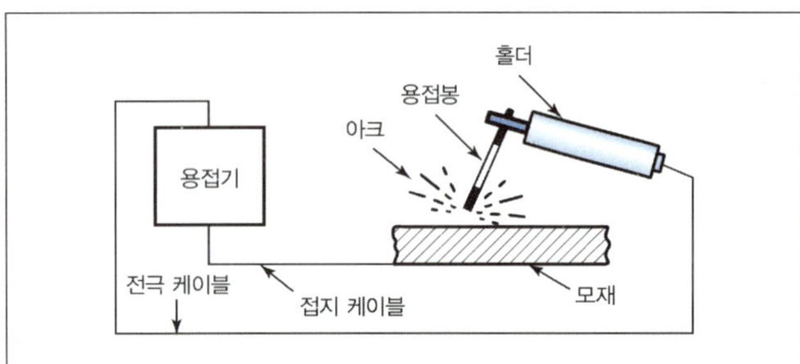

용접기 – 전극 케이블 – 용접봉 홀더 – 피복 아크 용접봉 – 아크 – 모재 – 접지 케이블

빈출 **02**   #산소용기취급

산소 용기의 취급 시 주의사항으로 틀린 것은?

① 기름이 묻은 손이나 장갑을 착용하고는 취급하지 않아야 한다.

② 통풍이 잘 되는 야외에서 직사광선에 노출시켜야 한다.

③ 용기의 밸브가 얼었을 경우에는 따뜻한 물로 녹여야 한다.

④ 사용 전에는 비눗물 등을 이용하여 누설 여부를 확인한다.

산소 용기의 취급

• 산소(O_2)와 기름(유분) 또는 기름천, 기름이 묻은 장갑은 절대 접촉해서는 안 된다.

• 산소 용기 운반 시 충격에 주의를 기울이며 움직여야 한다.

• 산소 밸브는 천천히 개폐하며 밸브를 끝까지 열지 않도록 주의해야 한다.

• 용기 밸브가 사용 중 얼었을 경우 따뜻한 물을 활용하여 녹여 사용해야 한다.

• 가스 누설 점검은 사용 전에 실시하며 비눗물 또는 검사액으로 한다.

• 통풍이 잘 되고 직사광선에 노출되지 않는 공간에 40℃ 이하를 유지하며 세워서 보관해야 한다.

다음 가스 중 가연성 가스로만 되어있는 것은?

① 아세틸렌, 헬륨 ② 수소, 프로판
③ 아세틸렌, 아르곤 ④ 산소, 이산화탄소

가연성 가스: 공기 중의 산소와 혼합되었을 때 점화원에 의해 불이 붙거나 폭발할 위험이 있는 가스로 수소(H_2), 메탄(CH_4), 프로판(C_3H_8), 아세틸렌(C_2H_2) 등이 있다.

용접용 용제는 성분에 의해 용접작업성, 용착금속의 성질이 크게 변화하므로 다음 중 원료와 제조방법에 따른 서브머지드 아크 용접의 용접용 용제에 속하지 않는 것은?

① 고온 소결형 용제 ② 저온 소결형 용제
③ 용융형 용제 ④ 스프레이형 용제

서브머지드 아크 용접(SAW)
용접부를 용제(Flux)로 덮은 상태에서 아크를 발생시켜 용접하는 방식으로 잠호 용접, 불가시 용접, 유니언 멜트 용접이라고도 한다. 아크와 용융금속이 대기와 차단되므로 산화가 방지되고 용입이 깊으며 자동용접으로 생산성이 우수하다.

SAW용 용제(Flux)의 종류
• 용융형 용제: 일반 탄소강 및 구조물 등에 사용하며 화학적 균일성이 양호하고 수분 흡수가 적어 재활용이 가능하다.
• 소결형 용제: 스테인리스강, 합금강, 대형구조물 등에 사용하며 합금 성분을 첨가하여 조성 조절이 용이하나, 흡습성이 높아 사용 전에 150~300℃에서 1시간 정도 재건조하여 사용해야 한다.
• 혼성형 용제: 일반구조물 및 조선용에 사용되며 용융형과 소결형의 중간 특성을 가진다.

단면적이 10cm²의 평판을 완전 용입 맞대기 용접한 경우 견디는 하중은 얼마인가? (단, 재료의 허용응력을 1600kgf/cm²로 한다.)

① 160kgf ② 1,600kgf
③ 16,000kgf ④ 16kgf

P = 허용응력 σ × 단면적 A
P = 1,600kgf/cm² × 10cm² = 16,000kgf

기계적 접합으로 볼 수 없는 것은?

① 볼트 이음 ② 리벳 이음
③ 접어 잇기 ④ 압접

접합 방법
• 기계적 접합: 리벳, 볼트, 나사, 핀, 코터, 접어 잇기 등
• 야금적 접합: 용접, 압접, 납땜

용접부의 시험에서 비파괴검사로만 짝지어진 것은?

① 인장시험 – 외관시험

② 피로시험 – 누설시험

③ 형광시험 – 충격시험

④ 초음파 시험 – 방사선 투과시험

- RT는 방사선 투과검사로 방사선 X선이나 γ선을 이용하여 내부 결함을 탐상하는 방법을 의미한다.
- 비파괴검사: 육안검사(VT), 방사선 투과검사(RT), 초음파 탐상검사(UT), 자분 탐상검사(MT), 침투 탐상검사(PT)

산소 – 아세틸렌 용접에서 표준불꽃으로 연강판 두께 2mm를 60분간 용접하였더니 200L의 아세틸렌 가스가 소비되었다면, 다음 중 가장 적당한 가변압식 팁의 번호는?

① 100번

② 200번

③ 300번

④ 400번

- 가변압식 가스 용접토치에서 팁의 능력은 시간당 아세틸렌 소모량 (L/h 또는 m^3/h)으로 규정한다.
- 200L/h ≈ 200번 팁이 적정하다.

다음 중 용융금속의 이행형태가 아닌 것은?

① 단락형

② 스프레이형

③ 연속형

④ 글로뷸러형

금속의 이행형식

용접 시 용접봉(또는 와이어)의 끝이 용융되며, 녹은 금속 방울이 아크를 통해 모재로 넘어가는 현상

- 단락형: 전극과 용융지가 주기적으로 접촉 후 단락되며 방울이 모재로 이행된다.
- 글로뷸러형(핀치효과형): 비교적 큰 용적이 중력에 의해 모재로 이행되며 단락이 발생되지 않는다.
- 스프레이형: 미세한 금속 입자가 고속으로 스프레이처럼 분사되어 모재로 이행된다.

직류아크 용접기의 음(−)극에 용접봉을, 양(＋)극에 모재를 연결한 상태의 극성을 무엇이라 하는가?

① 직류 정극성

② 직류 역극성

③ 직류 음극성

④ 직류 용극성

정극성 DCSP(Direct Current Straight Polarity)

- 용접봉(−), 모재(+)
- 용입 깊고, 비드 폭이 좁다.

역극성 DCRP(Direct Current Reverse Polarity)

- 용접봉(+), 모재(−)
- 용입 얕고, 비드 폭이 넓다.
- 청정작용이 있다.

전기저항 점 용접작업 시 용접기에서 조정할 수 있는 3대 요소에 해당하지 않는 것은?

① 용접전류
② 전극 가압력
③ 용접전압
④ 통전시간

전기저항 용접의 3대 요소
용접전류(I), 전극 가압력(F), 통전시간(t)

가스 용접에서 전진법과 후진법을 비교하여 설명한 것으로 맞는 것은?

① 용착금속의 냉각속도는 후진법이 서랭된다.
② 용접변형은 후진법이 크다.
③ 산화의 정도가 심한 것은 후진법이다.
④ 용접속도는 후진법보다 전진법이 더 빠르다.

후진법은 후열 효과로 냉각이 천천히 진행된다.

정격 2차 전류 200A, 정격사용률 40%, 아크 용접기로 150A의 용접전류 사용 시 허용사용률은 약 얼마인가?

① 51%
② 61%
③ 71%
④ 81%

$$\text{허용사용률}(\%) = \frac{(\text{정격 2차 전류})^2}{(\text{실제 용접전류})^2} \times \text{정격사용률}$$

$$= \frac{200^2 \times 40}{150^2} = 71.11\%$$

일렉트로 슬래그 용접의 단점에 해당되는 것은?

① 용접능률과 용접품질이 우수하므로 후판 용접 등에 적당하다.
② 용접진행 중에 용접부를 직접 관찰할 수 없다.
③ 최소한의 변형과 최단시간의 용접법이다.
④ 다전극을 이용하면 더욱 능률을 높일 수 있다.

일렉트로 슬래그 용접(ESW)
용융 슬래그의 저항발열로 용접이 진행되어 아크·용융풀을 슬래그가 가려 작업 중 직접 관찰이 불가능하다.

다음 중 연강용 가스 용접봉의 종류인 "GA43"에서 "43"이 의미하는 것은?

① 가스 용접봉
② 용착금속의 연신율 구분
③ 용착금속의 최소 인장강도 수준
④ 용착금속의 최대 인장강도 수준

- GA, GB: 가스 용접봉의 재질
- 43 = 용착금속의 최소 인장강도(Minimum Tensile Strength)

다음 중 초음파 탐상법의 종류가 아닌 것은?

① 극간법　　② 공진법
③ 투과법　　④ 펄스 반사법

초음파 탐상법의 종류
- 투과법: 송신기와 수신기를 활용하여 시험체를 통과할 때 초음파의 감쇠로 결함을 확인한다.
- 펄스 반사법: 반사파의 형태를 활용하여 반사되는 신호의 시간 지연으로 결함을 확인한다.
- 공진법: 연속적으로 변화되는 파장을 보내 두께나 탄성계수를 이용하여 결함을 확인한다.

다음 중 용접봉의 용융속도를 나타낸 것은?

① 단위 시간당 용접입열의 양
② 단위 시간당 소모되는 용접전류
③ 단위 시간당 형성되는 비드의 길이
④ 단위 시간당 소비되는 용접봉의 길이

용접봉의 용융속도
일정 시간 동안 용접봉이 얼마나 빠르게 소모되는지를 나타내는 지표로 단위 시간당 소비되는 용접봉의 길이(양)를 말한다.

다음 중 테르밋 용접의 특징에 관한 설명으로 틀린 것은?

① 전기가 필요없다.
② 용접작업이 단순하다.
③ 용접시간이 길고 용접 후 변형이 크다.
④ 용접기구가 간단하고 작업장소의 이동이 쉽다.

테르밋 용접은 화학 반응열을 활용하여 용접하므로 전력공급이 필요없고 용접시간이 짧아 변형이 적은 장점을 가진다.

테르밋 용접(Thermit Welding)
금속 산화물(보통 산화철, Fe_2O_3)과 알루미늄 분말(Al) 사이의 강력한 산화 – 환원 반응(Thermite Reaction)을 이용해 3,000℃ 이상의 고온을 만들어 용접하는 화학적 용접이다. 점화제로 과산화바륨, 알루미늄, 마그네슘 등을 사용하여 초기 점화 에너지를 제공한다.

테르밋 반응식
$$Fe_2O_3 + 2Al \rightarrow 2Fe + Al_2O_3$$

빈출 19　　#예열목적

용접이음부를 예열하는 목적을 설명한 것으로 틀린 것은?

① 수소의 방출을 용이하게 하여 저온균열을 방지한다.
② 모재의 열 영향부와 용착금속의 연화를 방지하고, 경화를 증가시킨다.
③ 용접부의 기계적 성질을 향상시키고, 경화조직의 석출을 방지시킨다.
④ 온도 분포가 완만하게 되어 열응력의 감소로 변형과 잔류응력의 발생을 적게 한다.

예열의 목적
용접 전 모재와 주변부를 일정온도로 가열하는 작업을 말하며, 급격한 냉각을 방지하고 용접 시 균열, 응력, 조직경화를 완화하기 위한 목적을 가진다.

빈출 20　　#가스용접불꽃

산소 – 아세틸렌 가스 불꽃의 종류 중 불꽃 온도가 가장 높은 것은?

① 탄화불꽃　　　　　② 중성불꽃
③ 산화불꽃　　　　　④ 아세틸렌 불꽃

가스 용접 불꽃의 종류
- 탄화불꽃: 길고 붉은 불꽃으로 아세틸렌 과다불꽃이라고 하며 온도는 약 3,000℃이다.
- 중성불꽃(표준불꽃): 청백색의 짧은 불꽃으로 산소 1 : 아세틸렌 1의 비율을 가지며 온도는 약 3,200℃이다.
- 산화불꽃: 짧고 밝은 청색 불꽃으로 산소 과다불꽃이라고 하며 산화 분위기로 온도는 약 3,400℃이다.
- 아세틸렌 불꽃: 순수 가연성 가스의 불꽃으로 황적색을 띠며 온도는 약 1,800℃이다.

빈출 21　　#아세틸렌가스

다음 중 아세틸렌 가스의 관으로 사용할 경우 폭발성 화합물을 생성하게 되는 것은?

① 순구리관　　　　　② 스테인리스강관
③ 알루미늄합금관　　④ 탄소강관

아세틸렌(C_2H_2)은 구리(Cu)와 반응하여 다음과 같은 폭발성 물질을 만든다.

$$2Cu + C_2H_2 \rightarrow Cu_2C_2 + H_2$$

순구리관은 절대 사용 금지이며, 일반적으로 탄소강관 또는 스테인리스강관을 사용한다.

빈출 22　　#용접설계

다음 중 용접설계상 주의해야 할 사항으로 틀린 것은?

① 국부적으로 열이 집중되도록 할 것
② 용접에 적합한 구조의 설계를 할 것
③ 결함이 생기기 쉬운 용접방법은 피할 것
④ 강도가 약한 필릿 용접은 가급적 피할 것

열이 국부에 집중되지 않도록 설계하여 잔류응력·변형·균열을 줄일 수 있도록 해야 한다.

연강용 피복 금속 아크 용접봉에서 다음 중 피복제의 염기성이 가장 높은 것은?

① 저수소계
② 고산화철계
③ 고셀룰로오스계
④ 티탄계

저수소계(E4316)

피복제 속의 함유된 성분 중 수소의 근원이 되는 성분을 없앤 염기성 슬래그가 특징이며, 탄산석회 또는 플루오르칼슘을 주성분으로 한 석회계 용접봉이라고도 한다.

피복 아크 용접봉에서 피복제의 가장 중요한 역할은?

① 변형 방지
② 인장력 증대
③ 모재 강도 증가
④ 아크 안정

피복제의 역할

- 슬래그 형성 및 용착금속의 보호: 슬래그층의 형성으로 냉각속도를 완화하여 표면을 보호한다.
- 아크 안정 작용: 아크를 안정시켜 용접작업을 용이하게 한다.
- 합금원소 공급: 용착금속의 기계적 성질을 개선한다.
- 스패터 감소 및 절연 작용: 피복층의 전기 절연기능과 함께 전류를 조정하여 스패터를 감소시킨다.

그림과 같은 결정격자의 금속 원소는?

 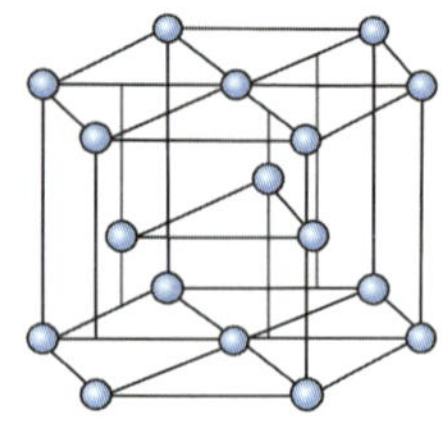

① Ni
② Mg
③ Al
④ Au

조밀육방격자는 HCP(Hexagonal Close-Packed)로 Ti, Be, Mg, Zn, Cd, Co 등이 있으며, 배위수는 12개, 단위 격자당 원자 수는 2개로 구성된다.

정격 2차 전류 300A, 정격사용률 40%인 아크 용접기로 실제 200A 용접전류를 사용하여 용접하는 경우 전체 시간을 10분으로 하였을 때 다음 중 용접시간과 휴식시간을 올바르게 나타낸 것은?

① 5분 용접 후 5분간 휴식한다.
② 7분 용접 후 3분간 휴식한다.
③ 9분 용접 후 1분간 휴식한다.
④ 10분 동안 계속 용접한다.

- 허용사용률(%)

$$= 정격사용률 \times \left(\frac{정격\ 2차\ 전류}{실제\ 용접전류}\right)^2$$

$$= 40 \times \left(\frac{300}{200}\right)^2 = 90\%$$

- 9분 용접 후 1분간 휴식해야 한다.

아세틸렌 가스가 산소와 반응하여 완전 연소할 때 생성되는 물질은?

① CO, H_2O
② $2CO2$, $H2O$
③ CO, H_2
④ CO_2, H_2

아세틸렌(C_2H_2)의 완전 연소 반응식

$$2C_2H_2 + 5O_2 \rightarrow 4CO_2 + 2H_2O$$

다음 중 알루미늄을 가스 용접할 때 가장 적절한 용제는?

① 붕사
② 탄산나트륨
③ 염화나트륨
④ 중탄산나트륨

금속별 사용 용제

금속 종류	사용 용제
황동 (Brass)	붕사(Borax)
구리(Cu)	붕사 + 염화나트륨 혼합
알루미늄 (Al)	염화리튬(LiCl), 염화칼륨(KCl) 등 염화물계 용제
연강 (Steel)	용제 사용하지 않음

연강용 피복 아크 용접봉 심선의 4가지 화학성분 원소는?

① C, Si, P, S
② C, Si, Fe, S
③ C, Si, Ca, P
④ Al, Fe, Ca, P

피복 아크 용접봉의 심선

용접봉의 중심 금속 부분으로 용착금속을 형성하는 주요 금속 재료로 주요 구성 원소는 탄소(C), 규소(Si), 망간(Mn), 인(P), 황(S)이다.

산소 아크 절단을 설명한 것 중 틀린 것은?

① 가스 절단에 비해 절단면이 거칠다.
② 직류 정극성이나 교류를 사용한다.
③ 중실(속이 찬) 원형봉의 단면을 가진 강(Steel)전극을 사용한다.
④ 절단속도가 빨라 철강 구조물 해체, 수중 해체 작업에 이용된다.

산소 아크 절단(Oxygen Arc Cutting, OAC)

아크열로 금속을 가열·용융시키고 동시에 산소(O_2)를 불어넣어 산화반응으로 절단하는 방법으로, 피복 아크 용접봉 중간에 속이 비어 있는 이유는 해당 구멍을 통해 산소를 공급하기 위해서이다. 철강 구조물 해체나 수중 해체 작업에 이용된다.

용접의 변 끝을 따라 모재가 파여지고 용착금속이 채워지지 않고 홈으로 남아있는 부분을 무엇이라고 하는가?

① 언더컷 ② 피트
③ 슬래그 ④ 오버랩

- 언더컷: 용접 비드의 가장자리에 모재가 과도하게 녹아 파여지는 형상으로 용융금속이 충분히 채워지지 않아 홈이 생기는 결함을 말한다.
- 피트: 표면의 작은 구멍으로 가스 또는 기공 자국이 발생한다.
- 슬래그: 용착금속이 형성되는 과정에서 생기는 부산물로 주로 금속 산화물이나 이산화규소 등으로 구성된다.
- 오버랩: 용착금속이 모재와 융합되지 않은 채 모재 위로 단순히 덮이거나 둥근 턱처럼 튀어나온 상태이다.

교류아크 용접기의 종류에 속하지 않는 것은?

① 가동 코일형 ② 탭 전환형
③ 정류기형 ④ 가포화 리액터형

용접기의 종류
- 교류아크 용접기: 탭 전환형, 가동 코일형, 가동 철심형, 가포화 리액터형
- 직류아크 용접기: 엔진 구동형, 전동 발전형, 정류기형

피복 아크 용접에서 일반적으로 가장 많이 사용되는 차광유리의 차광도 번호는?

① 4~5 ② 7~8
③ 10~11 ④ 14~15

용접 차광도 번호
- 가스 용접 및 납땜 시: 2~4
- TIG 용접 시: 9~12
- 아크 용접 시: 10~13

이산화탄소 아크 용접법에서 이산화탄소(CO_2)의 역할을 설명한 것 중 틀린 것은?

① 아크를 안정시킨다.
② 용융금속 주위를 산성 분위기로 만든다.
③ 용융속도를 빠르게 한다.
④ 양호한 용착금속을 얻을 수 있다.

이산화탄소(CO_2) 가스 아크 용접
- 반자동 용접으로 용접 시 보호가스로 이산화탄소를 활용하며, 아크와 용융지를 외기(산소, 질소)로부터 보호한다.
- 용접 시 소모성 와이어(용극식)를 전극으로 사용하며 아크열로 모재와 와이어가 용융되어 용접풀을 형성하게 된다.

빈출 35 #와이어송급방식

MIG 용접 시 와이어 송급방식의 종류가 아닌 것은?

① 풀 방식
② 푸시 방식
③ 푸시 풀 방식
④ 푸시 언더 방식

MIG 및 CO_2 용접 와이어 송급방식

푸시(Push) 방식	
풀(Pull) 방식	
푸시 – 풀 방식	
더블 푸시 방식	

빈출 36 #스카핑

강재 표면의 홈이나 개재물, 탈탄층 등을 제거하기 위해 얇고, 타원형 모양으로 표면을 깎아내는 가공법은?

① 가스 가우징
② 너깃
③ 스카핑
④ 아크 에어 가우징

스카핑

표면 결함을 제거하는 홈 파기 가공방법으로, 결함을 방지하기 위해 단면을 완만한 타원형 홈 모양이 되도록 하는 가스 절삭 가공법이다.

빈출 37 #섬유강화금속복합재료

섬유강화 금속 복합 재료의 기지 금속으로 가장 많이 사용되는 것으로 비중이 약 2.7인 것은?

① Na
② Fe
③ Al
④ Co

알루미늄(Al)

비중 2.7, 용융점 660℃이며, 가볍고 전연성이 우수하고 구리보다 낮은 전기전도성을 가진다. 순도가 높을수록 약해지고 연해져 기계적 성질이 낮은 금속 중 하나이다.

빈출 38 #고산화티탄계용접봉

피복제 중에 산화티탄을 약 35% 정도 포함하였고 슬래그의 박리성이 좋아 비드의 표면이 고우며 작업성이 우수한 특징을 지닌 연강용 피복 아크 용접봉은?

① E4301
② E4311
③ E4313
④ E4316

고산화티탄계 피복 아크 용접봉(E4313)

- 피복제에 산화티탄(TiO_2)이 약 35% 내외로 포함되어 있으며, 아크가 안정적이고 스패터가 적다.
- 일반 경구조물 및 박판 용접에 많이 사용되고 유동성이 좋은 슬래그를 형성하며, 냉각 시 쉽게 박리되어 비드 표면이 고른 장점을 가지나, 고온 균열이 발생할 수 있다.

직류 용접에서 발생되는 아크 쏠림의 방지대책 중 틀린 것은?

① 큰 가접부 또는 이미 용접이 끝난 용착부를 향하여 용접할 것

② 용접부가 긴 경우 후퇴 용접법(Back Step Welding)으로 할 것

③ 용접봉 끝을 아크가 쏠리는 방향으로 기울일 것

④ 되도록 아크를 짧게 하여 사용할 것

아크 쏠림 방지대책

• 교류 용접기를 사용하거나 후퇴법으로 용접한다.
• 짧은 아크를 사용하고 접지점을 용접부에서 멀리한다.
• 접지선을 2개 연결하고 아크 발생 주변을 비자성체로 만든다.
• 접지 케이블이 감기지 않도록 하고, 접지부에 녹, 페인트 등 방해물이 없도록 청결을 유지한다.
• 아크 쏠림 반대 방향으로 기울인다.
• 용접부의 시작과 끝 부분에 엔드 탭을 활용한다.

고장력강(HT)의 용접성을 가급적 좋게 하기 위해 줄여야 할 합금원소는?

① C

② Mn

③ Si

④ Cr

탄소(C)는 강철의 강도를 높이는 가장 기본적인 원소이지만, 함량이 높아질수록 용접 후 급격히 냉각될 때 마텐자이트(Martensite)라는 매우 단단하고 취성(깨지기 쉬운)이 큰 조직을 만들어 용접 균열의 원인이 되므로 탄소 함량이 낮을수록 용접성이 향상된다. 따라서 용접성을 좋게(균열 위험을 줄이게) 하려면 탄소(C)의 함량을 낮추는 것이 가장 중요하다.

18 – 8형 스테인리스강의 특징을 설명한 것 중 틀린 것은?

① 비자성체이다.

② 18−8에서 18은 Cr%, 8은 Ni%이다.

③ 결정구조는 면심입방격자를 갖는다.

④ 500~800℃로 가열하면 탄화물이 입계에 석출하지 않는다.

오스테나이트계 스테인리스강

• Cr 18% + Ni 8%(18 – 8형)을 기본으로 하는 대표적인 스테인리스강으로, 비자성체이며 가공성과 내식성이 우수하나 결정입계 부식에 취약하다.
• 결정구조는 면심입방격자를 가지며, 500~800℃ 구간으로 가열하면 강 내부의 크롬(Cr)과 탄소(C)가 결합하여 크롬탄화물($Cr_{23}C_6$)이 결정입계에 석출된다.

구리의 물리적 성질에서 용융점은 약 몇 ℃ 정도인가?

① 660℃

② 1,083℃

③ 1,528℃

④ 3,410℃

• 알루미늄의 용융점: 660℃
• 구리의 용융점: 1,083℃
• 철의 용융점: 1,538℃
• 텅스텐의 용융점: 3,410℃

용접에 있어 모든 열적 요인 중 가장 영향을 많이 주는 요소는?

① 용접입열 ② 용접재료
③ 주위 온도 ④ 용접 복사열

용접부의 용입 깊이, 냉각속도(미세조직·경도), 잔류응력·변형, 결함(기공·균열) 발생 가능성까지 대부분을 1차적으로 좌우하는 열적 변수는 입열량이다.

황(S)이 적은 선철을 용해하여 구상흑연주철을 제조 시 주로 첨가하는 원소가 아닌 것은?

① Al ② Ca
③ Ce ④ Mg

구상흑연주철
- 일반 회주철의 흑연이 구상형태로 변형된 주철로, 인성과 충격값이 크게 향상된 재료이다.
- Mg, Ca, Ce, Si, Rare Earth(희토류) 등의 원소를 첨가하면 흑연이 구상형태로 응고된다.

강의 재질을 연하고 균일하게 하기 위한 목적으로 아래 [그림]의 열처리 곡선과 같이 행하는 열처리는?

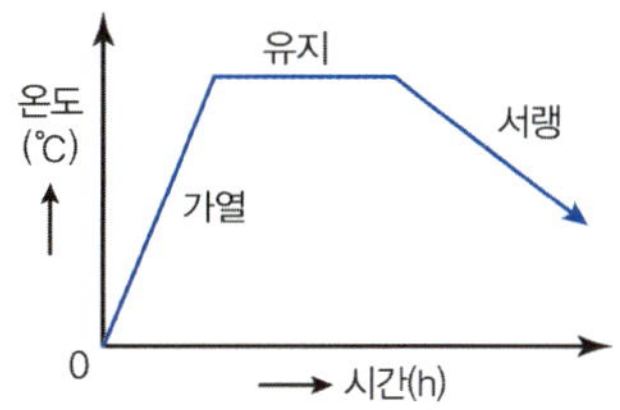

① 풀림(Annealing) ② 뜨임(Tempering)
③ 불림(Normalizing) ④ 담금질(Quenching)

일반 열처리

열처리명	효과
풀림	내부 응력 제거, 연성 향상
불림	조직 균질화, 기계적 성질 개선
담금질	경도·강도 증가
뜨임	담금질 후 인성 회복, 잔류응력 제거

일반적으로 강에 S, Pb, P 등을 첨가하여 절삭성을 향상시킨 강은?

① 구조용강 ② 쾌삭강
③ 스프링강 ④ 탄소공구강

쾌삭강(快削鋼)
절삭가공(선반, 밀링 등) 시 절삭저항을 줄이고, 공구 마모를 감소시키기 위해 절삭성이 향상되도록 특수 원소(P, S, Pb 등)를 첨가한 강이며, 잘 깎이는 강으로 쾌삭강이라 한다.

가스 용접작업에서 양호한 용접부를 얻기 위해 갖추어야 할 조건으로 잘못된 것은?

① 기름, 녹 등을 용접 전에 제거하여 결함을 방지한다.
② 모재의 표면이 균일하면 과열의 흔적은 있어도 된다.
③ 용착금속의 용입상태가 균일해야 한다.
④ 용접부에 첨가된 금속의 성질이 양호해야 한다.

- 가스 용접 작업에서 과열은 취성 및 균열 유발로 연결될 수 있으므로 주의가 필요하다.
- 가스 용접 불꽃의 백심(내염) 끝은 모재 표면에 닿지 않고 아주 가까운 거리(약 1.5~2mm)를 유지해야 하며, 너무 가까우면 역화 및 팁 손상 등의 현상이 발생된다.

금속 침투법에서 칼로라이징이란 어떤 원소로 사용하는 것인가?

① 니켈 ② 크롬
③ 붕소 ④ 알루미늄

칼로라이징(Calorizing)

철강 표면에 알루미늄을 고온에서 확산시켜 Al-Fe 합금층을 형성시키는 표면 처리법으로 내산화성, 내식성 등을 높이는 방법이다.

일반적인 용접의 장점으로 옳은 것은?

① 재질 변형이 생긴다.
② 작업 공정이 단축된다.
③ 잔류응력이 발생한다.
④ 품질검사가 곤란하다.

용접의 특징

- 금속 결합으로 기밀, 수밀, 유밀성이 우수하다.
- 얇은 판부터 두꺼운 판까지 두께에 제한이 없다.
- 조립, 가공 공정이 단순화되어 작업성이 좋다.
- 용접부 절단 제거 시 보수와 수리가 어렵다.
- 용접사의 기술 수준에 따른 숙련도가 요구된다.
- 기상 및 작업 환경 조건에 따른 제한이 발생한다.
- 국부적인 열 집중으로 변형 및 잔류응력이 발생된다.

한쪽 단면도에 대한 설명으로 올바른 것은?

① 대칭형의 물체를 중심선을 경계로 하여 외형도의 절반과 단면도의 절반을 조합하여 표시한 것이다.
② 부품도의 중앙 부위의 전후를 절단하여 단면을 90° 회전시켜 표시한 것이다.
③ 도형 전체가 단면으로 표시된 것이다.
④ 물체의 필요한 부분만 단면으로 표시한 것이다.

한쪽 단면도

대칭인 물체의 내부와 외부를 동시에 보여주기 위해 사용하는 도면법으로 중심선을 기준으로 한쪽은 내부를 보여주고 다른 한쪽은 외부를 보여주는 외형도로 나타낸다.

다음 치수 중 참고 치수를 나타내는 것은?

① (50) ② □50
③ 50 ④ 50

치수 보조기호

기호	구분
∅	지름 기호
R	반지름 기호
SR	구의 반지름 기호
□	정사각형의 한 변 치수
C	모따기(Chamfer) 치수
t	판의 두께
( )	참고 치수

선의 종류와 용도에 대한 설명으로 연결이 틀린 것은?

① 가는 실선: 짧은 중심을 나타내는 선
② 가는 파선: 보이지 않는 물체의 모양을 나타내는 선
③ 가는 1점 쇄선: 기어의 피치원을 나타내는 선
④ 가는 2점 쇄선: 중심이 이동한 중심궤적을 표시하는 선

쇄선의 구분

구분	명칭	용도
─·─·─·─	가는 1점 쇄선	중심선, 물체 또는 도형의 대칭선, 회전 단면의 외형선, 피치선
─··─··─	가는 2점 쇄선	가상 외형선, 인접한 외형선, 가동 물체의 회전 위치선
▬─·─▬	절단부 쇄선 (양끝이 굵은 선에 중간은 가는 쇄선)	절단 평면의 위치(절단선)
─·─·─·─	굵은 1점 쇄선	표면 처리 부분

도면에서 표제란과 부품란으로 구분할 때 다음 중 일반적으로 표제란에만 기입하는 것은?

① 부품번호 ② 부품기호
③ 수량 ④ 척도

- 표제란의 필수 표제: 도명, 도면번호, 척도, 투상법, 작성일자, 작성자(검토자) 등
- 부품란의 표제: 부품번호, 부품기호, 재질, 수량, 비고 등

다음 중 저온 배관용 탄소강관의 기호는?

① SPPS ② SPLT
③ SPHT ④ SPA

- 압력 배관용 탄소강관[D3562(G3454) / SPPS(STPG): Steel Pipe Pressure Service]
- 고온 배관용 탄소강관[D3570(G3456) / SPHT(STPT): Steel Pipe High Temperature]
- 저온 배관용 탄소강관[D3569(G3460) / SPLT(STPL): Steel Pipe Low Temperature]

관의 끝 부분의 표시방법으로 용접식 캡을 나타내는 것은?

① 　　② 

③ 　　④ 

배관의 끝 부분을 나타내는 기호

기호	이름
—‖	막힌 플랜지
—⟩	용접식 캡
—⟩	나사박음식 캡

그림과 같은 배관 도면에서 도시기호 S는 어떤 유체를 나타내는 것인가?

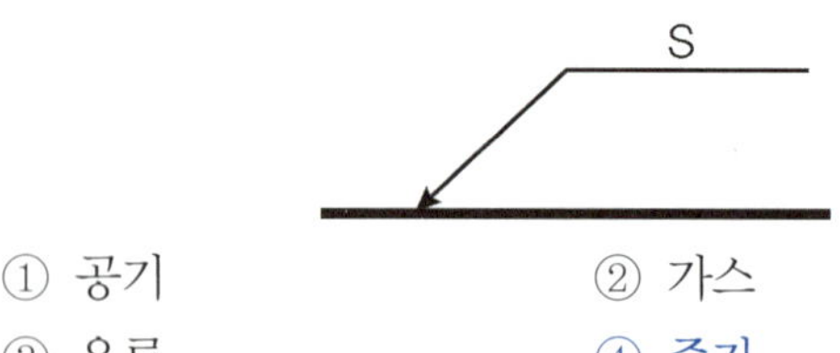

① 공기　　　　　② 가스
③ 유류　　　　　④ 증기

배관도(Piping Diagram)에서 유체의 종류를 구분하기 위한 문자 기호로 공기 A, 물 W, 증기 S, 가스 G, 연료유 O로 구분한다.

제3각 정투상도에서 저면도의 배치 위치로 옳은 것은?

① 정면도의 아래쪽　　② 정면도의 오른쪽
③ 정면도의 위쪽　　　④ 정면도의 왼쪽

투상법

구분	제1각법(First-Angle)	제3각법(Third-Angle)
투상 위치	물체가 투상면 앞쪽	물체가 투상면 뒤쪽
도면 배치법칙	좌우・상하가 실제와 반대	좌우・상하가 실제와 같음
평면도(윗면도)	정면도의 아래쪽	정면도의 위쪽
저면도(아랫면도)	정면도의 위쪽	정면도의 아래쪽
좌측면도	정면도의 오른쪽	정면도의 왼쪽
우측면도	정면도의 왼쪽	정면도의 오른쪽

리벳의 호칭 방법으로 옳은 것은?

① 규격 번호, 종류, 호칭지름×길이, 재료
② 명칭, 등급, 호칭지름×길이, 재료
③ 규격 번호, 종류, 부품 등급, 호칭, 재료
④ 명칭, 다듬질 경도, 호칭, 등급, 강도

리벳 호칭(KS 규격)

[규격 번호] – [종류(머리형 등)] – [호칭지름 × 길이] – [재료]

그림과 같은 제3각법 정투상도의 3면도를 기초로 한 입체도로 가장 적합한 것은?

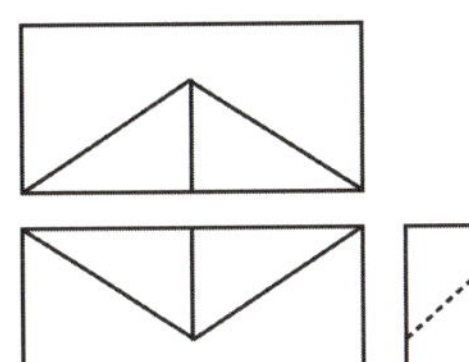

① 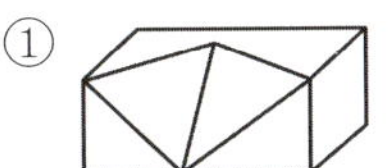　　② 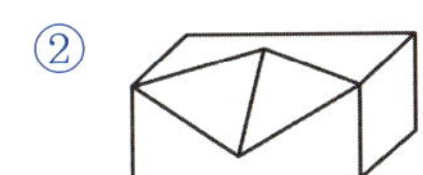

③ 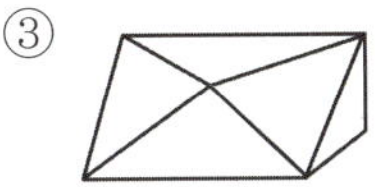　　④ 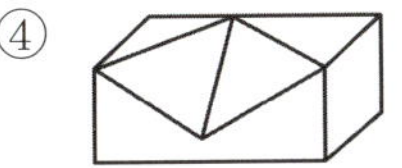

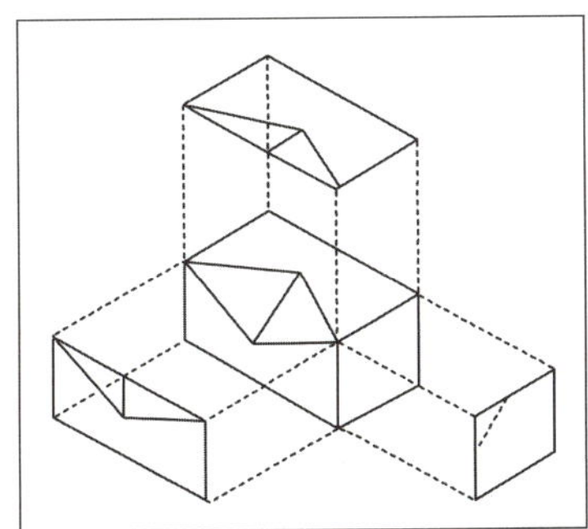

다음 중에서 이면 용접 기호는?

① 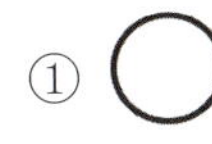　　② 

③ 　　④ 

용접부의 기본 기호

명칭	그림	기호
일면 개선형 맞대기 용접		V
넓은 루트 면이 있는 한 면 개선형 맞대기 용접		Y
이면 용접		⌣
점(Spot) 용접 (바뀌기 전, 후 기호)		○ ✳

MEMO

MEMO

박문각 자격증 시리즈

피복아크용접기능사 필기
8개년 기출문제집 + 무료특강

[가스텅스텐아크용접기능사, 이산화탄소가스아크용접기능사 동시대비]

초판인쇄	2026. 2. 20.
초판발행	2026. 2. 25.

저자와의
협의 하에
인지 생략

편 저 자	신하영, 어준혁, 원현우
발 행 인	박용
출판총괄	김현실
개발책임	이성준
편집개발	김태희, 김선영
마 케 팅	김치환, 최지희
일러스트	㈜ 유미지

발 행 처	㈜ 박문각출판
출판등록	등록번호 제2019-000137호
주 소	06654 서울시 서초구 효령로 283 서경B/D 6층
전 화	(02) 6466-7202
팩 스	(02) 584-2927
홈페이지	www.pmgbooks.co.kr

ISBN	979-11-7519-746-6
정가	23,000원